Chemische Grundlagen der Geo- und Umweltwissenschaften

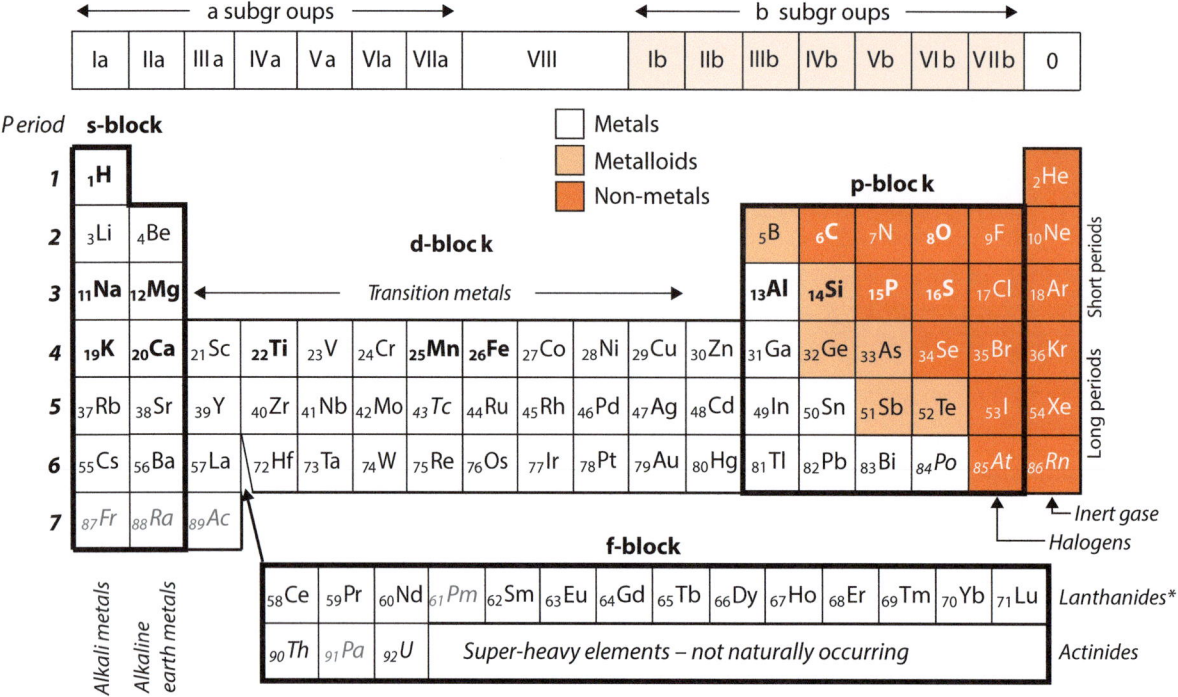

*La and the lanthanides are known as the **rare earth elements** (REE)
Elements in **heavy type** are the most abundant in geological materials.
Element symbols shown in *italics* represent elements with no stable isotopes.

Robin Gill

Chemische Grundlagen der Geo- und Umweltwissenschaften

2. Auflage

Robin Gill
John Wiley & Sons (United States)
Hoboken, NJ, USA

With Contrib. by Florian Neukirchen
Berlin, Deutschland

ISBN 978-3-662-61499-0   ISBN 978-3-662-61500-3   (eBook)
https://doi.org/10.1007/978-3-662-61500-3

Die Deutsche Nationalbibliothek verzeichnet diese Publikation in der Deutschen Nationalbibliografie; detaillierte bibliografische Daten sind im Internet über ▶ http://dnb.d-nb.de abrufbar.

Redaktion: Florian Neukirchen
Dieses Buch ist eine Übersetzung der englischen Originalausgabe „Chemical Fundamentals of Geology and Environmental Geoscience" von Robin Gill, erschienen im John Wiley & Sons, Limited -Verlag, 2015. Die Übersetzung wurde mit Hilfe von künstlicher Intelligenz (maschinelle Übersetzung durch den Service DeepL.com) angefertigt. Da die anschließende Überprüfung hauptsächlich im Hinblick auf inhaltliche Gesichtspunkte erfolgte, kann sich der Text des Buches stilistisch von einer konventionellen Übersetzung unterscheiden. Springer Nature arbeitet bei der Publikation von Büchern kontinuierlich mit innovativen Technologien, um die Arbeit der Autoren zu unterstützen. All rights reserved. Authorized translation from the English language edition published by John Wiley & Sons Limited. Responsibility for the accuracy of the translation rests solely with Springer-Verlag GmbH and is not the responsibility of John Wiley & Sons Limited. No part of this book may be reproduced in any form without the written permission of the original copyrightholder John Wiley & Sons Limited.
© Springer-Verlag GmbH Deutschland, ein Teil von Springer Nature 2015, 2020
Das Werk einschließlich aller seiner Teile ist urheberrechtlich geschützt. Jede Verwertung, die nicht ausdrücklich vom Urheberrechtsgesetz zugelassen ist, bedarf der vorherigen Zustimmung des Verlags. Das gilt insbesondere für Vervielfältigungen, Bearbeitungen, Übersetzungen, Mikroverfilmungen und die Einspeicherung und Verarbeitung in elektronischen Systemen.
Die Wiedergabe von allgemein beschreibenden Bezeichnungen, Marken, Unternehmensnamen etc. in diesem Werk bedeutet nicht, dass diese frei durch jedermann benutzt werden dürfen. Die Berechtigung zur Benutzung unterliegt, auch ohne gesonderten Hinweis hierzu, den Regeln des Markenrechts. Die Rechte des jeweiligen Zeicheninhabers sind zu beachten.
Der Verlag, die Autoren und die Herausgeber gehen davon aus, dass die Angaben und Informationen in diesem Werk zum Zeitpunkt der Veröffentlichung vollständig und korrekt sind. Weder der Verlag, noch die Autoren oder die Herausgeber übernehmen, ausdrücklich oder implizit, Gewähr für den Inhalt des Werkes, etwaige Fehler oder Äußerungen. Der Verlag bleibt im Hinblick auf geografische Zuordnungen und Gebietsbezeichnungen in veröffentlichten Karten und Institutionsadressen neutral.

Planung: Désirée Claus
Springer Spektrum ist ein Imprint der eingetragenen Gesellschaft Springer-Verlag GmbH, DE und ist ein Teil von Springer Nature.
Die Anschrift der Gesellschaft ist: Heidelberger Platz 3, 14197 Berlin, Germany

Vorwort

Chemische Grundlagen sind die Basis für einen großen Teil der Geowissenschaften, und wer sich ohne grundlegende Kenntnisse der Chemie in einen Studiengang wie Geologie oder Umweltgeowissenschaften einschreibt, ist von Anfang an benachteiligt. Für solche Studierende wurde dieses Buch geschrieben, aber ich hoffe, dass es auch für alle anderen Geowissenschaftler einen hilfreichen Auffrischungskurs und eine nützliche Hintergrundlektüre in der „georelevanten" Chemie bietet, für alle, die verstehen und nicht einfach nur auswendig lernen wollen.

Das Buch ist in drei große Teile gegliedert. Der erste, ▶ Kap. 1–4, beschäftigt sich mit der grundlegenden physikalischen Chemie geologischer Prozesse und betont, wie die Berücksichtigung von Energie unser Verständnis unterstützen kann. Der zweite Teil, ▶ Kap. 5–8, stellt die wellenmechanische Sicht auf das Atom vor und beschreibt aus dieser Perspektive die verschiedenen Arten der chemischen Bindung, die den Mineralen ihre besonderen Eigenschaften verleihen. Der letzte Teil, ▶ Kap. 9–11, untersucht die geologisch relevanten Elemente und schließt mit einem Kapitel darüber, warum einige häufiger vorkommen als andere, im Universum als Ganzes und insbesondere auf der Erde. Der Schwerpunkt liegt dabei auf geologischer und ökologischer Relevanz, Laborreaktionen werden kaum erwähnt.

Das Buch ist so konzipiert, dass es auch für alle, die sich kaum an den in der Schule gelernten Chemiestoff erinnern, zugänglich und anregend ist. Für diese Leserinnen und Leser werden am Ende des Buchs ein Glossar und Anhänge mit Hintergrundmaterial bereitgestellt. Weiterführende Themen, die hoffentlich das Interesse des chemisch versierten Lesers aufrechterhalten werden, wurden in Kästen gestellt, die beim ersten Lesen ignoriert werden können. Das Buch könnte auch Dozenten weiterführender Kurse in Geochemie, Mineralogie und Petrologie helfen, indem es sie von der Notwendigkeit befreit, die Grundlagen im Unterricht zu behandeln.

Seit der ersten Veröffentlichung von *Chemical Fundamentals of Geology* im Jahr 1989 wurde dieses Buch von einem viel breiteren Spektrum von Studierenden genutzt, als ich es ursprünglich erwartet hatte. Mein ursprüngliches Ziel war es, Studienanfänger der Geowissenschaften mit dem grundlegenden chemischen Verständnis auszustatten, das ihr Studiengang erfordern würde. Doch während ich schrieb, geriet ich in die Falle, die Leser noch etwas weiter zu locken. Dementsprechend, wenn auch zu meiner Überraschung, wurde das Buch auch von fortgeschritteneren Studenten und auch von Studienanfängern in der Chemie verwendet. In der 2. englischsprachigen Auflage (bzw. der damals bei Enke erschienen deutschen Übersetzung) habe ich versucht, das Buch für diese größere Zielgruppe lesefreundlicher zu gestalten, mehr Beispiele geologischer und geochemischer Anwendungen zu bringen und die jüngsten Fortschritte im kosmologischen, geologischen und ökologischen Verständnis zu berücksichtigen.

Viele geowissenschaftliche Fakultäten ziehen heute eine beträchtliche Anzahl von Studierenden der Umweltgeowissenschaften an, neben den etablierten Fächern Geologie oder Geowissenschaften. Die der vorliegenden deutschen Ausgabe zugrunde liegende 3. englischsprachige Auflage des Buchs versucht, die Bedürfnisse der Studierenden besser zu erfüllen, indem sie diese Änderung der akademischen Schwerpunkte aufgreift und auch die chemischen Grundlagen der Umweltgeowissenschaften abdeckt. Dieser Schwerpunktverlagerung wurde vor allem durch eine entsprechende Erweiterung der bestehenden Kapitel des Buches Rechnung getragen. Rezensenten haben jedoch die dünne Abdeckung der Isotope in früheren Auflagen hervorgehoben und – da Isotope so viel zu unserem Verständnis von Prozessen innerhalb der Erde und an ihrer Oberfläche beitragen – habe ich ein neues Kapitel (▶ Kap. 10) den grundlegenden Konzepten der Isotopengeochemie gewidmet. Obwohl für viele Studenten dieses Kapitel – konzeptionell und mathematisch – eine größere Herausforderung sein dürfte als die älteren Kapitel des Buchs, hoffe ich, dass es ihnen helfen wird, zu verstehen, zu welchen einzigartigen Erkenntnissen die Isotope beitragen.

Obwohl das Buch sich an Studienanfänger richtet, wurde mir wiederholt berichtet, dass es für manche Studierende noch immer zu schwer verständlich war. Um diesen entgegenzukommen und die Einstiegshürde weiter zu senken, habe ich weitere Kästen eingefügt, wie z. B. Kasten 1.1: Was ist Energie?

Variablen und Einheiten, die auf Diagrammachsen erscheinen, werden in diesem Buch gemäß der Konvention der Royal Society durch einen Schrägstrich (d. h. Variable/Einheit) getrennt. Die Logik dieser implizierten Division (Variable : Einheit) ist, dass, wenn z. B. die Entfernung x durch einen Meter geteilt wird, oder die Zeit t durch eine Sekunde, das Ergebnis eine dimensionslose Zahl ist. Zahlen (nicht Mengen) sind schließlich das, was wir tatsächlich auf Diagrammachsen darstellen.

Robin Gill

Danksagung

Viele Kollegen haben mir beim Schreiben des Buches Ratschläge und Anregungen gegeben, und ich bin besonders dankbar für die folgenden Kollegen, die einzelne Kapitel gelesen und kommentiert und unzählige Verbesserungen vorgeschlagen haben: David Alderton, Peter Barnard, Keith Cox, Giles Droop, Paul Henderson, Steve Killops, Robert Hutchison, Philip Lee und Eric Whittaker. Professor W.D. Carlson, Dr. T.K. Halstead und Dr. J.B. Wright haben das ganze Manuskript der englischen Erstauflage gelesen und eine Fülle hilfreicher Kommentare abgegeben. Die verbleibenden Fehler und Ungereimtheiten liegen natürlich in meiner alleinigen Verantwortung. Das Buch ist aus einem Vortragskurs hervorgegangen, den ich an der ehemaligen Geologieabteilung des Chelsea College gehalten habe, und ich freue mich sehr über die Möglichkeiten, die mir diese Abteilung bot.

Ich möchte Joan Hirons, Sue Clay und Jennifer Callard für das Tippen einiger Kapitel danken, und Neil Holloway und Christine Flood, die eine Reihe von Abbildungen gezeichnet haben. Ich bin Roger Jones von Unwin Hyman sehr dankbar, dessen Vertrauen in das Projekt mich angesichts der Anfangsschwierigkeiten unterstützt hat.

Ich danke Lynne Blything für ihre freundliche Hilfe bei der Überarbeitung der Abbildungen und Ruth Cripwell und Ian Francis für ihren redaktionellen Rat und ihre Unterstützung.

Ich danke herzlich Dave Alderton, der mich zu Fluideinschlüssen beriet und ◼ Abb. 4.5 zur Verfügung stellte, Hilary Downes für die Überprüfung des neuen ▶ Kap. 10, Kevin d'Souza für die Fotografien, Chris Emlyn-Jones für die Beratung zur lateinischen und griechischen Etymologie wissenschaftlicher Begriffe, Kelvin Matthews von Wiley-Blackwell für die redaktionelle Unterstützung und Derek Vance für den Austausch von Erkenntnissen über Karbonatgleichgewichte. Ich schätze den Input der Benutzer des Buches sehr, die freundlicherweise hilfreiche Vorschläge gemacht haben.

Ich bin den folgenden Personen und Organisationen dankbar, dass sie mir die genannten Abbildungen zur Verfügung gestellt bzw. die Abdruckrechte erteilt haben: American Mineralogist (◼ Abb. 3.8), H. M. Helmy (◼ Abb. 3.4), Journal of Petrology (◼ Abb. 3.3), Princeton University Press (◼ Abb. 3.13a), M. Schoonen (◼ Abb. 3.13b), Springer Science and Business Media (◼ Abb. 3.14b), Elsevier (◼ Abb. 4.8, 10.7, 10.19), GEOMAR Helmholtzzentrum für Meeresforschung Kiel (◼ Abb. 4.2), D. Alderton (◼ Abb. 4.5), John Wiley & Sons, Ltd. (◼ Abb. 7.4a), McGraw Hill (◼ Abb. 8.10b), Holt, Rinehart and Winston (◼ Abbildung 8.11a), US National Oceanographic and Atmospheric Administration (◼ Abb. 9.18), Geological Society of America (◼ Abb. 10.9 und 10.15), American Association for the Advancement of Science (◼ Abb. 10.11), Nature Publishing Group (◼ Abb. 10.12 und 10.16a), D. Johnson (◼ Abb. 10.18) und Natural History Museum, London (◼ Abb. 11.3, 11.4 und 11.5).

Für Anmerkungen zur 1. englischsprachigen Auflage danke ich insbesondere Paul Browning, Hilary Downes, Mike Henderson, Bob Major, Steven Richardson und Andy Saunders. Die Ermutigung, die ich von Kollegen wie Derek Blundell und Euan Nisbet erhalten habe, wurde ebenfalls sehr geschätzt.

Besonders dankbar bin ich Mary, Joanna und Tim, die mit bemerkenswert guter Laune meine Vernachlässigung von Familienaktivitäten, den ewigen Rückzug ins Arbeitszimmer und die Einschränkung von Ferien toleriert haben. Ich verspreche, für lange Zeit kein weiteres Buch zu schreiben.

Inhaltsverzeichnis

1	**Energie in geochemischen Prozessen**	1
1.1	Einführung	2
1.2	Energie in mechanischen Systemen	4
1.3	Energie in chemischen Systemen und Mineralen: Gibbs-Energie	5
1.3.1	Einheiten	9
1.3.2	Änderungen der Gibbs-Energie	9
1.4	Stabile, instabile und metastabile Minerale	10
	Weiterführende Literatur	12
2	**Gleichgewicht in geologischen Systemen**	13
2.1	Die Bedeutung der Mineralstabilität	14
2.2	Systeme, Phasen und Komponenten	16
2.2.1	System	16
2.2.2	Phase	16
2.2.3	Komponente	17
2.3	Gleichgewicht	18
2.3.1	Thermisches Gleichgewicht	18
2.3.2	Chemisches Gleichgewicht	18
2.3.3	Die Gibbs'sche Phasenregel	19
2.4	Phasendiagramme im P–T-Raum	20
2.4.1	P_v-T-Diagramme	23
2.4.2	Das Prinzip von Le Chatelier	24
2.4.3	Die Clapeyron-Gleichung	25
2.5	Phasendiagramme im T-χ-Raum	26
2.5.1	Kristallisation in Systemen ohne Mischkristalle	26
2.5.2	Kristallisation in Systemen mit Mischkristallen	32
2.5.3	Der Solvus und Entmischung	34
2.6	Ternäre Phasendiagramme	36
2.6.1	Ternäres Phasendiagramm ohne Mischkristall	36
2.6.2	Ternäres Phasendiagramm mit Mischkristall	39
2.7	Zusammenfassung	41
	Übungen	42
	Literatur	43
3	**Kinetik geologischer Prozesse**	45
3.1	Definition der Reaktionsgeschwindigkeit	48
3.1.1	Ratengleichung	48
3.1.2	Heterogene Reaktionen	50
3.1.3	Temperaturabhängigkeit der Reaktionsgeschwindigkeit	51
3.1.4	Photochemische Reaktionen	54
3.2	Diffusion	55
3.2.1	Festkörperdiffusion	57
3.3	Schmelzviskosität	58
3.4	Haltbarkeit von metastabilen Mineralen und Schließungstemperatur	60
3.5	Zusammenfassung	61
	Übungen	61
	Literatur	62
4	**Wässrige Lösungen und die Hydrosphäre**	63
4.1	Möglichkeiten, die Konzentrationen von Hauptbestandteilen auszudrücken	65
4.1.1	Lösungen	65
4.1.2	Feststoffe	65

4.1.3	Gase	66
4.2	**Gleichgewichtskonstante**	66
4.2.1	Löslichkeit und das Löslichkeitsprodukt	67
4.2.2	Andere Arten von Gleichgewichtskonstanten	70
4.3	**Nicht ideale Lösungen: Aktivitätskoeffizient**	72
4.3.1	Ionenstärke	73
4.4	**Natürliche Wässer**	74
4.4.1	Flusswasser: Debye-Hückel-Theorie	74
4.4.2	Meerwasser	75
4.4.3	Sole und hydrothermale Fluide	78
4.5	**Oxidation und Reduktion: Eh-pH-Diagramme**	80
4.5.1	Fallstudie Bangladesch – Arsen in Grundwasser und Trinkwasser	83
Übungen		84
Literatur		84
5	**Elektronen in Atomen**	**87**
5.1	**Warum muss ein Geologe Atome verstehen?**	88
5.2	**Das Atom**	88
5.2.1	Die Mechanik der Atomteilchen	89
5.3	**Stehende Wellen**	92
5.3.1	Harmonische Schwingung	92
5.4	**Elektronenwellen in Atomen**	94
5.5	**Die Formen der Orbitale**	95
5.5.1	s-Orbitale	95
5.5.2	p-Orbitale	96
5.5.3	d-Orbitale	98
5.5.4	f-Orbitale	98
5.6	**Energieniveaus der Elektronen**	98
5.6.1	Atome mit mehreren Elektronen	100
5.6.2	Elektronenkonfigurationen	101
5.7	**Zusammenfassung**	102
Übungen		104
Literatur		104
6	**Was wir aus dem Periodensystem lernen können**	**105**
6.1	**Ionisierungsenergie**	106
6.2	**Das Periodensystem der Elemente**	108
6.3	**Elektronegativität**	109
6.4	**Wertigkeit**	110
6.5	**Atomspektren**	111
6.5.1	Röntgenspektren	113
6.6	**Zusammenfassung**	116
Übungen		116
Literatur		117
7	**Chemische Bindung und die Eigenschaften von Mineralen**	**119**
7.1	**Das Modell der ionischen Bindung**	120
7.1.1	Ionenkristalle: Stapelung von Kugeln in drei Dimensionen	120
7.1.2	Ionenradius	122
7.1.3	Das Ionenradienverhältnis und seine Anwendungen	122
7.2	**Das Modell der kovalenten Bindung**	126
7.2.1	σ- und π-Bindungen	127
7.2.2	Kovalente Kristalle	128
7.2.3	Molekülform und Hybridisierung	128
7.2.4	Die Komplexbindung	131
7.3	**Metalle und Halbleiter**	132

7.3.1	Halbleiter	134
7.4	**Bindung in Mineralen**	134
7.4.1	Ionenpolarisation: nichtideale ionische Bindungen	134
7.4.2	Polarisierte kovalente Bindung und Ionizität	135
7.4.3	Bindungen in Silicaten	136
7.4.4	Oxoanionen	136
7.4.5	Reine Elemente, Legierungen und Sulfide	136
7.5	**Andere Arten von atomarer und molekularer Wechselwirkung**	138
7.5.1	Ion-Dipol-Wechselwirkungen und Hydratation	138
7.5.2	Dipol-Dipol-Wechselwirkungen: Wasserstoffbrückenbindung	138
7.5.3	Induzierte Dipole und Van-der-Waals-Wechselwirkungen	139
7.6	**Zusammenfassung**	140
	Übungen	141
	Literatur	141
8	**Silicatkristalle und -schmelzen**	143
8.1	**Silicatstrukturen**	144
8.1.1	Inselsilicate	145
8.1.2	Gruppensilicate	145
8.1.3	Einfachkettensilicate	146
8.1.4	Ringsilicate	146
8.1.5	Doppelkettensilicate	146
8.1.6	Schichtsilicate	148
8.1.7	Gerüstsilicate	149
8.2	**Kationenplätze in Silicaten**	151
8.2.1	Berechnung der Gitterplatzbelegung	152
8.2.2	Auswirkungen der Kationensubstitution	156
8.3	**Optische Eigenschaften von Kristallen**	157
8.3.1	Brechungsindex	157
8.3.2	Farbe und Absorption	157
8.3.3	Reflexionsvermögen	158
8.3.4	Anisotropie	158
8.4	**Defekte in Kristallen**	159
8.4.1	Kristallwachstum	159
8.4.2	Mechanische Festigkeit von Kristallen	161
	Übungen	161
	Literatur	163
9	**Geologisch wichtige Elemente**	165
9.1	**Haupt- und Spurenelemente**	166
9.1.1	Hauptelemente	166
9.1.2	Spurenelemente	166
9.2	**Alkalimetalle**	167
9.2.1	Radioaktive Isotope der Alkalimetalle	168
9.3	**Wasserstoff**	169
9.4	**Erdalkalimetalle**	169
9.5	**Aluminium**	170
9.6	**Kohlenstoff**	172
9.6.1	Organischer Kohlenstoff	172
9.6.2	Anorganischer Kohlenstoff	176
9.6.3	Kohlenstoffisotope	179
9.7	**Silicium**	179
9.8	**Stickstoff und Phosphor**	180
9.9	**Sauerstoff**	180
9.10	**Schwefel**	182
9.10.1	Reduzierte Schwefelverbindungen	182

9.10.2	Oxidierte Schwefelverbindungen	183
9.11	**Halogene**	184
9.11.1	Fluor	184
9.11.2	Chlor, Brom und Jod	184
9.12	**Edelgase**	185
9.13	**Übergangsmetalle**	186
9.14	**Seltenerdelemente**	188
9.15	**Actinoide**	190
Übung		191
Literatur		191
10	**Was können wir von den Isotopen lernen?**	**193**
10.1	**Isotopensysteme**	196
10.1.1	Radiogene Isotopensysteme	197
10.1.2	Stabile Isotopensysteme	197
10.1.3	Kosmogene Radioisotopensysteme	197
10.2	**Radiogene Isotopensysteme**	197
10.2.1	K-Ar-Geochronologie	197
10.2.2	Rb-Sr-Geochronologie	200
10.2.3	Das radiogene Isotopensystem Sm–Nd	206
10.3	**Stabile Isotopensysteme**	210
10.3.1	Notation	210
10.3.2	Wasserstoff- und Sauerstoffisotope – Schlüssel zum Klima der Vergangenheit	210
10.3.3	Stabile Kohlenstoffisotope – Anzeichen von frühem Leben erkennen	214
10.3.4	Massenunabhängige Fraktionierung von Schwefelisotopen	216
10.3.5	Stabile Isotope der Übergangsmetalle	217
10.4	**Kosmogene Radioisotopensysteme**	217
10.4.1	Radiokohlenstoffdatierung	217
10.4.2	Berylliumisotope	218
10.5	**Zusammenfassung**	218
Übungen		218
Literatur		219
11	**Die Elemente im Universum**	**221**
11.1	**Die Bedeutung der Elementhäufigkeit**	222
11.2	**Messung der Elementhäufigkeit im Universum und im Sonnensystem**	222
11.2.1	Spektralanalyse	222
11.2.2	Analyse von Meteoriten	223
11.2.3	Dunkle Materie	225
11.3	**Die Elementhäufigkeit im Sonnensystem**	226
11.4	**Elemententstehung im Universum**	227
11.4.1	Der Urknall	227
11.4.2	Sterne	228
11.4.3	Supernovae	231
11.5	**Elemente im Sonnensystem**	231
11.5.1	Kosmochemische Klassifizierung	231
11.5.2	Flüchtig versus refraktär	233
11.5.3	Elementfraktionierung im Sonnensystem	233
11.5.4	Entwicklung des Sonnensystems	234
11.5.5	Planetenbildung	236
11.6	**Chemische Evolution der Erde**	236
11.6.1	Der Kern	236
11.6.2	Der Mantel	237
11.6.3	Die Kruste	237
11.6.4	Die frühe Atmosphäre	238
11.6.5	Leben und oxygene Photosynthese	239

11.6.6	Zukunftsaussichten	241
11.7	**Zusammenfassung**	241
Übungen		242
Literatur		242

Serviceteil

Lösungen der Übungen ... 246
A Anhang ... 254
Literatur ... 265
Glossar ... 266
Stichwortverzeichnis ... 277

Energie in geochemischen Prozessen

Inhaltsverzeichnis

1.1 Einführung – 2

1.2 Energie in mechanischen Systemen – 4

1.3 Energie in chemischen Systemen und Mineralen: Gibbs-Energie – 5
1.3.1 Einheiten – 7
1.3.2 Änderungen der Gibbs-Energie – 8

1.4 Stabile, instabile und metastabile Minerale – 10

Weiterführende Literatur – 12

1.1 Einführung

Der Zweck dieses Buches ist es, den Studentinnen und Studenten der Geowissenschaften die chemischen Prinzipien vorzustellen, die für die Geologie und Mineralogie grundlegend sind. Es kann dabei keinen grundlegenderen Einstieg geben als das Thema Energie (Kasten 1.1), das im Zentrum der Geologie und der Chemie steht. Energie spielt in jedem geologischen Prozess eine Rolle, vom Kristallwachstum eines Minerals im atomaren Maßstab bis hin zur Hebung und anschließenden Erosion ganzer Gebirgsketten. Die Betrachtung der Energie ist ein hervorragendes intellektuelles Werkzeug, um die Funktionsweise der komplexen geologischen Welt zu analysieren. Sie ermöglicht uns, aus dieser Komplexität einige einfache Prinzipien abzuleiten, auf denen ein geordnetes Verständnis der auf der Erde ablaufenden Prozesse beruhen kann.

Viele natürliche Prozesse beinhalten einen Energiefluss. Das spontane Schmelzen eines Eiskristalls erfordert beispielsweise, dass Energie durch Wärme aus der „Umgebung" (der den Kristall umgebenden Luft oder dem Wasser) in den Kristall übertragen wird. Der Kristall erlebt eine Zunahme seiner inneren Energie, die ihn in flüssiges Wasser umwandelt. Der Prozess kann dargestellt werden, indem man eine formale Reaktion aufschreibt:

$$H_2O \text{ (Eis)} \rightarrow H_2O \text{ (Wasser)}$$

Diese stellt den Übergang der Wassermoleküle (H_2O) aus dem festen Zustand (linke Seite) in den flüssigen Zustand (rechte Seite) dar. Bei 0 °C besitzen Eis und Wasser bereits innere Energie, die mit den einzelnen Bewegungen ihrer Atome und Moleküle zusammenhängt. Dieser Energieinhalt, den wir uns vereinfacht als Wärme vorstellen, die in jedem der Stoffe „gespeichert" ist, wird korrekter als **Enthalpie** bezeichnet (Symbol H). Da die Moleküle im flüssigen Wasser mobiler sind als im Eis, sie also eine höhere kinetische Energie haben, ist die Enthalpie des Wassers (H_{Wasser}) größer als die einer äquivalenten Menge Eis (H_{Eis}) bei gleicher Temperatur. Die Differenz kann geschrieben werden als:

$$\Delta H = H_{Wasser} - H_{Eis}$$

Das Symbol Δ (der griechische Großbuchstabe „Delta") steht für Differenz, ΔH bezeichnet den Enthalpieunterschied zwischen dem Anfangs- und dem Endzustand der Umwandlung, im Beispiel zwischen fester und flüssiger Phase der Verbindung H_2O. Dieser Enthalpieunterschied stellt die Arbeit (Kasten 1.1) dar, die geleistet werden muss, um die chemischen Bindungen, die den Kristall zusammenhalten, zu zerstören. ΔH symbolisiert die Wärmemenge, die aus der Umgebung zugeführt werden muss, damit der Kristall vollständig schmilzt; dies wird als latente Schmelzwärme oder besser gesagt als Schmelzenthalpie bezeichnet, eine Größe, die experimentell gemessen oder in Tabellen nachgeschlagen werden kann.

Dieses einfache Beispiel veranschaulicht, wie man die Energieveränderungen, die geologische Reaktionen und Prozesse begleiten, dokumentieren kann, um zu verstehen, warum und wann diese Reaktionen auftreten. Das ist der Zweck der **Thermodynamik**, einer Wissenschaft, die die Energieveränderungen in natürlichen Prozessen quantitativ dokumentiert und erklärt, so wie die Ökonomie den Geldaustausch im internationalen Handel analysiert. Die Thermodynamik bietet einen grundlegenden theoretischen Rahmen für die Dokumentation und Interpretation von Energieänderungen in Prozessen aller Art. Nicht nur in der Geologie, sondern auch in einer Vielzahl anderer wissenschaftlicher Disziplinen, die von der chemischen Verfahrenstechnik bis zur Kosmologie reichen.

Weil es sich um sehr abstrakte Konzepte handelt, hat die Thermodynamik in den Augen vieler Studierender der Geowissenschaften eine Aura der Undurchdringbarkeit erworben, insbesondere bei denjenigen, die sich wenig für Mathematik begeistern. Daher wird ein Ziel der ersten Kapitel dieses Buchs darin bestehen, zu zeigen, dass die Thermodynamik – auch auf einer einfachen und zugänglichen Ebene – viel zu unserem Verständnis von chemischen Reaktionen und Gleichgewichten in der geologischen Welt beitragen kann.

Energieveränderungen in chemischen Systemen werden am einfachsten (wie auch in Kasten 1.1) durch Analogie zu mechanischen Energieformen eingeleitet, die aus der Schulphysik bekannt sein sollten.

Kasten 1.1 Was ist Energie?

Das Konzept der Energie ist für alle Wissenschaftszweige von grundlegender Bedeutung, doch für viele Menschen bleibt die Bedeutung des Begriffs schwer fassbar. Im täglichen Gebrauch hat er viele Bedeutungsnuancen, von persönlich über physisch bis mystisch. Seine wissenschaftliche Bedeutung ist dagegen sehr präzise.

Um dahinterzukommen, was Wissenschaftlerinnen und Wissenschaftler unter Energie verstehen, ist der beste Ausgangspunkt ein verwandtes – aber konkreteres – wissenschaftliches Konzept, das wir **Arbeit** nennen. Arbeit wird am einfachsten als Bewegung gegen eine Gegenkraft definiert. Arbeit wird z. B. verrichtet, wenn ein schweres Objekt gegen die Schwerkraft auf eine bestimmte Höhe über dem Boden angehoben wird (◘ Abb. 1.1). Der damit verbundene Arbeitsaufwand hängt eindeutig von der Schwere des Objekts, von der vertikalen Distanz, um die sein Schwerpunkt angehoben wird (◘ Abb. 1.1b), und von der Stärke des auf das Objekt wirkenden Schwerefeldes ab. Die in diesem Vorgang geleistete Arbeit W kann mit einer einfachen Formel berechnet werden:

$$W = m \cdot h \cdot g \quad (1.1)$$

wobei m die Masse des Objekts (in kg) darstellt und h die Entfernung ist, um die sein Schwerpunkt angehoben wird (in m – dabei ist zu beachten, dass Variablen im Gegensatz zu Einheiten kursiv gesetzt werden: m kursiv steht für Masse, m in normaler Schrift für Meter). g ist bekannt als die Erdbeschleunigung (in Meter pro Sekunde pro Sekunde = m s^{-2}), sie ist ein Maß für die Stärke des Schwerefeldes, in dem das Experiment durchgeführt wird. An der Erdoberfläche beträgt sie $g = 9{,}81$ ms^{-2}. Die wissenschaftliche Einheit, mit der wir die Arbeit messen, heißt Joule (J), was, wie ▶ Gl. 1.1 zeigt, kg·m·m s^{-2} = kg m^2 s^{-2} entspricht (siehe Tabelle A.2 in Anhang A.1). Alternative Formen der Arbeit, wie das Radfahren entlang einer Straße gegen einen starken Gegenwind oder das Leiten eines elektrischen Stroms durch einen Widerstand, können mit vergleichsweise einfachen Gleichungen quantifiziert werden, aber egal welche Gleichung wir verwenden, Arbeit wird immer in Joule ausgedrückt.

Das in seiner erhöhten Position aufgehängte Gewicht (◘ Abb. 1.1b) kann wiederum selbst Arbeit verrichten. Wenn es an ein geeignetes Gerät angeschlossen und fallen gelassen wird, kann es einen Pfahl in den Boden rammen (so funktioniert eine Pfahlramme), einen Nagel in ein Holzstück schlagen oder Strom erzeugen (durch Antreiben eines Dynamos), um eine Glühbirne leuchten zu lassen. Die Arbeit, die mithilfe des erhöhten Gewichts unter idealen Umständen geleistet werden kann, ist ebenfalls durch ▶ Gl. 1.1 gegeben.

Wenn wir das Objekt doppelt so weit über den Boden heben würden (◘ Abb. 1.1c), verdoppeln wir seine Fähigkeit, Arbeit zu verrichten. Alternativ, wenn wir ein dreimal so schweres Objekt auf eine Entfernung h über dem Boden anheben (◘ Abb. 1.1d), wäre die Arbeit, die dieses neue Objekt leisten könnte, dreimal so groß wie beim ursprünglichen Objekt in ◘ Abb. 1.1b. Das einfache mechanische Beispiel in ◘ Abb. 1.1 zeigt nur eine einzige, besonders leicht verständliche Art der Arbeit. Mechanische Arbeit kann auch durch die Bewegung eines Objekts durchgeführt werden, wie die „Abrissbirne" beim Abbruch eines Hauses zeigt. Weitere Formen der Arbeit sind die Erwärmung eines Heizelements durch elektrischen Strom sowie eine Sprengladung, mit der eine Felswand in einem Steinbruch gesprengt wird.

Energie ist einfach der Begriff, mit dem wir die Fähigkeit eines Systems beschreiben, Arbeit zu verrichten. So wie wir verschiedene Formen der Arbeit (mechanisch, elektrisch, chemisch …) kennen, existiert Energie in einer Reihe von alternativen Formen, wie in diesem Kapitel dargestellt wird. Die in einer elektrischen Batterie gespeicherte Energie entspricht beispielsweise der Arbeit, die mit ihrer Hilfe geleistet werden kann, bevor sie erschöpft ist. Die Fähigkeit eines Systems, Arbeit zu verrichten, wird notwendigerweise in der Einheit der Arbeit ausgedrückt (so wie die Kapazität eines Eimers als die Anzahl der Liter Wasser, die er enthalten kann, ausgedrückt wird). Daraus folgt, dass Energie auch in Joule ausgedrückt wird (J = kg m^2 s^{-2}). Wenn wir über große Energiemengen sprechen, verwenden wir größere Einheiten wie Kilojoule (kJ = 10^3 J) oder Megajoule (MJ = 10^6 J).

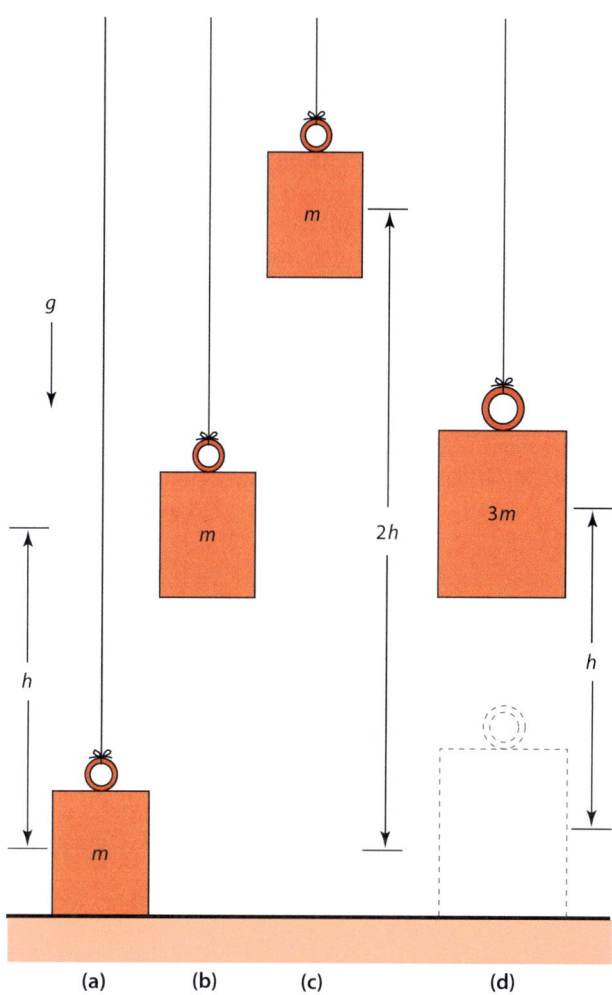

◘ **Abb. 1.1** Beim Anheben eines Objekts geleistete Arbeit: **a** ein Objekt der Masse m, das auf dem Boden aufliegt; **b** das gleiche Objekt, auf die Höhe h angehoben; **c** das Objekt auf die Höhe $2h$ gehoben; **d** ein weiteres Objekt mit der Masse $3\,m$, das auf die Höhe h gehoben wurde. Hinweis: Die Höhe wird zwischen dem Schwerpunkt jedes Objekts in seiner Anfangs- und Endposition gemessen (beachten Sie, dass der Schwerpunkt des größeren Gewichts etwas höher ist als beim kleineren)

1.2 Energie in mechanischen Systemen

Die Energie eines Körpers ist definiert als seine Fähigkeit, Arbeit zu verrichten (Kasten 1.1). Wie wir festgestellt haben, gibt es ganz unterschiedliche Formen der Arbeit, aber in einfachen mechanischen Systemen ist in der Regel die Bewegung eines Körpers von einer Position zur anderen gegen eine bestimmte Form von physikalischem Widerstand (Reibung, Schwerkraft, elektrostatische Kräfte usw.) gemeint. Dann gilt:

Verrichtete Arbeit (in Joule, J) = Zum Bewegen des Körpers benötigte Kraft (in Newton, N = kg m s^{-2}) mal Distanz, um die der Körper bewegt wurde (in Metern).

So ist beispielsweise die Arbeit beim Transport einer Zugladung Eisenerz von A nach B die mechanische Kraft, die erforderlich ist, um den Zug am Laufen zu halten, multipliziert mit der Entfernung von A nach B entlang der Schiene. Die dazu erforderliche Energie wird z. B. durch die Verbrennung von Diesel im Motor erzeugt.

Man kann zwei Arten von mechanischer Energie unterscheiden. Erstens kann ein Objekt durch seine Bewegung Arbeit verrichten. Ein einfaches Beispiel ist die Verwendung eines Hammers, um einen Nagel in Holz zu schlagen. Es handelt sich um Arbeit, denn das Holz leistet dem Eindringen des Nagels Widerstand. Die Energie wird durch den sich nach unten bewegenden Hammerkopf bereitgestellt, der aufgrund seiner Bewegung über **kinetische Energie** verfügt (ein Name, der sich vom griechischen *kinetikos* ableitet, was „in Bewegung setzen" bedeutet). Die kinetische Energie E_k (in J) die ein Körper der Masse m (in kg) besitzt, der sich mit der Geschwindigkeit v (in m s^{-1}) bewegt, ist gegeben durch:

$$E_k = \frac{1}{2}mv^2 \tag{1.1}$$

Je schwerer der Hammer (m) ist und/oder je schneller er sich bewegt (v), desto mehr kinetische Energie besitzt er und desto weiter treibt er den Nagel ins Holz. Aus ähnlichen Gründen kann ein schnell fließender Bach eine größere Sedimentfracht tragen als ein langsam fließender.

Zweitens besitzt ein Objekt in einem Gravitationsfeld aufgrund seiner Position in diesem Feld Energie (d. h., es kann Arbeit verrichten), eine Eigenschaft, die als **potenzielle Energie** bezeichnet wird. Das Wasser, das hinter einem Staudamm gehalten wird, hat eine hohe potenzielle Energie: Unter dem Einfluss des Gravitationsfeldes der Erde würde es normalerweise bergab fließen, bis es den Meeresspiegel erreicht, aber der Damm verhindert, dass dies geschieht. Die Tatsache, dass der kontrollierte Wasserstrom unter Schwerkraft zum Antreiben von Turbinen und zur Stromerzeugung genutzt werden kann, zeigt, dass das hinter dem Damm gehaltene Wasser Arbeit verrichten kann und somit Energie besitzt.

Die potenzielle Energie E_p eines Objekts der Masse m in einer Höhe h über dem Boden ist gegeben durch:

$$E_p = m \cdot g \cdot h \tag{1.2}$$

wobei g die Erdbeschleunigung ($g = 9{,}81$ m s^{-2}) ist. Ähnliche Gleichungen können geschrieben werden, um die potenzielle Energie von Körpern in anderen Arten von Kraftfeldern darstellen, wie beispielsweise in elektrischen und magnetischen Feldern.

Ein wichtiger Aspekt der potenziellen Energie ist, dass ihr aus ▶ Gl. 1.2 berechneter Wert von der für die Messung der Höhe h gewählten Basislinie abhängt. Die für ein Objekt in einem Labor im zweiten Stock berechnete potenzielle Energie unterscheidet sich beispielsweise danach, ob ihre Höhe vom Laborboden, vom Erdgeschoss aus oder vom Meeresspiegel aus gemessen wird. Die letzte dieser Alternativen scheint auf den ersten Blick die am weitesten verbreitete Norm zu sein, aber selbst dieser Referenzpunkt liefert keine Basislinie, die für die Messung der Höhe und der potenziellen Energie in einer tiefen Mine verwendet werden kann (wobei beide Größen negative Werte in Bezug auf den Meeresspiegel aufweisen könnten). Diese Mehrdeutigkeit zwingt uns zu erkennen, dass potenzielle Energie nicht etwas ist, was wir auf einer absoluten Skala mit einem universellen Nullpunkt ausdrücken können, wie wir es bei Temperatur oder elektrischer Ladung tun. Der Wert hängt von dem „Bezugsrahmen" ab, den wir wählen. Wir werden feststellen, dass diese Eigenschaft auch für chemische Energie gilt. Praktische Schwierigkeiten gibt es selten, denn in der Thermodynamik geht es um Energieveränderungen und die von der Grundlinie abhängigen Faktoren heben sich dabei gegenseitig auf (vorausgesetzt, die verwendeten Energiewerte wurden so gewählt, dass sie sich auf den gleichen Bezugsrahmen beziehen).

Im Allgemeinen besitzt ein Körper aufgrund seiner Bewegung und Position sowohl kinetische als auch potenzielle Energie. Einen inneren Beitrag zu seiner Gesamtenergie leisten auch die einzelnen Bewegungen seiner Atome und Moleküle, die ständig schwingen, rotieren und – in Flüssigkeiten und Gasen – umherwandern. Diese innere Komponente, die Gesamtheit der kinetischen Energien aller vorhandenen Atome und Moleküle, ist das, was wir mit der **Enthalpie** des Körpers meinen. Die Enthalpie ist eng mit dem Begriff der Wärme verbunden (und wurde einst, eher irreführend, als „Wärmeinhalt" bezeichnet). Wärme ist einer der Mechanismen, durch die Enthalpie von einem Körper auf einen anderen übertragen werden kann. Die Erwärmung eines Körpers bewirkt lediglich eine Erhöhung der kinetischen Energie der einzelnen Atome und Moleküle und damit eine Erhöhung der Enthalpie des gesamten Körpers.

Natürliche Prozesse wandeln kontinuierlich Energie von einer Form in eine andere um. Eines der grundlegenden Axiome der Thermodynamik, der sogenannte erste Hauptsatz (Kasten 1.2), besagt, dass Energie in solchen Prozessen niemals erschaffen, zerstört oder „verloren" werden kann, sondern lediglich ihre Form ändert. Somit entspricht die Energiemenge, die auf einer Seite in eine Reaktion eingeht, genau der Energiemenge auf der anderen Seite der Reaktion.

> **Kasten 1.2 Der erste Hauptsatz der Thermodynamik**
> Das grundlegendste Prinzip der Thermodynamik ist, dass Energie nie erzeugt, verloren oder zerstört wird. Sie kann von einem Körper zum anderen oder von einem Ort zum anderen übertragen werden und ihre Identität zwischen verschiedenen Formen ändern (z. B. wenn die potenzielle Energie eines fallenden Körpers in kinetische Energie umgewandelt wird, oder wenn eine Windturbine die kinetische Energie der Bewegung von Luft in elektrische Energie umwandelt). Aber wir beobachten nie, dass neue Energie von Grund auf neu erschaffen wird, genauso wenig verschwindet sie einfach. Eine genaue Energiebuchhaltung wird immer zeigen, dass bei allen bekannten Prozessen die Gesamtenergie immer gleich bleibt. Dieses grundlegende Prinzip wird als erster Hauptsatz der Thermodynamik bezeichnet. Die durch eine Reaktion oder einen Prozess abgegebene Energie entspricht genau der Menge, die vom System aufgenommen wurde. Der erste Hauptsatz setzt die Erkenntnis voraus, dass Arbeit gleichwertig mit Energie ist und in Energieberechnungen berücksichtigt werden muss. Wenn unter Druck stehendes Gas bei Raumtemperatur aus einem Gaszylinder austritt, kühlt es stark ab, oft so sehr, dass sich Frost um das Ventil bildet. (Ein kleinerer Kühleffekt tritt auf, wenn Sie auf Ihre Hand pusten.) Die Ursache für die Kühlung liegt darin, dass das Gas beim Austritt Arbeit verrichten musste: Es nimmt außerhalb des Zylinders mehr Platz ein als unter Druck im Inneren, und es muss Platz für sich selbst schaffen, indem es die umgebende Atmosphäre verdrängt. Das Verschieben von etwas gegen eine Widerstandskraft (in diesem Fall dem Atmosphärendruck) stellt eine Arbeit dar, die das Gas nur auf Kosten seiner Enthalpie leisten kann. Diese steht in direktem Zusammenhang mit der Temperatur, sodass bei einem Temperaturabfall eine Abnahme der internen Energiereserven des Gases sichtbar wird.
> Ein ähnlicher Kühleffekt kann auftreten, wenn bestimmte gasreiche Magmen ein hohes Krustenniveau erreichen oder an der Oberfläche ausbrechen. Ein Beispiel ist Kimberlit, eine Art von Magma, die häufig Diamanten aus dem Erdmantel enthält. Kimberlit steigt aus Tiefen zur Oberfläche auf, in denen die zugehörigen Gase unter sehr hohem Druck stehen. Die Arbeit, die sie bei der Expansion leisten, während das Magma-Gas-System an die Oberfläche steigt, senkt seine Temperatur. Kimberlite, die in subvulkanischen Schloten (Diatremen) zu finden sind, scheinen in einem relativ kühlen Zustand eingedrungen zu sein.

1.3 Energie in chemischen Systemen und Mineralen: Gibbs-Energie

Die Erfahrung zeigt uns, dass sich mechanische Systeme in der Alltagswelt tendenziell in die Richtung entwickeln, die zu einer Nettoreduktion der gesamten potenziellen Energie führt. Das Wasser fließt bergab, Elektronen werden von Atomkernen angezogen, der elektrische Strom fließt von der angelegten Spannung zur Erdung usw. Die durch solche Veränderungen freigesetzte potenzielle Energie tritt in anderen Energie- oder Arbeitsformen wieder auf: zum Beispiel die kinetische Energie des fließenden Wassers, die Lichtenergie, die durch Elektronenübergänge in Atomen abgestrahlt wird (▶ Abschn. 6.5), oder die Wärme, die durch ein elektrisches Heizelement erzeugt wird.

Die Thermodynamik beschreibt chemische Prozesse auf ähnliche Weise. Reaktionen in chemischen oder geologischen Systemen ergeben sich aus Unterschieden der sogenannten **Gibbs-Energie** oder **freien Enthalpie** G (engl.: *Gibbs free energy*) zwischen Produkten und Reaktanten. Die Bedeutung der Gibbs-Energie in chemischen Systemen kann mit der Bedeutung der potenziellen Energie in mechanischen Systemen verglichen werden. Eine chemische Reaktion verläuft in die Richtung, die zu einer Nettoreduktion der Gibbs-Energie führt, und die so freigesetzte chemische Energie erscheint wieder als Energie in anderer Form – als elektrische Energie bei einer Batterie, als Licht und Wärme bei der Holzverbrennung usw.

Was macht diese Gibbs-Energie aus? Wie kann sie berechnet und genutzt werden? Diese Fragen lassen sich am besten an einem einfachen Beispiel lösen. Stellen Sie sich einen versiegelten Behälter vor, der teilweise mit Wasser gefüllt ist (◘ Abb. 1.2). Der nicht von der Flüssigkeit gefüllte Raum nimmt Wasserdampf (ein Gas) auf, bis ein bestimmter Dampfdruck erreicht ist, der als Gleichgewichtsdampfdruck des Wassers bezeichnet wird, der nur von der Temperatur abhängig ist (wir nehmen hier an, dass sie konstant ist). H_2O liegt nun in zwei stabilen Formen vor, die sehr unterschiedliche physikalische Eigenschaften und eine jeweils andere Struktur aufweisen: Diese beiden Materiezustände werden als **Phasen** bezeichnet. Von diesem Zeitpunkt

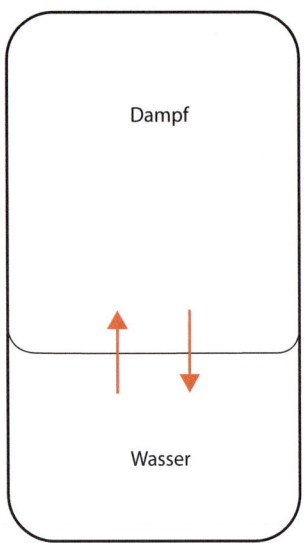

Abb. 1.2 Ein einfaches Modell des chemischen Gleichgewichts zwischen zwei koexistierenden Phasen, Wasser und Wasserdampf. Das Gleichgewicht kann durch eine einfache Gleichung symbolisiert werden: H$_2$O (flüssig) ⇌ H$_2$O (Dampf). Im Gleichgewicht ist der Wechsel von Wassermolekülen von der Flüssigkeit zum Dampf (Verdampfung, Pfeil nach oben) durch die Kondensation von Molekülen aus dem Dampf zur Flüssigkeit (Pfeil nach unten) exakt ausgeglichen

an, wenn sich die Umstände nicht ändern, hält das System einen konstanten Zustand, das sogenannte **Gleichgewicht**, aufrecht, in dem die Verdampfungsrate aus der flüssigen Phase genau der Kondensationsrate aus der Dampfphase entspricht: Die relativen Volumina der beiden Phasen bleiben somit konstant.

In diesem Gleichgewichtszustand müssen die Gibbs-Energien, die jeder dieser beiden Phasen einer bestimmten Wassermenge zugeordnet sind, gleich sein. Wäre dies nicht der Fall, würde ein Nettofluss von Wassermolekülen von der Phase mit höherem G zur Phase mit geringerem G beginnen, sodass die Summe der Gibbs-Energie des gesamten Systems abnimmt, im Einklang mit der allgemeinen Tendenz chemischer Systeme, die Gibbs-Energie zu minimieren. Eine solche Strömung, die die relativen Anteile der beiden Phasen verändern würde, ist mit dem beobachteten Gleichgewichtszustand (bzw. stationären Zustand, engl. *steady state*) unvereinbar. Im Gleichgewicht müssen äquivalente Mengen der beiden Phasen also identische freie Energien aufweisen:

$$G_{Dampf} = G_{flüssig} \tag{1.3}$$

Diese Aussage ist in der Tat die thermodynamische Definition von „Gleichgewicht" in einem solchen System. Aber hier scheinen wir auf ein Paradoxon gestoßen zu sein. Der gesunde Menschenverstand sagt uns, dass wir, um flüssiges Wasser in Dampf umzuwandeln, Energie in Form von Wärme liefern müssen. Die benötigte Wärmemenge wird als latente Verdampfungswärme (oder besser gesagt als Verdampfungsenthalpie) bezeichnet. Dies deutet darauf hin, dass Dampf eine größere Enthalpie aufweist (H_{Dampf}) als eine äquivalente Menge der Flüssigkeit ($H_{flüssig}$):

$$H_{Dampf} > H_{flüssig} \tag{1.4}$$

Der Unterschied spiegelt die Tatsache wider, dass Wassermoleküle im Dampfzustand erstens eine größere potenzielle Energie haben, nachdem sie die Kräfte zwischen den Molekülen, die flüssiges Wasser zusammenhalten, überwunden haben, und zweitens eine größere kinetische Energie (aufgrund der viel größeren Mobilität der Moleküle im Gaszustand).

Wie können wir die Gleichungen ▶ Gl. 1.3 und ▶ Gl. 1.4 in Einklang bringen? Wäre nicht eher zu erwarten, dass der flüssige Zustand, in dem die Wassermoleküle viel niedrigere Energien haben, an sich stabiler ist als der Dampf? Was ist es, das den Dampf trotz seiner höheren Enthalpie als stabile Phase im Gleichgewicht mit der Flüssigkeit hält?

Die Antwort liegt in dem für den Dampf charakteristischen, stark ungeordneten Zustand. Moleküle in der Gasphase fliegen in zufälligen Richtungen umher, wobei sie gelegentlich kollidieren, aber im Gegensatz zu Molekülen in einer Flüssigkeit sind sie frei über das verfügbare Volumen verteilt. Wir sagen, dass Dampf eine hohe **Entropie** (S) hat. Entropie ist ein Parameter, der den Grad der internen Unordnung einer Substanz quantifiziert (Kasten 1.3). Die Entropie hat in der Thermodynamik eine immense Bedeutung, da die Natur sich an den zweiten Hauptsatz der Thermodynamik hält. Darin heißt es, dass alle spontanen Prozesse zu einer Zunahme der Entropie führen. Die alltäglichen Folgen des zweiten Hauptsatzes – so vertraut, dass wir sie oft als selbstverständlich ansehen – werden in Kasten 1.3 näher betrachtet. Im vorliegenden Zusammenhang ist es die Präferenz der Natur für ungeordnete, hochentropische Materiezustände, die es ermöglicht, dass Dampf mit Flüssigkeit koexistieren kann. In gewisser Weise „stabilisiert" die höhere Entropie des Dampfes ihn in Bezug auf den flüssigen Zustand und kompensiert die für seine Aufrechterhaltung erforderliche höhere Enthalpie.

> **Kasten 1.3 Einige Eigenschaften der Entropie**
> Der Begriff der Unordnung ist in der Thermodynamik von grundlegender Bedeutung, da er es uns ermöglicht, jene Prozesse und Veränderungen zu unterscheiden, die auf natürliche Weise auftreten – „spontane" Prozesse – von denen, die dies nicht tun. Wir sind es gewohnt, dass eine Tasse zerbricht, wenn

1.3 · Energie in chemischen Systemen und Mineralen: Gibbs-Energie

sie auf den Boden fällt, aber wir sehen nie, dass sich die Scherben spontan zu einer Tasse zusammensetzen, die am Haken der Anrichte hängt. Auch werden wir niemals beobachten, dass Luft in einem kühlen Raum einen warmen Heizkörper erwärmt. Die Richtung der Veränderung, die wir als natürlich akzeptieren, führt immer zu einem Zustand mit zunehmender Unordnung.

Um diese Argumentation auf die Richtung einer chemischen Veränderung anzuwenden, benötigen wir eine Variable, die den Grad der Unordnung in einem chemischen System quantifiziert. In der Thermodynamik wird dies durch die Entropie des Systems definiert. Entropie streng zu definieren, liegt außerhalb des Rahmens dieses Buches, aber es lohnt sich, die Prozesse zu identifizieren, die zu einer Zunahme der Entropie führen. Die Entropie eines Systems hängt ab von:
- der Verteilung von Materie oder einzelner chemischer Spezies im System; und
- der Verteilung der Energie.

Entropie und die Verteilung der Materie

Die Entropie nimmt zu, wenn:
- eine Substanz vom festen Zustand in den flüssigen Zustand oder von diesem in den gasförmigen Zustand übergeht (Abb. 1.3a),
- sich ein Gas ausdehnt (Abb. 1.3b),
- reine Substanzen miteinander vermischt werden (Abb. 1.3c).

Entropie und die Verteilung von Energie

Die Entropie eines Systems nimmt zu, wenn:
- eine Substanz erhitzt wird, weil die Erhöhung der Temperatur die zufälligen thermischen Bewegungen von Atomen und Molekülen dynamischer macht (Abb. 1.4a);
- Wärme von einem heißen Körper (z. B. einem Heizkörper) zu einem kalten Körper (der Umgebungsluft) strömt (Abb. 1.4b);
- chemische Energie (z. B. Brennstoff + Oxidationsmittel) in Wärme umgewandelt wird (Abb. 1.4c);
- mechanische Energie in Wärme umgewandelt wird (z. B. Reibung).

Der zweite Hauptsatz der Thermodynamik

Der zweite Hauptsatz besagt, dass ein spontan ablaufender Prozess zu einer Zunahme der Entropie des Gesamtsystems führt. Unsere Erfahrung mit diesem Gesetz ist so eng in das Gefüge des Alltags verwoben, dass wir uns seiner Existenz kaum bewusst sind, aber seine Auswirkungen auf die Wissenschaft sind dennoch tiefgreifend. Die Expansion eines Gases ist ein spontaner Prozess, der eine Zunahme der Entropie mit sich bringt: Ein Gas zieht sich nie spontan zu einem kleineren Volumen zusammen. Das Wasser fließt nie bergauf. Das Anwenden von Wärme auf ein elektrisches Heizelement wird niemals Strom erzeugen. Alle diese unmöglichen Ereignisse würden zu einer Verringerung der Entropie führen und damit gegen den zweiten Hauptsatz verstoßen.

Die Entropie ist am geringsten, wenn die Energie in einem Teil eines Systems konzentriert ist. Dies ist ein Merkmal aller Energieressourcen, die wir nutzen: Wasser, das hinter einem Staudamm zurückgehalten wird, chemische Energie, die in einem Benzintank oder in einer geladenen Batterie gespeichert ist, Kernenergie in einem Uranbrennstab etc. Die Entropie ist am höchsten, wenn die Energie gleichmäßig über das betrachtete System verteilt ist, und unter diesen Umständen kann sie nicht sinnvoll genutzt werden. Spontane (Entropie erhöhende) Veränderungen gehen immer mit einer Verschlechterung der „Qualität" der Energie einher, in dem Sinne, dass sie breiter und gleichmäßiger verteilt wird.

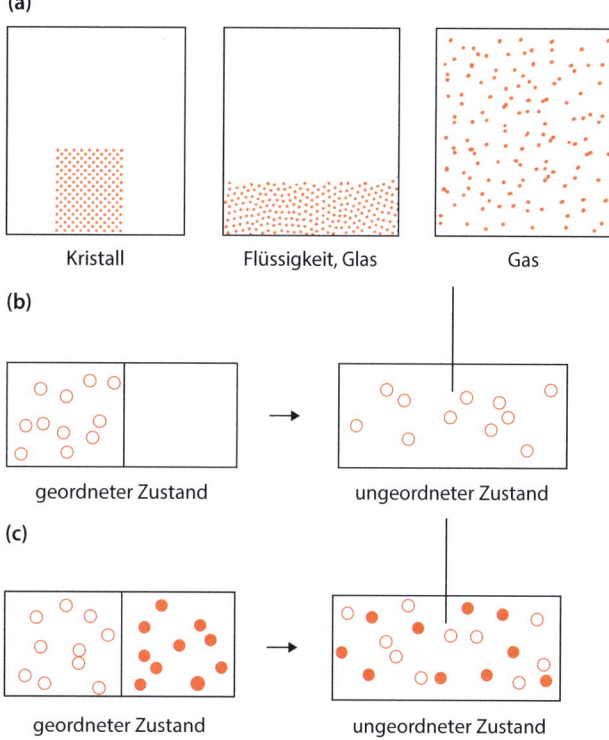

◨ **Abb. 1.3** Zunahme der Entropie **a** bei Übergang zu einem anderen Aggregatzustand (Glas hat die ungeordnete Struktur einer Flüssigkeit, aber ohne eine entsprechende Beweglichkeit der Atome, die Entropie von Glas liegt zwischen derjenigen einer Flüssigkeit und eines kristallinen Feststoffs); **b** bei Ausdehnung eines Gases; **c** bei Vermischung zweier Substanzen

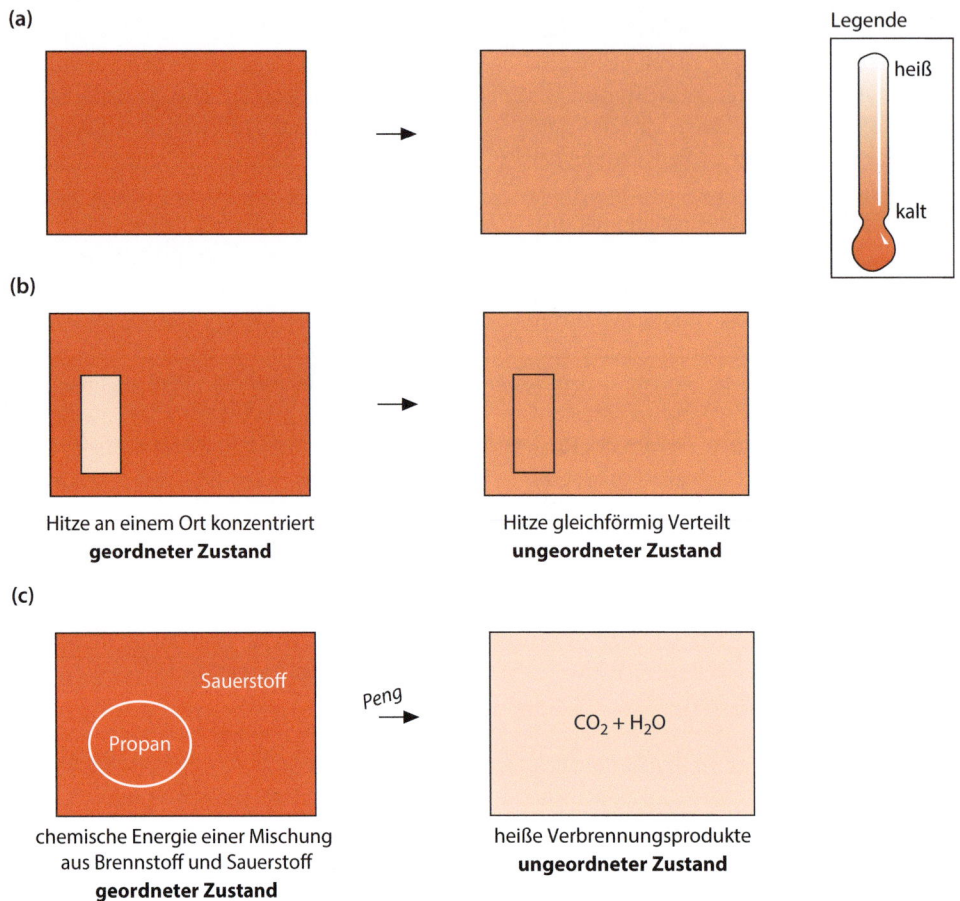

Abb. 1.4 Zunahme der Entropie **a** wenn eine Substanz erwärmt wird, **b** wenn Wärme von einem heißen Körper (z. B. Heizung) zu einem kalten Körper (z. B. Raumluft) fließt, **c** wenn chemische Energie in Wärme umgewandelt wird

Natürlich wird jede energetische Analyse, selbst dieses einfache Beispiel, nur gelingen, wenn man die Entropiedifferenz (ΔS) zwischen Flüssigkeit und Dampf berücksichtigt. Aus diesem Grund beinhaltet die Definition der Gibbs-Energie (alternativ freie Enthalpie genannt) jeder Phase einen Term mit der Entropie:

$$G_{\text{flüssig}} = H_{\text{flüssig}} - T \cdot S_{\text{flüssig}} \tag{1.5}$$

$$G_{\text{Dampf}} = H_{\text{Dampf}} - T \cdot S_{\text{Dampf}} \tag{1.6}$$

$H_{\text{flüssig}}$ und H_{Dampf} sind die Enthalpien der Flüssigkeit bzw. des Dampfes. $S_{\text{flüssig}}$ und S_{Dampf} sind die entsprechenden Entropien. (Achten Sie darauf, die ähnlich klingenden Begriffe „Enthalpie" und „Entropie" nicht zu verwechseln.) Die absolute Temperatur T (gemessen in Kelvin) wird in einem Gleichgewichtssystem als gleichbleibend angenommen (Kap. 2) und erfordert daher keinen tiefgestellten Index.

Das wichtige Merkmal dieser Gleichungen ist das negative Vorzeichen. Das bedeutet, dass der Dampf eine höhere Enthalpie (H) und eine höhere Entropie (S) als die Flüssigkeit aufweisen und dennoch die gleiche Gibbs-Energie (G) haben kann – das muss der Fall sein, wenn die beiden Phasen im Gleichgewicht sein sollen. Vielleicht kann ein grundlegenderes Verständnis des Minuszeichens gewonnen werden, indem die Gleichungen ▶ Gl. 1.5 und ▶ Gl. 1.6 in diese Form gebracht werden:

$$H = G + T \cdot S$$

Die Enthalpie einer Phase kann somit als aus zwei Beiträgen bestehend betrachtet werden:
- G ist der Teil, der potenziell durch eine chemische Reaktion freigesetzt werden kann und daher passenderweise als „freie Enthalpie" bezeichnet wird. Dies liefert somit ein Maß für die Instabilität eines Systems (so wie die potenzielle Energie des Wassers in einem Speicher seine gravitative Instabilität widerspiegelt).
- $T \cdot S$ ist der Teil, der durch die interne Unordnung einer Phase bei Temperatur T unwiederbringlich gebunden ist und daher nicht durch chemische Reaktionen rückgewinnbar ist.

Die Gleichungen ▶ Gl. 1.5 und ▶ Gl. 1.6 drücken den grundlegenden Beitrag der Unordnung zur Energiebilanz chemischer und geologischer Reaktionen aus, eine

Kasten 1.3 Einige Eigenschaften der Entropie

Frage, die wir in den folgenden Abschnitten noch einmal aufgreifen werden.

1.3.1 Einheiten

Enthalpie, Entropie und Gibbs-Energie sind, wie auch Masse und Volumen, sogenannte extensive Größen. Das bedeutet, dass ihre Werte von der Menge des vorhandenen Materials abhängen. Hingegen sind Temperatur, Dichte, Viskosität, Druck und ähnliche Eigenschaften intensive Größen, da ihre Werte unabhängig von der Größe des betrachteten Systems sind.

In den veröffentlichten Tabellen der Enthalpie und Entropie (s. a. ▶ Abschn. 2.4) sind die Werte für ein Mol (im SI-System abgekürzt mit „mol") des betreffenden Stoffes angegeben (bei Wasser entspricht das 18 g). Man spricht daher von molarer Enthalpie und molarer Entropie, von molarer Gibbs-Energie und molarem Volumen. Die Einheiten der molaren Enthalpie und der molaren Gibbs-Energie sind Joule pro Mol ($J\,mol^{-1}$); die der molaren Entropie sind Joule pro Kelvin pro Mol ($J\,K^{-1}\,mol^{-1}$). Die bequemste Einheit, um das molare Volumen anzugeben, ist $10^{-6}\,m^3\,mol^{-1}$ (was gleichbedeutend ist mit $cm^3\,mol^{-1}$, der häufig in der älteren Literatur verwendeten Einheit).

In thermodynamischen Gleichungen wie ▶ Gl. 1.5 wird die Temperatur immer in Kelvin (K) angegeben. Ein Kelvin hat auf der Skala die gleiche Größe wie ein °C, aber die Skala beginnt beim absoluten Nullpunkt der Temperatur ($-273{,}15\,°C$), nicht beim Gefrierpunkt von Wasser (0 °C). Deshalb:

$$T(\text{in K}) = T(\text{in °C}) + 273{,}15$$

Die SI-Einheit für den Druck ist Pascal (Pa; siehe Anhang A.1).

1.3.2 Änderungen der Gibbs-Energie

Aus den in ▶ Abschn. 1.2 in Bezug auf die potenzielle Energie genannten Gründen haben die absoluten Zahlenwerte von $G_{\text{flüssig}}$ und G_{Dampf} keine Bedeutung. Bei der Betrachtung, ob Wasser unter bestimmten Umständen verdunstet oder kondensiert, geht es uns um die *Veränderung* der Gibbs-Energie ΔG, die sich aus der „Reaktion" von Flüssigkeit zu Dampf ergibt. Der erste Schritt zur Berechnung der freien Energieänderungen besteht darin, den betreffenden Prozess in Form einer chemischen Reaktion aufzuschreiben. Für das Wasser-Dampf-Gleichgewicht:

$$H_2O\,(\text{flüssig}) \rightleftarrows H_2O\,(\text{Dampf})$$

Der Gleichgewichtspfeil ($\rightleftarrows$) bedeutet, dass die in jeweils entgegengesetzte Richtung verlaufenden Reaktionen gleichzeitig und in einem Gleichgewichtszustand ablaufen.

Die Hinreaktion ist:
Flüssigkeit → Dampf.
(Verdampfung, Reaktant links, Produkt rechts des Pfeils).

Die Rückreaktion ist:
ampf.
(Kondensation, Reaktant rechts, Produkt links des Pfeils).

Laut Konvention ist die Änderung der Gibbs-Energie (ΔG) für die Hinreaktion:

$$\Delta G = G_{\text{Produkte}} - G_{\text{Edukte}}$$

Im Beispiel also:

$$\Delta G = G_{\text{Dampf}} - G_{\text{flüssig}}$$

Jedes G kann in Form von molaren Enthalpie- und Entropiewerten ausgedrückt werden (▶ Gl. 1.5 und ▶ Gl. 1.6), die aus veröffentlichten Tabellen entnommen werden. Also:

$$\Delta G = (H_{\text{Dampf}} - T \cdot S_{\text{Dampf}}) - (H_{\text{flüssig}} - T \cdot S_{\text{flüssig}})$$
$$= (H_{\text{Dampf}} - H_{\text{flüssig}}) - T(S_{\text{Dampf}} - S_{\text{flüssig}}) = \Delta H - T \cdot \Delta S$$

In dieser Gleichung ist ΔH die pro Mol benötigte Wärme, um Dampf aus flüssigem Wasser zu erzeugen (die latente Verdampfungswärme). Im Kontext einer echten chemischen Reaktion würde es die Reaktionswärme (streng genommen die Reaktionsenthalpie) darstellen. Wenn ΔH für die Hinreaktion negativ ist, wird durch die Reaktion Wärme abgegeben, sie gilt dann als **exotherm** („Wärme abgebend"). Ein positiver Wert bedeutet, dass die Reaktion nur dann abläuft, wenn Wärme aus der Umgebung aufgenommen wird. Reaktionen, die auf diese Weise Wärme aufnehmen, gelten als **endotherm** („Wärme aufnehmend"). ΔS stellt die entsprechende Entropieänderung zwischen Flüssigkeits- und Dampfzustand dar.

Die Werte von H_{Dampf}, $H_{\text{flüssig}}$, S_{Dampf} und $S_{\text{flüssig}}$ können als molare Größen für die gewünschte Temperatur (z. B. Raumtemperatur ≈ 298 K) in veröffentlichten Tabellen nachgeschlagen werden. In diesem Fall können ΔH und ΔS durch einfache Differenz berechnet werden, was zu einem Wert für ΔG führt (achten Sie darauf, den Wert von T in Kelvin einzugeben, nicht in °C). Aus dem für ΔG erhaltenen Vorzeichen lässt sich vorhersagen, in welche Richtung die Reaktion unter den betrachteten Bedingungen verlaufen wird. Ein negativer Wert von ΔG zeigt an, dass die Produkte stabiler sind – eine geringere Gibbs-Energie haben – als die Reaktanten, sodass erwartet werden kann, dass die Reaktion in Vorwärtsrichtung verläuft. Wenn ΔG positiv ist, sind die „Reaktanten" dagegen stabiler als die „Produkte", und die Rückreaktion überwiegt. In beiden Fällen führt die Reaktion schließlich zu einer

Bedingung, bei der $\Delta G = 0$ ist, was bedeutet, dass das Gleichgewicht erreicht ist. Nun wollen wir sehen, wie diese Prinzipien auf Minerale und Gesteine zutreffen.

1.4 Stabile, instabile und metastabile Minerale

Die Begriffe „stabil" und „instabil" haben in der Thermodynamik eine genauere Bedeutung als im täglichen Gebrauch. Um ihre Bedeutung im Zusammenhang mit Mineralen und Gesteinen zu erfassen, ist es hilfreich, zunächst ein einfaches physikalisches Analogon zu betrachten. ◘ Abb. 1.5a zeigt einen rechteckigen Holzblock in verschiedenen Positionen in Bezug auf eine Referenzfläche, wie beispielsweise eine Tischplatte, auf der dieser Block steht. Diese Konfigurationen unterscheiden sich in ihrer potenziellen Energie, dargestellt durch die vertikale Höhe des Schwerpunktes des Blocks (dargestellt als Punkt) über der Tischplatte. Aus diesem physikalischen System lassen sich mehrere allgemeine Prinzipien ableiten, die später helfen werden, einige wesentliche Elemente des Gleichgewichts zwischen Mineralen zu beleuchten:

- Innerhalb dieses Bezugsrahmens hat die Konfiguration D die niedrigst mögliche potenzielle Energie, und man nennt dies die stabile Position. Im Gegensatz dazu sind die Konfigurationen A und C offensichtlich instabil, da der Block in diesen Positionen sofort umkippt und in einer Position wie D endet. Beide haben eindeutig eine höhere potenzielle Energie als D.
- Bei der Betrachtung von stabilen und instabilen Konfigurationen muss man nicht alle Energieformen des Holzblocks berücksichtigen, von denen einige (z. B. die gesamte elektrische Energie) schwer zu quantifizieren wären. Die mechanische Stabilität hängt ausschließlich von den Energieunterschieden zwischen den einzelnen Konfigurationen und nicht von deren absoluten Energiewerten ab.
- Konfiguration B stellt eine Art Paradoxon dar. Es hat eine potenzielle Energie, die größer ist als der instabile Zustand C, aber wenn sie ungestört bleibt, bleibt sie auf unbestimmte Zeit bestehen und behält den Anschein von Stabilität. Es kann jedoch ausreichen, eine kleine Energiemenge hinzuzufügen, z. B. wenn eine Person gegen den Tisch stößt, um ihn umzuwerfen. Der Charakter der Konfiguration B kann verdeutlicht werden, indem man ein Diagramm der potenziellen Energie gegen die Zeit skizziert, wenn der Block umkippt (◘ Abb. 1.5b). Bei den beiden instabilen Positionen A und C sinkt die potenzielle Energie kontinuierlich auf den Wert der Position D; bei der Position B muss die potenzielle Energie jedoch zunächst leicht ansteigen, be-

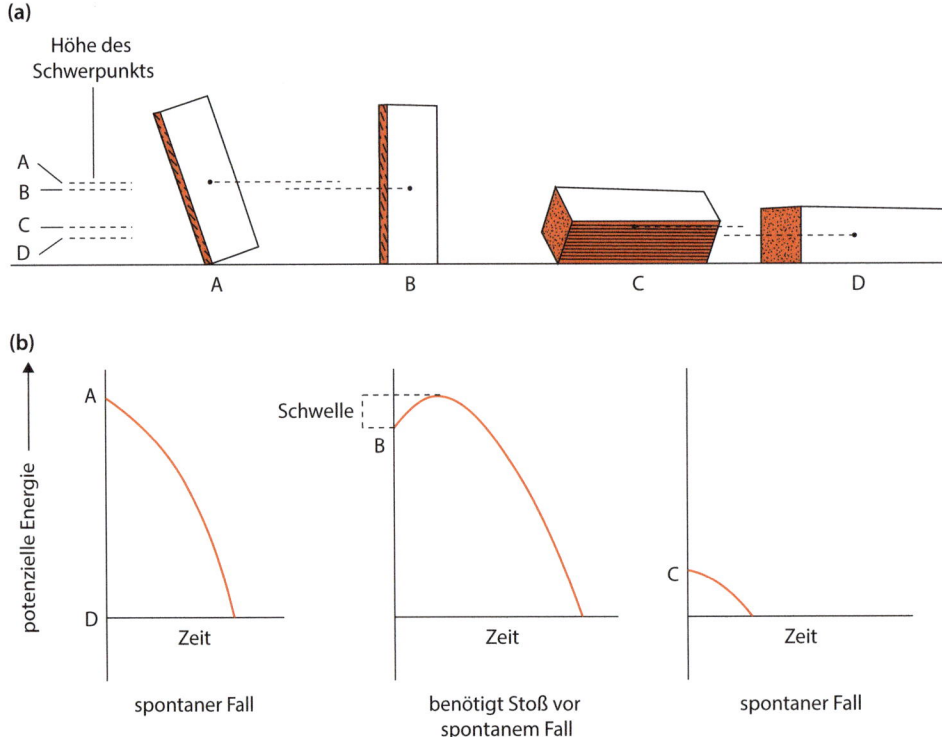

◘ **Abb. 1.5** Potenzielle Energie eines rechteckigen Holzblocks in verschiedenen Positionen auf einer ebenen Fläche. **a** Vier Positionen des Blocks, die jeweils die Höhe seines Schwerpunktes (Punkt) anzeigen. **b** Die Änderung der potenziellen Energie beim Umkippen des Blocks für instabile (A, C) und metastabile (B) Konfigurationen

1.4 · Stabile, instabile und metastabile Minerale

vor sie auf den Minimalwert fällt. Der Grund dafür ist, dass der Block auf seine Kante (vgl. Position A) gehoben werden muss, bevor er umkippen kann, und die Arbeit, die mit dem Anheben seines Schwerpunktes verbunden ist, stellt eine Schwelle der potenziellen Energie dar, die überwunden werden muss, bevor der Block umkippen kann. Indem sie das spontane Umkippen des Blocks verhindert, stabilisiert diese Schwelle die Konfiguration B. Man verwendet den Begriff metastabil, um jeden Energiezustand zu beschreiben, der durch eine solche Energieschwelle stabilisiert wird.

Die Anwendung dieser Erkenntnisse auf die Mineralstabilität lässt sich an den Mineralen Calcit (auch Kalkspat genannt) und Aragonit veranschaulichen, deren Stabilitätsbereiche nach Druck und Temperatur in Form eines Phasendiagramms in ◘ Abb. 1.6a dargestellt sind. Diese Minerale sind zwei kristallographisch unterschiedliche Formen von Calciumcarbonat ($CaCO_3$), die unter verschiedenen physikalischen Bedingungen stabil sind. Das in ◘ Abb. 1.6a dargestellte Phasendiagramm ist in zwei Bereiche unterteilt, die als Stabilitätsfelder bezeichnet werden. Eines davon stellt den Bereich mit Druck- und Temperaturbedingungen dar, unter denen Calcit das stabile Mineral ist, und das andere – bei höheren Drücken – den Bereich der Bedingungen, die Aragonit begünstigen. Die Stabilitätsfelder sind durch eine Linie getrennt, die als **Phasengrenzlinie** bezeichnet wird. Diese definiert die Bedingungen, unter denen Calcit und Aragonit im Gleichgewicht miteinander koexistieren können.

Die Energetik des Calcit-Aragonit-Systems ist in ◘ Abb. 1.6b dargestellt. Wir sehen, wie sich die molaren Gibbs-Energien der beiden Minerale entlang der Linie X–Y in ◘ Abb. 1.6a unterscheiden. Bei hohem Druck (Punkt Y), tief in der Erdkruste, ist die molare Gibbs-Energie von Aragonit geringer als die von Calcit, und somit ist Aragonit unter diesen Bedingungen das stabile Mineral, analog zur Konfiguration D des Holzblocks in ◘ Abb. 1.5a. Bei einem niedrigeren Druck (Punkt X), der näher an der Erdoberfläche liegt, wird die Position jedoch umgekehrt: Calcit hat die niedrigere freie Energie und ist somit das stabile Mineral. Die Linien, welche die Gibbs-Energie von Calcit und Aragonit als Funktion des Drucks darstellen, kreuzen sich in ◘ Abb. 1.6b an einem mit p markierten Punkt. Hier haben die beiden Minerale gleiche molare Gibbs-Energien und befinden sich daher miteinander im chemischen Gleichgewicht. Der Punkt p markiert daher in ◘ Abb. 1.6b die Position der in ◘ Abb. 1.6a gezeigten Phasengrenzlinie.

Stellen Sie sich vor, Sie transportieren eine Aragonitprobe von den Bedingungen des Punktes Y zu einem neuen Ort (in einer geringeren Tiefe in der Erdkruste) mit den Druck- und Temperaturkoordinaten des Punktes X. Unter den neuen Bedingungen wird Aragonit nicht mehr das stabile Mineral sein und neigt daher dazu, durch Rekristallisation zu Calcit einen Zustand niedrigerer Gibbs-Energie zu erreichen. Diese Umwandlung kann jedoch nicht sofort erfolgen, da der Zustand von Aragonit dem Holzblock in Position B entspricht. Die drei Punkte, die oben in Bezug auf ◘ Abb. 1.5 genannten wurden, können für das Calcit-Aragonit-System wiederholt werden:

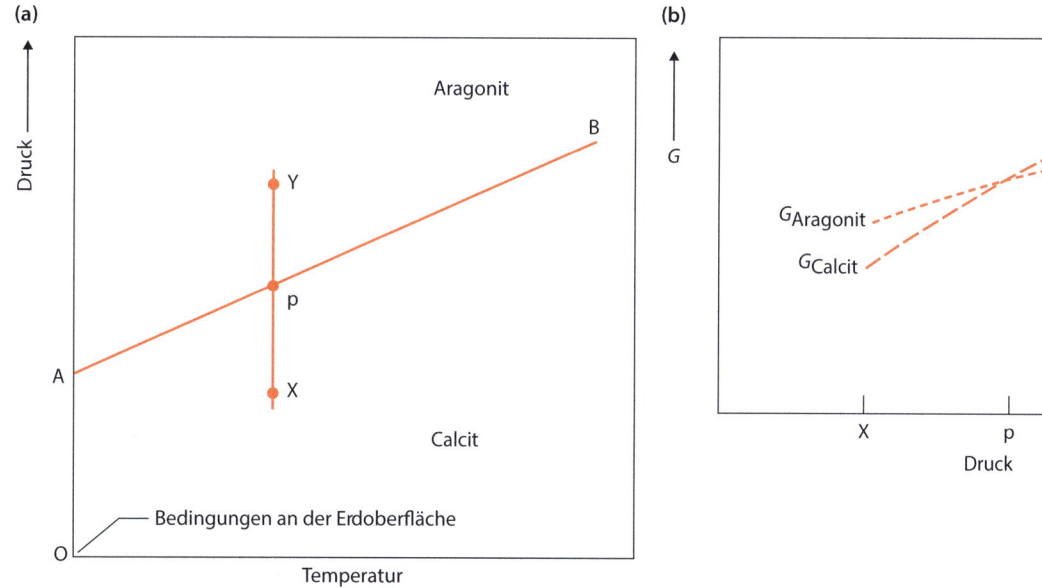

◘ **Abb. 1.6** Stabilität der $CaCO_3$-Polymorphe. **a** Druck-Temperatur-Phasendiagramm mit den Stabilitätsfeldern von Calcit und Aragonit. Die Linie A–B ist die Phasengrenzlinie und zeigt die *P-T*-Bedingungen an, unter denen Calcit und Aragonit im stabilen Gleichgewicht koexistieren können. **b** Variation der Gibbs-Energie (*G*) von Calcit und Aragonit über einen Druckbereich entlang der isothermen Linie X–Y in (a)

- Calcit hat die geringere Gibbs-Energie und ist unter den durch Punkt X definierten niedrigeren Druckbedingungen die stabile Form von Calciumcarbonat.
- Viele andere Energieformen sind unter solchen Bedingungen mit Calcit und Aragonit verbunden, aber bei der Diskussion der thermodynamischen Stabilität geht es uns nur um Unterschiede der Gibbs-Energie zwischen alternativen Zuständen. Dies hat die wichtige Konsequenz, dass die Gibbs-Energie nur relativ ausgedrückt werden muss, bezogen auf einen geeigneten, aber willkürlichen gemeinsamen Punkt, eine Art thermodynamischen „Meeresspiegel". Alle wichtigen Anwendungen der Thermodynamik beinhalten die Berechnung von Differenzen der Gibbs-Energie zwischen den verschiedenen Zuständen des betrachteten Systems, und die Vorstellung einer absoluten Skala von Werten der Gibbs-Energie, analog zur absoluten Temperaturskala, ist unnötig und unangemessen.
- Obwohl Aragonit unter oberflächennahen Bedingungen nicht stabil ist (◘ Abb. 1.6), ist es ein recht häufiges Mineral und es kann über lange Zeiträume auf der Erdoberfläche bestehen bleiben. Wie die Konfiguration B in ◘ Abb. 1.5a kann Aragonit unter solchen Umständen den Anschein erwecken, sich in einem stabilen Zustand zu befinden, obwohl seine Gibbs-Energie deutlich über der von Calcit liegt. Unter bestimmten Umständen kann Aragonit sogar unter oberflächennahen Bedingungen kristallisieren: So sind beispielsweise die Schalen von planktonischen Gastropoden (*Pteropoda*) aus Aragonit, der direkt aus dem Meerwasser ausgefällt wird. Die Erklärung für die scheinbare Stabilität ist, dass Aragonit wie sein mechanisches Analogon (B in ◘ Abb. 1.5a) durch eine Energieschwelle stabilisiert wird.

Der Energiepfad, dem Aragonit folgt (unter den Bedingungen von Punkt X in ◘ Abb. 1.6a), während er in Calcit umgewandelt wird, ist in ◘ Abb. 1.7 dargestellt. Die Energieschwelle besteht darin, dass die Umsortierung der Kristallstruktur von Aragonit zu Calcit eine gewisse Arbeit erfordert, um Bindungen zu brechen und Atome zu bewegen. Obwohl ein Vielfaches diese Energieinvestition bei der Nettofreisetzung von Gibbs-Energie im Laufe der Reaktion zurückgewonnen wird, ist ihre Bedeutung bei der Frage, ob die Reaktion beginnen kann, beträchtlich. Entsprechend wird die Höhe der Energieschwelle als Aktivierungsenergie der Reaktion bezeichnet (Symbol E_a).

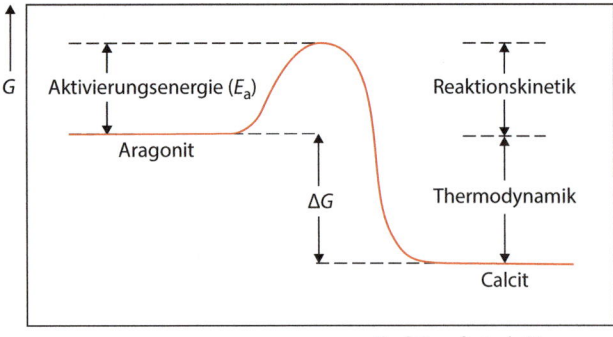

◘ **Abb. 1.7** Der Energieweg während der Rekristallisation von Aragonit zu Calcit unter den *P-T*-Bedingungen an Punkt X in ◘ Abb. 1.6

◘ Abb. 1.7 veranschaulicht eine wichtige Unterscheidung zwischen zwei wichtigen Bereichen der Geochemie. Die Thermodynamik beschäftigt sich mit den Änderungen der Gibbs-Energie, die mit dem chemischen Gleichgewicht zwischen den Phasen zusammenhängen, und liefert die Werkzeuge, um herauszufinden, welche Mineralvergesellschaftungen unter welchen Bedingungen stabil sind. In der Thermodynamik sind nur der Anfangs- und der Endzustand von Interesse, und die Aufmerksamkeit beschränkt sich auf die Nettoenergieunterschiede zwischen Reaktanten und Produkten (ΔG, ΔH, ΔS), wie Kap. 2 zeigen wird. Die Wissenschaft der Kinetik beschäftigt sich mit der Mechanik der chemischen Reaktionen, die zum Gleichgewicht führen, und mit den Geschwindigkeiten, mit denen sie stattfinden. In diesem Bereich, wie wir in Kap. 3 sehen werden, nimmt die **Aktivierungsenergie** eine dominante Rolle ein, die den starken Einfluss der Temperatur auf viele geologische Prozesse erklärt.

Weiterführende Literatur

Atkins P (2010) The laws of thermodynamics: a very short introduction. Oxford: Oxford University Press (insbes. Kap. 1 und 2)
Goldberg D (2010) Beginning chemistry, 2. Aufl. McGraw Hill, New York
Pauken M (2011) Thermodynamics for dummies. John Wiley and Sons Ltd, Chichester
Smith EB (2004) Basic chemical thermodynamics, 5. Aufl. Imperial College Press, London
Williams L (2003) Chemistry demystified. McGraw-Hill, New York

Gleichgewicht in geologischen Systemen

Inhaltsverzeichnis

2.1 Die Bedeutung der Mineralstabilität – 14

2.2 Systeme, Phasen und Komponenten – 16
2.2.1 System – 16
2.2.2 Phase – 16
2.2.3 Komponente – 17

2.3 Gleichgewicht – 18
2.3.1 Thermisches Gleichgewicht – 18
2.3.2 Chemisches Gleichgewicht – 18
2.3.3 Die Gibbs'sche Phasenregel – 19

2.4 Phasendiagramme im P–T-Raum – 20
2.4.1 P_v-T-Diagramme – 23
2.4.2 Das Prinzip von Le Chatelier – 24
2.4.3 Die Clapeyron-Gleichung – 25

2.5 Phasendiagramme im T-χ-Raum – 26
2.5.1 Kristallisation in Systemen ohne Mischkristalle – 26
2.5.2 Kristallisation in Systemen mit Mischkristallen – 32
2.5.3 Der Solvus und Entmischung – 34

2.6 Ternäre Phasendiagramme – 36
2.6.1 Ternäres Phasendiagramm ohne Mischkristall – 36
2.6.2 Ternäres Phasendiagramm mit Mischkristall – 39

2.7 Zusammenfassung – 41

Übungen – 42

Literatur – 43

© Springer-Verlag GmbH Deutschland, ein Teil von Springer Nature 2020
R. Gill, *Chemische Grundlagen der Geo- und Umweltwissenschaften*,
https://doi.org/10.1007/978-3-662-61500-3_2

2.1 Die Bedeutung der Mineralstabilität

Magmatische und metamorphe Gesteine bilden sich an Stellen, die für den untersuchenden Geologen im Allgemeinen nicht direkt zugänglich sind. Um herauszufinden, wie solche Gesteine in der Erde gebildet werden, muss man auf eine indirekte Untersuchung zurückgreifen. Die wichtigsten Hinweise geben die Minerale, die in diesen Gesteinen enthalten sind. Ein bestimmtes Mineral kristallisiert nur in begrenzten Druck- und Temperaturbereichen als stabile Phase, wie wir es bei Aragonit gesehen haben, der nur bei hohen Drücken stabil vorkommt (vgl. ◘ Abb. 1.6a). Wenn das Mineral Bedingungen ausgesetzt wird, die außerhalb seines Stabilitätsbereichs liegen, beginnt stattdessen ein anderes Mineral, das unter diesen Bedingungen stabil ist (wie Calcit bei niedrigem Druck), zu kristallisieren. Die Stabilität anderer Minerale kann in ähnlicher Weise vom Druck des Wasserdampfes oder einer anderen gasförmigen Komponente abhängen, die während der Kristallisation vorhanden ist, und ein solches Mineral tritt in einem Gestein nur dann auf, wenn der während seiner Bildung vorhandene Dampfdruck in den entsprechenden Bereich fällt.

Die Empfindlichkeit solcher Minerale für die physikalischen Gegebenheiten während ihrer Entstehung bietet dem Petrologen enorme Möglichkeiten, denn wenn sie in einem magmatischen oder metamorphen Gestein gefunden werden, das jetzt an der Oberfläche aufgeschlossen ist, bieten sie ein Mittel, um die Eigenschaften der Umgebung, in der dieses Gestein ursprünglich gebildet wurde, quantitativ zu bestimmen. Die Untersuchung der Mineralstabilität bietet daher den Schlüssel zu einer regelrechten Bibliothek voller Informationen über Bedingungen und Prozesse tief in der Erdkruste und im oberen Mantel, die in den Gesteinen enthalten sind und auf ihre Nutzung warten.

Der übliche Weg, um die physikalischen Grenzen festzulegen, innerhalb derer ein Mineral stabil ist – und über diese hinaus instabil –, sind Laborexperimente (Kasten 2.1). Die heutige Technologie ist in der Lage, im Labor die physikalischen Bedingungen (Temperatur T, Druck P, Wasserdampfdruck p_{H_2O} usw.) zu reproduzieren, die an beliebigen Positionen in der Kruste und im größten Teil des oberen Mantels herrschen. Es können Experimente durchgeführt werden, bei denen Minerale bei einer Reihe von genau bekannten Temperaturen und Drücken aus Ausgangsmaterialien bekannter Zusammensetzung synthetisiert werden. In jedem Fall wird davon ausgegangen, dass die gebildeten Phasen (Minerale) im chemischen Gleichgewicht miteinander und/oder mit einer flüssigen Silicatschmelze kristallisieren, und aus diesem Grund spricht man bei diesen Experimenten von Phasengleichgewichten. Solche experimentellen Informationen sind für die petrologische Interpretation von natürlich vorkommenden Gesteinen von entscheidender Bedeutung. Die Ergebnisse werden verwendet, um in Phasendiagrammen ähnlich wie in ◘ Abb. 1.6a die Bereiche zu kartieren, in denen bestimmte Mineralvergesellschaftungen stabil sind. Wenn sich die physikalischen Bedingungen ändern, kristallisiert beim Überqueren einer Grenze von einem Stabilitätsfeld in ein benachbartes eine Mineralvergesellschaftung (Paragenese) in eine andere um. Es läuft eine chemische Reaktion zwischen koexistierenden Mineralen ab, die eine instabile – oder metastabile – Mineralvergesellschaftung in eine neue, stabile umwandelt. Diese Grenzen, wie z. B. die diagonale Linie in ◘ Abb. 1.6a, werden Phasengrenzlinien oder auch Reaktionsgrenzen genannt.

Kasten 2.1 Phasengleichgewichtsexperimente mit Mineralen

In ◘ Abb. 2.1 ist dargestellt, wie die Felder eines Phasendiagramms (wie z. B. ◘ Abb. 2.2) kartiert werden. Jeder der gefüllten und offenen Kreise stellt ein individuelles Experiment dar, bei dem eine Probe der betreffenden Zusammensetzung in einem Druckbehälter auf den durch die Koordinaten angegebenen Druck und die Temperatur für eine ausreichende Zeit erwärmt wird, damit die Phasen reagieren und ein chemisches Gleichgewicht erreichen können. Am Ende eines jeden Experiments – das je nach Zeit, die zum Erreichen des Gleichgewichts benötigt wird, Stunden, Tage oder sogar Monate dauern kann – wird die Probe „abgeschreckt", d. h., sie wird so schnell wie möglich auf Raumtemperatur abgekühlt, um die unter den Bedingungen des Experiments gebildete Phasenvergesellschaftung zu erhalten (die bei langsamer Abkühlung in andere Phasen umkristallisieren könnte, s. ▶ Kap. 3). Die Probe wird aus ihrer Kapsel entnommen und die Phasenanordnung unter dem Mikroskop oder mit anderen Methoden identifiziert. Das Symbol für jedes Experiment ist im Diagramm so gewählt, dass es die Art der beobachteten Phasenvergesellschaftung angibt, sodass die Ergebnisse einer Reihe von Experimenten es ermöglichen, die Position der Phasengrenzlinie zu bestimmen. Für spätere Experimente können Bedingungen gewählt werden, die eine genauere Festlegung der Position im P–T-Raum ermöglichen.

Experimente im Labor müssen zwangsläufig in viel kürzerer Zeit durchgeführt werden, als die Natur für

2.1 · Die Bedeutung der Mineralstabilität

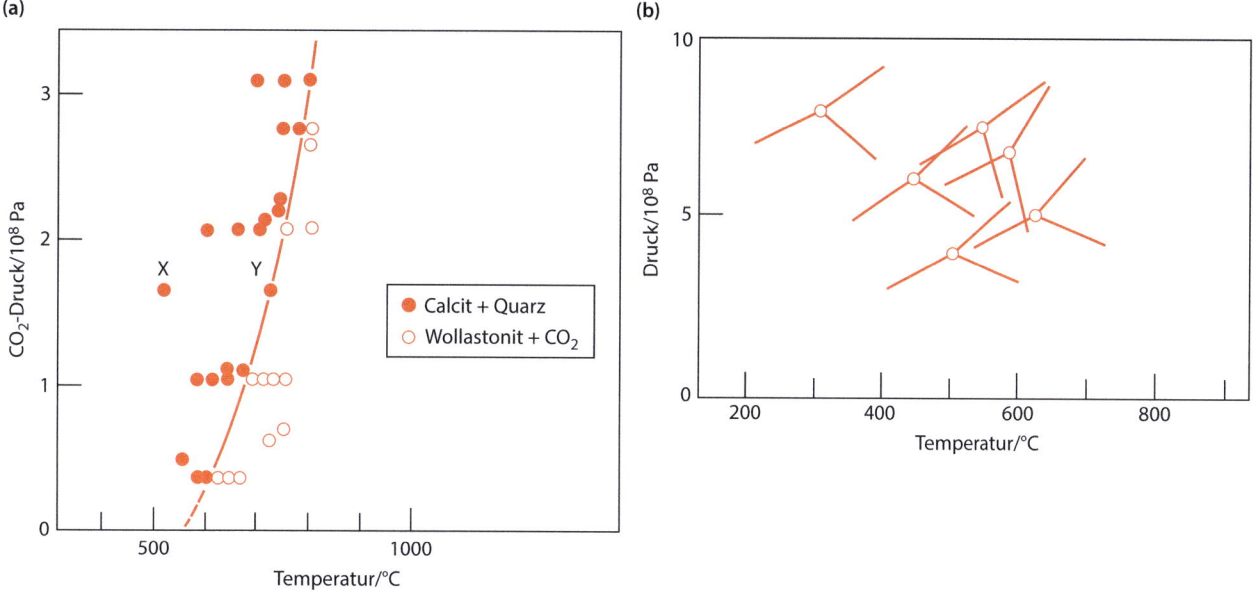

Abb. 2.1 **a** Ein P–T-Phasendiagramm, das die Reaktionskurve für Calcit + Quarz ⇌ Wollastonit + CO_2 (▶ Gl. 2.5) zeigt. Jeder Punkt repräsentiert die P–T-Werte für ein einzelnes Experiment. Alle Experimente wurden in einer CO_2-Atmosphäre durchgeführt; der Druck des vorhandenen CO_2-Gases (symbolisiert als P_{CO_2}) ist gleich dem angelegten Druck. Gefüllte Punkte zeigen Durchläufe, die Calcit und Quarz produzierten, offene Punkte stellen Durchläufe dar, in denen Wollastonit gebildet wurde. Die Kurve wird so gezeichnet, dass sie zwischen gefüllten und offenen Punkten verläuft. **b** Verschiedene veröffentlichte experimentelle P–T-Werte des in **◘** Abb. 2.2 dargestellten Kyanit-Sillimanit-Andalusit-Tripelpunktes

die gleiche Reaktion zur Verfügung hat. Selbst bei hohen Temperaturen sind Reaktionen zwischen Silicaten bekanntermaßen träge, und die am Ende eines Versuchsdurchlaufs beobachteten Phasen könnten statt eines Gleichgewichts durchaus eine unvollständige Reaktion oder einen metastabilen Zwischenzustand widerspiegeln. Welches Ausmaß dieses Problem manchmal annehmen kann, wird durch die Uneinigkeit zwischen den veröffentlichten Experimenten zur Bestimmung des Kyanit-Sillimanit-Andalusit-Tripelpunkts veranschaulicht, die in **◘** Abb. 2.1b illustriert wird. Nach heutigem Konsens liegt der Tripelpunkt bei etwa $4 \cdot 10^8$ Pa und 500 °C (s. **◘** Abb. 2.2).

Eine Vorsichtsmaßnahme, die der Experimentator treffen kann, besteht darin, sicherzustellen, dass die Position jeder Phasengrenzlinie durch Annäherung von beiden Seiten festgelegt wird, ein Verfahren, das als „Umkehrreaktion" bezeichnet wird. Bei der Lokalisierung der Kyanit-Sillimanit-Phasengrenzlinie reicht es beispielsweise nicht aus, nur die Temperatur zu messen, bei der Kyanit in Sillimanit übergeht; der vorsichtige Versuchsleiter misst auch die Temperatur, bei der Sillimanit beim Abkühlen in Kyanit übergeht.

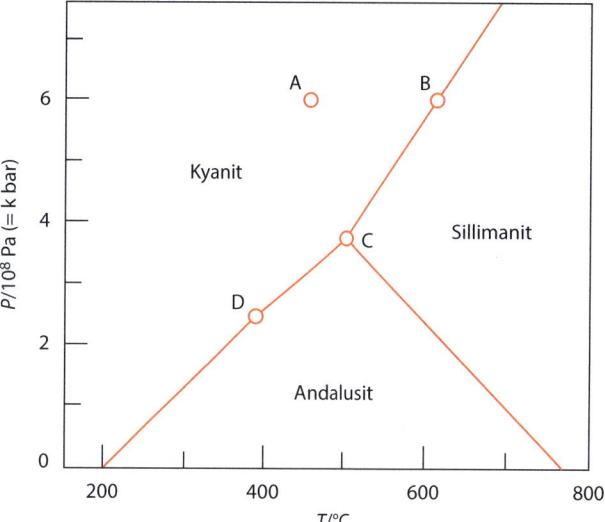

Abb. 2.2 Ein P–T-Diagramm der Aluminiumsilicatminerale (Zusammensetzung Al_2SiO_5). Die Angabe an der Druckachse ist in 10^8 Pa (gleich groß wie die traditionelle Druckeinheit Kilobar: 1 kbar = 10^3 bar = 10^8 Pa = 0,1 GPa). Kyanit (auch Disthen genannt) ist ein triklines Mineral, das normalerweise als breite hellblaue Stängel im Handstück vorkommt. Sillimanit ist orthorhombisch und ist in der Regel faserig oder prismatisch. Andalusit ist auch orthorhombisch und hat eine charakteristische pinke Farbe

Phasendiagramme sind in der petrologischen Literatur von zentraler Bedeutung. Sie sind ein leistungsfähiges Mittel zur Darstellung und Interpretation der für die Bildung magmatischer und metamorpher Gesteine relevanten Phasengleichgewichtsdaten. Das Lesen und Interpretieren solcher Diagramme im Lichte der zugrunde liegenden thermodynamischen Prinzipien ist eine der Grundfertigkeiten, die für jeden Geologen unerlässlich sind.

So wie der atmosphärische Druck das Gewicht der Luftsäule über uns unter dem Einfluss des Gravitationsfeldes der Erde darstellt, so spiegelt der Druck, den ein Gestein in der Tiefe der Erde erfährt, das Gesamtgewicht der auf ihm ruhenden Säule aus Gestein + Ozean + Atmosphäre wider. Dieser **lithostatische Druck** P steigt daher mit der Tiefe d auf einfache Weise, bequem angenähert mit der Faustformel:

$$P \approx 3 \cdot d \tag{2.1}$$

wobei P als 10^8 Pa ausgedrückt wird (=0,1 GPa, entspricht der früher üblichen Angabe 1 kbar) und d in km angegeben wird. Der hohe Druck, der in einigen Phasengleichgewichtsexperimenten angewendet wird, ist einfach das Mittel, mit dem wir im Labor die Wirkung der Tiefe unter der Erdoberfläche simulieren.

2.2 Systeme, Phasen und Komponenten

Um Verwirrung zu vermeiden, muss man sich über die Bedeutung mehrerer Begriffe im Klaren sein, die im Rahmen der Phasengleichgewichte in einem ganz bestimmten Sinn verwendet werden.

2.2.1 System

Dies ist ein praktisches Wort, um jeden Teil der Welt zu beschreiben, auf den wir uns beschränken wollen. Je nach Kontext kann das System die gesamte Erdkruste oder die Ozeane, eine abkühlende Magmakammer, ein bestimmtes Gestein oder eine Probe in einem Phasengleichgewichtsexperiment bedeuten. In den meisten Fällen bezieht sich der Begriff auf eine Sammlung von geologischen Phasen (siehe unten), die miteinander interagieren.

Ein **offenes System** ist ein System, das sowohl Material als auch Energie mit seiner Umgebung austauschen kann. Das Meer ist ein offenes System; es mag nützlich sein, es für eine bestimmte Untersuchung als abgeschlossene Einheit zu betrachten, aber man darf nicht vergessen, dass es sowohl Sonnenlicht als auch Flusswasser von außen erhält und Wärme, Wasserdampf und Sediment an die Atmosphäre und die Erdkruste verliert.

Ein **geschlossenes System** ist ein System, das hinsichtlich eines Stoffaustauschs abgedichtet ist, aber dennoch Energie mit der Umgebung austauschen kann. Eine Magmakammer wäre ein gutes Beispiel, wenn ihre einzige Interaktion mit ihrer Umgebung (im Idealfall) der allmähliche Wärmeverlust ist. Ein **isoliertes System** ist ein System, das weder Masse noch Energie mit seiner Umgebung austauscht, was für die reale Welt wenig relevant ist.

Der Begriff „System" kann alternativ verwendet werden, um einen Bereich des Raums der chemischen Zusammensetzung (statt des physikalischen Raums) zu bezeichnen, auf den wir die Aufmerksamkeit beschränken wollen. Petrologen sprechen vom „System MgO–SiO_2" und meinen damit die Reihe an Zusammensetzungen, die durch Mischen dieser beiden chemischen Komponenten in allen möglichen Anteilen erzeugt werden können. Das so bezeichnete System beinhaltet verschiedene Minerale, deren Zusammensetzung in diesem Bereich liegt (die SiO_2-Minerale wie Quarz sowie Olivin und Pyroxen).

2.2.2 Phase

Die Bedeutung der Kategorie „Phase" in der physikalischen Chemie und der Petrologie ist leicht zu verstehen und dennoch schwer in Worte zu fassen. Formal kann eine Phase definiert werden als ein Teil (oder mehrere Teile) eines Systems, der ein bestimmtes Volumen einnimmt und einheitliche physikalische und chemische Eigenschaften aufweist, die ihn von allen anderen Teilen des Systems unterscheiden.

Jedes einzelne Mineral in einem Gestein bildet somit eine separate Phase, aber das ist noch nicht das Ende der Geschichte. Nehmen wir an, wir finden in einer Basaltprobe, die aus einem abgekühlten Lavastrom genommen wurde, vier Minerale: sagen wir Plagioklas, Augit, Olivin und Magnetit. Aber das magmatische Gefüge sagt uns, dass diese Minerale aus einer Schmelze kristallisiert wurden, die ihrerseits „einheitliche physikalische und chemische Eigenschaften" hatte, die sich von jedem der vorhandenen kristallinen Minerale unterscheiden. Wenn wir also die Phasenverhältnisse betrachten, die den gegenwärtigen Charakter des Gesteins bestimmen, müssen wir auch die Schmelze als Phase betrachten, obwohl sie heute nicht mehr als Bestandteil vorhanden ist. Wenn der Basalt Gasblasen enthält, haben wir Beweise dafür, dass beim Kristallisieren auch eine sechste Phase, Wasserdampf, vorhanden war.

Man beachte, dass Wasser als gelöste Spezies in einer Schmelze oder einem wasserhaltigen kristallinen Mineral vorhanden sein kann. Da es dann innerhalb des von dieser Phase belegten Volumens untergebracht ist, zählt es dann nicht als eigenständige Phase. Nur wenn eigenständige Wasserdampfblasen entstehen, kann man dem Wasser den Status einer separaten Phase verleihen. Wenn dies geschieht, wie bei einer Lava mit blasiger Textur, ist dies ein Zeichen dafür, dass alle anderen vorhandenen Phasen so viel Wasser enthalten, wie sie aufnehmen können, und das System ist dann wassergesättigt.

Man muss also darauf achten, dass man weitere Phasen nicht übersieht, die – obwohl in einem bestimmten Gestein nicht mehr vorhanden – seine Entstehung oder Entwicklung beeinflusst haben könnten. Hier sind einige Beispiele, wo dies passieren könnte:

- In einigen magmatischen Gesteinen gibt es Beweise dafür, dass einst zwei verschiedene (vermutlich nicht mischbare) Schmelzen im Gleichgewicht zusammen existierten.
- Ein metamorphes Gestein könnte sich in Gegenwart einer Dampfphase entwickelt haben, die sich an den Korngrenzen zwischen den Kristallen befand und von der keine sichtbare Spur mehr vorhanden ist.
- Minerale in hydrothermalen Gängen werden aus einer flüssigen Phase abgeschieden, die nur in gelegentlichen mikroskopischen Einschlüssen in Kristallen erhalten bleibt (Kasten 4.6).
- Wenn ein Magma durch Aufschmelzen in der Tiefe der Erde entsteht, kann es sich dem Druck entsprechend im Gleichgewicht mit ganz anderen Mineralen befinden, als an der Erdoberfläche aus derselben Schmelze kristallisieren.

So stellen die Minerale, die wir heute in einem Gestein sehen, unter Umständen nur einen Teil (wenn überhaupt) des ursprünglichen Phasengleichgewichts dar, dem das Gestein seine gegenwärtige Zusammensetzung verdankt.

Es ist üblich, feste Phasen mit dem entsprechenden Mineralnamen – Quarz, Kyanit, Olivin usw. – zu bezeichnen. Der wesentliche Unterschied zwischen ihnen ist die kristallografische Struktur, nicht ihre chemische Zusammensetzung (die mehrere Minerale gemeinsam haben können). Jede vorhandene geschmolzene Phase – unabhängig von der Zusammensetzung – wird als „Schmelze" bezeichnet. Nach der Konvention bezeichnet man jede beteiligte Gasphase als „Dampf" (engl. *vapour*).

2.2.3 Komponente

Die grundlegenden chemischen Bestandteile eines Systems, aus denen sich die verschiedenen Phasen zusammensetzen, werden als ihre Komponenten bezeichnet. Das Konzept einer Komponente ist präzise, aber eher umständlich definiert: Die Komponenten eines Systems umfassen die minimale Anzahl von chemischen (atomaren oder molekularen) Spezies, die benötigt werden, um die Zusammensetzung aller vorhandenen Phasen vollständig anzugeben.

Betrachten wir einen Olivinkristall, der im einfachsten Fall aus den Elementen Magnesium (chemisches Symbol Mg), Eisen (Fe), Silicium (Si) und Sauerstoff (O) besteht. Eine Möglichkeit, die Komponenten des Olivins zu definieren, besteht darin, jedes chemische Element als eine separate Komponente zu betrachten, da die Zusammensetzung eines jeden Olivins in Bezug auf die Konzentrationen von vier Elementen angegeben werden kann (siehe ▶ Abschn. 4.1 zu den unterschiedlichen Möglichkeiten, Konzentrationen anzugeben):

Mg, Fe, Si, O

Die Definition der Komponenten auf diese Weise übersieht jedoch eine wichtige Eigenschaft aller Silicatminerale einschließlich Olivin: dass der Sauerstoffgehalt keine unabhängige Größe ist, sondern durch die Wertigkeit (▶ Abschn. 6.4) an die vorhandenen Mengen an Mg, Fe und Si gekoppelt ist. Der Sauerstoffgehalt reicht gerade aus, um die Oxide jedes dieser Elemente zu erzeugen (dies wird in Kasten 8.4 erläutert). Bei der Beschreibung der Zusammensetzung eines Olivins können also die gleichen Informationen effizienter angegeben werden, indem wir uns auf die Konzentrationen von nur drei Komponenten beziehen:

MgO, FeO, SiO_2

Durch die Nutzung einer olivinspezifischen Eigenschaft kann jedoch eine noch effizientere Angabe der Olivinzusammensetzung verwendet werden. Die Kristallchemie von Olivin (siehe ▶ Kap. 8) erfordert eine Zusammensetzung, die einer allgemeinen Formel entspricht, die wir durch X_2SiO_4 darstellen können. X stellt eine Art atomarer Position in der Kristallstruktur von Olivin dar, die entweder Mg oder Fe, aber nicht Si aufnimmt. Für jedes Si-Atom in der Olivinstruktur müssen zwei zweiwertige Atome vorhanden sein, wobei es sich jeweils entweder um Mg oder Fe handelt. Eine weitere Möglichkeit, diese Einschränkung zu symbolisieren, besteht darin, die Formel als $(Mg,Fe)_2SiO_4$ zu schreiben, wobei „(Mg,Fe)" ein Atom von entweder Mg oder Fe bedeutet. Man kann nun die Zusammensetzung eines Olivins als eine Kombination von nur zwei Komponenten ausdrücken:

Mg_2SiO_4, Fe_2SiO_4

Mineralogen nennen diese Komponenten die „Endglieder" der Olivinserie und geben ihnen die Namen Forsterit (Fo) bzw. Fayalit (Fa). Olivin ist also ein Mischkristall dieser Endglieder.

Bei der genaueren Untersuchung des chemischen Gleichgewichts zwischen Mineralen ist es wichtig, die Komponenten eines Systems so zu formulieren, dass ihre Anzahl minimiert wird, wie es die Definition andeutet. Was die Mindestanzahl ausmacht, hängt von der Art des Systems ab. In einem Experiment, bei dem ein Olivinkristall allein aufgeschmolzen wird, entspricht die Zusammensetzung der Schmelze, obwohl sie sich vom Feststoff unterscheidet, immer noch der Olivinformel X_2SiO_4. Die Zusammensetzungen der beiden vorhandenen Phasen, Olivin und Schmelze, können daher als Anteile von nur zwei Komponenten ausgedrückt werden, Mg_2SiO_4 und Fe_2SiO_4 (Kasten 2.4). Systeme, die nur aus zwei Komponenten bestehen, werden als binäre Systeme bezeichnet.

Wenn Olivin jedoch mit z. B. Orthopyroxen koexistiert, wird die Formulierung der Komponenten komplizierter. Orthopyroxene bestehen aus den gleichen vier Elementen wie Olivin, kombinieren diese aber in unterschiedlichen Proportionen. Die allgemeine Formel von Orthopyroxen, $X_2Si_2O_6$, zeigt ein niedrigeres X:Si-Verhältnis (1:1) als bei Olivin (2:1). Die Zusammensetzung eines Pyroxens kann daher nicht einfach auf die beiden Olivinendglieder bezogen werden. Um die getrennten Zusammensetzungen von Olivin und Orthopyroxen in diesem System darzustellen, werden drei Komponenten benötigt:

| Entweder: | Mg_2SiO_4 | Fe_2SiO_4 | SiO_2 |
| Oder: | MgO | FeO | SiO_2 |

Die Identität der Komponenten ist hier weniger wichtig als ihre Anzahl. Ein System wie dieses, das drei Komponenten benötigt, um alle möglichen Zusammensetzungen auszudrücken, gilt als ternär.

Es gibt Umstände, unter denen vier Komponenten notwendig wären, z. B. wenn Olivin mit metallischem Eisen koexistiert (z. B. in bestimmten Meteoriten). Die Menge des vorhandenen Sauerstoffs wird dann nicht mehr nur durch die vorhandenen metallischen Elemente bestimmt, wie es in einem System der Fall wäre, das vollständig aus Silicaten besteht. Man kann die Zusammensetzung des metallischen Eisens nicht als Mischung von Oxiden ausdrücken, daher muss man auf die vier Komponenten Mg, Fe, Si und O zurückgreifen, um alle möglichen Zusammensetzungen in diesem System zu beschreiben.

In diesem Buch wird die allgemeine Praxis sein, sich auf Komponenten mithilfe ihrer chemischen Formeln zu beziehen. Dadurch wird eine Verwechslung zwischen Phasen und Komponenten vermieden, die entstehen kann, wenn eine Phase (z. B. das Mineral Quarz) zufällig die gleiche chemische Zusammensetzung hat wie eine der Komponenten (z. B. SiO_2) im gleichen System.

In anderen Büchern ist es jedoch durchaus üblich, dass auch Namen von Endgliedern auf diese Weise verwendet werden (z. B. Forsterit für Mg_2SiO_4).

2.3 Gleichgewicht

Es ist sinnvoll, zwischen zwei Aspekten des Gleichgewichts (engl.: *equilibrium*) zu unterscheiden: dem thermischen Gleichgewicht und dem chemischen Gleichgewicht.

2.3.1 Thermisches Gleichgewicht

Alle Teile eines Systems im thermischen Gleichgewicht haben die gleiche Temperatur: Unter diesen Umständen wird die von einem Teil A des Systems zu einem anderen Teil B strömende Wärme durch die von Teil B zu Teil A strömende Wärme exakt ausgeglichen, sodass es keine Nettowärmeübertragung gibt. Eine Nettowärmeübertragung erfolgt nur bei Temperaturunterschieden zwischen verschiedenen Teilen des Systems.

2.3.2 Chemisches Gleichgewicht

Dies beschreibt ein System, in dem die Verteilung der chemischen Komponenten auf die Phasen eines Systems konstant geworden ist und sich mit der Zeit keine Nettoveränderung zeigt. Dieser „stationäre Zustand" (*steady state*) bedeutet nicht, dass der Austausch der Komponenten von einer Phase zur anderen unterbrochen ist: Das Gleichgewicht ist ein dynamischer Prozess. Ein in einem Magma suspendierter Olivin tauscht ständig Komponenten mit der Schmelze aus. Bei Schmelztemperaturen diffundieren Atome über die Kristallgrenze, sowohl in den Kristall hinein als auch aus ihm heraus in die Schmelze. Wenn die Diffusionsraten des Elements X in den Kristall hinein und aus ihm heraus ungleich sind, kommt es zu einer Nettoänderung der Zusammensetzung jeder Phase mit der Zeit, eine Bedingung, die als Ungleichgewicht bezeichnet wird. Solche Veränderungen führen in der Regel schließlich zu einem Zustand, in dem für jedes vorhandene Element der Austausch der Atome über die Kristallgrenze in beide Richtungen gleich ist, es also Netto keinen Austausch gibt und somit keine Änderung der Zusammensetzung mit der Zeit. Das ist es, was wir unter einem chemischen Gleichgewicht verstehen.

Die Geschwindigkeit, mit der das Gleichgewicht erreicht wird, ist sehr unterschiedlich. Wie ▶ Kap. 3 zeigen wird, stellen wir fest, dass unter geologischen Bedingungen häufig ein Ungleichgewicht vorliegt, insbesondere bei niedrigen Temperaturen.

2.3.3 Die Gibbs'sche Phasenregel

Eine naheliegende Frage ist: Wie viele Phasen können gleichzeitig im Gleichgewicht zueinander sein? In ◘ Abb. 1.6a haben wir uns ein einfaches System angesehen, bei dem nur zwei Phasen aufgetreten sind. Die meisten Gesteine sind jedoch nicht so einfach aufgebaut. Welche Faktoren bestimmen die mineralogische Komplexität eines natürlichen Gesteins? Welcher Aspekt eines chemischen Gleichgewichts steuert die Anzahl der Phasen, die daran beteiligt sind?

Diese Frage stellte sich in den 1870er-Jahren der amerikanische Ingenieur J. Willard Gibbs, der Pionier der modernen Thermodynamik. Das Ergebnis seiner Arbeit war eine einfache, aber äußerst wichtige Formel, die wir Gibbs'sche Phasenregel nennen. Sie drückt die Anzahl der Phasen (ϕ) aus, die im gegenseitigen Gleichgewicht koexistieren können, bezogen auf die Anzahl der Komponenten (C) im System und eine weitere Eigenschaft des Gleichgewichts, die Anzahl der **Freiheitsgrade** (F). Die Phasenregel lautet:

$$\phi + F = C + 2 \qquad (2.2)$$

Das Konzept stelle ich am einfachsten an einem Beispiel vor. ◘ Abb. 2.2 zeigt ein Phasendiagramm der Minerale Kyanit, Sillimanit und Andalusit. Diese Minerale sind alle **Polymorphe** von **Aluminiumsilicat** (was nicht mit den Alumosilicaten in ▶ Abschn. 8.1.7 zu verwechseln ist), d. h. sie haben die identische Zusammensetzung. Eine einzige Komponente (Al_2SiO_5) ist daher ausreichend, um den „Bereich" der Zusammensetzungen des gesamten Systems abzudecken.

Die Punkte A, B und C sind drei verschiedene Punkte im P–T-Raum des Diagramms; sie repräsentieren drei verschiedene Arten von Gleichgewichten, die sich im System entwickeln können. Der offensichtliche Unterschied zwischen ihnen ist die jeweilige Mineralvergesellschaftung. Punkt A liegt in einem Feld, in dem nur eine Phase, Kyanit, stabil ist. Punkt B liegt auf der Phasengrenze zwischen zwei Stabilitätsfeldern, an der Grenze sind zwei Minerale, Kyanit und Sillimanit, gleichzeitig stabil. Der Punkt C, der **Tripelpunkt** an dem sich die drei Stabilitätsfelder (und die drei Phasengrenzlinien) treffen, stellt die einzige Kombination von Druck und Temperatur in diesem System dar, bei der alle drei Phasen stabil zusammen existieren können.

Es ist klar, dass die Vergesellschaftung mit 3 Phasen (Kyanit + Sillimanit + Andalusit), wenn sie auftritt, sehr genau den Zustand des Systems (d. h. die Werte von P und T) während der Mineralbildung angibt, da es nur einen Satz von Bedingungen gibt, unter denen diese Vergesellschaftung im Gleichgewicht kristallisiert. Mithilfe der Phasenregel (▶ Gl. 2.2) kann man berechnen, dass die Anzahl der Freiheitsgrade F am Punkt C Null ist.

> **Beispiel**

Punkt C	$\phi = 3$	(3 Phasen: Ky + Sill + Andal)
	$C = 1$	(1 Komponente: Al_2SiO_5)
	$3 + F = 1 + 2$	
Deshalb	$F = 0$	Invariantes Gleichgewicht

Eine Anzahl der Freiheitsgrade von Null bedeutet, dass mit 3 Phasen im Gleichgewicht der Zustand des Systems auf eine ganz bestimmte Kombination von P und T festgelegt ist. Eine solche Situation wird als **invariant** bezeichnet. Es gibt keinen Spielraum (keinen Freiheitsgrad) für eine noch so kleine Änderung von P oder T, wenn die Mineralvergesellschaftung stabil bleiben soll. Jegliche Veränderung von P oder T würde dazu führen, dass eine oder mehrere der drei Phasen verschwinden und damit den Charakter des Gleichgewichts verändern. Wenn also diese Mineralvergesellschaftung in einem metamorphen Gestein gefunden wird (was selten vorkommt, nur etwa ein Dutzend Fundstellen ist bekannt), können wir also sehr genau die Bedingungen, unter denen das Gestein entstanden sein muss, angeben. Allerdings vorausgesetzt, dass:

- die Kyanit-Andalusit-Sillimanit-Vergesellschaftung wirklich einen Gleichgewichtszustand darstellt, der sich während der Gesteinsbildung eingestellt hat, und nicht einfach eine unvollständige Reaktion von einer Vergesellschaftung zur anderen; und dass
- die P–T-Koordinaten des invarianten Punktes in ◘ Abb. 2.2 aus Experimenten genau bekannt sind. Ob diese Anforderung im Falle der Al_2SiO_5-Polymorphe erfüllt ist, ist umstritten (siehe Kasten 2.1), aber diese Schwierigkeit werden wir hier vernachlässigen.

Ein Gleichgewicht mit zwei Phasen, beispielsweise zwischen Kyanit und Sillimanit, ist weniger aussagekräftig. Die Koexistenz dieser beiden Minerale deutet darauf hin, dass der Zustand des Systems, in dem sie kristallisiert sind, irgendwo auf der Kyanit-Sillimanit-Phasengrenzlinie liegen muss, aber wo genau entlang dieser Linie ist nicht bekannt – es sei denn, wir können eine der Koordinaten des Punktes B herausfinden. Wir müssen nur eine Koordinate (z. B. Temperatur) angeben, dann ist die andere durch den Schnittpunkt der angegebenen Koordinate mit der Phasengrenzlinie festgelegt. Gemäß der Phasenregel ist die Anzahl der Freiheitsgrade an Punkt B gleich 1.

> ▶ Beispiel

Punkt B	φ = 2	(2 Phasen: Ky + Sill)
	C = 1	(1 Komponente: Al$_2$SiO$_5$)
	2 + F = 1 + 2	
Deshalb	F = 1	Univariantes Gleichgewicht

Der eine Freiheitsgrad zeigt an, dass der Zustand des Systems nur in eine Richtung verändert werden kann (**univariant**): entlang der Phasengrenzlinie in ◘ Abb. 2.2. Eine weitere Information ist erforderlich (entweder T oder P), um den Zustand des Systems vollständig zu erfassen. Die Koexistenz von Kyanit und Sillimanit in einem Gestein wird die genauen Herkunftsbedingungen nur in Verbindung mit anderen Informationen über P oder T aufzeigen.

Bei Punkt A, an dem Kyanit allein auftritt, ist die Anzahl der Freiheitsgrade gleich 2.

> ▶ Beispiel

Punkt A	φ = 1	(1 Phase: Ky)
	C = 1	(1 Komponente: Al$_2$SiO$_5$)
	1 + F = 1 + 2	
Deshalb	F = 2	Divariantes Phasenfeld

Innerhalb der Grenzen des **divarianten** Kyanitfeldes können P und T daher unabhängig voneinander variieren (zwei Freiheitsgrade), ohne die Gleichgewichtsvergesellschaftung (nur Kyanit) zu stören. Das Einphasenfeld ist daher wenig hilfreich, um den genauen Zustand des Systems festzustellen, da noch immer zwei Variablen (P und T) unbekannt sind.

Die Anzahl der Freiheitsgrade kann in einem Einkomponentensystem wie ◘ Abb. 2.2 nicht größer als 2 sein. In den komplexeren Systemen, die wir in den folgenden Abschnitten kennenlernen werden, können die vorliegenden Phasen aus unterschiedlichen Anteilen mehrerer Komponenten bestehen. Eine vollständige Definition des Zustands eines solchen Systems muss dann neben den Werten von P und T auch die Zusammensetzungen einer oder mehrerer Phasen beinhalten. Diese **Stoffmengenanteile** (oder **Molenbrüche**) χ_a, χ_b etc. geben den Anteil der Stoffmenge (in Mol) von a bzw. b in einer Phase an. Sie tragen zur Anzahl der Freiheitsgrade bei, die daher in Mehrkomponentensystemen Werte größer als 2 annehmen kann.

Die Anzahl der Freiheitsgrade kann wie folgt zusammengefasst werden. Der „Zustand" eines Systems – ob wir nun ein einfaches experimentelles System oder die Bildung eines realen metamorphen Gesteins betrachten – wird durch die Werte bestimmter wichtiger intensiver Größen definiert, darunter Druck (P), Temperatur (T) und – in Mehrkomponentensystemen – die Zusammensetzungen (χ-Werte) einer oder mehrerer Phasen. Liegt ein Gleichgewicht zwischen bestimmten Phasen vor, werden einige dieser Variablen im Phasendiagramm automatisch durch die Gleichgewichtsvergesellschaftung eingeschränkt. Die Anzahl der Freiheitsgrade dieses Gleichgewichts ist die Anzahl der Variablen, die noch immer die Freiheit haben, beliebige Werte anzunehmen. Wenn der Zustand des Systems vollständig definiert werden soll, müssen diese Variablen auf einen anderen Weg bestimmt werden.

2.4 Phasendiagramme im *P–T*-Raum

Die Notwendigkeit, Phasengleichgewichte in visueller Form auf einer zweidimensionalen Fläche darzustellen, führt dazu, dass verschiedene Formen an Phasendiagrammen verwendet werden, die jeweils ihre Vor- und Nachteile haben. Zunächst betrachten wir die *P–T*-Diagramme.

Die beiden bisher betrachteten Phasendiagramme (◘ Abb. 1.6a und ◘ Abb. 2.2) zeigen jeweils die Auswirkungen von Druck- und Temperaturänderungen auf ein System, das aus nur einer Komponente (CaCO$_3$ bzw. Al$_2$SiO$_5$) besteht. Weitere wichtige Beispiele für solche Einkomponentensysteme werden in Kasten 2.2 erläutert.

Kasten 2.2 Weitere Phasendiagramme von Einkomponentensystemen

Graphit und Diamant

◘ Abb. 2.3a zeigt die Phasenbeziehungen zwischen den beiden wichtigsten kristallinen Formen von Kohlenstoff (s. a. Kasten 7.4). Beachten Sie den sehr hohen Druck (über $20 \cdot 10^8$ Pa), der erforderlich ist, um Diamant bei relevanten Temperaturen zu stabilisieren. Aus diesem Grund kann sich Diamant auf natürliche Weise nur tief im Inneren des Erdmantels bilden (eine äquivalente Tiefenskala ist auf der rechten Seite dargestellt). Darüber hinaus steigt der benötigte Druck mit der Temperatur an, sodass sogar noch höhere Drücke erforderlich sind, um Diamant im heißen Erdinneren zu stabilisieren, als dies bei Raumtemperatur der Fall wäre. Die mit „Geotherm" (Abkürzung für geothermische Tiefenstufe) beschriftete Kurve zeigt, wie die Temperatur unter den alten kontinentalen Schilden (wo die diamanthaltigen Kimberlite zu finden sind) mit der Tiefe zunimmt. Nach dem Punkt, an dem der Geotherm in das Diamantstabilitätsfeld eintritt, ist klar, dass Diamanten nur in Tiefen größer als etwa 120 km gebildet werden können ($\approx 40 \cdot 10^8$ Pa).

Jedes Stabilitätsfeld in ◘ Abb. 2.3a ist divariant ($F=2$), und die Phasengrenzlinie zwischen ihnen ist univariant ($F=1$). Weil es in diesem Phasendiagramm nur zwei Polymorphe von Kohlenstoff ($\phi \leq 2$) gibt, gibt es in diesem Phasendiagramm keinen univarianten Punkt.

Das H_2O-Phasendiagramm

◘ Abb. 2.3b zeigt die Phasengleichgewichte zwischen den uns vertrauten Formen von reinem H_2O in Abhängigkeit von Druck und Temperatur. Beachten Sie, dass die Achsen nicht maßstabsgetreu gezeichnet wurden. Gas (Dampf), Flüssigkeit (Wasser) und Feststoff (Eis) koexistieren nur an einer Stelle im Diagramm ($0{,}06 \cdot 10^5$ Pa und $0{,}008$ °C). Dieser Tripelpunkt T liegt unter dem Atmosphärendruck, der als gestrichelte Linie mit $P_A = 1 \cdot 10^5$ Pa dargestellt ist. Die Kurve T–C zeigt den Dampfdruck, bei dem sich in Abhängigkeit von der Temperatur flüssiges Wasser und Dampf im gegenseitigen Gleichgewicht (Gleichgewichts- oder Sättigungsdampfdruck) befinden. Entlang dieser Kurve gilt der Dampf als gesättigt, bei Drücken unterhalb der Phasengrenzlinie T–C ist der Dampf jedoch ungesättigt und es kann sich kein flüssiges Wasser bilden. Die Gleichgewichtsdampfdruckkurve T–C steigt mit der Temperatur an und erreicht den Atmosphärendruck P_A bei 100 °C. Wir können den **Siedepunkt** (*boiling point*) von reinem Wasser als die Temperatur T_b definieren, bei der der Gleichgewichtsdampfdruck (die univariante Kurve T–C) gleich dem Atmosphärendruck wird. Der Dampf übt dann genügend Druck aus, um seine atmosphärische Umgebung zu verdrängen und es können sich in der Flüssigkeit Gasblasen bilden, das alltägliche Phänomen des Kochens. (Beachten Sie, dass bei einem Atmosphärendruck unter P_A, z. B. auf einem hohen Berg, das Wasser bei Temperaturen unter 100 °C kochen kann.)

Bei Raumtemperatur (25 °C) liegt der Gleichgewichtsdampfdruck des Wassers deutlich unter dem Atmosphärendruck P_A. Es kann davon ausgegangen werden, dass atmosphärischer Wasserdampf einen partiellen Dampfdruck im Verhältnis zu seiner Konzentration in der Luft ausübt. Liegt dieser Partialdruck unter dem Sättigungsdampfdruck, kommt es zu einer Nettoverdampfung von flüssigem Wasser zu Dampf (Kleidung trocknet, Pfützen verdunsten), während, wenn der Partialdruck von Wasser den Gleichgewichtsdampfdruck übersteigt, Wasserdampf zu flüssigem Wasser kondensiert (Tau, Nebel, Regen). Die relative Luftfeuchtigkeit drückt den tatsächlichen Wasserdampfdruck in einem bestimmten Luftkörper als Prozentsatz des Sättigungsdampfdrucks bei der betreffenden Temperatur aus.

Die univariante Kurve, welche die flüssige und die gasförmige Phase trennt, endet abrupt am invarianten Punkt C, dem sogenannten **kritischen Punkt** des Wassers. Bei dieser Kombination von P und T verschwindet die strukturelle Unterscheidung zwischen flüssigem und gasförmigem Zustand. Die beiden Zustände verschmelzen zu einer einzigen Phase. Bei höheren Temperaturen und Drücken existiert H_2O als einzige homogene Phase, die als **überkritisches Fluid** bezeichnet wird. Dieses kombiniert die Eigenschaften eines hochkomprimierten Gases und einer überhitzten Flüssigkeit. Einige der hydrothermalen Fluide, die für die Ausfällung von Erzen verantwortlich sind, gehören zu dieser Kategorie. Wenn in der Geologie der Begriff „Fluid" ohne Adjektiv verwendet wird, hat er oft diese Bedeutung. Alle Flüssigkeits-/Gassysteme werden unter ausreichend extremen Bedingungen zu überkritischen Fluiden.

Die Isobare des atmosphärischen Drucks (P_A) schneidet die Eis-Wasser-Phasengrenzlinie bei genau 0 °C (Schmelzpunkt, *melting point*, T_m). Beachten Sie, dass diese Phasengrenzlinie eine negative Steigung (vgl. Abb. A.1 im Anhang A.1) hat: Dies ist eine Besonderheit des Eis-Wasser-Systems, die jeder Schlittschuhläufer unbewusst ausnutzt. Es drückt die Tatsache aus, dass der Schmelzpunkt von Eis mit zunehmendem Druck sinkt, sodass Eis nahe 0 °C einfach durch Anwendung von Druck geschmolzen werden kann, wie beispielsweise durch das Gewicht des Schlittschuhläufers, das auf die schmalen Kufen des Schlittschuhs wirkt. Dieses Verhalten ist, wie viele andere Eigenschaften von Wasser (Kasten 4.1), unter den üblichen Flüssigkeiten einzigartig: Die Schmelzpunkte für die meisten anderen Materialien steigen mit zunehmendem Druck an, wie das Phasendiagramm für Kohlenstoffdioxid (◘ Abb. 2.3b) zeigt. Siehe auch Übung 2.2 am Ende dieses Kapitels.

P–T-Diagramme können auch zur Darstellung der Druck- und Temperaturbedingungen von Reaktionen und Gleichgewichten mit mehreren Komponenten verwendet werden. Ein Beispiel ist in ◘ Abb. 2.4 dargestellt. Die univariante Grenze in diesem Diagramm stellt keinen Phasenübergang zwischen verschiedenen Formen derselben Verbindung dar, sondern eine Reaktion bzw. ein Gleichgewicht zwischen einer Reihe von verschiedenen Verbindungen:

$$NaAlSi_2O_6 + SiO_2 \rightleftharpoons NaAlSi_3O_8 \qquad (2.3)$$

Jadeit (ein Pyroxen) + Quarz $\rightleftharpoons$ Albit (ein Feldspat)

Aus diesem Grund wird hier der Begriff Reaktionsgrenze verwendet. Sie markiert die P–T-Bedingungen, an denen eine Reaktion stattfindet, bzw. die Bedingungen, unter denen ein univariantes Gleichgewicht vorliegen kann.

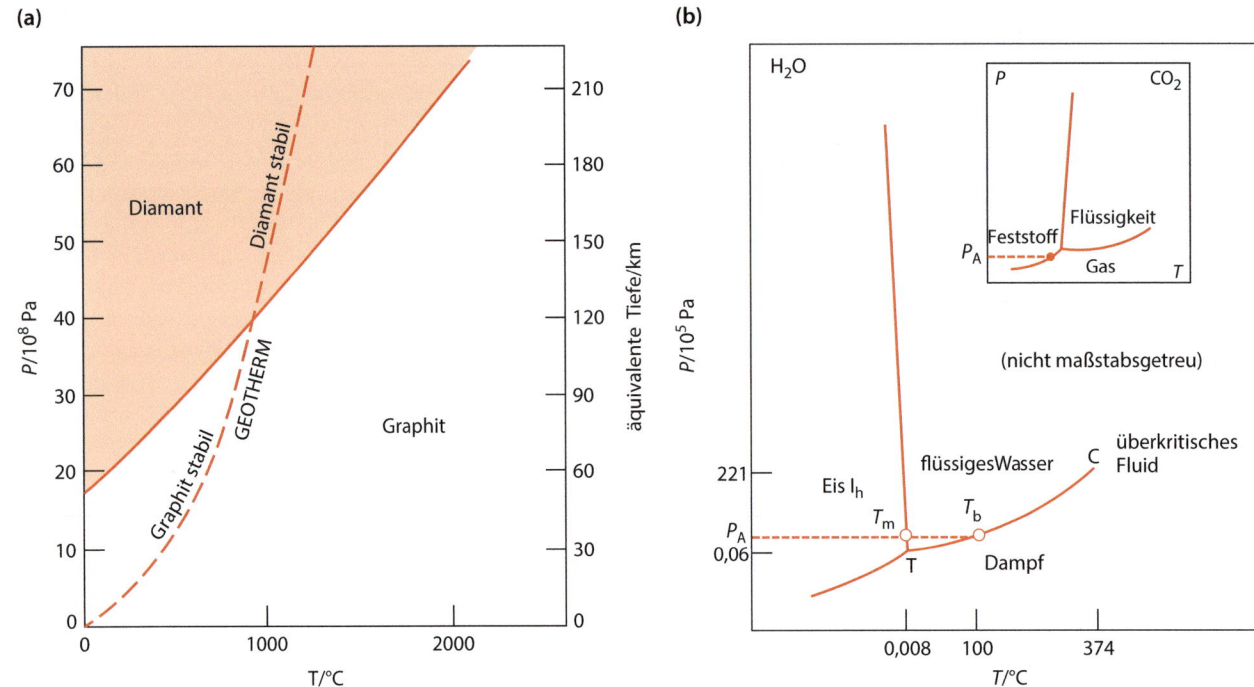

◘ Abb. 2.3 **a** Das *P–T*-Phasendiagramm für die beiden Hauptformen von elementarem Kohlenstoff, Graphit und Diamant. Die mit „Geotherm" beschriftete Kurve zeigt, wie die Temperatur unter den alten Kratonen der Kontinente mit der Tiefe zunimmt. **b** Das *P–T*-Phasendiagramm für das System H_2O (Eis, Wasser, Dampf). Der Einsatz skizziert das entsprechende Phasendiagramm für CO_2

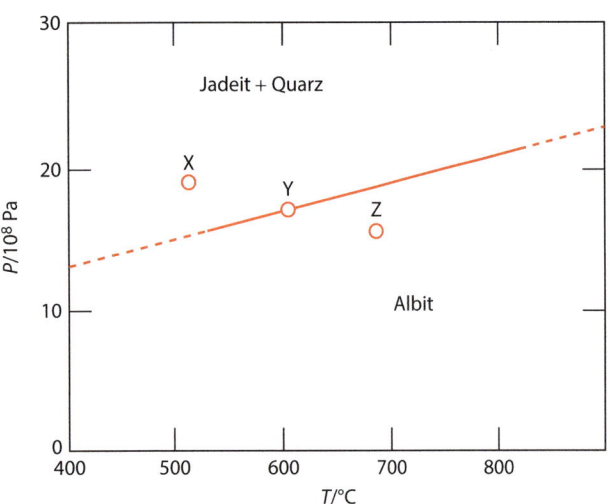

◘ Abb. 2.4 *P–T*-Diagramm mit der experimentell bestimmten Reaktionsgrenze (durchgezogene Linie) für die Reaktion Jadeit + Quarz → Albit. Die Minerale Jadeit ($NaAlSi_2O_6$) und Albit ($NaAlSi_3O_8$) sind beide Alumosilicate mit Natrium (Na)

Zwei Komponenten reichen aus, um alle in diesem System möglichen Phasen darzustellen. Wir können sie auf verschiedene gleichwertige Weise auswählen: $NaAlSi_2O_6$ und SiO_2 ist eine ebenso gute Wahl wie jede andere. Anwenden der Phasenregel auf Punkt X ergibt zwei Freiheitsgrade.

▶ **Beispiel**

Punkt X	$\varphi = 2$	(2 Phasen: Jadeit + Quarz)
	$C = 2$	(2 Komponenten: $NaAlSi_2O_6$ und SiO_2)
	$2 + F = 2 + 2$	
Deshalb	$F = 2$	Was ein divariantes Phasenfeld kennzeichnet

Das Zweiphasenfeld Jadeit + Quarz ist daher ein divariantes Feld, wie auch das von Kyanit in ◘ Abb. 2.2. Auf der Phasengrenzlinie an Punkt Y befinden sich jedoch drei Phasen im Gleichgewicht.

▶ **Beispiel**

Punkt Y	$\varphi = 3$	(3 Phasen: Jadeit + Quarz + Albit)
	$C = 2$	(2 Komponenten: $NaAlSi_2O_6$ und SiO_2)
	$3 + F = 2 + 2$	
Deshalb	$F = 1$	Ein univariantes Gleichgewicht

Die Mineralvergesellschaftung mit drei Phasen stellt ein univariantes Gleichgewicht dar: Es muss nur eine Variable, *P* oder *T*, angegeben werden, um den physikalischen Zustand des Systems vollständig zu bestimmen. Der Wert der anderen kann an der Reaktionsgrenze abgelesen werden. Die Existenz von zwei Komponenten in diesem System bedeutet, dass eine Vergesellschaftung mit drei Phasen nicht mehr wie in ◘ Abb. 2.2 invariant ist.

Auf den ersten Blick mag man erwarten, dass das Albitfeld (Punkt Z) wie das Feld Jadeit + Quarz divariant ist, aber hier überrascht die Phasenregel: Es gibt drei Freiheitsgrade.

> **Beispiel**

Punkt Z	$\varphi = 1$	(1 Phase: Albit)
	$C = 2$	(2 Komponenten: $NaAlSi_2O_6$ und SiO_2)
	$1 + F = 2 + 2$	
Deshalb	$F = 3$	Ein trivariantes Phasenfeld

Daraus folgt offensichtlich, dass für das Albitfeld die Werte von drei Variablen anzugeben sind, um den Zustand des Systems zu definieren. P und T wären zwei davon, aber was könnte die dritte Variable sein? Die Antwort wird deutlich, wenn wir fragen, welche Anforderungen erfüllt sein müssen, wenn wir im Übergang von X nach Z allein Albit erzeugen sollen. Wenn die Mischung aus Jadeit und Quarz einen größeren Anteil SiO_2 enthält als $NaAlSi_2O_6$, wird eine gewisse Menge Quarz übrig bleiben, nachdem der Jadeit aufgebraucht ist. Die resultierende Vergesellschaftung bei Z ist dann Albit + Quarz. Das Vorhandensein von zwei Phasen führt dann zu zwei Freiheitsgraden für dieses Feld, wie ursprünglich erwartet. Wenn umgekehrt SiO_2 mit einem Überschuss an $NaAlSi_2O_6$ reagiert, würde die resultierende Vergesellschaftung bei Z aus Albit + Jadeit bestehen, was wiederum divariant wäre. Die einzige Möglichkeit, wirklich nur eine Phase – ausschließlich Albit – zu bilden, besteht darin, Jadeit und Quarz in genau gleichen molaren Anteilen zu kombinieren, sodass kein Quarz oder Jadeit übrig bleibt. Mit anderen Worten: Um beim Übergang von X nach Z nur Albit zu erzeugen, müssen wir nicht nur P und T, sondern auch die Zusammensetzung des Systems kontrollieren, nämlich das Verhältnis $NaAlSi_2O_6 : SiO_2$. Diese Anforderung ist der unerwartete dritte Freiheitsgrad, dessen Existenz die Phasenregel aufgedeckt hat.

P–T-Diagramme sind nützlich, um die Bedingungen bei der Metamorphose in der Kruste darzustellen (Yardley, 1989) und um zu zeigen, wie diese sich mit der Zeit (sogenannte P–T–t-Pfade) während der Episoden einer Gebirgsbildung verändern (Barker, 1998; Best, 2002). P–T-Diagramme werden häufig „auf den Kopf gestellt" gezeichnet, wobei der Druck nach unten ansteigt und eine Tiefenskala zur Druckachse hinzugefügt wird (vgl. ◘ Abb. 2.9). Diese Ausrichtung ermöglicht es, druckabhängige Phasengleichgewichte leichter mit geophysikalischen Profilen der Kruste und des oberen Mantels zu korrelieren. Solche Diagramme sind besonders hilfreich für die Darstellung von Schmelzprozessen im Erdmantel in Abhängigkeit von der Tiefe (Kasten 2.5).

2.4.1 P_v-T-Diagramme

Reaktionen, bei denen alle Reaktanten und Produkte kristalline Minerale sind (wie es in ◘ Abb. 1.6a, 2.2 und 2.4 der Fall ist) werden im englischen auch als *solid–solid reaction* bezeichnet. Es ist kein Dampf an der Reaktion beteiligt, und es spielt in den Experimenten für das schließlich erhaltene Gleichgewicht keine Rolle, ob er vorhanden ist oder nicht (wobei Dampf durchaus die Geschwindigkeit, mit der ein Gleichgewicht erreicht wird, beschleunigen kann). ◘ Abb. 2.5 veranschaulicht eine weitere wichtige Klasse von Reaktionen, bei denen ein gasförmiger Bestandteil eine wesentliche Rolle spielt.

Das Phasendiagramm zeigt eine Reaktion mit Wasser auf der rechten Seite des Reaktionspfeils, und zwar die Entwässerung bzw. Dehydratisierung von Muskovit bei hohen Temperaturen:

$$KAl_3Si_3O_{10}(OH)_2 \rightleftharpoons KAlSi_3O_8 + Al_2O_3 + H_2O \quad (2.4)$$

Muskovit (ein Glimmer) ⇌ Sanidin (ein Feldspat)
+ Korund + Dampf

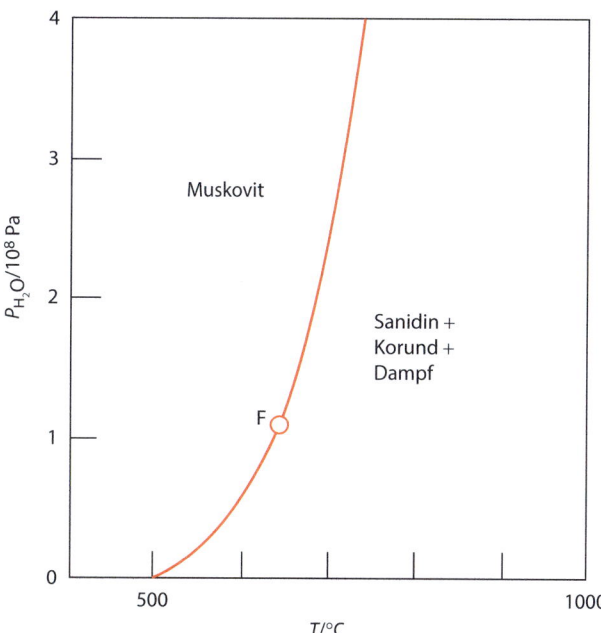

◘ **Abb. 2.5** P_{H_2O}-T-Diagramm der Entwässerung (Dehydratisierung) des Glimmers Muskovit ($KAl_2Si_3AlO_{10}(OH)_2$). Die Kurve zeigt die Bedingungen, unter denen Muskovit zur Mineralvergesellschaftung Sanidin ($KAlSi_3O_8$, ein Alkalifeldspat) + Korund (Al_2O_3) + Dampf (H_2O) reagiert. Muskovit und Sanidin sind Alumosilicate mit Kalium (K)

Eine ähnliche Reaktion mit Kohlenstoffdioxid zeigt ◘ Abb. 2.1a (in Kasten 2.1). Diese ist für die Metamorphose von kieseligen Kalksteinen wichtig:

$$CaCO_3 + SiO_2 \rightleftharpoons CaSiO_3 + CO_2 \qquad (2.5)$$

Calcit + Quarz $\rightleftharpoons$ Wollastonit (ähnelt Pyroxen)
$+ CO_2$ (Gas)

Weil Moleküle von H_2O und CO_2 an diesen Reaktionen beteiligt sind, übt der Dampfdruck einen starken Einfluss auf die Gleichgewichtslage aus.

Die Experimente, aus denen diese Diagramme erstellt wurden, wurden in Gegenwart eines Überschusses von H_2O bzw. CO_2 (als separate Gasphase) durchgeführt, sodass die Proben des Experiments zu jeder Zeit mit dem flüchtigen Bestandteil gesättigt waren. Die daraus resultierende Existenz eines Gases („Dampf" genannt, engl. *vapour*) in allen Versuchen bedeutet, dass der Dampfdruck gleich dem Gesamtdruck war, der auf die Probe eingewirkt hat. Das allgemeine Symbol für den Dampfdruck ist P_V. Man kann die spezifischeren Symbole P_{H_2O} und P_{CO_2} für den Dampfdruck von Wasser bzw. Kohlenstoffdioxid verwenden.

◘ Abb. 2.5 ist daher ein Dampfdruck-Temperatur-Diagramm, das mit der Phasenregel auf die gleiche Weise wie ◘ Abb. 2.4 analysiert werden kann. Wenn wir zum Beispiel die Komponenten in ◘ Abb. 2.5 (bzw. Reaktion ▶ Gl. 2.5) sorgfältig auswählen, stellen wir fest, dass nur drei Komponenten notwendig sind, um alle vier Phasen zu bilden:

$KAlSiO_3O_8$, Al_2O_3, H_2O,

da die Zusammensetzung von Muskovit als Kombination dieser drei dargestellt werden kann.

> ▶ Beispiel

Punkt F	$\varphi = 4$	(4 Phasen: Muskovit + Sanidin + Korund + Wasser)
	$C = 3$	(3 Komponenten: $KAlSi_3O_8$, Al_2O_3, H_2O)
	$4 + F = 3 + 2$	
Deshalb	$F = 1$	Ein univariantes Gleichgewicht

2.4.2 Das Prinzip von Le Chatelier

Hinter den empirischen Fakten der Mineralstabilität, wie sie durch die experimentell bestimmten P–T-Diagramme in ◘ Abb. 2.2, 2.4 und 2.5 dargestellt werden, stehen einige wichtige thermodynamische Prinzipien, die bei der Interpretation von Phasendiagrammen helfen können. Das erste betrifft die Verteilung der Phasen in einem Phasendiagramm. Warum ist Kyanit bei hohem Druck stabil, während Andalusit nur bei niedrigem Druck überdauern kann (◘ Abb. 2.2)? Welche Eigenschaften der beiden Minerale bestimmen dieses Verhalten? Wie kommt es, dass Sillimanit im höchsten Temperaturbereich stabiler ist als die beiden anderen?

Die Antworten auf diese Fragen gibt ein einfaches Prinzip, das der französische Chemiker Henri Louis Le Chatelier 1884 formulierte: Wenn ein System im Gleichgewicht eine Veränderung der physikalischen Bedingungen erfährt, wird sich das System in eine Richtung anpassen, die tendenziell die Veränderung ausgleicht. Im vorliegenden Zusammenhang sind die genannten „physikalischen Bedingungen" Druck und Temperatur.

Betrachten wir ein System mit Kyanit und Andalusit im Gleichgewicht, beispielsweise unter den durch Punkt D in ◘ Abb. 2.2 dargestellten Bedingungen:

Al_2SiO_5 (Andalusit) $\rightleftharpoons Al_2SiO_5$ (Kyanit)

Wie wird das Gleichgewicht reagieren, wenn wir versuchen, den angelegten Druck zu erhöhen (ohne die Temperatur zu verändern)? Das Prinzip von Le Chatelier (oder „Prinzip des kleinsten Zwangs") legt nahe, dass sich das Material anpasst, indem es eine kompaktere Form annimmt, da es bei geringerem Platzbedarf den zusätzlichen Druck entlasten kann. Das System kann dies durch Umkristallisation von Andalusit (Dichte 3,2 kg dm^{-3}) in das dichtere Polymorph Kyanit (Dichte 3,6 kg dm^{-3}) erreichen. Indem das System den Anteil von Kyanit auf Kosten von Andalusit erhöht, kann es vorerst einen Druckanstieg verhindern und damit – nach dem Prinzip von Le Chatelier – die Veränderung aufheben. Schließlich ist der Andalusit jedoch erschöpft und der Druck, der nicht mehr durch ein univariantes Gleichgewicht begrenzt ist, kann in das Kyanitfeld steigen. Aus dem Prinzip von Le Chatelier kann man also zeigen, dass in jedem P–T-Phasendiagramm die Phase (bzw. Vergesellschaftung) mit höherer Dichte (bzw. mit niedrigerem molaren Volumen) auf der Hochdruckseite einer Reaktionsgrenze zu finden ist. Diamant und flüssiges Wasser sind weitere Beispiele (Kasten 2.2).

Eine zweite Folge des Prinzips von Le Chatelier ist, dass die Phase (bzw. Vergesellschaftung) auf der Hochtemperaturseite einer Gleichgewichtsreaktion immer diejenige mit der höheren Enthalpie ist (Kasten 4.2).

2.4.3 Die Clapeyron-Gleichung

Eine zweite nützliche Anwendung thermodynamischer Daten bei Phasendiagrammen ist die Berechnung der Steigung einer Phasengrenzlinie im P–T-Diagramm. In der Schreibweise der Differenzialrechnung (vgl. Anhang A.1) wird diese geschrieben als:

$$\frac{dP}{dT}$$

Dies steht für die Rate, mit der P für einen gegebenen Anstieg von T zunimmt, wenn man der univarianten Grenze folgt. Die Steigung hat ein Vorzeichen (positiv oder negativ, siehe Abb. A.1b in Anhang A.1) und einen numerischen Wert (gibt an, ob sie flach oder steil ist).

Nehmen wir als Beispiel die Reaktion ▶ Gl. 2.3 und ◘ Abb. 2.4:

Jadeit + Quarz ⇌ Albit

Die Änderung der Gibbs-Energie ist bei dieser Reaktion:

$$\Delta G = G_{\text{Produkte}} - G_{\text{Reaktanten}} = G_{\text{Albit}} - \left(G_{\text{Jadeit}} + G_{\text{Quarz}}\right)$$

Die molare Gibbs-Energie jeder Phase (die aus veröffentlichten Tabellen der molaren Enthalpie und Entropie berechnet werden könnte) variiert mit Druck und Temperatur. ΔG variiert daher systematisch über ein P–T-Diagramm hinweg. Die Phasengrenzlinie in ◘ Abb. 2.4 markiert diejenigen P–T-Koordinaten, für die $\Delta G = 0$ ist. Es kann (mit einfacher Mathematik) gezeigt werden, dass folgende Formel die Bedingung beschreibt, um auf der univarianten Phasengrenzlinie zu bleiben, wenn P und T um kleine Werte dP und dT variiert werden:

$$\frac{dP}{dT} = \frac{\Delta S}{\Delta V} \tag{2.6}$$

Dabei sind ΔS und ΔV die Entropie- und die Volumenänderungen, die während der Reaktion auftreten:

$$\Delta S = S_{\text{Albit}} - \left(S_{\text{Jadeit}} + S_{\text{Quarz}}\right)$$
$$\Delta V = V_{\text{Albit}} - \left(V_{\text{Jadeit}} + V_{\text{Quarz}}\right)$$

S und V stellen die molare Entropie und das molare Volumen jeder Phase dar, die Werte können in Tabellen mit thermodynamischen Daten für Minerale nachgeschlagen werden (z. B. Holland und Powell, 1998; Berman, 1988).

▶ Gl. 2.6 wird Clapeyron-Gleichung genannt, nach einem bedeutenden französischen Eisenbahningenieur des 19. Jahrhunderts, der sie aufgestellt hat. Sie bietet eine Möglichkeit, die Steigung einer Phasengrenzlinie in einem P–T-Diagramm aus leicht zugänglichen thermodynamischen Daten zu ermitteln. Sie ist auch sehr hilfreich bei der Interpretation vieler Merkmale von Gleichgewichten.

> ▶ **Beispiel**
>
> Um die Steigung der Phasengrenzlinie in ◘ Abb. 2.4 zu ermitteln, geht man wie folgt vor. Die relevanten molaren Entropie- und Volumendaten sind:
>
> | | S
 J K^{-1} mol^{-1} | V
 10^{-6} m^3 mol^{-1} |
> |---|---|---|
> | Jadeit (NaAlSi$_2$O$_6$) | 133,5 | 60,4 |
> | Quarz (SiO$_2$) | 41,5 | 22,7 |
> | Albit (NaAlSi$_3$O$_8$) | 207,4 | 100,1 |
>
> Addieren wir die Reaktanten Jadeit + Quarz, erhalten wir:
>
> $$S = 175,0 \text{ J K}^{-1} \text{ mol}^{-1}$$
>
> $$V = 83,1 \cdot 10^{-6} \text{m}^3 \text{ mol}^{-1}$$
>
> Und damit:
>
> $$\Delta S = +32,4 \text{ J K}^{-1} \text{ mol}^{-1}$$
>
> $$\Delta V = +17,0 \cdot 10^{-6} \text{m}^3 \text{ mol}^{-1}$$
>
> Also:
>
> $$\begin{aligned} \frac{dP}{dT} &= \frac{32,4 \text{ J mol}^{-1} \text{ K}^{-1}}{17,0 \cdot 10^{-6} \text{ m}^3 \text{ mol}^{-1}} \\ &= 1,91 \cdot 10^6 \text{ J m}^{-3} \text{ K}^{-1} \\ &= 1,91 \cdot 10^6 \text{ N m}^{-2} \text{ K}^{-1} \\ &= 19,1 \cdot 10^5 \text{ Pa K}^{-1} \end{aligned}$$
>
> Die Einheiten Pa (bzw. 10^5 Pa = 1 bar) und K beziehen sich auf die Steigung einer Linie im P–T-Raum (◘ Abb. 2.4). Das Vorzeichen der Steigung ist hier positiv, was mit ◘ Abb. 2.4 übereinstimmt (P steigt mit zunehmender T) und der Betrag ($19,1 \cdot 10^5$ Pa K^{-1}) stimmt gut mit dem Wert von etwa $20 \cdot 10^5$ Pa °C^{-1} überein, der in der Abbildung abgemessen werden kann (Kelvin und Grad Celsius sind gleich große Einheiten, siehe Anhang A.1). ◀

Die positive Steigung in ◘ Abb. 2.4 spiegelt somit die Beobachtung wider, dass sowohl ΔS als auch ΔV für diese Reaktion positiv sind (oder beide negativ, wenn wir die Reaktion umgekehrt schreiben). Eine negative Steigung würde bedeuten, dass ΔS und ΔV entgegengesetzte Vorzeichen haben, wie dies bei der Andalusit-Sillimanit-Reaktion der Fall ist (◘ Abb. 2.2).

Der auffälligste Unterschied zwischen einerseits ◘ Abb. 1.6a, 2.2 und 2.4 und andererseits ◘ Abb. 2.5 besteht darin, dass letztere eine gekrümmte Reaktionsgrenze aufweist, während die anderen Phasengrenzlinien gerade sind. Die Reaktionsgrenze ist gekrümmt, da die Volumenänderung für eine solche Reaktion (und damit dP/dT) stark druckabhängig ist:

Muskovit ⇌ Sanidin + Korund + Dampf

$$\Delta V = V_{\text{Dampf}} + V_{\text{Korund}} - V_{\text{Muskovit}}$$

Bei niedrigem Druck ist das Volumen der „Dampfphase" (eigentlich ein überkritisches Fluid, siehe Kasten 2.2) sehr viel größer als das der festen Phasen und sie dominiert daher den Wert von ΔV.

$$\Delta V \approx V_{\text{Dampf}}$$

Da dieser Wert sehr groß ist, hat die Reaktionsgrenze bei niedrigem Druck nur eine moderate Steigung. Aber der Dampf ist, wie jedes Gas, viel komprimierbarer als die festen Phasen. Bei höheren Drücken werden V_{Dampf} und auch ΔV nach und nach kleiner, und die Steigung der Phasengrenzlinie der Dehydratisierung wird entsprechend steiler. Diese Form ist ein allgemeines Merkmal aller Reaktionen, bei denen eine „Dampfphase" entsteht (siehe auch ◘ Abb. 2.1). Gekrümmte Grenzen in P-T-Diagrammen bedeuten immer die Beteiligung einer leicht komprimierbaren Phase, in der Regel eines Gases (z. B. ◘ Abb. 2.3b).

2.5 Phasendiagramme im T-χ-Raum

2.5.1 Kristallisation in Systemen ohne Mischkristalle

P-T- und P_V-T-Diagramme sehen keine Änderung der Zusammensetzung der einzelnen Phasen während der Reaktionen vor. Solche Veränderungen sind ein wichtiges Merkmal von magmatischen Prozessen und machen es notwendig, eine andere Art von Diagramm einzuführen, in dem die Temperatur des Gleichgewichts als Funktion der Phasenzusammensetzung („χ") dargestellt wird. Ein Beispiel ist in ◘ Abb. 2.6 dargestellt, das die Phasenbeziehungen bei Atmosphärendruck für das binäre System $CaMgSi_2O_6$–$CaAl_2Si_2O_8$ zeigt. Da dieses Zweikomponentensystem für magmatische Gesteine relevant ist (bestimmte Zusammensetzungen des Systems können als stark vereinfachte Analoga zu Basalt angesehen werden), reicht der Temperaturbereich bis hin zum Aufschmelzen.

Bei ausreichend hoher Temperatur ist es möglich, eine homogene Schmelze in jedem gewünschten Verhältnis aus den beiden Komponenten $CaMgSi_2O_6$ und $CaAl_2Si_2O_8$ zu erzeugen: Beide Verbindungen sind in der Schmelzphase vollständig **mischbar.** Daher ist in dem mit „Schmelze" beschrifteten Feld nur eine einzige Phase stabil. Im festen Zustand existieren die beiden Komponenten jedoch als separate Phasen Diopsid (ideale Zusammensetzung $CaMgSi_2O_6$) und Anorthit (Zusammensetzung $CaAlSi_2O_8$): Es gibt keinen stabilen homogenen Feststoff mit einer dazwischen liegenden Zusammensetzung. Der Bereich unter 1274 °C ist daher ein Zweiphasenfeld.

Die beiden Bereiche ABE und ECD sind ebenfalls Zweiphasenfelder, in denen jedoch jeweils eine Schmelze und eine der kristallinen Phasen im Gleichgewicht sind. Um das genauer zu verstehen, betrachten wir die Linie x–y. Dies ist eine **isotherme** Linie bei einer Temperatur, deren genauer Wert hier unwichtig ist (in diesem Fall 1400 °C). Diese Linie verbindet die Zusammensetzungen zweier Phasen, die bei dieser Temperatur stabil koexistieren können. x stellt die einzige Zusammensetzung der Schmelze dar, die bei 1400 °C mit Anorthit (Zusammensetzung y) im Gleichgewicht sein kann: Sie besteht zu 61 % aus $CaAl_2Si_2O_8$ und zu 39 % aus $CaMgSi_2O_6$. Würde die Schmelze mehr $CaMgSi_2O_6$ enthalten (Zusammensetzung x_1 zum Beispiel), würde sie Anorthitkristalle auflösen und dadurch den $CaAl_2Si_2O_8$-Gehalt erhöhen, bis das Gleichgewicht zwischen Anorthit und Schmelze erreicht ist oder bis sich der vorhandene Anorthit vollständig aufgelöst hat. Eine Schmelze der Zusammensetzung x_2 würde Anorthit kristallisieren, wodurch der $CaAl_2Si_2O_8$-Gehalt reduziert würde.

Wie die Linie D–E zeigt, hängt die Zusammensetzung der Schmelze, die im Gleichgewicht mit Anorthit (An) existieren kann, von der Temperatur ab. Die entsprechende Linie A–E zeigt, dass dasselbe für die Schmelzen gilt, die mit Diopsid (Di) koexistieren können. Die Kurve A–E–D, also die Position der Schmelzzusammensetzungen, die bei verschiedenen Temperaturen im Gleichgewicht mit Diopsid oder Anorthit koexistieren können, wird **Liquidus** genannt. Alle darüber liegenden Zustände des Systems in ◘ Abb. 2.6 bestehen nur aus der Schmelzphase. E ist der Punkt, an dem die beiden Glieder des Liquidus zusammentreffen. Er stellt somit die einzigartige Kombination aus Schmelzzusammensetzung und Temperatur dar, bei der sich alle drei Phasen gleichzeitig im Gleichgewicht befinden. Dieser Punkt wird als **Eutektikum** oder eutektischer Punkt bezeichnet.

Bei der Anwendung der Phasenregel auf ◘ Abb. 2.6 dürfen wir nicht vergessen, dass ein solches T-χ-Diagramm nichts anderes ist als eine zweidimensionale Darstellung komplexer Phasenbeziehungen im P-T-χ-Raum (vgl. ◘ Abb. 2.12a). Indem wir die Schmelzverhältnisse nur bei einem einzigen – in diesem Fall dem atmosphärischen – Druck betrachten, begrenzen wir tatsächlich künstlich die Anzahl der Freiheitsgrade jedes Gleichgewichts. Alle Aussagen, die wir in diesem Diagramm über Freiheitsgrade machen, beziehen sich nur auf eine scheinbare Anzahl der Freiheitsgrade F', wobei:

$$F' = F - 1$$

Man kann die Phasenregel in Form von F' wie folgt schreiben:

$$\phi + F = \phi + (F' + 1) = C + 2$$

2.5 · Phasendiagramme im T-χ-Raum

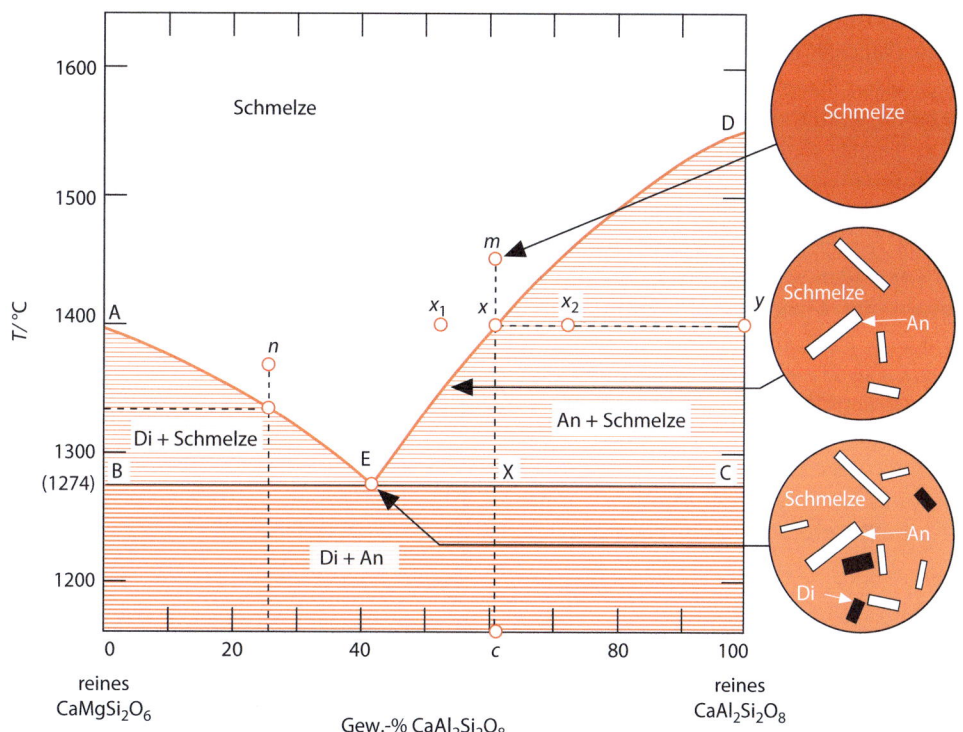

Abb. 2.6 Schmelzbeziehungen im (pseudo-)binären System $CaMgSi_2O_6$–$CaAl_2Si_2O_8$ bei Atmosphärendruck. Die gestreiften Felder sind Zweiphasenfelder, wobei das Feld mit zwei festen Phasen dunkler dargestellt ist als die Felder mit Feststoff + Schmelze. Di und An beziehen sich auf die Phasen Diopsid (Zusammensetzung $CaMgSi_2O_6$) und Anorthit (Zusammensetzung $CaAl_2Si_2O_8$). Genaugenommen ist dieses Phasendiagramm nicht unbedingt binär, da kleine Mengen an Aluminium in der Pyroxenphase enthalten sein können (für Details siehe Morse, 1980, S. 53–57). Die kreisförmigen Skizzen auf der rechten Seite veranschaulichen, wie ein experimentelles „Magma" im entsprechenden Stadium des Experiments unter dem Mikroskop aussehen könnte

Deshalb:

$$\phi + F' = C + 1 \tag{2.7}$$

Diese Form der Phasenregel ist auf isobare T-χ- und übrigens auch auf isotherme P-χ-Phasendiagramme anwendbar (auf englisch wird diese Formel auch als „condensed phase rule" bezeichnet, was vielleicht am Besten mit „komprimierte Phasenregel" übersetzt werden könnte).

> **Beispiel**
>
> | Punkt E | $\varphi = 3$ | (3 Phasen: Di + An + Schmelze) |
> |---|---|---|
> | | $C = 2$ | (2 Komponenten: $CaMgSi_2O_6$ und $Ca_2Si_2O_8$) |
> | | $3 + F' = 2 + 1$ | |
> | Deshalb | $F' = 0$ | Unter isobaren Verhältnissen invariantes Gleichgewicht |

Der Formulierung „unter isobaren Verhältnissen invariant" ist Jargon, der uns daran erinnert, dass dieses Gleichgewicht nur so lange wirklich invariant ist, wie der Druck konstant gehalten wird. Ohne diese Einschränkung würden wir feststellen, dass das Eutektikum nur ein Punkt auf einer univarianten Kurve im T-χ-P-Raum war. Ein Eutektikum ist in jedem Phasendiagramm immer ein invarianter Punkt. Das Einphasenfeld „Schmelze" hat hingegen zwei Freiheitsgrade.

> **Beispiel**
>
> | Punkt x_1 | $\varphi = 1$ | (1 Phase: Schmelze) |
> |---|---|---|
> | | $C = 2$ | (2 Komponenten: $CaMgSi_2O_6$ und $Ca_2Si_2O_8$) |
> | | $1 + F' = 2 + 1$ | |
> | Deshalb | $F' = 2$ | Unter isobaren Verhältnissen divariantes Gleichgewicht |

T und χ müssen quantifiziert werden, um den Zustand des Systems unter isobaren Bedingungen vollständig zu definieren.

Es wäre natürlich zu erwarten, dass auch die Felder ECD und ABE divariant sind, aber die Phasenregel zeigt etwas anderes. Nehmen wir die Zusammensetzung, die durch Punkt x_2 dargestellt wird. Weder die Schmelze (bei dieser Temperatur) noch Anorthit können diese Zusammensetzung aufweisen. Die „Zusammensetzung" x_2 hat bei 1400 °C nur eine Bedeutung, wenn sie als die Zusammensetzung eines physikalischen Gemisches aus Schmelze x und Anorthit y interpretiert wird. Kasten 2.3 erklärt, wie sich die Anteile der beiden Phasen in diesem Gemisch ermitteln lassen. ECD und ABE sind daher Zweiphasenfelder. Wenn $\phi = 2$ und $C = 2$ ist, folgt zwangsläufig, dass $F' = 1$ ist. Mit anderen Worten: Die Angabe der Temperatur reicht völlig aus, um die Zusammensetzung aller Phasen im Gleichgewicht zu definieren oder umgekehrt definiert die Zusammensetzung die Temperatur (wobei der Druck bereits festgelegt ist). Also können nicht nur Phasengrenzlinien univariante Gleichgewichte sein (wie in ◘ Abb. 1.6a und 2.2), sondern auch Phasenfelder. Solche Felder entstehen in T-χ-Diagrammen immer dann, wenn zwei koexistierende Phasen unterschiedliche Zusammensetzungen aufweisen. Man kann sich vorstellen, dass diese Felder aus einer unendlichen Anzahl von horizontalen Verbindungslinien bestehen, was die horizontale Schraffur in ◘ Abb. 2.6 symbolisieren soll.

> **Kasten 2.3 Das Hebelgesetz**
> In T-χ-, P-χ- oder P-T-χ-Diagrammen können die Zusammensetzungen zweier unterschiedlicher Phasen, die unter bestimmten Bedingungen im Gleichgewicht koexistieren können, durch horizontale Linien verbunden werden. Jede Zusammensetzung, die zwischen den Enden einer Verbindungslinie liegt, muss daher eine physikalische Mischung der beiden Phasen darstellen. Aus der Position dieses Punktes auf der Verbindungslinie kann man die relativen Anteile der beiden Phasen im Gemisch berechnen.
> ◘ Abb. 2.7 zeigt einen Teil eines Phasendiagramms, in dem eine vollständige Mischungsreihe zwischen zwei Verbindungen, A und B, vorliegt (vgl. ◘ Abb. 2.11). Die Verbindungslinie c–d stellt das Gleichgewicht bei der Temperatur T_1 zwischen einer Schmelze der Zusammensetzung c auf dem Liquidus und einem Mischkristall der Zusammensetzung d auf dem Solidus dar. Sowohl c als auch d werden in Gew.-% B ausgedrückt. Die Zusammensetzung x liegt im Zweiphasenfeld zwischen c und d und muss eine physikalische Mischung dieser beiden unterschiedlichen Phasen sein.
> C und D sollen die gesuchten Massenanteile (d. h. $C + D = 1{,}00$) darstellen, in denen die beiden Phasen der Zusammensetzungen c und d zur Zusammensetzung des Systems x gemischt werden. Wir können dann die Zusammensetzung von x ausdrücken als:
>
> $x = Cc + Dd$
>
> Da $C = 1 - D$ ist, kann dies umgeschrieben werden als:
>
> $x = (1 - D)c + Dd = c - Dc + Dd$
>
> Daher:
>
> $x - c = D(d - c)$
>
> Umgestellt zu:
>
> $D = \dfrac{x - c}{d - c}$
>
> Indem wir in $x = C c + D d$ stattdessen $D = 1 - C$ einsetzen, ergibt sich auf ähnliche Weise:
>
> $C = \dfrac{x - d}{c - d} = \dfrac{d - x}{d - c}$
>
> (Die Änderung des Vorzeichens auf beiden Seiten des Bruchstrichs hebt sich auf). Das Massenverhältnis, in dem c und d in x vorhanden sind, ist daher:
>
> $\dfrac{C}{D} = \dfrac{\tfrac{d-x}{d-c}}{\tfrac{x-c}{d-c}} = \dfrac{d - x}{x - c}$
>
> Umgestellt:
>
> $C(x - c) = D(d - x)$
>
> Diese äußerst nützliche Gleichung wird als Hebelgesetz bezeichnet, da sie auch auf die „Hebelwirkung" der guten alten Balkenwaage angewendet werden kann (◘ Abb. 2.7b). Bei dieser ist das Gewicht eines Körpers C umgekehrt proportional zum Abstand vom Drehpunkt ($c - x$), bei dem das Gegengewicht D ausbalanciert ist:
>
> $\dfrac{\text{Gewicht von C}}{\text{Gewicht von D}} = \dfrac{x - d}{c - x}$
>
> Qualitativ gilt: Je näher die Zusammensetzung einer Mischung im Phasendiagramm an derjenigen einer ihrer Bestandteile liegt, desto größer ist der Prozentsatz dieses Bestandteils in der Mischung.

T-χ-Diagramme sind in der magmatischen Petrologie wichtig, da sie es ermöglichen, die Entwicklung der Schmelzzusammensetzung mit fortschreitender Kristallisation in experimentellen und natürlichen magmatischen Systemen (bei konstantem Druck) zu verfolgen. Stellen wir uns eine abkühlende Schmelze m vor, mit einer Temperatur oberhalb des Liquidus von, sagen wir, 1450 °C. Wie der „Blick durchs Mikroskop" oben rechts in ◘ Abb. 2.6 zeigt, ist in diesem Moment nur Schmelze vorhanden. Zunächst gibt es, abgesehen von der fallenden Temperatur, keine Veränderung: Wir können uns vorstellen, dass der Punkt m senkrecht durch das Feld „Schmelze" fällt. Die Ankunft am Liquidus (Punkt x) signalisiert das erste Auftreten von festem Anorthit, der hier im Gleichgewicht mit der Schmelze zu kristallisieren beginnt. Dadurch wird ein wenig von der $CaAl_2Si_2O_8$-Komponente aus der Schmelze entfernt, was zu einer leichten Verschiebung der Zusammensetzung nach links (in ◘ Abb. 2.6) führt. Die

2.5 · Phasendiagramme im T-χ-Raum

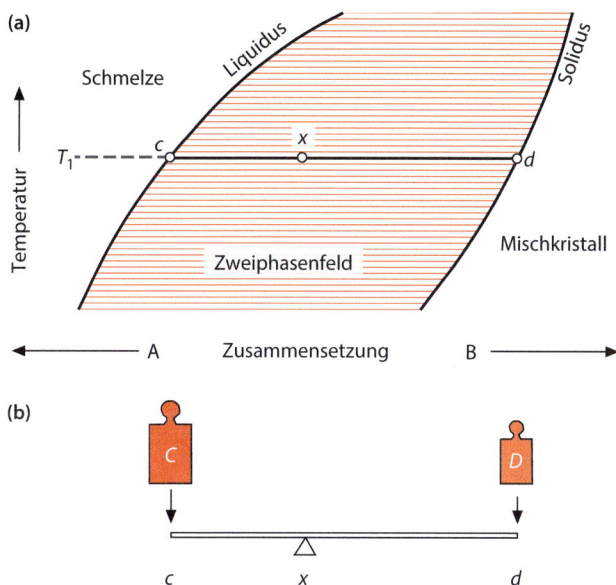

◘ Abb. 2.7 a Teil eines Phasendiagramms ähnlich ◘ Abb. 2.11 zur Veranschaulichung des Hebelgesetzes. b Die analoge Geometrie einer Waage

Aufrechterhaltung des univariaten Gleichgewichts erfordert jedoch, dass sich die Schmelzzusammensetzung bei gleichzeitig sinkender Temperatur ändert. Mit fortschreitender Kristallisation wandert die Schmelzzusammensetzung daher stetig die Liquiduskurve hinunter Richtung E, kontinuierlich kristallisiert Anorthit und die Schmelze verändert die Zusammensetzung. Die dabei vorhandenen Phasen sind auf der rechten Seite der Abbildung im mittleren Kreis dargestellt. Dieser veranschaulicht, was in einer abgeschreckten Probe unter dem Mikroskop zu sehen wäre.

Bei Erreichen des Eutektikums beginnt die Schmelze, neben Anorthit auch Diopsid zu kristallisieren, wie im untersten Kreis dargestellt. An diesem Punkt kann sich die Schmelzzusammensetzung nicht mehr ändern, da Anorthit und Diopsid im gleichen Verhältnis kristallisieren wie das $CaAl_2Si_2O_8$: $CaMgSi_2O_6$-Verhältnis der Schmelze. Die Temperatur bleibt ebenfalls konstant, weil das Eutektikum ein invariantes Gleichgewicht ist (zumindest wenn der Druck konstant bleibt): Solange die drei Phasen im Gleichgewicht bleiben, können sich weder Schmelzzusammensetzung noch Temperatur ändern. Unter kontinuierlicher Abkühlung versteht man in diesem Zusammenhang lediglich den Verlust von Wärme (die latente Kristallisationswärme von Diopsid und Anorthit) aus dem System bei konstanter Temperatur, während sich Kristalle auf Kosten der Schmelze bilden. Schließlich ist die Schmelze erschöpft, und das invariante Gleichgewicht mit Di + An + Schmelze weicht dem univarianten Gleichgewicht mit Di + An, sodass die Temperatur ihren Abwärtstrend im Zweiphasenfeld wieder aufnehmen kann.

Die Gesamtzusammensetzung mit zwei festen Phasen besteht nun ganz offensichtlich aus 61 % Anorthit und 39 % Diopsid (c in ◘ Abb. 2.6).

Das Eutektikum stellt somit den niedrigsten Punkt des Phasenfeldes der Schmelze dar, und es zeigt die Zusammensetzung und Temperatur der letzten Schmelze, die während der Abkühlung des Systems übrig bleibt. Bei jeder Schmelze in diesem System (mit Ausnahme von reinem $CaMgSi_2O_6$ und reinem $CaAl_2Si_2O_8$) wird die Zusammensetzung der Schmelze bei fortschreitender Kristallisation letztlich zum Eutektikum führen. Dies veranschaulicht ein wichtiges Prinzip der Petrologie: dass sich die Zusammensetzungen von Magmen bei der Kristallisation so entwickeln, dass sie immer zu einer oder zwei typischen „Restmagmazusammensetzungen" führen (ein natürliches Beispiel ist Granit), bei denen der Liquidus seine niedrigste Temperatur erreicht.

Das Eutektikum zeigt auch die Zusammensetzung der ersten Schmelze an, die beim Erhitzen einer Mischung aus Diopsid und Anorthit entsteht. Das partielle Aufschmelzen beim Erhitzen eines Gesteins wird in Kasten 2.4 und 2.5 erklärt.

Kasten 2.4 Partielles Aufschmelzen I: Schmelzbildung im Labor

Phasendiagramme liefern viele Einblicke in den wichtigen Prozess der Schmelzbildung in Gesteinen. Betrachten wir zunächst das fortschreitende Aufschmelzen einer Mischung aus Diopsid und Anorthit, z. B. die Mischung der Zusammensetzung c in ◘ Abb. 2.6. Das Gemisch erwärmt sich einfach, bis die Temperatur 1274 °C erreicht ist. An diesem Punkt beginnt sich eine Schmelze der eutektischen Zusammensetzung E zu bilden; dies ist die einzige Schmelzzusammensetzung, die im Gleichgewicht mit Diopsid und Anorthit sein kann, die beide in diesem Stadium im Feststoffgemisch vorhanden sind. Die kontinuierliche Erwärmung führt zu einer Erhöhung des Schmelzanteils bei konstanter Temperatur, ohne Änderung der Schmelzzusammensetzung (invariantes Gleichgewicht), bis der Diopsid verschwindet, der vollständig von der Schmelze aufgenommen wurde. (Anorthit hat sich ebenfalls aufgelöst, ist aber noch nicht verbraucht.) Nach dem Hebelgesetz (Kasten 2.3) ist in diesem Stadium das Verhältnis von Schmelze zu Anorthit XC:EX. Nun erreichen wir das univariante Gleichgewicht (An + Schmelze), und mit zunehmender Temperatur steigt der Anteil der Schmelze weiter an, wobei ihre Zusammensetzung die Liquiduskurve hinaufgeht, während sich immer mehr Anorthit in ihr löst. Bei x hat die Schmelze die gleiche Zusammensetzung wie das feste Ausgangsgemisch, und hier verschwinden die letzten verbliebenen Anorthitkristalle. Das System tritt nun in das divariante Phasenfeld „Schmelze" ein, wo die Temperatur ohne eine weitere Änderung der Zusammensetzung weiter steigen kann.

Ähnliche Prinzipien regeln das Aufschmelzen von Mischkristallen. Ein für Basalte wichtiges Beispiel ist das in ◘ Abb. 2.8 gezeigte Olivinsystem (das dem Phasendiagramm für Plagioklas in ◘ Abb. 2.11 ähnelt) mit den Endgliedern Forsterit und Fayalit. Basaltmagma entsteht, wenn das Gestein des oberen Mantels (das zu einem großen Teil aus Olivin besteht) teilweise geschmolzen wird. Wenn Olivin auf den **Solidus** erhitzt wird (z. B. Punkt c_1) entsteht ein kleiner Anteil Schmelze der Zusammensetzung m_1. Die Schmelze enthält viel weniger Magnesium als der Olivin, aus dem sie hergestellt wird. Dies ist von großer petrologischer Bedeutung. Durch die weitere Erwärmung steigt die Temperatur, der Anteil der Schmelze nimmt zu, ihre Zusammensetzung wandert entlang des Liquidus in Richtung m_2 und die der verbleibenden Olivinkristalle entlang des Solidus Richtung c_2 hinauf. Das System wäre bei etwas mehr als 1800 °C (Punkt m_3) vollständig geschmolzen. Somit besteht ein Intervall zwischen der Temperatur, bei der Olivin zu schmelzen beginnt, und der Temperatur, bei der er vollständig geschmolzen ist (wie auch in ◘ Abb. 2.11). Diese Lücke, das sogenannte **Schmelzintervall**, ist ein Merkmal aller Minerale, die eine Mischungsreihe zwischen Endgliedern aufweisen. Der alltägliche Begriff des „Schmelzpunktes" gilt dann nur für reine Endglieder, bei denen Liquidus und Solidus zusammenlaufen.

Ein derartiges vollständiges Aufschmelzen von Gesteinen erfolgt in der Natur nur unter sehr ungewöhnlichen Umständen, wie z. B. bei einem Meteoriteneinschlag. Im Allgemeinen werden Magmen durch einen Prozess des partiellen Aufschmelzens erzeugt, bei dem die Temperaturen ausreichen, um einen Bruchteil des Ausgangsmaterials, aber nicht das gesamte Gestein, zu schmelzen. Sowohl im Phasendiagramm von Olivin als auch im eigentlichen Gestein erzeugt das partielle Schmelzen eine Schmelze mit geringerem Magnesiumgehalt (m_2) als das Ausgangsmaterial (c_1), wobei ein fester, schwer schmelzbarer Rückstand zurückbleibt, der mehr Magnesium enthält (c_2) als das Ausgangsmaterial vor dem Schmelzen. Die Zusammensetzung der beiden Produkte – Schmelze und Reststoff – hängt vom **Schmelzgrad** (Prozentsatz des Schmelzanteils) und damit von der erreichten Temperatur ab. Wir dürfen nicht davon ausgehen, dass die im Olivin-Phasendiagramm dargestellten Temperaturen notwendigerweise charakteristisch für den oberen Mantel sind. Wir haben gesehen, dass zwar reiner Anorthit (◘ Abb. 2.6) bis 1553 °C ein Feststoff bleibt, aber eine Mischung aus Anorthit und Diopsid bereits bei unter 1300 °C zu schmelzen beginnt. Gleiches gilt für Mantelgesteine, die nicht nur aus Olivin bestehen (auch wenn dieser der dominante Bestandteil ist), sondern auch Pyroxen und entweder Granat oder Spinell enthalten. Ein solches Gemisch beginnt bei tieferen Temperaturen zu schmelzen als die einzelnen Minerale. Darüber hinaus trägt jedes Mineral von Anfang an zur Zusammensetzung der Schmelze bei, so wie sowohl Anorthit als auch Diopsid zur eutektischen Schmelze in ◘ Abb. 2.6 beitragen. Es ist eine weitverbreitete, aber falsche Vorstellung, zu glauben, dass verschiedene Minerale in einem Gestein nacheinander schmelzen würden. Eine partielle Schmelze kann als eine Lösung angesehen werden, in der alle festen Phasen des Ausgangsgesteins teilweise löslich sind. Der Einfluss des Drucks (der Tiefe) auf das Schmelzen wird in Kasten 2.5 berücksichtigt.

Kasten 2.5 Partielles Aufschmelzen II: Schmelzbildung im Mantel

◘ Abb. 2.9 zeigt auf einfache Weise, wie im Mantel die Solidustemperatur von Peridotit – die Temperatur, bei der er zu schmelzen beginnt – mit der Tiefe im Mantel (bei Abwesenheit von Wasser) variiert. Dies ist im Wesentlichen ein auf den Kopf gestelltes P–T-Diagramm, das erstellt wurde, um die Temperatur als Funktion der Tiefe unter der Erdoberfläche darzustellen. Der Bereich zwischen Solidus- und Liquiduslinien, das „Schmelzintervall", stellt den Bereich der Bedingungen dar, unter denen ein partielles Aufschmelzen (Kasten 2.4) von Mantelperidotit möglich ist. Dies sind die Voraussetzungen, um basaltisches Magma zu erzeugen.

Die Kurve mit der Aufschrift „ozeanischer Geotherm" zeigt, wie im oberen Mantel unter einem typischen Abschnitt eines mittelozeanischen Rückens die Temperatur des umgebenden Gesteins mit der Tiefe variiert. Beachten Sie, dass der Geotherm den Solidus in keiner Tiefe erreicht. Warum sollte es dann im oberen Mantel überhaupt zur Schmelzbildung kommen?

Um zu verstehen, wie das möglich ist, müssen wir wissen, dass der Erdmantel kein statischer Körper ist. Da das Innere der Erde heiß ist, erfährt der feste Mantel eine kontinuierliche (wenn auch sehr langsame) konvektive Bewegung, mit pilzförmigen „Manteldiapiren" aus heißerem Material, das eine etwas geringere Dichte hat und daher aufsteigt (z. B. unter Hawaii), und mit Zonen mit dichtem, kälterem Material, das nach unten absinkt (z. B. kalte ozeanische Lithosphäre an Subduktionszonen). In einem Mantel mit Konvektion kann das Aufschmelzen einfach als Folge der Aufwärtsbewegung auftreten. In ◘ Abb. 2.9a kann beispielsweise der feste Peridotit an Punkt X über den Solidus bewegt werden und zu schmelzen beginnen, indem er einfach nach oben wandert und entlang des Weges X–Y zu niedrigeren Drücken wandert. Dieser Prozess wird als Druckentlastungsschmelzen bezeichnet, er ist die Hauptursache für die Magmabildung an mittelozeanischen Rücken. Die Lithosphärenplatten werden kontinuierlich auseinandergezogen und ermöglichen so ein passives Aufströmen (◘ Abb. 2.9b) und eine Schmelzbildung in der darunter liegenden Asthenosphäre. Ein Temperaturanstieg ist nicht erforderlich, vielmehr kühlt das aufsteigende Material bei der Druckentlastung leicht ab (s. a. Kasten 1.1).

Manteldiapire hingegen sind Orte, an denen tieferes Material, das 150–300 °C heißer sein kann als der umgebende obere Mantel, aufgrund des Auftriebs aufsteigt. Das Aufschmelzen im Manteldiapir ist der kombinierte Effekt eines erhöhten Geotherms und der Druckentlastung durch Auftrieb. Da sich viele Manteldiapire nicht an den Plattengrenzen befinden, begrenzt die vorhandene dicke und kühle Lithosphäre das Aufschmelzen auf ein tieferes Niveau als unter einem mittelozeanischen Rücken.

Ein Eutektikum tritt häufig in derartigen Systemen auf. Dies entspricht der allgemeinen Beobachtung, dass Mischungen von Mineralen (anders gesagt: Gesteine) bei niedrigeren Temperaturen zu schmelzen beginnen, als jeder der reinen Bestandteile (Minerale) allein, so wie eine Mischung aus Eis und Salz bei niedrigen Temperaturen schmilzt als Eis allein. Dieses Prinzip wird in der Industrie häufig angewendet, wenn ein Flussmittel zugesetzt wird, damit eine Substanz bei einer niedrigeren Temperatur schmelzen kann als im reinen Zustand (z. B. beim Löten).

Bisher haben wir nur Systeme mit zwei festen Phasen betrachtet. Es gibt aber auch Zweikomponentensysteme mit einem dritten Mineral, dessen Zusammensetzung zwischen den beiden anderen liegt. In diesen Fällen kann ein anderer besonderer Punkt auftreten, der Reaktionspunkt, der in Kasten 2.6 erklärt wird.

> **Kasten 2.6 Reaktionspunkte und inkongruentes Schmelzen**
>
> Jeder Geologiestudent weiß, dass Olivin und Quarz in der Natur niemals gemeinsam auftreten, sie sind nebeneinander nicht stabil. (Tatsächlich gilt dies nur für magnesiumreiche Olivine, also Forsterit. Fayalit – Fe_2SiO_4 – hingegen ist ein recht häufiges Mineral in Graniten und Quarzsyeniten.) Wie drückt sich diese Unvereinbarkeit in einem Phasendiagramm aus?
>
> Der relevante Teil des Systems Mg_2SiO_4–SiO_2 (ohne Komplikationen am SiO_2-reichen Ende zu berücksichtigen) bei Atmosphärendruck ist in ◘ Abb. 2.10 dargestellt. In vielerlei Hinsicht ist das Phasendiagramm ähnlich wie in ◘ Abb. 2.6. Der Unterschied besteht darin, dass zwischen Mg_2SiO_4 und SiO_2 entlang der Zusammensetzungsachse die Zusammensetzung des Pyroxens Enstatit liegt: $Mg_2Si_2O_6$. Was passiert bei der Kristallisation einer Schmelze der Zusammensetzung m_1? Beim Erreichen des Liquidus beginnt Olivin (Forsterit) zu kristallisieren, woraufhin weitere Abkühlung und Kristallisation die Schmelzzusammensetzung entlang der Liquiduskurve nach unten führen. Bei Erreichen von Punkt R ist die Schmelzzusammensetzung zu SiO_2-reich geworden (SiO_2-reicher als Enstatit), um stabil mit Olivin zu koexistieren. Daher reagiert der Olivin mit dem SiO_2 in der Schmelze, um Enstatit zu bilden:
>
> $Mg_2SiO_4 + SiO_2 \rightarrow Mg_2SiO_6$
>
> (Das bedeutet nicht, dass die Schmelze nur aus SiO_2 besteht: Andere Komponenten sind vorhanden, aber diese Reaktion betrifft nur die SiO_2-Komponente.)
>
> Bei R befinden sich die drei Phasen im Gleichgewicht. Mit der „komprimierten" Phasenregel (▶ Gl. 2.7) ist klar, dass R ein invarianter Punkt wie E ist. Er wird Reaktionspunkt, Peritektikum oder peritektischer Punkt genannt. Temperatur und Schmelzzusammensetzung bleiben im Verlauf der Reaktion konstant, bis eine der beiden Phasen aufgebraucht ist. In diesem Fall (beginnend mit m_1) wird die Schmelze zuerst verbraucht, und das Endergebnis ist eine Mischung aus Olivin und Enstatit: Die Schmelze schafft es nie bis zum Eutektikum. Hätte dagegen die Ausgangsschmelze die Zusammensetzung m_2, also SiO_2-reicher

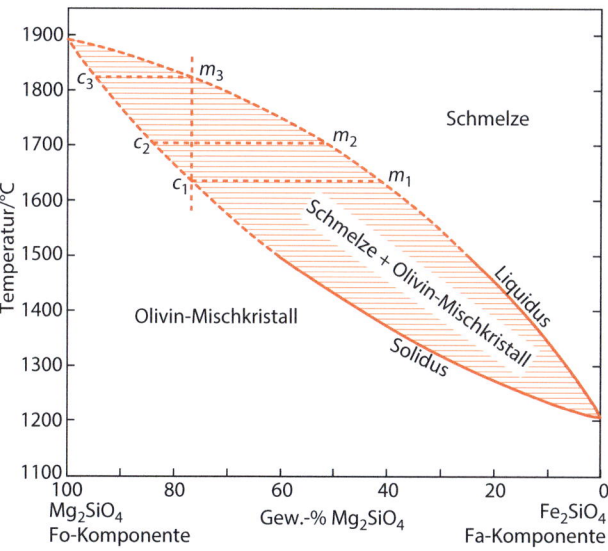

◘ Abb. 2.8 Phasendiagramm der Olivinreihe bei Atmosphärendruck. Dieses System wurde experimentell nur bis 1500 °C und zudem für reinen Forsterit bestimmt, interpolierte Grenzen sind gestrichelt dargestellt

als Enstatit, würde die Reaktion bei R den gesamten Olivin in Enstatit verwandeln, wobei etwas Schmelze übrig bliebe. Das Verschwinden von Olivin befreit das System aus dem invarianten Gleichgewicht R, und die Schmelze kann die verbleibende Liquiduskurve hinuntergehen und direkt Enstatit kristallisieren, bis das Eutektikum erreicht ist. Das Endergebnis ist eine Mischung aus Enstatit und einer SiO_2-Phase (dem bei hoher Temperatur stabilen SiO_2-Polymorph Cristobalit). Die Anteile des erhaltenen Gemischs können durch Anwendung des Hebelgesetzes berechnet werden.

Beim Aufschmelzen manifestiert sich dieser Reaktionspunkt als ein Phänomen, das als inkongruentes Schmelzen bezeichnet wird. Reiner Enstatit schmilzt beim Erhitzen nicht wie Olivin oder Anorthit, sondern zerfällt bei 1557 °C zu Olivin (weniger SiO_2-reich) und Schmelze (SiO_2-reicher als Enstatit), d. h. die Reaktion verläuft umgekehrt. Das System wird im invarianten Dreiphasengleichgewicht gehalten, bis Enstatit verbraucht ist, und schmilzt dann durch fortschreitendes Aufnehmen von Olivin in die Schmelze weiter (vgl. ◘ Abb. 2.6).

2.5.2 Kristallisation in Systemen mit Mischkristallen

Diopsid und Anorthit gehören zu zwei verschiedenen Mineralgruppen mit unterschiedlichen Kristallstrukturen, und die Möglichkeit, die Bestandteile des anderen Minerals in die Kristallstruktur aufzunehmen, ist vernachlässigbar gering. Aber innerhalb vieler Mineralgruppen ist zu beobachten, dass die Kristallzusammensetzungen zwischen den Endgliedern kontinuierlich variieren können. Man kann sich vorstellen, dass ein festes Endglied im anderen gelöst ist, um einen homogenen Kristall zu bilden, dessen Zusammensetzung zwischen den Endgliedern liegt. Dabei spricht man von Mischkristallen (engl. *solid solution*).

◘ Abb. 2.11 zeigt das Kristallisationsverhalten eines bekannten Beispiels einer solchen Mischungsreihe: Plagioklas aus der Feldspatgruppe, eine Mischungsreihe zwischen Albit ($NaAlSi_3O_8$) und Anorthit ($CaAl_2Si_2O_8$). Im Diagramm erscheint nur eine feste Phase.

Im Diagramm fällt ein blattförmiges Merkmal auf, das durch zwei Kurven begrenzt ist, die koexistierende Kristall- und Schmelzzusammensetzungen als Funktion der Temperatur darstellen. Beispielsweise verbindet die Linie *a–b* in ◘ Abb. 2.11 die Schmelzzusammensetzung *a* mit der Plagioklaszusammensetzung *b*, die bei dieser Temperatur im Gleichgewicht sind. Die Kurve durch *a*, über der (im Feld „Schmelze") das System vollständig geschmolzen ist, ist der Liquidus; die Kurve durch *b*, unter der das System vollständig aus dem kristallinem Feststoff Plagioklas besteht, wird Solidus genannt.

Durch die Anwendung der „komprimierten" Phasenregel ▶ Gl. 2.7 auf ◘ Abb. 2.11 stellen wir fest, dass die Phasenfelder „Schmelze" und „Plagioklas" beide divariant sind: $\phi=1$, $C=2$ ($NaAlSi_3O_8$ und $CaAl_2Si_2O_8$), also $F'=2$. Das Feld „Schmelze + Plagioklas" ist wieder ein Beispiel für ein univariantes Feld (s. a. ◘ Abb. 2.6): $\phi=2$, $C=2$, also $F'=1$. Wenn ein Gleichgewicht zwischen Schmelze und Plagioklas besteht, definiert die Angabe von *T* automatisch die Zusammensetzung beider Phasen. Umgekehrt, wenn die Zusammensetzung einer der beiden Phasen bekannt ist, ist auch die Gleichgewichtstemperatur eindeutig definiert. Die Linie *a–b* ist eine aus einer unendlichen Reihe solcher Verbindungslinien, die das Zweiphasenfeld durchqueren, wie die horizontale Schraffur symbolisiert.

Die Kristallisation in diesem System führt zu einer Reihe von sich ständig ändernden Schmelz- und Feststoffzusammensetzungen. Die Schmelze *m* zum Beispiel kühlt ab, bis sie bei *a* auf die Liquiduskurve trifft, wo Plagioklas der Zusammensetzung *b* zu kristallisieren beginnt. Weil *b* $CaAl_2Si_2O_8$-reicher ist als *a*, nimmt in der Schmelze durch die Kristallisation die Konzentration der $CaAl_2Si_2O_6$-Komponente ab und dadurch die $NaAlSi_3O_8$-Komponente zu: Bei anhaltender Abkühlung und Kristallisation wandert die Schmelzzusammensetzung über die Liquiduskurve nach unten. Die sich ändernde Schmelzzusammensetzung bewirkt eine entsprechende Entwicklung der Gleichgewichtszusammensetzung der Plagioklaskristalle. Neu kristallisierter Plagioklas wird albitreicher sein als *b*, zugleich werden früh gebildete Kristalle tendenziell durch kontinuierlichen Austausch von Na, Ca, Al und Si versuchen, mit der späteren albitreicheren Schmelzfraktion wieder ins Gleichgewicht zu kommen. Um das vollständige Gleichgewicht aufrechtzuerhalten, während sich die Schmelze entlang des Liquidus zum Punkt a_1 entwickelt, müssen also alle Kristalle, die sich bisher angesammelt haben, ihre Zusammensetzung anpassen und entlang des Solidus Punkt b_1 erreichen. Eine solche Anpassung erfordert eine Festkörperdiffusion in das Innere jedes Kristalls hinein und aus ihm heraus, was ein langsamer Prozess ist. Das Kristallwachstum während der natürlichen Kristallisation eines Magmas verläuft in der Regel zu schnell, um ein vollständiges kontinuierliches Gleichgewicht zwischen Kristallen und Magma zu ermöglichen: Die Kristallränder passen sich der sich ändernden Schmelzzusammensetzung an, aber das Zentrum der Kristalle kommt nicht hinterher. Das Ergebnis ist ein Gradient der Zusammensetzung zwischen relativ anorthitreichen Kernen und relativ albitreichen Rändern der Plagioklaskristalle, ein Phänomen,

2.5 · Phasendiagramme im T-χ-Raum

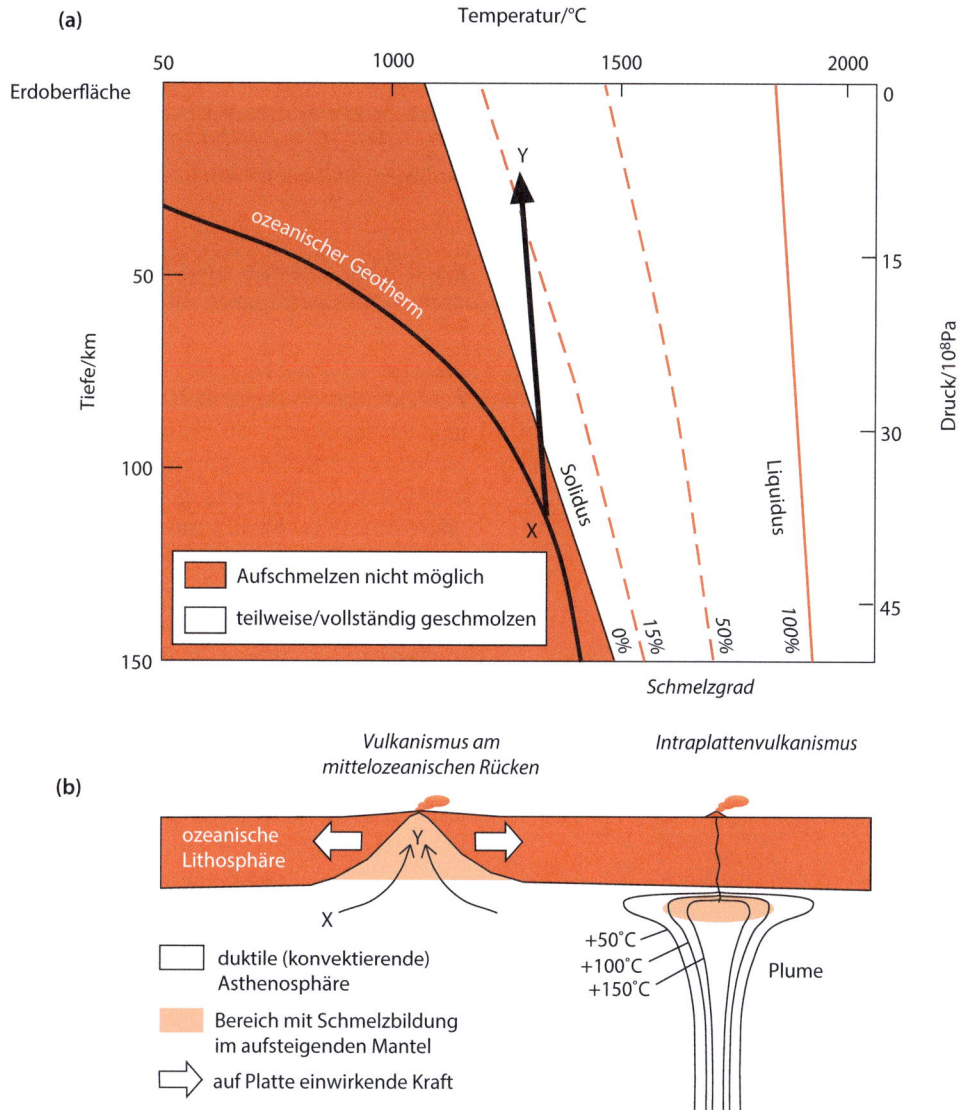

Abb. 2.9 **a** Variation der Solidustemperatur von trockenem Peridotit (Gestein des Erdmantels) mit Druck bzw. Tiefe. Die fette als „ozeanischer Geotherm" bezeichnete Kurve zeigt, wie die Temperatur des umgebenden Gesteins unter einem mittelozeanischen Rücken mit der Tiefe variiert. X–Y veranschaulicht ein passives Aufsteigen, das durch eine Dehnung der Lithosphäre ausgelöst wurde. **b** Die Skizze veranschaulicht, wo ein Aufschmelzen durch Druckentlastung unter einem mittelozeanischen Rücken und im Kopf eines Manteldiapirs stattfindet

das Petrologen als **Zonierung** bezeichnen (Kasten 3.1). Die Zonierung findet sich auch in anderen Mineralgruppen, insbesondere bei Pyroxen.

Wenn die Kristallisation langsam genug verläuft, um kontinuierlich im Gleichgewicht zu bleiben (ein Idealfall, der als **Gleichgewichtskristallisation** bezeichnet wird), hat die letzte Restschmelze die Zusammensetzung a_n und das Endprodukt ist eine Masse von Kristallen mit der Zusammensetzung b_n, was der ursprünglichen Schmelzzusammensetzung m entspricht. Wenn jedoch die Anpassung an das neue Gleichgewicht zwischen den Kristallen und der sich entwickelnden Schmelze nicht vollständig ist, bleibt eine überproportionale Menge der Anorthitkomponente in den Kernen der früh gebildeten Kristalle – weil die Kristalle groß und die Diffusion in ihnen langsam ist, oder weil die Kristalle von der Schmelze getrennt wurden – und die verbliebene Schmelze kann sich dann zu Zusammensetzungen entwickeln, die über a_n hinausgehen, bevor sie aufgebraucht ist. Das führt zu späten Plagioklasrändern, die albitreicher sind als die ursprüngliche Schmelze. Dieser Prozess, bei dem die Isolierung von früh gebildeten Feststoffen die Entwicklung späterer Schmelzen zu extremeren Zusammensetzungen ermög-

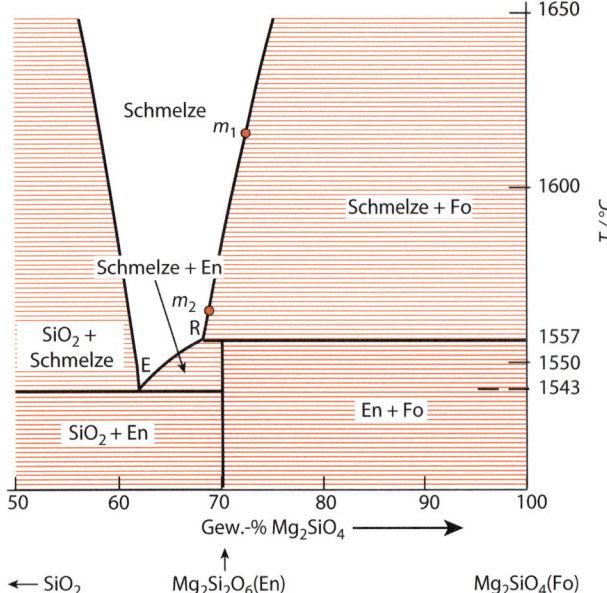

Abb. 2.10 Der Mg-reiche Teil des Systems Mg_2SiO_4–SiO_2 mit dem Reaktionspunkt R zwischen Mg_2SiO_4 (Forsterit) und SiO_2-reicher Schmelze

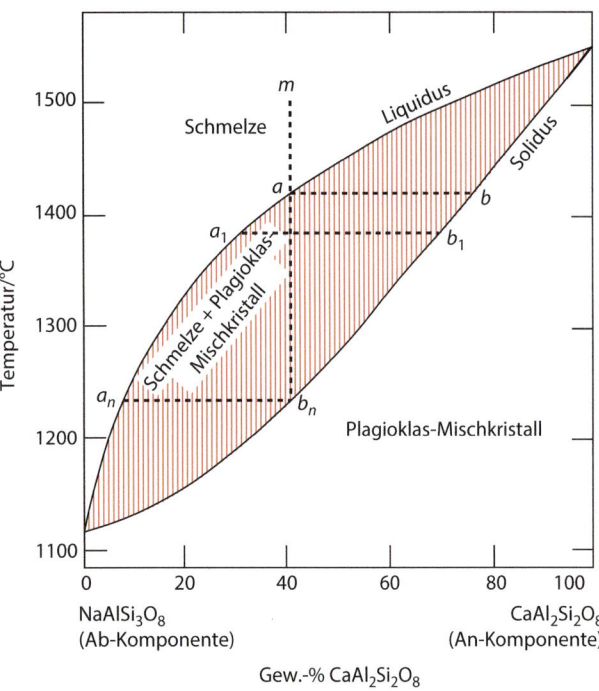

Abb. 2.11 T-χ-Diagramm der Schmelzbedingungen von Plagioklas bei Atmosphärendruck. Die horizontale Schraffur stellt ein Zweiphasenfeld dar. Plagioklas (ein Feldspat) ist ein Mischkristall, dessen Zusammensetzung zwischen den Endgliedern Albit (Ab) und Anorthit (An) liegt

licht, wird als **fraktionierte Kristallisation** bezeichnet. Die Kristallisation natürlicher Schmelzen in Magmakammern in der Erdkruste entspricht näherungsweise dieser fraktionierten Kristallisation, und dieser Prozess trägt wesentlich zur chemischen Vielfalt von Magmen und magmatischen Gesteinen bei.

2.5.3 Der Solvus und Entmischung

Das letzte zu untersuchende T-χ-Diagramm (◘ Abb. 2.12b) zeigt die Phasenverhältnisse von Alkalifeldspat in Gegenwart von Wasserdampf (bei einem Druck von $2 \cdot 10^8$ Pa = 2 kbar). Dieses Diagramm kann als ein Schnitt durch den P_{H_2O}-T-χ-Raum visualisiert werden, der entlang der Ebene $2 \cdot 10^8$ Pa verläuft (◘ Abb. 2.12a). Man kann dieses Phasendiagramm als isobaren Schnitt im P_{H_2O}-T-χ-Raum ansehen.

Das Diagramm zeigt den Liquidus und den Solidus der Alkalifeldspat-Mischungsreihe, die sich von denen in ◘ Abb. 2.5 nur dadurch unterscheiden, dass sie in der Mitte der Mischungsreihe und nicht an einem Ende auf einen minimalen Schmelzpunkt fallen. Als Ergebnis erhalten wir zwei blattförmige Phasenfelder anstelle von einem. Aber uns interessiert hier vor allem, was unter dem Solidus passiert. Das Feld mit homogenem Feldspat-Mischkristall unmittelbar unter dem Solidus bedeutet, dass hier die Endglieder im festen Zustand vollständig mischbar sind: Sie bilden eine komplette Mischungsreihe, in der jede Zusammensetzung als eine einzige homogene Phase vorliegen kann. Aber bei niedrigeren Temperaturen wird es komplizierter.

Unterhalb einer Grenze, die als Solvus bezeichnet wird, gibt es eine sogenannte **Mischungslücke.** Bei diesen Temperaturen (z. B. 600 °C) ist die Kristallstruktur von Albit weniger tolerant gegenüber der $KAlSi_3O_8$-Komponente (was teilweise am großen Radius des Kaliumatoms liegt) und bei einem $KAlSi_3O_8$-Gehalt von ca. 20 % (d. h. 80 % $NaAlSi_3O_8$, Punkt f_2) ist er damit gesättigt. Alles über diese Grenze hinaus vorhandene $KAlSi_3O_8$ ist gezwungen, als eigenständige $KAlSi_3O_8$-reiche Feldspatphase zu existieren, deren Zusammensetzung am anderen Ende einer horizontalen Verbindungslinie am linken Rand des Solvus gefunden werden kann (Punkt f_1 mit ca. 65 % $KAlSi_3O_8$ und 35 % $NaAlSi_3O_8$). Dieser Kaliumfeldspat ist an $NaAlSi_3O_8$ gesättigt.

Ein homogener Alkalifeldspat-Mischkristall wie f_h ist nicht mehr stabil, wenn er durch den Solvus abkühlt. Bei Punkt f zum Beispiel liegt er mitten im Zweiphasenbereich. Ein solcher Punkt stellt im Gleichgewicht eine Mischung aus zwei Phasen dar. Der

2.5 · Phasendiagramme im T-χ-Raum

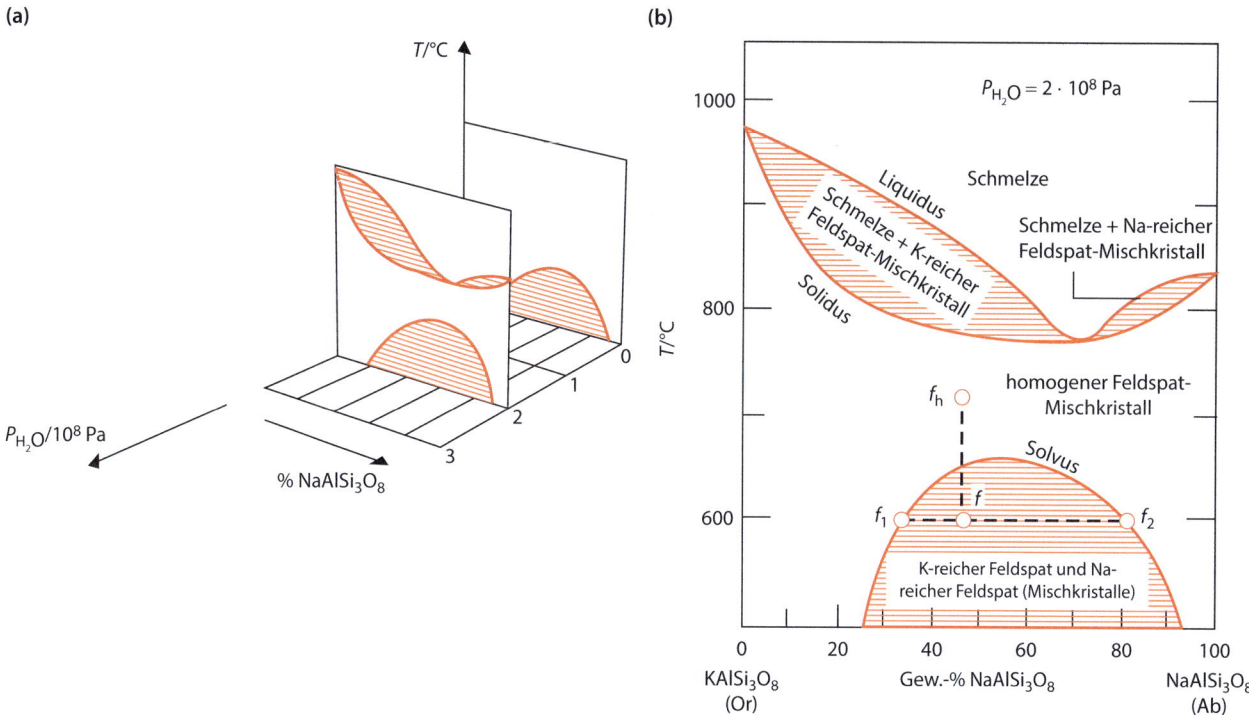

Abb. 2.12 Phasendiagramm von Alkalifeldspat (das System KAlSi$_3$O$_8$–NaAlSi$_3$O$_8$) mit den Endgliedern Orthoklas (Or) und Albit (Ab). **a** Perspektivische Skizze des P_{H_2O}-T-χ-Raumes, die den in (b) dargestellten isobaren Schnitt bei $2 \cdot 10^8$ Pa veranschaulicht. **b** Phasenbeziehungen von Alkalifeldspat bei $P_{H_2O} = 2 \cdot 10^8$ Pa, Zweiphasenfelder sind horizontal schraffiert

zunächst homogene Feldspat zerfällt daher in zwei getrennte Phasen, er entmischt f_1 und f_2. Aber die Festkörperdiffusion ist zu langsam, um aus einem abkühlenden Feldspatkristall zwei getrennte Kristalle unterschiedlicher Zusammensetzung zu bilden. Das übliche Ergebnis der Entmischung ist eine Reihe von dünnen, lamellaren Domänen einer Phase, die in einem Wirtskristall der anderen Phase eingeschlossen sind. Das Hebelgesetz (Kasten 2.3) sagt uns, dass im vorliegenden Beispiel f_1 in größerer Menge vorhanden sein wird als f_2 und daher entsteht beim Abkühlen von Kristall f_h ein Wirtskristall der Zusammensetzung f_1, der Entmischungslamellen der Phase f_2 enthält. Solche Strukturen sind charakteristisch für Alkalifeldspat, wo sie als Perthite bezeichnet werden. ■ Abb. 2.13 zeigt einen Perthitkristall unter einem Polarisationsmikroskop, das entsprechend eingestellt ist, um diese Textur hervorzuheben. Die dunklen Streifen im Bild sind Albitlamellen, der helle Wirtskristall ist Orthoklas (unterteilt in einen dunkleren oberen und einen helleren unteren Teil, die sich durch die Zwillingsbildung des Kristalls unterscheiden). Ähnliche Entmischungstexturen (die aber nicht Perthit genannt werden) gibt es in einigen Pyroxenen (■ Abb. 3.5), da eine ähnliche Mischungslücke zwischen Diopsid (CaMgSi$_2$O$_6$) und Enstatit (Mg$_2$Si$_2$O$_6$) besteht.

Abb. 2.13 Teil eines Alkalifeldspat-Zwillingskristalls mit Entmischung (Perthit): Der Wirtskristall Orthoklas umschließt Entmischungslamellen von Albit (im Bild dunkel). Aufgenommen unter einem Polarisationsmikroskop mit gekreuzten Polarisatoren; Bildbreite ~0,7 mm

Die Anwendung der „komprimierten" Phasenregel (weil P_{H_2O} konstant ist) auf ■ Abb. 2.12 zeigt, dass die Mischungslücke unter dem Solvus ein univariantes Feld ist. Unter günstigen Umständen können die Zusammensetzungen koexistierender Alkalifeldspäte (oder Pyroxene) verwendet werden, um die Gleichgewichtstemperatur abzuschätzen, was in der Geothermometrie praktische Anwendung findet.

2.6 Ternäre Phasendiagramme

Bereits um die Bandbreite der in einem Dreikomponentensystem möglichen Zusammensetzungen darzustellen, ist es erforderlich, die beiden Dimensionen eines Blatts Papier zu verwenden (Kasten 2.7). Wenn wir die Phasenverhältnisse eines solchen Systems über einen Temperaturbereich (in einer Form analog zu ◘ Abb. 2.6) umfassend darstellen wollen, müssten wir ein dreidimensionales Modell basteln. Solche Modelle sind jedoch nicht praktisch, um Phasengleichgewichtsdaten weiterzugeben, weshalb Petrologen verschiedene Möglichkeiten entwickelt haben, um deren Inhalte in zweidimensionaler Form wiederzugeben, die auf Papier gedruckt werden kann. Beispiele sind in ◘ Abb. 2.15 und 2.16 dargestellt, die beide die Kristallisation einfacher Silicatschmelzen beschreiben, d. h., es handelt sich um in Laborexperimenten untersuchte Analoga natürlicher magmatischer Systeme.

Die Basis eines jeden ternären Phasendiagramms ist ein gleichseitiges Dreieck, in dem jede beliebige Zusammensetzung eines ternären Systems dargestellt werden kann (Kasten 2.7). Die Temperaturachse des vorgestellten dreidimensionalen Modells ist senkrecht zur Ebene dieses Dreiecks konstruiert (siehe Skizze in ◘ Abb. 2.15).

> **Kasten 2.7 Wie ein ternäres Diagramm funktioniert**
> Drei Variablen können in einem zweidimensionalen Diagramm dargestellt werden, wenn sie sich zu 100 % addieren. Jede Zusammensetzung in einem Dreikomponentensystem kann daher zweidimensional dargestellt werden, in der Regel in Form eines Dreiecksdiagramms, das auf einem speziellen Grafikpapier mit gleichseitigem Dreieck aufgetragen wird (◘ Abb. 2.14a). Der Benutzer beschriftet jede Ecke mit einer der Komponenten, wie in ◘ Abb. 2.14b dargestellt.
> Jede Ecke entspricht 100 % der Komponente, mit der sie beschriftet ist (die Ecke „Di" stellt beispielsweise eine Zusammensetzung mit 100 % Diopsid dar). Die dieser Ecke gegenüberliegende Seite stellt Zusammensetzungen dar, die frei von dieser Komponente sind (in diesem Fall die Ab-An-Mischungsreihe). Linien parallel zu dieser Kante sind Konturen, die verschiedene Di-Anteile von 0 % (auf der Ab-An-Linie) bis 100 % (an der Di-Ecke) repräsentieren.
> Um eine Zusammensetzung wie 72 % Di, 19 % Ab, 9 % An zu zeichnen, zeichnen wir eine horizontale Linie an der Position, die 72 % Di entspricht. Dann zeichnen wir eine weitere Linie parallel zur Di-An-Linie an der Position, die 19 % Ab entspricht (achten Sie darauf, diese von der Di-An-Linie aus zu zählen, an der Ab = 0 % ist). Der Schnittpunkt mit der ersten Linie markiert die zu plottende Zusammensetzung. Beachten Sie, dass nur zwei Linien gezeichnet werden müssen; der dritte Prozentsatz – die Differenz zu 100 % – ist keine unabhängige Variable. Aber es ist sinnvoll, den Wert aus dem Diagramm abzulesen (An = 9 %), um zu überprüfen, ob der Punkt richtig aufgetragen wurde.
> Beachten Sie, dass sich die drei Koordinaten immer zu 100 % addieren müssen. Würden wir drei Prozentsätze verwenden, die sich zu weniger als 100 % addieren, wäre das Ergebnis statt einem Punkt ein kleines Dreieck, das den gewünschten Punkt umgibt (illustriert in Gill, 2010, Abb. B1, S. 363). In solchen Fällen sollte zuerst jeder Wert mit 100/Summe multipliziert werden (wobei Summe die ursprüngliche Summe meint), um die Werte auf eine Summe von 100 % zu skalieren.
> Wie bei jeder Darstellung mit Zusammensetzungen ist es wichtig anzugeben, ob es sich bei den Zahlen um Anteile der Massen oder der Stoffmenge (in Mol) handelt.

2.6.1 Ternäres Phasendiagramm ohne Mischkristall

◘ Abb. 2.15 zeigt ein Beispiel für ein ternäres Phasendiagramm mit drei Mineralen an den Ecken, die keine Mischungsreihe aufweisen: Anorthit, Diopsid und Forsterit. Der Liquidus bildet in diesem Diagramm eine dreidimensionale Oberfläche, analog zur Liquiduskurve in ◘ Abb. 2.6. Die Oberfläche hat die Form von mehreren geschwungenen „Hängen", die sich entlang von „Temperaturtälern" treffen. Dies kann entweder durch ein dreidimensionales Modell dargestellt werden, das auf einer dreieckigen Basis konstruiert ist – siehe Skizze links oben in ◘ Abb. 2.15 – oder durch die Darstellung des Modells in Form einer zweidimensionalen „Karte" mit Temperaturkonturen (Isothermen), wie im Hauptdiagramm der Abbildung dargestellt. Beachten Sie zunächst, dass die linke Fläche des Modells dem binären Di-An-Phasendiagramm entspricht, das bereits in ◘ Abb. 2.6 diskutiert wurde (wobei jetzt das Diagramm gespiegelt gezeigt ist, mit An links und Di rechts). Im Hauptdiagramm besteht die Liquidusoberfläche aus vier geneigten Feldern, die durch sanft gekrümmte Grenzen getrennt sind. Jedes Feld stellt einen Bereich der Schmelzzusammensetzung dar, in dem

2.6 · Ternäre Phasendiagramme

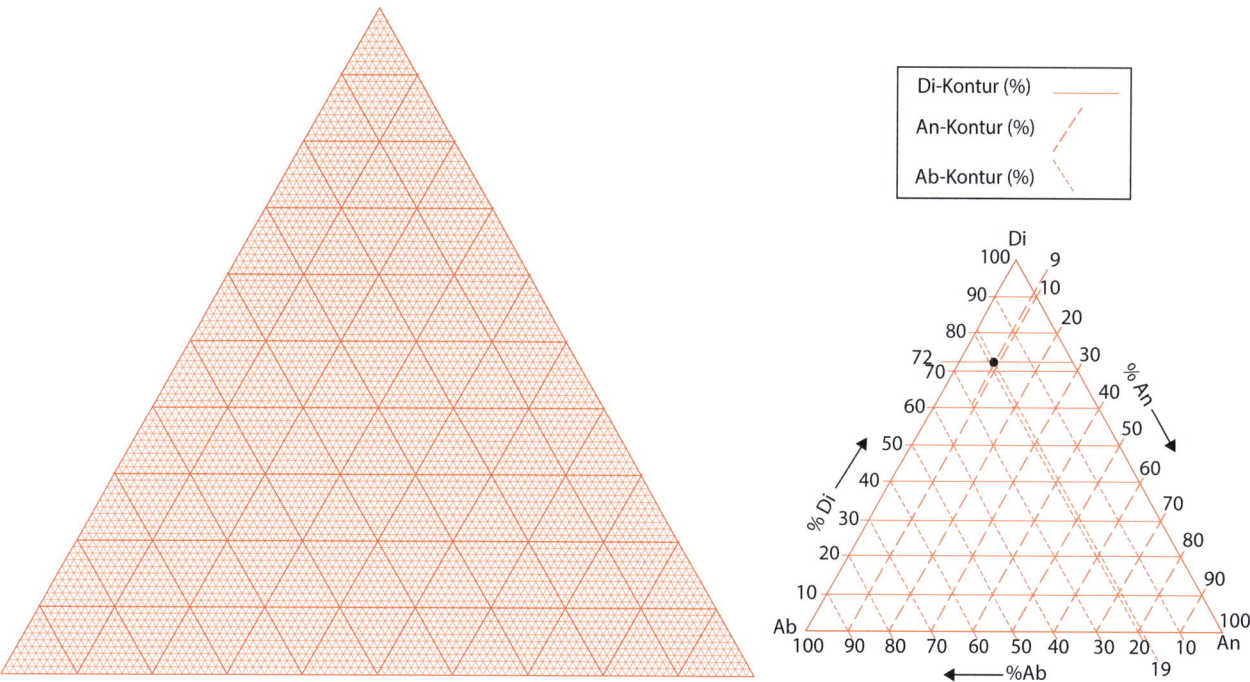

◘ **Abb. 2.14** **a** Beispiel für ternäres Grafikpapier mit 100 mm Seitenlänge (kann bei Bedarf fotokopiert werden). **b** Wie die Zusammensetzung einer Mischung von drei Komponenten in einem ternären Diagramm eingezeichnet wird

ein bestimmtes Mineral zuerst kristallisiert (analog zu jeder gekrümmten Linie in ◘ Abb. 2.6). Das größte Feld ist dasjenige, in dem Forsterit diese „Liquidusphase" ist. Die Felder, in denen Diopsid bzw. Anorthit zuerst kristallisieren sind deutlich kleiner.

Betrachten wir den Kristallisationsverlauf einer Ausgangsschmelze der Zusammensetzung an Punkt *x*. Hat sie zu Beginn eine Temperatur über dem Liquidus (z. B. 1500 °C), so ist die erste Stufe ihres Abkühlpfades lediglich das Abkühlen auf die Liquidustemperatur (ca. 1430 °C). Da diese Zusammensetzung innerhalb des Forsteritfeldes liegt, beginnt Olivin zu kristallisieren (siehe Skizze a). Da in diesem System kein Eisen vorhanden ist, ist der entstehende Olivin reiner Forsterit (Mg_2SiO_4). Durch die Kristallisation von Forsterit wird Mg_2SiO_4 aus der verbleibenden Schmelze entfernt. Wir können dies im Diagramm darstellen, indem wir eine Hilfslinie (gestrichelt in ◘ Abb. 2.15) von der Mg_2SiO_4-Ecke zu den Koordinaten von *x* zeichnen. Deren Verlängerung über *x* hinaus zeichnen wir als Pfeil. Während der Abkühlung wandert die Schmelzzusammensetzung entlang dieses Pfeils, auf einer Linie von der Forsterit-Ecke weg. Schließlich erreicht sie die Grenze zwischen dem Forsterit- und dem Diopsidfeld. An dieser Grenze, die als **kotektische Linie** bezeichnet wird, beginnt Diopsid zusammen mit Forsterit zu kristallisieren. Was ab diesem Zeitpunkt kristallisiert und so aus der Schmelze entfernt wird, ist eine Mischung aus Di und Fo (wie in Skizze b), deren Zusammensetzung irgendwo am unteren Rand des Diagramms liegen muss (die Linie der An-freien Di-Fo-Mischungen). Dies treibt die Schmelzzusammensetzung daher in Richtung der An-Ecke. Da die Fo-Di-Grenze ein „Temperaturtal" ist, wandert die Schmelzzusammensetzung mit fallender Temperatur entlang der kotektischen Linie in Richtung des Punktes E – eine Änderung der Schmelzzusammensetzung in jede andere Richtung würde einen Anstieg der Temperatur erfordern. Die weitere Kristallisation von Di + Fo bringt die Schmelzzusammensetzung schließlich an den Punkt E, an dem sich die drei Felder treffen. Hier beginnt Anorthit gemeinsam mit Forsterit und Diopsid zu kristallisieren (Skizze c).

Die Schmelze der Zusammensetzung *y* folgt bei der Kristallisation einem anderen Weg, gelangt aber zur gleichen endgültigen Schmelzzusammensetzung. Die anfängliche Kristallisation von Forsterit verändert die Schmelzzusammensetzung von Fo weg zur kotektischen Linie zwischen den Feldern Anorthit und Forsterit, woraufhin Anorthit beginnt, gemeinsam mit Forsterit zu kristallisieren (siehe Skizze d). Diopsid erscheint erst, wenn die Schmelze den Punkt E erreicht hat (Skizze c). Dieser Punkt stellt zum einen die Zusammensetzung dar, bei der die Liquidusoberfläche ihre niedrigste Temperatur erreicht, und zum anderen die Zusammensetzung, zu der alle Schmelzen während der Kristallisation konvergieren – auch Schmelzen, deren ursprüngliche Zusammensetzungen in den Anorthit- oder Diopsidfeldern liegen. Es wird als **ternäres Eutektikum** dieses Systems bezeichnet.

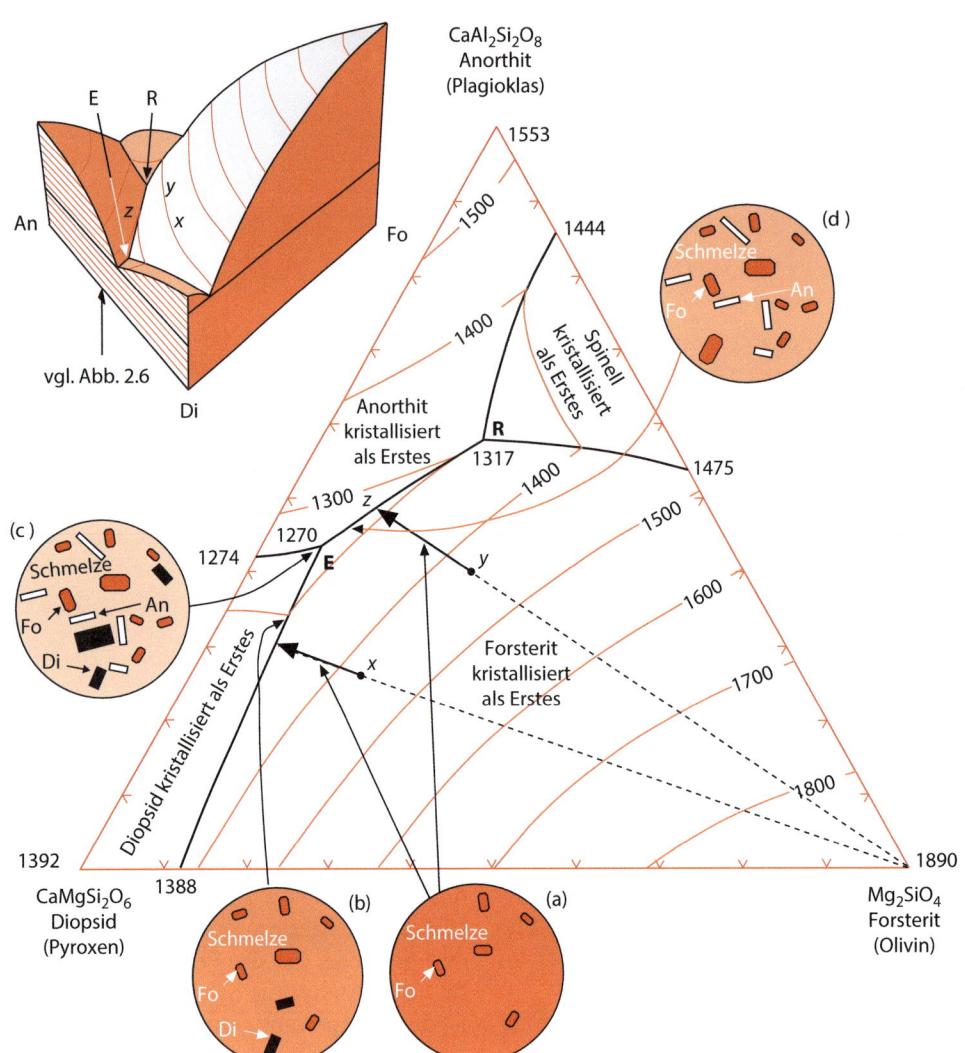

● **Abb. 2.15** Phasendiagramm für das ternäre System CaAl$_2$Si$_2$O$_8$–CaMgSi$_2$O$_6$–Mg$_2$SiO$_4$ bei Atmosphärendruck (nach Osborne und Tait, 1952). Die Liquidusfläche wird durch Isothermen dargestellt (d. h. „Temperaturkonturen", abgestuft in °C). V-förmige Markierungen am Rand entsprechen 10 %igen Abstufungen in Gew.-% jeder Komponente. Die Punkte x und y sind im Text diskutierte Schmelzzusammensetzungen. Kreisförmige Skizzen stellen die Mineralogie der sogenannten Einsprenglinge an Punkten entlang jedes Kristallisationspfades dar, wie sie unter dem Mikroskop zu sehen ist. E ist ein eutektischer Punkt (siehe Text) und R ein Reaktionspunkt (vgl. Kasten 2.6). Die Skizze links oben (aus Gill, 2010) zeigt, wie der Liquidus als 3D-Modell (mit Temperatur als vertikale Achse) aussehen würde

Die Phasenregel auf die Zusammensetzung y in ● Abb. 2.15 bei einer Temperatur oberhalb des Liquidus angewendet:

▶ **Beispiel**

Punkt y ($T > T_{Liquidus}$)	$\varphi = 1$	Nur Schmelze
	$C = 3$ $1 + F' = 3 + 1$	CaAl$_2$Si$_2$O$_8$, Mg$_2$SiO$_4$ und CaMgSi$_2$O$_6$
Deshalb	$F' = 3$	Trivariantes Gleichgewicht

Die drei hier berechneten Freiheitsgrade sind (a) die beiden Zusammensetzungskoordinaten, die erforderlich sind, um die Position von y im ternären Diagramm zu definieren, plus (b) die Temperatur, die (wie Punkt m in ● Abb. 2.4) nicht durch die anderen Größen festgelegt ist, solange die Temperatur über dem Liquidus bleibt.

Wenn die Temperatur sinkt und den Liquidus erreicht (etwa 1430 °C bei Punkt y), ändert sich die Anzahl der Freiheitsgrade des Gleichgewichts, wenn Olivin zu kristallisieren beginnt.

2.6 · Ternäre Phasendiagramme

> ▶ **Beispiel**

Punkt y	$\varphi = 2$	Schmelze + Forsterit
($T = T_\text{Liquidus}$)		
	$C = 3$	$CaAl_2Si_2O_8$, Mg_2SiO_4 und
	$2 + F' = 3 + 1$	$CaMgSi_2O_6$
Deshalb	$F' = 2$	Divariantes Gleichgewicht

Die Schmelzzusammensetzung y kann nur bei der Liquidustemperatur mit Olivin koexistieren, sodass die Temperatur (die nun durch die Liquidusoberfläche bestimmt wird) nicht mehr eine unabhängige Variable ist und die Anzahl der Freiheitsgrade auf 2 sinkt.

Wenn sich die Schmelze zu Punkt z entwickelt, beginnt auch Plagioklas zu kristallisieren.

> ▶ **Beispiel**

Punkt z	$\varphi = 3$	Schmelze + Forsterit + Anorthit
	$C = 3$	$CaAl_2Si_2O_8$, Mg_2SiO_4 und
	$3 + F' = 3 + 1$	$CaMgSi_2O_6$
Deshalb	$F' = 1$	Univariantes Gleichgewicht

Damit dieses Gleichgewicht erhalten bleibt, können die beiden Parameter der Zusammensetzung nur in einer voneinander abhängigen Weise variieren, die z auf die kotektische Linie beschränkt, was dies zu einem univariaten Gleichgewicht macht.

Die Kristallisation von Forsterit und Anorthit führt die verbleibende Schmelzzusammensetzung zu Punkt E.

> ▶ **Beispiel**

Punkt E		Schmelze + Forsterit + Anorthit + Diopsid
	$C = 3$	$CaAl_2Si_2O_8$, Mg_2SiO_4 und
	$\varphi = 4$	$CaMgSi_2O_6$
	$4 + F' = 3 + 1$	
Deshalb	$F' = 0$	Invariantes Gleichgewicht (wenn der Druck gleich bleibt)

Hier ist die Schmelze im Gleichgewicht mit Forsterit, Anorthit und Diopsid. Wir haben einen invarianten Punkt erreicht, das ternäre Analogon des binären Eutektikums in ◘ Abb. 2.6. Schmelzzusammensetzung und Temperatur bleiben nun unverändert, und nur die Anteile der verschiedenen Phasen können variieren: Da bei einer konstanten Temperatur von 1270 °C Wärme verloren geht, kristallisiert die Schmelze zu Forsterit, Anorthit und Diopsid, bis keine Schmelze mehr übrig ist. Dadurch wird eine der vier Phasen (die Schmelze) aus der Betrachtung genommen, sodass die drei Festphasen in einem univariaten Gleichgewicht weiter abkühlen können.

In diesem Diagramm existiert ein zweiter invarianter Punkt: R, ein Reaktionspunkt ähnlich dem in Kasten 2.6 beschriebenen. Im vorliegenden Kontext kann diese Komplikation ignoriert werden.

2.6.2 Ternäres Phasendiagramm mit Mischkristall

◘ Abb. 2.16 zeigt ein weiteres Beispiel für ein ternäres Phasendiagramm, das für die Kristallisation von Magmen relevant ist: mit Plagioklas und Diopsid. Entlang seiner Kanten beinhaltet es zwei binäre Phasendiagramme, die wir bereits besprochen haben, ◘ Abb. 2.6 und ◘ Abb. 2.11. Mit der Plagioklasreihe (◘ Abb. 2.11) sind hier Mischkristalle beteiligt, was diesem Diagramm ein anderes Aussehen verleiht als ◘ Abb. 2.15. Die groben Merkmale des Systems sind wiederum aus einer perspektivischen Skizze (◘ Abb. 2.16a) ersichtlich, in der wie in ◘ Abb. 2.15 die Topographie der Liquidusoberflächen gezeigt ist. In diesem Diagramm treffen sich diese Liquidusoberflächen jedoch in einem V-förmigen Tal der tiefsten Temperatur, das im binären Eutektikum des Systems $CaMgSi_2O_6$–$CaAl_2Si_2O_8$ beginnt. Die Phasenbeziehungen der drei binären Systeme ($CaMgSi_2O_6$–$CaAl_2Si_2O_8$, $CaMgSi_2O_6$–$NaAlSi_3O_8$ und $CaAl_2Si_2O_8$–$NaAlSi_3O_8$) können auf den vertikalen Flächen des „Modells" angegeben werden.

Das Hauptdiagramm ◘ Abb. 2.16b ist von unschätzbarem Wert, um die Entwicklung der Schmelzzusammensetzung während der Kristallisation und die damit einhergehende Differenziation der realen magmatischen Gesteine zu untersuchen. Das V-förmige Tal teilt das Diagramm in zwei Felder, die jeweils mit dem Namen der festen Phase beschriftet sind, die zuerst aus Schmelzen kristallisiert, deren Zusammensetzung in diesem Feld liegt. So kristallisiert beispielsweise eine Schmelze der Zusammensetzung a bei 1300 °C zunächst Diopsid. Eine Linie, die aus der $CaMgSi_2O_6$-Ecke zu a gezogen und über a hinaus verlängert wird, zeigt die Veränderung der Schmelzzusammensetzung an, die durch die Kristallisation von Diopsid verursacht wird. Fällt die Temperatur weiter, erreicht die Schmelzzusammensetzung schließlich (bei Punkt b) die Grenze zwischen den Phasenfeldern „Diopsid" und „Plagioklas", und hier beginnt Plagioklas (Ab-An-Mischkristall) zusammen mit Diopsid zu kristallisieren. Die Phasengrenzlinie gibt die Schmelzzusammensetzungen an, die bei den dargestellten Temperaturen sowohl mit Diopsid als auch mit Plagioklas koexistieren können.

Um die Zusammensetzung der aus der Schmelze b kristallisierenden Plagioklase zu bestimmen, müssen Verbindungslinien verwendet werden. Aber man muss

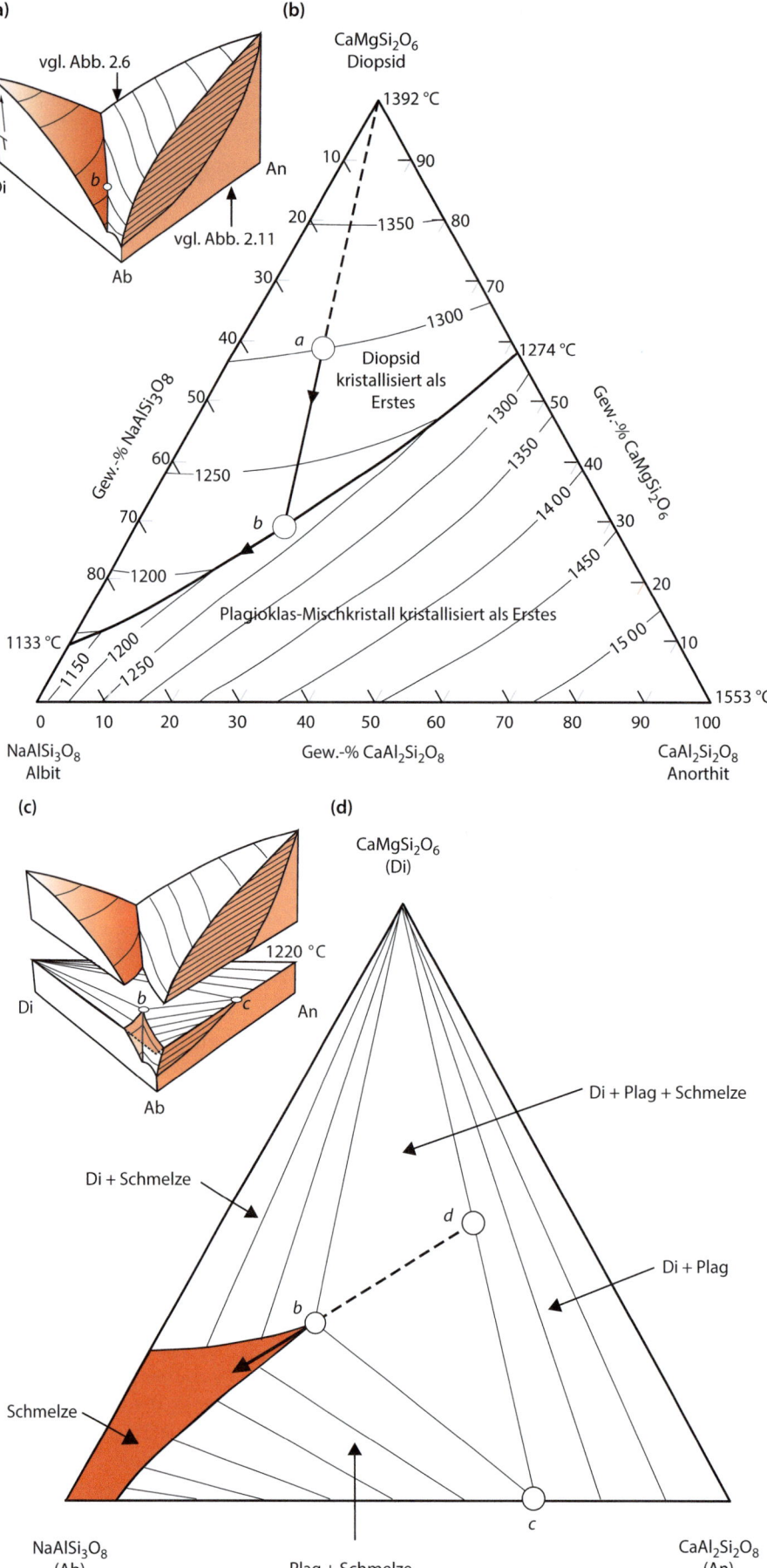

Abb. 2.16 Verschiedene Möglichkeiten, die Kristallisation im (pseudo-)ternären System CaMgSi$_2$O$_6$–NaAlSi$_3$O$_8$–CaAl$_2$Si$_2$O$_8$ darzustellen. Plag steht für die Mischungsreihe zwischen Ab und An. **a** Eine perspektivische Skizze der Liquidusoberfläche in drei Dimensionen. Höhe und Konturen stellen die Temperatur dar. **b** Eine Draufsicht auf die Liquidusoberfläche, wobei die Topographie durch Temperaturkonturen (in °C abgestuft) dargestellt wird. **c** Die 3D-Skizze illustriert die Konstruktion des unter (d) dargestellten isothermen Schnitts. **d** Isothermer Schnitt bei 1220 °C. Die über die Zweiphasenfelder reichenden Linien verbinden koexistierende Phasenzusammensetzungen. Der Pfeil – eine Tangente zur kotektischen Linie in (b) – zeigt die Richtung an, in die sich die Schmelzzusammensetzung *b* bei weiterer Kristallisation entwickeln wird. Diese Richtung wird durch das Verhältnis gesteuert, in dem Diopsid und Plagioklas kristallisieren (Punkt *d*)

bedenken, dass es sich bei den Verbindungslinien um isotherme Linien handelt (da zwei Phasen im Gleichgewicht die gleiche Temperatur haben müssen), und zu diesem Zweck müssen wir eine zweite Art von Diagramm verwenden, die aus dem dreidimensionalen Modell abgeleitet ist. Dies ist der in ◘ Abb. 2.16d dargestellte isotherme Schnitt. Man kann dies als horizontalen Schnitt durch ◘ Abb. 2.16a bei einer bestimmten Temperatur ableiten (siehe ◘ Abb. 2.16c). Prinzipiell kann für jede Temperatur, für die Phasengleichgewichtsdaten vorliegen, ein isothermer Schnitt gezeichnet werden. Der in der Abbildung gezeigte bezieht sich auf 1220 °C, die Temperatur des Liquidus an Punkt b in ◘ Abb. 2.16b. Der Bereich, in dem der Liquidus unterhalb der Temperatur des isothermen Schnitts liegt (schattiert in ◘ Abb. 2.16d), ist ein Einphasenfeld, in dem bei 1220 °C nur die Schmelze stabil ist. Der Rest des Diagramms ist das Ergebnis, wenn der obere Teil des dreidimensionalen Modells bei der entsprechenden Temperatur abgeschnitten wurde (◘ Abb. 2.16c). Es sind drei Zweiphasenfelder sichtbar, die jeweils von einer Familie von Verbindungslinien durchzogen werden (und die Ergebnisse von Phasengleichgewichtsexperimenten bei 1220 °C zusammenfassen). Die Zusammensetzung der Plagioklas-Mischkristalle im Gleichgewicht mit der Schmelze b bei dieser Temperatur kann aus dem Diagramm abgelesen werden, indem man der Verbindungslinie von b zur Kante $NaAlSi_3O_8$–$CaAl_2Si_2O_8$ des Diagramms folgt (Punkt c).

Die Verbindungslinie b–c bildet eine Grenze eines Dreiphasenfeldes, in dem bei dieser Temperatur eine Schmelze der Zusammensetzung b, Plagioklas der Zusammensetzung c und Diopsid (Zusammensetzung $CaMgSi_2O_6$) gemeinsam stabil sind. Jeder Punkt, der in diesem Feld liegt, bedeutet eine physikalische Mischung dieser drei koexistierenden Phasen, deren Anteile mithilfe des Hebelgesetzes ermittelt werden können. Da alle möglichen Mischungen von Diopsid und Plagioklas c rechts von der Schmelze b liegen (entlang der Linie Di–c), bewirkt die Kristallisation dieser beiden Minerale während der Abkühlung, dass die Schmelzzusammensetzung nach links wandert, entlang der in ◘ Abb. 2.16b dargestellten Grenze – der kotektischen Linie. Diese Richtung wird durch den Pfeil in ◘ Abb. 2.16c angezeigt. Punkt d, der auf einer Linie mit dem Pfeil liegt, gibt das Verhältnis an, in dem Diopsid und Plagioklas (c) aus der Schmelze b kristallisieren (Übung 2.5).

Eine detailliertere Interpretation solcher Diagramme liegt außerhalb des Rahmens dieses Buches. Weitere Informationen finden Sie in den Büchern von Morse (1980), Winter (2009) und Gill (2010).

2.7 Zusammenfassung

Die große Vielfalt an Mineralvergesellschaftungen und Reaktionen, die natürliche magmatische und metamorphe Gesteine aufweisen, bietet viele Möglichkeiten, die Bedingungen zu untersuchen, unter denen die Gesteine entstanden sind. Wir haben gesehen, dass wir auf zwei Arten von veröffentlichten Daten aus Experimenten zurückgreifen können, um zu analysieren, was solche Mineralvergesellschaftungen in Bezug auf Druck und Temperatur bedeuten, die während ihrer Bildung herrschten. Die primäre Quelle ist die Literatur der experimentellen Petrologie, in der man in der Regel eine Reihe von Phasendiagrammen finden kann, die für die Mineralvergesellschaftungen in einer bestimmten Gesteinsserie relevant sind. Solche Diagramme, die aus etablierten Laborverfahren (Kasten 2.1) stammen, den meisten Petrologen vertraut sind, stellen Phasengleichgewichtsdaten in leicht verständlicher Form dar. Aber viele solcher Diagramme beziehen sich auf Experimente mit einfachen Laboranalogen und nicht auf die Gesteine selbst. Die Schmelzen in ◘ Abb. 2.16 beispielsweise haben keine echte basaltische Zusammensetzung, was unter anderem darauf zurückzuführen ist, dass das wichtige Element Eisen fehlt (eine der vielen Folgen dieser Vereinfachung ist, dass die Gleichgewichte in ◘ Abb. 2.16b zu höheren Temperaturen verschoben sind, als bei einem echten eisenhaltigen Basalt). So spiegeln Diagramme wie ◘ Abb. 2.16, obwohl sie für die Analyse allgemeiner Prinzipien des Phasengleichgewichts von unschätzbarem Wert sind, das Verhalten komplexerer natürlicher Magmen und Gesteine nicht im quantitativen Detail wider. Unter Umständen kann es hilfreich sein, Experimente mit Pulvern natürlicher Gesteine (siehe z. B. Gill, 2010, Abb. 3.9) oder vergleichbaren synthetischen Präparaten durchzuführen, aber die Ergebnisse können nicht direkt in einfachen Phasendiagrammen dargestellt werden und ihre Anwendung ist weniger allgemeingültig.

In der Petrologie gibt es jedoch auch nützliche Anwendungen für thermodynamische Daten (molare Enthalpien, Entropien und Volumen). Mit der Clapeyron-Gleichung und dem Prinzip von Le Chatelier können wir bestimmte Merkmale von Phasendiagrammen vorhersagen, ohne auf petrologische Experimente zurückgreifen zu müssen. Molare Enthalpien und Entropien von reinen Mineralen werden in erster Linie durch eine völlig andere Technik namens Kalorimetrie gemessen, bei der die sehr genaue Messung der Wärmeentwicklung erfolgt, wenn ein Mineral aus seinen Elementen oder Oxiden gebildet wird. Solche Methoden und Daten sind den meisten Geologen weniger vertraut, und ihre erfolgreiche Anwendung bei der Lösung petrologischer Probleme erfordert eine Beherrschung der thermodynamischen Theorie über den Rahmen dieses Buches hinaus. Die Thermodynamik ist jedoch zu einem der vielseitigsten Werkzeuge der metamorphen Petrologie geworden. Mit ihrer Hilfe können experimentelle Daten von einfachen synthetischen Systemen verwendet werden, um komplexe natürliche Mineralvergesellschaftungen zu beschreiben.

Übungen

2.1 Wenden Sie die Phasenregel auf die in ▶ Gl. 2.5 dargestellte Reaktion an und diskutieren Sie die Anzahl der Freiheitsgrade an den Punkten X und Y in ◘ Abb. 2.1.

2.2 Warum sagt uns das auf dem Wasser schwimmende Eis, dass die Schmelztemperatur des Eises bei Erhöhung des Drucks gesenkt wird?

2.3 Bei Atmosphärendruck (10^5 Pa) tritt die folgende Reaktion bei 520 °C auf:

$$Ca_3Al_2Si_3O_{12} + SiO_2 \rightarrow CaAl_2Si_2O_8 + 2\, CaSiO_3$$

Grossular (ein Granat) + Quarz

→ Anorthit (Plagioklas) + 2 Wollastonit

Verwenden Sie die folgenden Daten, um ein korrekt beschriftetes P–T-Diagramm für Drücke bis zu 10^9 Pa zu erstellen.

	Entropie S $JK^{-1} mol^{-1}$	Volumen V $10^{-6} m^3 mol^{-1}$
Grossular ($Ca_3Al_2Si_3O_{12}$)	241,4	125,3
Quarz (SiO_2)	41,5	22,7
Anorthit ($CaAl_2Si_2O_8$)	202,7	100,8
Wollastonit ($CaSiO_3$)	82,0	39,9

2.4 Siehe ◘ Abb. 2.11. Berechnen Sie die relativen Anteile von Schmelze und Kristallen, die durch Abkühlen einer Schmelze der Zusammensetzung m auf (a) 1400 °C, (b) 1300 °C und (c) 1230 °C entstehen. Welche Zusammensetzungen von Schmelze und Plagioklas liegen bei diesen Temperaturen vor? (Nehmen Sie an, dass das Gleichgewicht während der gesamten Zeit aufrechterhalten wird.)

2.5 Zeichnen Sie die folgende Gesteinszusammensetzung im ternären System $CaAl_2Si_2O_8$–$CaMgSi_2O_6$–Mg_2SiO_4 (siehe ◘ Abb. 2.15) ein: 42,5 % Plagioklas, 25,5 % Diopsid, 15,0 % Nephelin ($NaAlSiO_4$), 17,0 % Olivin. (Beachten Sie, dass Nephelin in ◘ Abb. 2.15 nicht erscheint.) Welches Mineral würde zuerst aus einer dieser Zusammensetzung entsprechenden Schmelze kristallisieren?

2.6 Siehe ◘ Abb. 2.16. In welchen Anteilen müssen Diopsid und Plagioklas aus der Schmelze b kristallisieren, um die Schmelzzusammensetzung entlang der kotektischen Linie zu steuern (Pfeil in ◘ Abb. 2.16d)?

Berechnen Sie die Zusammensetzungen und Anteile der Phasen, die in einem festen Gemisch der Zusammensetzung a vorhanden sind (◘ Abb. 2.16b). Was wäre die Gleichgewichtsvergesellschaftung für dieses Gemisch bei 1220 °C? Was wären die Zusammensetzungen und relativen Anteile der vorhandenen Phasen?

2.7 ◘ Abb. 2.17 zeigt das ternäre Eutektikum im System $CaMgSi_2O_6$–Mg_2SiO_4–$Mg_2Si_2O_6$ (Diopsid–Forsterit–Enstatit) bei einem Druck von $20 \cdot 10^8$ Pa. Welcher Tiefe (im Erdmantel) entspricht dieser Druck? Was sind die Zusammensetzungen (ausgedrückt als $Di_xFo_yEn_z$, wobei x, y und z Gew.-% sind) der ersten Schmelzen, wenn (a) die Mischung M und (b) die Mischung N bis zum Solidus erhitzt werden?

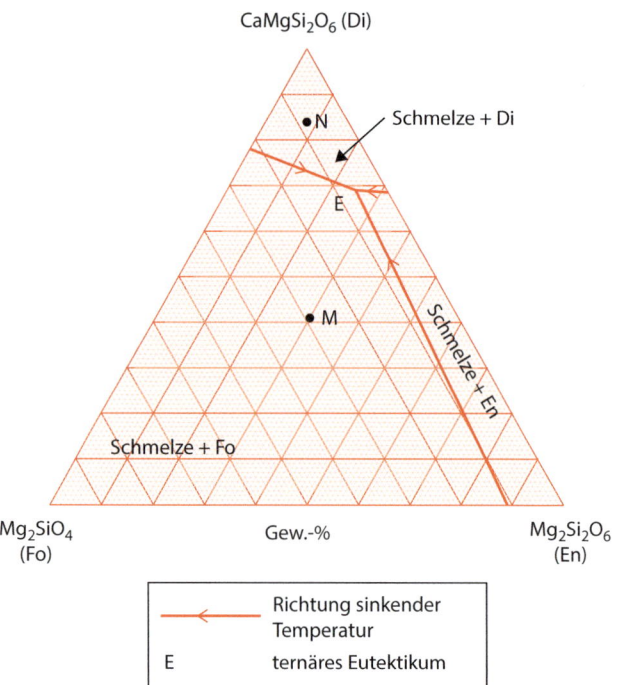

◘ **Abb. 2.17** Vereinfachte Phasenbeziehungen im System $CaMgSi_2O_6$–Mg_2SiO_4–$Mg_2Si_2O_6$ (d. h. Di–Fo–En) bei einem Druck von $20 \cdot 10^8$ Pa (für Übung 2.7)

Literatur

Barker AJ (1998a) An introduction to metamorphic textures and microstructures. Routledge, Abingdon

Berman RG (1988) Internally-consistent thermodynamic data for minerals in the system $Na_2O–K_2O–CaO–MgO–FeO–Fe_2O_3–Al_2O_3–SiO_2–TiO_2–H_2O–CO_2$. J Petrol 29:445–522

Best MG (2002a) Igneous and metamorphic petrology. Wiley-Blackwell, Oxford

Gill R (2010a) Igneous rocks and processes – a practical guide. Wiley-Blackwell, Chichester

Holland TJB, Powell R (1998) An internally consistent thermodynamic data set for minerals of petrological interest. J Metamorph Geol 16:309–343

Morse SA (1980) Basalts and phase diagrams. Springer-Verlag, New York

Osborne EF, Tait DB (1952) The system diopside–forsterite–anorthite. Am J Sci Bowen 250:413–433

Winter JD (2009a) Principles of igneous and metamorphic petrology, 2. Aufl. Pearson Education, Upper Saddle River

Yardley BWD (1989a) An introduction to metamorphic petrology. Longman, Harlow

Weiterführende Literatur

Barker AJ (1998b) An introduction to metamorphic textures and microstructures. Routledge, Abingdon

Best MG (2002b) Igneous and metamorphic petrology. Wiley-Blackwell, Oxford

Gill R (2010b) Igneous rocks and processes – a practical guide. Wiley-Blackwell, Chichester

Yardley BWD (1989b) An introduction to metamorphic petrology. Longman, Harlow

Winter JD (2009b) Principles of igneous and metamorphic petrology, 2. Aufl. Pearson Education, Upper Saddle River

Kinetik geologischer Prozesse

Inhaltsverzeichnis

3.1 Definition der Reaktionsgeschwindigkeit – 48
3.1.1 Rategleichung – 48
3.1.2 Heterogene Reaktionen – 50
3.1.3 Temperaturabhängigkeit der Reaktionsgeschwindigkeit – 51
3.1.4 Photochemische Reaktionen – 54

3.2 Diffusion – 55
3.2.1 Festkörperdiffusion – 57

3.3 Schmelzviskosität – 58

3.4 Haltbarkeit von metastabilen Mineralen und Schließungstemperatur – 60

3.5 Zusammenfassung – 61

Übungen – 61

Literatur – 62

© Springer-Verlag GmbH Deutschland, ein Teil von Springer Nature 2020
R. Gill, *Chemische Grundlagen der Geo- und Umweltwissenschaften*,
https://doi.org/10.1007/978-3-662-61500-3_3

Beim Lesen von ▶ Kap. 2 tappt man leicht in die Falle zu glauben, dass die Reaktionen zwischen den Mineralen immer schnell genug ablaufen, um während der verfügbaren Zeit – so kurz diese auch sein mag – das chemische Gleichgewicht zu erreichen. Mit etwas Nachdenken wird jedoch klar, dass dies nicht stimmen kann. Wir haben zum Beispiel in ◘ Abb. 1.6 gesehen, dass Aragonit bei Atmosphärendruck ein metastabiles Mineral ist. Dass er in einigen Aufschlüssen in unter hohem Druck gebildeten metamorphen Gesteinen gefunden wird, ist ein Zeichen eines Ungleichgewichts: Die Geschwindigkeit der Umwandlung in Calcit war zu langsam, als dass die Reaktion abgeschlossen werden konnte, bevor die Prozesse der Hebung und der Erosion das Gestein an der Oberfläche freilegten. Die gleiche Argumentation trifft zu, wenn das Mineral Sillimanit, das nur bei erhöhten Temperaturen stabil ist (◘ Abb. 2.2), in Vorkommen an der Erdoberfläche auftritt. Die Untersuchung von magmatischem oder metamorphem Gestein im Dünnschnitt bringt oft petrographische Beweise für Ungleichgewichte ans Licht, wie z. B. Zonierung in Mineralen und Koronastrukturen (Kasten 3.1). Aus diesen Beispielen geht hervor, dass die Geschwindigkeit geochemischer Reaktionen und die Art und Weise, wie sie auf unterschiedliche Bedingungen reagieren, Faktoren sind, die wir nicht ignorieren können.

> **Kasten 3.1 Ungleichgewichtsstrukturen**
> Reaktionen zwischen Mineralen, die nicht vollständig ablaufen konnten, hinterlassen ein Gestein in einem Zustand des chemischen Ungleichgewichts, was auf der Skala eines Dünnschnitts durch eine Vielzahl von Ungleichgewichtsstrukturen angezeigt werden kann.
>
> **Koronas**
> ◘ Abb. 3.1 zeigt einen Granatkristall in einem metamorphen Gestein (einem Metagabbro), der, als sich die Bedingungen während der Metamorphose änderten, instabil wurde und mit benachbarten Quarzkristallen zu einer Mischung aus neuen Mineralen zu reagieren begann: zu Plagioklas, Magnetit (fein verteilt im Plagioklas) und Pyroxen. Die Produkte dieser metamorphen Reaktion befinden sich in der unmittelbaren Umgebung des Granatkristalls, in einer zonalen Anordnung, die Koronastruktur genannt wird. Eine Korona zeigt eine Reaktion zwischen Mineralen an, die zu langsam ablief, um vollendet zu werden (d. h. ein vollständiges Verschwinden des Granatkristalls), bevor sie durch veränderte Bedingungen zum Stillstand gekommen ist. Die Geschwindigkeiten solcher Reaktionen werden durch Diffusionsraten gesteuert und sind daher stark temperaturabhängig. Was bleibt, ist eine „eingefrorene" Ungleichgewichtsstruktur.
>
> Oft ist es (wie hier) nicht möglich, die Reaktion einer Korona als ausgeglichene chemische Gleichung zwischen den beobachteten Mineralen darzustellen, da eine flüssige Phase (oder in einigen Fällen eine Schmelzphase) beteiligt war, die lösliche Reaktionskomponenten einbringen und entfernen konnte, ohne sichtbare Spuren in ◘ Abb. 3.1 zu hinterlassen.
>
> **Reaktionssäume**
> Ähnliche Strukturen, die Reaktionssäume genannt werden, entstehen in verschiedenen magmatischen Gesteinen, wenn früh gebildete Kristalle mit späteren, weiter entwickelten Schmelzen reagieren. Beispielsweise können Olivineinsprenglinge mit Orthopyroxen umhüllt werden, da sie mit einer entwickelten SiO_2-reicheren Schmelze reagieren (◘ Abb. 3.2; siehe auch Kasten 2.6). Oder Pyroxen kann durch Reaktion mit wasserhaltigen späten Schmelzen bei niedrigeren Temperaturen mit Amphibol umrandet werden.
>
> **Zonierung**
> In einem Gestein, das bei einer bestimmten Temperatur ein vollständiges chemisches Gleichgewicht zwischen seinen Phasen erreicht hat, wären alle Kristalle homogen in ihrer Zusammensetzung. Minerale in magmatischen und metamorphen Gesteinen sind jedoch recht häufig in Zonen unterschiedlicher Zusammensetzung unterteilt. Die Zonierung zeigt, dass die Diffusion innerhalb des Kristalls nicht mit den sich ändernden äußeren Umständen Schritt gehalten hat. Die Zonierung in magmatisch gebildeten Mineralen (siehe ◘ Abb. 3.3) spiegelt oft die chemische Entwicklung der Schmelze wider, mit der nur der Rand des wachsenden Kristalls im Gleichgewicht geblieben ist (◘ Abb. 3.4). Die Zonierung in magmatischen und metamorphen Gesteinen kann auch eine Reaktion auf veränderte physikalische Bedingungen (P, T etc.) sein.
>
> **Entmischung**
> Perthite (◘ Abb. 2.13) und ähnliche Texturen in Pyroxenen (◘ Abb. 3.5) stellen die Entmischung (im festen Zustand) eines homogenen Kristalls in zwei unmischbare Phasen dar (◘ Abb. 2.12). Derartige Entmischungslamellen innerhalb eines Kristalls haben eine sehr große Oberfläche zum Wirtskristall. Der Unterschied der Kristallstruktur über diese Grenzfläche hinweg erzeugt eine große positive Grenzflächenenergie, eine Situation, die zweifellos weniger stabil ist als die Trennung in einzelne Kristalle im Gleichgewicht. Die Beständigkeit von Entmischungslamellen deutet darauf hin, dass die Diffusion durch den Kristall zu langsam war, um ein Gleichgewicht zu ermöglichen. Ein Beispiel dafür, wie die Entmischung verwendet werden kann, um Abkühlraten zu ermitteln, ist in Kasten 3.5 aufgeführt.

Kinetik geologischer Prozesse

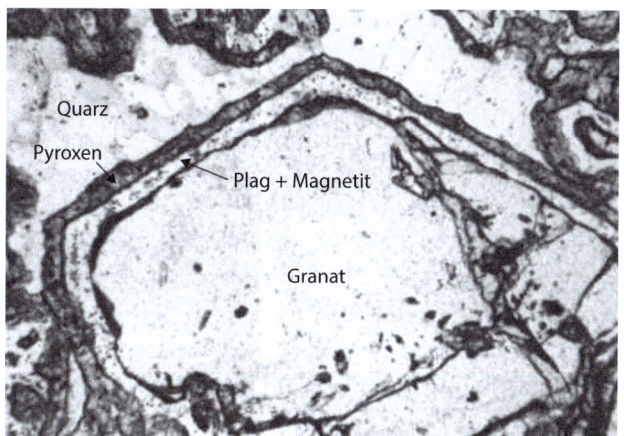

○ **Abb. 3.1** Koronastruktur, die in einem Metagabbro einen sechsseitigen Granatkristall umrandet. Sichtfeldbreite 4,5 mm. (Quelle: Carlson und Johnson 1991, mit Genehmigung der Mineralogical Society of America)

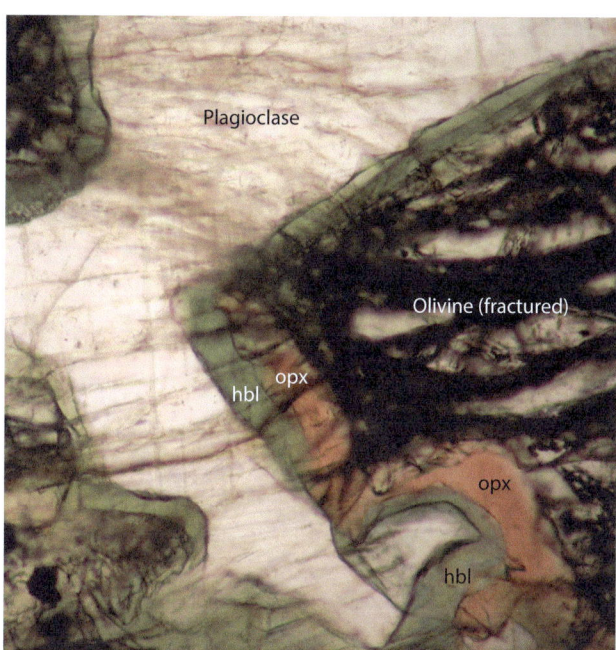

○ **Abb. 3.2** Reaktionssaum aus Orthopyroxen (opx), der einen zerbrochenen Olivinkristall in magmatischem Peridotit aus dem Gemina-Gharbia-Komplex in Ägypten umgibt (vgl. Helmy et al. 2008). Der Orthopyroxen ist das Produkt einer Reaktion zwischen Olivin und spätem Magma (vgl. ○ Abb. 2.10). Der Orthopyroxenrand selbst wird durch Hornblende (hbl) überwachsen, durch Reaktion mit der noch späteren wasserhaltigen Restschmelze und der angrenzenden Plagioklase bei niedrigeren Temperaturen. Linear polarisiertes Licht, Sichtfeld 1 mm breit. (Quelle: Reproduktion mit Genehmigung von H. M. Helmy)

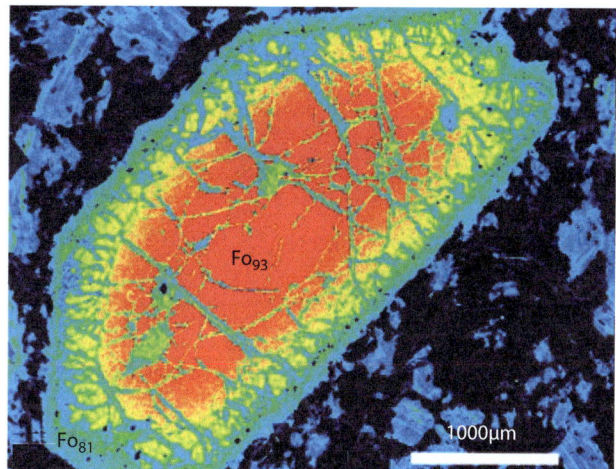

○ **Abb. 3.3** Farbverbessertes durch Röntgenspektroskopie erzeugtes Bild *(X-ray map)* eines zonierten Olivinkristalls. Die konzentrischen Farbbänder zeigen die Abnahme des Mg-Gehalts vom Kern zum Rand, was hier auf die Reaktion zwischen dem Olivin eines Peridotits und einer eindringenden Dioritschmelze zurückgeht. (Quelle: Verändert aus Qian und Hermann 2010. Abdruck mit Genehmigung der Oxford University Press)

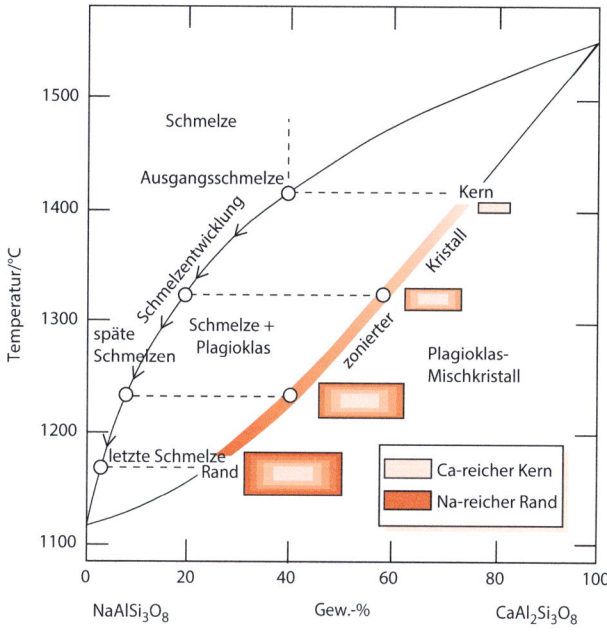

○ **Abb. 3.4** Bildung eines zonierten Plagioklaskristalls durch Abkühlung und mit der Kristallisation einhergehende Entwicklung der Schmelzzusammensetzung

Die Messung und Analyse chemischer Reaktionsgeschwindigkeiten wird als Kinetik bezeichnet, eine Wissenschaft, deren einfache geologische Anwendungen dieses Kapitel beschreibt. Die Kinetik liefert die theoretische Grundlage für das Verständnis, wie (und warum) die Reaktionsgeschwindigkeiten von der Temperatur abhängen. Diese Angelegenheit ist von grundlegender geologischer Bedeutung angesichts der hohen Temperaturen, bei denen magmatische und metamorphe Gesteine kristallisieren. Das Kapitel erklärt auch die Algebra, auf der radiometrische (isotopische) Datierungsmethoden basieren (Kasten 3.2).

Abb. 3.5 Pyroxenkristall (dunkel) in einem Gabbro aus dem Bushveld-Komplex mit zwei Generationen von Entmischungslamellen. Die unterschiedlichen Interferenzfarben von Wirtskristall (schwarz) und der ersten (vertikal, helles Türkis) und der zweiten Generation (horizontal, weißlich) der Entmischungslamellen spiegeln unterschiedliche kristallografische Orientierungen wider. Gekreuzte Polarisatoren, Sichtfeld 1,5 mm breit

3.1 Definition der Reaktionsgeschwindigkeit

Es ist leicht zu akzeptieren, dass einige Reaktionen schneller ablaufen als andere, aber es ist weniger einfach zu sehen, wie solche Unterschiede quantitativ ausgedrückt werden können. Was genau meinen wir mit der Geschwindigkeit einer Reaktion?

Betrachten wir eine einfache chemische Reaktion, zum Beispiel die zwischen Stickstoffmonooxid (NO) und Ozon (ein besonderes Sauerstoffmolekül mit drei Sauerstoffatomen, O_3). Beides sind gasförmige Schadstoffe, die in der Troposphäre durch die Verbrennung fossiler Brennstoffe entstehen. Diese Reaktanten reagieren zu gleichen Anteilen miteinander zu den Produkten Stickstoffdioxid (NO_2) und gewöhnlichem Sauerstoff (O_2), die ebenfalls Gase sind:

$$NO + O_3 \rightarrow NO_2 + O_2 \qquad (3.1)$$

Stellen wir uns einen Laborversuch vor, bei dem gasförmiges NO und O_3 in einem geschlossenen Behälter reagieren, der mit Sensoren ausgestattet ist, welche die sich ändernden Konzentrationen von NO, O_3, NO_2 und O_2 überwachen, während die Reaktion voranschreitet. (Wie diese Sensoren funktionieren, spielt hier keine Rolle.) Die Reaktion verbraucht NO und O_3, deren Konzentrationen c_{NO} und c_{O_3} (jeweils ausgedrückt in mol dm^{-3}) daher mit der Zeit abnehmen, wie in ◘ Abb. 3.6 dargestellt. Die Konzentrationen der Produkte nehmen im Laufe der Reaktion entsprechend zu. Die Reaktionsgeschwindigkeit *(rate of reaction)* ist die Steigung der rechten Kurve in ◘ Abb. 3.6 im jeweiligen Moment. In der Schreibweise der Differenzialrechnung (s. Anhang A):

$$\text{Reaktionsgeschwindigkeit} = \frac{dc_{NO_2}}{dt} = -\frac{dc_{NO}}{dt} \qquad (3.2)$$

Weil für jedes Mol NO, das durch die Reaktion verbraucht wird, ein Mol NO_2 erzeugt wird, unterscheiden sich die Steigungen der linken und rechten Grafik in ◘ Abb. 3.6 nur in ihrem Vorzeichen (negativ bzw. positiv). Diese Differenz wird durch das Minuszeichen in ▶ Gl. 3.2 dargestellt.

3.1.1 Ratengleichung

Wenn wir das Experiment mit der doppelten NO-Konzentration wiederholen würden (zunächst bei unverändertem c_{O_3}), würden wir feststellen, dass die anfängliche Reaktionsgeschwindigkeit verdoppelt wird. Wenn wir die Anfangskonzentrationen von NO und

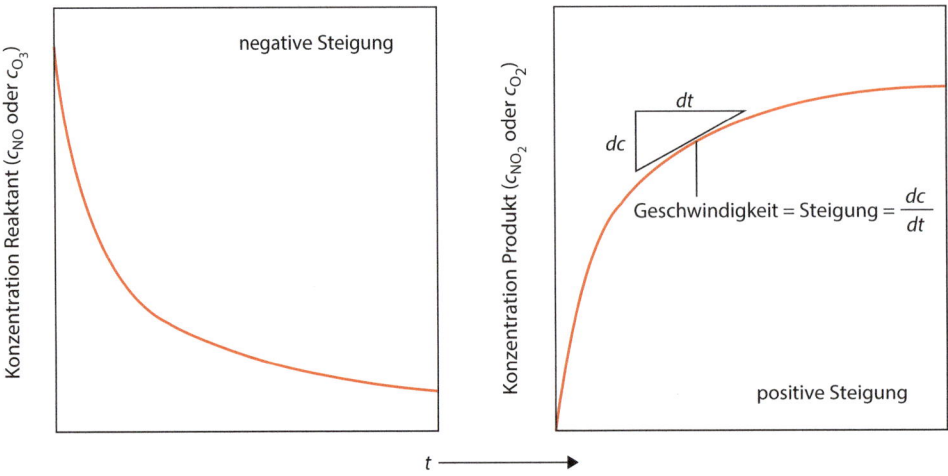

Abb. 3.6 Zusammensetzung-Zeit-Kurven für die Reaktion ▶ Gl. 3.1

3.1 · Definition der Reaktionsgeschwindigkeit

von O_3 verdoppeln, finden wir heraus, dass die initiale Reaktionsgeschwindigkeit vervierfacht ist. Dies deutet darauf hin, dass die Reaktionsgeschwindigkeit mit den Konzentrationen der Reaktanten zusammenhängt:

$$\text{Reaktionsgeschwindigkeit} = -\frac{dc_{NO}}{dt} = k \cdot c_{NO} \cdot c_{O_3} \quad (3.3)$$

▶ Gl. 3.3 wird als Ratengleichung für diese Reaktion bezeichnet. Da sie zwei Konzentrationsterme enthält (c_{NO} und c_{O_3}), sagt man, dass es sich um eine Reaktion zweiter Ordnung handelt. Die Konstante k, deren Zahlenwert spezifisch für diese Reaktion (und für die Temperatur, bei der das Experiment durchgeführt wird) ist, wird als Geschwindigkeitskonstante bezeichnet. Die Gleichung sagt voraus, dass mit zunehmendem Verbrauch der Reaktanten die Reaktionsgeschwindigkeit abnimmt, was mit der Abflachung der Kurve in ◻ Abb. 3.6 übereinstimmt.

Der Prozess des radioaktiven Zerfalls kann auf ähnliche Weise analysiert werden (Kasten 3.2 und 3.3).

Kasten 3.2 Kinetik des radioaktiven Zerfalls I: das Rb–Sr-System

Das radioaktive Isotop des Rubidiums, ^{87}Rb (Kasten 10.1), zerfällt zum Strontiumisotop ^{87}Sr. Die Kinetik dieser Kernreaktion kann auf die gleiche Weise wie eine chemische Reaktion behandelt werden:

$$^{87}\text{Rb} \rightarrow {}^{87}\text{Sr} + \beta^- + \bar{\nu}$$

mit dem Mutterisotop ^{87}Rb und dem Tochterisotop ^{87}Sr, wobei durch die Reaktion ein β-Teilchen (β^-) und ein Antineutrino ($\bar{\nu}$) freigesetzt werden.

Die Zerfallsrate eines beliebigen Radioisotops ist proportional zur Anzahl der in der Probe vorhandenen Atomkerne des Mutterisotops (n_p) zum entsprechenden Zeitpunkt. Dies kann als Ratengleichung geschrieben werden:

$$\text{Zerfallsrate} = -\frac{dn_p}{dt} = \lambda n_p$$

Da es nur einen Konzentrationsterm (n_p) auf der rechten Seite gibt (im Gegensatz zu ▶ Gl. 3.3) nennt man dies eine Reaktion erster Ordnung. λ ist die Geschwindigkeitskonstante analog zu k in ▶ Gl. 3.3, wird aber in diesem Zusammenhang als Zerfallskonstante bezeichnet (gleiche Mathematik, unterschiedliche Namen).

Die Rategleichung kann integriert werden, um zu zeigen, wie n_p mit der Zeit variiert:

$$n_p = n_p^0 e^{-\lambda t} \quad (3.4)$$

wobei n_p^0 die Anzahl der anfänglich vorhandenen Kerne des Mutterisotops (bei $t=0$) ist. Die Zerfallskurve für ein radioaktives Isotop ist in ◻ Abb. 3.7a dargestellt. Wenn wir bei ▶ Gl. 3.4 auf beiden Seiten den natürlichen Logarithmus bilden und die Formel ein wenig umstellen, bekommen wir:

$$\ln\left(\frac{n_p^0}{n_p}\right) = \lambda t \quad (3.5)$$

Diese Gleichung ist nützlicher, da sie in Abhängigkeit mit der Zeit linear ist (◻ Abb. 3.7b). Für Radioisotope, die schnell zerfallen, kann die Zerfallskonstante durch Messen der Steigung dieser Grafik bestimmt werden (siehe Übung 3.1 am Ende des Kapitels).

Die Halbwertszeit $t_{1/2}$ eines Radioisotops ist die Zeit, die für den Zerfall des Mutterisotops benötigt wird, damit n_p auf die Hälfte seines ursprünglichen Wertes sinkt ($n_p = \frac{1}{2} n_p^0$). Also:

$$\ln\left(\frac{2}{1}\right) = \lambda t_{1/2}$$

Und daher:

$$t_{1/2} = 0{,}6931/\lambda \quad (3.6)$$

Weil der Zerfall von ^{87}Rb sehr langsam ist, ist der Zahlenwert von λ extrem klein: $1{,}42 \cdot 10^{-11}$ pro Jahr. Während eines Jahres zerfallen nur etwa 14 von einer Billion ^{87}Rb-Kernen. Das ^{87}Rb, das heute auf der Erde verbleibt, ist bei Elementbildungsprozessen (▶ Abschn. 11.4) entstanden, die vor der Entstehung des Sonnensystems vor 4,6 Mrd. Jahren stattfanden.

Kasten 3.3 Kinetik des radioaktiven Zerfalls II: das U-Th-Pb-System

Jedes der natürlich vorkommenden Isotope der Spurenelemente Uran (^{235}U und ^{238}U) und Thorium (^{232}Th) zerfällt über eine komplexe Reihe von intermediären radioaktiven Nukliden zu einem Bleiisotop (Pb). ◻ Abb. 3.8 veranschaulicht dies anhand der Zerfallsreihe von ^{238}U zu ^{206}Pb; ähnliche Flussdiagramme können für den Zerfall von ^{235}U zu ^{207}Pb und für ^{232}Th zu ^{208}Pb gezeichnet werden. Zusammen bilden diese Zerfallsreihen die Grundlage für die radiometrische U-Th-Pb-Datierung.

Trotz seiner Komplexität entspricht der gesamte Zerfallsprozess in ◻ Abb. 3.8 einer Kinetik erster Ordnung, da der erste Schritt im Prozess (zu ^{234}Th, ein kurzlebiges radioaktives Isotop des Thoriums) zufällig der langsamste ist. Die kinetische Komplexität der ganzen darauf folgenden verzweigten Zerfallsreihe kann vernachlässigt werden, da die Rate des gesamten Prozesses durch diesen einen ratenbestimmenden Schritt gesteuert wird – so wie der Wasserfluss am

Ende eines Schlauches durch Drehen am Wasserhahn auf der anderen Seite gesteuert werden kann. Dieses Phänomen beschränkt sich nicht nur auf den radioaktiven Zerfall: Die Kinetik einiger komplexer chemischer Reaktionen wird ebenfalls durch einen langsamen, ratenbestimmenden Schritt gesteuert.

Für jeden Uran- oder Thoriumkern, der im Erdinneren zu Blei zerfällt, werden zwischen 6 und 8 Alphateilchen freigesetzt. Durch das Einfangen von Elektronen werden die Alphateilchen zu ^{4}He-Atomen. Dies macht den größten Teil der Heliumentgasung aus dem Erdinneren aus.

Alle bis auf eines der in ◘ Abb. 3.8 beteiligten Nuklide sind radioaktive Feststoffe, die wahrscheinlich in dem Mineral enthalten sind, in dem sich das ursprüngliche U befindet. Die einzige Ausnahme ist ^{222}Rn, eines der Isotope des inerten Gases Radon. Dessen Mobilität stellt wie in Kasten 9.9 erläutert eine Umweltgefährdung in Gebieten dar, deren Untergrund aus Gesteinen mit hohem U-Th-Gehalt besteht, z. B. Graniten.

Fast alle geologisch bedeutsamen Reaktionen hingegen sind heterogene Reaktionen, bei denen zwei oder mehr Phasen (Minerale, Schmelzen, Lösungen…) beteiligt sind. Da sie die Migration von Komponenten über die Grenzfläche der Phasen hinweg erfordern, ist die Formulierung von Ratengleichungen für heterogene Reaktionen viel komplizierter als für homogene Reaktionen.

Die offensichtlichste Folge der Einbeziehung von zwei Phasen in eine Reaktion ist, dass die Oberfläche ihrer Grenzfläche zu einer Variablen in der Ratengleichung wird. Die Grenzflächengröße wird hauptsächlich durch die Partikelgröße bestimmt. Die Oberfläche eines Würfels von 1 cm Kantenlänge beträgt 6 cm^2 (sechs Seiten mit einer Oberfläche von je 1 cm^2). Das Halbieren des Würfels in jede Richtung ergibt acht Würfel mit jeweils 0,5 cm Kantenlänge und einer Oberfläche von $6 \cdot 0{,}5$ cm$^2 = 1{,}5$ cm^2. Das Gesamtvolumen aller Würfel ist unverändert (1 cm^3), aber die Gesamtfläche hat sich von 6 cm auf $8 \cdot 1{,}5$ cm$^2 = 12$ cm^2 erhöht. Die Aufteilung des ursprünglichen Würfels in 1000 Würfel von je 0,1 cm Größe würde die Gesamtfläche auf 60 cm^2 erhöhen. Eine Reduzierung auf Korngrößen, die Ton- und Schluffsteinen entsprechen, würde sich ihre Oberfläche auf 3000 bzw. 60.000 cm^2 erhöhen. Die Partikel- oder Kristallgröße hat, weil sie die Kontaktfläche zwischen den Phasen bestimmt, einen großen Einfluss auf die Geschwindigkeit einer heterogenen Reaktion. Nicht zuletzt deshalb reagiert Dieselkraftstoff, der als feiner Sprühstrahl in einen Motor eingespritzt wird, explosionsartig mit Luft, während die Flüssigkeit als solche viel langsamer verbrennt.

3.1.2 Heterogene Reaktionen

Reaktionen wie ▶ Gl. 3.1, die innerhalb einer einzigen Phase (in diesem Fall einem homogenen Gasgemisch) stattfinden, werden als homogene Reaktionen bezeichnet.

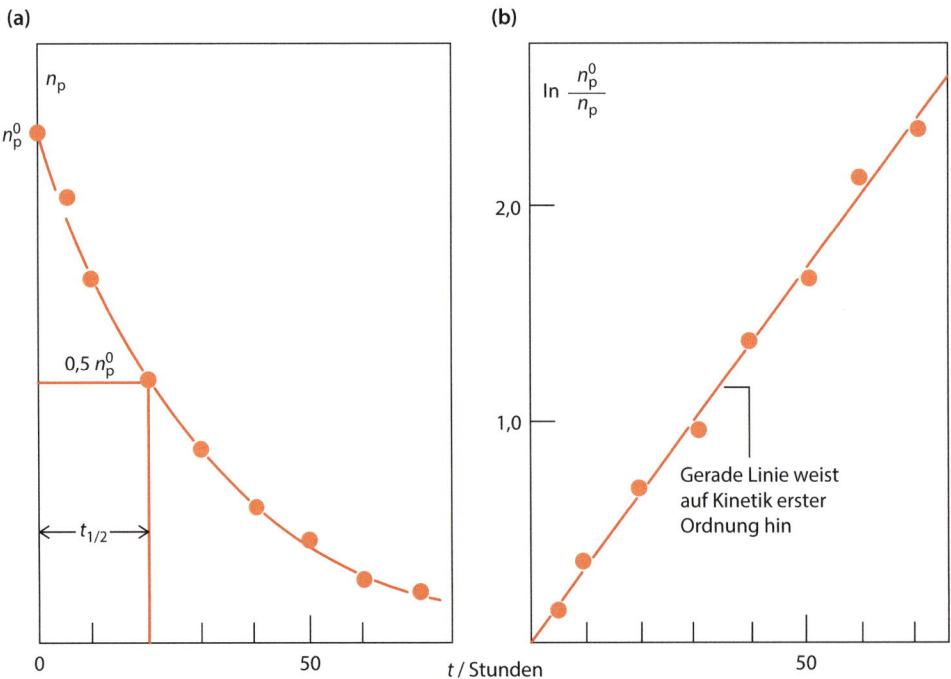

◘ Abb. 3.7 a Die abnehmende Konzentration n_p der Mutterisotope in einer Probe aufgetragen gegen die Zeit. b Die Funktion $\ln(n_p^0/n_p)$ plottet als gerade Linie gegen die Zeit; die Steigung ist gleich λ

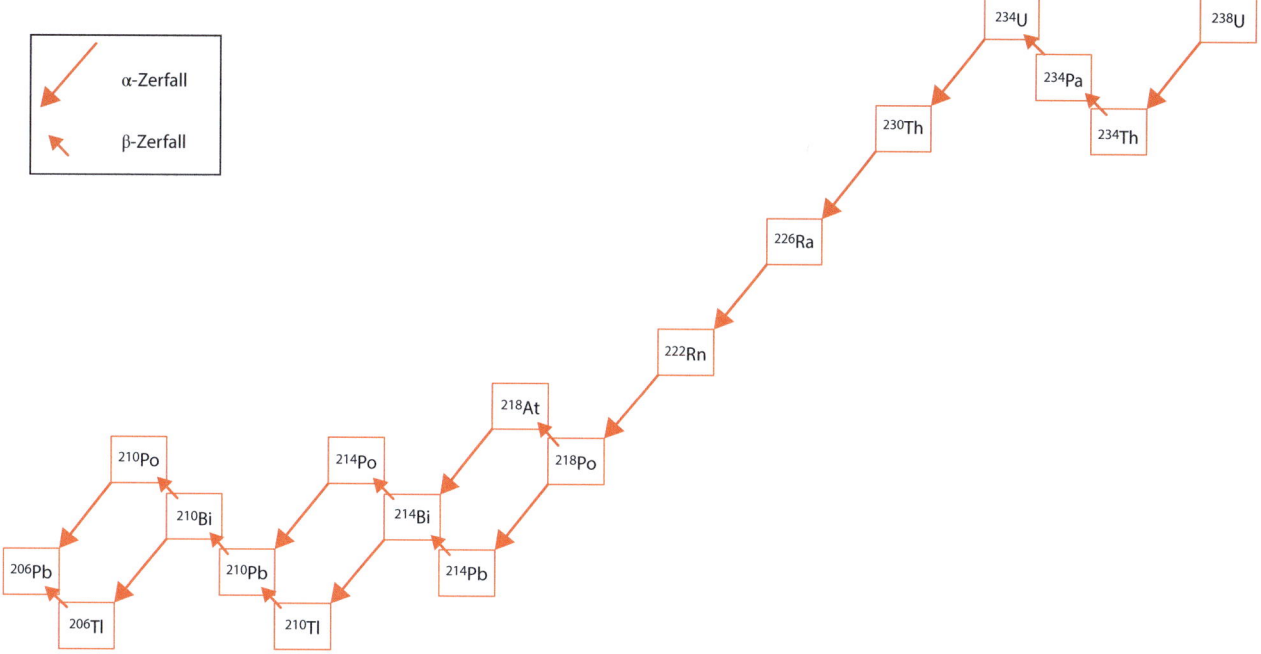

Abb. 3.8 Die Zerfallsreihe, nach der ^{238}U (auch geschrieben als Uran-238) zu ^{206}Pb (Blei-206) zerfällt (siehe auch Kasten 10.1)

Auch der Zustand der Grenzfläche ist ein sehr wichtiger Faktor. Die Geschwindigkeit der Umwandlung von Aragonit in Calcit zum Beispiel wird stark beschleunigt, wenn Spuren von Wasser entlang der Korngrenzen vorhanden sind. Die Oberflächenchemie hat viele wichtige Anwendungen in der chemischen Industrie und in der Mineralaufbereitung (z. B. der Einsatz von Schäumern, um bei der Flotation die Trennung von Erzmineralen zu optimieren).

Auch mechanische Faktoren kommen ins Spiel. Wenn sich ein Feststoff im stillen Wasser auflöst, wird die ihn umgebende wässrige Phase lokal gesättigt, was eine weitere Lösung erschwert, bis sich die gelöste Spezies durch Diffusion gleichmäßiger verteilt hat. Die Auflösung von Zucker im Kaffee kann daher durch die Verwendung eines Teelöffels zur Förderung der Homogenisierung beschleunigt werden. Ganz ähnlich kann ein natürliches Umwälzen im Meerwasser wirken. Experimente zeigen, dass die Geschwindigkeit, mit der sich Calcit im Wasser auflöst, so dargestellt werden kann:

$$\text{Geschwindigkeit} = k A \alpha^{\frac{1}{3}} \left\{ K^0 - \left(c_{Ca^{2+}}\right)^{\frac{1}{2}} \left(c_{CO_3^{2-}}\right)^{\frac{1}{2}} \right\}$$

Die c-Terme beziehen sich auf die Konzentrationen der jeweiligen Ionen in der Lösung, K^0 und k sind Konstanten, A ist die Gesamtoberfläche der vorliegenden Calcitphase und α ist die experimentelle Rührrate (die aus Gründen, die uns hier nicht weiter interessieren, als dritte Wurzel erscheint). Zweifellos ist die Wirkung der natürlichen Wellenbewegung noch komplizierter. Diese Gleichung veranschaulicht, wie schnell sich die Komplexität vergrößert, wenn selbst die einfachsten heterogenen Reaktionen kinetisch untersucht werden.

3.1.3 Temperaturabhängigkeit der Reaktionsgeschwindigkeit

Die alltägliche Erfahrung sagt uns, dass sich chemische Reaktionen, ob homogen oder heterogen, mit zunehmender Temperatur beschleunigen. Epoxidklebstoffe härten im warmen Ofen schneller aus. Umgekehrt zeigt gerade die Tatsache, dass wir Kühl- und Gefrierschränke zur Konservierung von Lebensmitteln verwenden, dass sich biochemische Reaktionen bei niedrigeren Temperaturen verlangsamen. Quantitativ ist der Temperatureffekt, den diese Beispiele veranschaulichen, recht ausgeprägt: Viele im Labor untersuchte Reaktionen verdoppeln ihre Reaktionsgeschwindigkeit ungefähr bei einer Temperaturerhöhung um nur 10 °C (siehe Übung 3.2). Die Temperaturabhängigkeit der Reaktionsgeschwindigkeiten ist besonders wichtig für geologische Prozesse, deren Umgebung in der Temperatur über viele Hundert Grad variieren kann.

Die meisten Reaktionsgeschwindigkeiten variieren mit der Temperatur, wie in **Abb. 3.9** dargestellt.

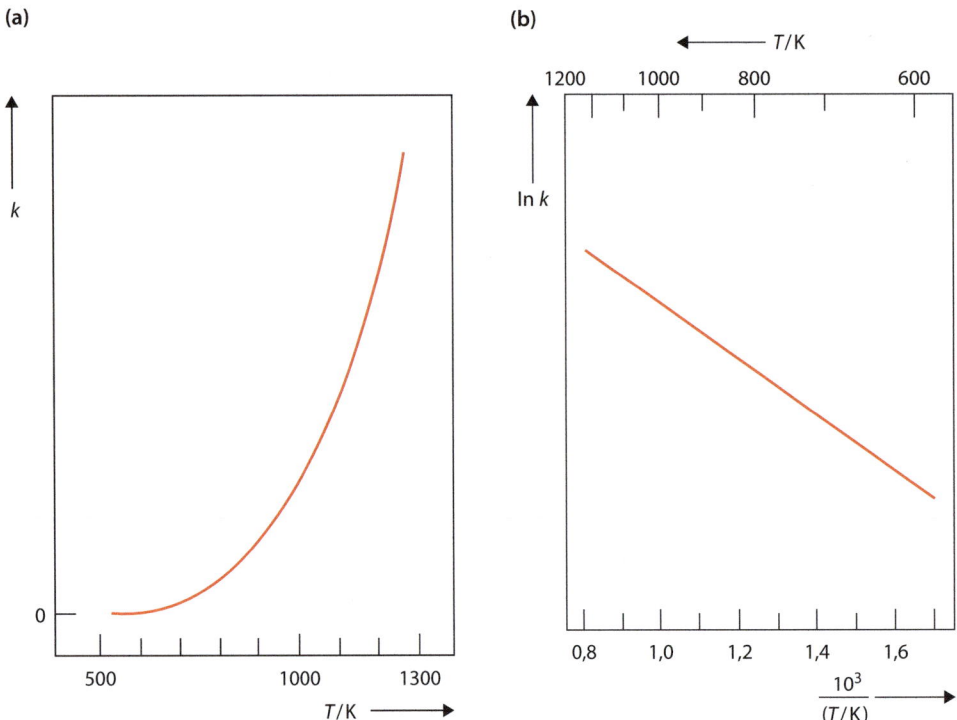

Abb. 3.9 Variation der Geschwindigkeitskonstante mit der Temperatur. **a** k direkt gegen T (in Kelvin) aufgetragen. **b** k aufgetragen gegen die reziproke Temperatur. T^{-1} wurde mit 10^3 multipliziert, um eine bequemere Zahlenskala zu erhalten. (Die Beschriftung der Achse zeigt die anerkannte Schreibweise für $10^3/T$ mit T in der Einheit Kelvin.) Die dazugehörige Temperatur in Kelvin ist entlang des oberen Randes angegeben

Der schwedische Physiker Svante August Arrhenius (der übrigens dafür bekannt ist, dass er schon 1896 den Treibhauseffekt durch die Anwesenheit von CO_2 in der Atmosphäre beschrieben und dabei sogar erkannt hat, dass die Verbrennung fossiler Brennstoffe zu einer Erderwärmung führt) zeigte in den späten 1880er-Jahren, dass dieses Verhalten in einer Gleichung dargestellt werden kann, in der die Geschwindigkeitskonstante k für eine Reaktion in Form einer Exponentialgleichung ausgedrückt wird:

$$k = A e^{-E_a/RT} \quad (3.7)$$

Dies ist als Arrhenius-Gleichung bekannt geworden und hat eine Reihe wichtiger Anwendungen in der Geologie. R ist die Gaskonstante ($R = 8314$ J mol^{-1} K^{-1}) und T stellt die Temperatur in Kelvin dar. A und E_a sind Konstanten für die Reaktion, auf die sich die Geschwindigkeitskonstante bezieht (und die von einer Reaktion zur anderen variieren). A wird als präexponentieller Faktor bezeichnet und hat die gleichen Einheiten wie die Geschwindigkeitskonstante (abhängig von der Ordnung der betreffenden Reaktion). Die Konstante E_a wird als Aktivierungsenergie der Reaktion bezeichnet und hat die Einheit J mol^{-1}.

▶ Abschn. 1.4 zeigte, dass physikalische und chemische Prozesse oft eine Energieschwelle aufweisen, die den Übergang vom anfänglichen hochenergetischen

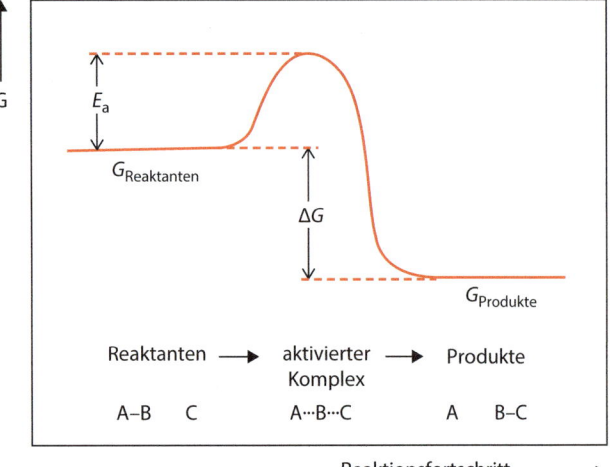

Abb. 3.10 Energetische Eigenschaften einer hypothetischen Reaktion AB + C → A + BC. Die vertikale Achse stellt die Gibbs-Energie des Systems dar. E_a ist die Aktivierungsenergie, die nach Abschluss der Reaktion wieder abgegeben wird (außer bei endothermen Reaktionen, wenn nur ein Teil freigesetzt wird)

(also weniger stabilen) Zustand zu der Konfiguration mit niedrigerer Energie, in der das System stabil ist, behindert (◘ Abb. 1.7). Die Schwelle ist für eine hypothetische chemische Reaktion in ◘ Abb. 3.10 dargestellt. Sie geht darauf zurück, dass der einzige Weg, der von den Reaktanten zu den Produkten führt, notwendigerweise einen Übergangszustand mit höherer Energie durchläuft. Für eine Reaktion, die den Bruch einer Bindung und die Etablierung einer neuen beinhaltet, ist dies die Bildung einer dazwischen liegenden weniger stabilen chemischen Spezies (der aktivierte Komplex in ◘ Abb. 3.10). Die Aktivierungsenergie E_a in der Arrhenius-Gleichung kann als die „Höhe" der Schwelle (in der Einheit der Gibbs-Energie) relativ zur anfänglichen Reaktantenvergesellschaftung visualisiert werden. Kasten 3.4 erklärt, wie die Aktivierungsenergie auf atomarer Ebene verstanden werden kann.

Kasten 3.4 Was bedeutet Aktivierungsenergie auf atomarer Ebene?

In einer chemischen Reaktion (vgl. Abb. 3.10)

$$AB + C \rightarrow A + BC$$

muss die vorhandene A–B-Bindung geschwächt (gestreckt) werden, bevor eine neue Bindung (B–C) entstehen kann. Die Energetik der A–B-Bindung ist in ◘ Abb. 3.11a dargestellt. Der Prozess beginnt mit AB in seiner stabilsten Konfiguration (Bindungslänge r_{A-B}^0, Bindungslänge = Abstand zwischen den Atomzentren). Energie wird benötigt, um die A–B-Bindung bis zu dem Zustand zu dehnen, in dem die Bildung der B–C-Bindung ein ebenso wahrscheinliches Ergebnis wird (d. h. ausreichend, um den aktivierten Komplex A···B···C zu bilden); dieser Energieeintrag bildet die Aktivierungsenergie E_a (vgl. ◘ Abb. 3.10 und 3.11c). Die gesamte Reaktion von AB zu BC kann durch Betrachtung der Potenzialkurven (Bindungsenergie versus Bindungslänge, ◘ Abb. 3.11a und b) beider Moleküle visualisiert werden, indem diese „Rücken an Rücken" wie in ◘ Abb. 3.11c gezeichnet werden. Beachten Sie, dass die A–B-Bindung nicht vollständig aufgebrochen sein muss, bevor sich das BC-Molekül bilden kann.

Die Erklärung der Aktivierungsenergie bei Reaktionen zwischen ionischen Verbindungen ist etwas anders, ist aber ebenfalls mit der Notwendigkeit verbunden, eine Anordnung von Atomen oder Ionen aufzubrechen, bevor eine andere stabilere Anordnung angenommen werden kann.

Damit die Reaktantenmoleküle kollidieren können, um zur Bildung von Produktmolekülen zu führen, müssen die Teilnehmer genügend Wärmeenergie beitragen, um den aktivierten Komplex zu erzeugen. Aus theoretischen Berechnungen kann man die kinetische Energieverteilung zwischen den Reaktantenmolekülen bei einer gegebenen Temperatur T vorhersagen: Die Ergebnisse sind für zwei alternative Temperaturen in ◘ Abb. 3.12 dargestellt. Man kann zeigen, dass der Anteil der molekularen Begegnungen mit kinetischen Energien größer als eine kritische Schwellenenergie E_x (schattierte Bereiche in ◘ Abb. 3.12) gegeben ist durch:

$$\text{Anteil der } E_x \text{ überschreitenden Kollisionen} \propto e^{-E_x/RT}$$

(Dabei meint $\propto$ „ist proportional zu".) Der Term auf der rechten Seite wird als Boltzmann-Faktor bezeichnet. Er erscheint in der Arrhenius-Gleichung als Maß für den Anteil der Kollisionen zwischen den Reaktantenmolekülen, die bei der Temperatur T über genügend Energie verfügen (d. h. größer als E_a), um den Übergangszustand zu erreichen und damit die Reaktion abzuschließen. Die Form des Boltzmann-Faktors zeigt, dass eine Temperaturerhöhung die Energieverteilung in Richtung höherer Energien verschiebt (◘ Abb. 3.12), sodass ein größerer Anteil der Reaktantenmoleküle mit Energien über E_a kollidieren und die Energieschwelle überwinden kann (wie Wasser, das über ein Wehr fließt). Mit anderen Worten, die Reaktionsgeschwindigkeit steigt. Aber eine Absenkung der Temperatur hemmt die Reaktion, denn $-E_x/RT$ wird zu einer größeren negativen Zahl und macht den Boltzmann-Faktor und damit k kleiner.

Der Wert der Aktivierungsenergie sagt uns, wie empfindlich die Reaktionsgeschwindigkeit gegenüber Temperaturänderungen ist, und die Messung dieser Temperaturabhängigkeit liefert die Mittel, mit denen E_a experimentell bestimmt werden kann. (Weil es sich nicht um eine Nettoenergieänderung zwischen Reaktanten und Produkten handelt, wie bei ΔH, kann E_a nicht kalorimetrisch gemessen werden.) Wenn man beide Seiten von ▶ Gl. 3.7 in natürliche Logarithmen („ln" – siehe Anhang A.1) umwandelt, erhält man:

$$\ln k = -\frac{E_a}{R} \cdot \frac{1}{T} + \ln A \qquad (3.8)$$

Diese Gleichung hat eine lineare Form, entsprechend: $y = m \cdot x + c$ (siehe Anhang A.1). Wenn also $\ln k$ ($\triangleq y$) gegen $1/T$ ($\triangleq x$, wobei T in Kelvin ist) aufgetragen wird, sollte das Ergebnis eine gerade Linie sein, wie in ◘ Abb. 3.9b dargestellt und in Anhang A.1 erläutert. Die Steigung dieser Linie ist $-E_a/R$. Der Zahlenwert der Aktivierungsenergie kann daher bestimmt werden, indem man das Geschwindigkeitsexperiment bei einer Reihe von Temperaturen wiederholt und die erhaltenen Geschwindigkeitskonstanten in der in ◘ Abb. 3.9b dargestellten Form aufzeichnet. Ein solches Diagramm wird als Arrhenius-Graph bezeichnet. Ein Arrhenius-Graph für Reaktion ▶ Gl. 3.1 ist in ◘ Abb. 3.13a dargestellt. ◘ Abb. 3.13b zeigt ein geochemisches Beispiel. Siehe auch Übung 3.2 am Ende des Kapitels.

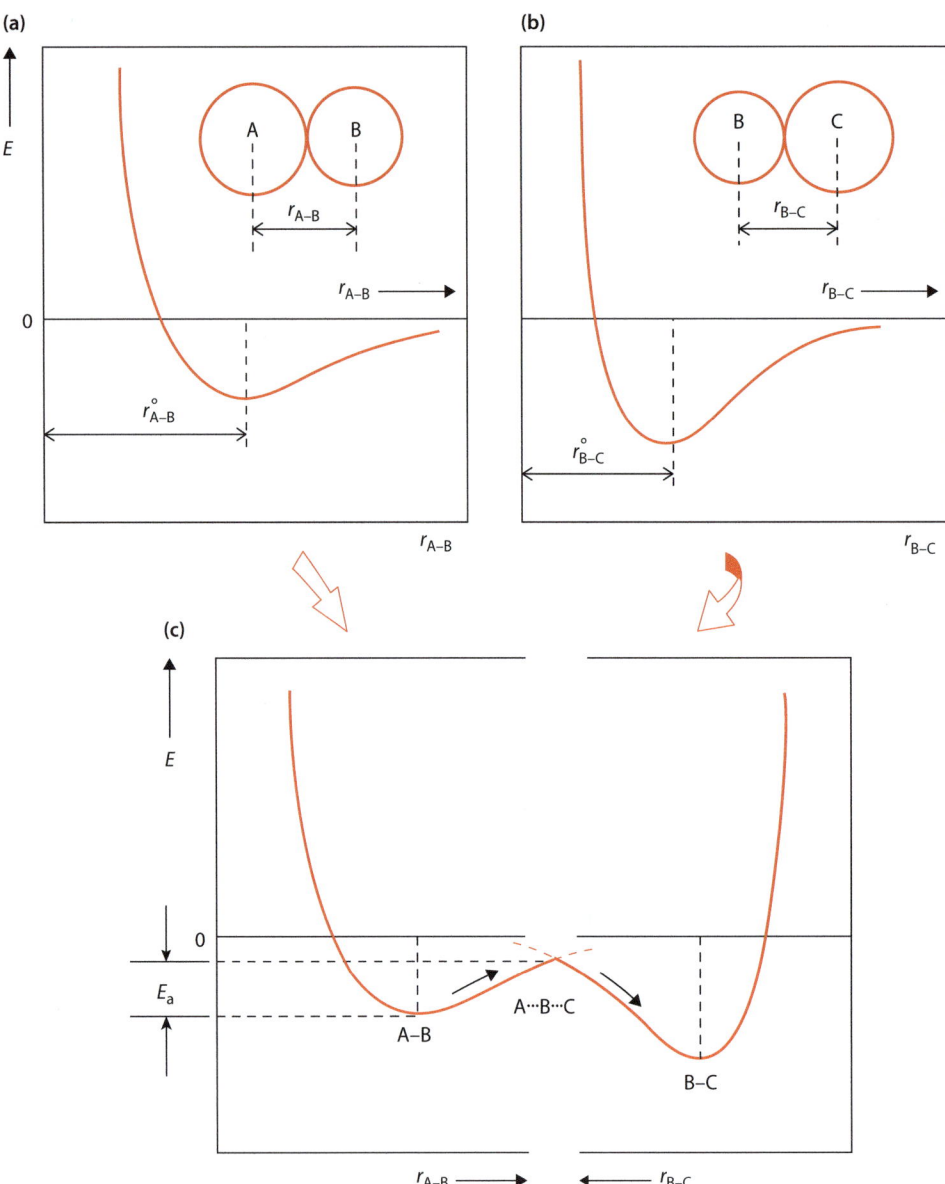

Abb. 3.11 **a, b** Potenzialkurven mit Bindungsenergie versus Bindungslänge r_{A-B} und r_{A-B} für die Moleküle AB und BC. **c** Bindungsenergie und aktivierter Komplex beim Übergang von AB + C zu A + BC.

3.1.4 Photochemische Reaktionen

Ist ein Temperaturanstieg der einzige Mechanismus, mit dem Reaktantenmoleküle die Schwelle der Aktivierungsenergie überwinden können? Eine Reihe von Gasreaktionen, von denen bekannt ist, dass sie in der Stratosphäre ablaufen, zeigen, dass energiereiche Photonen aus der Sonne eine alternative Möglichkeit darstellen, Moleküle zur Reaktion zu bringen. Ein Beispiel ist die Bildung von stratosphärischem Ozon (O_3):

$$O_2 \xrightarrow{\text{UV-Photon}} O\bullet + O\bullet \quad (3.9)$$

Die intensive solare ultraviolette (UV-)Strahlung – siehe Kasten 6.3 – in der oberen Atmosphäre führt dazu, dass ein kleiner Teil der Sauerstoffmoleküle in einzelne Sauerstoffatome (bzw. Sauerstoffradikale) zerfällt, die aufgrund ihrer unterbrochenen chemischen Bindungen (dargestellt durch das Symbol O•) sehr reaktiv sind: Sie sitzen effektiv auf der in ◘ Abb. 3.10 dargestellten Energieschwelle. Die Kollision eines dieser freien Sauerstoffradikale mit einem anderen Sauerstoffmolekül erzeugt ein Ozonmolekül (Trisauerstoff) in der Reaktion:

$$O\bullet + O_2 \rightarrow O_3$$

3.2 · Diffusion

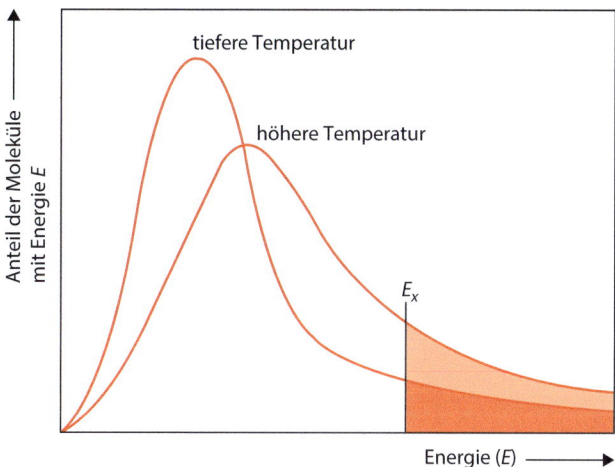

Abb. 3.12 Molekulare kinetische Energieverteilung für zwei Temperaturen. Die schattierten Bereiche zeigen die jeweiligen Anteile, die über einer bestimmten Energie E_x liegen. Dieser Anteil ist bei der höheren Temperatur größer

Diese Reaktion in der Stratosphäre ist wichtig, weil sie die einfallende UV-Strahlung in diesem Wellenlängenbereich stark abschwächt und Lebewesen auf der Erdoberfläche vor den schädlichsten Auswirkungen der solaren UV-Strahlung schützt. Dieser Filter ist hocheffizient: Wir sprechen oft von der „Ozonschicht", die uns schützt, aber bemerkenswert (angesichts des lebenswichtigen Schutzes, den sie für alle Lebewesen auf der Erde bietet) ist, dass die Gleichgewichtsozonkonzentration in der Stratosphäre selten 5 ppm *(parts per million)* übersteigt.

Ozon bildet sich auch in der unteren Troposphäre photochemisch, aber hier ist die Intensität der solaren UV-Strahlung viel geringer, und die Ozonbildung kann nur stattfinden, wenn sie durch Stickoxide (aus Abgasen) katalysiert wird. Dies ist für den berüchtigten „photochemischen Smog" oder Sommersmog verantwortlich, der viele der sonnenreichsten Städte der Welt heimsucht, insbesondere solche in höheren Lagen wie Mexiko-Stadt.

Chemische Reaktionen wie ▶ Gl. 3.9, die durch energiereiche Photonen ausgelöst werden, werden als Photodissoziationsreaktionen bezeichnet. Kinetisch unterscheiden sie sich von herkömmlichen Reaktionen dadurch, dass ihre Geschwindigkeitskonstanten nicht von der Temperatur der Reaktanten abhängen (wie in ▶ Gl. 3.7), sondern von dem UV-Photonenfluss, dem die Reaktanten ausgesetzt sind.

Solare UV-Strahlung in einem anderen Wellenlängenbereich stimuliert eine Umkehrreaktion:

$$O_3 \xrightarrow{\text{anderes UV-Photon}} O_2 + O\bullet$$

3.2 Diffusion

Jeder Prozess, der die Zufuhr von Wärmeenergie benötigt, um eine Energieschwelle zu überwinden – ein thermisch aktivierter Prozess – zeigt eine Temperaturabhängigkeit entsprechend der Arrhenius-Gleichung (▶ Gl. 3.7 und ◘ Abb. 3.9). Diese Eigenschaft ist in der Geologie auch charakteristisch für eine Reihe von physikalischen Prozessen, nicht nur für geochemische Reaktionen.

Wenn eine Komponente in einer Phase – ob fest, flüssig oder gasförmig – ungleichmäßig verteilt ist, sodass ihre Konzentration in einem Teil höher ist als in einem anderen, dann neigen zufällige atomare

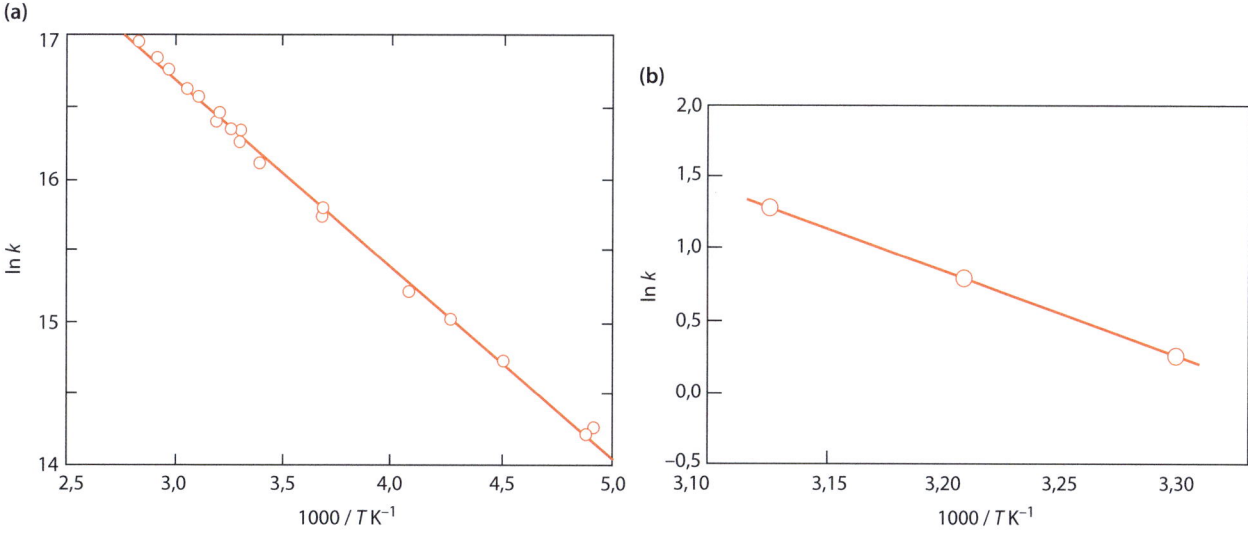

Abb. 3.13 **a** Arrhenius-Graph für Reaktion ▶ Gl. 3.1. Die Geschwindigkeitskonstante k ist in $dm^3\, mol^{-1}\, s^{-1}$ ausgedrückt. **b** Arrhenius-Graph für die photochemische Oxidation von Pyrit, wobei hier k in $\mu mol\, m^{-2}\, min^{-1}$ ausgedrückt ist. Beachten Sie, dass die Temperatur jeweils in Kelvin (K) angegeben wird. (Quellen: **a** Nach Zhang (2008), © Princeton University Press, basierend auf Daten von Borders und Birks (1982); **b** Schoonen et al. (2000); Vervielfältigung mit freundlicher Genehmigung der Autoren)

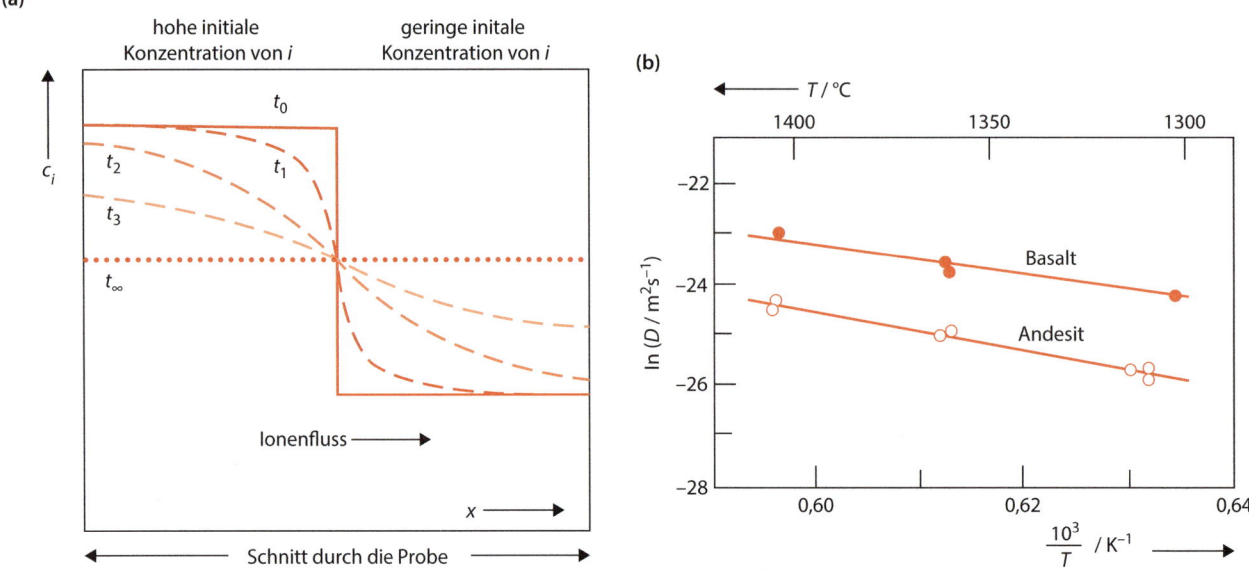

• Abb. 3.14 a Die Diffusion von Ionen als Reaktion auf eine ungleichmäßige Konzentrationsverteilung. b Arrhenius-Graph der Diffusionskoeffizienten für die Diffusion von Cobaltionen in Silicatschmelzen. Die Aktivierungsenergien, ermittelt aus den Steigungen der beiden Diagramme, sind in Basalt 220 kJ mol^{-1} und in Andesit 280 kJ mol^{-1}. Die Einheit von D ist m^2 s^{-1}. Die Temperatur wird in Kelvin (K) angegeben. (Quelle: Geändert nach Lowry et al. (1982), Vervielfältigung mit Genehmigung von Springer Science and Business Media)

Bewegungen dazu, die Unregelmäßigkeiten im Laufe der Zeit „auszugleichen", was zu einer Nettomigration der Komponente, der sogenannten Diffusion, „den Gradienten hinunter" zu Regionen mit geringerer Konzentration führt. Bei ausreichender Zeit führt die Diffusion schließlich zu einer homogenen Verteilung (markiert mit t_∞ in • Abb. 3.14a). Tatsächlich diffundieren Atome auch durch eine homogene Substanz auf zufällige Weise, aber nur dort, wo ein Konzentrationsgradient vorliegt, wird ein Nettofluss der chemischen Komponenten beobachtet.

Stellen wir uns einen Kristall mit einer abrupten internen Diskontinuität in der Konzentration einer Komponente i vor, wie in • Abb. 3.14a dargestellt. Angenommen, der Kristall wird auf einer konstanten Temperatur T gehalten, die für Festkörperdiffusion mit einer signifikanten Geschwindigkeit hoch genug ist. Wenn wir die Verteilung der Komponente i mehrmals hintereinander messen würden, bei den Zeitpunkten t_1, t_2, t_3, würden wir die Entwicklung eines zunehmend glatteren Konzentrationsprofils sehen, das schließlich zu einer gleichmäßigen Verteilung von i führt (bei t_∞ in • Abb. 3.14a). Diese Änderungen zeigen auf einen Nettofluss der Komponente i von links nach rechts durch die Fläche der ursprünglichen Diskontinuität. Die Größe des Stoffflusses in Mol pro Sekunde hängt von der Flächengröße dieser Grenzfläche ab. Man drückt also den Stofffluss f_i aus als die Menge der Komponente i (in Mol), die durch eine Flächeneinheit der Grenzfläche pro Sekunde wandert, sodass die Einheit „Mol pro Quadratmeter pro Sekunde" (mol m^{-2} s^{-1}) ist. Der gesunde Menschenverstand legt nahe, dass der Stofffluss von der Steilheit des Konzentrationsgradienten abhängt; daher wird kein Nettofluss auftreten, wenn die Konzentration gleichmäßig ist und der Gradient Null, während ein hoher Stofffluss entsteht, wenn der Gradient steil ist. Der deutsche Physiker Adolf Fick untermauerte diese Vermutung 1855 theoretisch und zeigte:

$$f_i = -D_i \frac{dc_i}{dx} \quad (3.10)$$

Diese Gleichung ist bekannt als erstes Fick'sches Gesetz der Diffusion. Das negative Vorzeichen zeigt an, dass die Richtung des Nettoflusses f_i den Konzentrationsgradienten hinabführt (d. h. nach rechts in • Abb. 3.14a). Die Konstante D_i wird als Diffusionskoeffizient für die Spezies i in dem betreffenden Kristall (bei einer gegebenen Temperatur) bezeichnet. Die Konzentrationseinheiten c_i sind „Mol pro Kubikmeter" (mol m^{-3}), sodass der Konzentrationsgradient dc_i/dx die Einheit Mol pro Kubikmeter pro Meter in x-Richtung hat ([mol m^{-3}] m^{-1} = mol m^{-4}). Daraus ist leicht zu zeigen, dass die Einheit von D_i m^2 s^{-1} sein muss (siehe Übung 3.5).

Viele Diffusionskoeffizienten wurden für verschiedene Elemente in einer Reihe von Silicatmaterialien bei verschiedenen Temperaturen experimentell bestimmt. • Abb. 3.14b zeigt, wie der gemessene Diffusionskoeffizient für Cobalt (D_{Co}) sich mit Temperatur und Zusammensetzung in Basalt- und Andesitschmelzen ändert. Die Daten sind in Form eines Arrhenius-Graphen dargestellt, in dem sie auf geraden Linien liegen. So kann man die Temperaturabhängigkeit von D in Form einer Gleichung ähnlich ▶ Gl. 3.7 ausdrücken:

$$D = D_0 e^{-E_a/RT}$$

Oder in logarithmischer Form:

$$\ln D = -\frac{E_a}{R} \cdot \frac{1}{T} + \ln D_0 \qquad (3.11)$$

Diese Gleichungen sind identisch mit den Gleichungen ▶ Gl. 3.7 und 3.8, nur heißt der präexponentielle Faktor nun D_0. Obwohl wir Diffusion als physikalisches Phänomen betrachten, ähnelt sie einer chemischen Reaktion, indem sie von einer Aktivierungsenergie E_a gesteuert wird. Wie eine Person in einer dichten Menschenmenge muss das diffundierende Atom oder Ion seinen Weg mit rempeln und quetschen von einer freien Stelle in der Schmelze zur nächsten finden (vgl. Kasten 8.3), und das Durchquetschen von einem strukturellen Ort zum nächsten stellt eine Energieschwelle dar, die nur die energetischeren („heißeren") Atome überwinden können.

Die gemessenen Diffusionskoeffizienten unterscheiden sich von Element zu Element (z. B. Co im Vergleich zu Cr) für die Diffusion im gleichen Material bei gleicher Temperatur. ◘ Abb. 3.14b zeigt, dass der Diffusionskoeffizient für ein Element in einer Schmelze auch mit der Zusammensetzung der Schmelze variiert (vgl. Kasten 9.2).

3.2.1 Festkörperdiffusion

Aus Sicht der Diffusion unterscheidet sich ein kristalliner Feststoff von einer Schmelze in mehrfacher Hinsicht. Atome, die durch eine Silicatschmelze diffundieren, haben es mit einem kontinuierlichen, isotropen (d. h. D ist richtungsunabhängig) Medium zu tun, das eine relativ ungeordnete Struktur hat. Die meisten kristallinen Feststoffe hingegen sind polykristalline Aggregate, die zwei Diffusionswege bieten: innerhalb und zwischen Kristallen.

3.2.1.1 (Intrakristalline) Volumendiffusion

Die Volumendiffusion durch das dreidimensionale Volumen der Kristalle ist im Allgemeinen ähnlich wie die Diffusion durch eine Schmelze. Der Hauptunterschied besteht darin, dass die Kristalle dichter gepackte, geordnete Atomstrukturen haben als Schmelzen (Kasten 8.3), und die Diffusion durch sie hindurch viel langsamer ist (niedrigeres D). ◘ Abb. 3.15 vergleicht das Diffusionsverhalten ähnlicher Metalle in Schmelzen und in Olivinkristallen (wobei die Diffusionskoeffizienten um den Faktor 10^5 niedriger sind). Beachten Sie, dass die Diffusion in Olivin leichter entlang der kristallographischen z-Achse als entlang der y-Achse erfolgt. Die kristallographische Richtung ist ein wichtiger Faktor für die Diffusion durch anisotrope Kristalle, was die innere Architektur der Kristalle widerspiegelt (▶ Abschn. 8.3.4).

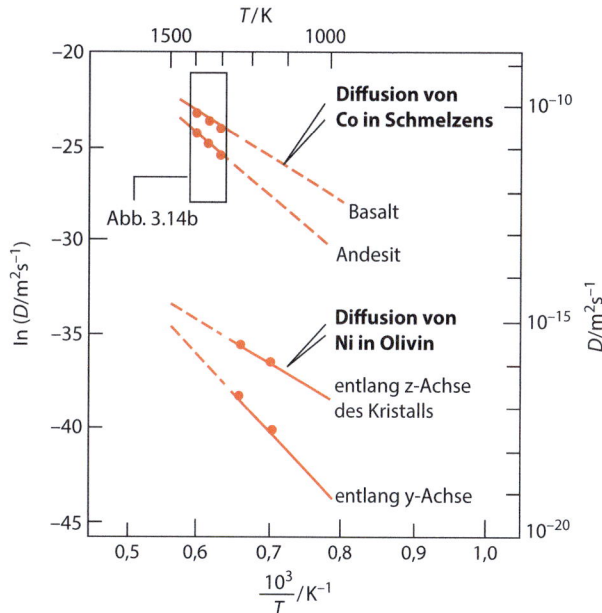

◘ **Abb. 3.15** Vergleich der Volumendiffusionsraten in Silicatschmelzen und Olivinkristallen. (Quelle: Daten von Henderson 1982)

3.2.1.2 (Interkristalline) Korngrenzendiffusion

Die Korngrenzendiffusion nutzt die strukturelle Diskontinuität zwischen benachbarten Kristallen als Diffusionskanal. Dies ist viel schwieriger zu quantifizieren, da die Diffusionsrate abhängt von:
- der Korngröße des Gesteins: In einem feinkörnigen Gestein ist die Gesamtfläche der Korngrenzen im Verhältnis zum Gesamtvolumen des Gesteins größer, und die Diffusion ist daher leichter möglich;
- den mikroskopischen Eigenschaften der Korngrenzen, z. B. das Vorhandensein oder Fehlen von Wasser.

Die Korngrenzendiffusion läuft unter den meisten Umständen viel schneller ab als die Volumendiffusion. Korngrenzen sind auch die wichtigsten Wege, durch die flüchtige Stoffe (Fluide) während der Metamorphose und der hydrothermalen Alteration in das Gesteinsvolumen eindringen. Offene Brüche und Verwerfungen treten in der tiefen Kruste aufgrund der hohen Temperatur und des einwirkenden Drucks nicht auf. Unter diesen Bedingungen konzentriert sich die Fluidmigration auf Scherzonen, wo die Verformung zu einer lokalen Verkleinerung der Korngröße und oft zu einer starken Einregelung von Mineralen (Schieferung) geführt hat, was beides aufgrund der Zunahme der Korngrenzenfläche Diffusion und Fluidbewegung fördert.

Kasten 3.5 veranschaulicht, wie Diffusionsstudien verwendet werden können, um die Abkühlraten von Eisenmeteoriten abzuschätzen.

> **Kasten 3.5 Diffusions- und Abkühlungsrate: Anwendungen bei Meteoriten**
> Bei Temperaturen unter 900 °C entmischt die kontinuierliche Hochtemperatur-Mischungsreihe zwischen metallischem Eisen und Nickel in zwei feste Phasen, die durch einen Zweiphasenbereich unterhalb eines Solvus getrennt sind (◘ Abb. 3.16a). Dementsprechend weisen viele Eisenmeteorite komplexe Verwachsungen von zwei separaten Fe-Ni-Legierungen, Kamacit und Taenit, auf, die durch Entmischung während der Abkühlung durch diesen Solvus entstehen (◘ Abb. 11.3).
> Betrachten wir die Abkühlung eines Kristalls der Legierung X, bei dem es sich bei etwa 900 °C um einen homogenen metallischen Mischkristall handelt. Bei etwa 700 °C erreicht die Legierung den Solvus, unter dem Taenit an Fe übersättigt wird und dieses in Form von Plättchen einer separaten Phase, Kamacit, ausscheidet. Deren Zusammensetzung kann durch Ziehen einer horizontalen Verbindungslinie auf die andere Seite des Solvus ermittelt werden (Ni~6 %). Die obere Skizze in der Abbildung zeigt ein Profil des Ni-Gehalts in einem repräsentativen Querschnitt des Kristalls (im Bereich von wenigen mm) bei 680 °C: Im ursprünglich homogenen Taenit haben sich schlanke Lamellen aus Kamacit mit niedrigerem Nickelgehalt gebildet.
> Der Fe-Ni-Solvus ist insofern ungewöhnlich, als beide Seiten in die gleiche Richtung geneigt sind (vgl. ◘ Abb. 2.12). Mit sinkender Temperatur werden daher beide nicht mischbaren Phasen Ni-reicher. Das Hebelgesetz (Kasten 2.3) zeigt, dass sich auch ihr relatives Verhältnis ändern muss: Die mittleren und unteren Skizzen in der Abbildung zeigen, dass Kamacitlamellen auf Kosten von Taenit wachsen und immer dickere Plättchen bilden.
> Dieser Prozess basiert auf den Diffusionsraten von Fe- und Ni-Atomen in den beiden Phasen. Laborversuche zeigen, dass die Diffusionsraten bei Taenit langsamer sind als bei Kamacit, sodass Ni schneller aus dem Kamacit ausgestoßen wird, als es in das Innere des angrenzenden Taenitkristalls diffundieren kann. Folglich entwickelt die Ni-Verteilung in Taenitlamellen ein M-förmiges Profil, wobei Ni an den Kanten angereichert ist. Je schneller der Meteorit abgekühlt wird, desto ausgeprägter ist die zentrale Senke im Ni-Profil. Berechnungen auf der Grundlage von Diffusionsprofilen ermöglichen es, anhand der M-Form der Profile die Abkühlungsraten abzuschätzen, die Eisenmeteorite bei der frühen Entwicklung des Sonnensystems erfahren haben (◘ Abb. 3.16b). Diese Schätzungen, die üblicherweise zwischen 1 °C und 10 °C pro Million Jahre liegen, deuten darauf hin, dass Eisenmeteorite von relativ kleinen Planetesimalen abstammen (Durchmesser < 400 km), weil größere Himmelskörper langsamer abgekühlt wären (Hutchison 1983).

3.3 Schmelzviskosität

Das Fließen von Silicatschmelzen ist ein weiterer geologischer Prozess, bei dem die Geschwindigkeit stark von der Temperatur abhängt. Wie Sirup werden Silicatschmelzen mit zunehmender Temperatur weniger viskos.

Eine Flüssigkeit strömt als Reaktion auf eine auf sie ausgeübte Scherspannung, die einen Geschwindigkeitsgradienten in der Flüssigkeit erzeugt. Die Geschwindigkeit des Wassers, das in einem Rohr mit dem Radius r fließt, steigt beispielsweise von Null an der Wand auf ein Maximum v in der Mitte, bei einem mittleren Gradient von v/r. Für die meisten Flüssigkeiten ist der Geschwindigkeitsgradient dv/dz proportional zur aufgebrachten Scherspannung σ:

$$\frac{dv}{dz} = \frac{\sigma}{\eta} \qquad (3.12)$$

Der Parameter η in ▶ Gl. 3.12 wird als Viskosität der Flüssigkeit bezeichnet. Da die Viskosität den Fließwiderstand misst, ist sie wie der Kehrwert einer Geschwindigkeitskonstante: Eine niedrige Viskosität bezeichnet eine Flüssigkeit, die schnell fließen kann, während ein hoher Wert eine zähflüssige oder viskose Flüssigkeit bedeutet, die nur langsam fließt.

Was die Maßeinheiten angeht, wird die Scherspannung σ in $Pa = N\,m^{-2}$ gemessen (Anhang A.1, Tab. A.2), und dv/dz in $(m\,s^{-1})\,m^{-1} = s^{-1}$. Umstellen von ▶ Gl. 3.12 ergibt $\eta = \sigma/dv/dz$, sodass die Einheit der Viskosität $Pa/(s^{-1}) = Pa\,s$ ist. Um ein Gefühl dafür zu bekommen, wie stark die Viskositäten in der Natur variieren, enthält ◘ Tab. 3.1 einige illustrative Werte.

Die Viskosität einer eruptierenden Lava beeinflusst die Art und Weise eines Vulkanausbruchs, und ihr Wert hängt sowohl von der Schmelzzusammensetzung als auch von der Temperatur ab. Siliciumreiche Magmen wie Rhyolith haben bei ihren relevanten Liquidustemperaturen eine um mehrere Größenordnungen höhere Viskosität als Basaltmagmen (◘ Tab. 3.1), wie Kasten 8.3 erläutert. ◘ Abb. 3.17 zeigt sowohl den Zusammenhang mit der Zusammensetzung als auch die unterschiedliche Temperatur. Analog zu ◘ Abb. 3.13 und 3.14b wird die Viskosität in einer logarithmischen Form dargestellt, die sich linear mit dem Kehrwert der Temperatur ändert. Jede dieser Geraden kann durch eine Gleichung mit einer Aktivierungsenergie E_a beschrieben werden:

3.3 · Schmelzviskosität

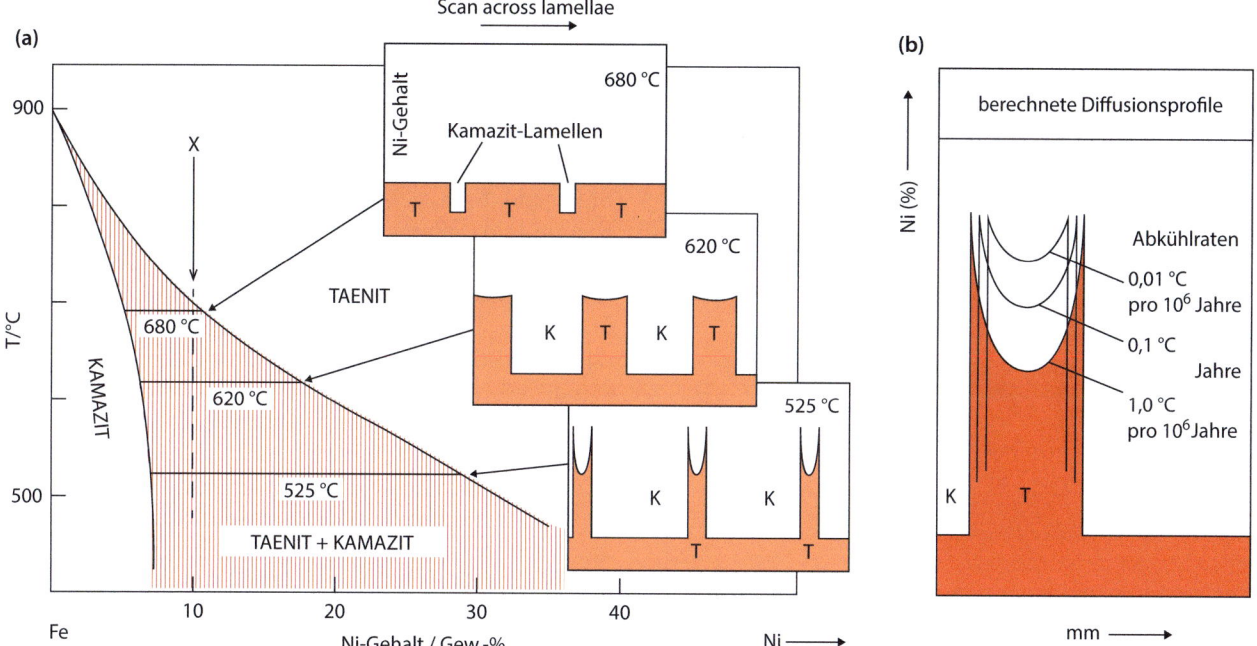

Abb. 3.16 **a** Phasendiagramm für Fe–Ni-Legierungen (unter dem Solidus), das die Phasenfelder von Kamacit und Taenit und das Zweiphasenfeld (liniert) zwischen ihnen zeigt (nach Goldstein und Short 1967). **b** Berechnete Diffusionsprofile über ein Taenitplättchen als Funktion der Abkühlrate. (Quelle: nach Hutchison 1983; basierend auf Wood 1964). Siehe auch Scott et al. 2007

Tab. 3.1 Veranschaulichende Viskositätswerte (in Pa s) für alltägliche Flüssigkeiten und für trockene Silicatschmelzen

Stoff	Viskosität bei Raumtemperatur (~25 °C)	Schmelzviskosität über der Liquidustemperatur
Wasser	0,001	
Motoröl SAE 50	0,5	
Eiweiß	2,5	
Sirup	20	
Basaltschmelze (trocken)*		7,5–150
Glatte Erdnussbutter	250	
Glaserkitt	~10^5	
Rhyolithschmelze (trocken)*		~10^{10}

*Die Schmelzviskosität nimmt zu, wenn suspendierte Kristalle oder Blasen vorhanden sind

$$\frac{1}{\eta} = \frac{1}{\eta_0} e^{-E_a/RT}$$

Oder in logarithmischer Form:

$$\ln\left(\frac{1}{\eta}\right) = -\frac{E_a}{R}\frac{1}{T} + \ln\left(\frac{1}{\eta_0}\right)$$

Die Ähnlichkeit dieser Gleichung mit ▶ Gl. 3.11 zeigt uns, dass beim Fließen einer Silicatschmelze – wie bei der Diffusion – die Atome oder Moleküle sich aneinander vorbeidrängen und dabei eine Energieschwelle überwinden müssen. Die kollektive Wirkung dieser Energieschwellen wird in der Aktivierungsenergie E_a des Fließens ausgedrückt, die durch Messen der Steigung jeder Linie ($= -E_a/R$) bestimmt werden kann. Die Aktivierungsenergien für das Fließen von Silicatschmelzen (die wie die Viskositäten selbst – wie **Abb. 3.17** zeigt – höher für SiO$_2$-reiche Schmelzen als für SiO$_2$-arme Schmelzen sind) liegen im Allgemeinen im gleichen Bereich wie für die Diffusion (vgl. **Abb. 3.14 und 3.17**).

Die Verformung von kristallinem Gestein – obwohl sie ein viel komplizierterer Prozess ist – zeigt übrigens eine ähnliche Abhängigkeit von der Temperatur:

$$\text{Verformungsrate} = \left(Ae^{-E_a/RT}\right)\sigma^N$$

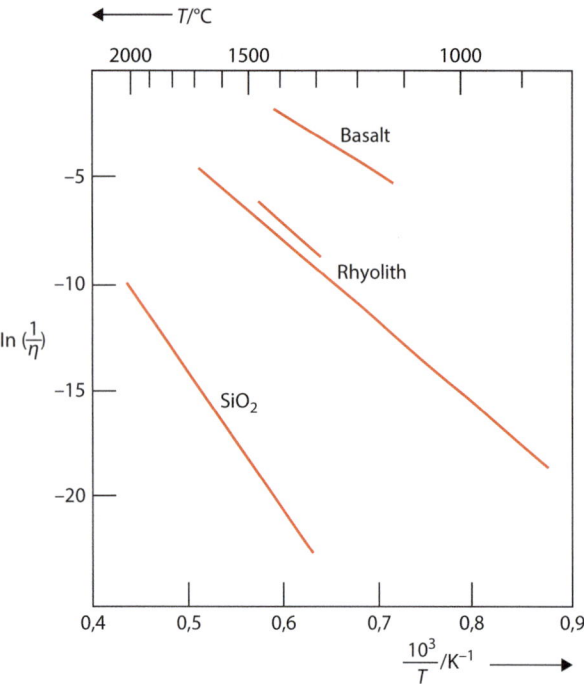

○ **Abb. 3.17** Arrhenius-Graph der Viskositäten (in $N\,s\,m^{-2}$) für einige Silicatschmelzen. Viskosität ist wie der Kehrwert einer Geschwindigkeitskonstanten, weshalb sie hier als Kehrwert dargestellt wurde. Die Temperatur ist in Kelvin (K). Die Steigung der Geraden nimmt mit dem SiO_2-Gehalt zu, was eine Erhöhung der Aktivierungsenergie wie folgt widerspiegelt: Basaltschmelze: $230\,kJ\,mol^{-1}$, Rhyolithschmelze: $350\,kJ\,mol^{-1}$, reine SiO_2-Schmelze: $500\,kJ\,mol^{-1}$. (Quelle: Daten von Scarfe 1977, und anderen darin zitierten Autoren)

wobei σ wieder die Scherspannung ist und N eine Konstante, die von den Details des Verformungsprozesses abhängt (ihr Wert liegt typischerweise bei etwa 8). Der Faktor in Klammern ist analog zum Kehrwert der Viskosität. Die Benennung ist hier jedoch anders, weil σ, anstatt in linearer Form zu erscheinen, mit der Potenz N auftritt. Die Aktivierungsenergien liegen dennoch im gleichen Bereich wie für das Fließen viskoser Schmelzen.

3.4 Haltbarkeit von metastabilen Mineralen und Schließungstemperatur

» „Eine Gleichgewichtserde wäre extrem langweilig (z. B. gäbe es kein Leben, kein O_2 in der Luft, keine Plattentektonik etc.). Das Ungleichgewicht macht die Erde so vielfältig und interessant. Ohne kinetische Energieschwellen gäbe es keine Geochemiker, die Kinetik oder Wissenschaft studieren würden, denn alle Menschen, ja, alle Lebensformen, würden regelrecht in Flammen aufgehen!" (Zhang 2008)

Paradoxerweise wäre das chemische Gleichgewicht in geologischen Prozessen für den Petrologen weniger interessant ohne die Intervention des Ungleichgewichts.

Betrachten wir ein tonhaltiges Gestein, das unter Bedingungen, die der Phasengrenzlinie von Kyanit und Sillimanit entsprechen (○ Abb. 2.1), einer metamorphen Rekristallisation unterzogen wird. Sobald das Gleichgewicht erreicht ist, koexistieren Kyanit und Sillimanit stabil im Gestein. Wenn das Gestein nach Hebung und Erosion an der Erdoberfläche noch immer Kyanit und Sillimanit enthält, zeugen deren Koexistenz und strukturelle Beziehung von den Hochtemperaturbedingungen, unter denen das Gestein kristallisierte, und geben dem Petrologen einen Hinweis auf die Bedingungen der Metamorphose. Doch der aktuelle Zustand des Gesteins ist eindeutig ein Ungleichgewicht, da Sillimanit inzwischen weit außerhalb seines Stabilitätsfeldes liegt; er bleibt nur noch als metastabiles Relikt eines früheren Gleichgewichtszustandes erhalten.

Das metamorphe Gleichgewicht scheint im Allgemeinen besser mit den sich ändernden Bedingungen in prograden Reaktionen (bei steigender Temperatur) Schritt zu halten als in den abklingenden Phasen der regionalen Metamorphose. Ein Grund dafür ist, dass flüchtige Bestandteile wie Wasserdampf, dessen Anwesenheit die Rekristallisation beschleunigt, während der prograden Phase aufgrund der stattfindenden Entwässerungsreaktionen (Dehydratisierung) häufiger vorhanden sind. Sobald flüchtige Stoffe aus dem System verloren gegangen sind, stehen sie nicht mehr zur Verfügung, um die Reaktionen der nachfolgenden retrograden Phasen (fallende Temperatur) der Metamorphose zu erleichtern. In Abwesenheit von flüchtigen Stoffen dominiert der Einfluss der Reaktionsgeschwindigkeiten der metamorphen Reaktionen.

Wenn metamorphe oder magmatische Gesteine abkühlen, gelangen sie in einen Temperaturbereich zunehmender kinetischer Lähmung, in dem die Reaktionsgeschwindigkeit hinter den sich ändernden Bedingungen zurückbleibt (wie in Kasten 3.5 dargestellt). Schließlich wird (je nach betrachteter Reaktion) eine Temperatur erreicht, bei der die Diffusionsraten wesentlich langsamer werden als die Abkühlgeschwindigkeit des Gesteins, und die Reaktion ist effektiv zum Stillstand gekommen. Dies wird als Sperr- oder Schließungstemperatur bezeichnet.

Die Schließungstemperatur ist ein wichtiges Konzept in der Geochronologie. Bei der Kalium-Argon-Datierung (▶ Abschn. 10.2.1) wird das Alter eines Gesteins durch Messung der winzigen Menge von ^{40}Ar (Argon ist ein Gas) ermittelt, das sich in einem kaliumhaltigen Mineral durch den Zerfall von ^{40}K angesammelt hat. Das Verfahren hängt daher entscheidend von der Fähigkeit der relevanten Mineralkörner ab, diese innerkristalline Argonkomponente – die als Gas zum Entweichen neigt – einzuschließen. Bei Temperaturen über der Schließungstemperatur für die Argondiffusion diffundieren die ^{40}Ar-Atome zu Korngrenzen und entweichen. Eine K-Ar-Altersbestimmung eines magmatischen Gesteins erfasst daher nicht das Alter der Intrusion oder des Ausbruchs, sondern das Datum, an dem das Gestein auf Temperaturen abgekühlt war, bei denen die Diffusionsrate von ^{40}Ar aus den Körnern des Kaliumminerals heraus unbedeutend klein geworden ist. Wenn das Gestein in einer späteren Phase mit Metamorphose wieder über die Schließungstemperatur erwärmt wird, entweicht das bis zu diesem Zeitpunkt akkumulierte ^{40}Ar, und die Isotopenuhr würde danach ein Metamorphosealter aufzeichnen, das die Zeit angibt, zu der der Gesteinskörper wieder unter die Schließungstemperatur abgekühlt war.

3.5 Zusammenfassung

Eine chemische Reaktion kann in Bezug auf die Gibbs-Energie als eine Reise vorgestellt werden, die von einem Tal, der Domäne der Reaktanten, zu einem anderen führt, in dem die Produkte die dominierende Population bilden (◘ Abb. 3.10). Der Weg von einem Tal zum anderen führt im Raum der Gibbs-Energie über einen hohen Pass, der „Übergangszustand", und Reaktantenmoleküle, die nicht genügend Energie aufbringen können, um diese Höhe zu überqueren, werden ihr „Ziel" nicht erreichen. Der Schlüsselfaktor ist die Verfügbarkeit von Energie: Wenn die Energie reichlich vorhanden ist, wird der Verkehr über den Pass stark sein (die Reaktionsgeschwindigkeit wird hoch sein); wenn die Energie schwer zu bekommen ist, werden viele Reaktantenmoleküle gezwungen sein, vor dem Erreichen des Passes umzukehren.

Welche Energiequellen treiben geochemische Reaktionen an? Für Reaktionen im Erdinneren müssen sich die Reaktanten auf die kinetische Energie ihrer Atome und Moleküle verlassen. Dementsprechend spielt die Temperatur eine entscheidende Rolle bei der Bestimmung der Geschwindigkeit geochemischer Reaktionen, wie es in der Arrhenius-Gleichung ausgedrückt ist. Reaktionen mit Silicatmineralen sind durch große Aktivierungsenergien gekennzeichnet, sodass erst bei hohen Temperaturen eine signifikante Population von Reaktantenmolekülen vorhanden ist, die die kinetische Energie besitzen, um die Energieschwelle (Aktivierungsenergie) zu überwinden (◘ Abb. 3.12). Ungleichgewichtsstrukturen in vielen Gesteinen (Kasten 3.1) zeugen von der schnellen Verlangsamung der chemischen Reaktionen bei sinkender Temperatur. Bei den Temperaturen der Erdoberfläche ist Ungleichgewicht eher die Regel als die Ausnahme: Die Haltbarkeit von Fe^{2+}-Mineralen an der Erdoberfläche, wo Sauerstoff aus der Luft Fe^{2+} zur stabilen Form Fe^{3+} oxidiert, ist ein eindeutiges Beispiel. Sowohl das Fließen der Silicatschmelzen (◘ Abb. 3.17) als auch die Diffusion sind ebenfalls stark temperaturabhängig (◘ Abb. 3.14 und 3.15), was darauf hindeutet, dass auch sie einen Aktivierungsschritt beinhalten. Die deutliche Verlangsamung der Diffusion bei fallender Temperatur und ihre effektive Beendigung bei der Schließungstemperatur sind wesentliche Voraussetzungen für die radiometrische Datierung.

Viele Reaktionen in der Atmosphäre hängen jedoch von einer anderen Energiequelle ab, der Sonne. Photonen im Sonnenlicht, insbesondere solche mit UV-Wellenlängen, sind energetisch genug, um chemische Bindungen in Molekülen wie O_2, O_3, NO, NO_2, H_2O_2, $CFCl_3$ und $HCHO$ (Formaldehyd) aufzubrechen. Das Ergebnis solcher Photodissoziationsreaktionen ist oft die Bildung von freien Radikalen wie $O\bullet$, $HO\bullet$, $H\bullet$, $HO_2\bullet$, $NO_3\bullet$, $Cl\bullet$, $ClO\bullet$ und $HCO\bullet$. Freie Radikale, die ungepaarte Elektronen besitzen (dargestellt durch das Symbol „•"), sind hochreaktiv: Durch die Photodissoziation haben sie bereits den „Pass" der Energiehürde erreicht und sind somit in der Lage, Gasreaktionen einzuleiten, ohne durch die Aktivierungsenergie gehemmt zu werden. Zum Beispiel:

$$CH_4 + HO\bullet \rightarrow H_3C\bullet + H_2O \qquad (3.13)$$

Diese Reaktion veranschaulicht übrigens die Schlüsselrolle des Hydroxyl-Radikals $HO\bullet$ als atmosphärisches Reinigungsmittel, das viele Formen der Verschmutzung (darunter das starke Treibhausgas Methan, CH_4) aus der Luft, die wir atmen, beseitigt.

Übungen

3.1 Die folgende Tabelle gibt die Zählfrequenz eines Geigerzählers zu verschiedenen Zeiten während eines Experiments mit radioaktivem Jod-131 (^{131}I). Gehen Sie davon aus, dass der Zerfall von ^{131}I wie eine chemische Reaktion angesehen werden kann, bei der die Zählrate als Maß für die Konzentration von ^{131}I angesehen wird. Bestätigen Sie, dass es sich um eine Reaktion erster Ordnung handelt und ermitteln Sie die Zerfallskonstante. Berechnen Sie aus dem von Ihnen gezeichneten linearen Diagramm die Halbwertszeit von ^{131}I (vgl. Kasten 3.2).

Zeit (h)	Zählungen (s^{-1})
0	18.032
25	16.410
50	15.061
100	12.590
200	8789
300	6144
400	4281
500	3002

3.2 Es gibt eine Faustregel, die besagt, dass sich die Rate vieler chemischer Reaktionen bei Raumtemperatur etwa verdoppelt, wenn die Temperatur um 10 °C erhöht wird. Berechnen Sie die Aktivierungsenergie für eine Reaktion, die genau dieser Beziehung entspricht. (Gaskonstante $R = 8{,}3143\,\text{J K}^{-1}\,\text{mol}^{-1}$)

3.3 Zeigen Sie mit den unten angegebenen Viskositätsmessungen, dass die Arrhenius-Gleichung auf das Fließen einer Silicatschmelze anwendbar ist, und bestimmen Sie die Aktivierungsenergie. (Hinweis: Viskosität ist der Fließwiderstand, zu dem die Strömungsgeschwindigkeit umgekehrt proportional ist. Gaskonstante wie in Übung 3.2 angegeben.)

Temperatur (°C)	Viskosität der Rhyolithschmelze (N s m^{-2})
1325	2042
1345	1585
1374	1097
1405	741

3.4 Berechnen Sie die Halbwertszeit von ^{87}Rb ($\lambda_{^{87}\text{Rb}} = 1{,}42 \cdot 10^{-11}\,\text{Jahr}^{-1}$). Wie viel Prozent des ^{87}Rb, das vor $4{,}6 \cdot 10^9$ Jahren Bestandteil der Erde wurde, ist bereits zu ^{87}Sr zerfallen?

3.5 Weisen Sie nach, dass die Einheit des Diffusionskoeffizienten D_i in ▶ Gl. 3.10 m^2 s^{-1} ist, wenn die Konzentration c_i in mol m^{-3} und der Nettofluss f_i in mol m^{-2} s^{-1} ausgedrückt wird.

Literatur

Borders RA, Birks JW (1982) High-precision measurements of activation energies over small temperature intervals: curvature in the Arrhenius plot for the reaction NO + O$_3$ → NO$_2$ + O$_2$. J Phys Chem 86:3295–3302

Carlson WD, Johnson CD (1991) Coronal reaction textures in garnet amphibolites of the Llano Uplift. Am Miner 76:756–772

Goldstein JI, Short JM (1967) Cooling rates of 27 iron and stony-iron meteorites. Geochimica et Cosmochemica Acta 31:1001–1023

Helmy HM, Yoshikawa M, Shibata T et al (2008) Corona structure from arc mafic-ultramafic cumulates: the role and chemical characteristics of late-magmatic hydrous liquids. J Mineral Petrol Sci 103:333–344

Henderson P (1982) Inorganic geochemistry. Pergamon, Oxford

Henderson P, Henderson GM (2009) The cambridge handbook of earth science data. Cambridge University Press, Cambridge

Hutchison R (1983) The search for our beginning. Clarendon Press, Oxford

Lowry RK, Henderson P, Nolan J (1982) Tracer diffusion of some alkali, alkaline-earth and transition element ions in a basaltic and an andesitic melt, and the implications concerning melt structure. Contrib Miner Petrol 80:254–261

Qian Q, Hermann J (2010) Formation of high-Mg diorites through assimilation of peridotite by monzodiorite magma at crustal depths. J Petrol 51:1381–1416. ▶ https://doi.org/10.1093/petrology/egq023

Scarfe CM (1977) Viscosity of a pantellerite melt at one atmosphere. Can Mineral 15:185–189

Schoonen M, Elsetinow A, Borda M, Strongin D (2000) Effect of temperature and illumination on pyrite oxidation between pH 2 and 6. Geochem Trans 1:4. ▶ https://doi.org/10.1186/1467-4866-1-23

Scott E, Yang J, Goldstein J (2007) When worlds really did collide. ▶ https://www.psrd.hawaii.edu/April07/irons.html. Zugegriffen: 16. Dez. 2019

Wood JA (1964) The cooling rates and parent planets of several iron meteorites. Icarus 3:429–459

Zhang Y (2008a) Geochemical kinetics. Princeton University Press, Princeton

Krauskopf KB, Bird DK (1995) Introduction to geochemistry, 3. Aufl. McGraw-Hill, New York

Weiterführende Literatur

Atkins PW, de Paula J (2009) Elements of physical chemistry, 5. Aufl. Oxford University Press, Oxford

Zhang Y (2008b) Geochemical kinetics. Princeton, Princeton University Press

Wässrige Lösungen und die Hydrosphäre

Inhaltsverzeichnis

4.1 Möglichkeiten, die Konzentrationen von Hauptbestandteilen auszudrücken – 65
4.1.1 Lösungen – 65
4.1.2 Feststoffe – 65
4.1.3 Gase – 66

4.2 Gleichgewichtskonstante – 66
4.2.1 Löslichkeit und das Löslichkeitsprodukt – 67
4.2.2 Andere Arten von Gleichgewichtskonstanten – 70

4.3 Nicht ideale Lösungen: Aktivitätskoeffizient – 72
4.3.1 Ionenstärke – 73

4.4 Natürliche Wässer – 74
4.4.1 Flusswasser: Debye-Hückel-Theorie – 74
4.4.2 Meerwasser – 75
4.4.3 Sole und hydrothermale Fluide – 78

4.5 Oxidation und Reduktion: Eh-pH-Diagramme – 80
4.5.1 Fallstudie Bangladesch – Arsen in Grundwasser und Trinkwasser – 83

Übungen – 84

Literatur – 84

© Springer-Verlag GmbH Deutschland, ein Teil von Springer Nature 2020
R. Gill, *Chemische Grundlagen der Geo- und Umweltwissenschaften*,
https://doi.org/10.1007/978-3-662-61500-3_4

Die große Bedeutung von Wasser und wässrigen Lösungen auf der Erdoberfläche muss kaum hervorgehoben werden. Wasser ist der wichtigste Akteur für die Erosion und den Transport von erodierten Materialien, entweder auf mechanische oder auf chemische Weise. Die Ozeane der Welt sind das wichtigste Medium der Sedimentation, sie fungieren als globales Depot für viele geologisch bedeutsame Stoffe und spielen eine entscheidende Rolle bei der Moderation des Klimas und der Unterstützung des Lebens auf dem Planeten (ganz zu schweigen von der Rolle, die das Wasser bei Lebewesen spielt). Auch im Erdinneren hat Wasser wichtige Funktionen: ob bei Erzbildung, der Alteration von Gesteinen oder der Metamorphose, in vielen Fällen ist die Migration heißer wässriger Flüssigkeiten durch die Kruste involviert. Die Chemie der wässrigen Lösungen – Gegenstand dieses Kapitels – ist ein wesentlicher Faktor bei all diesen geologischen Prozessen.

Eine Lösung besteht aus zwei Arten von Bestandteilen:
- gelöster Stoff (engl. *solute*) bezieht sich auf die gelöste Spezies (z. B. das Salz in einer Kochsalzlösung). Eine Lösung kann mehrere gelöste Stoffe enthalten, z. B. wenn Natriumchlorid und Kaliumnitrat in derselben Lösung gelöst sind. Meerwasser ist ein komplexes Beispiel für eine solche Mischlösung.
- Lösungsmittel (engl. *solvent*) bezieht sich auf das Medium, in dem die gelösten Stoffe gelöst sind. Wässrige Lösungen sind solche, in denen Wasser das Lösungsmittel ist.

Die Grundlagen der Lösungschemie werden in Anhang A.2 behandelt und Schlüsselbegriffe sind im Glossar definiert. Einige der wichtigen Eigenschaften von Wasser als Lösungsmittel sind in Kasten 4.1 aufgeführt.

> **Kasten 4.1 Die besonderen Eigenschaften von Wasser**
>
> Wasser ist so alltäglich, dass man leicht übersieht, wie ungewöhnlich seine Eigenschaften im Vergleich zu anderen Flüssigkeiten sind. Das Wassermolekül ist geknickt (◨ Abb. 4.1 und 7.14a, b), wobei beide Wasserstoffatome auf der gleichen Seite angeordnet sind. Da Sauerstoff Elektronen stärker anzieht als Wasserstoff, sammelt sich auf der Sauerstoffseite des Moleküls ein leichter Elektronenüberschuss an (negative Teilladung), was zu einem entsprechenden Mangel (eine positive Teilladung δ+) an den beiden Wasserstoffatomen auf der anderen Seite führt (◨ Abb. 4.1). Das Molekül ist damit ein **Dipol**. Diese Polarität ist für die meisten typischen Eigenschaften des Wassers verantwortlich:
>
> - Wassermoleküle im flüssigen und festen Zustand werden durch eine elektrostatische Anziehung zwischen dem negativen Ende eines Moleküls und dem positiven Ende eines benachbarten Moleküls lose miteinander verbunden. Diese **Wasserstoffbrückenbindung** (▶ Abschn. 7.5.2) ist für viele der einzigartigen Eigenschaften von Wasser verantwortlich.
> - Die Wasserstoffbrückenbindung verleiht flüssigem Wasser eine sehr hohe spezifische Wärmekapazität, eine hohe latente Verdampfungswärme (da Wassermoleküle schwieriger zu trennen und in eine Gasphase zu überführen sind) und einen ungewöhnlich großen Temperaturbereich des flüssigen Zustands (0–100 °C). Diese thermischen Eigenschaften des Wassers verleihen ihm eine Wärmeaustauschkapazität, die auf der Erde von großer klimatischer Bedeutung ist, wie die mildernde Wirkung der Ozeane auf das Meeresklima zeigt. Eine Wassertiefe von nur 2,5 m reicht aus, um eine Wärmekapazität zu erreichen, die der gesamten Atmosphärensäule darüber entspricht.
> - Im flüssigen Zustand ist die Wasserstoffbrückenbindung auch dafür verantwortlich, dass flüssiges Wasser bei Temperaturen nahe 0 °C dichter als Eis wird (s. a. Kasten 2.2). Wasser dehnt sich daher beim Einfrieren aus, was zu den wichtigen Erosionsprozessen der Frostsprengung und der Frosthebung führt (und der allgemein bekannten Tatsache, dass Eis auf Wasser schwimmt). Wasser weist zudem eine ungewöhnlich hohe Oberflächenspannung auf, was zu einem starken kapillaren Aufsteigen von Porenwasser führt.
> - Die dipolare Natur des Wassermoleküls macht Wasser zu einer attraktiven Umgebung für Ionen und verleiht Wasser seine einzigartige Fähigkeit als Lösungsmittel für ionische Verbindungen. Die polaren Wassermoleküle, die vom elektrostatischen Feld jedes Ions angezogen werden, umgeben diese Ionen in einer lockeren Schicht und richten dabei ihre Polarität entsprechend der Ladung des Ions aus. Diese Anordnung von Wassermolekülen um ein gelöstes Ion (eine Ion-Dipol-Wechselwirkung, s. ▶ Abschn. 7.5.1) wird als Hydratation bezeichnet. Die kombinierte elektrostatische Anziehungskraft der polaren Wassermoleküle senkt die potenzielle Energie des Ions und stabilisiert es in Lösung. Viele ionische Verbindungen bleiben hydratisiert, wenn sie aus der Lösung kristallisieren, und bilden hydratisierte Salze wie das Mineral Gips, $CaSO_4 \cdot 2H_2O$. Wasser ist somit das Paradebeispiel für ein polares Lösungsmittel.
> - Umgekehrt ist Wasser als Lösungsmittel für unpolare organische Substanzen viel weniger effektiv.

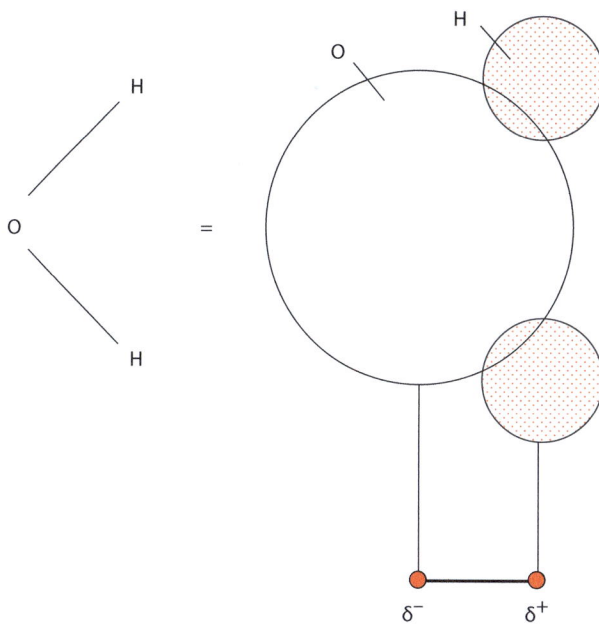

Abb. 4.1 Die Geometrie und Polarität des Wassermoleküls

4.1 Möglichkeiten, die Konzentrationen von Hauptbestandteilen auszudrücken

4.1.1 Lösungen

Die Zusammensetzung einer Lösung kann durch Angabe der Konzentration jeder der vorhandenen gelösten Spezies ausgedrückt werden (die Konzentration des Lösungsmittels ist nahezu konstant, weshalb sie selten von Interesse ist). Es gibt mehrere Möglichkeiten, die Konzentration auszudrücken. Die naheliegende ist, die Masse jedes gelösten Stoffes pro Volumeneinheit der Lösung (die üblicherweise in der Chemie verwendete SI-Einheit des Volumens ist Kubikdezimeter, dm^3, was einem Liter, l, entspricht) in Einheiten wie $g\,dm^{-3}$, $mg\,dm^{-3}$ oder $\mu g\,dm^{-3}$ anzugeben. Wenn wir aber die Eigenschaften der Lösung und der Reaktionen, die in ihr stattfinden, betrachten, ist es die Anzahl der Mole (d. h. die Stoffmenge) der gelösten Stoffe, die zählt, und nicht das Gewicht. Wenn wir die Konzentration C jeder Verbindung in der Lösung (ausgedrückt in $g\,dm^{-3}$) durch ihre relative Molekülmasse M_r teilen, erhalten wir die **Stoffmengenkonzentration** c (früher als „Molarität" bezeichnet):

$$c = C/M_r \quad mol\,dm^{-3}$$

Auf Wasser spezialisierte Geochemiker messen gelöste Konzentrationen mit einer etwas anderen Größe, die als **Molalität** m bezeichnet wird. Die Molalität m_i der Spezies i in einer wässrigen Lösung ist die Anzahl der Mole von i pro Kilogramm Wasser (d. h. Lösungsmittel, nicht Lösung). Es gibt jedoch stichhaltige praktische und thermodynamische Gründe, die Molalität in einer dimensionslosen Form auszudrücken (eine, in der sich die Maßeinheiten herauskürzen). Zu diesem Zweck nutzen wir die **Aktivität** a_i, deren Betrag bei verdünnten Lösungen gleich der Molalität ist:

$$a_i = m_i/m° \qquad (4.1)$$

wobei $m° = 1\,mol\,kg^{-1}$ die sogenannte Standardmolalität ist. Mit diesem Kunstgriff entfällt die Notwendigkeit, komplexen Formeln wie ▶ Gl. 4.5 Einheiten zuzuordnen.

4.1.2 Feststoffe

In der Geologie geht es oft um heterogene Reaktionen zwischen wässrigen Lösungen und festen oder gasförmigen Phasen. Die Konzentration einer Komponente in einer festen Phase kann auf verschiedene Weise ausgedrückt werden, wie beispielsweise durch den Massenanteil (Gew.-%) jedes Elements oder den Massenanteil des Oxids jedes Elements (Kasten 8.4). Bei der Betrachtung des Gleichgewichts zwischen Feststoffen und Lösungen wollen wir jedoch die festen Zusammensetzungen in molarer Form darstellen, wobei der auch als **Molenbruch** bezeichnete **Stoffmengenanteil** χ die am häufigsten verwendete Form ist.

Nehmen wir einen Olivin, in dem 65,0 Gew.-% Mg_2SiO_4 (das Forsterit-Endglied) und 35,0 Gew.-% Fe_2SiO_4 (das Fayalit-Endmitglied) gemessen wurde. Um die Stoffmengenanteile dieser Komponenten zu berechnen (sofern keine anderen Komponenten vorhanden sind), muss man zunächst ihre relativen Molekülmassen M_r aus den entsprechenden relativen Atommassen berechnen.

Die relative Atommasse ist im Periodensystem der Elemente angegeben (sie ist ohne Einheit, normiert auf ein Zwölftel der Atommasse von ^{12}C):

Mg = 24,31; Si = 28,09; Fe = 55,85; O = 16,00

Die relative Molekülmasse von Forsterit ist daher:

$$M_r = (2 \cdot 24,31) + 28,09 + (4 \cdot 16,00) = 140,71$$

und 1 mol Mg_2SiO_4 wiegt somit 140,71 g. Entsprechend für Fayalit:

$$M_r = (2 \cdot 55,85) + 28,09 + (4 \cdot 16,00) = 203,79$$

Demnach enthalten 100 g des Olivins:
- 65,0 g von Mg_2SiO_4 bzw. 65,0/140,71 = 0,4619 mol Mg_2SiO_4;
- 35,0 g Fe_2SiO_4 bzw. 35,0/203,79 = 0,1717 mol Fe_2SiO_4.

Der Stoffmengenanteil (Molenbruch) von Mg_2SiO_4 in diesem Olivin ist daher:

$$\chi_{Mg_2SiO_4} = \frac{Mol\,Mg_2SiO_4}{Summe\,in\,Mol} = \frac{0,4619}{0,4619 + 0,1717} = 0,7290$$

Und entsprechend der Stoffmengenanteil von Fe_2SiO_4 im Olivin:

$$\chi_{Fe_2SiO_4} = \frac{\text{Mol } Fe_2SiO_4}{\text{Summe in Mol}} = \frac{0{,}1717}{0{,}4619 + 0{,}1717} = 0{,}2710$$

Um zu überprüfen, ob man keinen Fehler gemacht hat, kann man die Stoffmengenanteile addieren, die Summe sollte 1,0000 ergeben. Beachten Sie, dass der Stoffmengenanteil eine dimensionslose Zahl zwischen 0 und 1 ist.

4.1.3 Gase

Ein Gas ist ein Aggregatzustand mit hoher Entropie, der sich ausdehnt, um das verfügbare Volumen zu füllen (Kasten 1.3). Die Konzentrationen einzelner Gasarten in einem Gasgemisch können auf drei verschiedene Arten ausgedrückt werden, als:

- **Stoffmengenanteil** χ_i, ausgedrückt entweder als Bruchteil von 1,0000 wie oben für Feststoffe, oder als molares ppm (Mol der Komponente i pro 10^6 Mol des Gasgemisches, ppm bedeutet *parts per million*);
- **Volumenprozent** (vgl. ◘ Abb. 9.20) oder ppm nach Volumen (ppmv = Anzahl der m³ des betreffenden reinen Gases in 10^6 m³ des Gasgemisches);
- **Partialdruck** p_i der Komponente i, die im Gasgemisch vorhanden ist (in Pa, siehe Anhang A.4).

Diese drei Größen sind durch die sog. thermische Zustandsgleichung idealer Gase (auch allgemeine Gasgleichung genannt, engl. *ideal gas law*) verbunden:

$$PV = nRT \qquad (4.2)$$

Dabei ist P der Druck, der durch das Gasgemisch auf die Wände seines Behälters ausgeübt wird, V das Volumen des Behälters, n die gesamte im Behälter vorhandenen Stoffmenge (in Mol), R die Gaskonstante und T die Temperatur (in Kelvin). Sowohl das Volumen (bei konstantem Druck) als auch der Druck (bei konstantem Volumen) eines Gases sind proportional zur vorhandenen Stoffmenge n, unabhängig von ihrer Masse (weshalb Masseneinheiten nicht zur Angabe der Gaszusammensetzung verwendet werden). Für ein ideales Gasgemisch bei Atmosphärendruck ($\approx 10^5$ Pa) gelten die folgenden numerischen Beziehungen zwischen Stoffmengenanteil χ der Komponente i, Vol.-% und Partialdruck p_i von i (in Pascal):

$$\chi_i = \frac{\text{Vol.-\%}}{100} = \frac{p_i}{10^5 \text{ Pa}}$$

4.2 Gleichgewichtskonstante

In diesem Kapitel befassen wir uns mit vielen in Lösungen ablaufenden Reaktionen, die je nach den Umständen in beide Richtungen verlaufen können. Stellen wir uns eine Reaktion mit den Reaktanten A + B und den Produkten C + D vor:

$$A + B \rightarrow C + D$$

In Analogie zu ▶ Gl. 3.7 würden wir erwarten, dass die Reaktionsgeschwindigkeit dieser Reaktion in Lösung gegeben ist durch:

Reaktionsgeschwindigkeit $= k_{AB}\, a_A\, a_B$

wobei a_A und a_B die Aktivitäten der Reaktanten A und B in der Lösung (▶ Gl. 4.1) sind, und k_{AB} ist die Geschwindigkeitskonstante für die „A + B"-Reaktion. Das Vorhandensein von C und D in Lösung, das durch diese „Hinreaktion" erzeugt wird, wird wahrscheinlich eine umgekehrt verlaufende Rückreaktion auslösen, die wieder A und B erzeugt:

$$A + B \leftarrow C + D$$

Reaktionsgeschwindigkeit Rückreaktion $= k_{CD}\, a_C\, a_D$

Dies sagt uns, dass, wenn sich die Produkte der Hinreaktion (C und D) in der Lösung ansammeln, die Rückreaktion beschleunigt wird und schließlich ein stationärer Zustand erreicht wird, in dem die Geschwindigkeit der Hinreaktion mit derjenigen der Rückreaktion übereinstimmt und somit Netto keine Veränderung der Aktivitäten stattfindet. Dieser Gleichgewichtszustand wird geschrieben:

$$A + B \rightleftharpoons C + D \qquad (4.3)$$

Die relativen Anteile von A, B, C und D in Lösung, wenn dieser stationäre Zustand erreicht ist, werden durch die Gleichgewichtskonstante K zusammengefasst:

$$K = \frac{a_C\, a_D}{a_A\, a_B} \qquad (4.4)$$

Der Wert von K ist eine konstante Eigenschaft eines bestimmten Gleichgewichts bei einer bestimmten Temperatur. Er zeigt an, an welcher Stelle zwischen „100 % Reaktanten" (A + B) und „100 % Produkte" (C + D) die Reaktion das Gleichgewicht erreicht. Wenn das System gestört wird, stellt es sich immer wieder auf die gleiche Gleichgewichtsposition ein, die ▶ Gl. 4.4 definiert. Wenn beispielsweise zu einer Lösung, in der Reaktion ▶ Gl. 4.3 das Gleichgewicht erreicht hat, mehr A hinzugefügt wird (d. h. wenn a_A erhöht wird), reagieren A und B stärker zusammen und reduzieren so a_B (und das neue a_A) und Erhöhen a_C und a_D. Die jeweilige Anpassung der Aktivität erfolgt dabei so, dass das Verhältnis $a_C a_D/a_A a_B$ wieder den ursprünglichen Wert K annimmt, den es vor dem Auftreten der Störung hatte. Eine Änderung der Temperatur bewirkt jedoch im Allgemeinen eine Änderung des Wertes von K (siehe Kasten 4.2).

Die mathematische Form der Gleichgewichtskonstante in einer Gleichung wie ▶ Gl. 4.4 spiegelt die Art der Reaktionsgleichung wider. Wenn wir uns ein komplizierteres Gleichgewicht ansehen, zum Beispiel eines, in dem b Moleküle der Spezies B mit c Molekülen der Spezies C so reagieren:

$$b\,\text{B} + c\,\text{C} \rightleftharpoons d\,\text{D} + e\,\text{E} + f\,\text{F}$$

Dann nimmt die Gleichgewichtskonstante folgende Form an:

$$K = \frac{a_\text{D}^d \cdot a_\text{E}^e \cdot a_\text{F}^f}{a_\text{B}^b \cdot a_\text{C}^c} \tag{4.5}$$

Kasten 4.2 Der Einfluss der Temperatur auf die Gleichgewichtskonstanten

Wie auch die in ▶ Kap. 2 betrachteten Gleichgewichte variieren die Positionen der Gleichgewichte in wässrigen Lösungen mit der Temperatur (und in viel geringerem Maße mit dem Druck). Eine Gleichgewichtskonstante ist daher nur für einen bestimmten Satz von physikalischen Bedingungen konstant. Die Temperatur ist wichtig, wenn man bedenkt, bei welchen unterschiedlichen Temperaturen wässrige Lösungen in der geologischen Welt vorkommen (von 0 °C bis Hunderte von Grad).

Die Erhöhung der Temperatur eines Systems im Gleichgewicht verändert die Gleichgewichtskonstante in eine Richtung, die diejenige Seite des Gleichgewichts mit höherer Enthalpie begünstigt (Prinzip von Le Chatelier, s. ▶ Abschn. 2.4.2). Betrachten Sie zum Beispiel die Löslichkeit eines Salzes wie $BaSO_4$:

$$BaSO_4(\text{Feststoff}) \rightleftharpoons Ba^{2+} + SO_4^{2-} \text{(gesättigte Lösung)}$$

Diese Reaktion hat ein positives ΔH (die Reaktion ist endotherm). Da die Enthalpie auf der rechten Seite höher ist, folgt aus dem Prinzip von Le Chatelier (▶ Abschn. 2.4.2), dass ein Temperaturanstieg die Gleichgewichtskonstante erhöht (vgl. ▶ Gl. 4.8), indem er das Gleichgewicht nach rechts verschiebt, gemäß der alltäglichen Erfahrung, dass Salze in heißem Wasser löslicher sind als in kaltem.

In den 1980er-Jahren wurde im Pazifischen Ozean eine Expedition durchgeführt, bei der mit dem bemannten Tauchboot Alvin aktive, schornsteinförmige hydrothermale Quellen entdeckt wurden, die Wasserstrahlen mit Temperaturen von bis zu 350–400 °C ausstoßen (die höchste seither gemessene Temperatur solcher Quellen beträgt 464 °C, Koschinsky et al., 2008). Solche Schlote wurden inzwischen auf mittelozeanischen Rücken in allen wichtigen Ozeanen gefunden. Die heißen, leicht sauren, sauerstofffreien Fluide, die aus ihnen austreten, sind mit Metallsulfiden und anderen Salzen gesättigt, die bei Kontakt mit dem kalten, neutralen, sauerstoffhaltigen Meerwasser sofort ausgefällt werden (siehe ◘ Abb. 4.2). Die feinen Sulfidausscheidungen bilden dichte schwarze Wolken im Wasser, sodass diese Quellen als „Schwarze Raucher" bekannt geworden sind (Edmond und von Damm, 1983).

Gase hingegen werden bei höheren Temperaturen weniger löslich. Die Entgasung von gelöstem CO_2 bei der Erwärmung von Wasser führt zur Ablagerung der bekannten Kalkkrusten in Kesseln und Heizrohren, insbesondere in Gegenden mit hoher **Wasserhärte**. „Hartes" Wasser enthält viel Calciumhydrogencarbonat, das, wenn gelöstes CO_2 beim Erwärmen des Wassers entgast, das schwer lösliche Calciumcarbonat bildet:

$$Ca^{2+} + 2\,HCO_3^- \text{ (im harten Wasser)}$$
$$\rightarrow CaCO_3 \text{ (fest)} + H_2O + CO_2 \text{ (Entgasung)}$$

Einige Feststoffe haben auch umgekehrte Löslichkeit-Temperatur-Beziehungen, z. B. der Anhydrit ($CaSO_4$), aus dem zunächst die Schornsteine der Schwarzen Raucher aufgebaut werden. Anhydrit wird aus Meerwasser abgeschieden, das durch die heißen Quellen erwärmt wird.

4.2.1 Löslichkeit und das Löslichkeitsprodukt

Um zu sehen, wie eine Gleichgewichtskonstante funktioniert, betrachten wir die Löslichkeit verschiedener Substanzen im Wasser. Das Salz Calciumfluorid, CaF_2 (das in kristalliner Form das in hydrothermalen Gängen häufige Mineral Fluorit ist, auch als Flussspat bezeichnet), ist in kaltem Wasser nur sehr schwer löslich: nur 0,017 g CaF_2 löst sich in 1 kg Wasser bei 25 °C auf, was einer Molalität von 0,00022 mol kg^{-1} entspricht (die relative Molekülmasse von CaF_2 ist $40{,}08 + (2 \cdot 19{,}00) = 78{,}08$). Diese Menge ist die Löslichkeit von CaF_2 bei dieser Temperatur. Hinzufügen von weiterem festem CaF_2 zum System führt zu keiner Erhöhung der Konzentration in der Lösung, egal wie lange wir warten. Eine solche Lösung, die ein Gleichgewicht mit festem, sich nicht mehr auflösendem CaF_2 erreicht hat, ist in dieser Komponente **gesättigt**.

Calciumfluorid – eine ionische Verbindung (▶ Abschn. 7.1) – wird beim Lösen in einer wässrigen Lösung vollständig in Calcium- und Fluoridionen dissoziiert (Ca^{2+} und F^-). Das Calciumatom verliert zwei Elektronen und wird zu einem doppelt positiv geladenen Ion (Kation genannt). Jedes Fluoratom (von dem

◘ Abb. 4.2 Ein Schwarzer Raucher im Logatchev-Hydrothermalfeld des Mittelatlantischen Rückens. (Quelle: Vervielfältigung mit Genehmigung des GEOMAR Helmholtz-Zentrums für Meeresforschung, Kiel, Deutschland)

es doppelt so viele wie Calcium gibt) fängt ein zusätzliches Elektron ein, um ein einfach negativ geladenes Ion (oder Anion) zu werden. Die Auflösung von festem Fluorit kann daher als chemische Reaktion beschrieben werden, die zu einem Gleichgewicht führt:

$$CaF_2(fest) \rightleftharpoons Ca^{2+} + 2F^-(gelöst) \quad (4.6)$$

Da es sich um ein heterogenes Gleichgewicht (vgl. ▶ Abschn. 3.1.2) handelt, muss man beim Schreiben der Reaktion angeben, in welcher Phase sich jeder Reaktant oder jedes Produkt befindet. Im Laufe der Auflösung nimmt die Konzentration der Ionen Ca^{2+} und F^- in der Lösung zu, und zunehmend reagieren die Ionen miteinander, um wieder festen CaF_2 zu erzeugen (die Rückreaktion). Die Sättigung der Lösung ist ein Gleichgewicht, in dem die Rate der Auflösung von festem CaF_2 durch die Rate der Ausfällung aus der Lösung ausgeglichen ist, sodass keine weitere Nettoveränderung beobachtet wird. Man kann eine Gleichgewichtskonstante für die Reaktion formulieren (vgl. ▶ Gl. 4.5):

$$K_{CaF_2} = \frac{a_{Ca^{2+}} \cdot (a_{F^-})^2}{\chi_{CaF_2}}$$

Da die Festphase reines CaF_2 ist, ist der Stoffmengenanteil (Molenbruch) $\chi_{CaF_2} = 1{,}00$. Also:

$$K_{CaF_2} = a_{Ca^{2+}} \cdot (a_{F^-})^2 \quad (4.7)$$

wobei $a_{Ca^{2+}}$ und a_{F^-} die Aktivitäten von Ca^{2+}- und F^--Ionen in einer mit CaF_2 gesättigten Lösung sind.

Diese Art von Gleichgewichtskonstante bietet eine alternative Möglichkeit, die Löslichkeit eines schwer löslichen Salzes (in diesem Fall CaF_2) in Wasser anzugeben. Sie wird als Löslichkeitsprodukt von CaF_2 bezeichnet. Sie vermittelt die gleichen Informationen wie die Löslichkeit, jedoch in einer anderen – und vielseitigeren – Form.

Der Wert von K_{CaF_2} kann aus den oben genannten Löslichkeitsdaten berechnet werden. Reaktion ▶ Gl. 4.6 sagt uns, dass 1 mol festes CaF_2 sich (in ausreichendem Wasser) auflöst, um 1 mol Ca^{2+}-Ionen und 2 mol F^--Ionen zu ergeben. Wenn also 0,00022 mol CaF_2 ausreichen, um 1 kg Wasser bei 25 °C zu sättigen, dann betragen die Aktivitäten von Ca^{2+} und F^- in der gesättigten Lösung 0,00022 bzw. 0,00044.

Deshalb:

$$\begin{aligned} K_{CaF_2} &= a_{Ca^{2+}} \cdot (a_{F^-})^2 \\ &= 0{,}00022 \cdot (0{,}00044)^2 \\ &= 4{,}26 \cdot 10^{-11} \end{aligned}$$

Angesichts der geringen Größe dieser Zahl ist es oft bequemer, sie in logarithmischer Form zu schreiben. Da $\log(4{,}26 \cdot 10^{-11}) = -10{,}37 \approx -10{,}4$ schreiben wir:

$$\log_{10} K_{CaF_2} = -10{,}4$$

Was dasselbe bedeutet wie:

$$K_{CaF_2} = 10^{-10,4}$$

oder in Analogie zur pH-Notation (s. Anhang A.2):

$$pK_{CaF_2} = 10{,}4$$

Löslichkeitsprodukte sind in veröffentlichten Tabellen verfügbar (siehe weiterführende Literatur am Ende dieses Kapitels). Wie alle Gleichgewichtskonstanten variieren sie mit der Temperatur (Kasten 4.2).

Wenn in einer Lösung von CaF_2 das gemessene Ionenaktivitätsprodukt

$$a_{Ca^{2+}} \cdot (a_{F^-})^2$$

einen Wert (z. B. 10^{-12}) hat, der numerisch kleiner ist als das Löslichkeitsprodukt für die entsprechende Temperatur, dann ist die Lösung nicht mit CaF_2 gesättigt. Jedes hinzugefügte feste CaF_2 wird instabil sein und dazu neigen, sich aufzulösen. Wenn durch besondere Umstände sich ein Ionenaktivitätsprodukt von mehr als $10^{-10,4}$ bei 25 °C ergibt (sagen wir 10^{-8}), dann ist die Lösung mit CaF_2 übersättigt und es wird festes CaF_2 ausgefällt, bis das Aktivitätsprodukt auf den Gleichgewichtswert gefallen ist, der durch das Löslichkeitsprodukt angegeben ist.

◘ Tab. 4.1 zeigt die Löslichkeitsprodukte für einige wichtige Minerale. Weitere geochemisch relevante Daten liefern Krauskopf und Bird (1995).

Tab. 4.1 Löslichkeitsprodukte verschiedener Salze (angegeben als pK (=$-\log_{10}K$) für 25 °C). Die Namen der entsprechenden Minerale sind in Klammern angegeben

Halogenide			Carbonate*		
$PbCl_2$	4,8	(d. h. $K=10^{-4,8}$)	$CaCO_3$	8,3	(Calcit)
BaF_2	5,8		$BaCO_3$	8,3	
$CuCl$	6,7		$FeCO_3$	10,7	
$AgCl$	9,7		$MgCO_3$	6,5	
CaF_2	10,4	(Fluorit)			
			Sulfide		
Sulfate			PbS	27,5	(Galenit)
$BaSO_4$	10,0	(Baryt)	HgS	53,3	
$CaSO_4$	4,5	(Anhydrit)	ZnS	24,7	(Sphalerit)
$PbSO_4$	7,8				
$SrSO_4$	6,5		*Phosphate*		
			$Ca_5(PO_4)_3F$	60,4	(Fluorapatit)

*Löslichkeit hängt von pH und H_2CO_3-Konzentration ab

4.2.1.1 Wechselwirkung zwischen gelösten Ionen: der Effekt des gemeinsamen Ions

Bisher haben wir uns mit Lösungen beschäftigt, die nur ein einziges Salz (CaF_2) enthalten. Natürliche Gewässer sind jedoch Mischlösungen mit vielen Salzen, und unter diesen Umständen ist die Löslichkeit nicht mehr so einfach, da die Löslichkeit von beispielsweise CaF_2 nun von den Beiträgen an Ca^{2+} und F^- mitbestimmt wird, die von anderen vorhandenen Salzen stammen, die diese Ionen enthalten (z. B. $CaSO_4$ bzw. NaF).

Betrachten wir das Salz Bariumsulfat, $BaSO_4$, welches das Mineral Baryt bildet (ein weiteres für hydrothermale Gänge typisches Mineral, auch Schwerspat genannt). Beim Lösen in Wasser bildet $BaSO_4$ Ionen nach der Reaktion:

$$BaSO_4(\text{Kristall}) \rightleftharpoons Ba^{2+} + SO_4^{2-} (\text{gelöst})$$

Das Löslichkeitsprodukt für $BaSO_4$ bei 25 °C ist (aus ◘ Tab. 4.1):

$$K_{BaSO_4} = a_{Ba^{2+}} \cdot a_{SO_4^{2-}} = 10^{-10,0} \quad (4.8)$$

Das entsprechende Calciumsalz $CaSO_4$ ist bei 25 °C besser löslich:

$$K_{CaSO_4} = 10^{-4,5}$$

Nehmen wir nun an, wir mischen jetzt gleich große Mengen von:
- einer gesättigten $BaSO_4$-Lösung ($BaSO_4$-Aktivität 10^{-5}), und
- eine $CaSO_4$-Lösung mit einer Aktivität von $0,001 = 10^{-3}$ (was, wie der Leser leicht bestätigen kann, $CaSO_4$-untersättigt ist).

Das Mischen dieser Lösungen verdünnt sowohl $BaSO_4$ als auch $CaSO_4$ um den Faktor zwei (die gleiche Menge jedes Salzes, die jetzt in doppelt so viel Wasser gelöst ist). Wir könnten daher davon ausgehen, dass die vermischte Lösung nicht mit $BaSO_4$ gesättigt ist. Doch schauen wir uns einmal die neuen Aktivitäten der einzelnen Ionen an:

$$a_{Ba^{2+}} = 0,5 \cdot 10^{-5}$$

$$a_{Ca^{2+}} = 0,5 \cdot 10^{-3}$$

$$a_{SO_4^{2+}} = (\text{Beitrag von } BaSO_4) + (\text{Beitrag von } CaSO_4)$$
$$= 0,5 \cdot 10^{-5} + 0,5 \cdot 10^{-3}$$
$$= 0,505 \cdot 10^{-3}$$

Wegen des Beitrags der $CaSO_4$-Lösung ist die SO_4^{2-}-Aktivität jetzt viel höher (50-mal) als in der $BaSO_4$-Lösung. Die Berechnung des Ionenaktivitätsprodukts für $BaSO_4$ in der gemischten Lösung ergibt:

$$a_{Ba^{2+}} \cdot a_{SO_4^{2-}} = 0,5 \cdot 10^{-5} \cdot 0,5 \cdot 10^{-3} = 10^{-8,6}$$

Dies ist deutlich größer als das Löslichkeitsprodukt von $BaSO_4$ bei 25 °C. Trotz der zweifachen Verdünnung von Ba hat die zusätzliche Konzentration an Sulfationen die Lösung mit $BaSO_4$ übersättigt und wir können mit Niederschlägen von $BaSO_4$ rechnen, bis das Aktivitätsprodukt auf den Gleichgewichtswert 10^{-10} reduziert wurde.

Zu diesem unerwarteten Ergebnis kommt es, weil $BaSO_4$ und $CaSO_4$ eine ionische Spezies gemeinsam haben, das Sulfation SO_4^{2-}. Hätte die zweite Lösung stattdessen Calciumchlorid $CaCl_2$ und nicht $CaSO_4$ enthalten, hätte die Vermischung keine zusätzlichen Sulfationen geliefert und kein $BaSO_4$ wäre ausgefällt worden. Der Niederschlag von $BaSO_4$ durch Zugabe von $CaSO_4$ ist ein Beispiel für den Effekt des gemeinsamen Ions (*common ion effect*). Das gleiche Ergebnis könnte durch Zugabe einer $BaCl_2$-Lösung anstelle von $CaSO_4$ erzielt werden (in diesem Fall wäre Ba^{2+} das gemeinsame Ion).

Barytablagerungen entstehen auf dem Meeresboden an Stellen, an denen bariumhaltige hydrothermale Fluide (in denen Schwefel nur als Sulfidspezies wie S^{2-}, H_2S und HS^- und nicht als Sulfat enthalten ist) austreten und sich mit sulfathaltigem Meerwasser vermischen, ein natürliches Beispiel für Niederschläge aufgrund des Effekts des gemeinsamen Ions.

Daraus folgt, dass das einfache quantitative Konzept der Löslichkeit, das auf Lösungen einzelner Salze anwendbar ist, in natürlichem Wasser keine Bedeutung mehr hat, in dem die Aktivität jeder ionischen Spezies Beiträge von einer Reihe gelöster Salze beinhalten kann. Dies unterstreicht, wie wertvoll es ist, die Löslichkeit in Form einer Gleichgewichtskonstante auszudrücken, dem Löslichkeitsprodukt K. Zusammenfassend lässt sich sagen:

— Ionenaktivitätsprodukt $> K$ bedeutet, dass die Lösung übersättigt ist.
— Ionenaktivitätsprodukt $= K$ bedeutet, dass die Lösung im Gleichgewicht mit einer festen Phase (d. h. gesättigt) ist.
— Ionenaktivitätsprodukt $< K$ bedeutet, dass die Lösung untersättigt ist.

4.2.2 Andere Arten von Gleichgewichtskonstanten

4.2.2.1 Löslichkeit eines Gases

Wasser kann nicht nur Feststoffe, sondern auch Gase lösen. Ein geologisch wichtiges Beispiel ist Kohlenstoffdioxid (CO_2), das beim Lösen eine schwache Säure bildet, die Kohlensäure (H_2CO_3). Wasser im Gleichgewicht mit Kohlenstoffdioxid in der Luft ist daher immer leicht sauer, eine Eigenschaft, die für viele chemische Verwitterungsprozesse relevant ist.

Die Lösung von CO_2 in Wasser kann als chemische Reaktion geschrieben werden:

$$CO_2 \text{ (Gas)} + H_2O \text{ (Lösung)} \rightleftharpoons H_2CO_3 \text{ (Lösung)} \quad (4.9)$$

Indem wir die geeigneten Arten und Weisen verwenden, die Konzentrationen in diesen Phasen anzugeben, ist die Gleichgewichtskonstante:

$$K_{H_2CO_3} = \frac{a_{H_2CO_3}}{p_{CO_2} \cdot \chi_{H_2O}} \approx \frac{a_{H_2CO_3}}{p_{CO_2}} \quad (4.10)$$

da der Stoffmengenanteil von Wasser in verdünnter Lösung sehr nahe bei 1,00 liegt. p_{CO_2} ist der Partialdruck von CO_2 in der Atmosphäre, derzeit beträgt er in normaler Luft 39,1 Pa = 391 ppmv (der jährliche Mittelwert ist seit 1960 von 31,5 Pa auf heute 39,1 Pa gestiegen, siehe ◘ Abb. 9.18).

Obwohl sie sich auf die Löslichkeit einer gelösten Spezies bezieht, unterscheidet sich diese Gleichgewichtskonstante in ihrer Form deutlich vom Löslichkeitsprodukt der ▶ Gl. 4.7. Der Grund dafür ist, dass sich das Verhalten von CO_2 in einer Lösung, wie die Reaktion ▶ Gl. 4.9 zeigt, von dem ionischer Verbindungen unterscheidet, und dies spiegelt sich in der mathematischen Form der Gleichgewichtskonstante wider.

Eine Erhöhung des Luftdrucks oder der Konzentration von CO_2 in Luft würde das Gleichgewicht in ▶ Gl. 4.9 nach rechts verschieben und die Löslichkeit von CO_2 in Wasser (ausgedrückt durch $a_{H_2CO_3}$) erhöhen. Das Öffnen einer Dose Limonade hingegen setzt Gas aus dem Inneren frei und senkt den Gasdruck. Weil das gelöste CO_2 jetzt plötzlich übersättigt ist, bilden sich Blasen der Gasphase. Dieser Prozess ist vergleichbar mit der Bildung von Gasblasen in einer flüssigen Lava.

Die meisten Gase (einschließlich CO_2) sind in heißem Wasser weniger löslich als in kaltem (Kasten 4.2).

4.2.2.2 Dissoziation von schwachen Säuren

Die Reaktion ▶ Gl. 4.9 ist in Wirklichkeit etwas vereinfacht. Was auf der rechten Seite als Kohlensäure (H_2CO_3) bezeichnet wird, stellt tatsächlich die Summe von drei gelösten Carbonatspezies dar, die in natürlichen wässrigen Lösungen vorkommen:

— H_2CO_3 (Kohlensäure),
— HCO_3^- (Hydrogencarbonat, früher Bicarbonat-Ion genannt) und
— CO_3^{2-} (Carbonat-Ion).

Das hochgestellte – bzw. 2– zeigt die Ladung dieser Moleküle an, das erste ist nicht geladen. In welchem Verhältnis treten diese Carbonatspezies auf?

Kohlensäure ist ein Beispiel für eine schwache Säure (s. Anhang A.2), was bedeutet, dass sich Kohlensäure im Gegensatz zu aus dem Labor bekannten starken Säuren wie HCl (Salzsäure), die in wässriger Lösung vollständig dissoziieren (ionisieren), nur in geringem Maße zu Ionen dissoziiert. Dies geschieht in zwei aufeinanderfolgenden Schritten:

1.) $H_2CO_3 \rightleftharpoons H^+ + HCO_3^-$

$$\text{mit } K_1 = \frac{a_{H^+} \cdot a_{HCO_3^-}}{a_{H_2CO_3}} = 10^{-6,4} \quad (4.11)$$

2.) $HCO_3^- \rightleftharpoons H^+ + CO_3^{2-}$

$$\text{mit } K_2 = \frac{a_{H^+} \cdot a_{CO_3^{2-}}}{a_{HCO_3^-}} = 10^{-10,3} \quad (4.12)$$

4.2 · Gleichgewichtskonstante

Es sind diese Dissoziationsreaktionen und die damit verbundene Freisetzung von Wasserstoffionen (H⁺), die wässrige Lösungen von CO_2 leicht sauer machen (s. Anhang A.2). Tatsächlich ist es möglich, wenn man die Gleichgewichtskonstanten K_1 und K_2 für die Reaktionen ▶ Gl. 4.11 und 4.12 kennt, den pH-Wert (ein Maß für den Säuregehalt) von reinem Wasser zu berechnen, das mit atmosphärischem Kohlenstoffdioxid im Gleichgewicht steht (Übung 4.3).

K_1 und K_2 gehören zu einer Art von Gleichgewichtskonstanten, die als Dissoziationskonstanten bezeichnet werden. Man stellt fest, dass bei allen **mehrprotonigen Säuren** wie H_2CO_3 (s. Anhang A.2) K_1 viel größer ist als K_2. Der Säuregehalt, der durch die Lösung von CO_2 in reinem Wasser entsteht, ist daher fast ausschließlich auf die Reaktion ▶ Gl. 4.11 zurückzuführen.

Der pH-Wert von Wasser kann jedoch in der Natur stark variieren (vgl. ◘ Abb. 4.7). Kasten 4.3 zeigt, wie sich der pH-Wert auf die relative Stabilität und das Auftreten der drei natürlichen Formen von gelöstem Carbonat auswirkt.

> **Kasten 4.3 Die Spezies der Kohlensäure unter Einfluss des pH-Wertes**
>
> Die Reaktionen ▶ Gl. 4.11 und 4.12 legen nahe, dass potenziell H_2CO_3, HCO_3^- und CO_3^{2-} alle gleichzeitig in Lösung koexistieren würden. Da auch a_{H^+} in beiden Gleichgewichtskonstanten erscheint, müssen ihre relativen Anteile mit dem pH-Wert variieren. Bei welchen pH-Werten dominiert welche dieser drei Carbonatspezies? Wir können diese Frage beantworten, indem wir die Gleichungen ▶ Gl. 4.11 und 4.12 wie folgt umstellen:
>
> 1.) $\dfrac{a_{H_2CO_3}}{a_{HCO_3^-}} = \dfrac{a_{H^+}}{K_1} = \dfrac{10^{-pH}}{K_1}$
>
> 2.) $\dfrac{a_{HCO_3^-}}{a_{CO_3^{2-}}} = \dfrac{a_{H^+}}{K_2} = \dfrac{10^{-pH}}{K_2}$
>
> da $pH = -\log_{10}(a_{H^+})$ und damit $a_{H^+} = 10^{-pH}$ (siehe Anhang A.1).
>
> Diese umgestellten Gleichungen sagen uns, dass die Verhältnisse der Aktivitäten $a_{H_2CO_3}/a_{HCO_3^-}$ und $a_{HCO_3^-}/a_{CO_3^{2-}}$ vom pH-Wert abhängen. Aus der Gleichung der ersten Reaktion können wir erkennen, dass H_2CO_3 bei niedrigen pH-Werten am häufigsten vorkommt (= hohe Werte von 10^{-pH}), also in sauren Lösungen, während die Gleichung der zweiten Reaktion uns sagt, dass CO_3^{2-} nur in alkalischen Lösungen auftritt (hoher pH-Wert = niedrige Werte von 10^{-pH}). Das ist auch in ◘ Abb. 4.3 zu sehen.

Um $a_{H_2CO_3}$ als Prozentsatz von $\left(a_{H_2CO_3} + a_{HCO_3^-}\right)$ anzugeben:

$$\frac{a_{H_2CO_3} + a_{HCO_3^-}}{a_{HCO_3^-}} = \frac{a_{H_2CO_3}}{a_{HCO_3^-}} + 1$$

$$= \frac{10^{-pH}}{K_1} + 1$$

Nehmen wir den Kehrwert und multiplizieren wir mit 100 %:

$$100 \cdot \left(\frac{a_{HCO_3^-}}{a_{H_2CO_3} + a_{HCO_3^-}}\right)$$

$$= 100 \cdot \left(\frac{10^{-pH}}{K_1} + 1\right)^{-1} \%$$

◘ Abb. 4.3 zeigt, wie die Häufigkeit der einzelnen Arten mit dem pH-Wert variiert. Der Begriff Spezierung wird oft verwendet, um die Identität und relative Häufigkeit der verschiedenen chemischen Spezies zu beschreiben, die ein Element oder eine Verbindung unter verschiedenen Bedingungen (z. B. bei verschiedenen pH-Werten) annehmen kann.

Ähnliche Diagramme (die nach dem dänischen Chemiker Niels Bjerrum als Bjerrum-Diagramm bezeichnet werden, oder auch als Hägg-Diagramm nach dem schwedischen Chemiker Gunnar Hägg) können für andere im Meerwasser vorhandene mehrprotonige Säuren gezeichnet werden – wie zum Beispiel Borsäure (H_3BO_3), Phosphorsäure (H_3PO_4) und Kieselsäure (H_2SiO_3), die wie H_2CO_3 in einer Reihe von pH-Wert-abhängigen dissoziierten Formen auftreten (siehe Libes, 2009a, b, für Bjerrum-Diagramme dieser Säuren).

In der Natur bestimmt die in Wasser vorhandene Kohlensäure, ob es Carbonate (Kalkstein) auflöst oder ausfällt:

$$CaCO_3(\text{fest}) + H_2CO_3(\text{gelöst}) \underset{\text{Ablagerung}}{\overset{\text{Verwitterung}}{\rightleftharpoons}} Ca^{2+} + 2\,HCO_3^-$$

Physikalische Bedingungen beeinflussen dieses Gleichgewicht vor allem über die Menge an gelöstem CO_2 (in Form von H_2CO_3). Ein lokaler Anstieg des atmosphärischen CO_2-Gehalts (wie es z. B. im Boden in Porenräumen durch die Oxidation organischer Stoffe geschieht) oder ein Anstieg des Gesamtdrucks führt zu einer höheren H_2CO_3-Konzentration, die das Gleichgewicht „nach rechts verschiebt" (was bedeutet, dass mehr $CaCO_3$ unter Bildung von Bicarbonat gelöst wird). Ein Temperaturanstieg hingegen führt zur Entgasung von gelöstem CO_2 (siehe den vorausgehenden Abschnitt und Kasten 4.2) und damit kann weniger $CaCO_3$ gelöst werden.

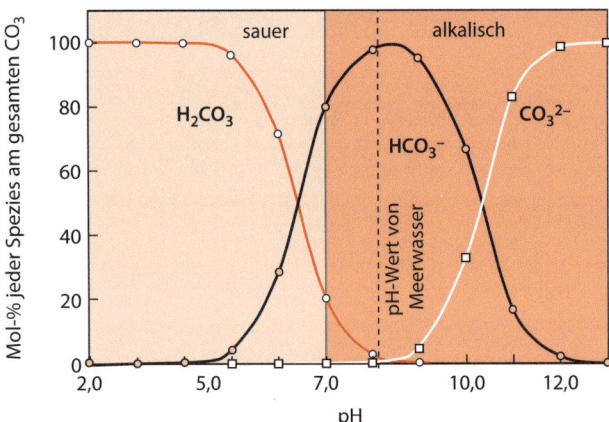

Abb. 4.3 Die relativen Anteile und Stabilitätsbereiche von undissoziierter Kohlensäure (H_2CO_3), Hydrogencarbonat-Ion (HCO_3^-) und Carbonat-Ion (CO_3^{2-}) in Abhängigkeit vom pH-Wert. Die Anteile sind in Mol-% des gesamten vorhandenen Carbonats angegeben. Beachten Sie, dass bei niedrigem pH-Wert $a_{CO_3^{2-}}$ vernachlässigbar ist, bei Anwesenheit von H_2CO_3, und bei hohem pH-Wert ist $a_{H_2CO_3}$ vernachlässigbar, wobei CO_3^{2-} vorhanden ist

An vielen Quellen tritt Wasser aus, das an Calciumcarbonat gesättigt ist, weil es in der Tiefe (d. h. unter Druck) mit Kalkstein im Gleichgewicht stand. An der Quelle entgast CO_2 und ein poröser Kalkstein wird ausgefällt, der als Kalktuff bezeichnet wird.

In den Ozeanen ist warmes Oberflächenwasser an gelöstem Carbonat gesättigt oder übersättigt. Die Löslichkeit von CO_2 und $CaCO_3$ nimmt jedoch mit der Tiefe zu – was zum Teil daran liegt, dass Tiefseewasser kälter ist – und man kann eine **Carbonat-Kompensationstiefe** oder **Lysocline** ausmachen, unterhalb derer das Meerwasser an Carbonat untersättigt ist. Diese Änderung tritt im Pazifik in etwa 3 km Tiefe und im Atlantik in etwa 4,5 km Tiefe auf. Es wurde geschätzt, dass 80 % oder mehr des Materials der oberflächennah gebildeten Kalkschalen beim Absinken bzw. nach der Ablagerung auf dem Tiefseeboden wieder aufgelöst werden.

4.3 Nicht ideale Lösungen: Aktivitätskoeffizient

Alle bisher betrachteten gelösten Stoffe hatten in Wasser eine geringe Löslichkeit (ihre Löslichkeitsprodukte waren sehr klein). Die Diskussion beschränkte sich bisher auf sehr verdünnte Lösungen, in denen die Ionen so verteilt sind, dass elektrostatische Anziehung und Abstoßung zwischen ihnen (sogenannte Ion-Ion-Wechselwirkung) ignoriert werden können. Das Verhalten ionischer Spezies in solchen Lösungen kann, wie wir gesehen haben, akkurat in Form von Gleichgewichtskonstanten ausgedrückt werden, bei denen nur die Konzentrationen der interessierenden Spezies eine Rolle spielen. Lösungen, die ausreichend verdünnt sind, um diesem einfachen Verhaltensmodell zu entsprechen, werden als ideale Lösungen bezeichnet.

Die geochemische Realität ist jedoch weniger einfach. Die meisten natürlichen Wässer sind komplexe Lösungen von mehreren Salzen, und deren Eigenschaften sind absolut nicht ideal. Auch wenn wir unsere Aufmerksamkeit auf Spezies wie $BaSO_4$ richten, die nur in geringen Konzentrationen auftreten, enthalten die Lösungen, in denen sie gelöst sind, typischerweise größere Mengen anderer löslicher Salze wie Chloride oder Hydrogencarbonate. In diesen Lösungen erfahren alle vorhandenen Ionen, einschließlich der fein verteilten Ba^{2+}- und SO_4^{2-}-Ionen, viele Ion-Ion-Wechselwirkungen, die ihre Freiheit zu reagieren beeinträchtigen. Gerade Ba^{2+}- und SO_4^{2-}-Ionen, die elektrostatisch mit anderen Arten von Ionen verknüpft sind, werden weniger wahrscheinlich aufeinandertreffen und miteinander reagieren, als wenn sie mit der gleichen Konzentration in reinem Wasser gelöst sind. Diese Verringerung der Reaktivität ist eine Funktion des Gesamtsalzgehalts der Lösung. Beim Versuch, das Gleichgewicht zwischen bestimmten ionischen Spezies in solchen nicht idealen Lösungen zu verstehen, müssen daher die Konzentrationen aller vorhandenen gelösten Stoffe berücksichtigt werden, nicht nur die der interessierenden Spezies.

Nehmen wir als Beispiel die Löslichkeitsprodukte von $BaSO_4$, die a) in reinem Wasser und b) in 0,1-molarer NaCl-Lösung (d. h. eine Lösung mit einer NaCl-Molalität von 0,1 mol kg^{-1}, vgl. ▸ Abschn. 4.1.1) gemessen wurden:
a) Reines Wasser: Löslichkeitsprodukt $= 1,0 \cdot 10^{-10}$
b) NaCl-Lösung: Löslichkeitsprodukt $= 7,5 \cdot 10^{-10}$

Mit:

$$K_{BaSO_4} = a_{Ba^{2+}} \cdot a_{SO_4^{2-}} = \frac{m_{Ba^{2+}}}{m^\circ} \cdot \frac{m_{SO_4^{2-}}}{m^\circ} \quad (4.13)$$

Beachten Sie, dass sich wesentlich mehr $BaSO_4$ in der nicht idealen Kochsalzlösung (b) auflöst als in der gleichen Menge an reinem Wasser. Der Grund dafür ist, dass die Rückreaktion, die für die Einschränkung der Löslichkeit verantwortlich ist:

$BaSO_4$ (fest) $\leftarrow Ba^{2+} + SO_4^{2-}$ (gelöst)

in der nicht idealen Lösung durch die Ion-Ion-Wechselwirkungen gehemmt ist, die Ba^{2+}- und SO_4^{2-}-Ionen in Gegenwart von reichlich vorhandenen Na^+- und Cl^--Ionen erfahren.

Es ist inakzeptabel, sich mit „Gleichgewichts*kon*stanten" zu befassen, die je nach Art der Lösung variieren. Das Problem kann überwunden werden, indem die Aktivität neu definiert wird, sodass sie als Maß für die „effektive Konzentration" dient, wobei die Reduzierung der Reaktivität der Ionen in stärker konzentrierten Lösungen berücksichtigt wird. Eine vollständige Definition der Aktivität ist daher:

4.3 · Nicht ideale Lösungen: Aktivitätskoeffizient

◘ Tab. 4.2 Berechnung der Ionenstärke I einer Lösung mit NaCl (Molalität 0,1 mol kg^{-1}) und BaF$_2$ (Molalität 0,005 mol kg^{-1}), siehe Text

In Gleichung eingesetzte Zahlen	Was die Zahlen repräsentieren
$I = \dfrac{1}{2}$ (	
$0{,}1 \cdot 1^2$	$m_{\mathrm{Na}^+} \cdot (z_{\mathrm{Na}^+})^2$
$+\, 0{,}1 \cdot 1^2$	$m_{\mathrm{Cl}^-} \cdot (z_{\mathrm{Cl}^-})^2$
$+\, 0{,}005 \cdot 2^2$	$m_{\mathrm{Ba}^{2+}} \cdot (z_{\mathrm{Ba}^{2+}})^2$
$+\, (2 \cdot 0{,}005) \cdot 1^2$	$m_{\mathrm{F}^-} \cdot (z_{\mathrm{F}^-})^2$
$) = 0{,}115$ mol kg^{-1}	

$$a_{\mathrm{Ba}^{2+}} = \gamma_{\mathrm{Ba}^{2+}} \cdot \frac{m_{\mathrm{Ba}^{2+}}}{m^\circ}$$

$$a_{\mathrm{SO}_4^{2-}} = \gamma_{\mathrm{SO}_4^{2-}} \cdot \frac{m_{\mathrm{SO}_4^{2-}}}{m^\circ}$$

γ ist der griechische Buchstabe Gamma, und die Funktionen $\gamma_{\mathrm{Ba}^{2+}}$ und $\gamma_{\mathrm{SO}_4^{2-}}$ werden als Aktivitätskoeffizienten von Ba^{2+} und SO$_4^{2-}$ in der Kochsalzlösung bezeichnet. Ein Aktivitätskoeffizient ist einfach ein variabler Faktor, der den Grad der Nichtidealität der Lösung ausdrückt (für eine ideale Lösung entspricht er 1,00). Obwohl dieser Faktor etwas hingemogelt aussehen mag, hat der Aktivitätskoeffizient eine gewisse Grundlage in der Lösungstheorie, und sein Wert kann in vielen Fällen mit akzeptabler Genauigkeit vorhergesagt werden.

Wenn wir die Gleichgewichtskonstante in ▶ Gl. 4.13 in Bezug auf die neu definierten Aktivitäten ausdrücken, erhalten wir:

$$K_{\mathrm{BaSO}_4} = a_{\mathrm{Ba}^{2+}} \cdot a_{\mathrm{SO}_4^{2-}} = \gamma_{\mathrm{Ba}^{2+}} \cdot \gamma_{\mathrm{SO}_4^{2-}} \cdot \left(\frac{m_{\mathrm{Ba}^{2+}}}{m^\circ} \cdot \frac{m_{\mathrm{SO}_4^{2-}}}{m^\circ} \right)$$

Diese Gleichung bleibt für alle Umstände gültig. Das Löslichkeitsprodukt (das sich definitionsgemäß auf die beobachteten Konzentrationen m_i/m°, nicht auf effektive Konzentrationen a_i bezieht) ist in der Formel der Betrag in den Klammern, und dieses kann bei nicht idealen Lösungen entsprechend den Werten der Aktivitätskoeffizienten variieren.

4.3.1 Ionenstärke

Der Aktivitätskoeffizient γ_i für eine bestimmte Spezies i hängt von den Konzentrationen aller in der Lösung vorhandenen gelösten Stoffe ab. Wie soll diese allgemeine „Stärke" der Lösung ausgedrückt werden?

Da Abweichungen von der Idealität durch elektrostatische Wechselwirkung zwischen Ionen entstehen, ist es logisch, einen Parameter zu entwickeln, der die Menge jedes in der Lösung vorhandenen Ionentyps und die jeweilige Ionenladung kombiniert. Dies wird durch die Ionenstärke erreicht, die 1921 von den amerikanischen Chemikern G. N. Lewis und M. Randall eingeführt wurde. Die Ionenstärke I einer Lösung ergibt sich aus der Formel:

$$I = \frac{1}{2} \sum_i m_i z_i^2 \tag{4.14}$$

Verschiedene Werte des ganzzahligen Index i (1, 2, 3 etc.) identifizieren nacheinander die verschiedenen in der Lösung vorhandenen ionischen Spezies. m_i ist die Molalität der ionischen Spezies i (die durch eine chemische Analyse der Lösung ermittelt werden kann) und z_i ist die jeweilige Ionenladung (ausgedrückt als ein Vielfaches der Elektronenladung). Das Summierungssymbol Σ bedeutet, dass die Terme $m_i z_i^2$ für alle Werte von i (d. h. für jede Ionenart in der Lösung) addiert werden.

Betrachten wir eine Lösung, in der NaCl in einer Molalität von 0,1 mol kg^{-1} vorhanden ist und BaF$_2$ in einer Molalität von 0,005 mol kg^{-1} (d. h. nicht gesättigt). Die Ionenstärke dieser Lösung ist nach ▶ Gl. 4.14 (wie ausführlich in ◘ Tab. 4.2 gezeigt) $I = 0{,}115$ mol kg^{-1}.

Warum erscheint die Ionenladung z_i in dieser Formel nicht einfach als z, sondern als z^2? Eine genaue Erklärung würde einen Exkurs in die Theorie der elektrostatischen Felder erfordern (siehe Atkins und de Paula, 2009). Dass das Auftauchen von z^2 plausibel ist, können wir dennoch auf folgende Weise verstehen. Die Kraft, die ein Ion i zu einem seiner entgegengesetzt geladenen Nachbarn anzieht, ist proportional zur Ladung z_i: wenn $z_i = 2$ wird ein benachbartes Ion in einem bestimmten Abstand doppelt so stark angezogen wie bei $z_i = 1$. Aber die stärkere Anziehungskraft führt dazu, dass Ion i den Nachbarn näherkommt, was die Anziehungskraft noch weiter erhöht und sie mehr als doppelt so stark macht, wie die eines einzeln geladenen Ions. Diese Beziehung wird besser durch z^2 wiedergegeben als durch z.

Tab. 4.3 Ionenstärke I in natürlichen Wässern

	I/mol kg^{-1}
Flusswasser	<0,01
Meerwasser	0,7
Sole	1–10

Die Ionenstärke in natürlichen Wässern umfasst einen enormen Bereich, wie die repräsentativen Zahlen in Tab. 4.3 zeigen.

4.4 Natürliche Wässer

Es gibt keine universelle Theorie, die in der Lage ist, das nicht ideale Verhalten über den gesamten in Tab. 4.3 genannten Bereich der Ionenstärken zu beschreiben. Die Stärke der Anziehung und Abstoßung zwischen Ionen und ihr Einfluss auf die Eigenschaften einer Lösung ändern sich mit zunehmender Ionenstärke erheblich. Es ist hilfreich, das Spektrum der natürlichen Wässer in kleinere Bereiche der Ionenstärke einzuteilen, für die unterschiedliche Annahmen und Annäherungen gelten.

4.4.1 Flusswasser: Debye-Hückel-Theorie

Tab. 4.4 zeigt die wichtigsten gelösten Bestandteile des durchschnittlichen Flusswassers. Der Leser kann bestätigen, dass seine Ionenstärke etwa 0,002 mol kg^{-1} beträgt. So verdünnte Lösungen weisen die schwächsten Wechselwirkungen zwischen Ionen auf, da die Ionen weit voneinander entfernt sind. Dennoch besteht die Tendenz, dass jedes Ion ein diffuses, sich ständig veränderndes Durcheinander von entgegengesetzt geladenen Ionen um sich herum anzieht, was von Chemikern treffend als die Ionenatmosphäre des betreffenden Ions bezeichnet wird. Um jedes Kation herum gibt es ein leichtes statistisches Übergewicht von Anionen und umgekehrt. Wie das Phänomen der Hydratation (Kasten 4.1) reicht diese schwache Ion-Ion-Assoziation aus, um die Gibbs-Energie der Ionen in der Lösung zu verringern, sodass sie weniger wahrscheinlich an chemischen Reaktionen wie einer Fällung teilnehmen. Das Ausmaß dieser Nichtidealität lässt sich mit einer einfachen Gleichung abschätzen, die 1923 von den Physikern P. J. W. Debye und E. Hückel aus einer Betrachtung der Änderung der Gibbs-Energie im Zusammenhang mit den elektrostatischen Eigenschaften der Ionenatmosphäre abgeleitet wurde:

$$\log_{10} \gamma_i = -A z_i^2 I^{1/2} \qquad (4.15)$$

Tab. 4.4 Zusammensetzung des durchschnittlichen Flusswassers

Ion	Konzentration (ppm = mg kg^{-1})	Molalität m_i (10^{-3} mol kg^{-1})
HCO$_3^-$	58,3	0,955
Ca^{2+}	15,0	0,375
Na$^+$	4,1	0,274
Cl$^-$	7,8	0,220
Mg^{2+}	4,1	0,168
SO$_4^{2-}$	11,2	0,117
K$^+$	2,3	0,059

wobei γ_i der Aktivitätskoeffizient der ionischen Spezies i ist; z_i die Ionenladung von i (± 1, 2, 3 etc.); A ist eine Konstante, die für das Lösungsmittel charakteristisch ist ($A = 0{,}509$ kg$^{1/2}$ mol$^{-1/2}$ für Wasser bei 25 °C); und I ist die Ionenstärke der Lösung. Diese Gleichung wird als Debye-Hückel-Gleichung bezeichnet, sie beschreibt akkurat nicht ideale Lösungen mit einer Ionenstärke bis zu 0,01 mol kg^{-1}. Praktischerweise fällt Süßwasser in der Regel in diese Kategorie (generell $I < 0{,}01$ mol kg^{-1}).

Für einwertige Ionen in Tab. 4.4 gilt: $z_i = \pm 1$, also $z_i^2 = 1$. In durchschnittlichem Flusswasser ist $I = 0{,}0021$ mol kg^{-1}, daher $I^{1/2} = 0{,}046$ mol$^{1/2}$ kg$^{-1/2}$, und mit $A = 0{,}509$ kg$^{1/2}$ mol$^{-1/2}$ ergibt ▶ Gl. 4.15 somit:

$$\log_{10} \gamma_i = -0{,}0234$$

$$\gamma_i = 0{,}95$$

Somit ist im Flusswasser das Verhalten von einwertigen Ionen (Na$^+$, K$^+$, HCO$_3^-$ und Cl$^-$) nahezu ideal:

$$a_i = 0{,}95 \, m_i/m°$$

wobei ein Fehler von nur 5 % für jedes dieser Ionen auftritt, wenn wir ideales Verhalten annehmen.

Das Auftreten von z_i^2 in ▶ Gl. 4.14. (aus den in ▶ Abschn. 4.3.1 grob erläuterten Gründen) deutet darauf hin, dass zweiwertige Ionen eine größere Abweichung von der Idealität aufweisen. Für $z_i = 2$ ist $z_i^2 = 4$ und somit:

$$\log_{10} \gamma_i = -0{,}0937$$

$$\gamma_i = 0{,}81$$

Die Aktivität jedes zweiwertigen Ions liegt daher etwa 20 % unter seiner Molalität. Somit ist auch bei einer Ionenstärke von nur 0,002 mol kg^{-1} das Flusswasser spürbar nicht ideal. Zum Beispiel müssen wir nach den ▶ Gleichungen 4.14 und ▶ Gl. 4.8 erwarten, dass schwer lösliche Spezies wie BaSO$_4$ in Flusswasser etwa 25 % besser löslich sind als in reinem Wasser.

Neben gelöstem Material und Sediment transportieren Flüsse einige Verwitterungs- und Erosionsprodukte in Form von kolloidaler Suspension (Kasten 4.4).

Kasten 4.4 Kolloide

Kolloide bestehen aus extrem feinen Partikeln (meist viel kleiner als 1 μm) einer Phase, die in einer anderen metastabil dispergiert sind. Die meisten Kolloide fallen in eine von drei Kategorien:
- Sol: Feste Partikel, die in einer Flüssigkeit dispergiert sind, wie die im Flusswasser suspendierten Tonpartikel. Bestimmte Arten dieser kolloidalen Suspensionen „setzen" sich zu einer trüben, schlammartigen Form, die als Gel bezeichnet wird (z. B. Gelatine).
- Emulsion: Eine Flüssigkeit, die in einer anderen dispergiert ist (z. B. Milch).
- Aerosol: In einem Gas dispergierte flüssige oder feste Partikel (z. B. Rauch und Nebel in der Troposphäre; Wüstenstaub; Schwefelsäure-/Sulfataerosol in der Stratosphäre infolge eines schweren Vulkanausbruchs).

Aufgrund ihrer enormen Oberfläche wird die Chemie der Kolloide von den Oberflächeneigenschaften der kolloidalen Partikel dominiert. Sie besitzen eine Oberflächenladung durch anhaftende Ionen. Wenn sie in einer Lösung mit geringer Ionenstärke dispergiert werden, verhindert die Abstoßung zwischen den Partikeln die Koagulation zu größeren Partikeln. In einer wässrigen Lösung mit hoher Ionenstärke bildet sich jedoch eine dichte Ionenatmosphäre um die Partikel herum, sie stoßen sich weniger effektiv ab, und sie aggregieren sich daher zu größeren, stabileren Partikeln. Dieser Prozess, der z. B. bei der Zugabe von Zitronensaft zur Milch stattfindet, wird als Ausflockung bezeichnet. Ein Großteil der Verschlammung, die in Flussmündungen auftritt, ist auf die Ausflockung von kolloidalen Tonpartikeln zurückzuführen, wenn sich das Flusswasser, in dem sie suspendiert sind, mit Meerwasser vermischt.

Schwefelsäure-/Sulfataerosole der Stratosphäre reduzieren den Teil der Sonneneinstrahlung, der die Erdoberfläche erreicht. Daher wurde als eine Geoengineering-Strategie zur Bekämpfung des Klimawandels vorgeschlagen, Sulfataerosole in die Stratosphäre zu injizieren.

4.4.2 Meerwasser

Meerwasser ($I = 0{,}7\,\text{mol kg}^{-1}$) als das wichtigste Medium der Sedimentablagerung und die ultimative Senke für die gelösten Produkte der Erosion und anthropogener Verschmutzung ist geologisch gesehen die wichtigste Wasserkategorie. Analysen zeigen, dass es weltweit eine bemerkenswert konstante Zusammensetzung aufweist. Wenn wir nur das offene Meer betrachten, variieren sowohl die Salinität (der Gesamtsalzgehalt) als auch die Konzentrationsverhältnisse zwischen den Elementen um weniger als 1 %. In geschlossenen Meeresbecken kann die Zusammensetzung des Meerwassers aufgrund von Verdunstung oder Süßwasserzufluss stärker variieren.

◨ Tab. 4.5 zeigt die globale durchschnittliche Zusammensetzung des Meerwassers. Die Berechnung der Ionenstärke, vorausgesetzt, dass alle dargestellten Bestandteile vollständig ionisiert sind, ergibt $0{,}686\,\text{mol kg}^{-1}$. Dies liegt weit außerhalb des Zusammensetzungsbereichs, auf den die Debye-Hückel-Theorie anwendbar ist.

Die Population der Ionenatmosphäre um ein Ion ist im Süßwasser nur vorübergehend: Die Ionen sind zu stark verteilt, als dass permanente Assoziationen zwischen Ionen von Bedeutung wären. In stärker konzentrierten Lösungen wie Meerwasser verbinden sich jedoch bestimmte Ionen auf dauerhaftere und spezifischere Weise. Zum Beispiel sind Mg^{2+} und HCO_3^- reichlich vorhanden, sodass sich ein bedeutender Teil von ihnen zu dem Ionenpaar $MgHCO_3^+$ zusammenschließt.

Es wird angenommen, dass etwa 19 % des Hydrogencarbonats (HCO_3^-) im Meerwasser in dieser assoziierten Form vorhanden sind (Kasten 4.5). Anstatt also nur zwei ionische Spezies zu berücksichtigen:

$$Mg^{2+}, HCO_3^-$$

muss ein realistisches chemisches Modell des Meerwassers drei Ionenspezies als separate chemische Einheiten unterscheiden:

$$Mg^{2+}, HCO_3^-, MgHCO_3^+$$

Das Ausmaß der Bildung von Ionenpaaren im Meerwasser ist in Kasten 4.5 dargestellt. Ionen können sich auch durch die Bildung von Komplexen (▶ Abschn. 7.2.4) verbinden, bei denen die Anziehungskraft eher einer kovalenten als einer ionischen Bindung ähnelt. Besonders häufig ist die Komplexbildung bei den Übergangsmetallen.

Tab. 4.5 Wichtigste ionische Bestandteile des Meerwassers

Ion	Konzentration (ppm = mg kg^{-1})	Molalität m_i (10^{-3} mol kg^{-1})	% freies Ion (berechnet)[a]	γ_i gemessen[b]
Cl$^-$	19.011	535,5	100	–
Na$^+$	10.570	459,6	99	0,70
Mg^{2+}	1271	53,0	87	0,26
SO$_4^{2-}$	2664	27,8	54	0,07
Ca^{2+}	406	10,2	91	0,20
K$^+$	380	9,7	99	0,60
HCO$_3^-$	121	2,0	69	0,55
Br$^-$	66	0,8	–	–
CO$_3^{2-}$	18	0,3	9	0,02

[a]Siehe Kasten 4.5. Der Prozentsatz für Cl$^-$ wurde als 100 angenommen
[b]Siehe Berner (1971), Tab. 3.6

Kasten 4.5 Bildung von Ionenpaaren im Meerwasser

Eine gewöhnliche chemische Analyse von Meerwasser, etwa wie in Tab. 4.5, identifiziert nicht die tatsächlichen Spezies (Ionenpaare, Komplexe oder freie Ionen), in denen das Element vorkommt. So kann beispielsweise Magnesium im Meerwasser in mehreren alternativen Formen vorhanden sein.

Freies Ion	Ionenpaare/Komplexe		
Mg^{2+}	MgSO$_4^0$	MgCO$_3^0$	MgHCO$_3^+$

Die hochgestellte Null bedeutet die Ladung 0 einer elektrisch neutralen gelösten Spezies. Tab. 4.5 gibt keinen Hinweis darauf, wie wichtig jede dieser Arten tatsächlich sein könnte. Es ist aber klar, dass stimmen muss:

$$m_{Mg}(\text{Gesamt}) = m_{Mg^{2+}} + m_{MgSO_4^0} + m_{MgCO_3^0}$$
$$+ m_{MgHCO_3^+} = 53 \cdot 10^{-3}\,\text{mol kg}^{-1}$$

Dies ist ein Beispiel für eine Massenbilanzgleichung. Die Stabilität eines Ionenpaares oder -komplexes ist in Bezug auf seine Dissoziationskonstante messbar. Zum Beispiel hat die Dissoziationsreaktion:

$$\text{MgHCO}_3^+ \rightleftharpoons \text{Mg}^{2+} + \text{HCO}_3^-$$

eine Dissoziationskonstante (Gleichgewichtskonstante):

$$K_{MgHCO_3^+} = \frac{a_{Mg^{2+}} \cdot a_{HCO_3^-}}{a_{MgHCO_3^+}}$$

Laborexperimente zeigen, dass:

$$K_{MgHCO_3^+} = 10^{-1,16} \text{ bei } 25\,°\text{C}$$

Abb. 4.4 zeigt die molalen Anteile der wichtigsten Kationen und Anionen im Meerwasser. Die abgetrennten Segmente zeigen den Anteil jedes Ions, der an Ionenpaaren beteiligt ist (ignoriert werden dabei weniger wichtige Ionenpaare wie CaHCO$_3^+$). Der verbleibende Teil jedes Segments stellt den Anteil der freien Ionen dar.

Es ist deutlich, dass bei bestimmten Anionen wie SO$_4^{2-}$ ein großer Teil in Ionenpaaren gebunden ist. Mehr als 40 % der Sulfationen im Meerwasser scheinen – in mehr oder weniger gleichem Anteil – mit Na$^+$ und Mg^{2+} Paare zu bilden, nur 55 % der vorhandenen Sulfationen sind als freie Ionen vorhanden. Gerade einmal 10 % des CO$_3^{2-}$ im Meerwasser scheint als freie Ionen vorhanden zu sein. Wie zu erwarten ist die Paarung bei zweiwertigen Ionen stärker verbreitet.

4.4.2.1 pH-Wert des Meerwassers: Carbonatgleichgewichte und Pufferung

Wenn wir den pH-Wert einer wässrigen Lösung im Labor einstellen möchten, können wir eine kleine Menge einer starken Säure wie Salzsäure (HCl) oder einer starken Base wie Natriumhydroxid (NaOH) hinzufügen. „Stark" bedeutet in diesem Zusammenhang, dass die Säure oder Base vollständig in der Lösung dissoziiert, d. h., ionisiert wird (Anhang A.2), daher liefert ein kleiner Zusatz in die Lösung eine hohe Dosis an H$^+$ bzw. OH$^-$.

4.4 · Natürliche Wässer

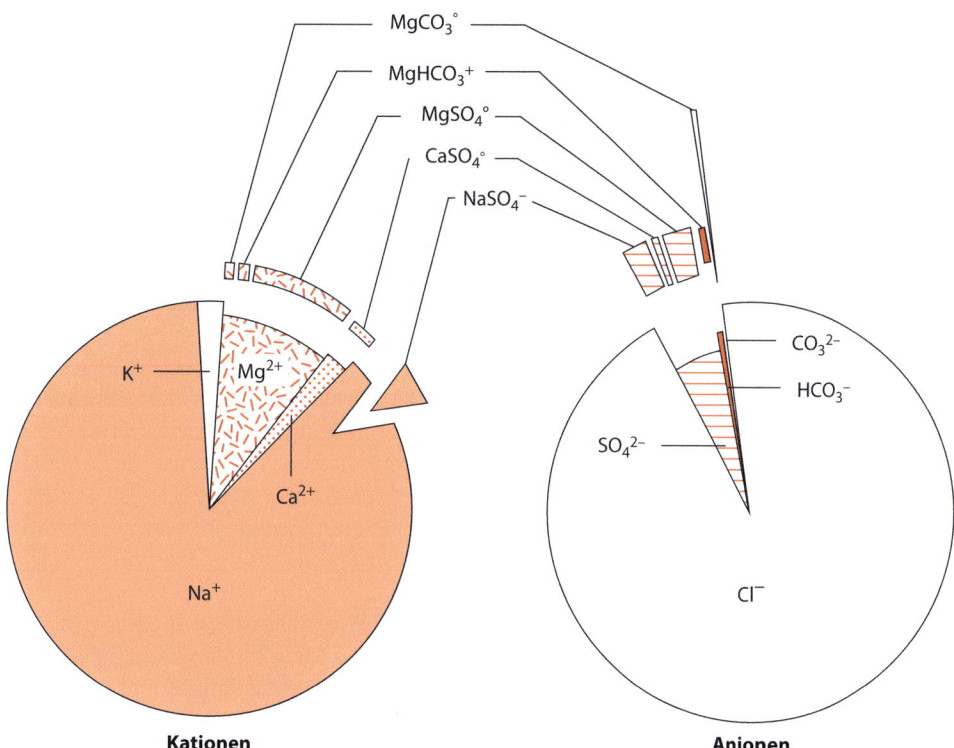

Abb. 4.4 Tortendiagramme der molalen Anteile der wichtigsten Kationen, Anionen und Ionenpaare im Meerwasser

Das Meerwasser enthält jedoch keine starken Säuren oder Basen, und sein pH-Wert wird stattdessen durch das Dissoziationsverhalten schwacher Säuren gesteuert. Die am häufigsten vorkommende schwache Säure in den Ozeanen ist die Kohlensäure (H_2CO_3), deren partielle Dissoziation zu Hydrogencarbonat- (HCO_3^-) und Carbonationen (CO_3^{2-}) bereits in ▶ Gl. 4.11 und 4.12 behandelt wurde. Die Tatsache, dass schwache Säuren wie Kohlensäure nur teilweise dissoziiert werden, gibt ihnen die Fähigkeit, eine Lösung gegen eine Veränderung des pH-Werts zu stabilisieren. Dies wird als **Pufferung** bezeichnet.

Stellen wir uns zwei Bechergläser auf einem Labortisch vor, von denen eines einen Liter destilliertes Wasser und das andere einen Liter Meerwasser enthält. Wenn wir einige Tropfen einer starken Säure wie HCl zum destillierten Wasser hinzufügen, während wir die Änderung des pH-Wertes mit einem pH-Meter (Anhang A.2) beobachten, würden wir feststellen, dass der pH-Wert von etwa 7 auf vielleicht 2 oder 3 fällt, was mit dem Anstieg von a_{H^+} übereinstimmt, den wir mit der Zugabe von starker Säure erwarten würden.

Der pH-Wert des Meerwassers hingegen, obwohl wir die gleiche Menge Säure hinzugefügt haben, würde in der Nähe seines Ausgangswertes von 8,1 bleiben. Die Erklärung liegt in Reaktion ▶ Gl. 4.11 (wobei im Prinzip auch Reaktion ▶ Gl. 4.12 zur Pufferung beiträgt, bei pH ≈ 8 ist die Konzentration von CO_3^{2-} jedoch zu gering, um einen signifikanten Effekt zu haben, vgl. **Abb. 4.3**). Der kurzfristige Anstieg von a_{H^+}, der bei Zugabe der starken Säure auftritt, erhöht das Ionenaktivitätsprodukt $a_{H^+} \cdot a_{HCO_3^-}$ des Meerwassers und erhöht das Verhältnis:

$$\frac{a_{H^+} \cdot a_{HCO_3^-}}{a_{H_2CO_3}}$$

deutlich über seinen Gleichgewichtswert ($K_1 = 10^{-6,4}$). Dadurch beschleunigt sich die Rückreaktion in ▶ Gl. 4.11 und treibt das Gleichgewicht wieder nach links. Mit anderen Worten: Das hinzugefügte H^+ reagiert mit HCO_3^-, um zusätzliches H_2CO_3 zu bilden, und diese Reaktion entfernt einen Großteil des zugesetzten H^+ und stellt den pH-Wert wieder in die Nähe des ursprünglichen Wertes zurück. Das neue a_{H^+} bleibt tatsächlich etwas höher (und der pH-Wert etwas niedriger) als der ursprüngliche Wert, aber keinesfalls so hoch (bzw. der pH-Wert so niedrig), wie es ohne die Anwesenheit von HCO_3^- gewesen wäre.

Diese Pufferkapazität erklärt, warum Meerwasserproben auf der ganzen Welt pH-Werte in engen Grenzen von 8,1–8,3 aufweisen. Da der gelöste anorganische Kohlenstoff (*dissolved inorganic carbon*, DIC) in den Ozeanen ein sehr großes Carbonatreservoir darstellt, ist die Kapazität dieses Puffersystems enorm. Andere schwache Säuren, die im Meerwasser vorhanden sind, wie z. B. Bor- (H_3BO_3) und Phosphorsäure (H_3PO_4), haben ebenfalls eine puffernde Wirkung, aber – da sie weniger häufig vorkommen – mit viel geringer Auswirkung.

Viele andere Aspekte der Meerwasserzusammensetzung werden durch chemische Reaktionen reguliert. Wenn sich zum Beispiel alles von Flüssen gelieferte Mg^{2+} in den Ozeanen ansammeln würde, wäre das Meerwasser um ein Vielfaches reicher an Mg^{2+}, als es tatsächlich ist. Der gegenwärtige Gehalt in den Ozeanen wird durch Austauschreaktionen zwischen Meerwasser und Basalten auf dem Meeresboden, die Mg^{2+} entfernen, mehr oder weniger konstant gehalten. Dabei bilden sich Minerale wie Chlorit als Umwandlungsprodukte der ursprünglichen Eisenmagnesiumsilicate des Basalts. Die Ozeane akkumulieren in ihrer Lösung nicht einfach alle gelösten Stoffe, die durch den Zufluss von den Kontinenten geliefert werden. Die Konzentrationen vieler Elemente im Meerwasser unterliegen vielmehr komplexen Regulationsmechanismen, bei denen auch Lebewesen eine wichtige Rolle spielen.

4.4.3 Sole und hydrothermale Fluide

Oberflächennahes Grundwasser in der kontinentalen Kruste ist größtenteils meteorischen Ursprungs, d. h. es stammt letztlich aus atmosphärischen Niederschlägen. Es hat oft Zusammensetzungen mit geringer Ionenstärke, die sich nicht sehr vom Flusswasser unterscheiden (◘ Tab. 4.4), was allerdings von der Art des Gesteins abhängt, durch das es geflossen ist. In Küstengebieten kann auch eine Komponente des Meerwassers vorhanden sein. In große Tiefe versenkte Sedimentgesteine hingegen enthalten noch das ursprüngliche Porenwasser (konnates Wasser), das sich bildete, als Meerwasser während der Ablagerung im Sediment eingeschlossen wurde. Bohrungen zeigen, dass solche Wässer – Ölfeld-Solen, Porenwasser, „Formationswasser" usw. – stark salzhaltig sind (Sole, engl. *brine*), nachdem sie Millionen von Jahren bei erhöhten Temperaturen mit dem Gestein in Kontakt geblieben sind (◘ Tab. 4.6, $I > 1{,}0\,mol\,kg^{-1}$).

Heiße hypersaline wässrige Fluide sind in einem weiteren Zusammenhang wichtig: dem Transport von Metallen und deren Ausfällung in hydrothermalen Gängen und Erzkörpern. Die Zusammensetzungen und Temperaturen erzbildender hydrothermaler Fluide können durch die mikroskopische Untersuchung der in den Erzen und Gangmineralen zurückgebliebenen Fluideinschlüsse ermittelt werden (Kasten 4.6). Es ist klar, dass einfache ionische Löslichkeiten von Erzmineralen (Löslichkeitsprodukte; ◘ Tab. 4.1) um ein Vielfaches zu niedrig sind, um die tatsächlich in solchen Fluiden gemessenen Konzentrationen an gelöstem Metall zu erklären, die oft im Bereich von 100–500 ppm für Metalle wie Kupfer (Cu) und Zink (Zn) liegen. Die Diskrepanz spiegelt die dramatische Zunahme der Löslichkeit solcher Metalle wider, die durch die Komplexierung in hochsalinen hydrothermalen Fluiden verursacht wurde (siehe ► Abschn. 7.2.4).

Kasten 4.6 Fluideinschlüsse in Mineralen

Während ein Kristall aus einem hydrothermalen Fluid wächst, umschließt das wachsende Kristallgitter gelegentlich ein winziges Volumen des Fluids und fängt es so ein, sodass der Kristall quasi eine kleine Probe davon für die anschließende mikroskopische Untersuchung aufbewahrt. Solche Fluideinschlüsse (◘ Abb. 4.5), die in ihrer Größe von weniger als 1 μm bis mehr als 100 μm variieren, können verwendet werden, um die Temperatur und die Zusammensetzung des ursprünglichen Fluids abzuschätzen.

Die Entwicklung nach dem Einschließen eines salzhaltigen Fluideinschlusses zeigt ◘ Abb. 4.6, die dem Phasendiagramm für reines Wasser in Kasten 2.2 ähnelt. Das saline Fluid befindet sich in einem Hohlraum mit konstantem Volumen (wobei die thermische Kontraktion des Kristalls vernachlässigt wird), und deshalb bewirkt die Abkühlung, dass der Flüssigkeitsdruck von A nach B entlang eines sogenannten isochoren Pfads mit konstantem Volumen fällt. Bei B wird die Flüssigkeit mit Dampf gesättigt, und nach einer gewissen Unterkühlung kommt es bei B_1 zur Nukleation (Keimbildung) einer Gasblase. Während sich der Einschluss entlang der Flüssigkeit-Dampf-Phasengrenze zur Raumtemperatur (R) abkühlt, lässt die thermische Kontraktion der Flüssigkeit die Blase wachsen. Die Flüssigkeit kann mit einer ihrer gelösten Stoffe die Sättigung erreichen (z. B. bei D), sodass es bei D_1 zur Nukleation eines Tochterkristalls wie Halit (◘ Abb. 4.5) oder einem anderen Salz kommt, der bei der weiteren Abkühlung wächst.

Mit einem Mikroskop, dessen Tisch speziell zum Erwärmen und Kühlen der Probe ausgestattet ist, kann der Geologe den Abkühlungsprozess wiederholen und dabei den Einschluss beobachten. Die Temperatur, bei der die Blase beim Erwärmen gerade verschwindet (Homogenisierungstemperatur), gibt einen Hinweis, bei welcher Temperatur der Kristall und seine Einschlüsse gebildet wurden. Die gemessene Homogenisierungstemperatur betrifft zwar Punkt B, aber dies ist eine nützliche Mindestschätzung der Temperatur von Punkt A. Die Messung des ursprünglichen Drucks mit anderen Mitteln ermöglicht es, T_A genauer zu bestimmen.

Wie das Salz, das im Winter zum Schmelzen von Eis auf die Straßen gestreut wird, drückt der Salzgehalt der Flüssigkeit den Gefrierpunkt im Vergleich zu reinem Wasser. Die Phasenverhältnisse des Systems Wasser–Salz ähneln denen von Di–An (◘ Abb 2.6). Spezielle Heiz- und Kühltische an modernen Mikroskopen sind auch dafür ausgestattet, die Proben bis −180 °C abzukühlen, sodass die Temperatur bestimmt werden kann, bei der Eiskristalle beim Abkühlen zuerst auftauchen oder beim Aufwärmen verschwinden.

4.4 · Natürliche Wässer

> Aus dieser Temperatur kann der Salzgehalt der Flüssigkeit abgeschätzt werden.
> Fluideinschlüsse sind ein sehr gutes Werkzeug, um die physikalischen und chemischen Eigenschaften von hydrothermalen Systemen zu erforschen. Weitere Informationen finden Sie in Rankin (2005a, b) und dem Buch von Samson et al. (2003).

Die Bestimmung der chemischen Spezies – die Spezierung – von Metallen, die in den in der Erdkruste zirkulierenden hydrothermalen Fluiden gelöst und transportiert werden, ist ein wichtiger Schritt zum Verständnis der Bildung hydrothermaler Erzlagerstätten. Die gebildeten Komplexe hängen von der Temperatur und dem pH-Wert der Lösung sowie von den vorhandenen Liganden ab. Die wichtigsten Liganden in typischen erzbildenden Fluiden sind wahrscheinlich Cl^-, H_2S und HS^-. Das Sulfidion selbst (S^{2-}) ist wohl in den neutralen oder leicht sauren Fluiden, die als typisch für erzbildende Systeme angesehen werden, kein wichtiger Ligand.

Da erzbildende Fluide bekanntermaßen stark salzhaltig sind, dominieren Chloridkomplexe den hydrothermalen Transport vieler wichtiger Metalle. So kann Blei (Pb) als $PbCl^+$ oder als $PbCl_4^{2-}$ vorhanden sein, je nach Salinität des Fluids:

$$Pb^{2+} + Cl^- \rightarrow PbCl^+ \text{(niedrigsaline Lösung)}$$

$$Pb^{2+} + 4\,Cl^- \rightarrow PbCl_4^{2-} \text{ (hochsaline Lösung)}$$

Diese Spezies ermöglichen es salzreichen Lösungen in Kontakt mit Galenit (PbS, auch Bleiglanz genannt), bis zu 600 ppm Blei (nach Gewicht) zu enthalten, während ansonsten reines mit PbS gesättigtes Wasser nur $4 \cdot 10^{-9}$ ppm enthält.

Experimente und Berechnungen deuten darauf hin, dass die wichtigste Zinkspezies in heißen salinen Fluiden elektrisch neutrales $ZnCl_2^0$ ist, dass Silber hauptsächlich als $AgCl_2^-$ transportiert wird und Zinn als $SnCl^+$. Kupfer bildet den Komplex $(CuCl)^0$, der die Chemie hydrothermaler Lösungen oberhalb von 250 °C dominiert, aber bei niedrigeren Temperaturen kann der Bisulfidkomplex $Cu(HS)_3^{2-}$ eine wichtige Rolle spielen.

Die Stabilität solcher Komplexe ist sehr empfindlich gegenüber der Temperatur der Flüssigkeit, ihrem pH-Wert und der Salinität. Daraus folgt, dass, wenn ein sulfidhaltiges hydrothermales Fluid eine signifikante Veränderung in einer dieser Variablen erfährt, es

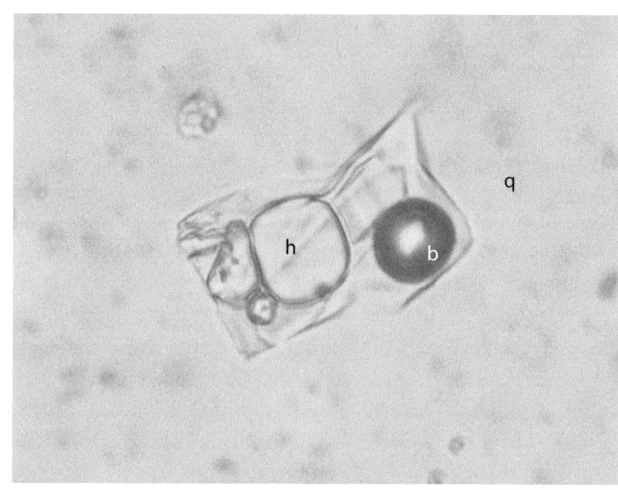

Abb. 4.5 Fluideinschluss (ca. 30 µm breit) in einem Dünnschliff aus einer Quarzader im Dartmoor-Granit, Devon, England. h = Halitkristall, b = Gasblase, q = Quarz (Wirtskristall). Die Grenze der Gasblase ist aufgrund des hohen Brechungsindexunterschieds zwischen dem Gas und der umgebenden Flüssigkeit deutlicher sichtbar (optisch gesehen hat sie ein höheres Relief). (Quelle: Foto mit freundlicher Genehmigung von Dr. D. Alderton)

Tab. 4.6 Grundwasser und Sole

Ion	Grundwasser im Mississippi-Sandstein in 40 m Tiefe[a] (ppm)	Ölfeld-Sole, Mississippi, in 3330 m Tiefe[b] (ppm)
Cl^-	4,4	158.200
Na^+	60	59.500
K^+	4,1	538
Ca^{2+}	44	36.400
Mg^{2+}	11	1730
Fe^{2+}	1,3	298
SO_4^{2-}	22	310
HCO_3^-	327	–
Zn	0	300

[a]Von Todd und Mays (2006)
[b]Aus Barnes (1979), Tab. 1.1

zu einer drastischen Verringerung der Löslichkeit bestimmter vorhandener Metalle kommen kann, was zu ihrer Ausfällung als Sulfiderz führt. Dies kann geschehen, wenn die Temperatur sinkt (Kasten 4.2), wenn es sich mit anderen Lösungen mit einem höheren pH-Wert oder einem niedrigeren Salzgehalt vermischt oder wenn es mit dem Nebengestein reagiert.

4.5 Oxidation und Reduktion: Eh-pH-Diagramme

» „Zwei Komponenten – Protonen (H^+-Ionen) und Elektronen – sind in der natürlichen Umgebung allgegenwärtig. Ihre Aktivitäten können elektrometrisch als pH-Wert und Redoxpotenzial Eh gemessen werden, diese Aktivitäten können in einem Eh-pH-Diagramm gegeneinander aufgetragen werden. Die Gesamtfläche eines solchen Diagramms, die wir durch (Feld-)Messungen erhalten, grenzt die natürliche (aquatische) Umgebung ein." (Baas Becking et al. 1960)

Die Oxidationskraft (die wir uns als die Fähigkeit, Elektronen von Atomen zu entfernen, vorstellen können) und der Säuregehalt (die Fähigkeit einer Lösung, Protonen = Wasserstoffionen abzugeben) sind die beiden wichtigsten Parameter jeder sedimentären Umgebung und beschreiben gemeinsam die Stabilitätsgrenzen der dort vorkommenden Minerale. Sie werden ausgedrückt in Form des **Redoxpotenzials** (siehe Kasten 4.7) und des **pH-Wertes** (siehe Anhang A.2) der Lösungen, mit denen die Minerale koexistieren. Wenn mehrere alternative Minerale je nach den Bedingungen kristallisieren können, ist es logisch, ihre Stabilitätsfelder in Eh-pH-Diagrammen darzustellen. Zur Veranschaulichung zeigt ◘ Abb. 4.7a die Stabilitätsfelder verschiedener Kupferminerale zusammen mit relevanten gelösten Cu-Spezies (schattiertes Feld), die in Gegenwart von Wasser, Chlorid, Schwefel und Kohlenstoffdioxid stabil sind.

Was bedeuten die beiden schrägen Linien ganz oben und ganz unten in diesem Diagramm? Über der obersten Linie liegen Bedingungen, die so stark oxidierend sind, dass Wasser zerfällt und Sauerstoff freisetzt:

$$H_2O \rightleftharpoons \frac{1}{2}O_2 + 2\,H^+ + 2\,e^-$$

Da die Hinreaktion in der Natur nicht stattfindet, stellt die Linie eine formale Obergrenze für Eh-Werte dar, die in natürlichen Gewässern auftreten. Diese obere Grenze ist geneigt, da der für das Ablaufen der Hinreaktion erforderliche Eh-Wert vom pH-Wert abhängt (da H^+ eines der Produkte ist).

Die untere diagonale Linie markiert den Beginn von derart reduzierenden Bedingungen, die ausreichen, um Wasser zu Wasserstoff zu reduzieren:

$$H_2O + H^+ + 2e^- \rightleftharpoons H_2 + OH^-$$

Das Auftreten von reduziertem Wasserstoff H_2 in wässrigen Systemen ist sehr selten, sodass diese Linie in der Hydrosphäre ungefähr der unteren Grenze für Eh entspricht. Zwischen diesen beiden diagonalen Grenzen liegt das „Wasserfenster", das alle natürlichen aquatischen Milieus umfasst.

Es ist sinnvoll, ◘ Abb. 4.7a mit ◘ Abb. 4.7b zu vergleichen, die Eh-pH-Bereiche des Wassers aus einer Vielzahl von Gewässern zusammenfasst. Die Punkte zeigen den Bereich einer großen Anzahl von Wasseranalysen, die von Baas Becking et al. (1960) zusammengestellt wurden. Wasser, das in Kontakt mit dem Sauerstoff der Atmosphäre zirkuliert und gut belüftet bleibt, ist oxidierend und liegt im oberen, „oxischen" Teil des „Wasserfensters". Fe^{2+}-haltige Minerale, die mit diesem in Kontakt sind (Kasten 4.7), werden mit der Zeit zu roten Fe^{3+}-haltigen Mineralen wie Hämatit (Fe_2O_3) oder Goethit (hydratisiertes Fe_2O_3) oxidiert, und eisenhaltige Gesteine wie einige Schiefer und Sandsteine erhalten daher durch Verwitterung eine rötliche Farbe. Stagnierende oder staunasse Milieus – insbesondere solche, die reich an organischer Substanz sind – sind oft stark reduzierend (sie liegen im unteren „anoxischen" Teil des „Wasserfensters"). Die Verwitterung unter diesen Bedingungen – unterhalb des Grundwasserspiegels – erzeugt graue oder grüne Oberflächen, die für Fe^{2+}-haltige Silicatminerale charakteristisch sind. Magnetit ($Fe_3O_4 = FeO \cdot Fe_2O_3$) und Sulfidminerale sind in solchen Umgebungen stabil.

Eh-pH-Diagramme dienen dem Sedimentgeochemiker in ähnlicher Weise wie P-T- oder T-χ-Phasendiagramme (▶ Kap. 2) in der magmatischen und metamorphen Petrologie: Sie helfen uns, aus den in einem realen Gestein enthaltenen Mineralen die Bedingungen zu rekonstruieren, unter denen es sich gebildet hat. Viele Beispiele für Eh-pH-Diagramme finden sich im Buch von Garrels und Christ (1965) – ein Klassiker – und in einer aktuellen Zusammenstellung des Geological Survey of Japan (2005).

4.5 · Oxidation und Reduktion: Eh-pH-Diagramme

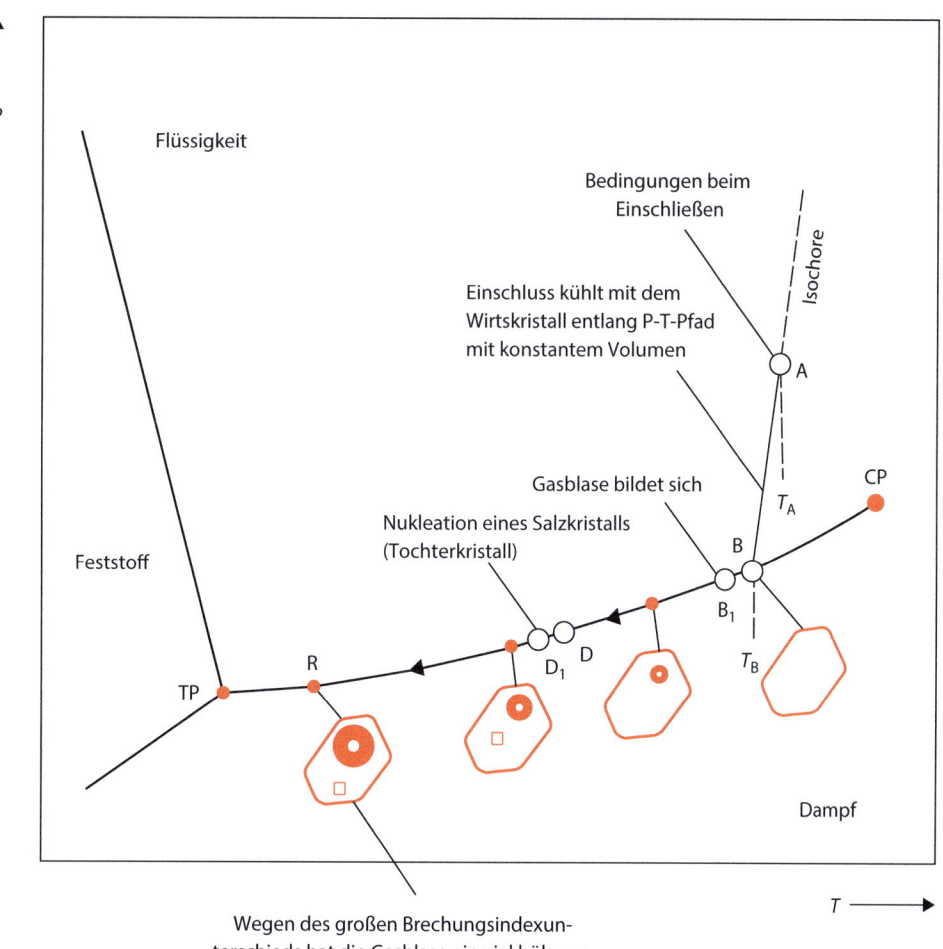

Abb. 4.6 Der *P-T*-Pfad von Fluideinschlüssen

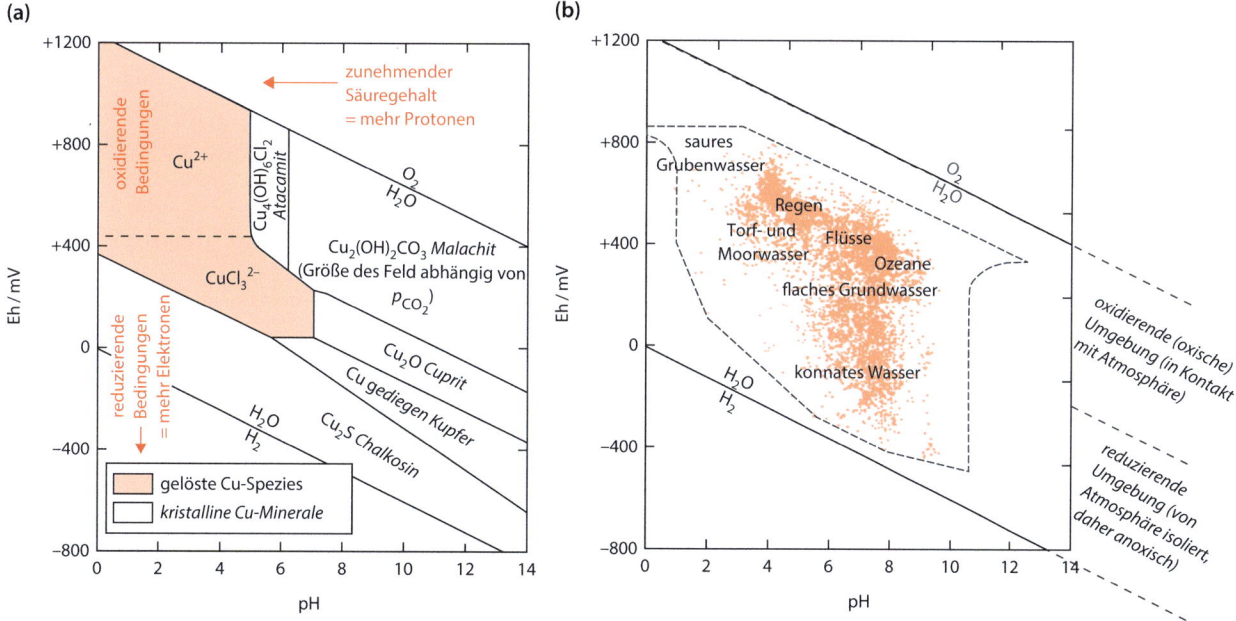

Abb. 4.7 Eh-pH-Diagramme: **a** ungefähre Stabilitätsfelder von Kupfermineralen und gelösten Spezies (schattierte Fläche) im Gleichgewicht mit Wasser, S^{2-}, Cl^- und CO_3^{2-} (vereinfacht nach Rose, 1976, 1989; unter Verwendung von Malachitdaten von Vink, 1986; Garrels und Christ, 1965); **b** ungefähre Eh-pH-Bereiche einiger natürlicher Gewässer (Punkte), die umschließende gestrichelte Linie begrenzt das Spektrum der Wasseranalysen. (Aus der Zusammenstellung durch Baas Becking et al., 1960)

Kasten 4.7 Oxidation und Reduktion (Redoxreaktionen) und Eh

Bei der Bildung stabiler Verbindungen mit anderen Elementen kann Eisen eine von zwei Oxidationsstufen annehmen. Fe^{2+} (engl.: *ferrous iron*) hat zwei seiner Elektronen abgegeben oder geteilt, um Bindungen mit anderen Atomen zu bilden (▶ Kap. 7), das Ion ist zweiwertig oder in Oxidationsstufe II. Silicatminerale mit Fe^{2+}-Ionen sind meist grau oder grün gefärbt (z. B. Olivin, Kasten 9.10). Alternativ kann sich ein Eisenatom mit drei Elektronen an der Bindung beteiligen und eine dreiwertige Spezies bilden: Fe^{3+} (engl.: *ferric iron*) mit der Oxidationsstufe III. Viele Verbindungen mit Fe^{3+} haben eine rote oder orange Farbe (z. B. Rost). Diese Zustände von Eisen können auch Fe(II) und Fe(III) bzw. Eisen(II) und Eisen(III) geschrieben werden. Diese Schreibweise erkennt an, dass Eisen in diesen Oxidationszuständen nicht unbedingt die Form von Ionen (Fe^{2+} und Fe^{3+}) annehmen muss. Dies hängt von der Art der Bindung ab, wie in ▶ Kap. 7 erläutert. Reines metallisches Eisen befindet sich in der Oxidationsstufe 0, geschrieben Fe(0). Die Oxidationsstufen von Metallen werden in ▶ Kap. 9 näher erläutert.

Eine Reaktion, die bewirkt, dass Eisen die Anzahl seiner Elektronen, die an Bindungen mit anderen Atomen beteiligt sind, erhöht, wird als Oxidation bezeichnet, da sie die Oxidationsstufe von Eisen erhöht. Ein Beispiel ist die Verwitterung des eisenreichen Olivins Fayalit (eine Eisen(II)-Verbindung):

$$2\,Fe_2^{2+}SiO_4 \text{ (Olivin)} + O_2 \text{(Luft)}$$
$$+ H_2O \rightarrow 2\,Fe_2^{3+}O_3 \text{ (Hämatit)}$$
$$+ 2\,H_2SiO_2 \text{ (gelöste Form von } SiO_2)$$

Oxidation eines Ions (z. B. Oxidation von Fe^{2+} zu Fe^{3+}) entspricht der Abgabe eines oder mehrerer Elektronen.

Die Reduktion ist der umgekehrte Prozess, zum Beispiel wenn ein oxidiertes Element einen Teil oder alle seine Bindungselektronen zurückerhält, wie z. B. bei der Bildung von gediegen Eisen, wenn eine basaltische Lava mit bituminösem Schiefer in Kontakt kommt:

$$2\,FeMgSiO_4 + C \rightarrow 2\,Fe + 2\,MgSiO_3 + CO_2$$

mit:

$FeMgSiO_4$ = „Olivinkomponente" in der Schmelze mit Fe(II)

C = Kohlenstoffgehalt im Schiefer

Fe = gediegen Eisen

$MgSiO_3$ = „Pyroxenkomponente" in der Schmelze

CO_2 = Kohlenstoffdioxid (Gas)

Diese Reaktion veranschaulicht auch eine äußerst wichtige geochemische Eigenschaft von organischem Material (das C, H und O enthält) und von elementarem Kohlenstoff: ihre Fähigkeit, als natürliches Reduktionsmittel unter einer Vielzahl von geologischen Bedingungen zu wirken.

Oxidation und Reduktion (Redoxreaktionen) sind für viele andere Elemente wichtig, die in der Natur in mehr als einer Oxidationszahl vorkommen. Kohlenstoff kann beispielsweise als reines Element C(0) in Diamant oder Graphit oder in Kombination mit Sauerstoff („oxidierter Kohlenstoff", C(IV) wie in Calciumcarbonat, $CaCO_3$) vorliegen. In organischen Verbindungen (wie in Methan) wird er jedoch mit Wasserstoff, einem Element mit geringerer Elektronegativität (◘ Abb. 6.4), kombiniert, und in diesem Zustand C(–IV) wird er als „reduzierter Kohlenstoff" bezeichnet.

Schwefel verhält sich ähnlich: Je nach Umgebung kommt er vor:
- im elementaren Zustand S(0), der elementare Schwefel wird oft an Vulkankratern ablagert;
- als „oxidierter Schwefel" in Schwefeldioxid (SO_2) als S(IV) und im Sulfation SO_4^{2-} als S(VI);
- als „reduzierter Schwefel" S(–II) in Schwefelwasserstoff (H_2S) und in Metallsulfiden wie Galenit (PbS).

Die Oxidationsstufe von Schwefel kann, wie bei Eisen (siehe oben), durch Wechselwirkung mit organischer Substanz verändert werden. Z. B. kann bei der Diagenese von Sedimenten, die auf dem Meeresboden abgelagert wurden, gelöstes Sulfat im Porenwasser (◘ Tab. 4.5) durch organische Substanz im Sediment reduziert werden, um Pyritkristalle (FeS_2) zu bilden.

Die Stabilität von Mineralen, die diese Oxidationsstufen enthalten, hängt von den äußeren Bedingungen ab, denen sie ausgesetzt sind. Zur Atmosphäre offene Umgebungen sind von Natur aus oxidierend, da Sauerstoff gut darin ist, Elektronen von Metallatomen wegzuziehen. Solche Bedingungen stabilisieren sauerstoffhaltige Minerale wie Sulfate, Hämatit (Fe_2O_3) und Cuprit (Cu_2O). Umgebungen, die reich an organischer Substanz oder von der Atmosphäre abgeschnitten sind (z. B. unterhalb des Grundwasserspiegels), sind dagegen tendenziell reduzierend. Dies sind günstige Bedingungen für die Bildung von Sulfiden und anderen sauerstoffarmen Mineralen.

Diese Beziehungen werden durch die Abwärtsentwicklung der Stabilitätsfelder von Cu_2O über metallisches Cu zu Cu_2S in ◘ Abb. 4.7a veranschaulicht.

Der relative oxidierende oder reduzierende Charakter einer natürlichen Lösung, der die Stabilität von Mineralen bestimmt, die mit ihr koexistieren, wird in Form ihres Redox- (oder Oxidations-)potenzials Eh ausgedrückt, mit der Einheit Volt (V) oder Millivolt (mV).

In der Praxis wird der Eh-Wert einer aquatischen Umgebung (z. B. offenes Meer, Seesediment oder Moorwasser) gemessen, indem eine Platinelektrode in die Lösung eingeführt und die Spannung abgelesen wird, die sie in Bezug auf eine Referenzelektrode entwickelt (das Symbol Eh kommt daher, dass die Angabe relativ zur Standardwasserstoffelektrode angegeben wird). Hohe Werte bedeuten oxidierende Bedingungen, während niedrige oder negative Werte reduzierende Umgebungen anzeigen (◘ Abb. 4.7b).
Um Krauskopf und Vogel (1995) zu zitieren:

» „Das Redoxpotenzial ist in vielerlei Hinsicht analog zum pH-Wert. Es misst die Fähigkeit einer Umgebung, einem Oxidationsmittel Elektronen zuzuführen oder Elektronen von einem Reduktionsmittel aufzunehmen, so wie der pH-Wert einer Umgebung ihre Fähigkeit misst, einer Base Protonen (H^+-Ionen) zuzuführen oder aus einer Säure Protonen aufzunehmen."

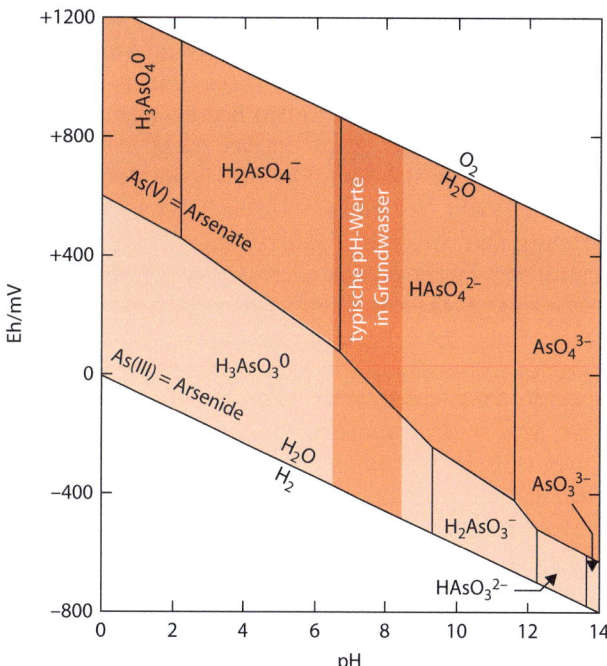

◘ **Abb. 4.8** Eh-pH-Diagramm mit den Stabilitätsbereichen der gelösten Spezies von Arsen. Arsen liegt in wässriger Lösung in einer von zwei Oxidationsstufen vor (siehe Kasten 4.7): As(III) im unteren, grünen Feld und As(V) im orangenen Feld darüber. In allen Phasenfeldern tritt gelöstes Arsen in Form verschiedener – abhängig vom pH-Wert – Oxoanionen auf, von denen einige auch Wasserstoff enthalten (vgl. Hydrogencarbonat HCO_3^-). Der dunklere vertikale Streifen veranschaulicht den begrenzten Bereich der pH-Werte, der für die meisten Grundwasserproben charakteristisch ist. (Quelle: Adaptiert aus Smedley & Kinniburgh (2002). Vervielfältigung mit Genehmigung von Elsevier)

4.5.1 Fallstudie Bangladesch – Arsen in Grundwasser und Trinkwasser

» „Arsen ist ein allgegenwärtiges (Spuren-)Element, das in der Atmosphäre, in Böden und Gesteinen, in natürlichen Gewässern und Organismen vorkommt … Die meisten ökologischen Arsenprobleme sind das Ergebnis einer Mobilisierung unter natürlichen Bedingungen." (Smedley und Kinniburgh, 2002)

Bangladesch ist ein kleines, dicht besiedeltes Land in einem hochwassergefährdeten Delta, in dem zwei große Flüsse aus dem Himalaja und aus Tibet – Ganges und Brahmaputra – in den Indischen Ozean münden. Der Bevölkerungsdruck führt dazu, dass oberflächennahes Grundwasser oft mikrobiologisch zu stark belastet ist, um sauberes Trinkwasser zu liefern (siehe Kasten 4.8). Die Erschließung des Grundwassers für die Wasserversorgung wurde daher von staatlichen und internationalen Stellen aktiv gefördert, um die Häufigkeit von durch Wasser übertragenen Krankheiten zu verringern. Millionen von Brunnen wurden gebohrt, meist in alluvialen Aquiferen in einer Tiefe von 10–60 m, wobei im Süden, wo diese flachen Grundwasserleiter zu salzhaltig für Menschen sind, tiefere Bohrungen aus Grundwasserleitern in Tiefen zwischen 100 und 150 m fördern. Die Wasserentnahme aus diesen tieferen Grundwasserleitern – in fluvialen Sedimenten, die reich an organischer Substanz sind – führt jedoch zu einem neuen, erst kürzlich erkannten Problem: gefährlich hohe Konzentrationen an leicht mobilisierbarem Arsen.

Arsen ist ein Halbmetall, das wegen seiner Toxizität berüchtigt ist. Die Geochemie seiner anorganischen Lösung ist in ◘ Abb. 4.8 zusammengefasst. Die meisten giftigen Spurenmetalle kommen in Lösung als einfache Kationen vor (wie Cd^{2+}, Cu^{2+}, Pb^{2+}, Zn^{2+}), die nur in saurer Lösung löslich sind. In neutralem und alkalischem Wasser werden diese Metalle tendenziell ausgefällt (wie die Stabilitätsfelder kristalliner Cu-Minerale in ◘ Abb. 4.7a veranschaulichen) oder an festen mineralischen Oberflächen adsorbiert. Die wässrige Chemie von Arsen hingegen wird von Oxoanionen dominiert, die über den gesamten pH- und Eh-Bereich löslich bleiben (◘ Abb. 4.8), einschließlich As(III) in Arseniten und As(V) in Arsenaten. Im Gegensatz zu ◘ Abb. 4.7a sind alle in ◘ Abb. 4.8 dargestellten Spezies gelöste Formen von As. Arsen unterscheidet sich von anderen Oxoanionen bildenden Elementen wie Cr, V, Mo und P dadurch, dass es auch unter reduzierenden Bedingungen (tiefer Eh) löslich bleibt, was für die hohe Mobilität von Arsen in der Umwelt verantwortlich ist.

Die As-reichen Aquifere im Süden von Bangladesch bestehen aus glimmerhaltigem Sand, Silt und Ton, der von undurchlässigem Ton bedeckt ist, der einen Lufteintritt verhindert. Die Isolierung von der Atmosphäre, kombiniert mit einer Fülle von festen organischen Stoffen, führt zu stark reduzierenden Bedingungen in diesen tieferen Grundwasserleitern, die eine selektive Mobilisierung von As begünstigen. Die Sedimente des Aquifers sind hier nicht besonders As-reich (typischerweise 10–30 ppm), aber Arsen ist dafür bekannt, dass es an wasserhaltigen Eisenoxidmineralen adsorbiert, die als allgegenwärtige Schichten auf Sedimentkörnern vorliegen, in denen As in höheren Konzentrationen von bis zu 500 ppm vorhanden ist (Nickson et al., 2000). Wenn sich nach der Überlagerung der Sedimente reduzierende Bedingungen in den Aquiferen entwickeln, lösen sich diese Eisenoxidüberzüge auf und setzen Fe und As in das Grundwasser frei.

Es wird geschätzt, dass 57 Mio. Menschen, vor allem im Südosten von Bangladesch, Trinkwasser mit einem As-Gehalt haben, der über dem derzeit von der WHO empfohlenen sicheren Obergrenze von 10 $\mu g\,dm^{-3}$ liegt. Davon sind 30 Mio. sogar von Wasser abhängig, das mit As-Werten über 50 $\mu g\,dm^{-3}$ belastet ist (Smedley und Kinniburgh 2002). Als kurzfristige Maßnahme ist eine Senkung der As-Konzentration durch eine gründliche Belüftung des Trinkwassers aus den kontaminierten Brunnen möglich: Dies führt zur Reoxidation und Fällung des gelösten Fe und zur Kofällung eines Teils des As aus der Lösung.

Noch tiefere Brunnen (>150 m Tiefe) liefern Wasser, das einen akzeptabel niedrigen As-Gehalt aufweist und eine längerfristige Antwort auf die chronischen Wasserversorgungsprobleme von Südostbangladesch geben kann.

Kasten 4.8 Trinkwasserqualität

Welche Faktoren bestimmen, ob Wasser sicher zu trinken ist? Vier Kategorien von Wasserverunreinigungen stellen eine potenzielle Gefahr für die menschliche Gesundheit dar:
- Mikrobiologische Verunreinigungen, einschließlich Viren und Bakterien (z. B. fäkale coliforme Bakterien, die durch unzureichende Abwasserbehandlung der Einleitungen stromaufwärts verursacht werden).
- Gelöste anorganische chemische Stoffe wie Nitrat und Phosphat (die in der Regel auf den Düngemitteleinsatz zurückzuführen sind) und Schwermetalle. (Manche gelöste anorganische Stoffe kommen natürlich vor und können, wie Ca^{2+} und Mg^{2+}, gut für die Gesundheit sein.)
- Organisch-chemische Verunreinigungen wie industrielle Lösungsmittel, Pestizide und Pharmazeutika.
- Radioaktive Verunreinigungen wie Radon (Kasten 3.3) und radioaktives Jod (^{131}I).

In den entwickelten Ländern tragen die Wasserversorger die Verantwortung für die regelmäßige Überwachung der Konzentrationen solcher Schadstoffe in ihrem öffentlichen Leitungswasser. Wenn festgestellt wird, dass die Schadstoffkonzentrationen die vorgeschriebenen Grenzwerte überschreiten (z. B. WHO, 2011), muss ein Versorgungsunternehmen die betroffene Quelle vom Versorgungsnetz nehmen oder Wasser aus anderen Quellen hinzumischen, um die Konzentrationen unter die vorgeschriebenen Grenzwerte zu senken.

Es ist gute Praxis, eine größere Bandbreite von Wasserqualitätsindikatoren zu überwachen, die für den Verbraucher von Belang sind, einschließlich physikalischer Eigenschaften wie Transparenz, Geschmack, Geruch und Farbe sowie chemisch-technischer Parameter wie pH-Wert, Härte, Gehalt an gelöstem Sauerstoff und biochemischer Sauerstoffbedarf (BSB – ein Maß für die insgesamt vorhandenen oxidierbaren organischen Verbindungen).

Übungen

4.1 Berechnen Sie die Löslichkeit (in $mol\,kg^{-1}$) von $BaSO_4$ bei 25 °C in:
a) reinem Wasser;
b) Wasser mit $103\,mol\,kg^{-1}$ gelöstem $CaSO_4$.

4.2 Berechnen Sie, wie viele Gramm CaF_2 sich in 1 kg reinem Wasser bei 25 °C auflösen (Löslichkeitsprodukt von CaF_2 bei 25 °C ist $10^{-10,4}$, Atommasse: Ca = 40; F = 19).

4.3 Berechnen Sie die Aktivität der Kohlensäure in Regenwasser, das mit Luft im Gleichgewicht ist:
- mit einem nominalen vorindustriellen $P_{CO_2}^{Luft} = 28{,}0\,Pa$,
- mit dem ermittelten Mittelwert $P_{CO_2}^{Luft} = 31{,}5\,Pa$ aus dem Jahr 1960 und
- mit dem im Jahr 2012 gemessenen Mittelwert $P_{CO_2}^{Luft} = 39{,}1\,Pa$ (NOAA, 2019).

Berechnen Sie die pH-Werte dieser Lösungen (nur unter Berücksichtigung der Reaktion ▶ Gl. 4.11) und schätzen Sie die Veränderung des pH-Wertes von Regenwasser in den letzten 50 Jahren ab. (Gleichgewichtskonstante $K_{H_2CO_3} = 0{,}31 \cdot 10^{-6}\,mol\,kg^{-1}\,Pa^{-1}$ bei 25 °C, siehe ▶ Gl. 4.10).

Literatur

Atkins PW, de Paula J (2009) Elements of physical chemistry, 5. Aufl. Oxford University Press, Oxford

Baas Becking LGM, Kaplan IR, Moore D (1960) Limits of the natural environment in terms of pH and oxidation-reduction potentials. J Geol 68:243–284

Barnes HL (Hrsg) (1979) Geochemistry of hydrothermal ore deposits, 2. Aufl. Wiley, New York

Berner RA (1971) Principles of chemical sedimentology. McGraw-Hill, New York

Edmond JM, von Damm K (1983) Hot springs on the ocean floor. Sci Am 248(April):78–93

Garrels RM, Christ CL (1965) Solutions, minerals and equilibria. Harper, New York

Geological Survey of Japan (2005) Atlas of Eh–pH diagrams – intercomparison of thermodynamic databases. Open file report No 419, S 285 www.gsj.jp/data/openfile/no0419/openfile419e.pdf. Zugegriffen: 18. Dez. 2019

Koschinsky A, Garbe-Schönberg D, Sander S et al (2008) Hydrothermal venting at pressure–temperature conditions above the critical point of seawater, 5°S on the Mid-Atlantic Ridge. Geology 36:615–618

Krauskopf KB, Bird DK (1995) Introduction to geochemistry, 3. Aufl. McGraw-Hill, New York

Libes SM (2009) An introduction to marine biogeochemistry. Academic, San Diego

Nickson RT, McArthur JM, Ravenscroft P et al (2000) Mechanism of arsenic release to groundwater, Bangladesh and West Bengal. Appl Geochem 15:403–413

NOAA (2019) Trends in atmospheric carbon dioxide. ▶ https://www.esrl.noaa.gov/gmd/ccgg/trends/global.html. Zugegriffen: 19. Dez. 2019

Rankin A (2005a) Fluid inclusions. In: Selley RC, Cocks LRM, Plimer IR (Hrsg) Encyclopedia of geology. Elsevier, Amsterdam, S 253–260

Rose AW (1976) The effect of cuprous chloride complexes in the origin of red-bed copper and related deposits. Econ Geol 71:1036–1048

Rose AW (1989) Mobility of copper and other heavy metals in sedimentary environments. In: Boyle RS et al (Hrsg) Sediment-hosted stratiform copper deposits: Geological Association of Canada special paper, 36, 97–110, ISBN 978-0919216365.

Samson I, Anderson A, Marshall D (2003) Fluid inclusions: analysis and interpretation. Mineralogical Association of Canada, Québec

Smedley PL, Kinniburgh DG (2002) A review of the source, behaviour and distribution of arsenic in natural waters. Appl Geochem 17:517–568

Todd DK, Mays LW (2006) Groundwater hydrology, 3. Aufl. Wiley, New York

Vink BW (1986) Stability relations of malachite and azurite. Mineral Mag 50:41–47

WHO (2011) Guidelines for drinking-water quality. World Health Organization, Geneva

Weiterführende Literatur

Albarède F (2009) Geochemistry, an introduction, 2. Aufl. Cambridge University Press, Cambridge

Atkins PW, de Paula J (2009) Elements of physical chemistry, 5. Aufl. Oxford University Press, Oxford

Barrett J (2003) Inorganic chemistry in aqueous solution. Royal Society of Chemistry, Cambridge

Drever JI (1997) Geochemistry of natural waters, 3. Aufl. Prentice Hall, Upper Saddle River, NJ

Edmond JM, von Damm K (1983) Hot springs on the ocean floor. Sci Am 248(April):78–93

Krauskopf KB, Bird DK (1995) Introduction to geochemistry, 3. Aufl. McGraw-Hill, New York

Libes SM (2009) An introduction to marine biogeochemistry. Academic, San Diego

Rankin A (2005b) Fluid inclusions. In: Selley RC, Cocks LRM, Plimer IR (Hrsg) Encyclopedia of geology. Elsevier, Amsterdam, S 253–260

Smedley PL, Kinniburgh DG (2002) A review of the source, behaviour and distribution of arsenic in natural waters. Appl Geochem 17:517–568

UNICEF (2008) Arsenic mitigation in Bangladesh. www.unicef.org/bangladesh/Arsenic.pdf

Walther JV (2008) Essentials of geochemistry, 2. Aufl. Jones and Bartlett, Sudbury

Elektronen in Atomen

Inhaltsverzeichnis

5.1 Warum muss ein Geologe Atome verstehen? – 88

5.2 Das Atom – 88
5.2.1 Die Mechanik der Atomteilchen – 89

5.3 Stehende Wellen – 92
5.3.1 Harmonische Schwingung – 92

5.4 Elektronenwellen in Atomen – 94

5.5 Die Formen der Orbitale – 95
5.5.1 s-Orbitale – 95
5.5.2 p-Orbitale – 96
5.5.3 d-Orbitale – 98
5.5.4 f-Orbitale – 98

5.6 Energieniveaus der Elektronen – 98
5.6.1 Atome mit mehreren Elektronen – 100
5.6.2 Elektronenkonfigurationen – 101

5.7 Zusammenfassung – 102

Übungen – 104

Literatur – 104

5.1 Warum muss ein Geologe Atome verstehen?

Wir wenden uns nun dem Verhalten der Materie auf der viel kleineren Skala der einzelnen Atome und Moleküle zu, die eine Größe von etwa 10^{-10} m aufweisen (Kasten 5.1). Die submikroskopische Welt der Atome scheint auf den ersten Blick wenig Einfluss auf die alltägliche Geologie zu haben – viele Menschen denken eher an Ereignisse wie Erdbeben und Vulkanausbrüche, die eine ganz andere Größenskala betreffen. Wie die nächsten Kapitel zeigen, können jedoch viele wichtige Eigenschaften geologischer Materialien aus den Arten der Atome, aus denen sie bestehen, und den chemischen Bindungen, die diese Atome zusammenhalten, abgeleitet werden. Die Geometrie eines Lavastroms hängt beispielsweise von der Viskosität der Lava ab: Basaltlava mit niedriger Viskosität breitet sich (bei einem Ausbruch an Land) deckenförmig aus und kann über weite Strecken fließen und ziemlich dünne Ströme bilden. Vulkane, die hauptsächlich aus Basaltströmen aufgebaut sind, wie die Hawaii-Inseln, zeichnen sich daher durch sehr sanfte Hänge aus. Dazit- oder Rhyolithlava hingegen hat eine viel höhere Viskosität und neigt dazu, einen bauchigen, steilen Lavadom (auch Staukuppe genannt) direkt über dem Schlot zu bilden. Die Lavaviskosität wird durch die Struktur der Bindungen bestimmt, die einzelne Atome miteinander verbinden. Wie wir in ▶ Kap. 7 sehen werden, variiert diese je nach den dominanten Typen der vorhandenen Atome. So führen beispielsweise die atomaren Eigenschaften von Silicium (Si) dazu, dass SiO_2-reiche Schmelzen (Dazit und Rhyolith, 65–75 % SiO_2) viel viskoser sind als SiO_2-arme Laven (Basalt, 45–52 % SiO_2). Atomare Wechselwirkungen auf der Subnanometerskala haben somit einen direkten Einfluss auf die Form geologischer Strukturen, die etwa 10^{13}-mal größer sind.

Die Eigenschaften, die geologische Materialien von ihrer atomaren Beschaffenheit erben, haben auch wichtige wirtschaftliche Anwendungen. Ein geophysikalischer Ansatz bei der Exploration (Suche nach Erzen) ist die Messung der elektrischen Leitfähigkeit des Bodens an einer Reihe von Punkten in einem vielversprechenden Gebiet. In vielen Sulfiden bewirkt die chemische Bindung, dass diese Minerale sich in gewisser Weise ähnlich wie Metalle verhalten, was ihnen eine größere elektrische Leitfähigkeit verleiht, als die sie umgebenden Silicatgesteine (▶ Abschn. 7.4.5, Kasten 9.8). Diese Eigenschaft kann vom Geophysiker genutzt werden, um unentdeckte Erzkörper aufzuspüren. Wieder einmal sehen wir den wichtigen Einfluss der atomaren Eigenschaften auf die makroskopischen Eigenschaften von Mineralen und anderen geologischen Materialien. Ein grundlegendes Verständnis der Natur der Atome und der chemischen Bindung ist daher für die Arbeit aller Geologen von unmittelbarer Bedeutung.

> **Kasten 5.1 Einheiten der Atomgröße**
> Die Größe eines Atoms kann in Nanometer (nm) oder Pikometer (pm) gemessen werden:
> 1 nm = 10^{-9} m oder ein milliardstel Meter = 1000 pm.
> 1 pm = 10^{-12} m oder ein billionstel Meter.
> Die meisten Atome und Ionen haben Durchmesser im Bereich von 0,1–0,3 nm bzw. 100–300 pm.
> Der Nanometer ist die derzeit anerkannte SI-Einheit für die Atomgröße (▶ Anhang A.1). Die traditionelle Einheit für die atomaren Dimensionen war das Ångstrom (1 Å = 0,1 nm = 10^{-10} m), benannt nach dem schwedischen Physiker Anders Jonas Ångström.

5.2 Das Atom

Jedes Atom besteht aus zwei Teilen:
- dem Atomkern im Zentrum, der fast die gesamte Masse des Atoms enthält, aber nur ein Zehntausendstel seines Durchmessers ausmacht;
- eine Familie von Elektronen, die sich um den Kern versammelt und eine dreidimensionale „Wolke" bildet, die das Volumen des Atoms ausmacht.

Die grundlegenden Fakten zu diesen beiden Komponenten des Atoms sind in ◘ Tab. 5.1 aufgeführt. Der Kern stellt einen außerordentlich dichten Aggregatzustand dar und beherbergt die positive Ladung des Atoms (die proportional zur sog. Ordnungszahl Z ist, der Anzahl der darin enthaltenen Protonen). Protonen in solcher Nähe üben eine starke elektrostatische Abstoßung aufeinander aus, aber der Kern wird durch eine noch größere Kraft zusammengehalten, die als **starke Wechselwirkung** bezeichnet wird (Kasten 11.2).

In der Geochemie sind wir mehr an den negativ geladenen Elektronen interessiert, die sich um den Kern sammeln und in der elektrostatischen Anziehungskraft seiner positiven Ladung gefangen sind. Die Anzahl der Elektronen in einem elektrisch neutralen Atom ist gleich der Anzahl der Protonen im Kern. Diese gefangenen Elektronen stellen das Mittel dar, mit dem Atome sich gruppieren und verbinden können. Sie sind die Währung chemischer Reaktionen, die ausgetauscht oder geteilt wird, wenn Atome interagieren und Bindungen eingehen. Dieses Kapitel ist daher dem Verhalten von Elektronen in Atomen gewidmet. Wer es zum ersten Mal liest, wird feststellen, dass Kasten 5.4 eine nützliche Abkürzung bietet.

Tab. 5.1 Grundlegende Fakten über Atome

	Kern	Elektronenwolke
Ungefähre Größe	10^{-14} m	10^{-10} m
Elektrostatische Ladung	Positiv	Negativ
Enthaltene Teilchen	Protonen und Neutronen[a]	Elektronen
Ungefähre Masse der einzelnen Teilchen	$1{,}7 \cdot 10^{-27}$ kg (≈ 1800 Elektronenmassen)	$9 \cdot 10^{-31}$ kg
Relative Anzahl der Partikel	In den meisten Atomkernen gibt es etwas mehr Neutronen als Protonen	Die Anzahl der Elektronen in einem neutralen Atom ist gleich Z, der Anzahl der Protonen[a]
Ungefähre Dichte der Materie (kg dm^{-3} = g cm^{-3})	10^{12} kg dm^{-3}	1 kg dm^{-3}

[a] Protonen tragen eine Einheit positiver Ladung und Neutronen sind elektrisch neutral. Elektronen haben jeweils eine Einheit mit negativer Ladung. Z wird als Ordnungszahl bezeichnet

5.2.1 Die Mechanik der Atomteilchen

Mechanik ist die Wissenschaft von Körpern in Bewegung, sie beschreibt die Bewegung von Billardkugeln, Raumsonden und Planeten. Mit Ausnahme der wichtigen Beiträge aus dem 20. Jahrhundert – der Relativitätstheorie und der Quantenmechanik – sind die Grundregeln der Mechanik seit mehr als zwei Jahrhunderten bekannt, seit den Tagen von Isaac Newton. Sein Beitrag war so wichtig, dass wir heute die klassische Mechanik der makroskopischen Welt oft als „newtonsche Mechanik" bezeichnen.

Es wäre zu erwarten, dass die Bewegung von Elektronen um den Atomkern den Prinzipien der newtonschen Mechanik entspricht, wie die Planeten in ihrer Umlaufbahn um die Sonne. Obwohl sich die Anziehungskräfte in diesen beiden Fällen in ihrer Art unterscheiden – elektrostatisch bzw. gravitativ – entsprechen beide dem reziproken Quadratgesetz (▶ Anhang A.1), sodass man erwarten würde, dass die mathematische Analyse gleich ist. Dennoch ist seit mehr als 80 Jahren klar, dass die klassische Mechanik nicht vollständig auf die Physik im atomaren und subatomaren Bereich anwendbar ist. Andere Einflüsse scheinen am Werk zu sein, die zwar wenig offensichtliche Auswirkungen auf die makroskopische Welt haben, aber in der Physik des Atoms von größter Bedeutung sind.

Kasten 5.2 Was ist eine Welle?
Eine Welle beschreibt eine periodische Veränderung bzw. Störung des Werts eines physikalischen Parameters. Wenn sich eine Welle über die Oberfläche eines ansonsten stillen Teiches bewegt, ist der physikalische Parameter die Höhe der Wasseroberfläche: Einen auf der Oberfläche schwimmenden Zweig sehen wir beim Vorbeilaufen der Welle auf und ab wackeln, was darauf hinweist, dass die Wasseroberfläche periodisch aus ihrer Gleichgewichtsposition verschoben wird. Eine Welle ist sowohl in Zeit als auch in Raum periodisch: der Zweig bewegt sich ν mal pro Sekunde auf und ab (wir nennen ν die Frequenz der Welle, die Einheit ist s^{-1}, ν ist der griechische Buchstabe Ny), aber wenn wir zu einem bestimmten Zeitpunkt eine Momentaufnahme machen, werden wir sehen, dass aufeinanderfolgende Wellenberge in konstantem Abstand voneinander angeordnet sind, bekannt als die Wellenlänge λ der Welle (gemessen in Metern; λ ist der griechische Buchstabe Lambda).

Wellen auf einer Teichoberfläche sind die am einfachsten zu visualisierende Wellenform, da die Störung die Position eines sichtbaren Merkmals – der Teichoberfläche – beeinflusst. Das von der Physik verwendete Konzept der „Wellen" hat jedoch einen viel breiteren Anwendungsbereich, da neben der Position auch andere physikalische Größen periodischen Schwankungen unterliegen können. Ein gutes Beispiel ist eine Schallwelle, bei der beim Vorbeilaufen der Welle der Luftdruck schwankt. Diese Luftdruckänderungen erzeugen eine periodische Druckdifferenz über dem Trommelfell, die wir als Schall wahrnehmen; je öfter der Druck pro Sekunde schwingt (je größer die Frequenz), desto höher ist die „Tonhöhe" der Note, die wir wahrnehmen. In Abwesenheit von Luft gibt es keine Druckschwankungen, weshalb sich Schall nicht durch ein Vakuum ausbreiten kann.

Eine elektromagnetische Welle (z. B. Licht) kann als ein „Wellenzug" dargestellt werden, der die Intensitäten von elektrischen und magnetischen Feldern betrifft. An einem Ort, der weit von Magneten und elektrostatischen Ladungen entfernt ist, sind die Durchschnitts- oder Gleichgewichtswerte dieser beiden Felder gleich Null. Der Durchgang einer Lichtwelle bewirkt, dass sie jeweils zwischen positiven und negativen Werten schwanken. Lichtwellen werden durch Wellenlänge und Frequenz wie Schallwellen charakterisiert, auch wenn die Werte sehr unterschiedlich sind (Kasten 6.3).

Die bisher betrachteten Beispiele waren fortschreitende Wellen, die Energie von einem Ort zum anderen (z. B. vom Lautsprecher zum Ohr) übertragen. Eine Welle, die in einem Gehäuse eingeschlossen ist, verhält sich jedoch anders: Wenn sie von den Wänden des Gehäuses reflektiert wird, lässt die Interaktion zwischen vorwärts und rückwärts gerichteten Wellen die Welle scheinbar stillstehen. Diese stehende Welle ist am einfachsten im eindimensionalen Beispiel einer Gitarrensaite zu sehen. Eine wichtige Eigenschaft einer stehenden Welle ist, dass sie eine klar definierte Wellenlänge hat, die durch die Abmessungen des Gehäuses (z. B. die Länge der Gitarrensaite) bestimmt wird. Dieses Phänomen wird in Orgelpfeifen (Klang) und Lasern (Licht) genutzt.

Die vielleicht radikalste Abkehr von der alltäglichen Erfahrung ist die Vorstellung, dass atomare Teilchen wie Elektronen einige der Eigenschaften von Wellen besitzen – ein Vorschlag, der erstmals 1924 vom französischen Physiker Louis de Broglie gemacht wurde. (Leser, die mit der Physik der Wellen nicht vertraut sind, dürften Kasten 5.2 hilfreich finden.) De Broglies Idee wurde bald durch die experimentelle Entdeckung gestützt, dass ein Elektronenstrahl durch ein Kristallgitter gebeugt werden kann.

Kasten 5.3 Beugung
Beugung ist ein Phänomen, das auftritt, wenn elektromagnetische Wellen wie Licht mit einem regelmäßig wiederholten geometrischen Muster interagieren. Ein bekanntes Beispiel sind die Farbsäume, die im von der Oberfläche einer CD oder DVD reflektierten Licht zu sehen sind. Die wichtigste Voraussetzung für das Auftreten einer Beugung ist, dass der Wiederholungsabstand des Musters der Größe der Wellenlänge(n) des zu beugenden Lichts ähnlich sein sollte. Das digitale Signal auf einer CD wird in eine Spiralspur mit konstantem Abstand zwischen den aufeinanderfolgenden Windungen gebrannt. In einem im Labor verwendeten Beugungsgitter wird der gleiche Effekt durch Gravieren von geraden Rillen auf einer Glasplatte oder einem Spiegel (mit einem typischen Abstand von 500–1000 nm) erreicht. Der Abstand der Rillen liegt im Wellenlängenbereich von sichtbarem Licht (400–760 nm). Aus dem gleichen Grund werden Röntgenstrahlen ($\lambda = 10^{-2}$–1 nm) durch die sich regelmäßig wiederholenden Atome eines Kristallgitters (typischer Wiederholungsabstand 0,1–2 nm) gebeugt, das als dreidimensionales Beugungsgitter wirkt.

Wie ein Blick auf jede CD zeigt, ist die Wirkung eines Beugungsgitters auf die sichtbare Strahlung der eines Prismas sehr ähnlich: Weißes Licht wird in ein Kontinuum verschiedener Farben gestreut. Der physikalische Prozess ist jedoch völlig anders. Eintreffende Wellen werden durch einzelne Rillen oder Spuren in alle Richtungen gestreut. Für Strahlen, die in bestimmte Richtungen gestreut werden, verstärken sich Wellen einer bestimmten Wellenlänge, die von benachbarten Rillen (oder Atomen im Falle der Röntgenbeugung) ausgehen, gegenseitig und geben eine erhöhte Intensität dieser Wellenlänge oder Farbe (siehe ◘ Abb. 5.1), während in anderen Richtungen die benachbarten Wellen „phasenverschoben" sind und sich gegenseitig eliminieren und die Intensität dieser Wellenlänge reduzieren (Interferenz). Wenn im einfallenden Lichtstrahl viele Wellenlängen vorhanden sind, bewirkt dies, dass eine Wellenlänge in einer bestimmten Winkelrichtung verstärkt wird, nicht aber in anderen, sodass ein Farbspektrum entsteht.

Die Beugung findet in der Spektrometrie (▶ Abschn. 6.5.1) viele Anwendungen, um sichtbare, ultraviolette oder Röntgenspektren (Kasten 6.3) in „Spektrallinien" zu trennen, damit die Abstrahlung einzelner Elemente separat gemessen werden kann. Die Wellenlänge der Spektrallinie kann aus dem Beugungswinkel, bei dem die Wellenlänge erfasst wird, und dem Abstand der Rillen bzw. Atomebenen berechnet werden. Diese Beziehung wird am einfachsten für die Röntgenbeugung durch die bekannte Bragg-Gleichung ausgedrückt:

$$n\lambda = 2d \sin \theta \qquad (5.1)$$

wobei n eine ganze Zahl (1, 2...) ist, d der Abstand zwischen benachbarten Ebenen identischer Atome im Kristall und θ (griechischer Buchstabe Theta) der Beugungswinkel, bei dem die Röntgenwellenlänge λ mit maximaler Intensität gebeugt wird. Unter Verwendung eines Kristalls mit bekanntem d-Abstand kann die Bragg-Gleichung verwendet werden, um die verschiedenen Wellenlängen in einem komplexen Röntgenspektrum einer geologischen Probe (Kasten 6.4) zu untersuchen. Wenn stattdessen das Röntgenspektrum aus einer einzigen und bekannten Wellenlänge einer Röntgenröhre besteht, bietet die Gleichung ein Werkzeug, um die Atomstruktur (das Kristallgitter) eines unbekannten kristallinen Materials durch Messung der d-Abstände verschiedener Sätze von Atomebenen zu ermitteln. Seit der Arbeit von Bragg in den

5.2 · Das Atom

1930er-Jahren ist die Röntgenbeugung eine wesentliche Technik zur Bestimmung der atomaren Struktur von Mineralen und zur Identifizierung von feinkörnigen kristallinen Materialien wie Tonmineralen (Kasten 8.2).

Die **Beugung** ist ein für Wellen charakteristisches Phänomen, das entsteht, wenn eine Welle egal welcher Art auf eine periodische (regelmäßig wiederkehrende) Struktur trifft, deren Wiederholungsabstand in etwa der Wellenlänge der betreffenden Welle entspricht (Kasten 5.3). Im Falle eines Kristalls ist diese periodische Struktur die regelmäßige dreidimensionale Anordnung seiner Atome (das Kristallgitter). Es kommt zur **Interferenz** der von verschiedenen Teilen dieser Struktur gestreuten Wellen (◘ Abb. 5.1b und c), was ein charakteristisches räumliches Muster aus hohen und niedrigen Strahlungsintensitäten erzeugt, das als Beugungsmuster bezeichnet wird. Es kann von einem beweglichen Detektor oder auf einer fotografischen Platte aufgezeichnet werden. Mineralogen und Kristallographen nutzen die Beugung von entweder Röntgenstrahlen – elektromagnetischen Wellen – oder von Elektronen, um die innere Struktur von Mineralen und anderen kristallinen Materialien zu untersuchen. Die klassische Physik bietet keine Erklärung für die Elektronenbeugung, wenn wir Elektronen als Teilchen ansehen, und das Phänomen liefert den eindeutigen Beweis, dass die Bewegungen von atomaren Teilchen wie Elektronen durch eine zugrunde liegende wellenförmige Eigenschaft bestimmt werden.

Wenn ein Elektron als Wellenphänomen betrachtet werden soll, wie kann dann seine Position und Bewegung bestimmt werden? ◘ Abb. 5.2 zeigt ein sich bewegendes Elektron als Wellenpaket, das sich in diesem

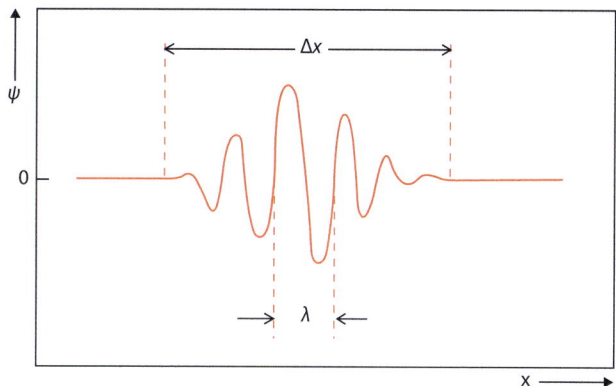

◘ **Abb. 5.2** Ein Wellenzug begrenzter Länge, der das Wellenverhalten eines Elektrons, das sich im freien Raum bewegt, vereinfachend veranschaulicht. Die horizontale Achse ist die x-Richtung, in der sich die Welle bewegt. Die vertikale Achse stellt die physikalische Eigenschaft dar (die wir noch nicht identifiziert haben), deren Schwingung die Welle überträgt. Sie wird als Wellenfunktion bezeichnet und durch den griechischen Buchstaben ψ (Psi) symbolisiert. Ein bekanntes Beispiel für ein solches kurzes Wellenpaket sind die Wellen, die beobachtet werden, wenn ein Stein in einen ruhigen Teich fällt: Im Profil gesehen würden sie (etwas verstärkt) dieser Abbildung ähnlich sehen. In diesem Fall wäre die Wellenfunktion die vertikale Verschiebung der Wasseroberfläche aus ihrem horizontalen Gleichgewichtszustand

Fall entlang der x-Achse bewegt, aber für unsere Untersuchung zu einem bestimmten Zeitpunkt t eingefroren ist, wie Rennpferde auf einem Foto. Die Position des Elektrons zum Zeitpunkt t kann nicht genau definiert werden, da sich das Wellenpaket gleichmäßig über einen Bereich von x-Werten erstreckt. Der Bereich Δx stellt ein grundlegendes Unsicherheitsintervall dar, in dem wir nicht genau bestimmen können, wo sich das Elektron gerade befindet, obwohl wir wissen, dass es irgendwo dort ist. Dieses Unsicherheitsintervall, das die

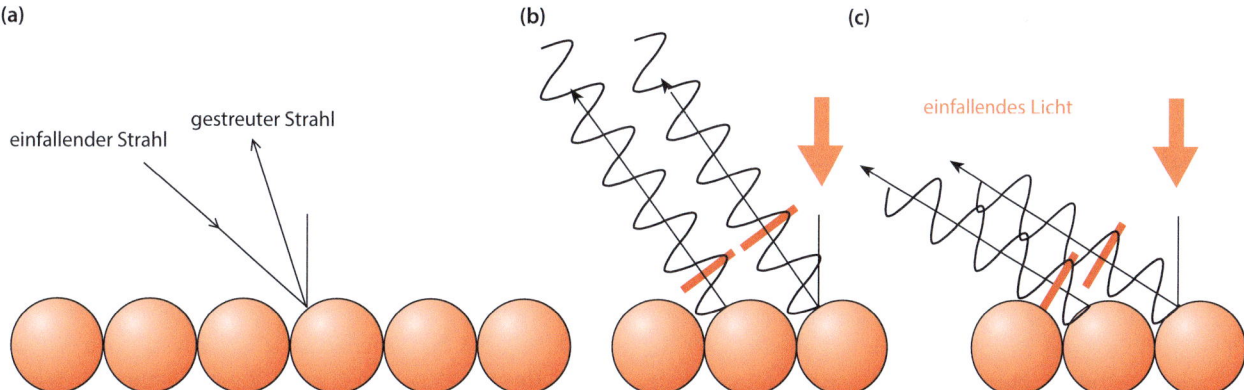

◘ **Abb. 5.1** Das Prinzip des Beugungsgitters, dargestellt durch eine Reihe von Atomen. **a** Einfallender Strahl und atomar in einem beliebigen Winkel gestreuter Strahl. **b** Wellen, die von benachbarten Atomen so gestreut werden, dass sie sich in Phase befinden, d. h. die Wellenberge zweier Wellen befinden sich zu einem Zeitpunkt am gleichen Ort (konstruktive Interferenz – Wellen addieren sich – der in dieser Winkelrichtung gebeugte Strahl wird verstärkt). **c** Wellen, die von benachbarten Atomen so gestreut werden, dass sie phasenverschoben sind, d. h. die Wellenberge sind gegeneinander versetzt (destruktive Interferenz – Wellen heben sich gegenseitig auf – geringe Intensität in dieser Richtung beobachtet). Breite Balken veranschaulichen die relative Position von äquivalenten Wellenfronten

physikalische Größe des Elektrons überschreitet, ist nicht das Ergebnis eines experimentellen Fehlers, sondern muss als grundlegende physikalische Einschränkung des Konzepts der „Position" bei Wellen angesehen werden. Heisenberg war der Erste, der dies 1927 erkannte. Er drückte es in einer quantitativen Form aus, die als Unschärferelation bezeichnet wird, aber die Details müssen uns hier nicht weiter interessieren.

Bei der Untersuchung des Atoms können wir daher Elektronen nicht als winzige Planeten betrachten, die den Kern mit genau festgelegten Koordinaten und Bewegungsbahnen umkreisen. Der Wellencharakter des Elektrons schließt dieses präzise klassische Bild aus und führt an seiner Stelle eine Vorstellung des Elektrons ein, dessen Position einer gewissen Unsicherheit unterliegt. Obwohl – wie wir sehen werden – Elektronen genau definierte räumliche Domänen um den Kern herum einnehmen, wird die genaue Art und Weise, wie jedes Elektron durch sein eigenes Territorium patrouilliert, durch grundlegende Grenzen der physischen Wahrnehmung vor uns verborgen, die in jedem Atommodell, das wir entwickeln, berücksichtigt werden müssen. Die in den Gesetzen der newtonschen Mechanik verankerte mathematische Gewissheit weicht somit auf der Skala des Atoms einer statistischen Interpretation der Teilchenmechanik auf der Grundlage der Wahrscheinlichkeit.

5.3 Stehende Wellen

Ein Elektron, das zu einem Atom gehört, ist auf ein kleines Raumvolumen in der Nähe des Kerns beschränkt. Wie verhält sich eine Welle unter diesen Umständen? Um diese Frage zu beantworten, ist es hilfreich, Wellen einer vertrauteren Art zu betrachten: die Wellen einer vibrierenden Saite.

Wenn eine Gitarrensaite gezupft wird, löst die durch den Finger des Spielers eingeleitete Verschiebung y eine schnelle Querschwingung der Saite aus, die als Wellen übertragen wird, die sich zu jedem Ende der Saite hin wegbewegen. Auf einer unendlich langen Saite würde sich jede dieser Störungen auf unbestimmte Zeit weiter nach außen ausbreiten (wie Wellen auf einem Teich). Die Wellen tragen die Energie der Störung vom Punkt des Zupfens weg, an dem die Saite bald wieder einen stationären Zustand erreicht. Eine Gitarrensaite hat jedoch eine begrenzte Länge, und wenn die Wellen die festen Enden der Saite erreichen, werden sie reflektiert. Die Saite wird daher durch Wellen abgelenkt, die gleichzeitig in entgegengesetzte Richtungen wandern, und der Gesamteffekt besteht darin, dass sich eine stehende Welle aufbaut: Die Saite schwingt schnell auf und ab – wir können die maximale Auslenkung in Form einer Hüllkurve darstellen, die sich allmählich mit der Zeit zusammenzieht. Diese Schwingung der Gitarrensaite ist mit bloßem Auge sichtbar. Ihre Form ist in ◘ Abb. 5.3 in der ersten Zeile (stark übertrieben) dargestellt. Die stehende Welle ist die charakteristische Form jeder Welle, die in einem engen Raumbereich (wie einer Gitarrensaite oder einer Orgelpfeife) gefangen ist. Stehende Wellen sind grundlegend für die Erzeugung von musikalischen Klängen, aber das Phänomen beschränkt sich nicht nur auf akustische Wellen.

Wenn ein Elektron von einem Atom durch die elektrostatische Anziehungskraft des Kerns eingefangen wird, wird die zugehörige Welle im Volumen des Atoms eingeschlossen. Sie reagiert auf die Enge genauso wie die Gitarrensaite: Sie wird zu einer stehenden Welle, zu einer oszillierenden Schwingung innerhalb einer festen Begrenzung.

Bevor man diese Analogie weiter entwickelt, muss man zwei offensichtliche Einschränkungen anerkennen:
— Bei der Gitarre sehen wir eine Welle, die entlang einer eindimensionalen Saite verteilt ist, während das Elektron wie eine Welle im dreidimensionalen Raum behandelt werden muss.
— Die Schwingung einer gezupften Saite lässt recht schnell nach, weil ihre Energie an die Umgebungsluft abgegeben wird, durch die der Schall unsere Ohren erreicht. Die stehende Elektronenwelle erfährt diesen „Dämpfungseffekt" nicht und schwingt weiter.

Die Eigenschaften dieser beiden Arten von stehenden Wellen unterscheiden sich im Detail, aber die zugrunde liegenden Prinzipien sind identisch.

5.3.1 Harmonische Schwingung

Die stehende Welle, die in der ersten Zeile in ◘ Abb. 5.3 dargestellt ist, ist die einfachste mögliche Schwingungsform, die durch Zupfen der Saite in ihrer Mitte erreicht wird. Diese Wellenform, die **Grundschwingung,** erzeugt den tiefsten Ton (den Grundton), der mit der Saite zu erhalten ist (Frequenz v_0). Um höhere Töne mit derselben Gitarrensaite zu erzeugen, kann man ihre Länge verkürzen, indem man sie an einem der Bünde am Gitarrenhals herunterdrückt. Aber für uns ist es wichtiger, welche anderen Töne auf der offenen (d. h. der gesamten) Saite erzeugt werden können. Es ist möglich, mit der offenen Gitarrensaite eine Reihe höherer Töne zu erzeugen, indem man sie wie in ◘ Abb. 5.3 beschrieben zu alternativen Formen von stehenden Wellen anregt, die als **harmonische Welle**, Harmonische, Oberwelle oder Oberschwingung bezeichnet werden.

Da die Enden der Saite fest sind, ist nur eine begrenzte Anzahl von Oberwellen möglich. Alle haben Wellenlängen (λ_2, λ_3 etc.) und Frequenzen (v_2, v_3 etc.),

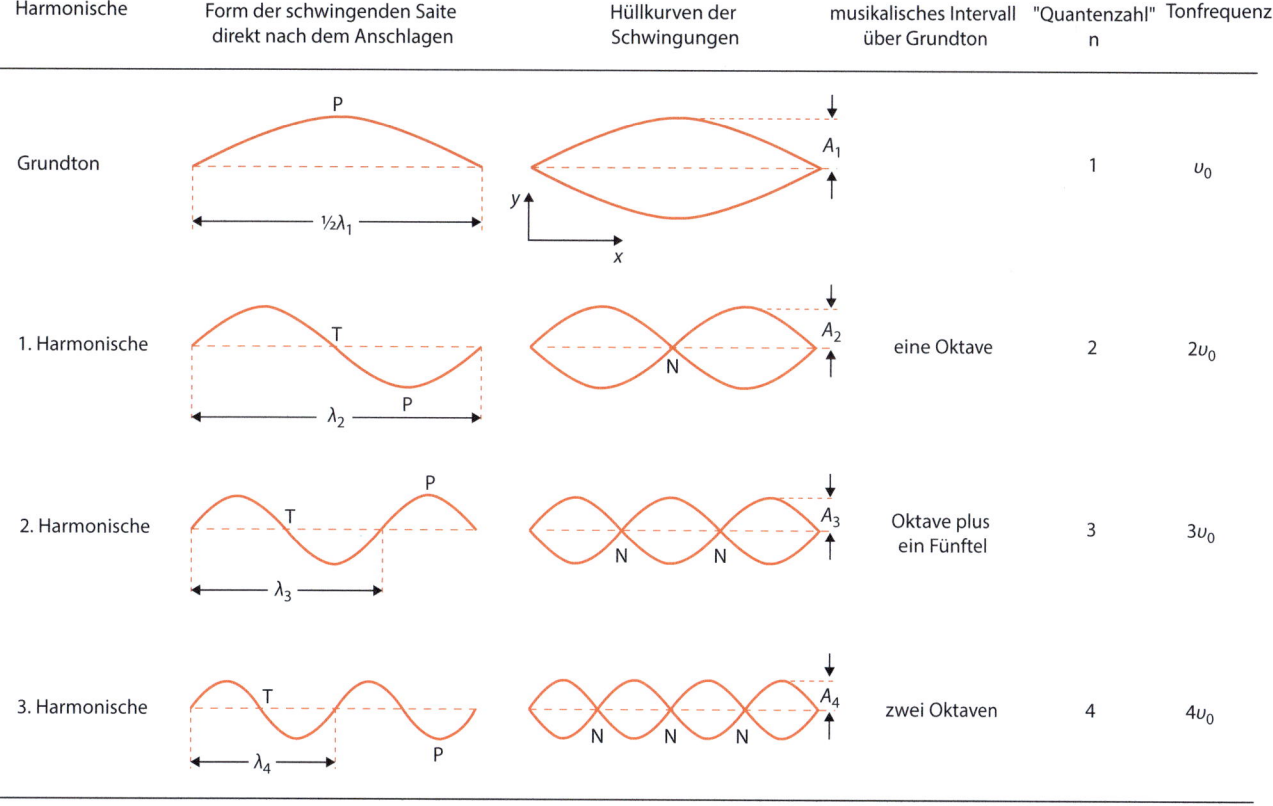

Abb. 5.3 Die Obertöne einer gezupften Saite. Um solche Obertöne auf der Gitarre zu erhalten, berührt der Spieler die Saite leicht an dem entsprechenden Knotenpunkt (an Punkt T, *touch*), während er sie in der Nähe des anderen Endes (Punkt P, *plucking*) scharf anreißt. Der Finger bei T wird sofort nach dem Zupfen entfernt. Das Prinzip besteht darin, einen Knotenpunkt bei T festzulegen und gleichzeitig die Saite über ihre gesamte Länge schwingen zu lassen

die auf einfache Weise mit der Grundschwingung in Beziehung stehen, wie in ◘ Abb. 5.3 dargestellt. Während die Saite im Grundton nur an ihren Enden stationär ist, weisen alle Obertöne Zwischenpunkte auf, an denen die Saite ebenfalls stationär bleibt (d. h. wo die seitliche Verschiebung der Saite, y, Null bleibt). Diese Punkte werden als **Knoten** *(node)* bezeichnet, die in ◘ Abb. 5.3 durch das Symbol „N" gekennzeichnet sind.

Die Grund- und die Oberwellen bilden eine Reihe von stehenden Wellen unterschiedlicher Form, die auf einer Saite der Länge L liegen können. Sie können alle durch eine allgemeine Gleichung beschrieben werden:

$$y = A_n \sin\left(\frac{n}{2} \cdot \frac{x}{L} \cdot 360°\right) \quad (5.2)$$

wobei y die seitliche Verschiebung der Saite (aus ihrer Gleichgewichtsposition) im Abstand x vom Ende der Saite darstellt. A_n ist die maximale Verschiebung und wird als Amplitude bezeichnet. Die ganze Zahl n hat für jede der möglichen Oberwellen einen anderen Wert. Die Eingabe von $n = 1$ in ▶ Gl. 5.2 beschreibt den Grundton; $n = 2$ ergibt die Gleichung für die erste Harmonische (◘ Abb. 5.3), und so weiter. Beachten Sie, dass der Wert von n mehrere wichtige Merkmale einer Harmonischen definiert:

- n gibt die Anzahl der Maxima und Minima (die Anzahl der „Zungen") der Wellenform an;
- die Anzahl der Knoten ist gleich $n-1$;
- die Wellenlänge der stehenden Welle ist gleich $2L/n$ (◘ Abb. 5.3);
- die Schwingungsfrequenz jeder Harmonischen ist proportional zu n.

Die wichtige Schlussfolgerung ist, dass eine an beiden Enden befestigte Saite nur eine begrenzte Anzahl von mit ihrer Länge L kompatiblen stehenden Wellen aufnehmen kann, sodass die Schwingungsfrequenz nur eine begrenzte Anzahl von Werten annehmen kann (die musikalischen Töne der Grund- und Oberschwingungen). Darf eine Variable nach den Eigenschaften des Systems nur bestimmte diskrete Werte annehmen, spricht man von Quantelung. Die ganze Zahl n, die diese zulässigen Werte aufzählt, wird **Quantenzahl** genannt. Diese Begriffe werden hauptsächlich im Zusammenhang mit der Atomphysik verwendet, beschreiben aber Merkmale, die allen Arten von stehenden Wellen gemeinsam sind, unabhängig vom Maßstab.

5.4 Elektronenwellen in Atomen

Die Oberwellen einer schwingenden Saite können mit einfachen Geräten untersucht werden, sodass eine gründliche mathematische Behandlung nicht erforderlich ist. Aufgrund seiner Größe eignet sich das Atom nicht für so einfache Experimente, und unser Verständnis davon, wie es funktioniert, kommt hauptsächlich aus der theoretischen Physik. 1926 formulierte der österreichische Physiker Erwin Schrödinger eine elegante und sehr erfolgreiche mathematische Theorie der Teilchenmechanik, welche die wellenförmigen Eigenschaften des Elektrons berücksichtigt. Seine Analysemethode ist als **Wellenmechanik** bekannt und bildet die Grundlage der modernen Atom- und Kernphysik. Obwohl die Mathematik schwierig ist, sind die zugrunde liegenden physikalischen Konzepte einfach und haben viel mit der Analyse der schwingenden Saite gemeinsam.

Schrödinger stellte eine allgemeine Wellengleichung (analog zu ▶ Gl. 5.2) auf, welche die physikalischen Gegebenheiten des Elektrons in einem Atom beschreibt: die Art der elektrostatischen Kraft, die es zum Kern zieht (das reziproke Quadratgesetz der klassischen Physik) kombiniert mit der damals neu erkannten Welleneigenschaften des Elektrons selbst. Schrödingers Arbeit deutete darauf hin, dass sich das in einem Atom eingeschlossene Elektron ähnlich verhält wie jede stehende Welle, einschließlich derjenigen eines Saiteninstruments (◘ Tab. 5.2).

Die Schrödinger-Gleichung ist eine Differenzialgleichung, die eine Reihe möglicher mathematischer „Lösungen" bietet, die als Zustände bezeichnet werden. Jede beschreibt einfach eine andere Form einer stehenden Welle, die ein eingeschlossenes Elektron annehmen kann, analog zu den in ◘ Abb. 5.3 dargestellten Schwingungen. Jede einzelne Elektronenwellenform mit ihrer eigenen spezifischen dreidimensionalen Geometrie wird als **Orbital** bezeichnet. Man spricht von einem Elektron, das ein bestimmtes Orbital „besetzt". Ein Orbital ist das wellenmechanische Äquivalent einer planetarischen Umlaufbahn.

▶ Gl. 5.2 drückt die Art und Weise aus, wie sich die Verschiebung y entlang der Länge der schwingenden Saite (gemessen als x) ändert. Im Vokabular der Wellentheorie wird die mathematische Funktion $y = f(x)$ als Wellenfunktion bezeichnet. Jede Lösung der Schrödinger-Gleichung drückt aus, wie eine Wellenfunktion $\psi = f(x, y, z)$ im dreidimensionalen Raum (x, y, z) um den Kern variiert (ψ ist der griechische Buchstabe Psi). Um die physikalische Bedeutung von ψ zu verstehen, müssen wir es quadrieren. Es gilt für die meisten Wellentypen, dass die Intensität der physischen Empfindung proportional zum Quadrat der Wellenfunktion ist. So ist beispielsweise die Lautstärke des von der Gitarrensaite ausgehenden Klangs proportional zu y^2, nicht zu y.

◘ **Tab. 5.2** Gemeinsamkeiten einer schwingenden Saite mit einem Atomorbital

	Stehende Welle bei einer Gitarrensaite	**Elektron in einem Atom**			
Art der Welle	Welle entlang einer Dimension (entlang der Saite) Die Wellenlänge ist durch feste Enden begrenzt	Dreidimensionale Welle (Orbital) um den Kern Die räumliche Ausdehnung der stehenden Elektronenwelle ist durch die elektrostatische Anziehung des Kerns eingeschränkt			
Zustände	Eine Quantenzahl (n) reicht aus, um die Zustände zu definieren:	Vier Quantenzahlen (n, l, m, s)* sind erforderlich, um alle möglichen Zustände eines Elektrons in einem Atom zu definieren; n und l sind die wichtigsten			
	$n = 1$: Grundschwingung		$l = 0$	$l = 1$	$l = 2$	$l = 3$
	$n = 2$: erste Harmonische					
	$n = 3$: zweite Harmonische	$n = 1$	1s	–	–	–
		$n = 2$	2s	2p	–	–
		$n = 3$	3s	3p	3d	–
		$n = 4$	4s	4p	4d	4f
Bedeutung der Wellenfunktion	Wellenfunktion = y (seitliche Verschiebung der Saite)	Wellenfunktion = ψ (Psi)			
	y^2 hängt mit der wahrgenommenen Lautstärke zusammen	Physikalische Bedeutung: ψ^2 = Wahrscheinlichkeit, das Elektron bei (x, y, z) anzutreffen = „Elektronendichte" bei (x, y, z)			

*n = Hauptquantenzahl, l = Nebenquantenzahl (Bahndrehimpulsquantenzahl), m = Magnetquantenzahl, s = Spinquantenzahl

5.5 · Die Formen der Orbitale

Die Größe von ψ^2 an jedem Punkt im Atom gibt uns die Wahrscheinlichkeit, das Elektron an diesem Punkt im Raum zu finden. Nach der Unschärferelation ist diese Wahrscheinlichkeit an jedem einzelnen Punkt kleiner als 1 (d. h. es gibt keinen einzigen Punkt, an dem wir das Elektron mit Sicherheit lokalisieren können), aber wenn wir das Atom als Ganzes betrachten, muss sich die Wahrscheinlichkeit für jedes der vorhandenen Elektronen zu 1 addieren.

Die Lösungen der Schrödinger-Gleichung für ein Elektron in einem Atom sind unabhängig von der Zeit (wie auch in ▶ Gl. 5.2 enthalten sie keinen Term mit t), sie geben also nicht die genaue Bewegungsbahn des Elektrons wieder, mit entsprechenden x-, y- und z-Koordinaten in Abhängigkeit von der Zeit. Das Elektron müssen wir uns vielmehr als eine konstante, aber diffuse Wolke vorstellen, die sich durch das Volumen des Orbitals erstreckt, wobei die sogenannte **Elektronendichte** der Wolke von Punkt zu Punkt entsprechend der Größe von ψ^2 variiert.

Für die schwingende Saite reicht eine einzige Quantenzahl n aus, um die verschiedenen beobachteten Arten von stehenden Wellen zu zählen. Es überrascht nicht, dass die Elektronenwelle im dreidimensionalen Atom etwas komplizierter ist: Vier Quantenzahlen (◘ Tab. 5.3) sind erforderlich, um alle möglichen Zustände zu erfassen, die eine Elektronenwelle annehmen kann. Für die meisten Zwecke müssen wir nur zwei dieser vier Quantenzahlen berücksichtigen: n, bekannt als die Hauptquantenzahl, und l, die Nebenquantenzahl (oder Bahndrehimpulsquantenzahl, die physikalische Herkunft dieser Namen interessiert uns hier nicht.) Die Bedeutung jeder Quantenzahl, zusammengefasst in ◘ Tab. 5.3, wird in den nächsten Abschnitten deutlich werden.

5.5 Die Formen der Orbitale

Atomorbitale kommen in vielen Formen und Größen vor, und eine Kenntnis ihrer Geometrie hilft dabei, Formen von Molekülen und die inneren Strukturen von Kristallen zu verstehen (▶ Kap. 8). Die Kristallstruktur des Minerals Diamant zum Beispiel ergibt sich direkt aus der Anordnung der Elektronendichte innerhalb jedes einzelnen Kohlenstoffatoms. In ähnlicher Weise ist die Anordnung der Orbitale im Sauerstoffatom für die geknickte Form des Wassermoleküls verantwortlich, von der die einzigartige Eigenschaft des Wassers als Lösungsmittel abhängt (Kasten 4.1).

Die Symmetrie eines Orbitals wird durch den Wert der Nebenquantenzahl l bestimmt, wie in ◘ Tab. 5.3 dargestellt. Orbitale, für die $l=0$ ist, haben eine einfache sphärische Symmetrie, aber wenn l zunimmt, begegnen wir einer zunehmend komplexeren Symmetrie. Wir beginnen mit der einfachsten Art der Orbitalsymmetrie, bei der die Parallele zur schwingenden Saite am deutlichsten sichtbar ist.

5.5.1 s-Orbitale

Die einfachsten Lösungen für die Schrödinger-Gleichung haben $l=0$ und besitzen eine sphärische (kugelförmige) Symmetrie und damit können ψ und ψ^2

◘ **Tab. 5.3** Physikalische Bedeutung von Quantenzahlen

Quantenzahl		Erlaubte Werte	Einfluss auf die Geometrie des Orbitals	
Name	Symbol			
Hauptquantenzahl	n	Ganzzahl: 1, 2, 3 …	(a)	Bestimmt die Größe des Orbitals: kleines n: kompaktes Orbital großes n: ausgebreitetes Orbital (◘ Abb. 5.4 und 5.5)
			(b)	$(n-1)$ ist die Anzahl der Knotenflächen mit $\psi^2=0$
Nebenquantenzahl (Bahndrehimpulsquantenzahl)	l	Ganzzahl: 0 bis $n-1$	Bestimmt die Form des Orbitals:	
			$l=0$	s-Orbital: sphärische Symmetrie
			$l=1$	p-Orbital: polare Symmetrie, die Elektronendichte bildet hantelförmig 2 Wolken auf gegenüberliegenden Seiten des Kerns (◘ Abb. 5.5)
			$l=2$	d-Orbital: Die Elektronendichte bildet 4 Wolken in Form einer gekreuzten Doppelhantel (◘ Abb. 5.5)
			$l=3$	f-Orbital: noch komplexer
Magnetquantenzahl	m	Ganzzahl: $-l$ bis $+l$	Bestimmt die Ausrichtung des Orbitals: gibt z. B. an, ob ein p-Orbital entlang der x-, y- oder z-Achse ausgerichtet ist	

Hinweis: Die Spinquantenzahl s wird erst relevant, wenn es sich um Atome mit mehreren Elektronen handelt; es gibt nur 2 zulässige Werte: $-\frac{1}{2}$ und $+\frac{1}{2}$

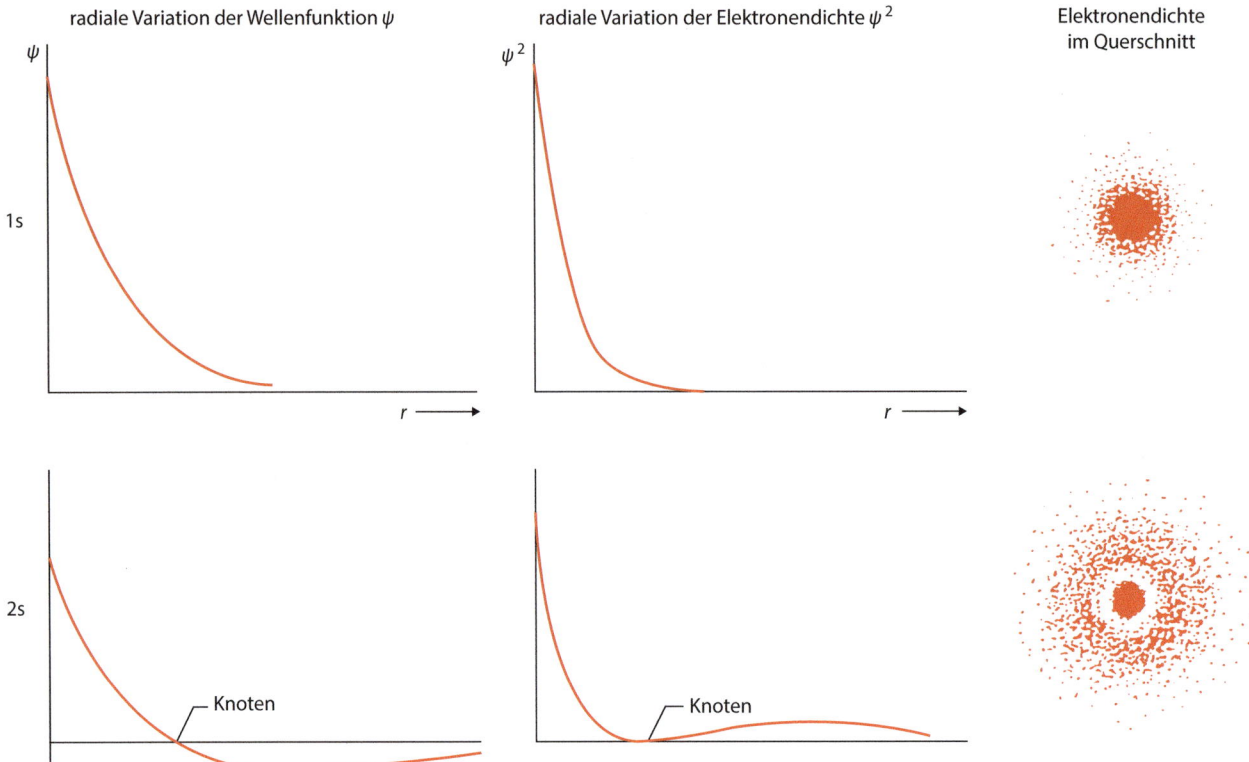

Abb. 5.4 Alternative Möglichkeiten zur Darstellung von s-Orbitalen. In den Querschnitten rechts zeigt die Dichte der Punkte die Elektronendichte an

einfach in Form einer radialen Koordinate r dargestellt werden, die den Abstand vom Kern darstellt. Solche Lösungen werden als s-Orbitale bezeichnet. Die beiden einfachsten Fälle sind in Abb. 5.4 dargestellt. Die obere Hälfte zeigt, was wir als atomares Gegenstück zum Grundton einer schwingenden Saite betrachten können (Abb. 5.3). Gemäß dieser Interpretation ist die Hauptquantenzahl n gleich 1 und die Anzahl der Knoten gleich 0. Dieses Orbital wird als 1 s bezeichnet. Die rechte Seite von Abb. 5.4 versucht zu zeigen, wie ein Querschnitt dieses Orbitals aussehen würde. Die Elektronendichte (dargestellt durch die Dichte der Punkte) ist unmittelbar um den Kern herum am größten und nimmt mit einem exponentiellen Profil gleichmäßig ab. Dieser diffuse äußere Rand ist allen Arten von Orbitalen gemeinsam, und in dieser Hinsicht unterscheiden sich die wellenmechanischen Wellenformen deutlich von den schwingenden Saiten, deren Schwingungen natürlich am Ende der Saite abrupt enden. Alle Atome und Ionen haben daher einen diffusen Außenrand.

Der untere Teil von Abb. 5.4 veranschaulicht ein komplexeres sphärisches Orbital, 2 s genannt, das einer ersten Harmonischen ähnelt: n hat den Wert 2, und es gibt ein knotenartiges Merkmal, bei dem die Wellenfunktion ψ und damit auch die Elektronendichte ψ^2 beide 0 sind. In drei Dimensionen ist dies kein Punkt, sondern eine kugelförmige Knotenfläche, die einen inneren Teil mit Elektronendichte >0 von einem äußeren Teil trennt. Diese beiden Teile des Orbitals nehmen zusammen das gleiche Elektron auf, das sich paradoxerweise statistisch auf beide verteilt. Es ist zu beachten, dass sich die Elektronendichte deutlich weiter vom Kern entfernt erstreckt als beim 1-s-Orbital (Abb. 5.4).

Jedes dieser Orbitale ist eindeutig definiert durch die Werte der beiden Quantenzahlen n (= 1 oder 2) und l (= 0). Es existiert eine Reihe von zunehmend größeren und komplexeren sphärischen Orbitalen, die Werten von n bis etwa 7 entsprechen. Diese werden nach dem Wert von n als 3 s, 4 s und so weiter unterschieden.

5.5.2 p-Orbitale

Die p-Orbitale sind eine zweite Klasse von Lösungen der Schrödinger-Gleichung (identifiziert durch $l=1$), in der die Elektronendichte in zwei „Ballons" konzentriert ist, die wie bei einer Hantel gegenläufig aus dem Kern herausragen (Abb. 5.5). Das Fehlen einer sphärischen Symmetrie erfordert hier die Einführung

5.5 · Die Formen der Orbitale

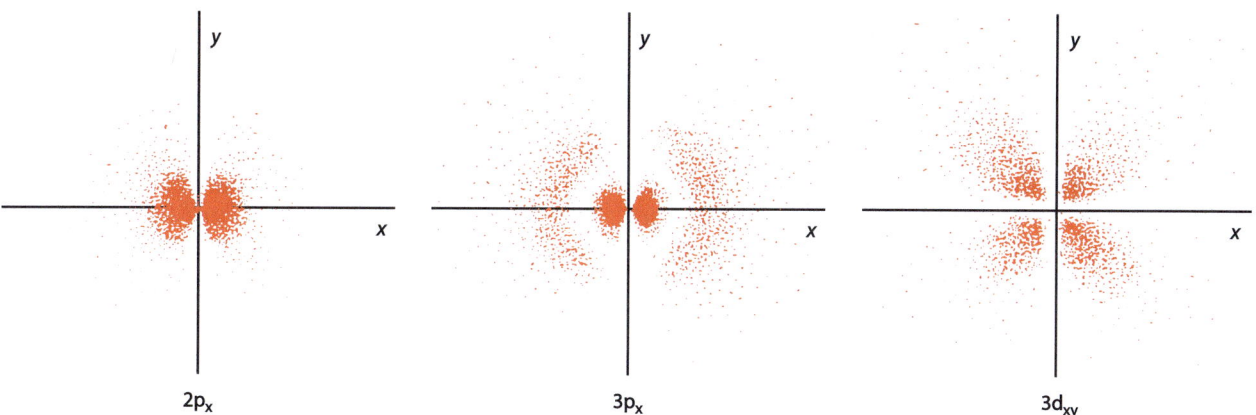

Abb. 5.5 Querschnitte der Elektronendichteverteilungen in 2p-, 3p- und 3d-Orbitalen. Die Elektronendichte ist durch die Dichte der Punkte dargestellt. Das $2p_x$-Orbital hat $(n-1)=1$ Knotenfläche in der y–z-Ebene, die vertikal durch den Ursprung (d. h. den Atomkern) verläuft. Das $3p_x$-Orbital hat zwei davon: eine wie bei $2p_x$ und eine kugelförmige Knotenfläche, die innere und äußere Teile des Orbitals trennt. Das $3d_{xy}$-Orbital hat auch zwei Knotenflächen, die in der x–z- und der y–z-Ebene liegen und beide durch den Ursprung bzw. den Kern verlaufen

beliebiger x-, y- und z-Achsen, die auf den Atomkern zentriert sind, um die unterschiedlichen Ausrichtungen dieser Hanteln zu spezifizieren.

Die Schrödinger-Gleichung zeigt, dass es drei gleichwertige, aber voneinander unabhängige p-Orbitale gibt, bezeichnet als p_x, p_y und p_z, in dem diese Hantel entlang der x-, y- bzw. z-Achse ausgerichtet ist (◘ Abb. 5.6). Diese Varianten teilen sich die gleichen Werte von n und l, unterscheiden sich aber dadurch, dass sie unterschiedliche Werte der Magnetquantenzahl m (◘ Tab. 5.3) auf-

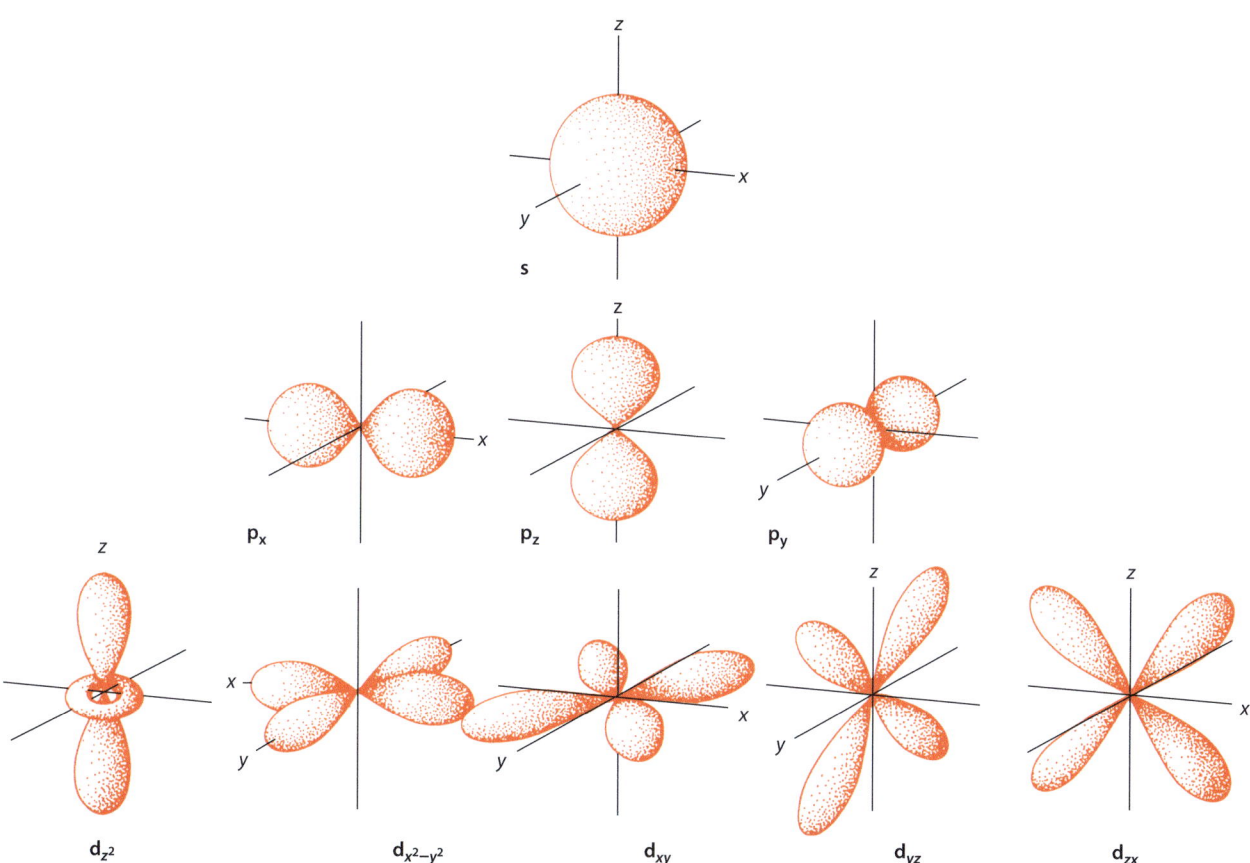

Abb. 5.6 Einfache „Ballon"-Diagramme, die zeigen, wo die Elektronendichte in s-, p- und d-Orbitalen konzentriert ist: Jeder Ballon kann als dreidimensionale Kontur der Elektronendichte betrachtet werden

weisen, die dazu dient, die unterschiedliche Ausrichtung jedes dieser Orbitale zu definieren.

Aus Gründen, die wir nicht diskutieren müssen, verbietet die Schrödinger-Gleichung Werte von $l > (n-1)$ (◘ Tab. 5.3). Dementsprechend gibt es bei $n=1$ kein p-Orbital und die einfachsten p-Orbitale ($2p_x$, $2p_y$ und $2p_z$) werden bei $n=2$ angetroffen. (In Übereinstimmung mit diesem Wert von n beobachten wir die Existenz einer Knotenebene, welche die beiden Ballone trennt. Obwohl sie anders geformt ist, hat diese Knotenfläche eine ähnliche Bedeutung wie diejenige im 2s-Orbital.) Wie bei s-Orbitalen liegt die maximale Elektronendichte in jedem Ballon in der Nähe des Kerns (◘ Abb. 5.5). Für jeden Wert von $n > 1$ existieren drei solcher p-Orbitale, und diese Familien werden entsprechend dem Wert n mit 2p, 3p, 4p usw. bezeichnet. (Für die meisten Zwecke können die Indizes x, y und z weggelassen werden.) Wie ◘ Abb. 5.5 veranschaulicht, nehmen die Größe des Orbitals und die Anzahl der Knotenflächen mit zunehmendem Wert von n zu.

5.5.3 d-Orbitale

Setzen wir $l = 2$, erzeugt dies eine dritte Klasse von Orbitalen, die d-Orbitale genannt werden und erst bei $n=3$ auftreten. Bis auf einen Sonderfall bestehen d-Orbitale aus vier länglichen Ballons der Elektronendichte, die sich rechtwinklig zueinander aus dem Kern heraus erstrecken (◘ Abb. 5.5), was meist als „gekreuzte Doppelhantel" beschrieben wird. Wie in ◘ Tab. 5.3 dargestellt, kann m nun die Werte $-2, -1, 0, +1$ und $+2$ haben, und wir finden daher fünf gleichwertige d-Orbitale für jeden Wert von n (größer als 2). Ihre Ausrichtung im Raum ist in ◘ Abb. 5.6 schematisch dargestellt. Drei Orbitale, d_{xy}, d_{yz} und d_{zx}, haben Ballons, die sich diagonal zwischen den Koordinatenachsen erstrecken, während die beiden anderen ihre Ballons der Elektronendichte entlang der Achsen ausgerichtet haben. Unsere bisherigen Erfahrungen mit der Wellentheorie deuten darauf hin, dass wir in jedem der 3d-Orbitale, da $n=3$ ist, auf zwei Knotenflächen treffen sollten, und die in ◘ Abb. 5.5 dargestellten Knotenflächen bestätigen diese Erwartung. Für jeden Wert von n größer als 2 existiert eine eigene Familie von fünf d-Orbitalen (3d, 4d etc.).

Wie wir in ▶ Abschn. 9.13 sehen werden, sind die d-Orbitale für die charakteristische Chemie von Übergangsmetallen wie Eisen, Kupfer und Gold verantwortlich und spielen eine wichtige Rolle in der Komplexbildung in wässrigen Lösungen, von der ihr hydrothermaler Transport und ihre Ausfällung mit der Bildung von Erzkörpern abhängen.

5.5.4 f-Orbitale

Die letzte Klasse von Lösungen der Schrödinger-Gleichung sind diejenigen, für die $l = 3$ ist. Ihre Geometrie ist zu komplex, um sie hier zu berücksichtigen, aber wir sollten beachten, dass sie erst bei $n=4$ auftreten und dass sieben äquivalente Orbitale mit unterschiedlichen Orientierungen für jeden Wert von n über 3 existieren. Erst im Zusammenhang mit schweren Elementen wie Cer und Uran werden die f-Orbitale chemisch wichtig.

5.6 Energieniveaus der Elektronen

Jeder Zustand der Schrödinger-Gleichung besitzt einen genau definierten Wert der Gesamtenergie E des Elektrons (die Summe aus potenzieller und kinetischer Energie des Elektrons). Die Energie eines Elektrons in einem Atom kann daher nicht kontinuierlich variieren, sondern ist wie die Frequenz einer Gitarrensaite gequantelt und muss einem dieser zulässigen Energieniveaus entsprechen. Der dänische Physiker Niels Bohr war der Erste, der dies 1913 aus empirischen Gründen vermutete. Die theoretische Grundlage blieb jedoch unklar, bis Schrödingers Arbeit zeigte, dass es sich um eine einfache Folge der stehenden Wellen handelte, die von Elektronen gebildet werden, die in einem Atom gefangen sind.

Die Energieniveaus der verschiedenen Orbitale sind in ◘ Abb. 5.7 in Bezug zueinander (im einfachsten Beispiel mit nur einem Elektron – dem Wasserstoffatom) dargestellt. Der Nullpunkt der Energieskala ist definiert als die Energie eines „freien Elektrons im Ruhezustand", das zu keinem Atom gehört und keine kinetische Energie besitzt. Diese Konvention bietet eine gemeinsame Basislinie, die es uns ermöglicht, die Energieniveaus von Elektronen in verschiedenen Atomtypen direkt zu vergleichen. Alle Energieniveaus haben negative Elektronenenergien, was darauf hindeutet, dass ein Elektron innerhalb eines Atoms eine größere Stabilität aufweist als außerhalb.

Jedes Kästchen in ◘ Abb. 5.7 stellt ein Orbital dar. Zusammenfassend betrachtet ähneln die Orbitale einem unregelmäßigen Satz von „Ablagefächern" im Energieraum und bieten dem Elektron eine Vielzahl von alternativen Unterkünften im Atom. Das 1s-Orbital hat bei Weitem das niedrigste Energieniveau, was darauf hindeutet, dass das Elektron in diesem Zustand am stärksten an den Kern gebunden ist. Diese Interpretation steht im Einklang mit der sehr geringen Größe des 1s-Orbitals (◘ Abb. 5.4), was die Position des Elektrons in der Nähe des Kerns begrenzt, wo dessen elekt-

5.6 · Energieniveaus der Elektronen

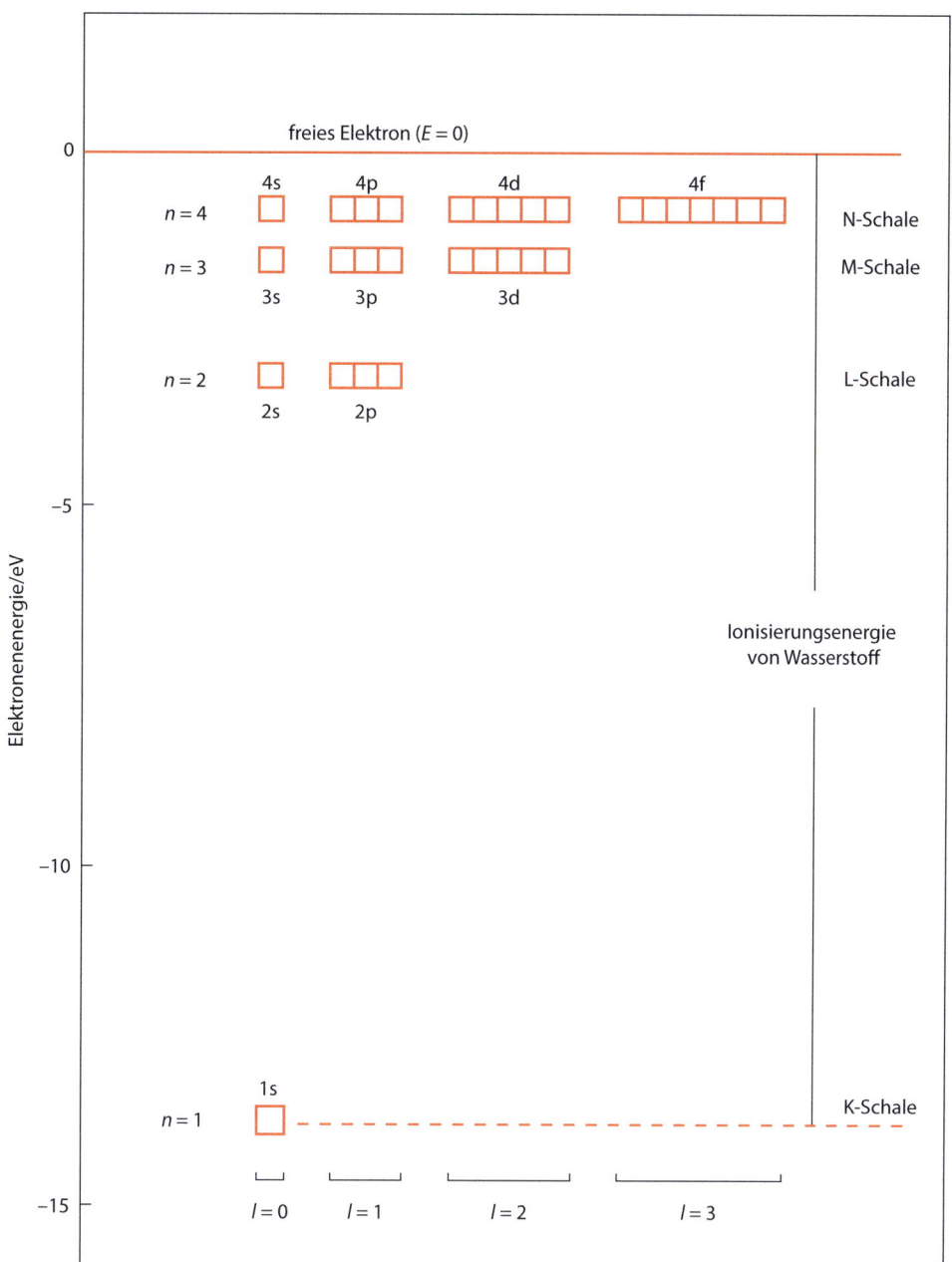

Abb. 5.7 Maßstabsdiagramm der Energieniveaus der Orbitale im Wasserstoffatom (mit nur einem Elektron), wobei die Elektronenenergie in Elektronenvolt (eV) ausgedrückt wird. Beachten Sie, dass die 2s- und 2p-Orbitale in Wasserstoff die gleiche Energie haben (zusammen bilden sie eine sog. Schale, in diesem Fall die „L-Schale"), ebenso die 3s-, 3p- und 3d-Orbitale („M-Schale"). Beachten Sie auch, dass 0 auf der Skala der Elektronenenergie gleich der Energie eines freien Elektrons im Ruhezustand ist. Eine negative Elektronenenergie bedeutet daher, dass das Elektron durch das Kernfeld im Atom gefangen ist. Je negativer die Energie, desto enger ist das Elektron gebunden, und desto schwieriger ist es, dieses aus dem Atom zu entfernen. Positive Energiewerte bedeuten freie Elektronen mit nennenswerter kinetischer Energie

rostatische Anziehung am stärksten ist. Dies ist der stabilste Zustand, den das Elektron im Atom annehmen kann, derjenige, in dem seine Energie minimiert wird (vgl. ▶ Kap. 1). Wenn sich das Elektron in diesem Orbital befindet, sagen wir, dass sich das Wasserstoffatom in seinem **Grundzustand** befindet.

Das 2s- und die drei 2p-Orbitale teilen sich das gleiche Energieniveau, etwas weiter oben auf der Energieskala. Trotz ihrer unterschiedlichen räumlichen Konfigurationen sind sie daher zumindest im Wasserstoffatom energetisch gleichwertig. Das Gleiche gilt für das eine 3s-Orbital, die drei 3p-Orbitale und die fünf

3d-Orbitale, die alle ein noch höheres Energieniveau aufweisen. Beachten Sie, dass es einen direkten Zusammenhang zwischen der relativen Größe eines Orbitals und seinem Energieniveau gibt. Offensichtlich muss ein Elektron eine recht hohe Energie besitzen, damit es die atomare Anziehungskraft so weit überwinden kann, um sich in diese weiter entfernten Bereiche des Atoms aufzumachen. Im Wasserstoffatom sind diese entfernteren Orbitale normalerweise unbesetzt, außer vorübergehend (▶ Abschn. 6.5).

Wenn n weiter zunimmt, rücken die Energieniveaus immer näher zusammen, sodass die höchsten Niveaus aus Gründen der Übersichtlichkeit in ◘ Abb. 5.7 weggelassen wurden.

5.6.1 Atome mit mehreren Elektronen

Um die Chemie anderer Elemente als Wasserstoff zu beschreiben, muss das Schrödinger-Modell erweitert werden, um zu erklären, wie mehrere Elektronen in einem einzigen Atom zusammen untergebracht werden können. Können zwei Elektronen identische Wellenformen im selben Atom annehmen? Oder organisiert die Wellenmechanik sie in verschiedene räumliche Bereiche um den Kern herum?

Die Antwort auf diese zentrale Frage gab ein anderer Österreicher, Wolfgang Pauli, der 1925 (tatsächlich ein Jahr vor Schrödingers Veröffentlichung) das **Ausschließungsprinzip** (Pauli-Prinzip) formulierte. Wellenmechanisch ausgedrückt heißt es: „Keine zwei Elektronen im selben Atom dürfen bei allen vier Quantenzahlen identische Werte besitzen". An diesem Punkt tritt die vierte Quantenzahl s in die Diskussion ein, die den sogenannten Spin des Elektrons darstellt. Nach dem Ausschließungsprinzip können zwei Elektronen im gleichen Atom nur dann die gleichen Werte von n, l und m aufweisen (d. h. dasselbe Orbital einnehmen), wenn sie unterschiedliche Werte von s haben. Die Wellenmechanik erlaubt nur zwei mögliche Werte für s, $-½$ und $+½$ (wobei ½ der Beitrag ist, den der Elektronenspin zum Drehimpuls des Atoms leistet, aber solche Details brauchen uns nicht zu interessieren). Die wichtige Eigenschaft des Spins ist, dass er eine von zwei Richtungen haben kann, einen positiven oder negativen „Drehsinn". Auch wenn „Spin" in dieser gequantelten wellenmechanischen Form eher ein abstraktes Konzept ist, führt es zu einem wichtigen praktischen Ergebnis: Jedes der von uns betrachteten Orbitale kann zwei Elektronen aufnehmen, nur mit der Maßgabe, dass ihre Spins entgegengesetzt sind.

Wir können nun die Anordnung der Elektronen in jedem Atom vorhersagen. Jedes Elektron, das zu einem Atom hinzugefügt wird, wird natürlich das Orbital einnehmen, das eine Unterbringung auf dem niedrigsten verfügbaren Energieniveau bietet. Im Atom von Helium können sich die beiden vorhandenen Elektronen das 1s-Orbital teilen. Im Lithiumatom mit drei Elektronen kann das dritte Elektron jedoch – nach dem Ausschließungsprinzip – nicht in das 1s-Orbital gelangen und muss sich trotz der damit verbundenen viel höheren Energie mit 2s begnügen. Man könnte prinzipiell weitere Elektronen in ◘ Abb. 5.7 hinzufügen und Orbitale in der Reihenfolge der aufsteigenden Energie füllen, um ein Elektronenmodell einer beliebigen Atomart zu bauen. Aber bevor wir das fehlerfrei tun können, müssen wir zwei Merkmale von Atomen mit mehreren Elektronen kennen, die in ◘ Abb. 5.7 vernachlässigt wurden.

Zuerst muss ◘ Abb. 5.7 ein wenig modifiziert werden, um eine elektrostatische Abstoßung zwischen den Elektronen zu ermöglichen, ein Effekt, den wir im Wasserstoffatom nicht berücksichtigen mussten. Die gegenseitige Abstoßung der Elektronen führt, wenn sie in die Schrödinger-Gleichung integriert wird, zu Lösungen mit leicht modifizierten Energieniveaus, wie in ◘ Abb. 5.8 dargestellt. Orbitale, die nicht räumlich äquivalent sind, teilen sich nicht mehr das gleiche Energieniveau, sondern haben Energien, die sowohl von l als auch von n abhängen. Obwohl also alle 3d-Orbitale noch ein gemeinsames Energieniveau haben (zumindest in einem isolierten Atom), übersteigt ihre Energie nun die der drei 3p-Orbitale, die wiederum größer ist als die Energie von 3s. ◘ Abb. 5.8 bietet einen allgemeinen Rahmen, um die Elektronenstruktur verschiedener Elemente zu untersuchen. Beachten Sie jedoch, dass die Energieachse in ◘ Abb. 5.8 nicht linear ist.

Der zweite Punkt, den man bei der Diskussion von Atomen mit mehreren Elektronen nicht vergessen sollte, ist die erhöhte Kernladung (aufgrund der größeren Anzahl von Protonen, Z, im Kern), die dazu führt, dass jedes Elektron eine stärkere elektrostatische Anziehungskraft durch den Kern erfährt. Dadurch ändert sich das Bild der Orbitale quantitativ, aber nicht qualitativ. Die Formen der verschiedenen Orbitale bleiben gleich, sie werden aber mit zunehmender Kernladung kleiner, da die Wolke der Elektronendichte immer enger an die unmittelbare Nähe des Kerns gebunden ist. Die Gesamtform von ◘ Abb. 5.8 ändert sich von Element zu Element wenig, aber die negative Energie, die mit einem bestimmten Orbital verbunden ist, wird mit zunehmender Kernladung immer größer (das Niveau wird im Energieraum „tiefer"), wie die Energieskalen links in ◘ Abb. 5.8 veranschaulichen. Energetisch werden die beiden 1s-Elektronen des Uranatoms 2000-mal fester gehalten (ca. -10^5 eV) als das 1s-Elektron eines Lithiumatoms (-55 eV).

5.6 · Energieniveaus der Elektronen

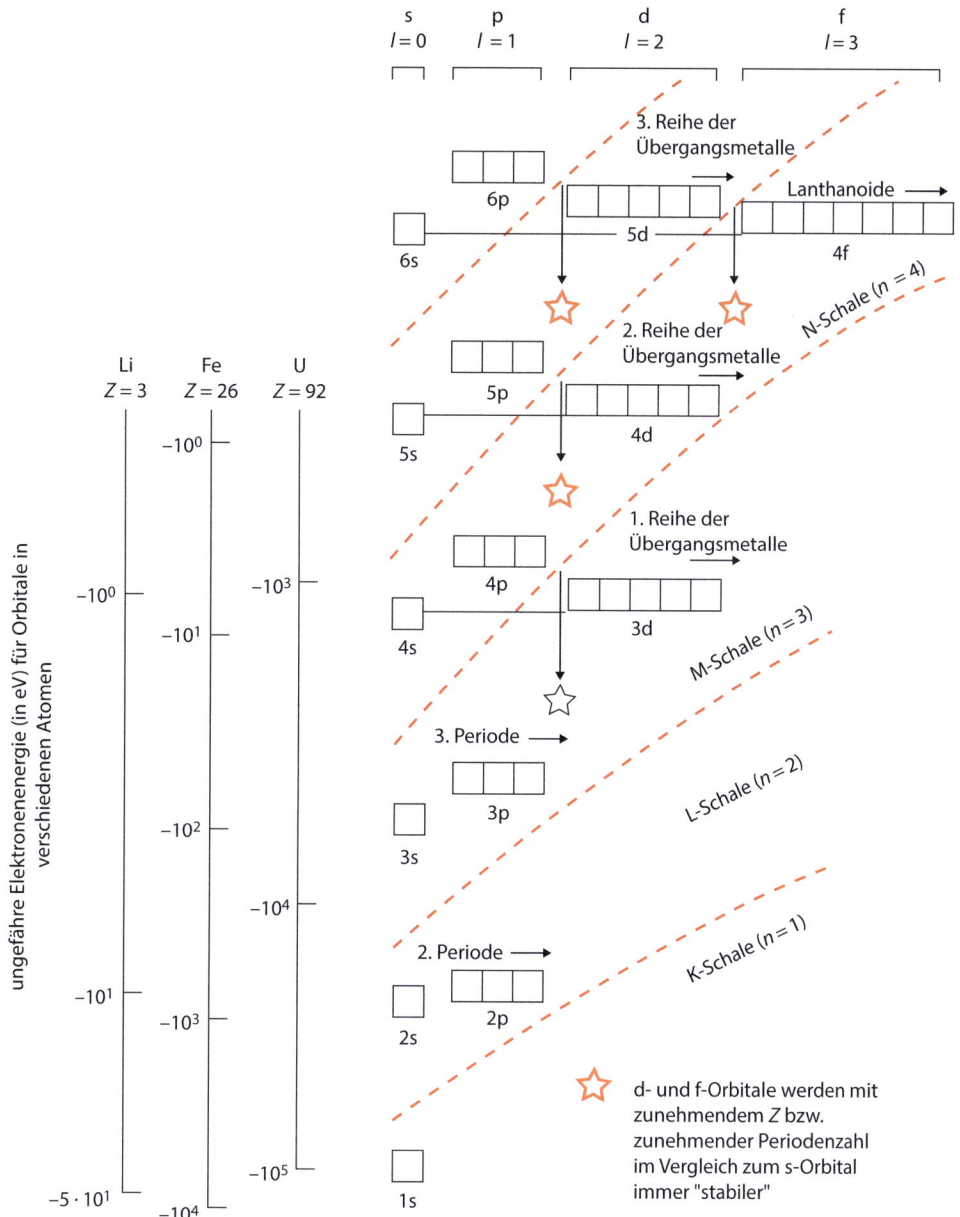

Abb. 5.8 Ein verallgemeinertes Diagramm der Energieniveaus in komplexeren Atomen. Beachten Sie, dass die vertikale Achse nicht linear ist (im Gegensatz zu ◘ Abb. 5.7), wie die Skalen auf der linken Seite zeigen. Sie entspricht in etwa einer invertierten logarithmischen Skala. Im Gegensatz zu ◘ Abb. 5.7 teilen Orbitale mit dem gleichen Wert von n nicht mehr das gleiche Energieniveau, die Energie erhöht sich auch mit dem Wert von l (d. h. s < p < d < f)

5.6.2 Elektronenkonfigurationen

Die Elektronenkonfiguration eines Atoms ist ein symbolischer Code, der die Position seiner Elektronen in den verschiedenen Orbitalen beschreibt, was man leicht aus ◘ Abb. 5.8 ablesen kann. Das Element Bor beispielsweise hat eine Ordnungszahl (Z) von 5, sodass sein Kern 5 Protonen enthält und 5 positive Ladungseinheiten (5+) aufweist. Dementsprechend muss das Boratom 5 Elektronen aufnehmen, und ihre Verteilung kann geschrieben werden:

Bor: $1s^2\, 2s^2\, 2p^1$.

Die Anforderung, die Gesamtelektronenenergie zu minimieren, wird erfüllt, indem sich zwei Elektronen im 1s-Orbital befinden (das bedeutet der Code $1s^2$). Zwei weitere besetzen das 2s-Orbital (also $2s^2$), und das eine verbleibende Elektron eines der drei 2p-Orbitale (also $2p^1$). Wir müssen nicht angeben – und wir wissen das auch nicht – in welchem der drei 2p-Orbitale sich dieses einzelne Elektron befindet.

Ein weiteres Beispiel ist das Element Natrium ($Z = 11$). Seine Elektronenkonfiguration ist:
Natrium: $1s^2\ 2s^2\ 2p^6\ 3s^1$.

Im Natriumatom sind die drei 2p-Orbitale mit ihrer gemeinsame Quote von 6 Elektronen gefüllt, aber ein weiteres Elektron muss noch aufgenommen werden. Diese geht in das niedrigste freie Energieniveau, 3 s. Hier hat dieses jedoch eine deutlich höhere Energie als die anderen Elektronen im Atom. Da es sich im 3s-Orbital viel weiter vom Kern entfernt befindet und viel weniger Energie nötig ist, um es ganz aus dem Atom zu entfernen, dominiert dieses einzelne Elektron das chemische Verhalten von Natrium. Es wird das **Valenzelektron** genannt, weil es in Transaktionen mit anderen Atomen verwendet werden kann, ähnlich wie ein Girokonto bei der Bank.

Die Elektronen, die die Orbitale 1 s, 2 s und 2 p des Natriumatoms einnehmen, werden dagegen viel fester gehalten und nehmen nie an den chemischen Reaktionen des Natriums teil. Sie werden als **Rumpfelektronen** bezeichnet und ähneln dem persönlichen Vermögen, das in Aktien und Beteiligungen gebunden ist, zu unbeweglich für die Verwendung im täglichen Geschäft.

Da Orbitale im Energieraum nach ihrem Wert von n gruppiert sind (◘ Abb. 5.8), ist es manchmal sinnvoll, von **Elektronenschalen** zu sprechen. Elektronen im Orbital 1 s umfassen die K-Schale, die in 2 s und 2 p die L-Schale und so weiter, wie in ◘ Abb. 5.8 dargestellt. In Wasserstoff haben alle Orbitale in derselben Schale die gleiche Energie, aber das gilt nicht für Atome mit mehreren Elektronen (◘ Abb. 5.8). Man kann bei den Valenzelektronen auch von der **Valenzschale** sprechen. Man muss jedoch vorsichtig sein, wenn man dem Begriff „Schale" räumliche Bedeutung beimisst. Es ist nützlich, festzustellen, dass Elektronen in der M-Schale weiter vom Kern entfernt sind als in der L-Schale, aber jeder Eindruck, dass Elektronen scharf in schüsselförmige Schalen getrennt sind – wie einige einführende Lehrbücher vermuten lassen – ist natürlich falsch.

5.7 Zusammenfassung

Kasten 5.4 Die wichtigsten Grundlagen
Dieses Kapitel erfordert einen wesentlich tieferen Blick in die Physik als die vorausgehenden Kapitel dieses Buchs. Ich empfehle dringend, bis zum Ende des Kapitels durchzuhalten, denn dann – bewaffnet mit der wellenmechanischen Sicht auf das Atom – sind Sie am besten gerüstet, um mit den nachfolgenden Kapiteln des Buches fertig zu werden. Dennoch werden für Leser, denen das Konzept der Elektronenwellen inakzeptabel weit von der alltäglichen Erfahrung entfernt ist, die wichtigsten Punkte des Kapitels in diesem Kasten in nicht wellenförmiger Form dargestellt.

Die wesentlichen Eigenschaften eines jeden Atoms werden durch die Anzahl der Protonen (positiv geladene Kernteilchen) im Atomkern bestimmt (◘ Abb. 5.9a). Diese wird als die Ordnungszahl Z des Atoms bezeichnet. Der Wert von Z identifiziert das chemische Element, zu dem das Atom gehört. Die anderen in ◘ Abb. 5.9a dargestellten Teilchen sind Neutronen (ungeladene Kernteilchen), deren Anzahl das Isotop des Elements bestimmt.

Die positive Ladung ($Z+$) wird durch eine Wolke aus Z Elektronen (negativ geladene Teilchen) ausgeglichen, die den Kern umgibt und durch dessen elektrostatische Anziehungskraft in Position gehalten wird (◘ Abb. 5.9b).

Das Atom bildet chemische Bindungen mit anderen Atomen, indem es mit ihnen Elektronen „handelt". Die Z Elektronen in einem Atom können unterteilt werden in:
- Valenzelektronen (in ◘ Abb. 5.9c hell gezeichnet), die äußeren Elektronen, bilden sozusagen die „flüssigen Vermögenswerte", mit denen das Atom handeln kann, um chemische Bindungen mit anderen Atomen zu bilden.
- Rumpfelektronen (in ◘ Abb. 5.9c dunkel gezeichnet), die inneren Elektronen, sind zu fest an den Kern gebunden, um an einer Bindung beteiligt zu sein; sie sind sozusagen die „Kapitalreserve".

Die Anzahl der Valenzelektronen bestimmt unter anderem die Anzahl der Bindungen, die ein Atom bilden kann (seine Wertigkeit oder Valenz).

Jedes Elektron in einem Atom befindet sich in einer bestimmten Region des Raumes in der Nähe des Kerns, die als Orbital bezeichnet wird, wobei jedes Orbital bis zu zwei Elektronen aufnimmt. Die verschiedenen Orbitale unterscheiden sich in ihrer Symmetrie um den Kern herum, und dies bestimmt die Geometrie der Richtung von chemischen Bindungen, was beispielsweise für die Kristallstruktur von Diamant verantwortlich ist (◘ Abb. 5.10). Die Größe und Form jedes Orbitals wird durch die Werte der Quantenzahlen n und l bestimmt (◘ Tab. 5.3).

Die Verteilung der Elektronen auf die Orbitale (◘ Abb. 5.11) und die Einteilung in die Kategorien „Rumpf-" und „Valenzelektron" wird durch das

5.7 · Zusammenfassung

Diagramm der Energieniveaus in ◘ Abb. 5.8 bestimmt. Jedes Feld stellt ein Orbital dar, das bis zu zwei Elektronen aufnimmt. Um die chemischen Eigenschaften eines Atoms vorherzusagen, werden Z Elektronen von unten (niedrigste Energie, am stabilsten) nach oben „eingefüllt". Valenzelektronen sind diejenigen, die sich in den höchsten besetzten Energieniveaus befinden (am wenigsten stark gebundene Elektronen, sie sind am leichtesten zu entfernen).

◘ **Abb. 5.10** Die Geometrie der Orbitale beeinflusst die Richtung chemischer Bindungen

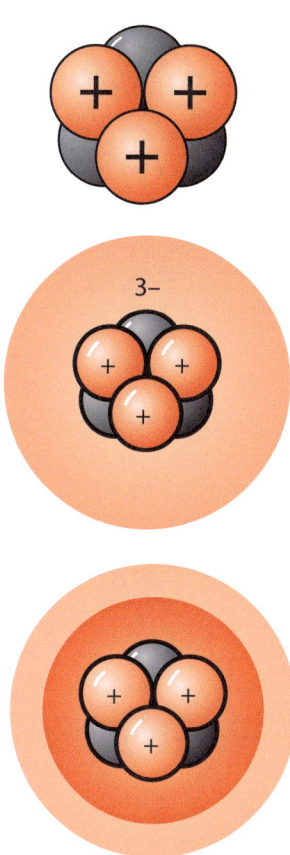

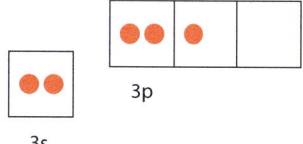

◘ **Abb. 5.11** Jedes Orbital kann 2 Elektronen aufnehmen, „aufgefüllt" wird von unten nach oben

◘ **Abb. 5.9** Lithium: $Z=3$ **a** Atomkern, **b** Atomkern und Elektronenhülle, **c** Unterscheidung von Valenzelektronen und Rumpfelektronen

Wer Schwierigkeiten mit dem Konzept der Wellenmechanik hat, sollte zumindest den Inhalt von Kasten 5.4 kennen. Die wichtigen Schlussfolgerungen dieses Kapitels können in den folgenden Punkten zusammengefasst werden:

– Das Verhalten eines in einem Atom gefangenen Elektrons wird von seiner wellenartigen Natur dominiert. Das Elektron verteilt sich im Raum um den Kern herum analog zu einer stehenden Welle auf einer Gitarrensaite.
– Jedes Elektron in einem Atom kann eine von einer Vielzahl von „Wellenformen" mit unterschiedlichen räumlichen Konfigurationen der Elektronendichte annehmen. Diese werden als Orbitale bezeichnet. Jedes entspricht einer Lösung der Schrödinger-Gleichung. Die Größe und Form eines Orbitals wird durch die Werte verschiedener Quantenzahlen definiert, die an die Obertöne einer schwingenden Saite erinnern.
– Die Elektronenenergie im Atom ist gequantelt, wie die Frequenzen einer Gitarrensaite (und das aus dem gleichen Grund). Jedes Orbital hat sein eigenes diskretes Energieniveau und zusammen führen sie zu einer Struktur von Energieniveaus, die einem unregelmäßigen Satz von Ablagefächern ähnelt (◘ Abb. 5.8) und qualitativ für alle Atomarten gleich ist.
– Zwei Elektronen können sich das gleiche Orbital teilen, vorausgesetzt, sie haben einen entgegengesetzten „Spin". Jedes Elektron besetzt normalerweise das energieärmste Orbital, in dem Platz ist. Die Energie bestimmt also die geometrische Verteilung der Elektronendichte.

Wie die folgenden Kapitel zeigen werden, bilden diese Prinzipien zusammen mit dem in ◘ Abb. 5.8 dargestellten Schema der Energieniveaus die Basis für die moderne anorganische Chemie.

Übungen

5.1 Berechnen Sie, welche Elektronenorbitale die folgenden Quantenzahlen aufweisen:

n	l
2	1
3	0
4	3
5	2

5.2 Bestimmen Sie die Elektronenkonfigurationen der chemischen Elemente mit den Ordnungszahlen 6, 11, 13, 17, 18, 26.

Literatur

Atkins P, Overton T, Rourke J et al (2010) Inorganic chemistry, 5. Aufl. Oxford University Press, Oxford

Barrett J (2002) Atomic structure and periodicity. Royal Society of Chemistry, Cambridge

Fyfe WS (1964) Geochemistry of solids. An introduction. Kap. 2. New York: McGraw Hill.

Was wir aus dem Periodensystem lernen können

Inhaltsverzeichnis

6.1 Ionisierungsenergie – 106

6.2 Das Periodensystem der Elemente – 108

6.3 Elektronegativität – 109

6.4 Wertigkeit – 110

6.5 Atomspektren – 111
6.5.1 Röntgenspektren – 113

6.6 Zusammenfassung – 116

Übungen – 116

Literatur – 117

© Springer-Verlag GmbH Deutschland, ein Teil von Springer Nature 2020
R. Gill, *Chemische Grundlagen der Geo- und Umweltwissenschaften*,
https://doi.org/10.1007/978-3-662-61500-3_6

Ein chemisches Element wird durch seine Ordnungszahl Z identifiziert, die sowohl die Anzahl der Protonen im Atomkern (und damit die Kernladung) als auch die Anzahl der Elektronen im elektrisch neutralen Atom definiert (Kasten 6.1.). Im vorliegenden Kapitel wird erklärt, wie die Ordnungszahl in Verbindung mit der in ▶ Kap. 5 entwickelten Struktur der Energieniveaus der Elektronen (◘ Abb. 5.8) die chemischen Eigenschaften des betreffenden Elements bestimmt. Die Struktur im Diagramm der Energieniveaus führt zu einer periodischen Wiederholung der chemischen Eigenschaften, die bequem zusammengefasst wird, indem die Elemente auf einem Raster, dem sogenannten Periodensystem der Elemente (PSE), tabelliert werden (siehe S. II im Vorspann).

Obwohl der Aufbau des Periodensystems als Ergebnis der wellenmechanischen Theorie betrachtet werden kann, wurde er ursprünglich aus der chemischen Beobachtung heraus erarbeitet. Es wurde 1869 vom russischen Chemiker Dmitri Mendelejew erstmals in seiner modernen Form veröffentlicht, fast 60 Jahre bevor Schrödinger seine Arbeit über die Wellenmechanik veröffentlichte.

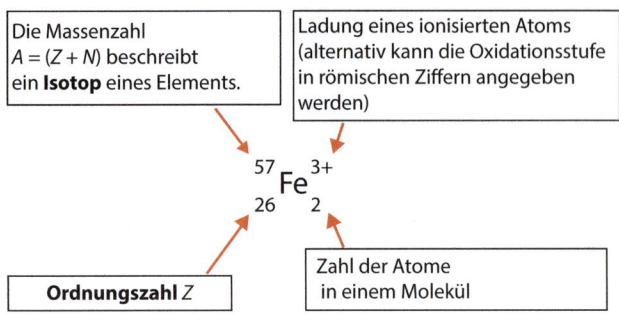

◘ Abb. 6.1 Wie Schlüsselparameter eines Atoms am chemischen Symbol eines Elements geschrieben werden

> **Kasten 6.1 Chemische Symbole**
> Einige der aus einem oder zwei Buchstaben bestehenden Codes für die chemischen Elemente sind den meisten Lesern bekannt. Viele sind Abkürzungen der deutschen bzw. englischen Elementnamen, aber einige beziehen sich auf lateinische Namen wie Ag (Argentum) für Silber oder Au (Aurum) für Gold. Eine Liste der chemischen Symbole befindet sich in Anhang A.3. Mithilfe von tief- und hochgestellten Parametern können chemische Symbole erweitert werden, um jedes wichtige Detail über ein bestimmtes Atom anzugeben (◘ Abb. 6.1). Es ist selten notwendig, mehr als eine dieser Zahlen in einem bestimmten Kontext anzugeben. Sie sollten immer an den angegebenen Stellen geschrieben werden, um Unklarheiten zu vermeiden. Um beispielsweise ein bestimmtes Isotop zu spezifizieren (▶ Kap. 10), schreibt man ^{40}Ar (in älterer Literatur findet man auch die veraltete Schreibweise Ar^{40}). Die Ordnungszahl Z kann im Allgemeinen weggelassen werden, da deren Wert durch das chemische Symbol selbst impliziert wird (siehe jedoch ◘ Abb. 6.3).

6.1 Ionisierungsenergie

Die von einem Atom eingegangenen Bindungen beinhalten die Übertragung oder die gemeinsame Nutzung von Elektronen. Es ist daher sinnvoll, die Periodizität der chemischen Eigenschaften anhand eines Parameters zu veranschaulichen, der ausdrückt, wie einfach oder schwierig es ist, ein Elektron aus einem Atom zu entfernen. Die Ionisierungsenergie eines Elements ist der Energiebetrag (ausgedrückt in J mol^{-1}), der erforderlich ist, um das äußerste Elektron von den Atomen dieses Elements (in ihrem Grundzustand) zu lösen. Es handelt sich um die Energiedifferenz zwischen dem Zustand des „freien Elektrons im Ruhezustand" (Null auf der Skala der Elektronenenergieniveaus) und dem höchsten besetzten Energieniveau in dem betreffenden Atom. Was das im einfachsten Fall, dem Wasserstoffatom, bedeutet, ist in ◘ Abb. 5.7 dargestellt. Eine niedrige Ionisierungsenergie kennzeichnet ein leicht zu entfernendes Elektron, ein hoher Wert ein stark festgehaltenes.

Wir können ableiten, wie die Ionisierungsenergie mit der Ordnungszahl variiert, indem wir das höchste besetzte Energieniveau in jedem Atomtyp berücksichtigen (◘ Abb. 5.8). In Lithium (Li; $Z=3$, Elektronenkonfiguration $1s^2 2s^1$) und Beryllium (Be; $Z=4$; $1s^2 2s^2$) ist dies das 2s-Orbital, im Bor (B; $Z=5$, $1s^2 2s^2 2p^1$) das 2p-Orbital und so weiter. Wenn wir die steigende Kernladung ignorieren würden, würden wir voraussagen, dass die Energie, die benötigt wird, um ein Elektron aus diesem „äußersten" Energieniveau zu entfernen, wie in ◘ Abb. 6.2a dargestellt, mit der Ordnungszahl variieren würde. Man würde einen allgemeinen Rückgang der Ionisierungsenergie mit zunehmendem Z erwarten, unterbrochen von Stufen nach unten, welche die großen Energieabstände zwischen einer „Schale" und der nächsten markieren (◘ Abb. 5.7). Die abwärts verlaufende Schrittfolge in ◘ Abb. 6.2a spiegelt somit die Besetzung der zunehmend höheren Energieniveaus in ◘ Abb. 5.7 wider. Es gibt dabei keinen Hinweis auf eine Periodizität.

Da jedoch die Kernladung – und damit die Stärke des Kernfeldes – mit der Ordnungszahl zunimmt, stellen wir fest, dass jeder „Aufritt" der in ◘ Abb. 6.2a vorhergesagten stufenförmigen Kurve in Wirklichkeit eine Rampe ist (◘ Abb. 6.2b), deren steigendes Profil die zunehmende Anziehungskraft des Atomkerns

6.1 · Ionisierungsenergie

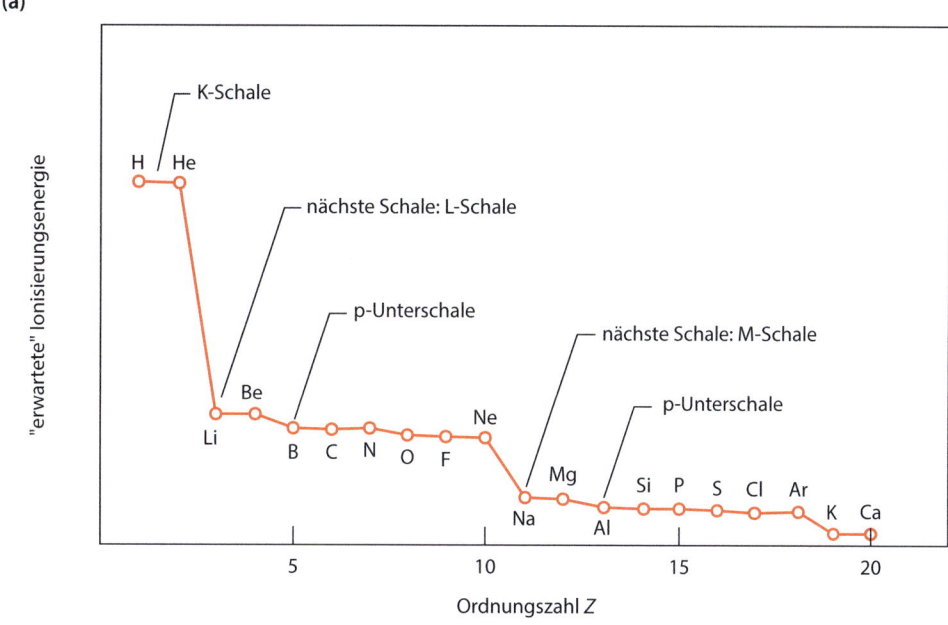

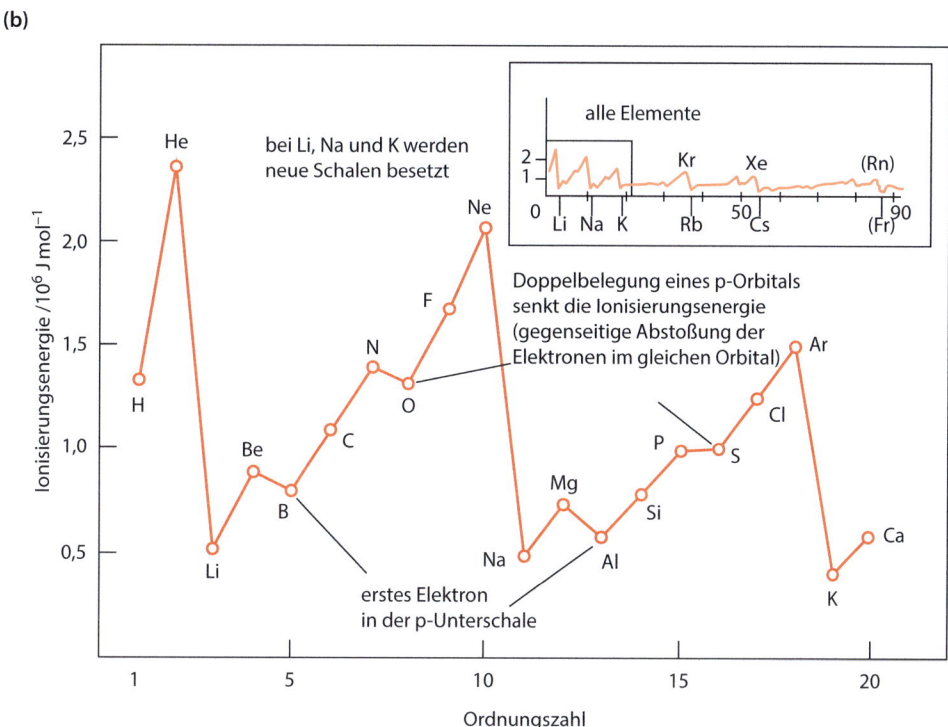

● **Abb. 6.2** a Fiktive Darstellung der Ionisierungsenergie gegen die Ordnungszahl, wie wir sie ohne Berücksichtigung der Erhöhung der Kernladung vorhersagen würden. **b** Variation der gemessenen Ionisierungsenergie mit der Ordnungszahl Z unter den ersten 20 Elementen (der Einsatz zeigt den gesamten Z-Bereich). Die steigende Kurve zwischen jedem abrupten Abfall spiegelt die zunehmende Kernladung wider

widerspiegelt, die jedes Elektron im Atom erfährt, wenn wir von einer Ordnungszahl zur nächsten wechseln. Die Ionisierungsenergie von Helium ist zum Beispiel fast doppelt so hoch wie die von Wasserstoff, weil sein doppelt geladener Kern jedes Elektron doppelt so stark anzieht wie der einfach geladene Wasserstoffkern. Die Rampen sind durch die auch in ● Abb. 6.2a gezeigten Sprünge nach unten getrennt, was zu einer deutlich periodischen Variation der Ionisierungsenergie führt.

Am höchsten Punkt jeder Rampe befindet sich ein Element, das hartnäckig an allen seinen Elektronen hängt. Diese Elemente sind die **Edelgase:** Helium (He), Neon (Neon) und Argon (Ar). Zwei weitere,

Krypton (Kr) und Xenon (Xe), liegen außerhalb des im Diagramm gezeigten Z-Bereichs, siehe Einsatz in ◘ Abb. 6.2b. Ihre Elektronenkonfigurationen zeichnen sich durch vollständig gefüllte Schalen aus, in denen alle Elektronen so stark festgehalten werden, dass der Austausch von Elektronen (die dann an einer chemischen Bindung beteiligt wären) ausgeschlossen ist. Edelgase weisen daher keine signifikante chemische Reaktivität auf (sie sind inert). Tatsächlich ist die Elektronenstruktur der Edelgase so stabil, dass andere Elemente versuchen, sie nachzuahmen, indem sie Elektronen abgeben oder (wie z. B. das Element Chlor, Cl) zusätzliche Elektronen aus anderen Atomen aufnehmen. Anstatt zweiatomige Moleküle wie O_2, N_2 und Cl_2 zu bilden, sind die Edelgase einatomige Gase.

Unmittelbar rechts neben jedem Edelgas in ◘ Abb. 6.2b befindet sich ein Element mit einer auffallend niedrigen Ionisierungsenergie. Lithium (Li), Natrium (Na) und Kalium (K) sind **Alkalimetalle,** deren Elektronenstrukturen aus den gefüllten Schalen des vorhergehenden Edelgases sowie einem weiteren Elektron bestehen, das die nächste Schale mit einer deutlich höheren Energie belegen muss (◘ Abb. 5.8). Dieses befindet sich weiter vom Atomkern entfernt als die Rumpfelektronen und wird von diesen von der vollen Anziehungskraft der Kernladung abgeschirmt, was es noch einfacher macht, das äußerste Elektron zu entfernen oder an einer Bindung teilnehmen zu lassen. Die Chemie der Alkalimetalle wird von diesem einen Valenzelektron dominiert. Es handelt sich um einwertige Metalle: Es wäre viel schwerer, ein zweites Elektron zu entfernen, weil wir dafür in den stabilen Atomrumpf mit seiner Edelgaskonfiguration einbrechen müssten (vgl. ▶ Kap. 5). Aufgrund ihrer geringen Ionisierungsenergien bilden die Alkalimetalle leicht einfach geladene Kationen: M^+.

Beryllium (Be; $1s^2 2s^2$), Magnesium (Mg; $1s^2 2s^2 2p^6 3s^2$) und Calcium (Ca; $1s^2 2s^2 2p^6 3s^2 3p^6 4s^2$) haben zwei Elektronen in ihren Valenzschalen, die beide relativ einfach zu entfernen sind (wenn auch nicht ganz so einfach wie das einzelne Elektron in der Valenzschale eines Alkalimetalls). Diese sogenannten **Erdalkalimetalle** nutzen beide Elektronen für eine Bindung und bilden – mit Ausnahme von Be (Kasten 9.3) – leicht ein doppelt geladene Kation: M^{2+}.

Bor (B) und Aluminium (Al), rechts von Be und Mg in ◘ Abb. 6.2b, haben jeweils drei Valenzelektronen, die sie in chemischen Reaktionen nutzen können; und Kohlenstoff (C) und Silicium (Si) haben jeweils vier. Die zunehmende Anziehungskraft des Atomkerns macht es jedoch immer schwieriger, diese Elektronen zu entfernen, und die Möglichkeit dieser Elemente, Kationen zu bilden, ist nur für Al von Bedeutung. Die Chemie von B, C und Si (Kasten 9.3, ▶ Abschn. 9.6, 9.7) wird von Bindungen dominiert, in denen Elektronen geteilt werden (▶ Abschn. 7.2, 7.4).

Das periodische Muster wird bei Z-Werten über 20 (siehe Einsatz in ◘ Abb. 6.2b) komplizierter, weil Elektronen in d-Orbitalen vorhanden sind. Im Gesamtbild bleibt die Periodizität jedoch erhalten, wobei die Alkalimetalle Rubidium (Rb) und Caesium (Cs) minimale Ionisierungsenergien aufweisen und die Maximalwerte mit den Edelgasen Krypton (Kr) und Xenon (Xe) übereinstimmen.

6.2 Das Periodensystem der Elemente

Nachdem die Elemente in der Reihenfolge der Ordnungszahl angeordnet wurden, können sie in mehrere Perioden unterteilt werden, die jeweils mit einem Alkalimetall beginnen – mit Ausnahme der ersten, die mit Wasserstoff beginnt – und mit einem Edelgas enden. Schreiben wir aufeinanderfolgende Perioden untereinander auf eine Seite, ergibt sich ein einheitliches Layout der Elemente, das Gemeinsamkeiten ihrer chemischen Eigenschaften hervorhebt. Dies ist für die ersten drei Perioden (einschließlich Wasserstoff und Helium) in ◘ Abb. 6.3 dargestellt. Beachten Sie, dass jede der aus ◘ Abb. 6.2b abgeleiteten Gruppen ähnlicher Elemente nun eine eigene Spalte bildet. Die erste enthält die Alkalimetalle Li, Na und K. Zu dieser Spalte wird traditionell das Element Wasserstoff hinzugefügt, da es den Alkalimetallen insofern ähnelt, dass es nur ein Elektron in der Valenzschale enthält. In der zweiten Spalte finden wir die Erdalkalimetalle Be, Mg und Ca; in der dritten Spalte B und Al und so weiter.

Die Nummerierung der Spalten in ◘ Abb. 6.3 von links nach rechts teilt die Elemente in acht Gruppen ein, die durch römische Ziffern gekennzeichnet sind, entsprechend der Anzahl der Elektronen in der Valenzschale. Die Nummerierung der Perioden gibt n (die Hauptquantenzahl) der jeweiligen Valenzschale an: So befinden sich die Valenzelektronen von Al (Periode 3) in Orbitalen, die $n = 3$ haben (die M-Schale). Bei den Edelgasen am Ende jeder Periode sind die p-Orbitale dieser Schale vollständig gefüllt. Es ist daher logisch, Helium an der Spitze dieser achten Spalte und nicht in Spalte 2 zu platzieren, da seine beiden Elektronen die K-Schale (das 1s-Orbital) vollständig füllen.

Dies ist die Begründung des Periodensystems, das in seiner vollständigen Form auf S. II im Vorspann dargestellt ist. Beachten Sie, dass darin zwischen den Gruppen II und III weitere Spalten mit Elementen wie Scandium (Sc), Titan (Ti) und Eisen (Fe) vorhanden sind. In diesen Spalten beginnen Elektronen, die d-Orbitale mit der jeweils niedrigsten Energie (3d) zu besetzen. Die zehn Elemente von Sc bis Zn (Zink) bilden die

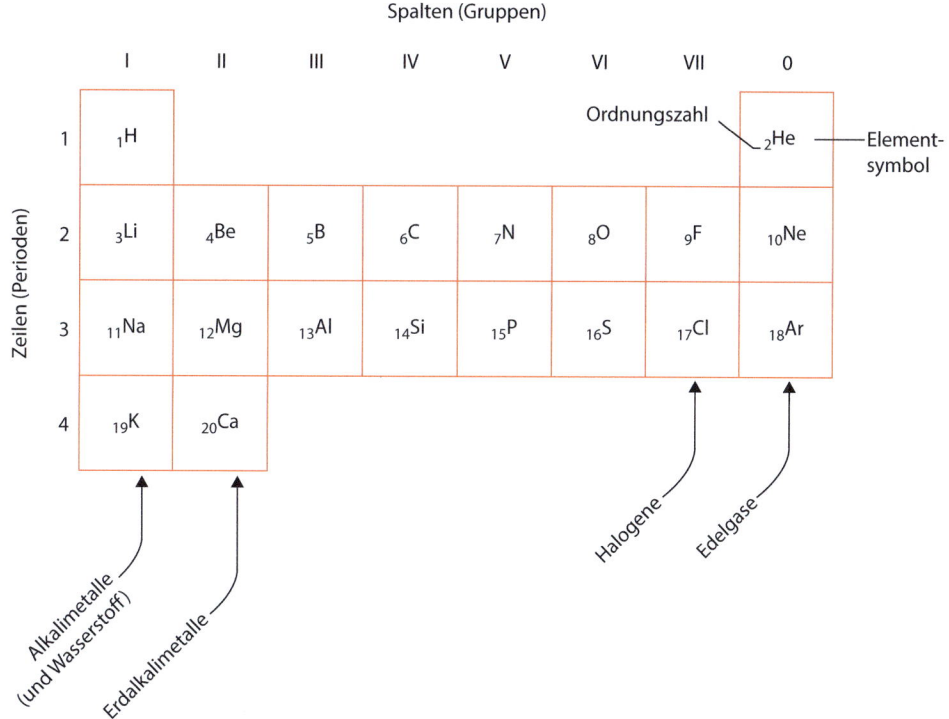

☐ **Abb. 6.3** Gekürztes Periodensystem für die ersten 20 Elemente, siehe auch Kasten 6.1 zu chemischen Symbolen

erste Reihe der **Übergangsmetalle** (oder Übergangselemente). Dazu gehören viele industriell wichtige Metalle (☐ Abb. 9.25).

Die nächsten sechs Elemente, vom Gallium (Ga) bis zum Edelgas Krypton (Kr), entsprechen der Füllung der 4p-Orbitale, also die nächste Unterschale in der energetischen Reihenfolge (☐ Abb. 5.8).

Die folgenden Perioden folgen dem gleichen Muster, mit der Ausnahme, dass in sehr schweren Atomen auch noch 4f- und 5f-Orbitale verfügbar sind, was das System noch etwas komplizierter macht. Das Auffüllen der 4f-Orbitale mit Elektronen – von Cer (Ce) bis Lutetium (Lu) – erzeugt eine Reihe von geochemisch wichtigen Spurenelementen, die als Lanthanoide bezeichnet werden. Sie sind – zusammen mit dem davor stehenden Element Lanthan (La) – besser unter dem Namen Seltenerdelemente (SEE, engl. *rare earth elements,* REE) bekannt (siehe ▶ Abschn. 9.14).

Geologisch gesehen sind die wichtigsten der schwersten Elemente Thorium (Th) und Uran (U). Aufgrund ihrer Radioaktivität leisten sie einen wesentlichen Beitrag zur Wärmeerzeugung in der Erde und sind in der Geochronologie wichtig. Sie gehören zu einer ähnlichen Reihe von Elementen, die sich aus der Füllung von 5f-Orbitalen ergibt, den sogenannten Actinoiden (▶ Abschn. 9.15). Keines dieser Elemente hat stabile Kerne, und nur Th und U haben ausreichend lange Halbwertszeiten, um in der Natur aufzutreten (▶ Kap. 10).

6.3 Elektronegativität

Die Ionisierungsenergie liefert einen nützlichen Hinweis auf die Periodizität der Eigenschaften der Elemente, aber ihre Anwendung beschränkt sich auf Elemente, die Elektronen abgeben und Kationen bilden. Die Elektronegativität ist ein vielseitigeres Konzept, das die Chemie aller Arten von Elementen und die Art der von ihnen eingegangenen Bindungen zusammenfasst. Die Elektronegativität ist ein Wert, der die Fähigkeit eines Atoms in einem Molekül oder Kristall angibt, weitere Elektronen anzuziehen. In den Alkalimetallen ist diese Fähigkeit kaum entwickelt. Elemente, die eher dazu neigen, Elektronen abzugeben, anstatt zusätzliche anzuziehen, werden als elektropositive Elemente bezeichnet. Sie befinden sich auf der linken Seite des Periodensystems. Ihre Elektronegativität ist niedrig und beginnt bei 0,8 (für die Alkalimetalle K, Rb und Cs).

Die elektronegativsten Elemente sind diejenigen mit nahezu vollständigen Valenzschalen auf der rechten Seite des Periodensystems (☐ Abb. 6.4). Die Kernladung zieht bei diesen die Valenzorbitale näher an den Kern heran und bietet einem hinzukommenden Elektron einen Zustand geringer Energie, verglichen beispielsweise mit der Valenzschale eines Alkalimetalls, bei dem die Anziehungskraft des Kerns nur schwach zu spüren ist.

Elektronegative Atome haben somit die Fähigkeit, zusätzliche Elektronen anzuziehen und festzuhalten, trotz der negativen Nettoladung, die das Atom dadurch

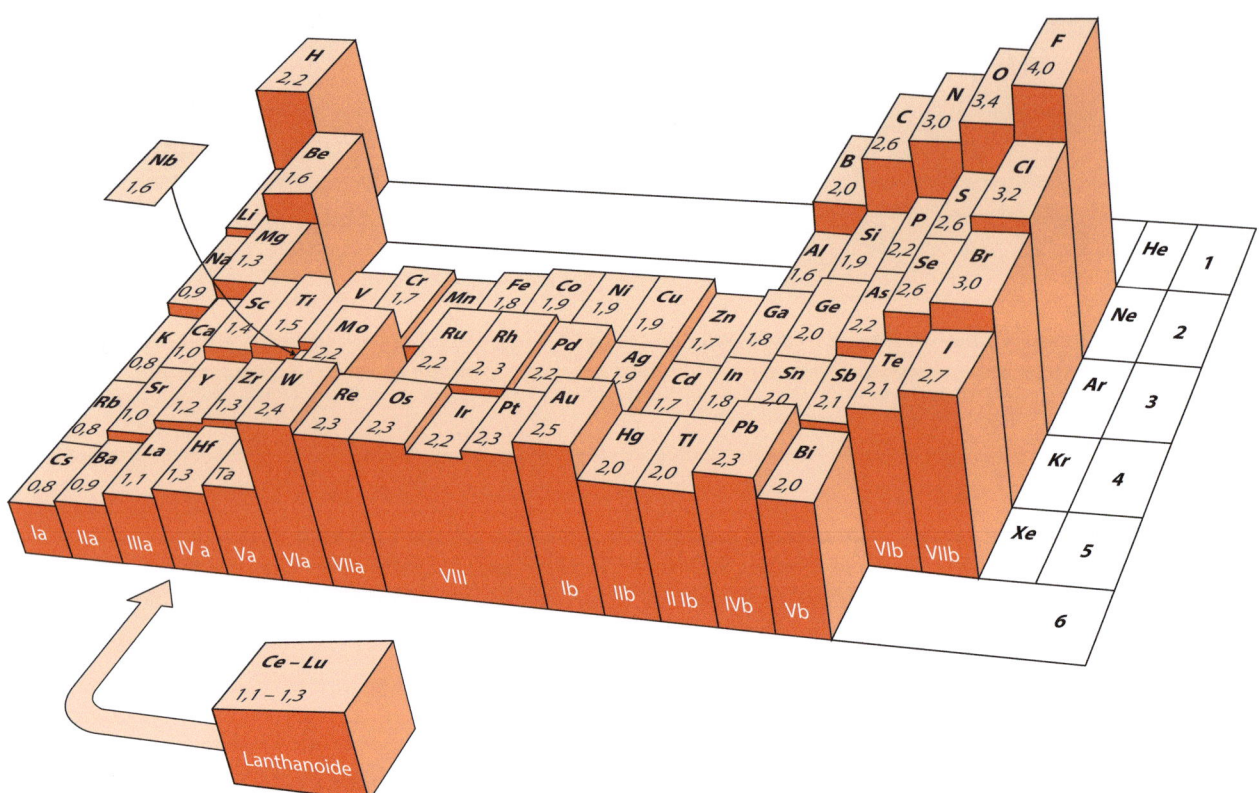

Abb. 6.4 Variation der Elektronegativität (Höhe jedes Blocks) über das Periodensystem (nur stabile Elemente). Gruppen und Perioden werden in römischen bzw. arabischen Ziffern nummeriert. Daten aus Henderson und Henderson (2009) und anderen Quellen. Die Lücke zwischen Molybdän (Mo) und Ruthenium (Ru) gehört zum radioaktiven Element Technetium (Tc – siehe Übung 6.4)

erlangt (wodurch es zu einem Anion wird). Die Erklärung für dieses Phänomen ist teilweise wellenmechanisch, was mit der besonderen Stabilität der Edelgaskonfiguration zusammenhängt, die ein solches Atom mithilfe von geliehenen Elektronen erreichen kann. Das elektronegativste Element ist Fluor (F, Elektronegativität 4,0).

Abb. 6.4 zeigt, dass die Elektronegativität im Periodensystem recht regelmäßig variiert. Sie nimmt von links nach rechts und sanfter von unten nach oben zu (wobei sich der letztgenannte Trend im Zentralbereich umkehrt). Generell weisen Metalle Elektronegativitäten unter 2,0 auf, während Nichtmetalle Werte über 2,5 aufweisen.

6.4 Wertigkeit

Die Anzahl der Bindungen, die ein Atom als Teil einer Verbindung bilden kann, wird durch die Wertigkeit (oder Valenz) des Elements ausgedrückt. In chemischen Reaktionen passen die Elemente ihre Elektronenpopulationen an, um eine Edelgaskonfiguration zu erreichen. Das eine Valenzelektron von Alkalimetallen wie Na ($1s^2 2s^2 2p^6 3s^1$) erlaubt es ihnen, nur eine Bindung zu bilden (▶ Kap. 7), sie gelten als einwertig (Wertigkeit = 1). Magnesium ($1s^2 2s^2 2p^6 3s^2$) hat eine Wertigkeit von 2 (es ist zweiwertig), da sich im neutralen Mg-Atom zwei der Elektronen in der Valenzschale befinden und zur Bildung von Bindungen verwendet werden können. Für solche stark elektropositive Elemente (Abb. 6.4) ist die Wertigkeit gleich der Anzahl der Elektronen in der Valenzschale und kann daher aus der Spalte im Periodensystem, in der das Element steht, bestimmt werden. Die Valenzen der Elemente B und Al (dreiwertig), C und Si (vierwertig) und P (fünfwertig) entsprechen ebenfalls ihrer Position im Periodensystem.

Die elektronegativen Elemente wie Sauerstoff und Chlor erfordern eine ergänzende Definition der Wertigkeit. Dies sind Elemente mit nahezu vollständigen Valenzschalen. Da sie eine Edelgaskonfiguration erreichen können, indem sie zusätzliche Elektronen aus anderen Atomen aufnehmen (oder mit diesen teilen), bestimmt die Anzahl der freien Stellen in der Valenzschale die Anzahl der zu bildenden Bindungen. Sauerstoff, mit sechs Valenzelektronen und zwei freien Stellen, kann zwei Bindungen mit anderen Atomen eingehen und ist zweiwertig. Chlor (sieben Valenzelektronen, eine freie Stelle) benötigt nur ein Elektron, um die Valenzschale zu vervollständigen und ist daher einwertig.

Viele der Elemente in den zentralen Teilen des Periodensystems verhalten sich komplizierter. In Kasten 4.7 haben wir einige Elemente diskutiert, die mehrere Oxidationsstufen annehmen können, abhängig von den oxidierenden oder reduzierenden Bedingungen der Umgebung. Jede dieser Oxidationsstufen stellt eine separate Wertigkeit des betreffenden Elements dar. Eine solche Mehrwertigkeit ist die charakteristischste Eigenschaft der sogenannten Übergangselemente im Zentrum des Periodensystems (◘ Abb. 9.25). Das bekannteste Beispiel ist Eisen, das neben dem metallischen Zustand (Wertigkeit 0) in der geologischen Welt in zweiwertiger oder dreiwertiger Form existieren kann. Häufig – wie beim Eisen – entspricht keine der auftretenden Oxidationsstufen der durch die Position des Elements im Periodensystem nahegelegten Wertigkeit. Eisen steht in der Gruppe VIII (Kasten 6.2; ◘ Abb. 6.4), weist aber Wertigkeiten von 2 und 3 auf. Es ist klar, dass solche Elemente nicht alle Elektronen, die nominell zur Valenzschale gehören, zur Bildung von Bindungen nutzen – aus Gründen, die in ▶ Abschn. 9.13 untersucht werden. Dasselbe gilt für viele schwerere Elemente im p-Block (Kasten 6.2). Zinn kommt beispielsweise in geologischen Systemen als Sn(II)- und Sn(IV)-Verbindungen vor. Ein weiteres Beispiel ist Arsen, das, wie ◘ Abb. 4.8 zeigt, in der Natur sowohl als As(III) als auch als As(V) vorkommt.

> **Kasten 6.2 Untergruppen und Blöcke**
> Die gekürzte Form des Periodensystems für die ersten 20 Elemente (◘ Abb. 6.3) lässt sich leicht in acht Spalten unterteilen (als Hauptgruppen bezeichnet). Das Hinzufügen der Übergangselemente – weitere zehn Spalten (die Nebengruppen) – macht jedoch eine Überarbeitung dieser Spaltenüberschriften erforderlich. Damit die Gruppen von Elementen wie B, C und Al ihre Nummern behalten, welche der Wertigkeit dieser Elemente entsprechen, können die Gruppen in zwei Untergruppen a (links im Periodensystem) und b (rechts) unterteilt werden, wie in ◘ Abb. 6.4 dargestellt, wobei drei Spalten in der Mitte der Übergangselemente (mit Fe, Co und Ni) als Gruppe VIII zusammengefasst werden. Es gibt gewisse chemische Ähnlichkeiten zwischen korrespondierenden a- und b-Teilgruppen (z. B. die Wertigkeit, etwa in den Untergruppen IVa und IVb), es überwiegen aber im Allgemeinen die großen Unterschiede der Elektronegativität (◘ Abb. 6.4).
> Es ist sinnvoll, das Periodensystem in Blöcke aufzuteilen, die die Art der Unterschale (s, p, d oder f) widerspiegeln, die unvollständig oder vollständig gefüllt ist. Die Übergangselemente umfassen den d-Block und die Lanthanoide und Actinoide den f-Block. Es ist wichtig, den direkten Zusammenhang dieser Blöcke und der Struktur des Periodensystems als Ganzes mit den in ◘ Abb. 5.8 dargestellten Energieniveaus zu erkennen.

6.5 Atomspektren

Ein Atom befindet sich in seinem Grundzustand, wenn alle seine Elektronen die niedrigsten Energieniveaus einnehmen, die ihm das Pauli-Prinzip (▶ Abschn. 5.6.1) erlaubt. Bei Raumtemperatur tritt normalerweise diese energieeffizienteste Konfiguration auf (◘ Abb. 6.5a). Aber Atome können Energie aus ihrer Umgebung absorbieren, z. B. wenn sie erwärmt oder energetischer Strahlung ausgesetzt werden, und das bewirkt, dass ein oder mehrere Elektronen von einem stabilen, niedrigen Energieniveau in eines der freien Orbitale mit höherer Energie springen oder vielleicht sogar ganz aus dem Atom ausgestoßen werden (◘ Abb. 6.5a). Der so erzeugte angeregte Zustand des Atoms mit einer freien Position (Vakanz) in einem niedrigen Energieniveau (◘ Abb. 6.5b) ist instabil und kehrt bald in den stabilen Grundzustand zurück, indem ein Elektron aus einem höheren Niveau in die Vakanz zurückfällt. Das Elektron, das diesen Übergang nach unten vollzieht, muss eine Energiemenge ΔE loswerden (◘ Abb. 6.5), die genau der Differenz zwischen seinem Anfangs- und dem Endenergieniveau entspricht, und diese Energieabgabe erfolgt in Form von elektromagnetischer Strahlung (vgl. Kasten 6.3). Die angeregten

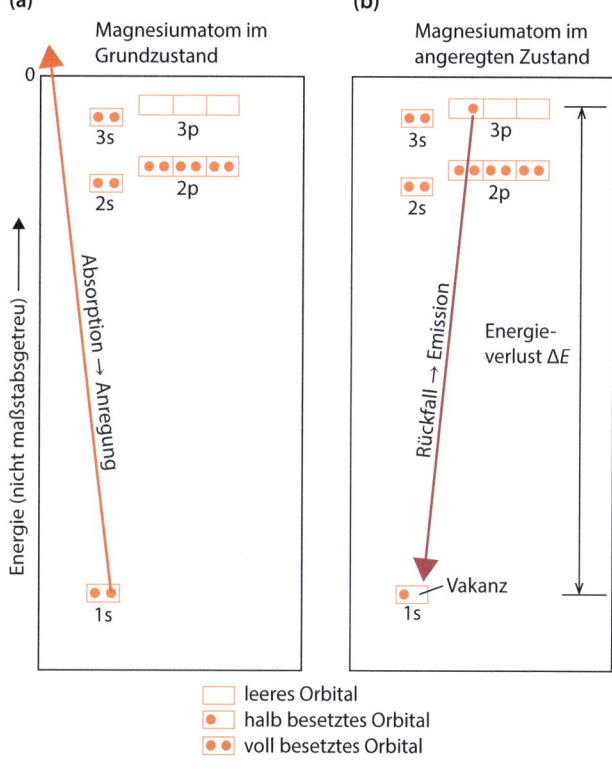

◘ **Abb. 6.5** Grundzustände und angeregte Zustände, der dargestellte Übergang emittiert ein Mg-Kβ-Quant als Röntgenphoton

Atome emittieren daher eine Reihe von scharf definierten Wellenlängenpeaks (◐ Abb. 6.6), die detaillierte Informationen über die Energieniveaus ihrer Elektronenstruktur liefern: Diese Wellenlängen bilden das Emissionsspektrum des Elements bzw. der betreffenden Elemente. Da die Energieniveaus der Elektronen in einem Atom und damit die von ihm emittierten Wellenlängen von Z abhängen, ist das Spektrum eines Elements leicht von dem eines anderen zu unterscheiden (Kasten 6.3). Atomspektren stellen somit in der Praxis ein wichtiges Werkzeug dar, um die in einer Probe (sei es ein Gesteinspulver oder eine Lösung) vorhandenen Elemente bei entsprechender Anregung zu identifizieren und deren relative Häufigkeit zu bestimmen.

> **Kasten 6.3 Licht und andere Formen der elektromagnetischen Strahlung**
>
> Das Licht, das wir sehen, ist wie andere Formen der elektromagnetischen Strahlung eine elektromagnetische „Unruhe", die Energie durch den Raum transportiert – ähnlich wie die Wellen, die sich über die Oberfläche eines Teiches bewegen, der durch einen Stein gestört wurde. Die Lichtquelle regt gleichzeitig Wellen der elektrischen und der magnetischen Feldstärke an, die sich mit Lichtgeschwindigkeit von der Quelle ausbreiten.
>
> Die wesentlichen Merkmale jeder elektromagnetischen Welle sind die Frequenz ν der Schwingung des elektromagnetischen Feldes in Hertz (Hz = Schwingungen pro Sekunde = s^{-1}) und die Wellenlänge λ in Metern (Kasten 5.2). Dies sind komplementäre Eigenschaften, die durch die Gleichung miteinander verbunden sind:
>
> $$\lambda \nu = c$$
>
> wobei c die Lichtgeschwindigkeit in ms^{-1} ist ($c = 2{,}997 \cdot 10^8$ m s^{-1} im Vakuum). Die Wellenlänge ist der Parameter, der normalerweise verwendet wird, um die Eigenschaft des sichtbaren Lichts zu charakterisieren, die wir Farbe nennen, siehe ◐ Abb. 6.7. Die Frequenz ist jedoch die grundlegendere Eigenschaft: Im Gegensatz zu Wellenlänge und Lichtgeschwindigkeit ist sie unabhängig vom Brechungsindex des Mediums, durch das Licht hindurch strahlt.
>
> Lichtenergie ist gequantelt: Ein Lichtstrahl – obwohl scheinbar ein kontinuierlicher Wellenstrom – besteht aus winzigen Paketen oder Quanten von Wellenenergie, den sogenannten Photonen. Diese Quanten ähneln den dem Elektron zugeordneten Wellenpaketen (◐ Abb. 5.2). Max Planck stellte 1900 fest, dass jedes Photon eine kinetische Energie E_q hat. Diese beträgt bezogen auf die Frequenz des Lichts, von dem es einen Teil bildet:
>
> $$E_q = h\nu$$
>
> wobei h die Planck-Konstante (oder das Planck'sche Wirkungsquantum) ist und den Wert $6{,}626 \cdot 10^{-34}$ J s hat.
>
> Wenn ein Elektron von einem hohen Energieniveau in einem Atom auf ein niedrigeres fällt, emittiert es ein Energiequantum in Form eines elektromagnetischen Photons, dessen Energie genau gleich der Energiedifferenz ΔE zwischen dem Anfangs- und Endzustand des Elektrons ist. Daraus folgt, dass Licht, das von Atomen auf diese Weise emittiert wird, eine Frequenz aufweist, gegeben durch:
>
> $$\nu = E_q/h = \Delta E/h$$
>
> Die entsprechende Wellenlänge ist:
>
> $$\lambda = \frac{hc}{\Delta E}$$
>
> Da die Energieniveaus (und damit ΔE) in einem Atom von der Kernladung Z abhängen, variieren die Wellenlängen der Atomspektren auf vorhersagbare Weise von Element zu Element und die emittierte Strahlung kann (wenn sie durch ein Spektrometer in einzelne Wellenlängen gebeugt wird) verwendet werden, um die in einer Probe vorhandenen Elemente zu identifizieren, ohne die Elemente chemisch zu trennen. Die Intensität jedes Wellenlängenpeaks im Spektrum hängt von der Konzentration des entsprechenden Elements in der Probe ab (Kasten 6.4).

Die erfolgreiche Erklärung, warum ein Emissionsspektrum aus einer Reihe von scharfen Linien und nicht aus einem Kontinuum besteht, ist einer der größten Erfolge der Wellenmechanik.

So wie ein Atom Strahlung bei charakteristischen Wellenlängen emittiert, wenn Elektronen von angeregten auf niedrigere Energieniveaus fallen, so geht die Anregung eines Elektrons aus dem Grundzustand auf ein angeregtes Energieniveau mit der Absorption von Strahlung bei der gleichen markanten Wellenlänge einher bzw. wird von dieser verursacht – wobei es nicht nur durch elektromagnetische Strahlung, sondern auch durch andere Formen von Energie zu einer Anregung kommen kann, in der Elektronenstrahlmikrosonde beispielsweise durch einen hochenergetischen Elektronenstrahl (Kasten 6.4). Die Anwendung solcher Absorptionsspektren in der Astronomie wird in ▶ Abschn. 11.2.1 behandelt.

6.5 · Atomspektren

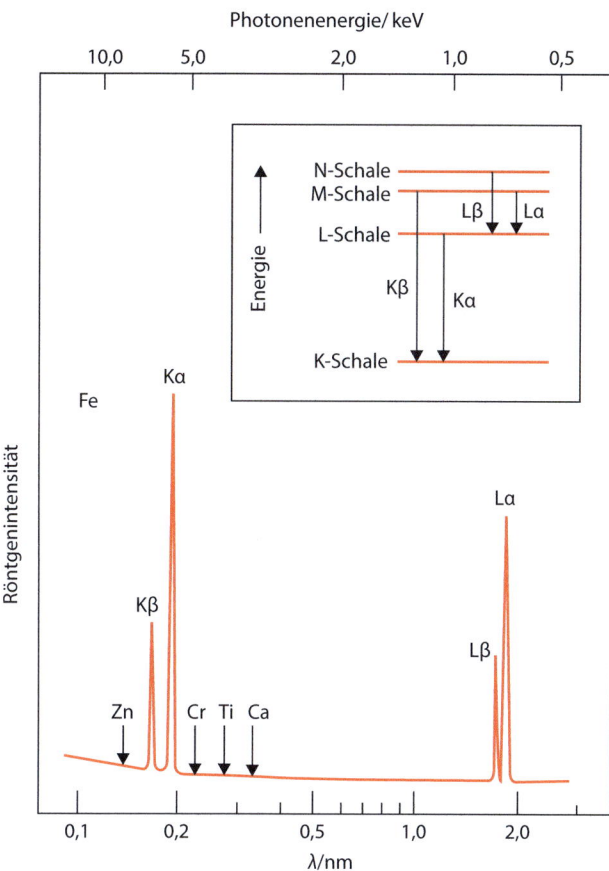

Abb. 6.6 Das Röntgenspektrum von Eisen, wie es von einem Röntgenspektrometer gemessen wird. Der Einsatz zeigt die beteiligten Elektronenübergänge. Die Pfeile im Hauptdiagramm zeigen, wie sich die Wellenlänge von Kα von Element zu Element verschiebt. Die Breite der Peaks wurde übertrieben

Kasten 6.4 Die Elektronenstrahlmikrosonde

Die Elektronenmikrosonde (Abb. 6.8) ist eine Art Rasterelektronenmikroskop, das geeignet ist, die charakteristischen Röntgenspektren zu analysieren, die beim Auftreffen des hochenergetischen Elektronenstrahls auf eine polierte Probe abgegeben werden, sodass räumlich hoch aufgelöste chemische Analysen der Probenoberfläche erhalten werden können. Die Technik revolutionierte die Petrologie, als sie in den 1950er-Jahren eingeführt wurde.

Kann ein Elektron innerhalb eines Atoms von jedem Energieniveau auf jedes andere Niveau springen? Die Analyse der in einem Atomspektrum vorhandenen Peaks zeigt, dass die Antwort „nein" lauten muss. Bestimmte Übergänge sind „verboten", weil sie gegen physikalische Grundprinzipien wie die Erhaltung des Drehimpulses verstoßen würden. Die Wellenmechanik erkennt solche Einschränkungen in Form einer Reihe von sogenannten Auswahlregeln. So muss beispielsweise ein Übergang in einem Atom die beiden Bedingungen erfüllen:

$$\Delta l = \pm 1$$

$$\Delta n \neq 0$$

Atomspektren beinhalten also keine Linien, die Übergängen zwischen 3s- und 2s-Orbitalen (für die $\Delta l = 0$ wäre), zwischen 3d- und 2s-Orbitalen ($\Delta l = 2$) oder zwischen 3p- und 3s-Orbitalen ($\Delta n = 0$) entsprechen.

6.5.1 Röntgenspektren

Röntgenstrahlen sind elektromagnetische Wellen mit sehr kurzer Wellenlänge (ca. 10^{-8} bis 10^{-11} m) und hoher Frequenz (Kasten 6.3). Sie sind die energiereichste Strahlung, die in den Elektronenschalen von Atomen erzeugt werden kann. (Gammastrahlen haben höhere Energien, werden aber nur in Atomkernen erzeugt.) Die hohen Energien zeigen, dass Röntgenstrahlen aus Elektronenübergängen entstehen, welche die tiefsten, vom Kern am stärksten angezogenen Energieniveaus im Atom betreffen, insbesondere die K- und L-Schalen. Aufgrund der Einschränkungen, die für den Wert der Quantenzahl l gelten, wenn n klein ist, ist in diesen Schalen die Struktur der Energieniveaus sehr einfach (Abb. 5.8). Röntgenspektren bestehen daher aus relativ wenigen Linien, was sie für die Analyse von komplexen, aus mehreren Elementen

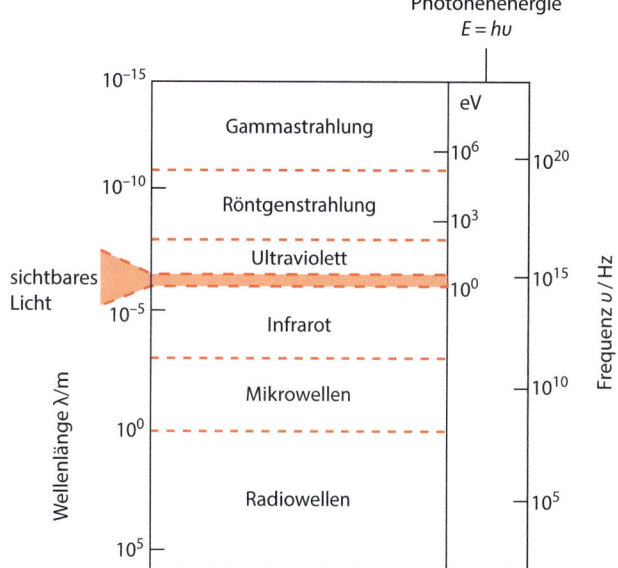

Abb. 6.7 Das elektromagnetische Spektrum

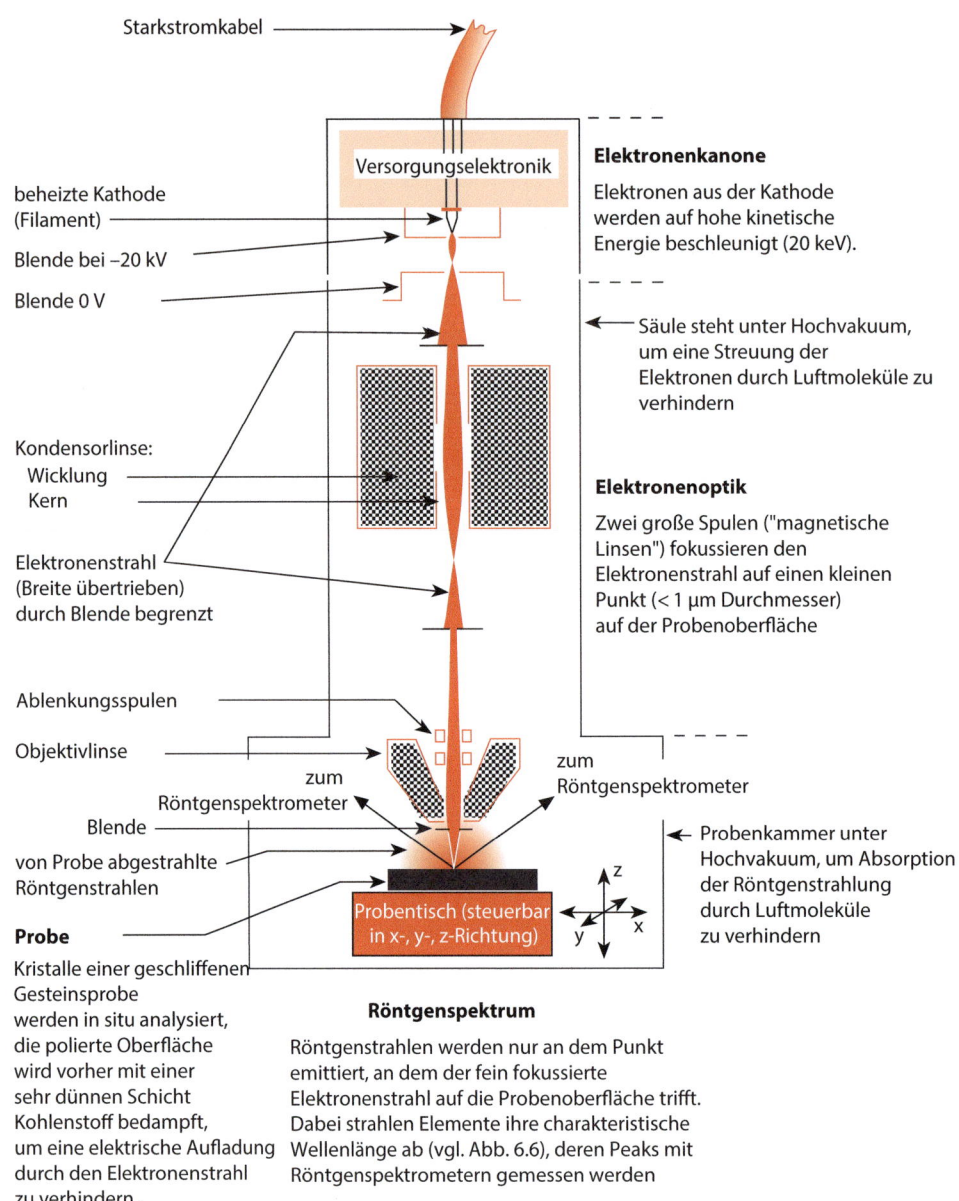

Abb. 6.8 Schematischer Querschnitt durch eine Elektronenstrahlmikrosonde

aufgebauten Proben wie Gesteinen und Mineralen geeignet macht, da eine Überlagerung von Spektrallinien weniger wahrscheinlich ist. Wie bei allen Atomspektren hängt die Wellenlänge jedes Röntgenpeaks von der Ordnungszahl des emittierenden Elements ab (◘ Abb. 6.6).

Um Röntgenstrahlen für eine Analyse zu erzeugen, werden Atome angeregt, indem ein Elektron vollständig aus dem Atom ausgestoßen und eine Vakanz in der K- oder L-Schale erzeugt wird (◘ Abb. 6.5). Zwei Methoden können dafür verwendet werden:

- Ein sehr dünner Strahl hochenergetischer Elektronen wird auf einen kleinen Bereich auf der Oberfläche der Probe fokussiert (normalerweise ein Kristall auf der Oberfläche eines polierten Dünnschliffs). Die Energie der Elektronen regt die Atome an, mit denen sie kollidieren, und zwar in dem winzigen Volumen der Probe direkt unter dem Auftreffbereich, und von hier werden die Röntgenspektren der in der Probe vorhandenen Elemente abgegeben. Dies ist das Prinzip der Elektronenstrahlmikrosonde (Kasten 6.4), die häufig für die chemische Analyse von Mineralen in situ in Gesteinsdünnschliffen verwendet wird. Die Mikrosonde kann auch zur Untersuchung chemischer Variationen innerhalb eines einzelnen Kristalls verwendet werden, wie z. B. einer Zonierung (◘ Abb. 3.3) oder Entmischung (◘ Abb. 3.5).
- Ein starker Röntgenstrahl aus einer Röntgenröhre, der auf eine Probe (Pulver oder in Form einer glasig erstarrten Schmelztablette) gerichtet ist, bewirkt

eine Röntgenabstrahlung aus der Probe durch Fluoreszenz. Die Photonenenergie der einfallenden („primären") Röntgenstrahlen E_q muss ausreichen, um die relevanten Elektronen aus den Atomen der Probe zu entfernen (◘ Abb. 6.5a). Die Probe reagiert, indem sie „sekundäre" Röntgenspektren emittiert (Röntgenfluoreszenzanalyse, RFA, engl. XRF), die für die in der Probe vorhandenen Elemente charakteristisch sind. Die Röntgenfluoreszenzspektrometrie ist eine wichtige und schnelle Methode für Analysen des Gesamtgesteins (homogene Proben in pulverisierter oder aufgeschmolzener und glasig erstarrter Form), mit der die Konzentrationen der Hauptelemente und vieler Spurenelemente gemessen werden können.

6.5.1.1 Z-Abhängigkeit der Röntgenspektren: Moseley'sches Gesetz

Ein Vorteil bei der Verwendung von Röntgenspektren für die Gesteins- und Mineralanalyse ist, dass die von den Elementen emittierten Wellenlängen auf sehr einfache Weise von der Ordnungszahl Z abhängen. Die Erhöhung der Kernladung „zieht" die Energieniveaus im Energieraum nach unten und erweitert die Energieunterschiede ΔE zwischen den verschiedenen Niveaus. Dies ist an den Energieskalen in ◘ Abb. 5.8 gut zu erkennen. Daraus folgt, dass die Photonenenergie für einen gegebenen Übergang – zum Beispiel die Kα-Linie – mit der Ordnungszahl zunimmt, während die entsprechende Wellenlänge abnimmt (◘ Abb. 6.6).

Diese Beziehung wird in einer einfachen Gleichung ausgedrückt, die 1914 vom britischen Physiker H. G. J. Moseley empirisch ermittelt wurde und als Moseley'sches Gesetz bekannt ist:

$$\frac{1}{\lambda} = k\,(Z-\sigma)^2 \qquad (6.1)$$

Alternativ kann dies auch in Form der Photonenenergie E geschrieben werden:

$$\frac{E}{h\,c} = k\,(Z-\sigma)^2$$

Die Konstante σ beschreibt, wie stark die Abstoßung zwischen Elektronen der Anziehungskraft der positiven Kernladung entgegenwirkt. Der Term $(Z-\sigma)$ kann als die „effektive Kernladung" betrachtet werden, die auf ein bestimmtes Elektron einwirkt. Moseley, der als Erster das Konzept der Ordnungszahl einführte, nutzte diese Gleichung 1914, um die damals bekannten chemischen Elemente zu katalogisieren. Aus den Lücken in der Sequenz der Röntgenwellenlängen folgerte er, dass weitere Elemente (mit den Ordnungszahlen 43, 61, 72, 75, 85 und 87) noch zu entdecken waren.

Um die Moseley-Gleichung in einem Diagramm darzustellen, ist es sinnvoll, auf beiden Seiten die Quadratwurzel zu ziehen:

$$\left(\frac{1}{\lambda}\right)^{0,5} = k^{0,5}\,(Z-\sigma)$$

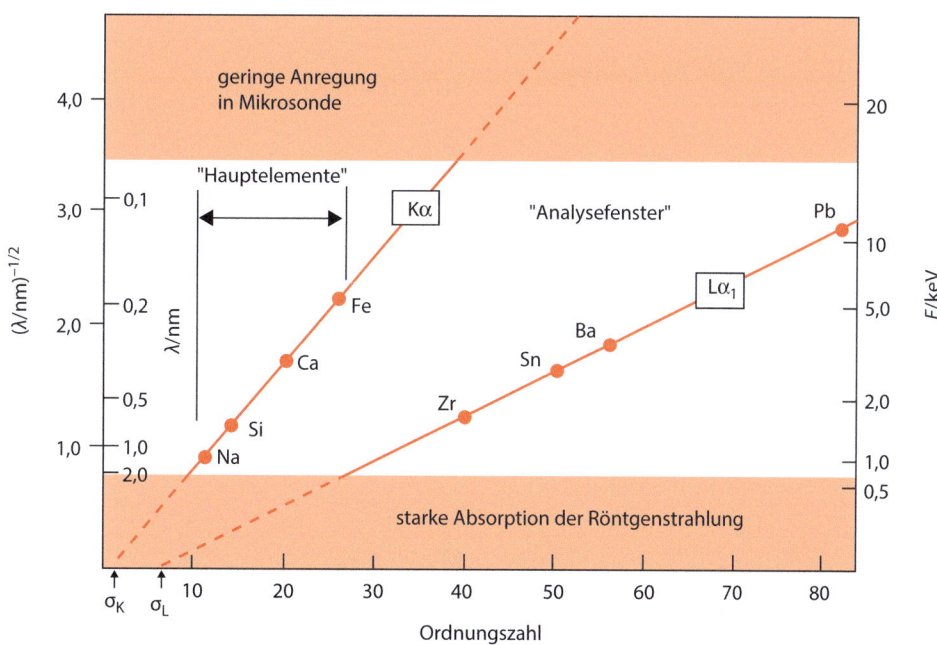

◘ **Abb. 6.9** Moseley'sches Gesetz in linearer Form (vgl. Anhang A.1 und Übung 6.4). Beachten Sie, dass an der vertikalen Achse sowohl $\lambda^{-\frac{1}{2}}$ (lineare Skala, außen) als auch λ (nicht linear, innen) aufgetragen sind. Der weiß gezeichnete Bereich zeigt den Bereich der Wellenlängen und Elemente, die bei der routinemäßigen Analyse von Mineralen und Gesteinen mit der Elektronenstrahlmikrosonde gemessen werden können

oder:

$$(E_q)^{0,5} = (h\,c\,k)^{0,5}\,(Z - \sigma)$$

Wenn wir nun $(1/\lambda)^{0,5}$ oder $E_q^{0,5}$ gegen Z auftragen, erzeugt dies eine gerade Linie mit einer Steigung von $k^{0,5}$ bzw. $(h\,c\,k)^{0,5}$ (◘ Abb. 6.9) und einen Achsenabschnitt von σ auf der Z-Achse. Hätten wir stattdessen $1/\lambda$ oder E_q direkt gegen Z aufgetragen, hätten wir eine weniger nützliche gebogene Kurve erhalten (vgl. Anhang A.1).

Die Moseley-Gleichung kann für die Vorhersage anderer Röntgenlinien wie Kβ und Lα eines bestimmten Elements verwendet werden, aber die Konstanten k und σ haben dann jeweils unterschiedliche Werte (◘ Abb. 6.9).

Die Analyse von Röntgenspektren kann in der Praxis mit zwei Methoden durchgeführt werden:
- Ein Kristall mit bekanntem Atomabstand kann als Röntgenbeugungsgitter (Kasten 5.3) verwendet werden, um durch Streuung gemäß der Bragg-Gleichung die verschiedenen Wellenlängenkomponenten des Strahls aufzufächern (als „wellenlängendispersive Analyse" bezeichnet, WDS oder WDX). Die Peaks können dann mit einem relativ einfachen Röntgendetektor aufgezeichnet werden, der mechanisch auf die entsprechenden Winkel gesteuert wird.
- Alternativ kann der einfallende Röntgenstrahl direkt in einen Halbleiterdetektor geleitet werden, der die Spektralkomponenten nach ihrer Photonenenergie trennen kann („energiedispersive Analyse", EDS oder EDX). Wie ein solcher Halbleiterdetektor funktioniert, wird in ▶ Abschn. 7.3.1 erläutert.

Aus ◘ Abb. 6.9 ist ersichtlich, dass die langwelligen Röntgenspektren von Elementen mit einer Ordnungszahl von weniger als 10 stark absorbiert werden, was die Wirksamkeit der Röntgenmethoden bei der Analyse von Elementen mit einer Ordnungszahl von weniger als 10 einschränkt. Inzwischen gibt es verbesserte Spektrometer, mit denen eine Analyse der leichten Elemente deutlich besser möglich ist.

6.6 Zusammenfassung

Wenn wir die chemischen Elemente in der Reihenfolge ihrer Ordnungszahl untersuchen, führt die Struktur der Energieniveaus in den Atomen (◘ Abb. 5.8) zusammen mit dem Effekt der zunehmenden Kernladung zu einer Periodizität ihrer chemischen Eigenschaften.

Das Periodensystem bietet eine kompakte Möglichkeit, um die Variation der chemischen Eigenschaften (wie Elektronegativität und Wertigkeit) der bekannten Elemente zusammenzufassen und Eigenschaften unbekannter Elemente vorherzusagen.

Die Wellenlängen von Atomspektren variieren systematisch mit der Ordnungszahl des Elements und bieten ein leistungsfähiges Mittel, um die Konzentration jedes Elements in einer geologischen Probe zu bestimmen. Röntgenspektren eignen sich besonders gut für die chemische Analyse von Mineralen und Gesteinen.

Übungen

6.1 Identifizieren Sie die Elemente mit den unten aufgeführten Ordnungszahlen. Erarbeiten Sie deren Elektronenkonfigurationen und unterscheiden Sie dabei zwischen Kern- und Valenzelektronen. Geben Sie den Block und die Gruppe an, zu denen das Element gehört, und ermitteln Sie die Wertigkeit.

$Z = 3, 5, 8, 9, 14$

6.2 Geben Sie die Elektronenkonfigurationen der folgenden Atome an. Stellen Sie dabei den Atomrumpf durch das Symbol des vorhergehenden Edelgases dar (in eckigen Klammern). Zu welchen Blöcken gehören diese Elemente?

Ti, Ni, As, U

6.3 Bestimmen Sie die (Minimal-)Werte von x und y in den folgenden Formeln, entsprechend den Wertigkeiten der betreffenden Elemente:

Na_xO_y, Si_xO_y, Si_xF_y, Mg_xCl_y, Sc_xO_y, P_xO_y, B_xN_y

a. Erstellen Sie mit den folgenden Wellenlängendaten von Kα ein Diagramm, um das Moseley'sche Gesetz für die Elemente Y bis Ag zu überprüfen (siehe Anhang A.1 und ◘ Abb. 6.9). Schätzen Sie die Werte von k und σ ab.

Element	Z	Wellenlänge/pm
Y	39	83,0
Zr	40	78,7
Nb	41	74,8
Mo	42	71,1
Ru	44	64,4
Rh	45	61,5
Pd	46	58,7
Ag	47	56,1

b. Das radioaktive Element Technetium (Tc, $Z=43$; benannt nach dem griechischen *technetos* = „künstlich" – ◘ Abb. 6.4) kommt auf der Erde nicht natürlich vor, kann jedoch künstlich hergestellt werden. Sagen Sie die Wellenlänge der Röntgenlinie Kα und die entsprechende Quantenenergie (in keV) vorher ($h = 6{,}626 \cdot 10^{-34}$ J s $= 4{,}135 \cdot 10^{-15}$ eV s; $c = 2{,}997 \cdot 10^{8}$ m s^{-1} im Vakuum).

Literatur

Henderson P, Henderson GM (2009) The cambridge handbook of earth science data. Cambridge University Press, Cambridge

Weiterführende Literatur

Atkins P, Overton T, Rourke J et al (2010) Inorganic chemistry, 5. Aufl. Oxford University Press, Oxford

Barrett J (2002) Atomic structure and periodicity. Royal Society of Chemistry, Cambridge

Gill R (Hrsg) (1996) Modern analytical geochemistry. Longman, Harlow

Scerri ER (2011) The periodic table – a very short introduction. Oxford University Press, Oxford

Chemische Bindung und die Eigenschaften von Mineralen

7.1 **Das Modell der ionischen Bindung – 120**
7.1.1 Ionenkristalle: Stapelung von Kugeln in drei Dimensionen – 120
7.1.2 Ionenradius – 122
7.1.3 Das Ionenradienverhältnis und seine Anwendungen – 122

7.2 **Das Modell der kovalenten Bindung – 126**
7.2.1 σ- und π-Bindungen – 127
7.2.2 Kovalente Kristalle – 128
7.2.3 Molekülform und Hybridisierung – 128
7.2.4 Die Komplexbindung – 131

7.3 **Metalle und Halbleiter – 132**
7.3.1 Halbleiter – 134

7.4 **Bindung in Mineralen – 134**
7.4.1 Ionenpolarisation: nichtideale ionische Bindungen – 134
7.4.2 Polarisierte kovalente Bindung und Ionizität – 135
7.4.3 Bindungen in Silicaten – 136
7.4.4 Oxoanionen – 136
7.4.5 Reine Elemente, Legierungen und Sulfide – 136

7.5 **Andere Arten von atomarer und molekularer Wechselwirkung – 138**
7.5.1 Ion-Dipol-Wechselwirkungen und Hydratation – 138
7.5.2 Dipol-Dipol-Wechselwirkungen: Wasserstoffbrückenbindung – 138
7.5.3 Induzierte Dipole und Van-der-Waals-Wechselwirkungen – 139

7.6 **Zusammenfassung – 140**

Übungen – 141

Literatur – 141

© Springer-Verlag GmbH Deutschland, ein Teil von Springer Nature 2020
R. Gill, *Chemische Grundlagen der Geo- und Umweltwissenschaften*,
https://doi.org/10.1007/978-3-662-61500-3_7

Nur wenige Wissenschaftler beschäftigen sich mit derart unterschiedlichen Materialien und Eigenschaften wie die Geologen. Denken Sie beispielsweise an den Kontrast zwischen glühender Silicatlava und dem grauen Meerwasser des Atlantiks, zwischen den ingenieurtechnischen Eigenschaften von kristallinem Granit und denen von weichem Ton oder Schlamm, zwischen den elektrischen und optischen Eigenschaften von Quarz und denen von Gold. Die immense physikalische Vielfalt der geologischen Materialien ergibt sich vor allem aus den Unterschieden in der chemischen Bindung, die sie zusammenhält.

Man kann mehrere verschiedene Mechanismen unterscheiden, durch die Atome miteinander verbunden sind, wobei die reale Interaktion zwischen zwei Atomen im Allgemeinen eine Mischung aus mehr als einem Bindungstyp ist. Inwieweit diese verschiedenen Mechanismen zu einer realen Bindung beitragen, hängt von der Differenz der Elektronegativität der betreffenden Atome ab. Wir beginnen mit derjenigen Bindung, die vorherrscht, wenn der Elektronegativitätskontrast groß ist.

7.1 Das Modell der ionischen Bindung

Das **Salz** Natriumchlorid, bekannt als Kochsalz und als das Mineral Halit, besteht aus zwei Elementen mit deutlich unterschiedlicher Elektronegativität: 3,2 (Cl) und 0,9 (Na) (Differenz = 2,3). Die geringe Ionisierungsenergie des Natriumatoms (▶ Abschn. 6.1) deutet auf seine Bereitschaft hin, ein Elektron zu verlieren und ein Na^+-Kation zu bilden. Das Chloratom hingegen nimmt gerne ein zusätzliches Elektron auf und bildet ein Chloridanion Cl^-. Wenn also ein Natriumatom auf ein Chloratom trifft, kann das Elektron aus dem außen gelegenen 3s-Orbital von Na in die Vakanz im 3p-Orbital von Cl wechseln. Die Ionen, die aus dieser Übertragung resultieren und entgegengesetzte Ladungen aufweisen, erfahren eine gegenseitige elektrostatische Anziehung, die wir ionische Bindung nennen.

Elektrostatische Kräfte wirken in alle Richtungen, und ein Ion in einer ionischen Verbindung wie NaCl bezieht seine Stabilität aus der Anziehungskraft, die auf alle entgegengesetzt geladenen Ionen in der Nähe wirkt. Die ionische Bindung führt nicht zur Bildung von diskreten Molekülen wie CO_2. Stattdessen existieren ionische Verbindungen als Feststoffe oder Flüssigkeiten (**kondensierte Phasen**), die ihre Stabilität optimieren, indem sie entgegengesetzt geladene Ionen eng in Strukturen zusammenfügen. Ionen können z. B. in Wasser gelöst werden, indem die polaren Moleküle des Lösungsmittels diese umgeben (Kasten 4.1). Ionische Verbindungen existieren nicht als Gase.

7.1.1 Ionenkristalle: Stapelung von Kugeln in drei Dimensionen

Die meisten Ionen können wir uns als kugelsymmetrisch vorstellen. Der innere Aufbau von Kristallen wie NaCl kann als Stapelung von Kugeln unterschiedlicher Größe und Ladung zu regelmäßigen dreidimensionalen Anordnungen verstanden werden. Die Gleichung der potenziellen Energie einer solchen Anordnung ist die Gesamtsumme von (i) negativen Termen, welche die Anziehungskraft zwischen allen Paaren entgegengesetzt geladener Ionen in der Struktur darstellen, und (ii) positiven Termen, welche die Abstoßung zwischen allen Paaren gleich geladener Ionen darstellen. Es gibt drei allgemeine Regeln, die zu beachten sind, um eine maximale Stabilität zu erreichen (d. h. minimale potenzielle Energie):

— Ionen müssen sich natürlich in Proportionen verbinden, die zu einem elektrisch neutralen Kristall führen. Ein Halitkristall enthält die gleiche Anzahl von Na^+- und Cl^--Ionen, während in Fluorit (Calciumfluorid) doppelt so viele F^--Ionen wie Ca^{2+}-Ionen vorhanden sind, damit die Ladungen sich ausgleichen.
— Der Abstand (genauer gesagt, der Kernabstand) zwischen benachbarten, entgegengesetzt geladenen Ionen (◘ Abb. 7.1) sollte ungefähr dem Gleichgewichtsabstand r_0 der betreffenden Verbindung entsprechen (Kasten 7.1), um die Anziehungskräfte zu maximieren, die die Struktur zusammenhalten. Das Dehnen einer Bindung macht diese weniger stabil.
— Jedes Kation sollte von so vielen Anionen umgeben sein, wie es seine relative Größe zulässt. Dadurch wird die maximale Anziehung zwischen Kationen und Anionen erreicht. Aus dem gleichen Grund muss jedes Anion von so vielen Kationen wie möglich umgeben sein. Die Anzahl der entgegengesetzt geladenen nächsten Nachbarn, die ein Ion (in drei Dimensionen) umgeben, wird als **Koordinationszahl** bezeichnet, ein wichtiger Parameter der Kristallchemie.

Diese Regeln deuten darauf hin, dass die Anordnung der Atome im Kristallgitter von Halit oder Fluorit in erster Linie durch die Ladung und die Größe der beteiligten Ionen bestimmt wird. Die Ladung kann aus der Wertigkeit des Ions vorhergesagt werden, aber wie kann seine „Größe" bestimmt werden?

7.1 · Das Modell der ionischen Bindung

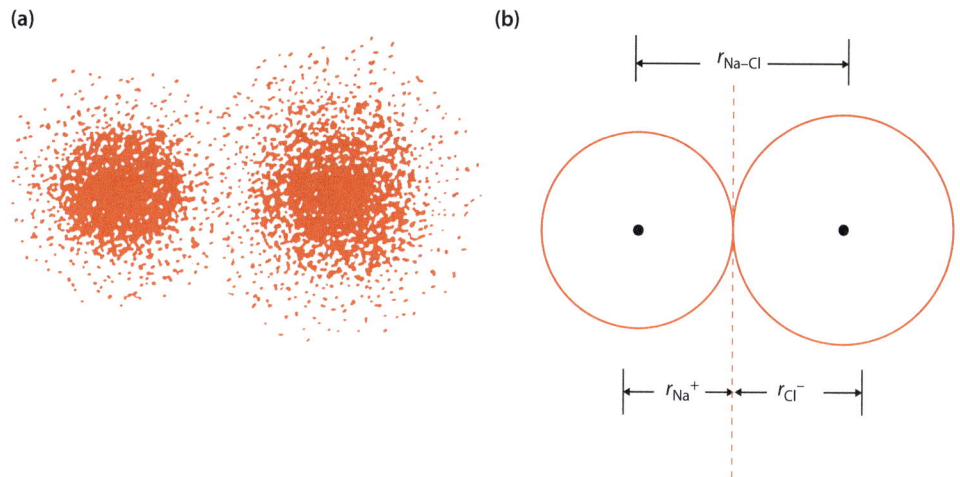

◘ **Abb. 7.1** Kernabstand r_{Na-Cl} und Ionenradien r_{Na^+} und r_{Cl^-} für das Ionenpaar Na^+Cl^-, **a** Elektronendichteverteilungen der beiden Ionen und **b** entsprechendes Modell harter Kugeln

Kasten 7.1 Gleichgewichtsabstand der Ionen

Zwei entgegengesetzt geladene Ionen (z. B. Na^+ und Cl^-) ziehen sich durch ihre entgegengesetzten Nettoladungen ($\pm e$) an, und die Anziehungskraft nimmt mit zunehmender Nähe zu. Die potenzielle Energie dieses Systems ist:

$$E_p = -\frac{e^2}{r}$$

Wenn r – der Abstand zwischen den beiden Kernen – kleiner wird, wird die potenzielle Energie negativer, was auf eine größere Stabilität hinweist. Wenn sich die Ionen jedoch so nahe beieinander befinden, dass sich die negativ geladenen Elektronenwolken zu überlagern beginnen, müssen wir ein Element der Abstoßung in der Energiegleichung berücksichtigen:

$E_p = $ Anziehung auf lange Distanz + Abstoßung auf kurze Distanz

also:

$$E_p = -\frac{e^2}{r} + \frac{b\,e^2}{r^{12}} \qquad (7.1)$$

wobei b eine Konstante ist. Die gestrichelten Kurven in ◘ Abb. 7.2 zeigen die beiden Terme getrennt dargestellt. Der Term r^{12} zeigt uns, dass die Abstoßung sich erst bei einem viel kürzeren Kernabstand auswirkt als die Anziehungskraft, aber sehr stark zunimmt, wenn r einen kritischen Wert unterschreitet.
Die durchgezogene Kurve in ◘ Abb. 7.2 zeigt das Ergebnis der Addition der beiden Terme in ▶ Gl. 7.1. Das Energieminimum definiert einen Gleichgewichtsabstand r_0 der Atomkerne (bzw. eine „Bindungslänge"), bei dem das isolierte Ionenpaar am stabilsten ist. Wenn das Kation mit mehr als einem Anion verbunden ist, wie in einem Kristall, ist r_0 durch die Abstoßung zwischen den Anionen etwas größer. Der schnelle Anstieg der Kurve links von diesem Minimum spiegelt die Beobachtung wider, dass sich die Ionen stark gegen eine weitere Annäherung wehren, ähnlich wie Hartgummikugeln.

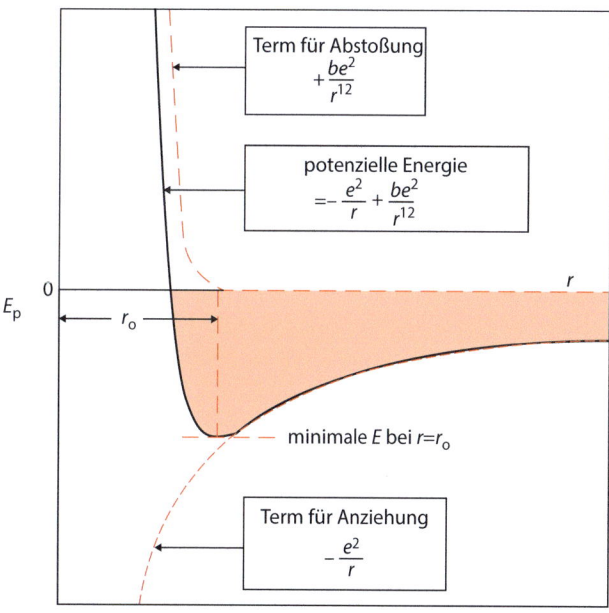

◘ **Abb. 7.2** Wie die potenzielle Energie E_p zweier entgegengesetzt geladener Ionen mit dem Kernabstand r variiert

7.1.2 Ionenradius

Da Ionen unscharfe Konturen haben (◘ Abb. 5.4, 5.5 und 7.1), ist es nicht ganz leicht, genau zu definieren, was wir mit dem „Radius" eines Ions meinen.

Wenn jedoch zwei entgegengesetzt geladene Ionen in Kontakt kommen, stellen sie einen genau definierten Gleichgewichtsabstand her (Kasten 7.1). Wie ◘ Abb. 7.1 zeigt, kann die Bindungslänge als die Summe von zwei hypothetischen „Ionenradien" betrachtet werden, jeweils einer für jedes Ion. Es ist klar, dass der „Radius" eines Ions in einem Kristall nicht der tatsächlichen Größe des isolierten Ions entspricht (was auch immer das bedeuten mag), sondern einem empirischen „Radius der Annäherung", der bestimmt, wie nahe ein anderes Ion platziert werden kann.

Röntgenbeugungsdaten (Kasten 5.3) liefern genaue Gleichgewichtsabstände (Längen der ionischen Bindungen) für viele binäre (d. h. aus zwei Elementen bestehende) Salze wie NaCl, NaF und CaF$_2$. Daraus können jedoch nicht einfach die einzelnen Ionenradien von z. B. Na$^+$ und Cl$^-$ abgeleitet werden, da nicht bekannt ist, wie viel der gemessenen Na-Cl-Bindungslänge dem jeweiligen Ion zuzuordnen ist. Eine frühe Herangehensweise an das Problem, die der amerikanische Nobelpreisträger Linus Pauling 1927 entwickelte, bestand darin, Verbindungen wie NaF zu untersuchen, bei denen das Kation und das Anion zufällig die gleiche Anzahl von Elektronen aufweisen (in diesem Fall 10). Pauling schlug einen Zusammenhang zwischen Ionenradius und Kernladung in solchen Ionenpaaren vor, was zusammen mit der gemessenen Na-F-Bindungslänge eine Abschätzung der einzelnen Ionenradien ermöglichte (siehe Fyfe 1964, ▶ Kap. 4).

Neuere Angaben der Ionenradien basieren auf aufwendigeren Berechnungen, wobei sich die Chemiker noch immer nicht über die besten zu verwendenden Werte einig sind: Beispielsweise variieren veröffentlichte Abschätzungen des Radius von O^{2-} zwischen 127 und 140 ppm (Henderson 1982, ▶ Kap. 6). Für Mineralogen und Geochemiker sind Ionenradien dennoch äußerst nützlich, um die chemische Struktur kristalliner Materialien zu erklären. Die Ionenradien einiger geologisch wichtiger Elemente sind in Kasten 7.2 dargestellt.

> **Kasten 7.2 Ionenradien von geologisch wichtigen Elementen**
> Der Gleichgewichtsabstand einer ionischen Bindung hängt von der Koordination der Ionen ab (wegen der Abstoßung zwischen ähnlich geladenen Ionen, s. Kasten 7.1). Der Al-O-Abstand in Analcim, Na(AlSi$_2$O$_6$)·H$_2$O (wobei Al tetraedrisch koordiniert ist), ist 180 pm, während er in Jadeit, NaAlSi$_2$O$_6$ (Al oktaedrisch koordiniert), mehr als 190 pm beträgt. Daraus folgt, dass auch die einzelnen Ionenradien von der Koordination abhängen. Diese Abhängigkeit ist für Kationen wichtiger als für Anionen. Die Angaben in ◘ Abb. 7.3 beziehen sich auf die oktaedrische (6-fache) Koordination, sofern nicht anders angegeben.

Aus ◘ Abb. 7.3 ist ersichtlich, dass die Kationenradien stark variieren, von 34 pm (Si^{4+}) bis ca. 170 pm (Rb$^+$). Beachten Sie die deutliche Abnahme des Kationenradius von links nach rechts im Periodensystem als Reaktion auf die steigende Kernladung. Na$^+$, Mg^{2+}, Al^{3+} und Si^{4+} besitzen alle jeweils zehn Elektronen, diese werden bei Silicium aber näher an den Atomkern (Kernladung 14+) herangezogen als bei Natrium (11+). Die Radien der Anionen sind größer, was auf die zusätzlichen Elektronen zurückzuführen ist, die sie aufgenommen haben, und auf die gegenseitige Abstoßung zwischen ihnen. O^{2-}, F$^-$, S^{2-} und Cl$^-$ sind deutlich größer als alle Kationen mit Ausnahme der Alkalimetalle und der schwersten Erdalkalimetalle (◘ Abb. 7.3). Infolgedessen können viele Kristallstrukturen als dicht gepackte Anordnungen großer Anionen dargestellt werden, wobei kleinere Kationen die Zwischenräume zwischen ihnen einnehmen.

7.1.3 Das Ionenradienverhältnis und seine Anwendungen

Wenn Kugeln gleicher Größe gepackt werden, besteht die kompakteste Anordnung (dichteste Kugelpackung) aus einem Stapel von regelmäßigen planaren Schichten. Jede Schicht hat eine hexagonale Symmetrie, die an eine Wabe erinnert, wobei jede Kugel in der gleichen Ebene mit sechs anderen in Kontakt steht. Ähnliche Schichten können übereinandergestapelt werden, wobei sich jede Kugel in die Vertiefung zwischen drei Kugeln der darunter liegenden Schicht einfügt (◘ Abb. 7.4). Die Zwischenräume zwischen den einander berührenden Kugeln weisen zwei Arten von dreidimensionaler Geometrie auf. Ein Typ ist durch 4 benachbarte Kugeln begrenzt. Verbinden wir deren Mittelpunkte, erhalten wir eine gleichmäßige Pyramide: ein Tetraeder (◘ Abb. 7.4a, b, ◘ Tab. 7.1). Da diese Hohlräume kleine Kationen aufnehmen können (analog zur Glasmurmel im Kugelmodell in ◘ Abb. 7.4b) werden diese als **Tetraederplätze** bezeichnet.

Die zweite Art von Hohlraum in einer dicht gepackten Anordnung identischer Kugeln wird von 6 benachbarten Kugeln begrenzt, deren Mittelpunkte an den

7.1 · Das Modell der ionischen Bindung

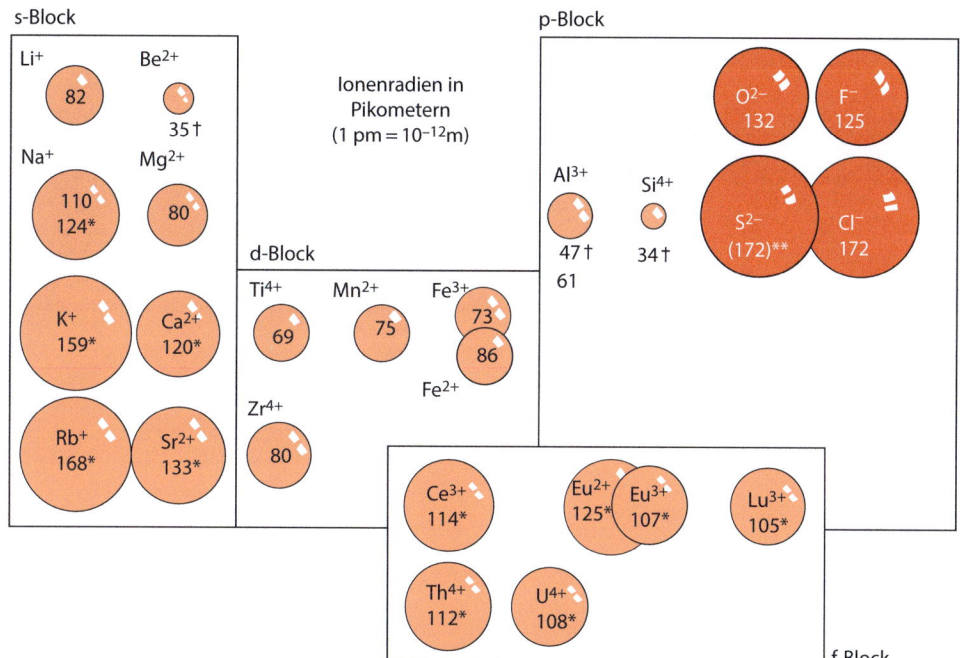

† in tetraedrischer Koordination
* in 8-facher Koordination
** Der Ionenradius von S^{2-} sollte mit äußerster Vorsicht verwendet werden, da die meisten Metall-Sulfid-Bindungen einen deutlich kovalenten Charakter haben

Abb. 7.3 Ionenradien (in Pikometern) von geologisch wichtigen Elementen

sechs Spitzen eines Oktaeders liegen (Abb. 7.4a, c, d, Tab. 7.1; ein Oktaeder hat 8 Seiten und 6 Ecken). Solche Hohlräume werden als **Oktaederplätze** bezeichnet. Oktaederplätze sind „größer" als Tetraederplätze (was die Größe der Kationen angeht, die wie die Murmel in den Kugelmodellen in Abb. 7.4 darin Platz finden) und beide sind wesentlich größer als die Lücke zwischen drei benachbarten Kugeln innerhalb derselben Schicht.

In vielen Ionenkristallen sind die Anionen in einer mehr oder weniger dicht gepackten Anordnung angeordnet, wobei die Kationen einige der Tetraeder- und/oder Oktaederplätze zwischen ihnen einnehmen. Welche Art von Gitterplatz ein bestimmtes Kation einnimmt, wird durch den Wert des Verhältnisses $r_{Kation} : r_{Anion}$, bestimmt, d. h. das Ionenradienverhältnis. Durch dreidimensionale Anwendung der Trigonometrie im Kugelmodell kann leicht gezeigt werden, dass ein Kation einen Radius von $0{,}414\,R$ haben muss, um genau in den Oktaederplatz zwischen sechs identischen Anionen mit Radius R zu passen. Wenn ein Kation in einem Kristall auf dieser Position sitzt, sagt man, dass es eine oktaedrische (bzw. 6-fache) Koordination aufweist. Es ist jedoch sehr unwahrscheinlich, dass ein reales Ionenpaar ein Radienverhältnis von genau 0,414 hat. Wir müssen also herausfinden, was das für die Koordinationszahl bedeutet, wenn das Radienverhältnis von diesem Wert abweicht.

Ein Radienverhältnis von genau 0,414 ermöglicht es der „Kationenkugel", alle umgebenden Kugeln (Anionen) gleichzeitig zu berühren und die optimale Bindungslänge (Abb. 7.1) mit allen sechs Anionen einzuhalten. Das ist nicht der Fall, wenn die zentrale Kugel kleiner als $0{,}414\,R$ ist: Sie „klappert" in ihrer Position, während der Abstand zu einigen der sie umgebenden Ionen die optimale Bindungslänge überschreitet, was gegen die Regel der Energieminimierung verstößt. Diese elektrostatisch instabile Situation kollabiert zu einer neuen Konfiguration, in der das Kation – von weniger Anionen umgeben – die optimale Bindungslänge erreicht. In der Praxis bedeutet dies, dass ein Kation in diesem Größenbereich eher einen Tetraeder- als einen Oktaederplatz einnimmt. Ein Radienverhältnis von weniger als 0,414 impliziert daher eine tetraedrische (d. h. 4-fache) Koordination des Kations (Tab. 7.1). Aus diesem Grund finden wir Silicium (Si^{4+}), mit einem Radienverhältnis zum Oxidanion (O^{2-}) von $34/132 = 0{,}25$, in allen Silicatmineralen (bei denen es sich um Verbindungen verschiedener Metalle mit Silicium und Sauerstoff handelt) in tetraedrischer Koordination.

Bei einem Radienverhältnis größer als 0,414 hingegen kann das Kation noch immer die optimale Bindungslänge mit sechs gleich weit entfernten Anionen aufweisen. Das größere Kation verhindert, dass die Anionen in Kontakt miteinander bleiben (sie hören

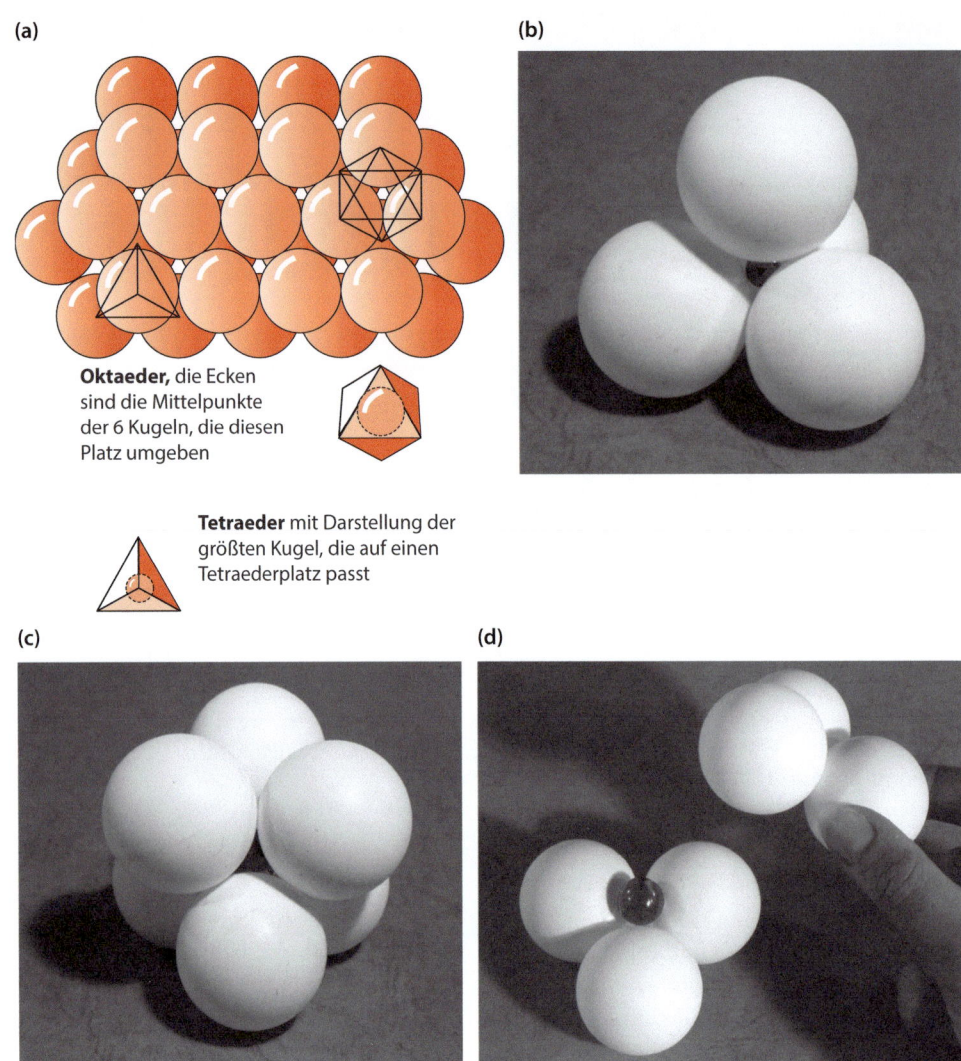

Abb. 7.4 **a** Zwei Schichten einer dicht gepackten Anordnung von Kugeln. Die dicken Linien zeigen die Koordinationspolyeder der tetraedrischen und oktaedrischen Zwischenräume zwischen den Kugeln. **b** Kugelmodell, das die tetraedrische Koordination eines kleinen Kations (Glasmurmel) zwischen den Anionen zeigt: Das Kation ist von 4 Anionen umgeben. **c** Oktaedrische Koordination eines Kations. **d** Oktaeder mit entfernter oberer Anionenschicht, um das oktaedrisch koordinierte Kation im Inneren zu zeigen. (Quellen: a geändert nach McKie und McKie 1974; b–d Foto: K. d'Souza).

auf, wirklich so dicht wie möglich gepackt zu sein), aber im Hinblick auf ihre gegenseitige Abstoßung wird dies die Stabilität der Struktur nicht beeinträchtigen. Die oktaedrische Koordination ist daher konsistent mit Radienverhältnissen über 0,414 (Tab. 7.1).

Na^+ ist oktaedrisch in NaCl koordiniert (Radienverhältnis 110/172 = 0,64). Die elektrische Neutralität schreibt vor, dass die jeweilige Anzahl der Ionen Na^+ und Cl^- gleich sein muss (dies wird als „AB-Verbindung" bezeichnet). Daraus folgt, dass jedes Chloridion ebenfalls oktaedrisch koordiniert sein muss (von 6 Na^+-Ionen umgeben). Diese Natriumchloridstruktur bzw. Halitstruktur (Abb. 7.5a) weist auch das Mineral Galenit (auch Bleiglanz genannt), PbS, auf.

Im Mineral Rutil (eines der Polymorphe von TiO_2) ist das Ionenradienverhältnis Ti^{4+}: O^{2-} gleich 69/132 = 0,52, und entsprechend ist das Ti^{4+}-Ion oktaedrisch durch O^{2-}-Ionen koordiniert (Abb. 7.5c). Weil es doppelt so viele O^{2-}-Ionen gibt (die unterschiedliche Wertigkeit der Ionen macht dies zu einer „AB_2-Verbindung"), befindet sich jedes O^{2-}-Ion in dreifacher Koordination und nimmt das Zentrum einer dreieckigen Gruppierung von Ti^{4+}-Ionen ein.

Die Obergrenze für die oktaedrische Koordination wird bei einem Ionenradienverhältnis von 0,732 erreicht, dabei ist das Kation ausreichend groß, um acht gleich weit entfernte Nachbarn gleichzeitig zu berühren (Tab. 7.1). Die Notwendigkeit einer maximaler Koordination führt zu einer neuen Struktur, in der die Kerne der Anionen an den Ecken eines Würfels liegen, wobei das Kation im Zentrum eine 8-fache Koordination aufweist (Cäsiumchloridstruktur, siehe Abb. 7.5b). Das

Kasten 7.1 Gleichgewichtsabstand der Ionen

Tab. 7.1 Koordinationspolyeder

Bereich des Ionenradienverhältnisses r_{Kation}/r_{Anion}	Koordinationszahl N_c	Koordinationspolyeder
0,225–0,414 entspricht[a]: $(1{,}5^{1/2}-1)$ bis $(2^{1/2}-1)$	4	Tetraeder
0,414–0,732 entspricht[a]: $(2^{1/2}-1)$ bis $(3^{1/2}-1)$	6	Oktaeder
0,732–1000 entspricht[a]: $(3^{1/2}-1)$ bis $(4^{1/2}-1)$	8	Würfel
>1000	≥12	Verschiedene

[a]Die jeweilige Obergrenze ist gegeben durch: $(N_c/2)^{1/2}-1$

Mineral Fluorit, CaF_2, (◘ Abb. 7.5d) ist ein Beispiel für eine AB_2-Verbindung mit dem Kation in achtfacher Koordination. Jedes Fluoridion F^- liegt im Zentrum eines Tetraeders aus Ca^{2+}-Ionen.

Überschreitet das Radienverhältnis 1,0, steigt die Koordinationszahl auf 12. Achtfach koordinierte und noch größere Gitterplätze können nicht als Zwischenräume in einer dicht gepackten Anordnung von Anionen existieren, und das Vorhandensein von großen Ionen wie K^+ erfordert, dass der Kristall eine offenere Struktur aufweist, wie z. B. bei Feldspat.

Die Analyse ionischer Kristallstrukturen mithilfe der Modellvorstellung, dass es sich um eine dreidimensionale Anordnung harter Kugeln handelt, erklärt also, warum sich die Struktur von z. B. Halit von derjenigen von Rutil unterscheidet. Sie bietet auch eine Grundlage, um die von den Hauptelementen bevorzugten Gitterplätze in Silicatmineralen zu verstehen (◘ Abb. 8.4). Man darf jedoch nicht vergessen, dass das Modell der ionischen Bindung eine Idealisierung ist und echte Kristallstrukturen aufgrund anderer Faktoren komplizierter sind. Bei vielen Mineralen wird ein Elektron in der

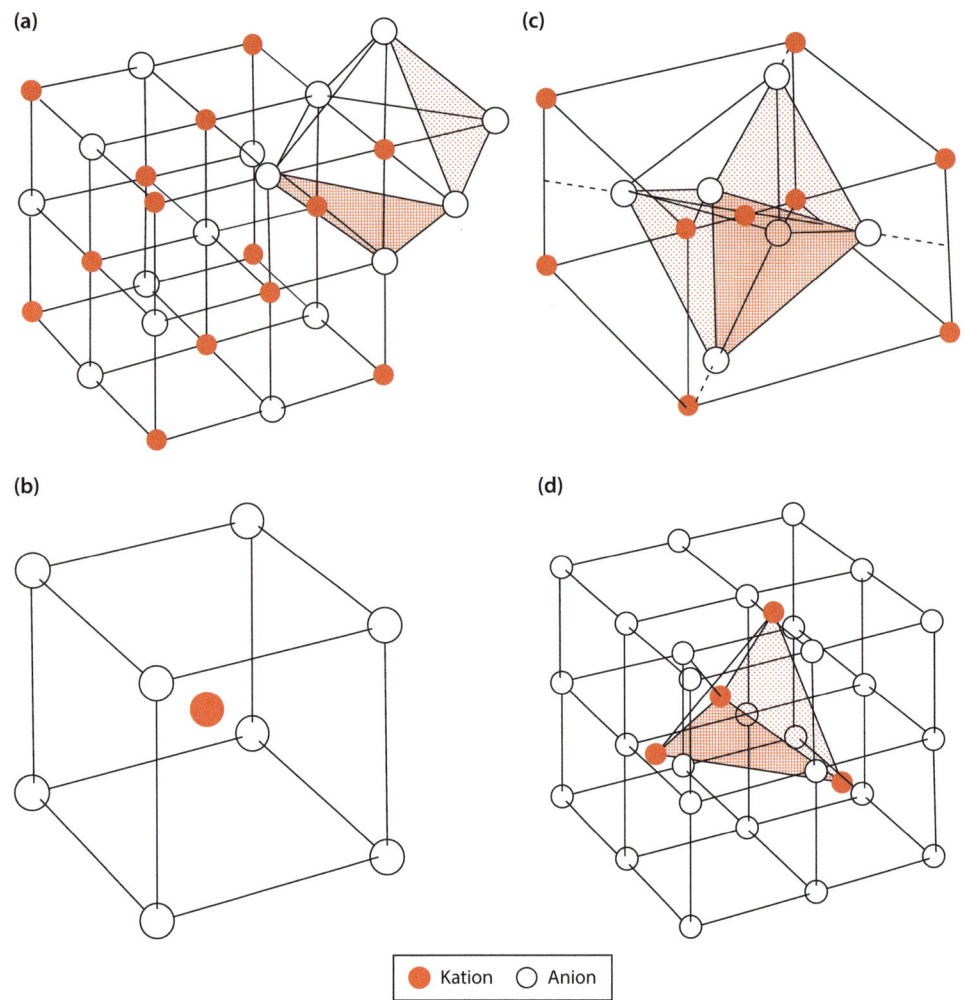

● **Abb. 7.5** Strukturen einfacher binärer Verbindungen. Die Ionen sind als Kugeln mit einem Zehntel der entsprechenden Größe dargestellt, um die dreidimensionale Struktur sichtbar zu machen. **a** Natriumchloridstruktur (NaCl), **b** Cäsiumchloridstruktur (CsCl), **c** Rutilstruktur (TiO$_2$), **d** Fluoritstruktur (CaF$_2$)

Bindung zu einem gewissen Grad von zwei Atomen geteilt (Kovalenz, siehe folgenden Abschnitt), was die Annahme untergräbt, dass die Bindung ungerichtet ist. Bei Übergangsmetallen (▶ Abschn. 9.13) führt das Vorhandensein von d-Orbitalen zu noch mehr Komplikationen. Vorhersagen der Kristallstruktur auf Basis des Ionenradienverhältnisses sind daher nur als vereinfachte Näherung zu verstehen.

7.2 Das Modell der kovalenten Bindung

Viele Substanzen weisen eine chemische Bindung zwischen Atomen mit gleicher oder sehr ähnlicher Elektronegativität auf. Dazu gehören einige der härtesten bekannten Materialien mit den stärksten Bindungen, darunter Diamant, Siliciumcarbid und Wolframcarbid. In solchen Materialien kann die ionische Bindung nicht funktionieren und es muss ein anderer Bindungsmechanismus auftreten. Obwohl diese Bindung in der Lage ist, ausgedehnte kristalline Strukturen wie Diamant zu bilden, ist sie auch für kleine diskrete Moleküle wie O$_2$, CH$_4$, CO$_2$ und H$_2$O verantwortlich, deren Form oft eine gerichtete Art der Bindung anzeigt, die den bisher betrachteten durch elektrostatische Anziehung gebundenen und dicht gepackten Materialien völlig fremd ist. Es handelt sich hierbei um die sogenannte kovalente Bindung, die durch die gemeinsame Nutzung ungepaarter Elektronen durch benachbarte Atome funktioniert.

Ein ungepaartes Elektron ist eines, das sich allein in einem Orbital befindet. Wenn sich zwei solche halb besetzten Orbitale in benachbarten Atomen überlappen, verschmelzen sie zu einem Molekülorbital, sodass die Elektronen frei zwischen einem Atom und dem anderen passieren können. In diesem gemeinsamen Zustand haben die Elektronen eine niedrigere Gesamtenergie als in beiden Atomen einzeln (Kasten 7.3), und folglich haben die aneinander gebundenen Atome eine größere Stabilität, als sie als separate Atome hatten. Je größer der Überlappungsgrad, desto stärker wird die Anziehungskraft. Wie bei der ionischen Bindung (Kasten 7.1) wird jedoch die Tendenz der Atome, sich einander immer weiter zu nähern, durch eine auf kurze Distanz wirkende Abstoßung zwischen den Rumpfelektronen der beiden Atome und letztlich zwischen ihren Atomkernen eingeschränkt. Der Gleichabstand der Atomkerne kann bei der kovalenten Bindung auf die kovalenten Radien der einzelnen Atome aufgeteilt werden, die Werte unterscheiden sich jedoch numerisch von den entsprechenden Ionenradien.

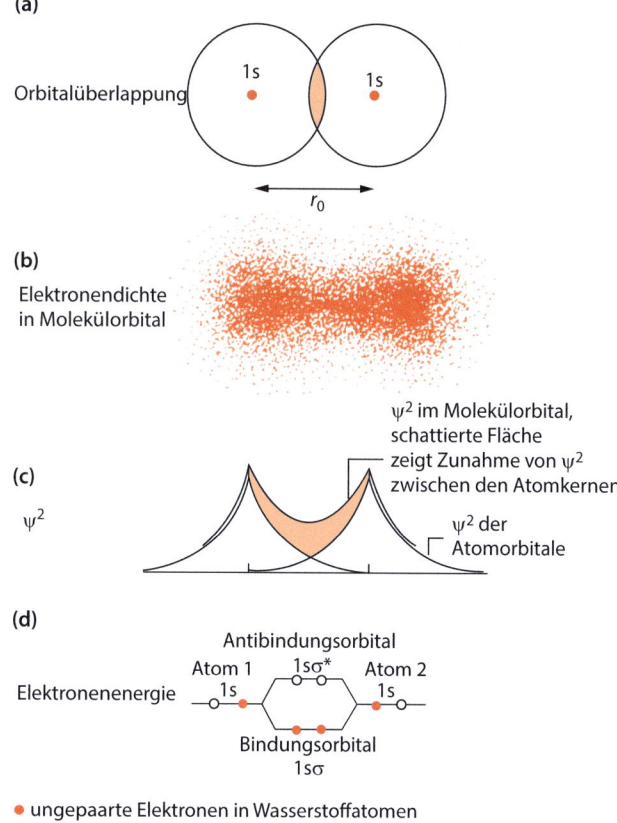

Abb. 7.6 Möglichkeiten, eine kovalente Bindung zu betrachten, r_0 stellt den Kernabstand im Gleichgewicht dar

Kasten 7.3 Der Mechanismus der kovalenten Bindung

Wenn zwei Wasserstoffatome in Kontakt kommen und sich ihre Elektronenorbitale überlappen (◘ Abb. 7.6a), spürt jedes Elektron die elektrostatische Anziehungskraft eines zweiten Kerns. Beide Elektronen modifizieren ihre stehenden Wellen, um sich über die beiden Atome zu erstrecken und bilden so ein Molekülorbital (◘ Abb. 7.6b), in dem die Elektronen zum H_2-Molekül statt zu den einzelnen H-Atomen gehören. Die Wellenfunktion des Molekülorbitals kann als die Summe der einzelnen Wellenfunktionen der Atome betrachtet werden (◘ Abb. 7.6c). Die Elektronendichte (ψ^2) ist im Bereich zwischen den beiden Kernen auf Kosten der anderen Teile des Moleküls verstärkt (schattierte Fläche), was die Atomkerne voneinander abschirmt. Im Molekülorbital hat jedes Elektron eine geringere Energie als im isolierten Atom (◘ Abb. 7.6d). Zwei beliebige Atome mit Valenzelektronen in solchen Bindungsorbitalen haben gemeinsam trotz der Abstoßung zwischen ihren Kernen eine geringere Energie als getrennt. Aus diesem Grund ist das Wasserstoffmolekül H_2 stabiler als atomarer Wasserstoff H.

Ein Bindungsorbital enthält zwei Elektronen mit entgegengesetztem Spin, es nimmt das ungepaarte Elektron auf, das von jedem der beteiligten Atome eingebracht wird. Bei Überlappung von Atomorbitalen, die jeweils zwei Elektronen enthalten (z. B. wenn sich zwei Heliumatome berühren) bildet sich keine Bindung. Die zusätzlichen beiden Elektronen würden eine komplementäre Molekülorbitalkonfiguration bilden: ein Antibindungsorbital mit verminderter Elektronendichte zwischen den Kernen, dessen Energie höher ist als die entsprechenden Atomorbitale (siehe ◘ Abb. 7.6d). Wenn Elektronen die Bindungs- und die Antibindungsorbitale belegen, gibt es Netto keinen Energievorteil bei der Bildung eines Moleküls. Daher kann Helium, das keine ungepaarten Elektronen hat, kein stabiles He_2-Molekül bilden.

7.2.1 σ- und π-Bindungen

In einem Wasserstoffatom befindet sich das ungepaarte Elektron im 1s-Orbital, die Bindung in einem Wasserstoffmolekül H_2 ist also auf die Überlappung der beiden 1 s-Orbitale zurückzuführen. Das so gebildete Molekülorbital (Kasten 7.3) wird 1sσ genannt (σ ist der griech. Buchstabe Sigma), und seine Besetzung mit zwei Elektronen kann durch die Elektronenkonfiguration $1s\sigma^2$ symbolisiert werden. Eine σ-Bindung hat eine zylindrische Rotationssymmetrie um die Linie, welche die beiden Kerne verbindet (◘ Abb. 7.7a). σ-Bindungen können sich auch bilden, wenn sich die Enden zweier p-Orbitale überlappen, oder wenn ein p-Orbital eines Atoms mit einem s-Orbital eines anderen überlappt, wie im Wassermolekül (◘ Abb. 7.7b). Die Beteiligung von p-Orbitalen mit ihrer länglichen Form (◘ Abb. 5.6) gibt einer σ-Bindung eine spezifische Richtung, deren Orientierung relativ zu anderen Bindungen die Form von aus mehreren Atomen zusammengesetzten Molekülen wie H_2O bestimmt. Beachten Sie, dass die beiden σ-Bindungen im Wassermolekül zwei verschiedene p-Orbitale des Sauerstoffatoms

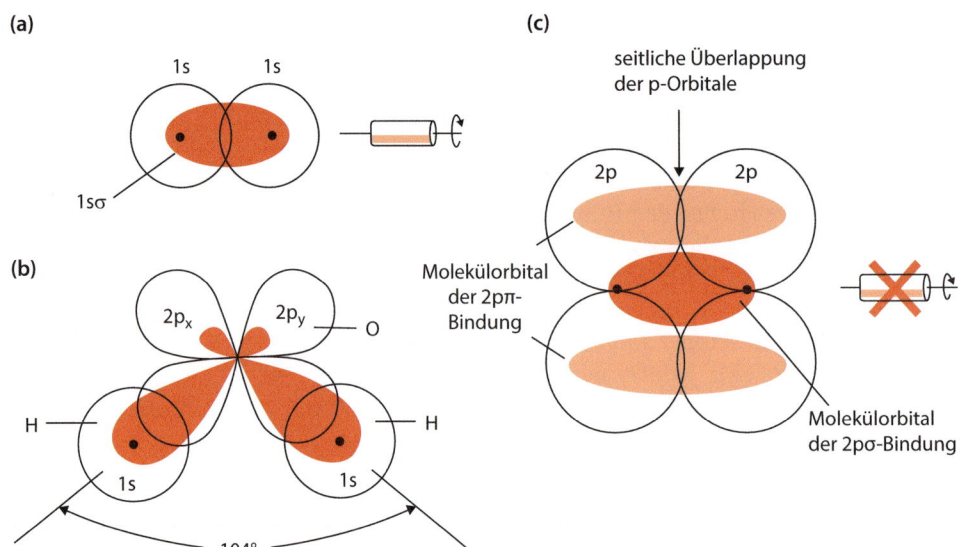

Abb. 7.7 Orbitalüberlappung bei σ- und π-Bindungen, die schattierten Bereiche zeigen die ungefähre Anordnung der jeweils bindenden Molekülorbitale, kleine schwarze Punkte stellen Atomkerne dar. **a** 1sσ-Bindung im Wasserstoffmolekül H_2, beachten Sie die Rotationssymmetrie. **b** σ-Bindung mit 2p und 1s im Wassermolekül H_2O. **c** 2pσ und 2pπ binden in einem doppelt gebundenen Molekül wie O_2

betreffen, von denen jedes ein ungepaartes Elektron beisteuert. Es ist nicht möglich, dass die beiden Wasserstoffatome an entgegengesetzt angeordnete Bereiche desselben hantelförmigen p-Orbitals gebunden sind.

Aus geometrischen Gründen kann es zwischen zwei Atomen eines Paars nur eine einzige σ-Bindung geben. Es gibt jedoch noch eine andere Möglichkeit, wie p-Orbitale Atome miteinander verbinden können. ◘ Abb. 7.7c zeigt zwei Atome, die durch eine 2pσ-Bindung verbunden sind, die den anderen σ-Bindungen einspricht (das Molekülorbital σ ist dunkel schattiert dargestellt). Angenommen jedes dieser Atome hat ein zweites ungepaartes Elektron in einem p-Orbital, das senkrecht zu den Orbitalen steht, welche die σ-Bindung bilden. Die beiden Bereiche dieses hantelförmigen Orbitals liegen in der von der Abbildung dargestellten Ebene (große Kreise) und können sich jeweils seitlich mit den entsprechenden Orbitalen des anderen Atoms überlappen. Das Ergebnis ist eine höhere Elektronendichte (hell schattiert in ◘ Abb. 7.7c) über und unter der σ-Bindung (mit einer Knotenfläche dazwischen). Zusammen bilden sie das Molekülorbital einer sogenannten π-Bindung zwischen den beiden Atomen. π-Bindungen bilden sich nur gemeinsam mit einer σ-Bindung und sind daher charakteristisch für Moleküle mit Doppel- oder Dreifachbindungen. Solche Moleküle sind nicht zylindrisch rotationssymmetrisch. π-Bindung tritt im doppelt gebundenen Sauerstoffmolekül auf (O=O, d. h. O_2), die Konfiguration ist jedoch etwas komplizierter als hier beschrieben. Die Dreifachbindung im Stickstoffmolekül (N≡N, d. h. N_2) besteht aus einer σ-Bindung und zwei π-Bindungen in zueinander senkrechten Ebenen.

7.2.2 Kovalente Kristalle

Nur die leichtesten Elemente rechts im Periodensystem (N, O) bilden mehrfach gebundene, zweiatomige Gasmoleküle. Schwerere Elemente in den gleichen Gruppen (V und VI) bilden in der Regel keine stabilen Mehrfachbindungen, sondern existieren als Feststoffe aus ausgedehnten Strukturen mit Einfachbindungen. Die Kristallstruktur des Elements Schwefel besteht beispielsweise aus kronenförmig gezackten Ringen mit sechs oder acht Schwefelatomen, die jeweils mit zwei weiteren Atomen verbunden sind. Diese schwereren Moleküle sind zu schwerfällig, um bei Raumtemperatur gasförmig zu sein.

In Diamant (einer Form von kristallinem Kohlenstoff) und Silicium ist jedes Atom in einem kontinuierlichen dreidimensionalen Netzwerk an vier weitere Atome gebunden (◘ Abb. 7.8d). Jeder perfekte Diamantkristall kann daher im formalen Sinne als ein einziges „Molekül" aus Kohlenstoff betrachtet werden.

7.2.3 Molekülform und Hybridisierung

Methan (CH_4), der Hauptbestandteil von Erdgas, besteht aus Molekülen mit einer ausgeprägten Tetraederform. Vier C-H-Bindungen ragen in einem Winkel von 109° zueinander aus dem zentralen C-Atom heraus, wie zu den vier Ecken eines Tetraeders (◘ Abb. 7.8a). Es ist nicht einfach, diese Form und das Vorhandensein von vier identischen Bindungen mit der Elektronenkonfiguration von Kohlenstoff ($1s^2 2s^2 2p^2$) in Einklang zu bringen: Die 2s-Elektronen sind bereits gepaart und stehen

7.2 · Das Modell der kovalenten Bindung

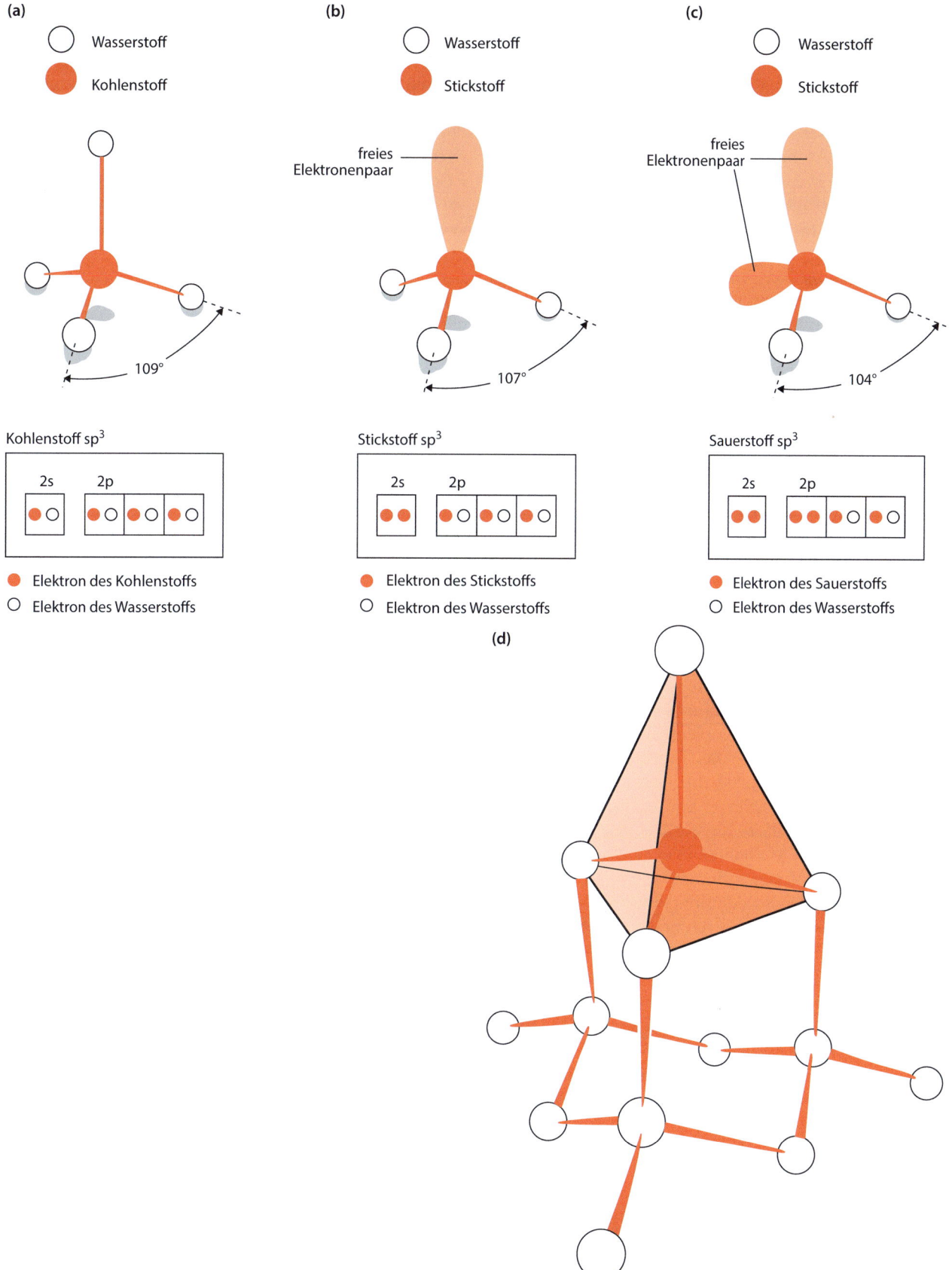

Abb. 7.8 Die Struktur von **a** Methan-, **b** Ammoniak- und **c** Wassermolekülen sowie **d** Diamant (das schattierte Tetraeder zeigt die Koordination eines repräsentativen Kohlenstoffatoms). Atome sind mit $1/10$ ihrer wahrer Größe in Bezug auf den Kernabstand dargestellt. Das breite Ende jeder Bindung ragt aus der Ebene des Papiers in Richtung des Betrachters

daher nicht zur Bildung einer Bindung zur Verfügung. Warum ist in diesem Fall die Wertigkeit von Kohlenstoff 4 und nicht 2?

Ein ungepaartes Valenzelektron erreicht in einem Molekülorbital (wenn es sich um ein „bindendes" handelt, siehe Kasten 7.3) eine geringere Energie als in seinem eigenen Atomorbital, weshalb Moleküle stabiler sein können als einzelne Atome. Bei der Bildung von Methan kann Kohlenstoff ein Elektron aus dem 2s-Orbital in eines der noch leeren 2p-Orbitale befördern: Der leichte energetische Nachteil (◨ Abb. 5.8) wird dadurch aufgewogen, dass nun vier ungepaarte Elektronen zur Verfügung stehen, um Molekülorbitale mit Wasserstoffatomen zu bilden, und nicht nur zwei (◨ Abb. 7.8a).

Die Wellenfunktion (Schrödinger-Gleichung) des Atoms sowie die jeweiligen Formen der s- und p-Orbitale bieten die Möglichkeit, ihre Wellenfunktionen in verschiedenen Proportionen zu mischen, um Hybridorbitale mit unterschiedlicher Geometrie zu erzeugen. Die Hybridisierung ist eine weitere Folge des Wellenmodells des Elektrons. So wie eine Gitarrensaite gleichzeitig mit zwei oder mehr Obertönen unterschiedlicher Frequenzen schwingen kann (diese Kombination mehrerer Obertöne verleiht einem Instrument seine unverwechselbare „Klangfarbe"), so kann in einem Atom ein einziges Elektron mehr als eine Wellenform annehmen. Die kombinierte Wellenform (das „Hybridorbital") unterscheidet sich in der Form von den einzelnen Wellenformen, von denen sie mathematisch abgeleitet ist. Die Zusammenführung des 2s-Orbitals und der drei 2p-Orbitale des Kohlenstoffs wird als sp^3-Hybridisierung bezeichnet. Das Ergebnis besteht aus 4 „Ballons" der Elektronendichte, die jeweils ein ungepaartes Elektron aufnehmen und die in tetraedrischer Symmetrie um den Kern angeordnet sind. Jeder dieser Bereiche bildet im Methanmolekül eine separate σ-Bindung mit einem Wasserstoffatom.

Die Geometrie des Ammoniakmoleküls (NH_3) ergibt sich auch aus der sp^3-Hybridisierung. Stickstoff hat 5 Elektronen in seiner Valenzschale (◨ Abb. 7.8b). Drei der sp^3-Hybridorbitale sind jeweils von einem ungepaarten Elektron besetzt, das eine σ-Bindung mit einem Wasserstoffatom eingeht. Das vierte Orbital nimmt die beiden übrigen Elektronen auf, die – gepaart – nicht für eine Bindung mit von Atomen geteilten Elektronen (kovalente Bindung) zur Verfügung stehen. Die Elektronendichte dieses freien Elektronenpaares stößt jedes der N–H-Molekülorbitale leicht ab, was zu einem verzerrten Tetraeder führt, bei dem der Winkel zwischen den Bindungen nur 107° beträgt. Im Wassermolekül enthalten zwei der sp^3-Hybridorbitale des Sauerstoffatoms freie Elektronenpaare, und ihre kombinierte Abstoßung schränkt den Winkel zwischen den O–H-Bindungen noch weiter auf 104° ein (◨ Abb. 7.8c).

Die Tetraederstruktur der sp^3-Hybridorbitale ist auch in der Kristallstruktur von Diamant zu erkennen (◨ Abb. 7.8d). Dessen einzigartige Härte spiegelt die starken Bindungen wider, die jedes Kohlenstoffatom mit seinen vier Nachbarn eingeht. Die gleiche Struktur findet sich im metallischen Silicium, ebenfalls ein ziemlich hartes Material. Die Geometrie der sp^3-Hybridorbitale ist charakteristisch für einfach gebundene Kohlenstoffverbindungen, wie die gesättigten Kohlenwasserstoffe (▶ Abschn. 9.6.1). Wenn Kohlenstoff jedoch eine Doppelbindung bildet, liegt stattdessen eine sp^2-Hybridisierung vor. Diese hat eine andere Geometrie, die im Mineral Graphit (Kasten 7.4) und im Benzolmolekül (C_6H_6) zu finden ist – der Grundeinheit der aromatischen Kohlenstoffverbindungen (▶ Abschn. 9.6.1).

Kasten 7.4 Fallstudie: Bindung in Graphit und Graphen

Graphit ist ein weiches, „fettiges", schwarzes, glänzendes Mineral, das häufig als Schmiermittel, als elektrischer Leiter und natürlich als Bleistiftmine verwendet wird (der Name „Graphit" leitet sich vom griechischen Verb „schreiben" ab). Wir können uns kaum einen größeren Kontrast zwischen diesen Eigenschaften und denen des anderen Kohlenstoffminerals Diamant vorstellen. Warum sind diese beiden Formen von Kohlenstoff so unterschiedlich?

◨ Abb. 7.9b zeigt, dass Graphit im Gegensatz zu Diamant aus Schichten besteht. Jede Schicht ist ein kontinuierliches Netz von miteinander verbundenen sechseckigen Ringen, in dem jedes Kohlenstoffatom an drei gleich weit entfernte Nachbarn gebunden ist, wobei die Bindungen symmetrisch mit 120° zueinanderstehen. Diese „trigonale planare" Geometrie der Bindungen (◨ Abb. 7.9a) ist die Signatur der sp^2-Hybridisierung, einer Kombination des 2s-Orbitals von Kohlenstoff mit zwei seiner drei 2p-Orbitale. Die drei in einer Ebene liegenden sp^2-Hybridorbitale bilden σ-Bindungen mit benachbarten Atomen.

Die C–C-Bindungslänge innerhalb der Graphitschichten beträgt 142 pm, etwas kürzer als der C–C-Abstand in Diamant (154 pm). Wenn es stimmt, dass stärkere Bindungen Atome näher aneinanderziehen, dann deutet dies darauf hin, dass die schichtinterne Bindung in Graphit sogar stärker ist als die Bindung in Diamant, der härtesten uns bekannten Substanz. Die Erklärung dafür liegt im vierten ungepaarten Elektron des Kohlenstoffs, das von der sp^2-Hybridisierung ausgeschlossen ist (◨ Abb. 7.9a). Dieses besetzt ein p-Orbital, das senkrecht zur Schichtebene hervorsteht. Dies ermöglicht es, π-Bindungen seitlich zwischen benachbarten Atomen zu bilden, was das schichtinterne Netz der σ-Bindungen verstärkt.

In der klassischen Bindungstheorie wird diese π-Bindung zu einer der drei σ-Bindungen hinzugefügt und in Form einer Doppelbindung dargestellt, wobei die beiden anderen Bindungen einfach gebunden bleiben. ◘ Abb. 7.9c zeigt, dass es drei alternative Möglichkeiten gibt, diese Doppelbindungen so in der gesamten Schicht zu verteilen, dass jedes Atom an vier Bindungen beteiligt ist. In der wellenmechanischen Interpretation ist die reale Situation jedoch eine Kombination aller drei Möglichkeiten: Das p-Elektron in jedem Atom kann an partiellen π-Bindungen mit allen drei Nachbarn gleichzeitig beteiligt sein. Folglich sind die „Würste" der Elektronendichte der π-Bindungen, die über und unter der Schichtebene (◘ Abb. 7.9c) lokalisiert sind, nicht zwischen zwei spezifischen Atomen, sondern dünn über das ganze Sechseck und sogar über die gesamte Schicht verteilt. Die π-Elektronen sind somit in miteinander verbundenen Molekülorbitalen delokalisiert, deren Form an einen Maschendrahtzaun erinnern, und in denen die Energieniveaus denen eines Metalls ähneln (Kasten 7.6). Die π-Elektronen können bei Anlegen eines elektrischen Feldes über die gesamte Schicht wandern, somit ist Graphit ein guter elektrischer Leiter parallel zu den Schichtebenen. Diese Struktur ist auch für das opake, metallische Aussehen von Graphit verantwortlich.

In Graphit benötigen die Bindungen innerhalb der Schicht alle vier Valenzeinheiten von Kohlenstoff. Die Bindung von einer Schicht zur anderen (d. h. zwischen den Schichten) wird durch eine wesentlich schwächere Anziehungskraft erreicht, die als Van-der-Waals-Wechselwirkung bezeichnet wird und in ▶ Abschn. 7.5.3 beschrieben wird. Sie ist so schwach, dass einzelne Schichten leicht gegeneinander verschoben werden können. Die extreme Weichheit von Graphit und der große Abstand zwischen den Schichten (335 pm) zeigen, wie schwach die Kraft ist, die diese zusammenhält. Da es keine Verknüpfung von Elektronenorbitalen zweier benachbarter Schichten gibt, wirkt Graphit als Isolator in Richtungen senkrecht zu den Schichten. Es liegt angesichts des dramatischen Kontrasts zwischen der extrem starken Bindung innerhalb der Schichten von Graphit und der schwachen Van-der-Waals-Wechselwirkung, die eine Schicht an die andere bindet, nahe zu fragen, ob nicht auch einzelne isolierte Schichten existieren könnten. Die Antwort ist „ja" – was erst 2004 entdeckt wurde. Solche einzelne Schichten bilden die neuartige Form von Kohlenstoff, die heute als Graphen bekannt ist, eine von mehreren neu entdeckten Formen von Kohlenstoff, die in Kasten 9.6 behandelt werden.

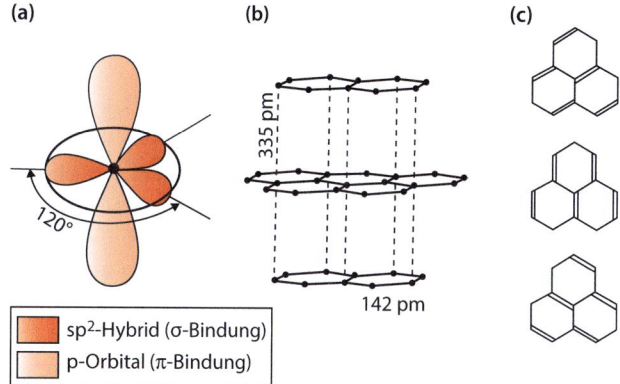

◘ **Abb. 7.9** Verschiedene Darstellungen der Bindungen in Graphit. **a** Anordnung der sp²-Hybrid- und der p-Orbitale. **b** Bindungslängen zwischen den Schichten und innerhalb der Schichten. **c** Die drei alternativen Möglichkeiten, die Doppelbindungen innerhalb der Schichten nach der klassischen Bindungstheorie zuzuordnen; in der wellenmechanischen Sicht sind die π-Bindungen in der gesamten Schicht delokalisiert

7.2.4 Die Komplexbindung

Unter bestimmten Umständen kann auch mit einem freien Elektronenpaar eine Bindung eingegangen werden, die einer kovalenten Bindung ähnelt. Das Ergebnis ist ein sogenannter Komplex: Ein zentrales Metallatom oder -ion (üblicherweise ein Übergangsmetall) ist von einer Gruppe von Liganden umgeben, elektronegativen Ionen oder kleinen Molekülen (wie NH_3 oder HS^-), die freie Elektronenpaare in ihrer Valenzschale besitzen. Durch die Überlagerung dieses Orbitals mit einem leeren Orbital des Metallatoms bildet jedes von einem der Liganden stammende Elektronenpaar ein bindendes Molekülorbital, das die beiden Elektronen bei einer geringeren Energie aufnehmen kann. Diese Komplexbindung ist eine Variation der kovalenten Bindung, bei der beide Elektronen von einem der beteiligten Atome (dem Liganden) stammen, während normalerweise jedes Atom jeweils ein Elektron liefert. Solche Komplexe sind stabil, weil jedes Elektron, das die Anziehungskraft von zwei Atomkernen erfährt (vgl. Kasten 7.3), eine geringere Energie hat als im Orbital eines isolierten Atoms. In der heutigen Chemie wird die Bildung einer Komplexbindung als eine besondere Art der Säure-Base-Reaktion angesehen (Kasten 7.5). Komplexe sind in der Geochemie wichtig, da sie die Löslichkeit vieler Metalle in salzhaltigen wässrigen Lösungen wie hydrothermalen Fluiden deutlich erhöhen (▶ Abschn. 4.4).

> **Kasten 7.5 Lewissäuren und -basen**
> 1923 erweiterte der amerikanische Chemiker G. N. Lewis das Konzept der Säuren und Basen auf Systeme, in denen H^+-Ionen (auf denen der traditionelle Begriff der Säuren und Basen basiert, s. Anhang A.2) nicht vorkommen, wie beispielsweise in Silicatschmelzen. Lewis' Ideen haben auch besondere Relevanz für Komplexe, bei denen die Bindung die gemeinsame Nutzung eines freien Elektronenpaares beinhaltet, das von einem der beteiligten Atome in die Bindung eingebracht wird. Lewis definierte eine Base als ein Atom oder Molekül, das in der Lage ist, ein Elektronenpaar für eine Bindung beizutragen, während eine „Lewis-Säure" ein Atom oder Molekül ist, das ein freies Elektronenpaar akzeptieren kann. Die Lewis-Definition von „Säure" schließt die traditionelle Sichtweise eines „H^+-Donators" ein (weil H^+ leicht ein freies Elektronenpaar akzeptieren und damit eine kovalente Bindung bilden kann), hat aber eine viel breitere Anwendung.
> Wie können wir das Konzept von Lewis auf Komplexe anwenden? Wie wir in ▶ Abschn. 4.4 gesehen haben, spielt der Komplex $Cu(HS)_3^{2-}$ wohl eine wichtige Rolle beim hydrothermalen Transport von Cu bei niedriger Temperatur. Die Elektronenkonfiguration des Cu^+-Ions ist $[Ar]\, 4s^0 3d^{10} 4p^0$. Der Komplex entsteht, indem ein Orbital mit freiem Elektronenpaar auf jedem der HS^--Ionen mit einem leeren Cu-Orbital (4s oder 4p) überlappt und ein Molekülorbital bildet, wodurch das Elektronenpaar zwei Atome (S und Cu) verbindet. Hier ist jedes HS^--Ion eine Lewis-Base (Elektronenpaardonator) und das Cu^+-Ion die Lewis-Säure.
> Der Ansatz von Lewis liefert wertvolle Einblicke in die Chemie der Silicatschmelzen und hilft uns zu verstehen, warum beispielsweise einige Metalle lieber Sulfidminerale bilden, während andere eine höhere Affinität zu Silicaten haben (Kasten 9.8).

7.3 Metalle und Halbleiter

In einem Kristall aus reinem Kupfer besteht kein Unterschied in der Elektronegativität zwischen benachbarten Atomen, sodass wir erwarten könnten, dass die Cu-Cu-Bindung kovalent ist. Doch die charakteristischen Eigenschaften von Metallen – metallischer Glanz, Undurchsichtbarkeit, hohe elektrische und thermische Leitfähigkeit und duktile Verformbarkeit – unterscheiden sie deutlich von den bisher betrachteten Feststoffen mit kovalenter Bindung. Die Erklärung für diese Unterschiede liegt in den Molekülorbitalen, durch die ein Metallkristall zusammengehalten wird.

Wenn ein Wasserstoffatom eine kovalente Bindung eingeht, wird seine Valenzschale durch die gemeinsamen Elektronen vollständig besetzt. Die Elektronenkonfiguration im Wasserstoffmolekül ($1s\sigma^2$), zum Beispiel, ist dann aus der Sicht jedes Atoms gleichwertig mit der Konfiguration von Helium. Ein Schwefelatom, das an zwei Bindungen beteiligt ist, erreicht ebenfalls eine Edelgaskonfiguration (Ar). Das Bild in einem Metall unterscheidet sich jedoch in zweierlei Hinsicht von diesen Elementen:

- Metalle haben geringere Elektronegativitäten und Ionisierungsenergien als Wasserstoff und Schwefel. Elektronen in ihren Valenzschalen werden weniger stark festgehalten.
- Die Bildung kovalenter Bindungen führt in einem Metallatom nicht zu einer Edelgaskonfiguration. Leere Energieniveaus bleiben in der Valenzschale des Metalls verfügbar.

In jedem kovalenten Kristall führt die Überlappung von Valenzorbitalen zwischen benachbarten Atomen zu einem System von Molekülorbitalen, die sich durch den gesamten Kristall erstrecken. Die Elektronen, die sie einnehmen, werden nominell von allen vorhandenen Atomen geteilt. Die molekularen Energieniveaus, die diesen Elektronen zur Verfügung stehen, sind in Bändern zusammengefasst (Kasten 7.6), und die physikalischen Eigenschaften eines Kristalls hängen davon ab, wie diese Bänder im Energieraum angeordnet sind und wie sie gefüllt werden.

> **Kasten 7.6 Die Energieniveaus im Metall Lithium**
> Wie in Kasten 7.3 gezeigt, erzeugt die Überlappung der 1s-Orbitale zwischen zwei Wasserstoffatomen zwei Molekülorbitale: ein Bindungsorbital ($1s\sigma$), das eine geringere Energie als die Atomorbitale aufweist, und ein Antibindungsorbital ($1s\sigma^*$) mit einer höheren Energie. Dasselbe geschieht, wenn zwei Lithiumatome eine Bindung eingehen.
> Da sich diese $2s\sigma$-Molekülorbitale über die beiden Atome erstrecken, gehören die Elektronen ihnen beiden gemeinsam. Wenn drei Li-Atome nahe genug sind, um eine Überlappung zu erreichen, teilen sie sich drei Elektronen und bilden drei Molekülorbitale mit drei unterschiedlichen Energieniveaus. Vier Atome bilden vier Orbitale, fünf Atome bilden fünf und n Atome ergeben n Orbitale (◘ Abb. 7.10). In einem Kristall von gewisser Größe ist der Wert von n praktisch unendlich, was zu einem nahezu kontinuierlichen Energieband führt (unten in ◘ Abb. 7.10). Da es aus der Interaktion zwischen den s-Orbitalen gebildet wird, wird es als s-Band bezeichnet. Die n Valenzelektronen belegen die untere (bindende) Hälfte. Diese niedrigeren Energieniveaus stellen Elektronenzustände dar, die jeweils einer bestimmten Position im Kristall zugeordnet sind.

7.3 · Metalle und Halbleiter

> Ein Elektron wandert, indem es auf ein anderes Molekülorbital übertragen wird. Die einzigen freien Niveaus sind diejenigen mit Energien im oberen (antibindenden) Teil des Bandes. Dass Elektronen auf diese zugänglichen oberen Niveaus gehoben werden können erklärt die elektrische Leitfähigkeit von Metallen (und die daraus abgeleiteten optischen Eigenschaften, s. ▶ Kap. 8). Elektronen können auch Zugang zu höheren Bändern haben: In Li stellt die hypothetische Überlappung leerer p-Orbitale ein „p-Band" zur Verfügung, das teilweise mit dem s-Band verschachtelt ist (vgl. ◘ Abb. 7.11). Diese freien Niveaus bilden das Leitungsband.

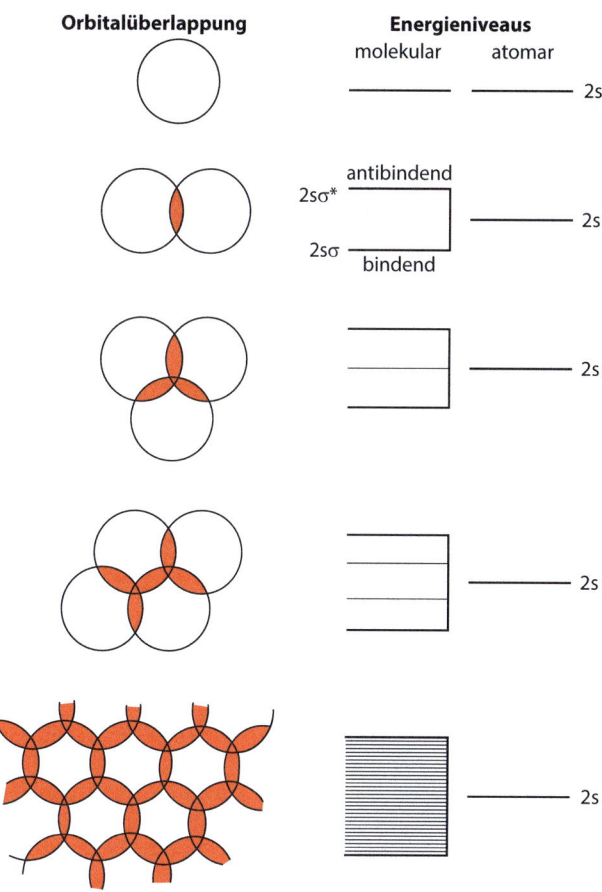

◘ Abb. 7.10 Veranschaulichung des Ursprungs von Leitungsbändern im Li-Metall

◘ Abb. 7.11 zeigt drei alternative Situationen. In Diamant (◘ Abb. 7.11b) – und auch im Schwefel (nicht dargestellt) – füllen die Valenzelektronen das untere Band vollständig aus (d. h. gefüllte Valenzschalen in allen Atomen). Jedes Elektron hat eine molekulare Wellenfunktion, die es auf eine bestimmte Stelle im Kristall beschränkt. Um zu wandern, muss es eine Vakanz in einem anderen Molekülorbital finden, aber es gibt keine Vakanzen, außer im oberen Band mit unerreichbaren Energieniveaus. Das wesentliche Merkmal solcher Isolatoren ist daher ein gefülltes Band, das durch eine große Energielücke von freien höheren Energieniveaus getrennt ist.

In einem Metall füllen Valenzelektronen nur den unteren Teil des Bandes. Die oberen Niveaus bleiben frei und dienen zusammen mit anderen überlappenden und damit leicht zugänglichen Bändern (◘ Abb. 7.11a) das Leitungsband, das es Elektronen ermöglicht, an neue Positionen im Kristall zu wechseln. Zwar sind Elektronen in diesen höheren Niveaus nicht in einer stabilen Position, die thermische Anregung von Elektronen der unteren Niveaus reicht jedoch aus, um

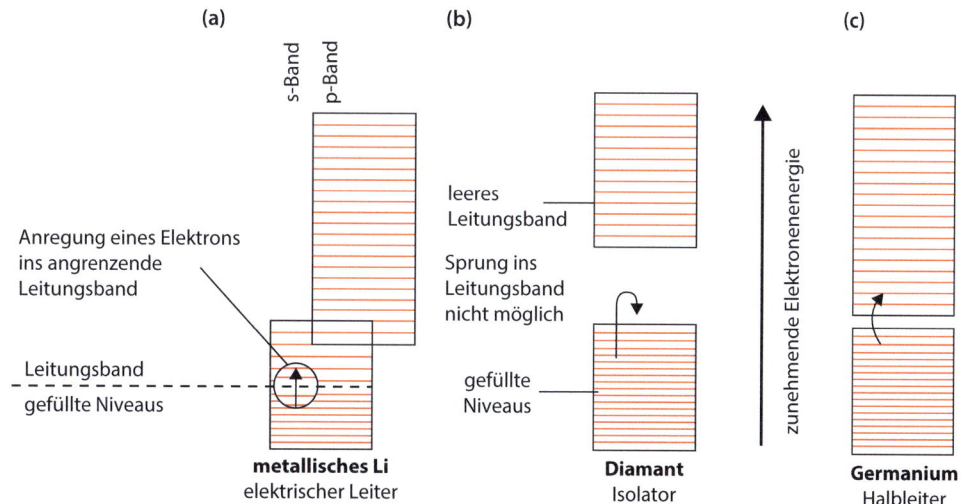

◘ Abb. 7.11 Energiebänder in a einem elektrischen Leiter, b einem Isolator und c einem Halbleiter

sicherzustellen, dass immer einige Elektronen das Leitungsband besetzen. Wird am Kristall eine elektrische Spannung angelegt, erzeugt diese einen Nettofluss von Elektronen im Leitungsband, was einen elektrischen Strom darstellt. Ähnliche Energiebänder im Netz aus π-Bindungen sind für die elektrische Leitfähigkeit von Graphit verantwortlich (Kasten 7.4).

Dies führt zur Vorstellung, dass ein Metall aus regelmäßig angeordneten „Kationen" besteht (wobei in diesem Zusammenhang keine Ionenradien anwendbar sind), zwischen denen sich die „delokalisierten" Valenzelektronen frei beweglich als „Elektronengas" befinden. Aufgrund der Mobilität der Valenzelektronen ist die Bindung in Metallen im Wesentlichen ungerichtet. Die meisten Metalle haben dicht gepackte Atomstrukturen, die durch die Stapelregeln für gleich große Kugeln bestimmt sind. Die 12-fache Koordination ist daher die häufigste Konfiguration, wobei manche Metalle stattdessen eine 8-fache Koordination aufweisen.

Wasserstoff diente in ▶ Abschn. 7.2 als Beispiel eines nicht metallischen Elements, schließlich kommt er im elementaren Zustand auf der Erde ausschließlich als zweiatomiges Molekül H_2 vor. Experimente unter extrem hohem Druck haben jedoch gezeigt, dass hochkomprimierter Wasserstoff die für ein Metall charakteristische elektronische Bandstruktur entwickeln kann (vgl. Kasten 7.6). Es wird angenommen, dass Wasserstoff in dieser metallischen und flüssigen Form im tiefen Inneren von Jupiter und Saturn existiert. Die starken Magnetfelder dieser Planeten wurden den elektrischen Strömen zugeschrieben, die im metallischen Wasserstoff fließen.

7.3.1 Halbleiter

Das Halbmetall Germanium (◘ Abb. 7.11c) veranschaulicht einen technologisch wichtigen Zwischenfall, den Halbleiter. Wenn eine kleine Bandlücke zwischen einem gefüllten Band und einem leeren Leitungsband besteht, verhält sich das Material wie ein Isolator, außer wenn es durch einen Energieimpuls von außen angeregt wird. Germanium wird beispielsweise als Detektor für Photonen der Gammastrahlung (Kasten 6.3) verwendet, die von bestimmten Spurenelementen in geologischen Materialien emittiert werden, wenn sie in einem Kernreaktor mit Neutronen bestrahlt werden (eine analytische Methode namens „Neutronenaktivierungsanalyse"). Auf ähnliche Weise wird Silicium als Röntgendetektor in der Elektronenstrahlmikrosonde verwendet (Kasten 6.4). Ein Germanium- bzw. Siliciumkristall leitet keinen nennenswerten Strom, selbst wenn eine Gleichspannung von mehreren Hundert Volt angelegt ist – außer wenn er ein Photon der Gamma- bzw. Röntgenstrahlung absorbiert. Um eine thermische Anregung von Elektronen in das Leitungsband auszuschließen, was ein falsches Signal geben würde, werden die Ge- bzw. Si-Kristalle der Detektoren mit flüssigem Stickstoff (−196 °C) gekühlt. Im jeweiligen Detektorkristall reicht die Photonenenergie aus, um eine Anzahl von Elektronen vorübergehend in das Leitungsband zu heben, wobei eine entsprechende Anzahl von „Löchern" im Valenzband verbleibt. Die Ankunft des Photons wird somit durch einen kurzen elektrischen Strompuls durch den Kristall gekennzeichnet, danach fallen die Elektronen zurück und der Kristall ist wieder ein Isolator. Da die Anzahl der ins Leitungsband gehobenen Elektronen proportional zur Photonenenergie ist, hängt die Amplitude des gemessenen Signals direkt vom Energiequantum des erfassten Photons ab. Eine elektronische Sortierung der Pulse nach der Pulshöhe ist eine einfache und schnelle Methode, um die verschiedenen Peaks eines komplexen Gamma- bzw. Röntgenspektrums zu trennen. Dies ist die Grundlage der energiedispersiven Spektrometrie (EDS oder EDX, Kasten 6.4). Die Intensität jeder „Spektrallinie" ergibt sich durch die Anzahl der entsprechenden Pulse pro Sekunde.

Der Energieabstand zwischen gefüllten und leitenden Bändern in einem Halbleiter kann bewusst für spezifische Anwendungen durch Dotierung der Kristalle mit anderen Elementen angepasst werden, insbesondere mit Elementen der Gruppen IIIb und Vb. Die Dotierelemente bringen zusätzliche Energieniveaus in die Bandlücke ein.

7.4 Bindung in Mineralen

Wir haben gesehen, dass sich die ionische Bindung zwischen Elementen mit sehr unterschiedlicher Elektronegativität entwickelt, während kovalente Bindungen charakteristisch für Materialien – einschließlich reiner Elemente – sind, bei denen der Elektronegativitätsunterschied gering ist. Die meisten Verbindungen, denen wir als Mineralen begegnen, fallen jedoch zwischen diese beiden Extreme, sodass wir uns nun überlegen müssen, welche Art von chemischer Bindung zwischen Elementen stattfindet, die moderate Unterschiede der Elektronegativität aufweisen. Wir werden nun untersuchen, wie reale Bindungen von den idealisierten Modellen der ionischen und kovalenten Bindung abweichen.

7.4.1 Ionenpolarisation: nichtideale ionische Bindungen

Wir haben eine ideale ionische Bindung postuliert, in der ein Elektron vollständig von einem Donatoratom (das zu einem Kation wird) auf ein Empfängeratom (das zu einem Anion wird) übertragen wird. Im Idealfall sollte das übertragene Elektron ausschließlich dem Anion zugeordnet sein, und seine räumliche Verteilung sollte symmetrisch zu dessen Atomkern sein. In Wirklichkeit wirkt die positive Nettoladung von jedem benachbarten Kation als konkurrierender Anziehungspunkt und in geringem Maße dehnt sich die Elektronendichte des Anions auf den Bereich zwischen den Atomen aus. Mit anderen Worten: Ein gewisses Maß an Elektronenteilung (partielle Kovalenz) tritt in jeder realen ionischen Bindung auf. Die ideale ionische Bindung existiert in der Natur in Wirklichkeit nicht.

Die Ionenpolarisation ist offensichtlich stärker, wenn das Kation höher geladen ist (z. B. Mg^{2+} im Vergleich zu Na^+). Das polarisierende elektrische Feld des Kations wirkt zudem intensiver, wenn das Kation klein ist, da es dann näher an das Anion herangeführt werden kann. Das Verhältnis der Ladung des Kations zu seinem Radius, das als **Ionenpotenzial** des Kations bezeichnet wird, ist daher ein Maß für seine Fähigkeit, ein Anion zu polarisieren und dadurch einen Bruchteil der Elektronendichte vom Anion für sich zu gewinnen. Große einfach geladene Kationen wie K^+ besitzen nur eine geringe polarisierende Kraft und bilden die „reinsten" ionischen Bindungen. Kleine mehrfach geladene Kationen wie Al^{3+} und Si^{4+} sind stark polarisierend und die von ihnen eingegangenen Bindungen können als ionische Bindung mit kovalentem Anteil angesehen werden (◘ Abb. 7.12). Das Ionenpotenzial eines Kations – eine Eigenschaft, die mit der Elektronegativität des Elements korreliert – ist ein nützlicher Indikator für sein Verhalten in geschmolzenen und kristallinen Silicaten (◘ Abb. 9.2) und in wässriger Lösung (◘ Abb. 9.4).

7.4.2 Polarisierte kovalente Bindung und Ionizität

In einer idealen kovalenten Bindung werden zwei Valenzelektronen gleichmäßig von zwei Atomen geteilt. Die beiden Atome müssen die Elektronen gleich stark anziehen, damit die Elektronendichte symmetrisch zwischen ihnen positioniert bleibt. Wenn sie sich auch nur geringfügig in der Elektronegativität unterscheiden, wird die Elektronendichte stärker um das elektronegativere Atom konzentriert, was ihm eine leicht negative Nettoladung verleiht und eine zusätzliche positive Ladung auf dem anderen Atom hinterlässt. Eine solche „Polarisierung" der kovalenten Bindung ist gleichbedeutend mit der Übertragung eines Bruchteils eines Elektrons von einem Atom auf das andere, wodurch ein gewisser Grad an ionischem Charakter oder „Ionizität" in die Bindung eingebracht wird (man spricht dabei von polarer Bindung).

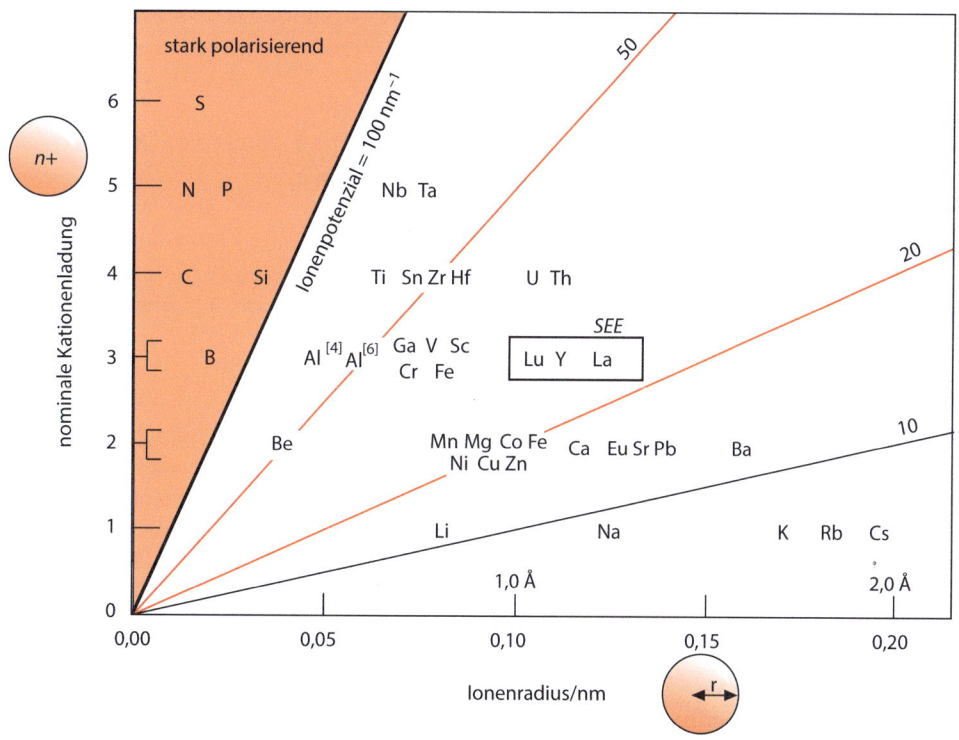

◘ Abb. 7.12 Ionenpotenzial wichtiger „Kationen". SEE bezieht sich auf die Seltenerdelemente La ($Z=57$) bis Lu ($Z=71$), vgl. ▶ Abschn. 9.14. Yttrium (Y) hat ähnliche Eigenschaften wie die SEE

Linus Pauling wies als Erster darauf hin, dass zwischen rein kovalenten und überwiegend ionischen Bindungen eine kontinuierliche Reihe der Bindungsarten bestehen muss. Der Charakter einer zwischen den Idealen liegenden Bindung kann in Bezug auf den Anteil des vorhandenen ionischen Charakters – ausgedrückt als Prozentsatz – quantifiziert werden, den Pauling mit der Elektronegativitätsdifferenz zwischen den beteiligten Atomen korrelierte, wie in ◘ Abb. 7.13a dargestellt. Obwohl es sich nicht um eine genaue Beziehung handelt (und es daher in der Abbildung als Band dargestellt ist), bietet die Korrelation einen wertvollen Einblick in die Eigenschaften von Mineralen.

7.4.3 Bindungen in Silicaten

Eine besonders wichtige Bindung aufgrund ihrer Rolle in der Silicatstruktur (▶ Kap. 8) ist die Si–O-Bindung. Laut ◘ Abb. 7.13a weist sie zu etwa 50 % ionischen Charakter auf und somit sind ionische und kovalente Bindung in mehr oder weniger gleicher Menge kombiniert. Der kleine nominelle Ionenradius des „Kations" Si^{4+} von 34 pm (Kasten 7.2) steht im Einklang mit der Besetzung von Tetraederplätzen in allen Silicatmineralen. Aufgrund der hohen Ladung und des kleinen Radius ist das Si^{4+}-Kation zwangsläufig stark polarisierend und sein Einfluss auf das Sauerstoffion führt zu einem erheblichen Grad an Kovalenz in der Si–O-Bindung. Das Konzept eines Si^{4+}-Kations ist daher eine mit Vorsicht zu verwendende Näherung: Die Ladung, die sich in einer realen Silicatstruktur tatsächlich auf einem Siliciumatom befindet, entspricht ungefähr 2 + statt 4 +. Silicium verwendet wie Kohlenstoff eine sp^3-Hybridisierung bei der Bildung kovalenter Bindungen, und seine tetraedrische Koordination geht daher auf den teils kovalenten, teils ionischen Charakter der polaren Bindung zwischen Si und O zurück. Der kovalente Anteil der Si–O-Bindung erklärt die strukturelle Kohärenz der Ketten-, Schicht- und Gerüststrukturen, aus denen viele Silicatminerale aufgebaut sind (▶ Kap. 8). Wie Phosphor und Schwefel bildet auch Silicium keine Doppel- bzw. π-Bindungen. Im Gegensatz zu C kommt es nie zu einer sp^2-Hybridisierung.

Die anderen chemischen Bindungen, die in Silicaten auftreten, haben alle einen stärker ionischen Charakter als die Si–O-Bindung. Al^{3+} ist ein kleines Ion mit einer relativ hohen Ladung, aber sein Ionenpotenzial ist kaum mehr als die Hälfte desjenigen von Si^{4+} (◘ Abb. 7.12) und die Al–O-Bindung wird als fast 60 % ionisch angesehen (◘ Abb. 7.13a). Mg–O ist etwa 65 % ionisch und Ca–O, Na–O und K–O sind alle mehr als 75 % ionisch. Für diese Elemente liefert das Modell der ionischen Bindung die besten Voraussagen für die Koordination und die Kristallstruktur. Dasselbe gilt natürlich erst recht für die Halogenide dieser Elemente, wie die Minerale Halit (NaCl) und Fluorit (CaF_2).

7.4.4 Oxoanionen

Sauerstoff bildet Bindungen mit Phosphor, Kohlenstoff, Schwefel und Stickstoff, die deutlich kovalenter sind als Si–O (◘ Abb. 7.13a). So sehen wir in einem Carbonatmineral wie beispielsweise Calcit das unterschiedliche Verhalten zweier Arten von chemischer Bindung:

- Ca^{2+} und CO_3^{2-} sind durch elektrostatische Anziehung verbunden, d. h. durch ionische Bindungen, die sich auflösen, wenn Calcit in einem polaren Lösungsmittel wie Wasser gelöst wird, wobei separate Calcium- und Carbonationen freigesetzt werden, die durch elektrostatische Assoziation mit umgebenden Wassermolekülen stabilisiert sind (Hydratation, Kasten 4.1).
- Die Bindungen zwischen C und den drei O-Atomen innerhalb der Carbonationen sind weitgehend kovalent, und das Anion behält seine Identität und Struktur, ob in Lösung oder in kristalliner Form.

Ähnliches Verhalten zeigt sich bei anderen Verbindungen mit Oxoanionen, wie Phosphat, Nitrat und Sulfat. Formal gibt es einen Zusammenhang mit den entsprechenden Oxosäuren (Kohlen-, Phosphor-, Salpeter- und Schwefelsäure). Beachten Sie, dass OH^- ein weiteres Oxoanion ist, das z. B. in Mineralen wie Brucit, $Mg(OH)_2$, und in Glimmern wichtig ist.

7.4.5 Reine Elemente, Legierungen und Sulfide

Kristalle aus reinen Elementen, deren Atome eine einheitliche Elektronegativität aufweisen, befinden sich in ◘ Abb. 7.13a am Ursprung des Koordinatensystems. Wie wir gesehen haben, zeigen diese Stoffe ein breites Spektrum an Eigenschaften: Isolatoren wie Diamant und kristalliner Schwefel über Halbleiter bis hin zu elektrisch leitenden Metallen. Diese Unterschiede können durch Hinzufügen der mittleren Elektronegativität als dritte Dimension zu dem Diagramm aus ◘ Abb. 7.13a dargestellt werden (◘ Abb. 7.13b). Die gekrümmte Kurve in ◘ Abb. 7.13a verwandelt sich in ◘ Abb. 7.13b in eine gekrümmte Fläche. Oxidbindungen bilden auf dieser Fläche einen diagonalen Trend, der mit der Bindung O–O in Sauerstoff beginnt. Vergleichbare Bindungen nichtmetallischer Elemente bis hin zum Phospor (P–P) verteilen sich entlang des Randes der Fläche. Das nächste Element entlang dieses Randes ist Silicium, ein Halbleiter. Jenseits von Si liegt ein (in der Abbildung schattiertes) Feld, in dem alle gängigen Metalle liegen. Es erstreckt sich im

7.4 · Bindung in Mineralen

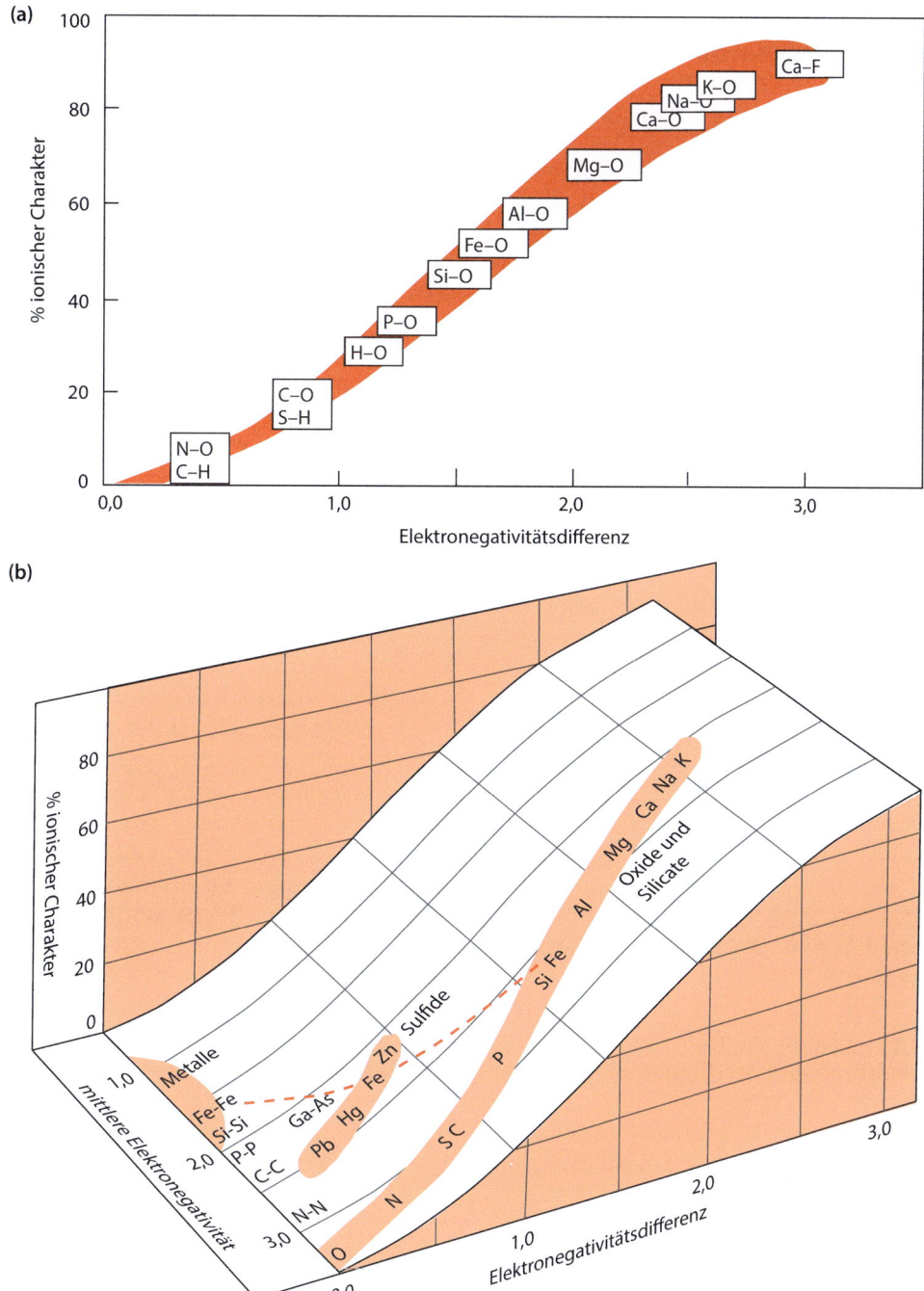

● **Abb. 7.13** **a** Die Korrelation des prozentualen ionischen Charakters einer Bindung mit dem Elektronegativitätsunterschied (nach Pauling), mit der ungefähren Position der geologisch relevanten Bindungen. **b** Bindungen in Oxiden, Sulfiden und Elementen, die auf einem 3D-Diagramm dargestellt sind, dessen Achsen Ionizität, mittlere Elektronegativität und Elektronegativitätsdifferenz sind. Die gestrichelte Linie verbindet die durch Eisen gebildeten Bindungen in den Zuständen Oxid (Silicat), Sulfid und Metall.

Diagramm etwas nach rechts, um Legierungen wie Messing (Cu–Zn) aufzunehmen.

Das metallische Aussehen vieler Sulfide, auf das auch die beliebte Bezeichnung „Katzengold" für Pyrit (FeS$_2$) hinweist, spiegelt ihre Position zwischen dem Oxid- und dem Metallfeld in ● Abb. 7.13b wider. Die gestrichelte Linie zeigt, dass die Fe–S-Bindung einen Zwischencharakter zwischen der Fe–O- und der Fe–Fe-Bindung aufweist. Die strukturellen Gründe für das metallähnliche Verhalten von Sulfiden werden in Kasten 9.8 behandelt.

7.5 Andere Arten von atomarer und molekularer Wechselwirkung

Wir haben gesehen, dass ionische, kovalente und metallische Bindungen ein einheitliches Spektrum der chemischen Wechselwirkung zwischen Atomen bilden, die unvollständige Valenzschalen besitzen. Diese Bindungsmechanismen, einzeln oder in Kombination betrachtet, erklären weitgehend die Vielfalt an Aussehen, Struktur und chemischem Verhalten der Minerale (◘ Abb. 7.13). Dennoch gibt es weitere Bindungen zwischen Atomen und Molekülen, die sich mit diesen Begriffen nicht erklären lassen.

Zwischen allen Molekülen wirken verschiedene Arten schwacher elektrostatischer Anziehung, unabhängig davon, ob sie insgesamt eine elektrische Ladung aufweisen oder nicht. Viele Moleküle sind aufgrund interner Elektronegativitätsunterschiede leicht polarisiert; und das mit solchen Dipolen verbundene elektrische Feld (◘ Abb. 7.14a) lässt elektrostatische Kräfte wirken. Ein Dipol kann von einem Ion oder einem anderen Dipol angezogen werden. Er kann durch sein elektrisches Feld sogar ein unpolarisiertes Molekül zu einem induzierten Dipol machen und dadurch anziehen. Solche Wechselwirkungen mit und zwischen Dipolen sind zwar viel schwächer als die ionische Bindung (eine „Ion-Ion-Wechselwirkung"), haben aber eine große mineralogische Bedeutung.

7.5.1 Ion-Dipol-Wechselwirkungen und Hydratation

Die gemeinsame Elektronendichte in einer O–H-Bindung ist aufgrund der höheren Elektronegativität von Sauerstoff etwas stärker auf der Sauerstoffseite konzentriert. Das Wassermolekül ist wegen dieser Polarisation, symbolisiert durch eine positive Partialladung ½δ+ an jedem Wasserstoffatom und eine negative Partialladung δ− am Sauerstoff, ein Dipol (◘ Abb. 7.14).

In wässriger NaCl-Lösung wird jedes Na^+-Kation von einer diffusen Schicht aus Wassermolekülen umgeben, deren negative „Pole" in Richtung des Na^+ angeordnet sind, und um jedes $Cl^−$-Anion herum gibt es eine ähnliche Schicht, bei der die positiven „Pole" auf das negative Ion ausgerichtet sind. Dieses Phänomen der Hydratation (Kasten 4.1) ist eine Ion-Dipol-Wechselwirkung. Das Wassermolekül besitzt keine Nettoladung, wird aber von einem Ion angezogen, weil es seinen entgegengesetzt geladenen (und daher angezogenen) Pol dem Ion zuwendet. Die Anziehungskraft auf das Molekül ist somit stärker als die Abstoßungskraft.

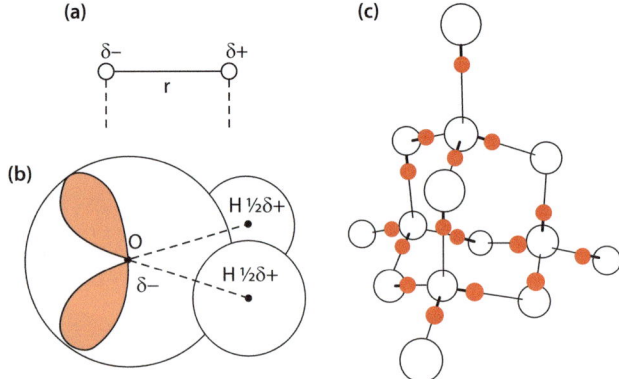

◘ Abb. 7.14 **a** Ein Dipol hat gleichgroße entgegengesetzte Ladungen, die in einem festen Abstand voneinander angeordnet sind. **b** Das Wassermolekül als Dipol; δ− bedeutet eine negative Teilladung (entspricht einem Bruchteil der Elektronenladung), die sich aus der höheren Elektronegativität des Sauerstoffatoms ergibt. **c** Die Struktur des Eises. Atome sind mit einem Zehntel der entsprechenden Größe dargestellt; dicke Linien sind kovalente Bindungen, dünne Linien sind Wasserstoffbrückenbindungen. Beachten Sie den Unterschied in den Bindungslängen O–H je nach Art der Bindung.

7.5.2 Dipol-Dipol-Wechselwirkungen: Wasserstoffbrückenbindung

Die einzigartigen physikalischen und chemischen Eigenschaften von Wasser (Kasten 4.1) deuten darauf hin, dass eine Anziehungskraft zwischen den Molekülen in Wasser und Eis besteht. Diese Anziehung, die sogenannte Wasserstoffbrückenbindung, entsteht durch die elektrostatische Wechselwirkung zwischen einem Wassermolekül und seinen Nachbarn: eine Dipol-Dipol-Wechselwirkung. Dies zeigt sich am deutlichsten an der regelmäßigen Struktur des Eises (◘ Abb. 7.14c), bei der jedes Wasserstoffatom eines Wassermoleküls elektrostatisch in Richtung eines Sauerstoffatoms eines benachbarten Moleküls gezogen wird. Die Anziehungskraft wird maximiert, wenn die Geometrie es dem Wasserstoff ermöglicht, sich mit einem der beiden freien Elektronenpaare (◘ Abb. 7.8c) des Sauerstoffatoms zu verbinden. Aufgrund der nahezu tetraedrischen Anordnung von Bindungsorbitalen und freien Elektronenpaaren im Sauerstoffatom führt dies nicht zu einer dicht gepackten Struktur, sondern zu einem dreidimensionalen Netzwerk von Molekülen analog zur Struktur des Diamanten (◘ Abb. 7.14c, vgl. ◘ Abb. 7.8d).

Diese geordnete Struktur bricht beim Schmelzen zusammen, aber etwa die Hälfte der Wasserstoffbrücken ist auch in flüssigem Wasser vorhanden, was zu seiner hohen Viskosität, der großen Oberflächenspannung und seinem hohen Siedepunkt (Kasten 7.7) im Vergleich zu anderen Flüssigkeiten führt. Da sich die Moleküle im flüssigen Zustand näherkommen können als in der geordneten Kristallstruktur von Eis, weist Wasser beim Schmelzen eine leichte Dichtezunahme und beim Gefrieren eine entsprechende Volumenzunahme auf (aus diesem Grund schwimmt Eis) – eine weitere einzigartige Eigenschaft von Wasser, die wir für selbstverständlich halten (Kasten 2.2).

Wasserstoff ist das einzige Element, das in der Lage ist, auf diese Weise eine „Brücke" zwischen den Molekülen zu schlagen. Das ist darauf zurückzuführen, dass sein Kern nicht durch innere Elektronenschalen abgeschirmt ist: Er wird der vollen Anziehungskraft eines sich nähernden freien Elektronenpaares des Sauerstoffs ausgesetzt. Die Wasserstoffbrückenbindung hat nicht nur in Wasser und Eis, sondern in allen möglichen Verbindungen, in denen Wasserstoff mit einem stark elektronegativen Element wie Sauerstoff oder Stickstoff verbunden ist, eine erhebliche strukturelle Bedeutung. Die Wasserstoffbrückenbindung ist maßgeblich für den Zusammenhalt zwischen den Schichten in Mineralen wie z. B. Kaolinit verantwortlich. Sie spielt eine dominante Rolle bei den meisten biologischen Prozessen, beispielsweise bestimmt sie die regelmäßige Anordnung von Polypeptidketten in Proteinmolekülen (▶ Abschn. 9.6.1) und die Vernetzung der Doppelhelix in der DNA.

- Metalle haben niedrigere Werte, wobei diese für weiche Metalle niedriger als für harte Metalle sind (Na < Pb < Ni).
- Die Energie der Wasserstoffbrückenbindung ist etwa um den Faktor zehn geringer als bei kovalenten oder ionischen Bindungen. Für eine individuelle Wasserstoffbrückenbindung beträgt die Energie etwa 24 kJ mol^{-1}.
- Die Energien von Van-der-Waals-Wechselwirkungen sind wiederum eine Größenordnung niedriger als die von Wasserstoffbrücken.

In Ermangelung quantitativer Daten kann man die Energie der Wechselwirkung zwischen den Molekülen einer Substanz aus ihrem Siedepunkt abschätzen. Dies ist die Temperatur, bei der die Energie der thermischen Schwingung der Moleküle (die etwa $3/2\,RT$ pro Mol beträgt) die Energie der Kohäsion übersteigt, die die Moleküle zusammenhält.

Elemente und Verbindungen mit niedrigem Molekulargewicht, die bei Raumtemperatur gasförmig sind (He, Ar, CO_2, N_2) haben schwache intermolekulare Kräfte. In einem festen oder flüssigen Material wie Wasser sind die Anziehungskräfte jedoch ziemlich stark.

Kasten 7.7 Abschätzung der Bindungsstärke

Die Stärke einer chemischen Bindung wird als die Energie ausgedrückt, die benötigt wird, um sie zu brechen. Dies wird in der Regel in Form der molaren Enthalpieänderung für eine bestimmte hypothetische Dissoziationsreaktion angegeben, wie z. B. für:

$$H_2 \rightarrow H + H$$

Diese Enthalpieänderung, bekannt als Dissoziationsenergie des Wasserstoffmoleküls, gibt an, wie viel Energie (in kJ mol^{-1}) erforderlich ist, um jedes Molekül in einem Mol Wasserstoffgas in zwei getrennte Atome zu spalten. Einige relevante Dissoziationsenergien sind in ◘ Tab. 7.2 aufgeführt. Die detaillierte Interpretation dieser Werte (z. B. die Abschätzung der Energie einer einzelnen C–C-Bindung) ist mit vielen Fallstricken behaftet. Wir werden nur die folgenden Verallgemeinerungen beachten:
- Kovalente und ionische Bindungsenergien liegen in einem ähnlichen Bereich. Die Energien der einzelnen kovalenten Bindungen liegen im Allgemeinen zwischen 200 und 500 kJ mol^{-1}. Beachten Sie die Ähnlichkeit der Werte mit den Aktivierungsenergien, die für Silicatreaktionen in ▶ Abschn. 3.1.3 angegeben sind (◘ Abb. 3.14 und 3.17).

7.5.3 Induzierte Dipole und Van-der-Waals-Wechselwirkungen

Das elektrostatische Feld eines Dipols kann eine Polarisation in einem Atom induzieren, das selbst eigentlich nicht polarisiert ist. Der induzierte Dipol ist so ausgerichtet, dass er vom ursprünglichen Dipol angezogen wird. Merkwürdigerweise kann diese Anziehung auch zwischen zwei Atomen funktionieren, die beide normalerweise keine Dipole sind. Um zu sehen, wie das geht, müssen wir uns die stehende Welle des Elektrons im Atom etwas genauer ansehen (vgl. ▶ Abschn. 5.3, 5.4).

Wir haben ein gewisses Verständnis für das Wesen der Elektronenorbitale in Atomen und Molekülen gewonnen, indem wir sie mit stehenden Wellen auf einer schwingenden Saite verglichen haben. Während die Unschärferelation es unmöglich macht, die Position des Elektrons im Zeitverlauf genau zu verfolgen, haben wir das Orbital als die zeitunabhängige Hüllkurve einer stehenden Welle betrachtet, welche die räumliche Domäne des Elektrons beschreibt – analog zur stehenden Welle, die auf einer kräftig gezupften Gitarrensaite mit bloßem Auge sichtbar ist. So wie die Saite innerhalb einer Hüllkurve tatsächlich hin und her schwingt – zu schnell, als dass wir es sehen könnten – so schwingt

Tab. 7.2 Energien verschiedener Arten von chemischen Wechselwirkungen

Art der Interaktion	Definition der Reaktion	Energie/kJ mol^{-1}
Ionische Bindung	NaCl (Kristall) → Na$^+$ (Gas) + Cl$^-$ (Gas)	767
	NaCl (Kristall) → Na (Gas) + Cl (Gas)	641
Kovalente Bindung	C (Diamant) → C (Gas)	723
	H$_2$O (Kristall) → 2 H (Gas) + O (Gas)	466 (× 2)
Metallische Bindung	Na (Kristall) → Na (Gas)	109
	Pb (Kristall) → Pb (Gas)	194
	Ni (Kristall) → Ni (Gas)	423
Hydratation	Na$^+$ (aq) → Na$^+$ (Gas)	405
Wasserstoffbrückenbindung	H$_2$O (Eis) → H$_2$O (Gas)	47
Van-der-Waals-Wechselwirkung	Ar (Kristall) → Ar (Gas)	6,3

auch das Elektron in seinem eigenen Orbital. Zur Unterstützung dieser Ansicht kann man feststellen, dass die Wellenmechanik dem im Orbital eingeschlossenen Elektron einen Drehimpuls gibt (in anderen Orbitalen als den s-Orbitalen), was darauf hindeutet, dass das Elektron auf seine eigene, obskure Art und Weise wirklich um den Atomkern herumläuft.

Die Konsequenz dieser Schwingung ist, dass wir, wenn wir in der Lage wären, ein Atom oder Molekül zu einem bestimmten Zeitpunkt einzufrieren, feststellen würden, dass die Elektronendichte in jedem Orbital nicht gleichmäßig und symmetrisch verteilt, sondern vorübergehend in dem einen oder anderen Teil konzentriert war, wodurch das Atom oder Molekül für diesen Zeitpunkt zu einem Dipol wird. In jedem Moment erzeugt der Dipol ein elektrisches Feld, das benachbarte Atome oder Moleküle in Verbindung mit seiner eigenen Schwingung polarisieren und näher an sich ziehen kann. Obwohl sich die elektrischen Felder dieser synchronen Dipole über ein Zeitintervall hinweg gegenseitig aufheben, bleibt die von ihnen erzeugte Anziehungskraft zwischen den Molekülen erhalten.

Die Wechselwirkung zwischen induzierten Dipolen, Van-der-Waals-Wechselwirkung genannt (nach dem niederländischen Physiker und Nobelpreisträger Johannes van der Waals) ist für eine schwache Anziehungskraft zwischen zwei Atomen oder Molekülen verantwortlich, die sich ausreichend nahe beieinander befinden (einige Zehntel Nanometer). Ihre Wirkung ist nur dann erkennbar, wenn andere Kräfte zwischen den Atomen fehlen. Die Van-der-Waals-Kräfte sind dafür verantwortlich, dass die Schichten in Graphitkristallen zusammenhalten und sie tragen zweifellos zum Zusammenhalt von weichen Schichtsilicaten wie Pyrophyllit und Talk bei. Die geringe Härte von Graphit (1–2) und der große Abstand zwischen den Schichten (Kasten 7.4) geben ein Maß dafür, wie schwach diese Anziehungskraft ist. Die „Bindungsenergie" für die Van-der-Waals-Wechselwirkung ist typischerweise zwei Größenordnungen geringer als für die ionische und die kovalente Bindung (Kasten 7.7). Diese Wechselwirkung erklärt, warum alle Substanzen, auch Edelgase, bei ausreichend niedrigen Temperaturen Kristalle bilden (Neon z. B. schmilzt bei 24,6 K und Argon bei 84 K). Diese niedrigen Schmelztemperaturen bedeuten, dass es sich um eine derart schwache Kraft handelt, dass selbst die sehr geringen thermischen Vibrationen, die knapp über diesen extrem niedrigen Temperaturen auftreten, ausreichen, um sie zu überwinden (Kasten 7.7).

7.6 Zusammenfassung

Viele Eigenschaften von Mineralen und Alltagsmaterialien (Härte, Kristallstruktur, elektrische Leitfähigkeit, Löslichkeit, Glanz usw.) lassen sich leicht durch die chemischen Bindungen erklären, die sie auf atomarer Ebene zusammenhalten:

— Ionische Bindungen – mit Abgabe bzw. Aufnahme von Elektronen zwischen Atomen – bilden sich zwischen Elementen kontrastierender Elektronegativität. Ionische Verbindungen existieren im festen und geschmolzenen Zustand, aber nicht als Gase. Ihre Strukturen werden durch das dichte Packen von kugelförmigen Ionen unterschiedlicher Größe bestimmt und lassen sich aus dem Radienverhältnis von Kationen zu Anionen vorhersagen (Tab. 7.1).
— Kovalente Bindungen – mit von zwei Atomen gemeinsam verwendeten Elektronen – bilden sich zwischen Elementen gleicher oder sehr ähnlicher Elektronegativität. Die Strukturen einfacher Moleküle (z. B. H$_2$O, s. Abb. 7.8c) und größerer Kristalle (z. B. Diamant, s. Abb. 7.8d) können aus der Geometrie von Atomorbitalen – insbesondere Hybridorbitalen – vorhergesagt werden (Abb. 7.7, 7.8 und 7.9).

- Metallische Bindungen bilden sich zwischen Elementen ähnlicher Elektronegativität, wenn der Mittelwert der Elektronegativität gering ist (◘ Abb. 7.13b). Metallische Eigenschaften ergeben sich aus der Verfügbarkeit von freien Leitungsbändern in den Energieniveaus der Elektronen, die sich über den gesamten Kristall erstrecken (◘ Abb. 7.11). Einige Sulfide teilen bestimmte Eigenschaften von Metallen, wie metallischen Glanz und eine deutlich messbare elektrische Leitfähigkeit (◘ Abb. 7.13b).
- Die Si–O-Bindung in Silicatmineralen ist 50:50 ionisch:kovalent (◘ Abb. 7.13). Aus diesem Grund bestimmt sie wie in ▶ Kap. 8 beschrieben die Struktur von Silicatkristallen und -schmelzen.
- Ion-Dipol- und Dipol-Dipol-Wechselwirkungen sind zwar viel schwächer (◘ Tab. 7.2), aber dennoch wichtig. Sie verursachen die Eigenschaften von Wasser und Eis (◘ Abb. 7.14), die Weichheit und die Schichtstruktur von Graphit (◘ Abb. 7.9) und der Fähigkeit selbst der Edelgase wie Ar, bei sehr niedrigen Temperaturen Kristalle zu bilden.

Übungen

7.1 Sagen Sie die Koordinationszahlen der folgenden Ionen in einem Silicatkristall vorher (vgl. Kasten 7.2):

Si^{4+}, Al^{3+}, Ti^{4+}, Fe^{3+}, Fe^{2+}, Mg^{2+}, Ca^{2+}, Na^+, K^+

7.2 Erläutern Sie die Differenz des Ionenradius (vgl. Kasten 7.2) zwischen Fe^{2+} und Fe^{3+} und zwischen Eu^{2+} und Eu^{3+}. Berechnen Sie die Ionenpotenziale dieser Ionen. Welchen Einfluss hat die Oxidationszahl auf die Kovalenz der von diesen Elementen eingegangenen Bindung?

7.3 Identifizieren Sie die Art der Bindung zwischen den folgenden Atompaaren im festen Zustand. Wie beeinflusst diese die Eigenschaften der Elemente bei Raumtemperatur? (Verwenden Sie ◘ Abb. 6.4. Holmium (Ho) ist ein Metall der Lanthanoide.)

He – He, Ho – Ho, Ge – Ge

7.4 Diskutieren Sie die Bindung in den folgenden Mineralen:

KCl (Sylvin), TiO_2 (Rutil), MoS_2 (Molybdänit), NiAs (Nickelin), $CaSO_4$ (Anhydrit), $CaSO_4 \cdot 2H_2O$ (Gips).

Literatur

Fyfe WS (1964) Geochemistry of solids – An introduction. McGraw-Hill, New York

Henderson P (1982) Inorganic geochemistry. Pergamon, Oxford

McKie D, McKie C (1974) Crystalline solids. Nelson/Wiley, London

Weiterführende Literatur

Atkins P, Overton T, Rourke J et al (2010) Inorganic chemistry, 5. Aufl. Oxford University Press, Oxford

Barrett J (2001) Structure and bonding. Royal Society of Chemistry, Cambridge

Henderson P (1982) Inorganic geochemistry. Pergamon, Oxford

Silicatkristalle und -schmelzen

Inhaltsverzeichnis

8.1 Silicatstrukturen – 144
8.1.1 Inselsilicate – 145
8.1.2 Gruppensilicate – 145
8.1.3 Einfachkettensilicate – 146
8.1.4 Ringsilicate – 146
8.1.5 Doppelkettensilicate – 146
8.1.6 Schichtsilicate – 148
8.1.7 Gerüstsilicate – 149

8.2 Kationenplätze in Silicaten – 151
8.2.1 Berechnung der Gitterplatzbelegung – 152
8.2.2 Auswirkungen der Kationensubstitution – 156

8.3 Optische Eigenschaften von Kristallen – 157
8.3.1 Brechungsindex – 157
8.3.2 Farbe und Absorption – 157
8.3.3 Reflexionsvermögen – 158
8.3.4 Anisotropie – 158

8.4 Defekte in Kristallen – 159
8.4.1 Kristallwachstum – 159
8.4.2 Mechanische Festigkeit von Kristallen – 161

Übungen – 161

Literatur – 163

© Springer-Verlag GmbH Deutschland, ein Teil von Springer Nature 2020
R. Gill, *Chemische Grundlagen der Geo- und Umweltwissenschaften*,
https://doi.org/10.1007/978-3-662-61500-3_8

Die meisten gesteinsbildenden Minerale sind Silicate, d. h. Verbindungen, in deren Kristallstruktur Metalle mit Silicium und Sauerstoff kombiniert werden. In diesem Kapitel wird untersucht, wie die chemische Struktur dieser Verbindungen, insbesondere die Art der Bindung, die bekannten morphologischen und physikalischen Eigenschaften von Silicatmineralen und die physikalischen Eigenschaften von Silicatschmelzen bestimmt (Kasten 8.3). Minimale Kenntnisse in der Kristallographie sind erforderlich.

Der relativ kovalente Charakter der Si-O-Bindung (Abb. 7.13) verleiht Silicium eine grundlegende strukturelle Rolle als wichtigster Netzwerkbildner in Silicatkristallen und -schmelzen, der das strukturelle Gerüst bildet, von dem die Eigenschaften abhängen. In diesem Zusammenhang steht Silicium (mit Phosphor und teilweise Aluminium) im Gegensatz zu den eher ionischen Bestandteilen von Silicaten wie Mg^{2+} und K^+. Diese sind sogenannte Netzwerkwandler, die die Struktur nur deshalb beeinflussen, weil sie die Art und Weise einschränken, wie Si-O-Netzwerke zusammengefügt werden.

8.1 Silicatstrukturen

Ob Silicate aus ionischer oder kovalenter Sicht untersucht werden, das Verhalten von Silicium ist gleich: Es liegt im Zentrum einer Tetraedergruppe von vier Sauerstoffatomen oder -ionen. Strukturell gesehen ist das SiO_4-Tetraeder (engl. auch *orthosilicate* genannt) der Grundbaustein, aus dem alle Silicatkristalle und -schmelzen aufgebaut sind (Abb. 8.1). Aber das Siliciumatom selbst kann nur die Hälfte der Bindungskapazität seiner vier Sauerstoffnachbarn erfüllen (vier von insgesamt acht Bindungen). Wie werden die verbleibenden Bindungen des Sauerstoffs genutzt?

Wenn bei der Kristallisation des Silicats eine hohe Konzentration eines elektropositiven Elements wie Magnesium (das ein basisches Oxid bildet, s. Kasten 8.1) vorhanden ist, werden mit großer Wahrscheinlichkeit relativ ionische Bindungen zwischen jedem Sauerstoff des Tetraeders und nahe gelegenen Mg^{2+}-Ionen gebildet. Die SiO_4-Gruppe erhält dabei eine negative Gesamtladung (nominal insgesamt 4–). Dies führt zu der chemisch einfachen Kristallstruktur von Olivin (genauer gesagt zu dem Mg-Endglied Forsterit, Mg_2SiO_4), in der sich Mg^{2+}-Ionen und SiO_4^{4-}-Tetraeder abwechseln (Abb. 8.1a). Es gibt keine direkte Si-O-Si-Verknüpfung zwischen zwei benachbarten Tetraedern, und der Zusammenhalt des Kristalls als Ganzes entsteht durch die ionische Bindung zwischen Mg^{2+}-Kationen und SiO_4^{4-}-Anionen: Intern kovalent gebundene „SiO_4-Grundbausteine" werden durch einen „ionischen Mörtel" aus Mg^{2+}-Ionen zusammengehalten.

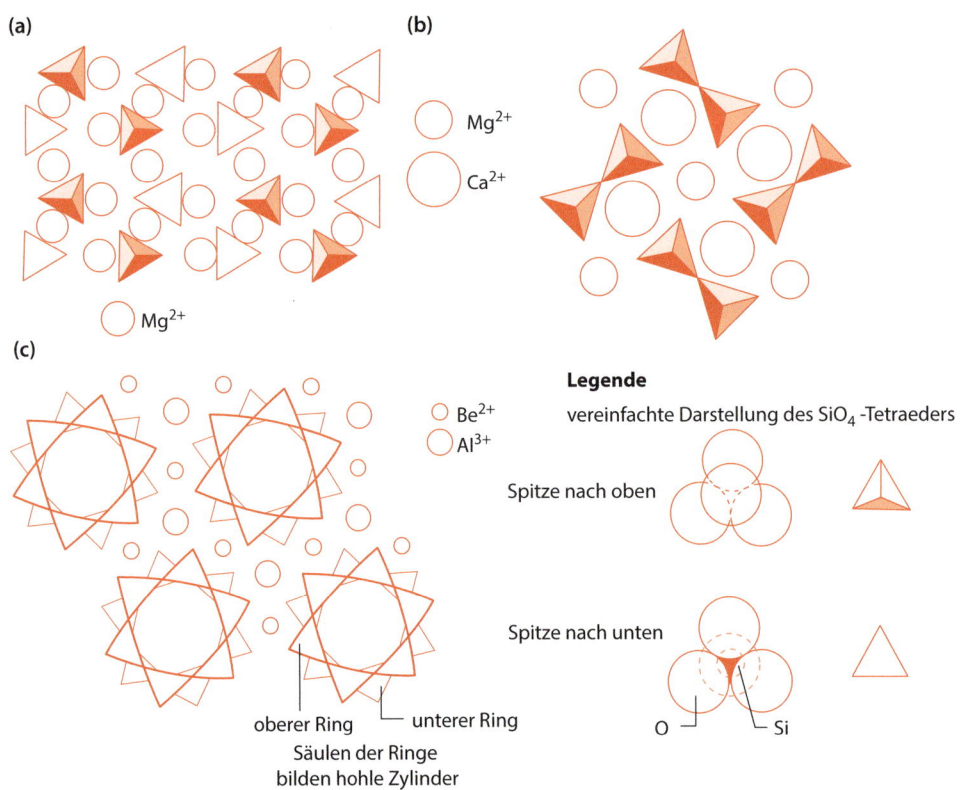

Abb. 8.1 Vereinfachte Strukturen von Silicatmineralen, wobei die Kationen ungefähr in ihrer Größe gezeichnet sind. SiO_4-Gruppen sind als Tetraeder dargestellt, um die Struktur zu verdeutlichen. **a** Das Inselsilicat Olivin, Blick entlang der kristallographischen a-Achse; **b** Gruppensilicat Melilith; **c** Ringsilicat Beryll

Kasten 8.1 Saure und basische Oxide

Die Zusammensetzung eines beliebigen Silicatmaterials kann als Kombination verschiedener Metalloxide wie MgO und K_2O dargestellt werden, kombiniert mit Siliciumdioxid SiO_2 (engl. *silica*, nicht zu verwechseln mit *silicon* für Silicium, *silicone* für Silikon und *silicate* für Silicat). Forsterit kann beispielsweise als das Produkt der Reaktion von MgO mit SiO_2 betrachtet werden:

$$2\,MgO + SiO_2 \rightarrow Mg_2SiO_4$$

Der Charakter eines Silicats hängt von den Anteilen ab, in denen sich verschiedene Oxide verbinden. Oxide lassen sich in drei Arten unterteilen: basische, saure und amphotere Oxide.

Basische Oxide

Wenn sich ein ionisch gebundenes Oxid in Wasser auflöst, reagiert das freigesetzte O^{2-} mit einem Wassermolekül zu zwei Hydroxidionen:

$$Na_2O + H_2O \rightarrow 2\,Na^+ + (O^{2-} + H_2O) \rightarrow 2\,Na^+ + OH^-$$

Die entstehenden OH^--Ionen entfernen freie H^+-Ionen aus der Lösung, erhöhen ihren pH-Wert und machen sie basisch (Anhang A.2). Aus diesem Grund werden die Oxide der elektropositiven Metalle als basische Oxide bezeichnet (◘ Abb. 9.21).

Saure Oxide

Wird ein kovalent gebundenes Oxid in Wasser gelöst, entfernt dies OH^--Ionen aus der Lösung anstatt neue zu produzieren:

$$CO_2 + (OH^- + H^+) \rightarrow HCO_3^- + H^+$$

(vgl. ▶ Gl. 4.9 und 4.11), was zu einer sauren Lösung führt. Ähnliche Reaktionen mit den in Kohlekraftwerken entstehenden Schwefeloxiden sind ökologisch wichtig, weil sie zu saurem Regen führen (siehe O'Neill, 1998). Im Zusammenhang mit Silicaten umfasst die Kategorie der sauren Oxide die Oxide von Silicium und Phosphor (◘ Abb. 9.21).

Amphotere Oxide

Amphotere Oxide und Hydroxide haben die Eigenschaft, sich sowohl als Säuren (bei Reaktion mit einer starken Base) als auch als Basen (mit einer starken Säure) verhalten zu können:

$$Al(OH)_3\,(Base) + 3\,HCl\,(Säure) \rightarrow$$
$$AlCl_3\,(Salz) + 3\,H_2O\,(Wasser)$$

$$Al(OH)_3\,(Säure) + NaOH\,(Base) \rightarrow$$
$$NaAlO_2\,(Salz: Natriumaluminat) + 2\,H_2O\,(Wasser)$$

Andere Elemente, die amphotere Oxide bilden, sind in ◘ Abb. 9.21 dargestellt.

Wenn jedoch Kationen wie Mg^{2+} in geringer Menge vorkommen, binden sich Sauerstoffatome eher direkt an zwei Siliciumatome und bilden eine (relativ) „kovalente Brücke" zwischen ihnen. Im Extremfall kann dies dazu führen, dass jedes Sauerstoffatom von zwei benachbarten Tetraedern geteilt wird, wodurch die Si-O-Bindung zu einem dreidimensionalen Netzwerk von verbundenen Tetraedern erweitert wird, das sich durch den gesamten Kristall zieht: Wir erhalten das Mineral Quarz. Weil nun jedes Sauerstoffatom strukturell ein Teil von zwei SiO_4-Tetraedern ist, werden nur halb so viele Sauerstoffatome benötigt, um die Koordinationsanforderungen von Silicium zu erfüllen. So ist Quarz zwar formal aus SiO_4-Tetraedern aufgebaut, hat aber die Formel SiO_2.

Die Bildung ausgedehnter Si-O-Netzwerke in Silicaten wird als **Polymerisation** bezeichnet. Während die bekannteren organischen Polymere aus Ketten und Ringen von Kohlenstoffatomen bestehen, die direkt miteinander verbunden sind (–C–C–C–, vgl. ▶ Abschn. 9.6.1), erfolgt die Verknüpfung bei Silicatpolymeren immer über Sauerstoffatome (–Si–O–Si–O–Si–). Der Grad der Si-O-Polymerisation in einer Silicatstruktur wird bequem durch die Anzahl der nicht brückenbildenden Sauerstoffatome (die also nur an ein Si-Atom gebunden sind) pro SiO_4-Gruppe ausgedrückt. Diese Zahl p variiert von 4 in Olivin (in dem SiO_4-Tetraeder untereinander nur indirekt über Kationen verbunden sind) bis 0 im Quarz. Zwischen diesen Grenzen weisen Silicatminerale eine Fülle von struktureller Vielfalt auf (◘ Tab. 8.1), die nur durch die Chemie des Kohlenstoffs in ihrer Komplexität übertroffen wird.

8.1.1 Inselsilicate

In Anlehnung an organische Polymere könnte die Struktur von Olivin (◘ Abb. 8.1a) als Monomer bezeichnet werden, da die Grundeinheit des Polymers darin unverknüpft vorkommt. Silicate aus isolierten SiO_4-Tetraedern (engl. *orthosilicate*) werden allgemein als Inselsilicate (oder Nesosilicate) bezeichnet. Dazu gehören auch andere Minerale wie Granat (z. B. Grossular, $Ca_3Al_2Si_3O_{12}$), Zirkon ($ZrSiO_4$) und Topas ($Al_2SiO_4F_2$). Beachten Sie, dass in jeder dieser Formeln das Verhältnis von Si zu O 1:4 beträgt, eine universelle Eigenschaft von Inselsilicaten. Alle Sauerstoffatome in diesen Strukturen sind nicht brückenbildend, sodass diese Minerale den Wert $p = 4$ haben (◘ Tab. 8.1).

8.1.2 Gruppensilicate

Die Strukturen einiger weniger Minerale beinhalten Paare von SiO_4-Tetraedern, die durch einen einzigen

Tab. 8.1 Silicatstrukturen

Strukturtyp	p	Z:O	Mineralbeispiel	Formel
Inselsilicat (Nesosilicat)	4	1:4	Forsterit (Olivin)	$Mg_2[SiO_4]$
Gruppensilicat (Sorosilicat)	3	1:3,5	Melilith	$Ca_2Mg[Si_2O_7]$
Ringsilicat (Cyclosilicat)	2	1:3	Beryll	$Be_3Al_2[Si_6O_{18}]$
Kettensilicat (Inosilicat)				
– Pyroxen	2	1:3	Diopsid (Pyroxen)	$CaMg[Si_2O_6]$
– Amphibol	1,5	1:2,75	Tremolit (Amphibol)	$Ca_2Mg_5[Si_8O_{22}](OH)_2$
Schichtsilicat (Phyllosilicat)	1	1:2,5	Muskovit (Glimmer)	$KAl_2[AlSi_3O_{10}](OH)_2$
Gerüstsilicat (Tektosilicat)	0	1:2	Orthoklas (Feldspat)	$K[AlSi_3O_8]$

p = Polymerisierungsgrad (Monomer: $p = 4$; Dimer: $p = 3$)
Z = Si, Al auf Tetraederplatz

brückenbildenden Sauerstoff ($p = 3$) verbunden sind. Die Formel dieser Gruppensilicate (Sorosilicate) ist durch das Dimer aus zwei SiO_4-Tetraedern minus einem Sauerstoff (= Si_2O_7) vorgegeben, wie z. B. bei Melilith ($Ca_2MgSi_2O_7$, ◘ Abb. 8.1b). Das häufige Mineral Epidot enthält sowohl einzelne (SiO_4) als auch doppelte (Si_2O_7) Tetraedergruppen.

8.1.3 Einfachkettensilicate

Die gemeinsame Nutzung von zwei Sauerstoffatomen durch jede SiO_4-Gruppe erzeugt „unendlich" lange Ketten aus verknüpften Tetraedern (◘ Abb. 8.2 und 8.3a). Diese bilden das Grundgerüst der Kettensilicate (Inosilicate), zu denen eine der wichtigsten Mineralgruppen gehört, die Pyroxene. Die Ketten sind eher geknickt als linear, da alternierende Tetraeder in entgegengesetzte Richtungen herausragen. Jedes Siliciumatom besitzt zwei nicht brückenbildende Sauerstoffatome ($p = 2$) und teilt sich zwei brückenbildende mit anderen Tetraedern, sodass die Zusammensetzung der gesamten Kette als $(SiO_3)_n$ geschrieben werden kann, wobei n die Anzahl der Tetraeder in der Kette ist. Alle Pyroxene haben daher SiO_3 (oder Si_2O_6) in ihren chemischen Formeln, wie z. B. in Diopsid: $CaMgSi_2O_6$. Die Ketten können auf unterschiedliche Weise gegeneinander gestapelt werden, sodass Pyroxene sowohl im orthorhombischen als auch im monoklinen Kristallsystem kristallisieren können (vgl. Kasten 8.5).

Die Ketten definieren die kristallographische c-Achse in Pyroxenen. Parallel dazu verlaufen mehrere prismatisch angeordnete Spaltbarkeiten, insbesondere die gute Spaltbarkeit nach {110}, die für die charakteristischen senkrecht aufeinander stehenden Spaltflächen verantwortlich ist. Diese Spaltbarkeiten spiegeln die stärkere Bindung innerhalb jeder Kette wider, verglichen mit der Bindungsstärke zwischen den Ketten.

◘ **Abb. 8.2** Maßstabgetreues Kugelmodell, das den Aufbau einer Kette aus SiO_4-Tetraedern in Pyroxen zeigt, wobei einige obere Sauerstoffanionen entfernt wurden, um die tetraedrisch koordinierten Siliciumatome (Glasmurmeln) darunter zu zeigen (Foto: K. d'Souza)

8.1.4 Ringsilicate

Eine naheliegende Alternative zur Bildung einer unendlich langen linearen Kette ist die Verknüpfung der Kettenenden zu einem Ring. Die Minerale Beryll ($Be_3Al_2Si_6O_{18}$, ◘ Abb. 8.1c), Cordierit ($Al_3Mg_2Si_5AlO_{18}$) und Turmalin sind Beispiele für Ringsilicate (Cyclosilicate), bei denen das grundlegende Strukturelement ein Ring aus sechs SiO_4-Tetraedern ist. Einfach aufgebaute Ringsilicate haben den gleichen p-Wert (2) und das gleiche Si:O-Verhältnis (1:3) wie Pyroxene (◘ Abb. 8.3).

8.1.5 Doppelkettensilicate

Die Struktur der Amphibole kann aus zwei Ketten des Pyroxens abgeleitet werden, wobei sich jeder zweite

8.1 · Silicatstrukturen

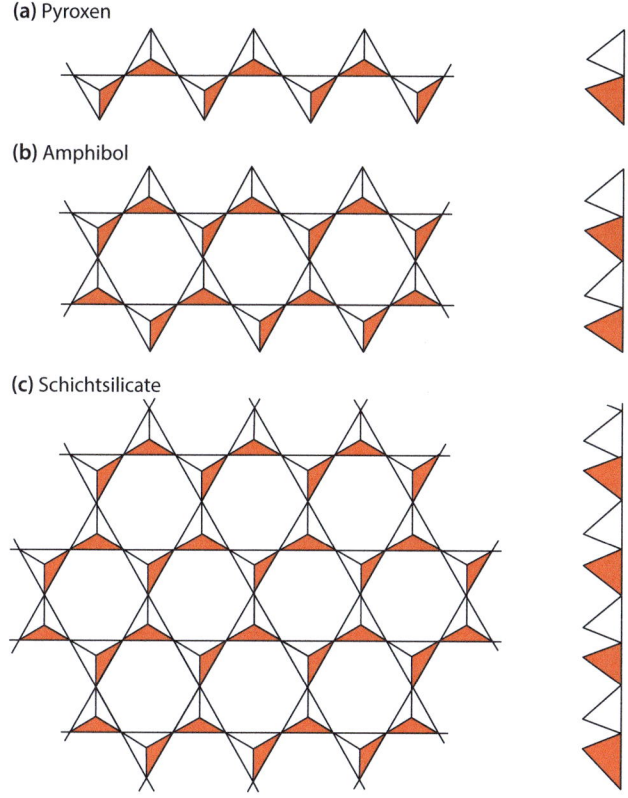

Abb. 8.3 Vereinfachte Silicatstrukturen in **a** Pyroxen, **b** Amphibol und **c** Schichtsilicaten, jeweils in zwei verschiedenen Blickrichtungen gezeigt

Tetraeder einer Kette ein Sauerstoffatom mit der benachbarten Kette teilt. Dadurch entsteht eine Doppelkette oder ein Doppelband (◘ Abb. 8.3b), was zu einer ausgeprägt prismatischen, manchmal sogar faserigen Kristallform führt. Aufgrund der breiten Doppelketten schneiden sich die auffälligen prismatisch angeordneten Spaltbarkeiten bei etwa 55°, verglichen mit dem charakteristischen 90°-Winkel bei Pyroxenen.

Die Doppelkette kann als eine Reihe von hexagonalen Ringen betrachtet werden, die in Pyroxenen nicht vorhanden sind. Diese nehmen zusätzliche Anionen auf, meist Hydroxid- (OH^-) oder Fluoridionen (F^-). Weil diese flüchtigen Bestandteile vorhanden sind – der wichtigste chemische Unterschied zwischen Pyroxenen und Amphibolen – sind die Amphibole bei hohen Temperaturen instabil und zerfallen in Pyroxen und Dampf.

Von je vier Tetraedern in der Amphibolstruktur teilen sich zwei Tetraeder zwei Sauerstoffatome und die anderen zwei Tetraeder drei Sauerstoffatome (das ergibt $p = 1{,}5$). Im Prinzip führt dies zu einer Formel mit Si_4O_{11} oder Si_8O_{22} wie bei Tremolit: $Ca_2Mg_5Si_8O_{22}(OH)_2$. Einige der Tetraederplätze können jedoch Al anstelle von Si enthalten (der Ionenradius von Aluminium ist gerade klein genug, um es sowohl in tetraedrischer als auch in oktaedrischer Koordination aufzunehmen, ◘ Abb. 8.4). Dadurch ändert sich natürlich das Si:O-Verhältnis in der Amphibolformel, wie bei Pargasit: $NaCa_2Mg_4Al[Al_2Si_6O_{22}](OH)_2$. Eckige Klammern werden hier verwendet, um Al in tetraedrischer Koordination (innerhalb der Klammern) vom restlichen Al in oktaedrischer Koordination zu unterscheiden. Beachten Sie, dass diese beiden Beispiele einer allgemeineren Formel mit Z_8O_{22} entsprechen, wobei der Tetraederplatz „Z" sowohl Silicium als auch „tetraedrisch koordiniertes Aluminium" umfasst (vgl. Kasten 8.5). Aufgrund seiner unterschiedlichen Wertigkeit erfordert die Substitution von Si durch Al eine Anpassung unter den anderen vorhandenen Kationen (was in ▶ Abschn. 8.2.2 diskutiert wird), um die elektrische Neutralität zu erhalten. Eine ähnliche Substitution findet bei einigen Pyroxenen statt.

Abb. 8.4 Koordination der Kationen in Silicaten

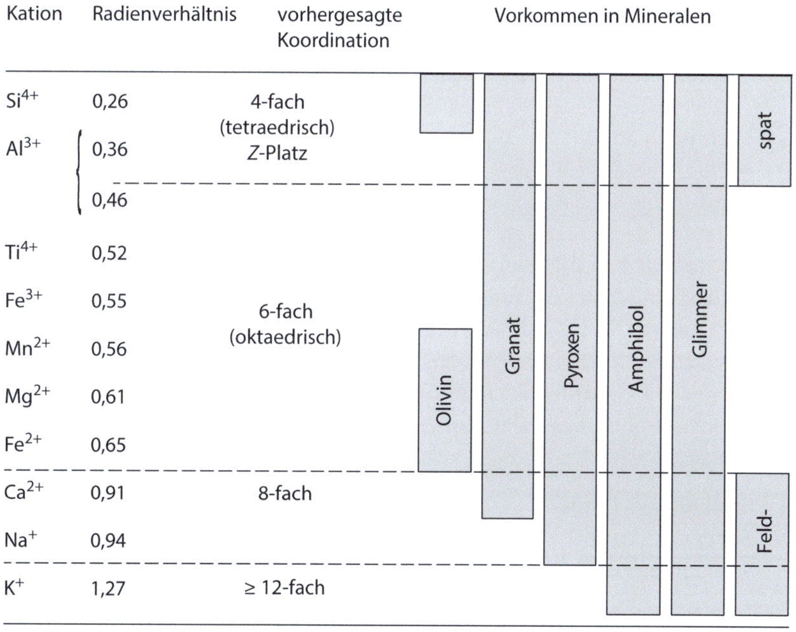

Kation	Radienverhältnis	vorhergesagte Koordination	Vorkommen in Mineralen
Si^{4+}	0,26	4-fach (tetraedrisch) Z-Platz	
Al^{3+}	0,36		
	0,46		
Ti^{4+}	0,52		
Fe^{3+}	0,55	6-fach (oktaedrisch)	
Mn^{2+}	0,56		
Mg^{2+}	0,61		
Fe^{2+}	0,65		
Ca^{2+}	0,91	8-fach	
Na^+	0,94		
K^+	1,27	≥ 12-fach	

Vorkommen: Olivin, Granat, Pyroxen, Amphibol, Glimmer, Feldspat

8.1.6 Schichtsilicate

Wenn jeder (Si, Al)O$_4$-Tetraeder drei Sauerstoffatome mit benachbarten Tetraedern teilt ($p=1$), ist das Ergebnis eine kontinuierliche Schicht mit kovalenten Bindungen (◘ Abb. 8.3c), die Grundstruktur der Glimmer – wie Biotit und Muskovit – und einer Vielzahl anderer Schichtsilicate (Phyllosilicate). Alle sind wasserhaltig: OH$^-$ oder andere Anionen besetzen die Ringe, und wie die Amphibole dehydratisieren Schichtsilicate bei hohen Temperaturen (◘ Abb. 2.5).

Was die chemische Formel angeht, können Schichtsilicate an ihrem Z$_4$O$_{10}$ erkannt werden (◘ Tab. 8.1). Die verschiedenen Schichtsilicate – Glimmer, Chlorit, Tonminerale (Kasten 8.2), Serpentin etc. – können als mehrschichtige Sandwiches betrachtet werden. Sie unterscheiden sich durch die Art und Weise, wie die Sandwiches gestapelt werden, und durch ihre „Füllung" aus Ionen. Wie in vielen Sandwiches hält das Brot (die Silicatschicht) besser zusammen als die Füllung, sodass die Schichtsilicate eine perfekte Spaltbarkeit parallel zu den Schichten aufweisen. Diese ist am deutlichsten bei Glimmern wie Muskovit und Biotit ausgeprägt.

> **Kasten 8.2 Tonminerale und Ionenaustausch**
>
> Tonminerale sind Schichtsilicate mit Eigenschaften, die ihnen eine große ökologische und industrielle Bedeutung verleihen:
>
> - Sie treten als feinkörnige Aggregate auf und spielen eine wichtige Rolle für die Beschaffenheit, Fruchtbarkeit, Permeabilität und Wasserspeicherfähigkeit von Böden.
> - Einige Tonminerale (die Smectitgruppe) können mehr oder weniger Wasser enthalten und bei der Wasseraufnahme anschwellen. Umgekehrt ziehen sie sich bei Trockenheit durch Wasserverlust zusammen, was zu den polygonalen Rissen führt, die für schlammige Böden während einer Dürre charakteristisch sind.
> - Ihre Oberflächeneigenschaften verleihen Tonmineralen eine hohe Kationenaustauschkapazität.
>
> Tonminerale haben zahlreiche technologische und ökologische Anwendungen: vom naheliegenden Beispiel der Keramik (der Rohstoff für Porzellan sind natürliche Vorkommen des Tonminerals Kaolinit) bis hin zu Anwendungen wie Papierfüllstoffen und Beschichtungen, Katzenstreu, Bohrspülung und Barrierematerialien für Deponien.
>
> **Struktur und Typen**
> Tonmineralkristalle sind aus drei verschiedenen Schichttypen aufgebaut (◘ Abb. 8.5):

- Tetraederschichten aus SiO$_4$-Tetraedern, wobei in manchen Tonmineralen Al teilweise Si ersetzt (T in ◘ Abb. 8.5);
- Oktaederschichten mit Ionen wie Al^{3+}, Mg^{2+} oder Fe^{2+}, die durch OH$^-$- oder O^{2-}-Anionen oktaedrisch koordiniert sind (O in ◘ Abb. 8.5);
- Zwischenschichten (analog zu „A-Plätzen" in Amphibolen, siehe Kasten 8.5) mit Platz für große Ionen wie K$^+$, Na$^+$ und Ca^{2+} (L in ◘ Abb. 8.5).

Wie verschiedene Sandwichsorten auf einem Buffet können diese drei Schichttypen auf verschiedene Weise kombiniert werden (◘ Abb. 8.5). Am einfachsten ist ein Stapel von Tetraederschichten, die alle gleich ausgerichtet sind und zwischen denen jeweils eine (d. h. im Verhältnis 1:1) Oktaederschicht mit Al(OH)$_3$ liegt (◘ Abb. 8.5a). Dies ist die Struktur der Kaolinitgruppe, gekennzeichnet durch einen Wiederholungsabstand (gemessen durch Röntgenbeugung, siehe Kasten 5.3) von 0,7 nm. Man nennt diese auch 1:1-Tonminerale oder Zweischichttonminerale.

Häufiger kombinieren Paare aus zwei nach innen zeigenden Tetraederschichten – wie gebutterte Brotscheiben in einem echten Sandwich – und umschließen eine Oktaederschicht als „Sandwichfüllung" dazwischen. In dieser Konfiguration werden Tetraeder- und Oktaederschichten im Verhältnis 2:1 kombiniert (Dreischichttonminerale). Diese Schichtpakete können wie im Mineral Pyrophyllit direkt aneinander gestapelt werden (Wiederholungsabstand 0,9 nm, 2:1-Tonmineral), oder aufeinanderfolgende „Sandwiches" können durch eine Zwischenschicht mit großen Kationen wie K$^+$ getrennt werden, wie im Tonmineral Illit, das einen Wiederholungsabstand von 1,0 nm aufweist (◘ Abb. 8.5b) – hier spricht man manchmal auch von Vierschicht- oder 2:1:1-Tonmineralen.

Alle Tonminerale können aufgrund der Anwesenheit von OH$^-$-Anionen in der Oktaederschicht als wasserhaltig angesehen werden. Tonminerale der Smectitgruppe, wie beispielsweise Montmorillonit (◘ Abb. 8.5c), enthalten zusätzlich noch diskrete Schichten mit H$_2$O-Molekülen zwischen benachbarten „Sandwiches", die eng mit den großen Zwischenschichtkationen assoziiert sind. Das Vorhandensein von H$_2$O erhöht den Wiederholungsabstand der Zwischenschicht auf etwa 1,4 nm. Der Wassergehalt – und damit die Wiederholungsdistanz – variiert mit wechselnder Temperatur und Luftfeuchtigkeit, was den Smectiten ihre charakteristische Fähigkeit verleiht, je nach Bedingungen zu quellen und zu schrumpfen. Die Quellfähigkeit stellt beim Bau auf smectitreichem Boden eine große geotechnische Herausforderung dar.

Adsorption

Kationen wie K$^+$, Mg^{2+}, Ca^{2+} und NH$_4^+$ (Ammonium) – alles wichtige Pflanzennährstoffe – werden von den negativ geladenen Oberflächen von Tonmineralpartikeln angezogen (auf die komplexen Gründe für die elektrische Ladung auf Mineraloberflächen kann hier nicht eingegangen werden, siehe dazu Krauskopf und Bird, 1995; White, 2013) und binden sich elektrostatisch an sie. Diese geochemisch wichtige Art der Oberflächenreaktion heißt Adsorption. Böden dienen als Speicher für pflanzenverfügbare Nährstoffe, und die große Aggregatoberfläche der feinen Tonpartikel reguliert die Verfügbarkeit solcher Elemente und bildet – durch Adsorption – einen wesentlichen Teil des vom Boden zur Verfügung gestellten Nährstoffspeichers.

Die Adsorption an mineralischen Oberflächen ist nicht auf Kationen beschränkt. Wie wir in ▶ Abschn. 4.5.1 gesehen haben, wird das Verhalten von Arsen im Grundwasser durch die Bildung von mehratomigen Anionen wie Arsenat und Arsenit bestimmt – und von deren Fähigkeit, sich an die Oberflächen von Oxidmineralen zu binden. Die Anionenadsorption erfordert mineralische Oberflächen mit positiver Oberflächenladung, was in sauren Lösungen (niedriger pH-Wert) eher der Fall ist.

Ionenaustausch

Die Population der löslichen Kationen, die auf der negativ geladenen Oberfläche eines Tonpartikels adsorbiert sind, interagiert chemisch mit jedem wässrigen Fluid, das mit ihr in Kontakt kommt, und tauscht Kationen aus, um zu einer Gleichgewichtsverteilung zu gelangen. Zum Beispiel veranschaulicht die Reaktion:

$$Ca^{2+}_{aq} + 2\,K^+_{Ton} \rightleftharpoons Ca^{2+}_{Ton} + 2\,K^+_{aq}$$

wie kolloidale Tonpartikel den Ca^{2+}-Gehalt in Flusswasser, das in die Ozeane gelangt, kontrollieren. Solche Ionenaustauschreaktionen spielen ganz allgemein eine Schlüsselrolle bei der Steuerung der Zusammensetzung natürlicher Wässer, z. B. bei der Pufferung der Hauptelementzusammensetzung des Grundwassers in einem Aquifer. Darüber hinaus nehmen auch die Zwischenschichtkationen der Tonminerale (die sogenannten „austauschbaren Kationen") an derartigen Gleichgewichten teil und tragen zur Kationenaustauschkapazität (KAK) eines Tonminerals bei.

Geologische Materialien (Tonminerale, Sedimente, Böden) unterscheiden sich stark in ihrer Neigung zur Speicherung und zum Austausch von Kationen, was von der Zusammensetzung und der Mineralstruktur sowie von Umweltbedingungen wie dem pH-Wert abhängt. Die natürliche Variabilität wird durch typische Werte der KAK in ◘ Tab. 8.2 veranschaulicht.

Die KAK wird in der Regel als die Menge an NH$_4^+$ definiert (bzw. gemessen), die eine Probe aus einer 1-molaren Ammoniumacetatlösung bei pH = 7,0 aufnehmen kann. Da sie von einer Reihe von Faktoren abhängig ist, handelt es sich nicht um eine genaue Größe, sie bietet aber dennoch ein nützliches Maß, um den Ionenaustausch durch Minerale, Böden und Sedimente zu vergleichen. Beachten Sie, dass selbst die höchsten KAK-Werte von Tonmineralen oft durch organische Kolloide im Boden übertroffen werden.

8.1.7 Gerüstsilicate

Schließlich kommen wir zu einer Klasse von Silicaten, in der jedes Sauerstoffatom von zwei Tetraedern geteilt wird, wodurch sich ein Netzwerk aus (vergleichsweise) kovalenten Bindungen in alle Richtungen durch den Kristall erstreckt. Solche Gerüstsilicate (Tektosilicate) haben in der Regel eine geringere Dichte als andere Silicattypen (oft weniger als 2,6 kg dm^{-3}), weil das Volumen des Kristalls vollständig durch das auf sp^3-Hybridisierung basierende „kovalente" Gerüst vorgegeben wird, und nicht durch das Zusammenfügen von Ionen und separaten SiO$_4$-Polymeren. Die Strukturen einiger Gerüstsilicate enthalten große Hohlräume und Kanäle, durch die Kationen und sogar Moleküle recht leicht diffundieren können.

Da es in der Gerüstsilicatstruktur nur brückenbildende Sauerstoffatome gibt ($p = 0$), beträgt das Z:O-Verhältnis 1:2. Die einfachste Zusammensetzung ist SiO$_2$, dessen stabile Form bei Raumtemperatur Quarz ist (spezifisches Gewicht 2,65). Bei erhöhten Temperaturen kristallisieren an dessen Stelle die offeneren Strukturen der Polymorphe Tridymit (s. G. 2,26) und Cristobalit (s. G. 2,33). Die dreidimensionale Netzwerkstruktur spiegelt sich in der schlechten oder nicht vorhandenen Spaltbarkeit der SiO$_2$-Minerale wider, Quarz zum Beispiel hat einen muscheligen Bruch. (Übrigens werden die SiO$_2$-Minerale in der im deutschen Sprachraum verbreiteten Mineralklassifikation nach Strunz zu den Oxiden, in der Klassifikation nach Dana hingegen zu den Gerüstsilicaten gezählt.)

Die Substitution von Si durch Al auf einigen der Tetraederplätze ermöglicht eine große Vielfalt an Alumosilicatmineralen (nicht zu verwechseln mit Aluminiumsilicat, Al$_2$SiO$_2$, mit den in ▶ Kap. 2 eingeführten Mineralen Kyanit, Andalusit und Sillimanit, bei denen die Al^{3+}-Ionen auf Oktaederplätzen sitzen – bei dieser Unterscheidung kommt es oft zu Missverständnissen). Die wichtigsten Beispiele sind die Feldspäte (die am häufigsten vorkommende Mineralgruppe in der Erdkruste) und ihre SiO$_2$-armen Cousins, die Feldspatoide (auch Foide oder Feldspatvertreter genannt).

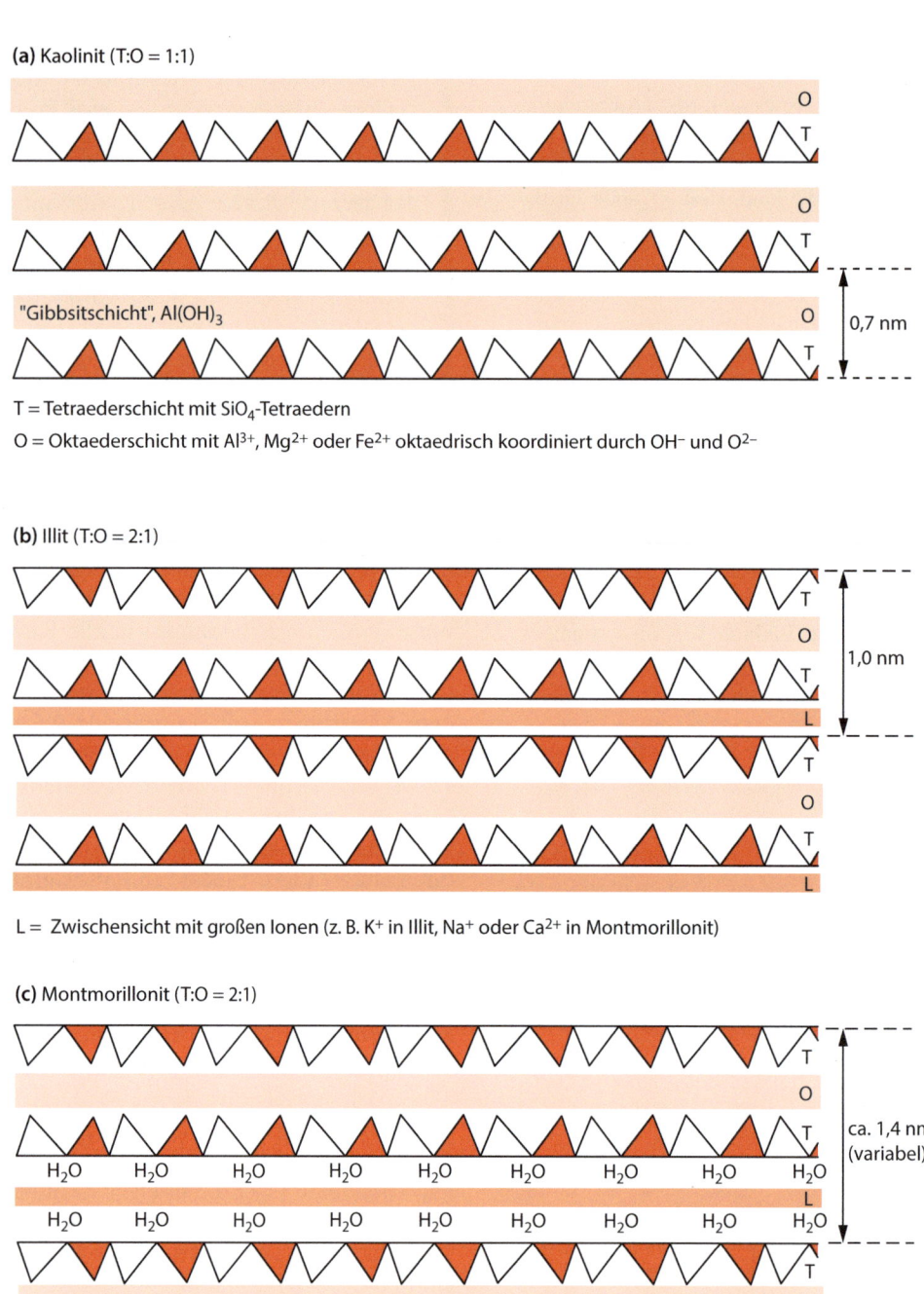

Abb. 8.5 Vereinfachte (nicht maßstabsgetreue) Darstellung der Strukturen der Tonminerale. **a** Kaolinit, ein 1:1-Tonmineral, **b** Illit und **c** Montmorillonit (2:1-Tonminerale). Tetraederschichten sind mit Blick auf die Kanten dargestellt, unter Verwendung der Symbolik von Abb. 8.3. Alle gezeigten Minerale enthalten Oktaederschichten, die der Zusammensetzung des Minerals Gibbsit, $Al(OH)_3$, entsprechen; andere Tonmineralien können stattdessen dem Mineral Brucit, $Mg(OH)_2$, entsprechende Oktaederschichten enthalten

Wenn wir Si^{4+} mit dreiwertigem Al^{3+} ersetzen, ohne den Sauerstoffgehalt zu verändern, erfordert das natürlich die Zugabe anderer Kationen, um die Ladung auszugleichen. Aufgrund der Offenheit der Gerüststruktur können diese ausgleichenden Kationen recht groß sein (Na^+, K^+, Ba^{2+}).

Zu den Alumosilicaten mit den offensten Strukturen gehören die Zeolithe. Im Gegensatz zu den Feldspäten sind sie wasserhaltig, wobei das Wasser in großen, miteinander verbundenen Hohlräumen, die bis zu 1 nm breit sein können, locker gebunden ist. Das Gerüst selbst ist so stabil, dass die Zeolithe die bemerkens-

Tab. 8.2 Kationenaustauschkapazitäten von geologischen Materialien

Bodenbestandteil	Kationenaustauschkapazität*/ mval/100 g
Wasserhaltige Oxidminerale	~4
Kaolinit	2–10
Illit	10–40
Montmorillonit	80–150
Vermiculit	120–200
Organische Bodensubstanz	150–300

*Die KAK wird meist in der altmodischen Einheit mval pro 100 g Mineral bzw. Boden ausgedrückt

werte Fähigkeit besitzen, dieses Wasser bei Erwärmung kontinuierlich und reversibel abzugeben, ohne dass ihre Struktur zusammenbricht. Zeolithe (natürliche und künstliche) werden in der chemischen Verfahrenstechnik vielfältig eingesetzt: als Ionenaustauscher und als „Molekularsiebe", die kleine Moleküle nach ihrer Größe trennen können. Sie erfüllen zudem in der Erdölindustrie eine wichtige Funktion als Katalysatoren.

Das bisher beschriebene Spektrum an Silicatpolymeren findet sich auch in Silicatschmelzen (Kasten 8.3), jedoch mit einem wesentlichen Unterschied: Während jedes kristalline Silicatmineral eine (oder in seltenen Fällen zwei) Art(en) von Silicatpolymeren enthält, können mehrere Polymertypen innerhalb der weniger geordneten Struktur einer chemisch homogenen Silicatschmelze nebeneinander existieren.

Kasten 8.3 Silicatschmelzen

Auf atomarer Ebene hat eine Silicatschmelze viel mit Silicatkristallen gemeinsam: Sie besteht aus kovalent gebundenen und die Strukturen vorgebenden Silicatanionen wie $(SiO_4)_n^{4-}$ und $(Si_2O_7)_n^{6n-}$, die elektrostatisch durch Kationen wie Mg^{2+} und Fe^{3+} „zusammengeklebt" werden. Über kurze Entfernungen gibt es den Anschein einer Ordnung (vgl. Kasten 1.2), aber einer Silicatschmelze fehlt, wie jeder Flüssigkeit, die für den kristallinen Zustand charakteristische Fernordnung.

Ein weiterer wichtiger Unterschied besteht darin, dass fast alle Kristallstrukturen der Silicatminerale jeweils um eine einzige Grundstruktur herum aufgebaut sind (z. B. die Ketten bei Pyroxenen), während die offenere Struktur einer Schmelze es ermöglicht, dass mehrere Arten von Silicatstruktureinheiten nebeneinander existieren und sich vermischen. In basischen Magmen, die reich an basischen Oxiden und relativ arm an Siliciumdioxid sind, überwiegt eine Reihe von relativ einfachen Polymeren (SiO_4^{4-}, $Si_2O_7^{6-}$, $Si_3O_{10}^{8-}$, $(SiO_3)_n^{2n-}$ etc.). Diese vergleichsweise unpolymerisierte Struktur begünstigt die Kristallisation von Mineralen wie Olivin und Pyroxen, da die entsprechenden Polymere – zumindest in Embryonenform – bereits in der Schmelze vorhanden sind. Ein saures Magma hat eine stärker polymerisierte Struktur, was die Kristallisation von Mineralen wie Glimmer (wenn Wasser vorhanden ist), Feldspat und Quarz begünstigt.

Der Polymerisationsgrad von geschmolzenen Silicaten drückt sich am deutlichsten in ihrer Viskosität aus. Die Viskosität nimmt mit dem Polymerisationsgrad zu, da sich große Polymere mehr miteinander verheddern als kleine, was das Fließen hemmt. Daher sind Rhyolithe (saure Laven) auch unter Berücksichtigung der Temperaturunterschiede wesentlich viskoser als Basalte (◘ Abb. 3.17).

Im Magma gelöstes Wasser hat einen dramatischen Einfluss auf die Viskosität, da es Polymere trennen und somit die Schmelze depolymerisieren kann, wie in ◘ Abb. 8.6 dargestellt. Magma, das reich an gelöstem Wasser ist, ist daher dünnflüssiger und mit schnellerer Diffusion als ein trockenes Magma mit entsprechender Zusammensetzung. In diesem Punkt verhält sich Wasser wie ein basisches Oxid.

Ein hoher Gehalt an gelöstem Wasser ist jedoch nur dann stabil, wenn das Magma unter hohem Druck steht. In der Nähe der Oberfläche wird die aufsteigende wasserreiche Schmelze übersättigt und bildet Gasblasen aus H_2O-Dampf. Die Viskosität steigt dann drastisch an, da der Wasserverlust das Magma polymerisieren lässt. Die vorhandenen Gasblasen erhöhen die Viskosität weiter (wie steif geschlagenes Eiweiß zeigt).

8.2 Kationenplätze in Silicaten

In den meisten Silicaten (mit Ausnahme der Gerüstsilicate) passen die Tetraeder kompakt zusammen und erzeugen eine geordnete dreidimensionale Anordnung von (mehr oder weniger) dicht gepackten Sauerstoffatomen. Wir wissen bereits, dass Si die Tetraederplätze zwischen diesen Atomen einnimmt. Wir können herausfinden, wie die anderen Ionen wie Mg^{2+} und K^+ in die Struktur passen, indem wir ihre Ionenradienverhältnisse (▶ Abschn. 7.1.2) verwenden. Diese sind in ◘ Abb. 8.4 dargestellt, berechnet aus den in Kasten 7.2 angegebenen Ionenradien.

Für Al^{3+} sind in Kasten 7.2 zwei Radien angegeben, da seine Größe (wie die Radienverhältnisse es vermuten lassen) es erlaubt, sowohl auf Tetraeder- als auch

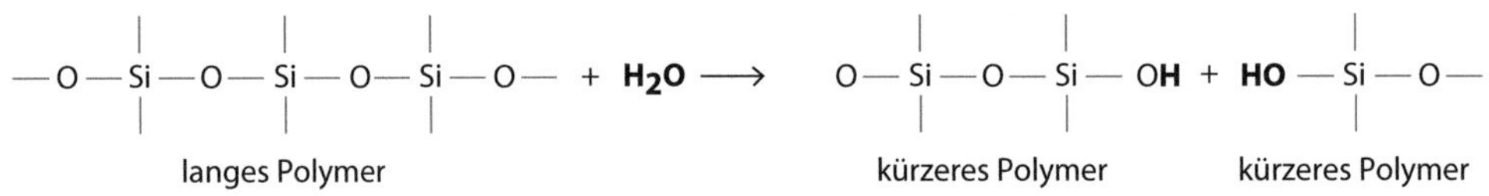

$$-\overset{|}{\underset{|}{O}}-\overset{|}{\underset{|}{Si}}-\overset{|}{\underset{|}{O}}-\overset{|}{\underset{|}{Si}}-\overset{|}{\underset{|}{O}}-\overset{|}{\underset{|}{Si}}-\overset{|}{\underset{|}{O}}-\ +\ \mathbf{H_2O}\ \longrightarrow\ -\overset{|}{\underset{|}{O}}-\overset{|}{\underset{|}{Si}}-\overset{|}{\underset{|}{O}}-\overset{|}{\underset{|}{Si}}-\mathbf{OH}\ +\ \mathbf{HO}-\overset{|}{\underset{|}{Si}}-\overset{|}{\underset{|}{O}}-$$

langes Polymer   kürzeres Polymer   kürzeres Polymer

Abb. 8.6 Depolymerisation eines Silicatpolymers durch ein Wassermolekül; vom H_2O-Molekül erhaltenes H und OH ist zur besseren Übersichtlichkeit fett gedruckt

in Oktaederplätze der Silicate zu passen. (Die Röntgenbeugung zeigt, dass es einen kleinen Unterschied in der Al-O-Bindungslänge in 4- bzw. 6-facher Koordination gibt, sodass jeder Koordination ein anderer Al^{3+}-Radius zugeordnet ist.) Ein Blick auf die Formeln in Tab. 8.1 bestätigt diese Schlussfolgerung. Die Formel von Feldspat kann nur stimmen, wenn wir Al auf dem Tetraederplatz („Z") aufnehmen. Röntgenuntersuchungen bestätigen, dass Al in Feldspat tetraedrisch koordiniert ist, im Beryll hingegen ist es oktaedrisch koordiniert. In vielen Mineralen, wie auch im Glimmer, kommt es auf beiden Arten von Gitterplätzen vor.

Die Radienverhältnisse von Titan (4+), Eisen (3+ und 2+), Magnesium und Mangan deuten auf die Besetzung der Oktaederplätze („Y") hin, die in allen Eisenmagnesiumsilicaten vorhanden sind. Ca^{2+} und Na^+ sind etwas größer und erfordern eine 8-fache Koordination. Solche Gitterplätze („X") gibt es in Olivin nicht, und er kann diese Elemente nicht enthalten (es werden nur Spuren von Ca gefunden), aber sie sind in Pyroxenen und Amphibolen vorhanden (vgl. Kasten 8.5). K^+ erfordert eindeutig einen noch größeren Gitterplatz. Es tritt in Amphibolen und Glimmern an einem großen Gitterplatz („A") auf, der den Silicatringen zugeordnet ist (vgl. Kasten 8.5) – in der Pyroxenstruktur existiert dieser Gitterplatz nicht, daher können Pyroxene kein K enthalten.

In Gerüstsilicaten gibt es keine kompakten Y-Plätze für Mg^{2+} und Fe^{2+}. Ca, Na und K besetzen Standorte mit einer etwas unregelmäßigen Geometrie, die in der Koordinationszahl von 6 bis 9 reicht. In den offeneren Strukturen der Zeolithe sind diese Plätze noch größer und können sogar wesentlich größer sein als die Na^+- und K^+-Ionen, die sie besetzen. In Kombination mit der schwachen Ladung dieser Ionen bedeutet dies, dass sie leicht entfernt und durch andere Kationen ersetzt werden können, ein Prozess, der als Ionenaustausch bekannt ist und den Zeolithe mit Tonmineralen teilen (Kasten 8.2).

8.2.1 Berechnung der Gitterplatzbelegung

Die Analyse eines Silicatminerals (Kasten 8.4) ist leichter zu verstehen, wenn es in eine Form gebracht wird, die direkt mit der chemischen Formel des Minerals vergleichbar ist.

Tab. 8.3 Typische Analyse des Silicatminerals Olivin

	Gew.-% des Elements		Gew.-% des Oxids
Si	18,42	SiO_2	39,41
Fe(II)	12,79	FeO	16,46
Mn	0,16	MnO	0,21
Mg	26,10	MgO	43,27
Ca	0,16	CaO	0,23
O	41,95		
Summe			99,58

Kasten 8.4 Merkmale einer Silicatanalyse
Tab. 8.3 zeigt zwei Möglichkeiten, die chemische Analyse eines Silicatmaterials (in diesem Fall eines Olivins) darzustellen. Die Zusammensetzung wird links in Prozent der jeweiligen Elemente ausgedrückt (d. h. die Anzahl der Gramm des Elements pro 100 g der Probe). Solche Einheiten werden allgemein als „Gewichtsprozent" bezeichnet, obwohl „Massenprozent" eine genauere Beschreibung wäre. Sauerstoff erscheint hier als separates Element, aber in der Praxis ist es unnötig, diesen zu analysieren: Die Wertigkeit jedes Elements erfordert, dass es sich mit Sauerstoff in stöchiometrischen Verhältnissen kombiniert, selbst in komplexen Silicaten. So ist es möglich, die vorhandene Sauerstoffmenge aus den Prozentsätzen der anderen Elemente in der Probe und aus deren Valenzen zu berechnen. Die Angabe von Gew.-% mit zwei Dezimalstellen steht im Einklang mit der Präzision der Analysemethoden, die derzeit für die Hauptelemente verwendet werden.
Ein bequemes Format, das den Sauerstoff einbezieht, ist die Angabe in Bezug auf den Prozentsatz jedes Oxids (g Oxid pro 100 g Probe), wie rechts in Tab. 8.3 dargestellt. Für Sauerstoff gibt es keinen separaten Eintrag, da er den einzelnen Oxiden zugeordnet wurde. Die Einträge in den beiden Spalten sind wie folgt miteinander verknüpft:

$$\frac{\text{Gew.-\% Oxid}}{\text{Gew.-\% Metall}} = \frac{\text{relative Molekülmasse des Oxids}}{n \cdot \text{relative Atommasse des Elements}}$$

wobei n die Anzahl der Metallatome pro „Oxidmolekül" ist – besser gesagt: pro Formeleinheit des Oxids (da es sich nicht um Moleküle handelt). Dabei müssen FeO und Fe_2O_3 separat angegeben werden, oder wir müssen davon ausgehen, dass das gesamte Eisen in der einen oder der anderen Form vorliegt.

Auf die Oxidanalyse folgt eine Summe, die für eine brauchbare Analyse zwischen 99,5 und 100,75 % liegen sollte (alle analytischen Messungen haben einen kleinen statistischen Fehler). Wenn die Summe 100,75 % übersteigt, würde man einen inakzeptablen Fehler im Analyseverfahren oder in der Berechnung vermuten. Eine niedrige Gesamtzahl würde auf einen Fehler in die andere Richtung oder die Vernachlässigung eines wichtigen Bestandteils hindeuten.

Bei Olivin haben nur fünf Oxide Konzentrationen, die signifikant genug sind, um in ◘ Tab. 8.3 aufgeführt zu werden. In anderen Mineralen oder Gesteinen muss eine größere Bandbreite von Elementen analysiert werden. Eine typische Silicatanalyse würde die folgenden Hauptelemente bzw. deren Oxide beinhalten (d. h. Elemente, die mehr als 0,1 % ausmachen und somit in die Summe der Analysen einbezogen werden sollten): SiO_2, Al_2O_3, Fe_2O_3, FeO, MnO, MgO, CaO, Na_2O, K_2O, TiO_2, P_2O_5, H_2O (siehe ◘ Tab. 8.6 in Übung 8.2) und CO_2. Man könnte auch nach bestimmten Spurenelementen suchen (wobei Ni das wichtigste im Falle von Olivin ist), deren Konzentrationen meist unter 0,1 % fallen und keinen signifikanten Einfluss auf die Summe der Analyse haben (siehe ◘ Abb. 9.1).

8.2.1.1 Analyse von Olivin

Wir haben gesehen, dass in der Formel von reinem Forsterit (Mg_2SiO_4) 2 Magnesiumionen und 1 Siliciumatom insgesamt 4 Sauerstoffatomen zugeordnet sind. Wie viele Mg-Atome (und Fe, Mn und Ni) und Si-Atome wären bei einer Olivinanalyse wie in Kasten 8.4 im Durchschnitt mit 4 Sauerstoffatomen assoziiert und wie sind die Gitterplätze belegt? Um dies zu beantworten, müssen wir die Analyse in Bezug auf die relative Anzahl der Atome neu berechnen, anstelle von Gewichtsprozenten der Oxide.

◘ Tab. 8.4 zeigt, wie diese Berechnung durchgeführt wird. Die in Gew.-% der Oxide angegebene Analyse ist in Spalte 1 eingetragen. Der erste Schritt besteht darin, die Anzahl der Mole jedes vorhandenen Oxids zu berechnen. Dies wird erreicht, indem jeder Prozentsatz der Oxide durch die relative Molekülmasse des betreffenden Oxids (die leicht aus den im Periodensystem der Elemente angegebenen relativen Atommassen berechnet werden kann) dividiert wird, die Ergebnisse stehen in Spalte 2. Da Spalte 1 die Menge jedes Oxids in Gramm pro 100 g des Olivins enthält (d. h. Massenprozentsatz), enthält Spalte 2 die Anzahl der Mole pro 100 g. (Die Logik dabei ist Analog zu einer Tüte Äpfel, die auf eine Gruppe von Kindern verteilt werden soll: Dabei ist die Anzahl der Äpfel nützlicher als das Gewicht.)

Die Multiplikation von jedem Eintrag in Spalte 2 mit der Anzahl der Sauerstoffatome in der entsprechenden Oxidformel (2 für SiO_2 und 1 für die anderen Oxide der Tabelle) ergibt die Anzahl der Mole von O^{2-}, die jedem Oxid zugeordnet ist (Spalte 3). Die Summe dieser Werte zeigt uns, dass 100 g der Probe insgesamt 2,6210 mol O^{2-} enthalten. Unser Ziel ist es jedoch, die Anzahl der Kationen zu berechnen, die der chemischen Formel entsprechend mit 4 mol O^{2-} verbunden sind. Multipliziert man jeden Eintrag in Spalte 2 mit $(4/2{,}6210) = 1{,}5261$, erhält man die Anzahl der Mole jedes Oxids, die zusammen 4 mol O^{2-} enthalten (Spalte 4). Da in diesem Beispiel jede Oxidformeleinheit nur ein Metallatom enthält, geben die Zahlen in Spalte 4 auch die Anzahl der Kationen an, die insgesamt 4 Sauerstoffatomen entspricht.

Die Ergebnisse in Spalte 4 zeigen zwei bemerkenswerte Merkmale. Der erste Eintrag ist eine Zahl, die sehr nahe an 1,0000 liegt. Es handelt sich um die Anzahl der Siliciumatome, die für jeweils vier Sauerstoffatome in der Olivinstruktur vorhanden sind. Der Wert zeigt an, dass die Z-Plätze in Olivin allein mit Silicium gefüllt sind. Zweitens summieren sich die restlichen Einträge in Spalte 4 zu 1,998. Diese Elemente stellen zusammen die Belegung der beiden Y-Plätze dar, die in unserem Olivin jeder Gruppe von vier Sauerstoffionen zugeordnet sind. Diese Schlussfolgerungen erlauben es uns, die vollständige chemische Formel für den analysierten Olivin zu schreiben. Diese zeigt, in welchem Verhältnis die Elemente jede Art von Gitterplatz einnehmen:

$$(Mg_{1{,}638}Fe_{0{,}350}Ca_{0{,}006}Mn_{0{,}005})Si_{1{,}001}O_4.$$

Die gute Übereinstimmung der Gitterplatzbelegung (vgl. die Summen) mit den ganzen Zahlen der idealen Olivinformel (Y_2ZO_4) gibt einen Hinweis darauf, wie genau die Analyse war.

8.2.1.2 Analyse von Amphibol

◘ Tab. 8.5 zeigt die Formelberechnung für eine Amphibolanalyse. Die in der Amphibolstruktur (Kasten 8.5) verfügbaren Gitterplätze werden nach der allgemeinen Formel zusammengefasst:

$$AB_2C_5Z_8O_{22}(OH)_2$$

wobei in vielen Amphibolen der große A-Platz ganz oder teilweise unbesetzt ist. Die folgenden Punkte sind bei der Gitterplatzbelegung zu beachten:

- Die Formel der Amphibole wird normalerweise mit 24 Sauerstoffatomen (einschließlich OH) geschrieben, sodass die Analyse auf dieser Basis berechnet wird.
- Die Ionen sind auf eine größere Anzahl von unterschiedlichen Gitterplätzen verteilt (siehe Kasten 8.5) als in einem Olivin. Infolgedessen stimmt die

Tab. 8.4 Berechnung der chemischen Formel und der Gitterplatzbelegung eines Olivins

Oxid	rel. Molekülmasse des Oxids	1 Analyse als Gew.-% der Oxide[a]	2 Analyse als Mole der Oxide[b]	3 Mole Sauerstoff (als O^{2-})[c]	4 Kationen pro 4 Sauerstoffatome[d]	5 Gitterplatzbelegung (Summen)	
SiO_2	60,09	39,41	0,6558	1,3116	1,0008	Summe Z-Platz:	1,001
FeO	71,85	16,46	0,2291	0,2291	0,3496	Summe Y-Platz:	1,998
MnO	70,94	0,21	0,0030	0,0030	0,0046		
MgO	40,32	43,27	1,0732	1,0732	1,6378		
CaO	56,08	0,23	0,0041	0,0041	0,0063		
Summe		99,58		2,6210			

$\cdot \frac{4}{2,6210}$

[a]Siehe Kasten 8.4
[b]Spalte 1 geteilt durch die relative Molekülmasse
[c]Spalte 2 multipliziert mit der Anzahl der Sauerstoffatome pro Formeleinheit des Oxids (= 2 für SiO_2 und 1 für die anderen)
[d]Spalte 2 multipliziert mit 4/2,6210

---

berechnete Gitterplatzbelegung weniger gut mit der idealen chemischen Formel überein als bei Olivin.

- Es gibt nicht genügend Si, um die 8 Tetraederplätze (Z-Plätze) pro Formeleinheit zu füllen. Wir können davon ausgehen, dass der Rest mit Al-Ionen besetzt ist (symbolisiert durch Al [4]). Das betrifft nur einen kleinen Teil des Al, der größte Teil wird den oktaedrisch koordinierten C-Plätzen zugeordnet (wo es als Al [6] bezeichnet wird), gemeinsam mit Fe^{3+}, Fe^{2+}, Mg^{2+} und Mn^{2+}.
- Ca^{2+} passt nicht auf die oktaedrisch koordinierten C-Plätze und muss dem größeren B-Platz zugeordnet werden, ebenso Na^+.
- K^+ ist so groß, dass es nur auf den A-Platz passt. In dem in ◘ Tab. 8.5 dargestellten Beispiel ist nur ein Bruchteil der verfügbaren A-Plätze gefüllt, und in vielen Amphibolen ist dieser Gitterplatz leer (eine Situation, die in einer Amphibolformel durch „□" angegeben werden kann).

Solche Formelberechnungen haben in der Mineralogie mehrere wichtige Anwendungen:

- Erstens helfen sie, die Genauigkeit einer Analyse zu bestätigen, da bei einer guten Analyse eines einfachen Minerals wie Olivin die Summen der jeweiligen Gitterplatzbelegungen sich an ganze Zahlen annähern sollten (◘ Tab. 8.4).
- Zu wissen, welche Art von Gitterplatz ein Element in einem Kristall einnimmt, hilft zu verstehen, warum beispielsweise Pyroxene kein Kalium enthalten oder warum sich die Struktur des Augits von der des Hypersthens unterscheidet (Kasten 8.5).
- Die Formelberechnung spielt auch bei der Klassifizierung von Mineralgruppen mit komplizierten Mischungsreihen eine Rolle. Die Nomenklatur der Amphibole zum Beispiel beruht stark auf chemischen Parametern wie der Anzahl der Siliciumatome pro 8 Tetraederstellen (1. Zeile in Spalte 4 in ◘ Tab. 8.5).

Kasten 8.5 Gitterplätze in Pyroxenen und Amphibolen

◘ Abb. 8.7a zeigt in vereinfachter Darstellung die Ketten aus SiO_4-Tetraedern in Pyroxen (Blickrichtung entlang der Ketten). Wir sehen, wie die Ketten gestapelt sind: abwechselnd Basis an Basis und Spitze an Spitze. Neben den tetraedrisch koordinierten Z-Plätzen (nicht dargestellt), die von Si und einem kleinen Al besetzt sind, gibt es zwei Arten von Gitterplätzen, die Kationen belegen können. Zwischen zwei Ketten, die sich Spitze an Spitze gegenüberliegen, befinden sich zwei Oktaederplätze, bezeichnet als M1, die mit Al [6] (d. h. oktaedrisch koordiniertem Al), Fe^{2+}, Fe^{3+}, Mg^{2+}, Mn^{2+}, Cr^{3+} und Ti^{4+} besetzt sind. Die andere Art von Gitterplatz liegt zwischen benachbarten Ketten, deren Tetraeder sich Basis an Basis gegenüberstehen. Sie werden M2-Plätze genannt und ihre Geometrie variiert je nach den Ionen, die sie einnehmen. In Abwesenheit von Ca oder Na ist M2 mit Mg^{2+}, Fe^{2+} und Mn^{2+} besetzt (z. B. bei Enstatit, $Mg_2Si_2O_6$) und hat eine unregelmäßige 6-fache Koordination. Die Ketten stapeln sich dann so, dass eine

Tab. 8.5 Berechnung der chemischen Formel und der Gitterplatzbelegung eines Amphibols

Oxid	1 Relative Molekülmasse des Oxids	2 Analyse als Gew.-% der Oxide	2 Analyse als Mole der Oxide[a]	2a Mole der Metalle[b]	3 Mole Sauerstoff (als O^{2-})[c]	4 Kationen pro 24 Sauerstoffatomen[d]	5 Gitterplatzbelegung (Summen)	
SiO_2	60,09	57,73	0,9607	0,9607	1,9214	7,786	Z-Platz	8,000
Al_2O_3	101,94	12,04	0,1181	0,2362	0,3543	[4][e] 0,214		
						[6] 1,700	C-Platz	5,056
Fe_2O_3	159,70	1,16	0,0073	0,0146	0,0219	0,118		
FeO	71,85	5,41	0,0753	0,0753	0,0753	0,610		
MnO	70,94	0,10	0,0014	0,0014	0,0014	0,011		
MgO	40,32	13,02	0,3229	0,3229	0,3229	2,617		
CaO	56,08	1,04	0,0185	0,0185	0,0185	0,150	B-Platz	1,975
Na_2O	61,98	6,98	0,1126	0,2252	0,1126	1,825		
K_2O	94,20	0,68	0,0072	0,0144	0,0072	0,117	A-Platz[f]	0,117
H_2O	18,02	2,27	0,1260	0,2520	0,1260	2,042	OH-Platz	2,042
Summe		100,43			2,9615 $\frac{24}{2,9615}$			

[a]Spalte 1 geteilt durch die relative Molekülmasse
[b]Spalte 2 multipliziert mit der Anzahl der Kationen pro Formeleinheit des Oxids (Diese Spalte erscheint nicht in ◘ Tab. 8.4, da dort alle Formeleinheiten nur ein Kation hatten)
[c]Spalte 2 multipliziert mit der Anzahl der Sauerstoffatome pro Formeleinheit des Oxids
[d]Spalte 2a multipliziert mit 24/2,9615
[e][4] stellt Al dar, das den 4-fach (tetraedrisch) koordinierten Z-Plätzen zugeordnet ist, um auf diesen den Mangel an Si auszugleichen. [6] stellt das verbleibende Al dar, das den 6-fach (oktaedrisch) koordinierten C-Plätzen zugeordnet ist
[f]Der A-Platz ist nur teilweise belegt (d. h. auf atomarer Ebene sind einige A-Plätze gefüllt, während andere leer sind)

orthorhombische Einheitszelle entsteht – die Orthopyroxene. Die Substitution durch größere Ionen wie Ca^{2+} oder Na^+ bewirkt eine Änderung der M2-Geometrie auf eine 8-fache Koordination. Das Vorhandensein des größeren Ions stört die Stapelung und zwingt die Struktur, eine Struktur mit geringerer Symmetrie (monoklin) anzunehmen, wie bei Diopsid ($CaMgSi_2O_6$). Es handelt sich dabei um die Klinopyroxene.

Aufgrund der breiteren Bänder bzw. Doppelketten in der Amphibienstruktur (◘ Abb. 8.7b) gibt es drei leicht unterschiedliche Arten von Oktaederplätzen an den Positionen, die dem M1-Platz im Pyroxen entsprechen: im Amphibol sind das zwei M1-Plätze, zwei M2-Plätze und ein M3-Platz. Dies sind die fünf „C-Plätze" in der allgemeinen Formel $AB_2C_5Z_8O_{22}(OH)_2$. Ein größerer Gitterplatz namens M4 (oder „B" in der Formel) entspricht fast genau M2 in den Pyroxenen und nimmt kleine Ionen wie Mg^{2+} in 6-facher Koordination und größere Ionen wie Ca^{2+} und Na^+ in 8-facher Koordination auf. Mit welchen Kationen M4 belegt ist, hat für die Symmetrie der Stapelung die gleiche Auswirkung wie bei M2 in den Pyroxenen: Mg-reiche Amphibole sind im Allgemeinen orthorhombisch, während alle anderen Zusammensetzungen monoklin sind. Es gibt zwei M4-Plätze („B") pro Formeleinheit.

Der sogenannte A-Platz hat kein Äquivalent in Pyroxenen. Er liegt zwischen Paaren von Doppelketten, deren Unterseiten einander zugewandt sind, innerhalb der hexagonalen Ringe, was die Größe dieses Gitterplatzes ausmacht. Er ist häufig unbesetzt, kann aber Na^+ oder K^+ enthalten. Der A-Platz liegt dem OH-Platz gegenüber – auch für diesen gibt es in der Pyroxenstruktur kein Äquivalent. Einige Schichtsilikate weisen eine ähnliche Struktur auf (Kasten 8.2).

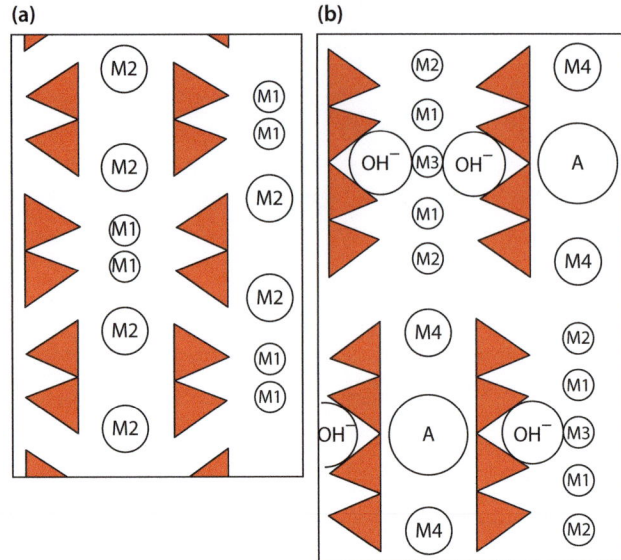

◘ Abb. 8.7 a Vereinfachte Darstellung der Kristallstruktur eines Pyroxens. Doppelte Dreiecke stellen die Silicatkette dar (Blickrichtung parallel zur Kette, vgl. ◘ Abb. 8.3a); M1 und M2 bezeichnen die beiden Arten von Gitterplätzen (siehe Text). b Ähnliche Darstellung der Amphibolstruktur. Gruppen von vier Dreiecken stellen die Silicatdoppelketten dar (Blickrichtung parallel zu den Ketten, vgl. ◘ Abb. 8.3b). M1, M2 und M3 sind drei verschiedene Oktaederplätze; M4 ist ein größerer Gitterplatz und A (oft nur teilweise besetzt) ist noch größer und liegt in der Ringstruktur der Doppelkette (vgl. ◘ Abb. 8.3b)

8.2.2 Auswirkungen der Kationensubstitution

In der Olivin-Mischungsreihe, die sich vom Endglied Forsterit (Fo = Mg_2SiO_4) bis Fayalit (Fa = Fe_2SiO_4) erstreckt, werden Mg^{2+}-Ionen auf den Gitterplätzen nach und nach durch Fe^2-Ionen ersetzt. Diese Substitution von Mg^{2+} durch Fe^{2+} ist möglich, weil die Ionen die gleiche Ladung und etwa die gleiche Größe haben (Kasten 7.2). Der etwas größere Radius von Fe^{2+} bewirkt jedoch eine leichte Dehnung des Kristallgitters: So nimmt beispielsweise die Seitenlänge c der Elementarzelle von 0,5981 (Fo) auf 0,6105 nm (Fa) zu. Ähnliche **Mischungsreihen** durch Substitution von Fe^{2+} und Mg^{2+} gibt es bei Granaten, Pyroxenen, Amphibolen und Glimmern.

Etwas anderes passiert, wenn das ersetzende Ion eine andere Größe hat. Wird auf dem B-Platz von Pyroxen Mg^{2+} durch das größere Ca^{2+} ersetzt, muss der Pyroxen eine neue Struktur mit einer anderen Symmetrie annehmen. Weil $Mg_2Si_2O_6$ und $CaMgSi_2O_6$ unterschiedliche strukturelle Anordnungen haben, kann es keine kontinuierliche Mischungsreihe mit dazwischenliegenden Zusammensetzungen geben. Zwischen diesen Mineralen besteht (außer bei hohen Temperaturen) eine **Mischungslücke**, sodass zwei Pyroxene unterschiedlicher Zusammensetzung im gleichen Gestein im Gleichgewicht miteinander existieren können. Eine ähnliche Mischungslücke besteht bei den Alkalifeldspäten zwischen Albit ($NaAlSi_3O_8$) und Orthoklas ($KAlSi_3O_8$). Die Zusammensetzungen von koexistierenden Feldspäten (bzw. Pyroxenen) liegen wie in ◘ Abb. 2.12 dargestellt auf einer Solvuskurve.

8.2.2.1 Gekoppelte Substitution

Eine kompliziertere Form der Substitution ist im Plagioklas zu sehen: Die Mischungsreihe von Albit ($NaAlSi_3O_8$) zu Anorthit ($CaAl_2Si_2O_8$) spiegelt die Substitution an zwei Gitterplätzen gleichzeitig wider. Substitution von Si^{4+} durch Al^{3+} auf Tetraederplätzen hinterlässt ein Ladungsungleichgewicht, das durch die gekoppelte Substitution von Na^+ durch Ca^{2+} auf den großen Gitterplätzen ausgeglichen wird. Die Gesamtsubstitution ist CaAl für NaSi. Daraus folgt, dass der Ca-Gehalt in Plagioklas mit dem Al-Gehalt korreliert und der Alkaligehalt (Na + K) mit Si. In der Formel einer genauen Plagioklasanalyse (berechnet auf 32 Sauerstoffatome) sollte $Si - (Na + K) \approx 8{,}0\ (\pm 0{,}1)$ und $Al - Ca \approx 4{,}0\ (\pm 0{,}1)$ betragen. Diese Anforderungen sind ein zusätzliches Maß für die Qualität einer Plagioklasanalyse (Übung 8.3). Ähnliche gekoppelte Substitutionen treten in Pyroxenen auf. Zum Beispiel: Gekoppelte Substitution mit Na^+Al^{3+} für $Ca^{2+}Mg^{2+}$ in Diopsid ergibt Jadeit ($NaAlSi_2O_6$).

8.3 Optische Eigenschaften von Kristallen

Die Kristalloptik ist ein anderes Fachgebiet, für das mehrere hervorragende Lehrbücher zur Verfügung stehen (für eine kurze Einführung siehe Gill, 2009). Das Thema geht weit über den Rahmen dieses Buches hinaus, es ist jedoch wichtig, wie sich die optischen Eigenschaften eines Kristalls auf seine chemische Bindung beziehen.

8.3.1 Brechungsindex

Licht besteht, wie jede elektromagnetische Welle, aus synchronisierten Schwingungen von elektrischen und magnetischen Feldern (Kasten 5.2 und 6.3). Es ist der Vektor des elektrischen Feldes, der für optische Phänomene in Kristallen relevant ist, denn der Verlauf des Lichts in einem Kristall hängt von der Wechselwirkung zwischen der Schwingung des elektrischen Feldes und den Elektronenwolken der Atome ab. Die Stärke der Wechselwirkung, die durch den Brechungsindex des Kristalls gemessen wird, hängt von der Polarisierbarkeit der Orbitale und damit von der Art der chemischen Bindungen ab. Die höchsten Brechungsindizes finden sich in Mineralen mit (quasi)metallischer Bindung, wie insbesondere Sulfiden: Galenit hat einen besonders hohen Brechungsindex von 3,9.

8.3.2 Farbe und Absorption

Eine weitere wichtige optische Eigenschaft ist die Absorption. Ein Mineral ist im Durchlicht gefärbt, weil bestimmte Wellenlängenkomponenten im sichtbaren Spektrum stärker absorbiert werden als andere. Wir sehen die Komplementärfarbe des absorbierten Anteils (◘ Abb. 8.8). Der Bereich der Absorption ist im Allgemeinen ein Wellenlängenband und nicht bestimmte scharfe Linien. Die grüne Farbe von Olivin zum Beispiel ist auf Absorptionsbanden an beiden Enden des

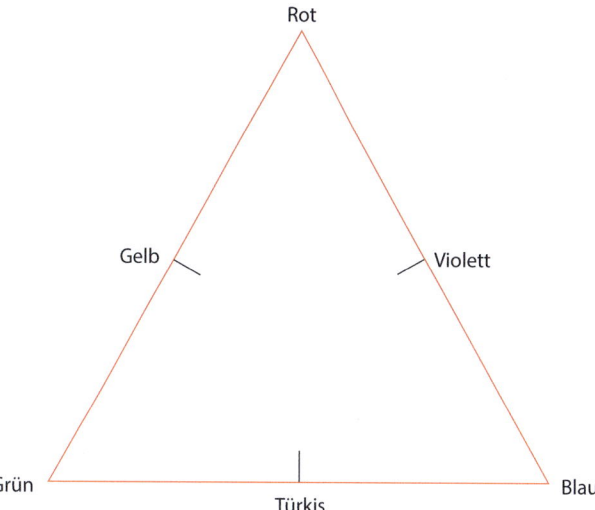

◘ Abb. 8.8 Farbdreieck mit Komplementärfarben. Die Absorption einer Farbe führt zu einem relativ „verstärkten" Licht mit der Farbe auf der gegenüberliegenden Seite des Dreiecks

sichtbaren Spektrums zurückzuführen, was die grünen Wellenlängen in der Mitte des Spektrums im aus dem Kristall austretenden Licht betont.

Die Absorption von Lichtenergie steht im Zusammenhang mit Elektronenübergängen zwischen Energieniveaus im Kristall, die einen entsprechenden Abstand haben. Die Quantenenergie des sichtbaren Lichts ist viel kleiner als die der Röntgenstrahlen (▶ Abschn. 6.5), und die betreffenden Übergänge treten zwischen den Valenzenergieniveaus auf, entweder innerhalb eines Atoms oder zwischen benachbarten Ionen. Ein sehr wichtiger Faktor für die Farbe der Minerale ist die Aufteilung der Energieniveaus der d-Orbitale in Übergangsmetallionen wie Eisen (Kasten 9.10). Elemente wie Eisen oder Mangan, die in einem Mineral enthalten sind, spielen eine wichtige Rolle bei der Farbgebung. Dies zeigt sich in Mischungsreihen wie Phlogopit–Biotit. Der Mg-reiche Glimmer Phlogopit, $KMg_3[AlSi_3O_{10}](OH)_2$, ist im Dünnschliff farblos oder sehr blass, während das Eisenendglied Biotit intensiv braun oder rot ist. Eine Färbung, die auf einen Hauptbestandteil des Minerals zurückzuführen ist, gilt als **idiochromatisch.**

Bestimmte andere Minerale, darunter einige wichtige Edelsteine, verdanken ihre Farbe den Spurenelementen – also quasi Verunreinigungen. Ein häufiger Verursacher solcher **allochromatischen** Färbungen ist dreiwertiges Chrom, das für die tiefrote Farbe des Rubins (eine Varietät von Korund, Al_2O_3) und das Grün des Smaragds (eine Varietät von Beryll) verantwortlich ist. Der „Chromdiopsid", der typisch für viele aus dem Erdmantel stammende Peridotite ist, verdankt seine leuchtend grüne Farbe ebenfalls seinem Cr_2O_3-Gehalt (ca. 1 %).

Die Farbe kann auch auf das Vorhandensein von anderen Phasen innerhalb eines Kristalls zurückzuführen sein. Quarz nimmt manchmal eine blaue Farbe an, wenn er mikroskopisch kleine Rutil- (TiO_2) oder Turmalinnadeln enthält.

Minerale können sich verfärben, wenn sie über einen längeren Zeitraum natürlicher Strahlung ausgesetzt sind. Diese Farben sind auf strahlungsinduzierte Defekte in der Kristallstruktur zurückzuführen. Die violette Farbe von Fluorit zum Beispiel wird freien Elektronen zugeschrieben, die leere Anionenplätze besetzen, was als „Farbzentrum" bezeichnet wird. Ein in einer solchen Leerstelle eingeschlossenes Elektron ist wie ein Elektron in einem Atom auf eine Reihe von gequantelten Energieniveaus beschränkt, und Übergänge zwischen diesen Niveaus erzeugen die beobachteten Farben. Durch eine Erwärmung werden die meisten Leerstellen in einem Kristall beseitigt und somit bleicht die Farbe aus.

Metalle und eine Reihe wichtiger Minerale – insbesondere Graphit und bestimmte Sulfide – absorbieren das gesamte einfallende Licht, sodass sie im Dünnschnitt überhaupt kein Licht durchlassen, sie sind opak. Die Eigenschaft der Opazität ist auf eine metallische oder quasimetallische Bindung im Kristall zurückzuführen. Das „Elektronengas" aus delokalisierten Elektronen in einem Metall verhält sich wie eine geladene Flüssigkeit (▶ Abschn. 7.3). Die wechselnde Polarisation dieses Elektronengases, die durch das oszillierende elektrische Feld des einfallenden Lichts induziert wird, erfordert Arbeit zur Bewegung von Elektronen, was die Energie des einfallenden Lichts verbraucht (bzw. in thermische Bewegung umwandelt) – so ähnlich wie beim Gehen über unverfestigten trockenen Sand Energie aufgezehrt wird. Eine seismologische Analogie ist die Absorption von Scherwellen durch Flüssigkeiten, weshalb solche Wellen nicht durch den Erdkern gehen, im Gegensatz zu Druckwellen. Elektrische Isolatoren wie Quarz, in denen es keine delokalisierten Elektronen gibt, sind elektromagnetisch elastisch: In Atomen fixierte Elektronen können nicht bewegt werden und absorbieren so praktisch keine Energie aus dem Strahl, der daher mit geringem Intensitätsverlust (wie seismische Wellen durch Festgestein) übertragen wird.

8.3.3 Reflexionsvermögen

Minerale wie Pyrit und Galenit zeichnen sich durch ein metallartiges Reflexionsvermögen aus. Mit einem Auflichtmikroskop mit speziellem Zubehör kann der Anteil des senkrecht einfallenden Lichts, der bei verschiedenen Wellenlängen zurückreflektiert wird, quantitativ gemessen werden, was für Mineralogen, die sich mit Erzen beschäftigen, ein wichtiges Diagnosewerkzeug darstellt. Das Reflexionsvermögen eines Minerals steigt mit seinem Brechungsindex und seiner Opazität.

8.3.4 Anisotropie

Während Minerale wie Halit und Diamant optische Eigenschaften aufweisen, die in alle Richtungen einheitlich sind, ist die Mehrheit der Minerale optisch anisotrop. Das heißt, der Brechungsindex, die Farbe und – bei Erzmineralen – das Reflexionsvermögen variieren je nach Richtung, in der das einfallende Licht (der Vektor seines elektrischen Feldes) schwingt.

Einfallendes Licht, das in ein anisotropes Mineral eindringt, wird in zwei polarisierte Strahlen mit zueinander senkrecht stehenden Schwingungsrichtungen gespalten, die beim Durchlaufen des Kristalls unterschiedliche Brechungsindizes erfahren. Die Doppelbrechung des Kristalls ist die Differenz zwischen seinem maximalen und seinem minimalen Brechungsindex. Das Mineral Calcit gehört zu den am stärksten doppelbrechenden unter den häufigeren Mineralen, und das Phänomen kann bei diesem auch ohne Hilfe eines Mikroskops beobachtet werden. Um die starke Doppelbrechung von Calcit zu verstehen, müssen wir wissen, dass das Carbonatanion CO_3^{2-} eine symmetrische planare Form aufweist (◘ Abb. 8.9), was die Geometrie der sp^2-Hybridisierung reflektiert, mit der das Kohlenstoffatom σ-Bindungen mit den drei Sauerstoffatomen bildet. Alle CO_3^{2-}-Ionen im Calcit haben die gleiche Ausrichtung senkrecht zur Achse der dreizähligen Drehsymmetrie des Kristalls (z-Achse; gestrichelter Pfeil in ◘ Abb. 8.9). Das verbleibende p-Elektron des Kohlenstoffs kann eine π-Bindung mit einem der drei Sauerstoffatome herstellen, was drei mögliche Konfigurationen ergibt. Wie beim Graphit (Kasten 7.4) ist die reale Konfiguration eine Mischung aus allen drei Möglichkeiten: Delokalisierte Y-förmige Molekülorbitale existieren daher oberhalb und unterhalb der Ebene mit den Atomkernen. Für ein elektrisches Feld, das senkrecht zur z-Achse schwingt, sieht das Anion hochgradig polarisierbar aus, da die delokalisierte π-Elektronendichte durch das oszillierende elektrische Feld leicht von einem Ende dieser Orbitale zum anderen verschoben werden kann. Licht mit dieser elektrischen Schwingungsrichtung erfährt daher einen relativ hohen Brechungsindex (1,66). Die Polarisierbarkeit parallel zur c-Achse ist viel geringer, sodass in dieser Richtung schwingendes Licht einen niedrigeren Brechungsindex (1,49) erfährt. Wenn also eine Markierung auf einem Blatt Papier durch einen klaren Calcit-Spaltrhomboeder betrachtet wird, werden zwei getrennte Bilder sichtbar.

Die meisten Silicatminerale sind aus ähnlichen Gründen optisch anisotrop, wobei der Grad der Anisotropie (die Größe der Doppelbrechung) viel geringer ist als bei Carbonaten.

8.4 · Defekte in Kristallen

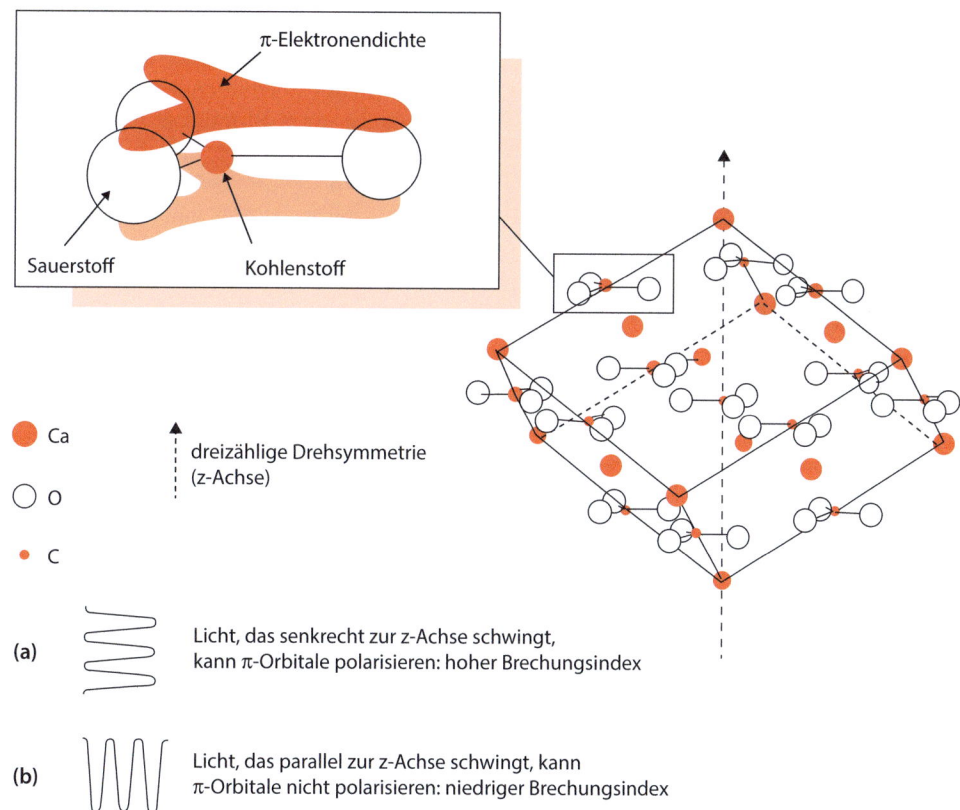

Abb. 8.9 Struktur von Calcit, deutlich sichtbar ist die Ausrichtung der trigonalen planaren CO_3^{2-}-Ionen, deren Form auf sp^2-Hybridisierung beruht (siehe Einsatz, die hoch polarisierbaren Elektronendichten der für die π-Bindung verantwortlichen Molekülorbitale sind schattiert dargestellt). Licht, das in der Ebene senkrecht zur z-Achse schwingt (a), erfährt einen hohen Brechungsindex. Für Licht, das parallel zur z-Achse schwingt (b), sind die π-Orbitale weniger polarisierbar und es erfährt einen niedrigeren Brechungsindex

8.4 Defekte in Kristallen

Die extreme Ordnung des kristallinen Zustandes verdeckt die Tatsache, dass alle realen Kristalle strukturelle Defekte aufweisen, die das Wachstum der Kristalle und ihre mechanische Festigkeit stark beeinflussen.

8.4.1 Kristallwachstum

Der erste Schritt bei der Herstellung eines Kristalls aus einer Flüssigkeit (Schmelze oder Lösung) ist die Keimbildung (Nukleation), die Bildung des ersten embryonalen Körnchens aus geordnetem kristallinem Material, auf dem der Rest des Kristalls abgeschieden wird. Die Gibbs-Energie dieses Keims besteht aus:
- einem negativen Term proportional zu seinem Volumen, der die Bindungskräfte zwischen dicht gepackten Ionen/Atomen im Inneren widerspiegelt; und
- einem positiven Term proportional zur Oberfläche, der die fehlenden Bindungen auf der Oberfläche widerspiegelt.

Für einen würfelförmigen Keim der Kantenlänge r beträgt sie:

$$\Delta G_L = -r^3 L_v + 6 r^2 \sigma_s$$

wo ΔG_L die Gibbs-Energie des Kerns relativ zu einer äquivalenten Menge an Schmelze ist. L_v ist die Schmelzentropie pro Volumeneinheit und σ_s die Oberflächenenergie pro Flächeneinheit (Abb. 8.10).

Der anfangs sehr kleine Keim hat ein hohes Oberfläche:Volumen-Verhältnis und ist daher sehr instabil. Er muss daher schnell zu einem größeren, stabileren Kristall wachsen, wenn er nicht von der Flüssigkeit wieder aufgelöst werden soll. In der Praxis kühlen die Schmelzen daher bis unter den Liquidus ab und werden in den Kristallkomponenten übersättigt, bevor die ersten sichtbaren Kristalle entstehen. Dieses Phänomen wird als Unterkühlung (engl. *supercooling*) bezeichnet.

Das anschließende Wachstum eines Kristalls kann wie in Abb. 8.11a dargestellt werden, indem würfelförmige Blöcke Schicht für Schicht auf der bestehenden Kristalloberfläche angeordnet werden. Die Blöcke können hier als Ionen, Moleküle oder ganze Einheitszel-

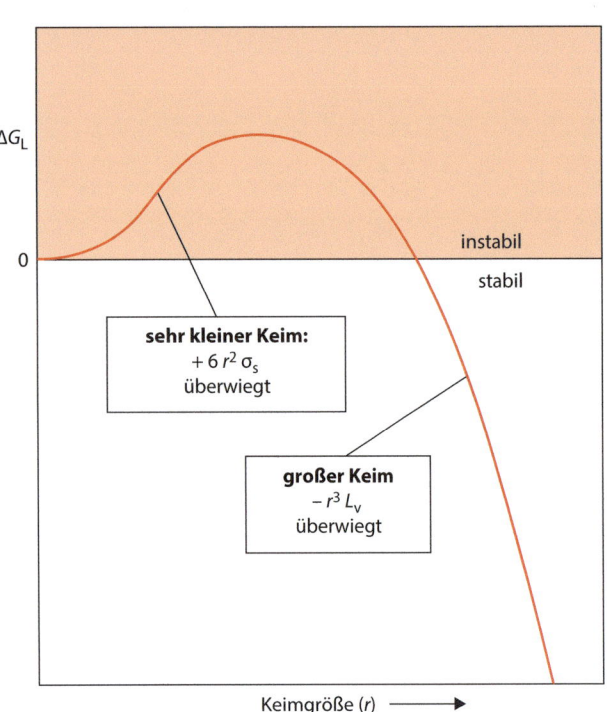

Abb. 8.10 Energieänderung bei der Kristallbildung, ΔG_L ist die Gibbs-Energie des Keims relativ zur Schmelze in äquivalenter Menge

len interpretiert werden. Freiliegende Ecken und Kanten der Blöcke haben sehr hohe Oberflächenenergien, da die Anzahl der fehlenden Bindungen sehr hoch ist. Die Zugabe eines Blocks bei Position A ist daher energetisch sehr ungünstig und würde nur in einer stark übersättigten Lösung erfolgen. Die Positionen B und C sind weniger feindselig, aber die weitere Nutzung solcher Standorte wird die Schicht vervollständigen und die Stufe beseitigen. Bei einer fortgesetzten Kristallisation auf dieser Fläche ist die Verwendung von Positionen wie A unvermeidlich. Berechnungen deuten darauf hin, dass eine deutliche Übersättigung bzw. Unterkühlung erreicht werden muss, bevor Kristallwachstum an Positionen wie A erfolgen kann. Die Kristallisation sollte daher ein extrem langsamer Prozess sein, was in der Praxis jedoch nicht der Fall ist.

Die Erklärung für diese Diskrepanz liegt in einem Gitterfehler, der als Schraubenversetzung bezeichnet wird (Abb. 8.11b). Solche Defekte sind „Stapelfehler", die zufällig in das Kristallgitter eingearbeitet und während des Wachstums wiederholt werden. Die Stufe auf der einen Seite des Kristalls ist auf der anderen Seite nicht zu erkennen und muss an einer Linie (der Versetzung) verschwinden, die sich vertikal durch den Kristall erstreckt. Tatsächlich sind die

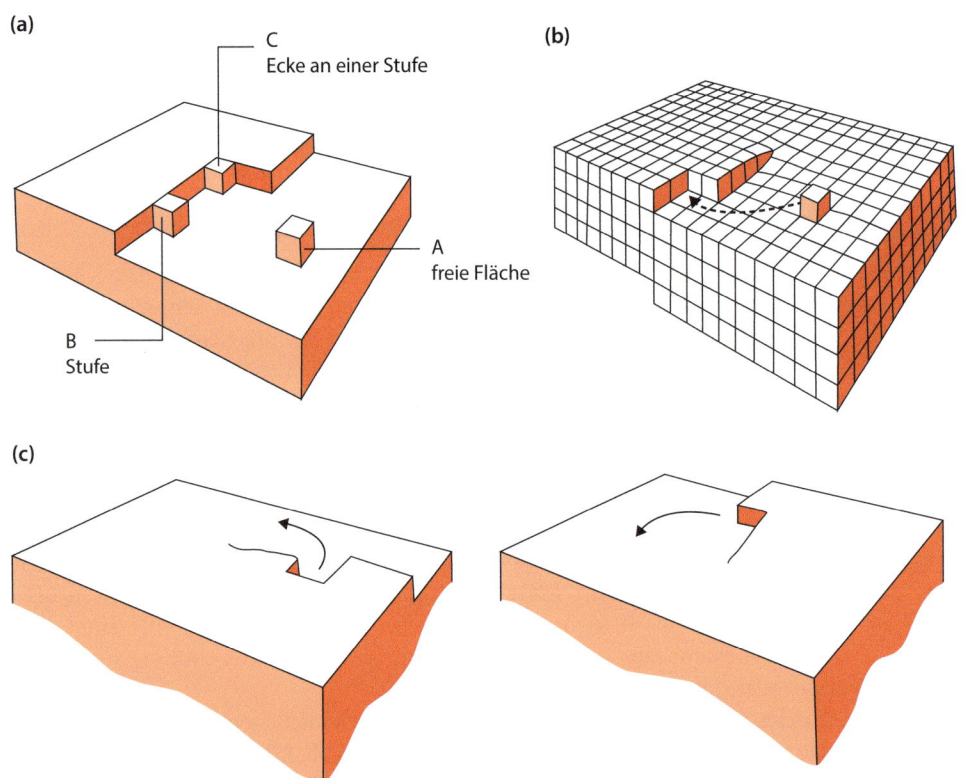

Abb. 8.11 **a** Positionen des Kristallwachstums auf einer Kristallfläche. **b** Schraubenversetzung und **c** nachfolgende Positionen der Versetzung im Verlauf der Kristallisation. (Quelle: Read 1953, Abdruck mit Genehmigung von McGraw-Hill)

Schichten schraubenförmig verdreht, der Kristall ähnelt einem Parkhaus, in dem die Parkebenen Teil einer großen Spirale sind, die nach oben führt. Das entscheidende Merkmal ist, dass die Stufe, die günstige Positionen für das Kristallwachstum wie B und C bietet, mit fortschreitender Kristallisation erhalten bleibt und spiralförmig nach oben wächst, wie die Pfeile und die „Kristallisationsfronten" in ◘ Abb. 8.11c zeigen. Solche Versetzungen machen eine kontinuierliche Kristallisation bei moderater Übersättigung möglich.

8.4.2 Mechanische Festigkeit von Kristallen

Kasten 7.7 enthält Abschätzungen der Bindungsstärke in mehreren kristallinen Materialien. Es ist nicht schwer, für strukturell einfache Materialien wie reine Metalle aus solchen Daten Werte für die Scherfestigkeit zu berechnen. So sorgfältig solche Berechnungen auch durchgeführt werden, die Ergebnisse sind in der Regel 100- bis 1000-mal größer als die gemessene Scherfestigkeit für das jeweilige Material. Um dieser deutlichen Diskrepanz auf die Spur zu kommen, müssen wir die Rolle einer anderen Art von Kristalldefekten erkennen, der Stufenversetzung.

Eine Stufenversetzung (◘ Abb. 8.12a) markiert den Rand einer zusätzlichen Halbebene (a–a–a) in einem Kristallgitter. Dies kann während des Kristallwachstums entstehen, wenn eine Ebene teilweise übersprungen wird, oder das Ergebnis einer Verformung sein. Es ist zu beachten, dass Bindungen in unmittelbarer Nähe der Versetzung entweder gedehnt oder gestaucht werden und aufgrund dieser Abweichung vom Gleichgewichtsabstand nicht so stark sind (Kasten 7.1) wie Bindungen im unverzerrten Gitter. Die hohe Gibbs-Energie, die mit der Kantenversetzung verbunden ist, macht sie zu einem besonders anfälligen Ort für die Einleitung chemischer Reaktionen: Durch Anätzen einer frischen Bruchfläche eines Kristalls mit Säure entstehen Vertiefungen an den Stellen, an denen Versetzungen an die Oberfläche treten, wodurch sie unter einem Elektronenmikroskop sichtbar werden.

Die mechanische Bedeutung der Versetzung wird deutlich, wenn wir uns einen Kristall ansehen, der einer Scherspannung ausgesetzt ist (◘ Abb. 8.12b). Der Kristall reagiert zunächst mit einer elastischen Verformung, bei der er durch das Dehnen und Stauchen von Bindungen – ohne dass eine davon aufgebrochen wird – minimal und reversibel verformt wird. Eine permanente Scherverformung (duktile Verformung) erfordert das Aufbrechen von Bindungen, sodass die obere Hälfte des Kristalls gegenüber der unteren Hälfte in eine neue Position bewegt werden kann.

Ein perfekter Kristall widersteht dieser Verformung sehr effektiv, weil die Bindungen einer ganzen Ebene gleichzeitig aufgebrochen werden müssen, was einen enormen Energieaufwand erfordert. Das Vorhandensein einer Stufenversetzung verändert dies jedoch dramatisch. Unter Scherspannung wird die in ◘ Abb. 8.12b gestrichelt gezeichnete Bindung unmittelbar rechts der Versetzung, die bereits ohne Scherspannung gedehnt war, stärker gedehnt als andere Bindungen. Die Bindungen der entsprechende Reihe werden daher als erste aufbrechen. Dies geschieht, wenn der Abstand zwischen den Reihen a und b kleiner wird als die gestreckte Bindungslänge b–c. Diese Bindung „klappt" nun um und verbindet stattdessen a und b. Reihe a ist nun Teil einer durchgehenden Ebene, und die Versetzung ist in Reihe c gesprungen. Wenn die Spannung aufrechterhalten wird, wird dieser Prozess wiederholt, bis die Versetzung am Rand des Kristalls angelangt ist. Das Ergebnis ist die relative Bewegung der oberen Hälfte des Kristalls über die untere Hälfte (◘ Abb. 8.12b), sodass nur eine Reihe von Bindungen auf einmal aufgebrochen werden muss. Die erforderliche Spannung ist um mehrere Größenordnungen geringer als diejenige, die benötigt wird, um einen perfekten Kristall zu verformen. Stufenversetzungen erklären daher, warum die Scherfestigkeit (und auch die Zugfestigkeit) kristalliner Materialien geringer ist als theoretisch erwartet.

Ein Quadratzentimeter eines jeden Kristalls wird von 10^8–10^{12} Stufenversetzungen durchschnitten. Die genaue Anzahl hängt von der Verformungsgeschichte des Kristalls ab. Verformung (bzw. Umformung im Fachjargon der Metallurgen) führt zur Vervielfachung der Versetzungen und macht den Kristall zunächst duktiler.

Die meisten Minerale sind wesentlich spröder als Metalle. Bei hohen Temperaturen und Drücken kann das Versetzungskriechen jedoch zu einem wichtigen Mechanismus der Mineral- und Gesteinsverformung werden. Sie bewirkt, dass sich Silicatgesteine bei längerer Beanspruchung duktil (plastisch) verhalten. Dadurch wird es möglich, dass es in festen Mantelgesteinen zu Konvektion kommt (sie zirkulieren als Reaktion auf temperaturinduzierte Dichtegradienten), was grundlegend für den Wärmestrom der Erde und die Plattentektonik ist. Wenn alle Kristalle perfekt wären, wäre die Erde ein ganz anderer Planet.

Übungen

8.1 Sagen Sie den Si-O-Polymerisierungsgrad der folgenden Minerale voraus:

Edenit	$NaCa_2Mg_5(AlSi_7O_{22})(OH)_2$
Hedenbergit	$CaFeSi_2O_6$
Paragonit	$NaAl_2(AlSi_3O_{10})(OH)_2$
Leucit	$K(AlSi_2O_6)$
Aegirin	$NaFeSi_2O_6$

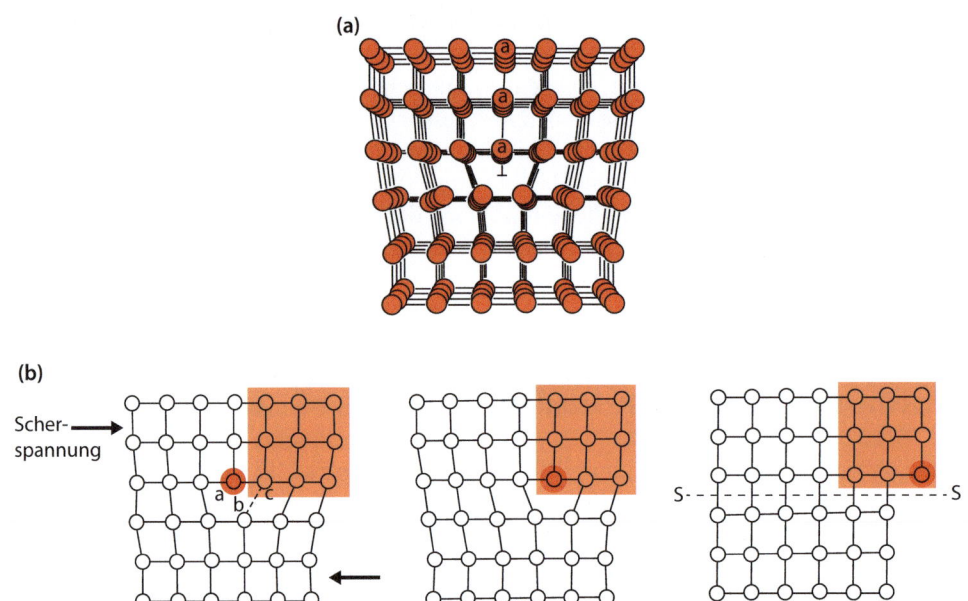

◘ Abb. 8.12 a Stufenversetzung, b Migration der Kantenversetzung als Reaktion auf Scherspannung (Pfeile). Der schattierte Teil der oberen Schicht gleitet über die untere Schicht (s–s ist die Gleitebene), während die Kantenversetzung (mit schattiertem Kreis markiert) von Reihe zu Reihe springt. (Quelle: Bloss 1971. Vervielfältigung mit Genehmigung von Holt, Rinehart und Winston, Inc.)

8.2 Geben Sie die Granatanalyse in ◘ Tab. 8.6 in Gew.-% der Elemente an.

8.3 Berechnen Sie die Gitterplatzbelegung für die Mineralanalysen in ◘ Tab. 8.6 und stimmen Sie Ihre Ergebnisse mit den angegebenen Idealformeln ab (vgl. ◘ Tab. 8.4 und 8.5). Führen Sie alle Berechnungen mit 4 Nachkommastellen durch.

Hinweise:

— In der Granatstruktur befinden sich alle zweiwertigen Ionen in 8-facher Koordination („X").
— Die relative Molekülmasse von TiO_2 ist 79,9 (die anderen stehen in ◘ Tab. 8.5).
— Berechnen Sie Epidot mit 13 Sauerstoff (12 O + eine OH-Gruppe).
— Epidot: Der Gesamtwassergehalt einer Analyse besteht aus:
  – Intern in der Struktur gebundenes „Wasser" ist eigentlich als OH^- vorhanden, wird aber als H_2O gemessen und als H_2O^+ bezeichnet. Im Allgemeinen wird davon ausgegangen, dass dieses erst bei Temperaturen über 110 °C abgegeben wird.
  – Adsorbiertes Wasser (Feuchtigkeit, die an der Oberfläche der pulverförmigen Probenkörner haftet). Es wird davon ausgegangen, dass es bei Temperaturen unter 110 °C abgegeben wird. Bezeichnet als H_2O^-.
— Füllen Sie beim Pyroxen den Z-Platz mit ausreichend Al, um für diesen Platz eine Summe von 2,0000 zu erhalten (siehe ◘ Tab. 8.5). Das restliche Al geht auf M. In einer Pyroxenformel ist es schwierig, zwischen M1 und M2 zu unterscheiden (Kasten 8.5), da Mg, Fe^{2+} und Mn auf beide Gitterplätze kommen. Hier werden sie gemeinsam als zwei M-Plätze betrachtet.
— Bei Feldspat passen Si, Al und Fe^{3+} auf den Z-Platz.

8.4 Zeichnen Sie die Pyroxenzusammensetzung aus Übung 8.3 in einem ternären Diagramm auf, dessen Spitzen Ca, Mg und ($Fe^{2+} + Fe^{3+} + Mn$) sind. Die

◘ Tab. 8.6 Mineralanalysen für Übungen 8.2 und 8.3

	Granat $X_3Y_2Z_3O_{12}$	Epidot $X_3Y_2Z_3O_{12}$ (OH)	Pyroxen $M_2Z_2O_6$	Feldspat $X_4Z_8O_{32}$
SiO_2	38,49	39,28	46,92	52,73
Al_2O_3	18,07	31,12	3,49	29,72
TiO_2	0,55	–	1,19	–
Fe_2O_3	5,67	4,15	0,95	0,84
FeO	3,76	0,42	20,31	–
MnO	0,64	0,01	1,13	–
MgO	0,76	0,01	7,30	–
CaO	31,59	23,44	17,35	12,23
Na_2O	–	–	1,24	4,19
K_2O	–	–	–	0,13
H_2O^+	–	1,87	–	–
Gesamt	99,63	100,30	99,84	99,84

Vorgehensweise wurde in Kasten 2.7 beschrieben. Zeichnen Sie die idealen Zusammensetzungen der Endglieder Diopsid, Hedenbergit, Enstatit und Ferrosilit ($Fe_2Si_2O_6$) ein.

Literatur

Bloss FD (1971) Crystallography and crystal chemistry: an introduction. Holt Rinehart and Winston, New York

Gill R (2009) Optics primer. In: Gill R (Hrsg) Igneous rocks and processes. Web resources. ▶ https://bit.ly/HMALfx

Krauskopf KB, Bird DK (1995) Introduction to geochemistry, 3. Aufl. McGraw Hill, New York

O'Neill P (1998) Environmental chemistry, 3. Aufl. Blackie, London (Thomson Science)

Read WTJ (1953) Dislocations in crystals. McGraw-Hill, New York

White WM (2013) Geochemistry. Wiley-Blackwell, Chichester

Weiterführende Literatur

Cox KG, Price NB, Harte B (1988) The practical study of crystals, minerals and rocks. McGraw-Hill, London

Klein C, Philpotts AR (2013) Earth materials – introduction to mineralogy and petrology. Cambridge University Press, Cambridge

Krauskopf KB, Bird DK (1995) Introduction to geochemistry, 3. Aufl. McGraw Hill, New York

White WM (2013) Geochemistry. Wiley-Blackwell, Chichester

Geologisch wichtige Elemente

Inhaltsverzeichnis

9.1 Haupt- und Spurenelemente – 166
9.1.1 Hauptelemente – 166
9.1.2 Spurenelemente – 166

9.2 Alkalimetalle – 167
9.2.1 Radioaktive Isotope der Alkalimetalle – 168

9.3 Wasserstoff – 169

9.4 Erdalkalimetalle – 169

9.5 Aluminium – 170

9.6 Kohlenstoff – 172
9.6.1 Organischer Kohlenstoff – 172
9.6.2 Anorganischer Kohlenstoff – 176
9.6.3 Kohlenstoffisotope – 179

9.7 Silicium – 179

9.8 Stickstoff und Phosphor – 180

9.9 Sauerstoff – 180

9.10 Schwefel – 182
9.10.1 Reduzierte Schwefelverbindungen – 182
9.10.2 Oxidierte Schwefelverbindungen – 183

9.11 Halogene – 184
9.11.1 Fluor – 184
9.11.2 Chlor, Brom und Jod – 184

9.12 Edelgase – 185

9.13 Übergangsmetalle – 186

9.14 Seltenerdelemente – 188

9.15 Actinoide – 190

Übung – 191

Literatur – 191

© Springer-Verlag GmbH Deutschland, ein Teil von Springer Nature 2020
R. Gill, *Chemische Grundlagen der Geo- und Umweltwissenschaften*,
https://doi.org/10.1007/978-3-662-61500-3_9

Chemische Elemente sind für Geowissenschaftler aus ganz unterschiedlichen Gründen von Interesse. Einige, wie Silicium (Si) und Eisen (Fe), sind so häufig, dass ihre chemischen Eigenschaften das Verhalten geologischer Materialien bestimmen. In geringer Menge vorkommende Elemente, wie Rubidium (Rb) und Strontium (Sr), nehmen zwar in geringerem Umfang an geologischen Prozessen teil, sie können uns dennoch zu verstehen helfen, wie solche Prozesse funktionieren. Andere Elemente, wie Chrom (Cr), Neodym (Nd) oder Uran (U), haben wichtige kommerzielle Anwendungen oder Umweltauswirkungen (z. B. Radon, Rn, Kasten 9.9).

Ziel dieses Kapitels ist es, den Leser in die Geochemie der wichtigsten chemischen Elemente einzuführen und zu zeigen, wie das Periodensystem verwendet werden kann, um das Verhalten der Elemente innerhalb der Erde, an der Erdoberfläche sowie im Labor vorherzusagen. Es soll zudem veranschaulichen, was diese Elemente uns über geologische Prozesse aussagen können. ▶ Kap. 10 beschreibt die zusätzlichen Informationen, die aus der Untersuchung der Isotope von natürlich vorkommenden Elementen gewonnen werden können.

9.1 Haupt- und Spurenelemente

Anhand ihrer Konzentration in geologischen Materialien lassen sich die Elemente in zwei Klassen einteilen: Hauptelemente und Spurenelemente.

9.1.1 Hauptelemente

Diese Elemente, zu denen Si, Al, Mg und Na gehören, weisen in den meisten geologischen Materialien Konzentrationen von mehr als 0,1 % auf. Sie sind wesentliche Bestandteile gesteinsbildender Minerale. Die Konzentrationen der Hauptelemente in Silicatmineralen werden in der Regel in Prozent der Oxide angegeben (Kasten 8.3; ◘ Abb. 9.1). Der Begriff Nebenelement wird manchmal auf die weniger häufig vorkommenden Hauptelemente wie Mangan (Mn) und Phosphor (P) mit Oxidkonzentrationen unter 1 % angewendet.

9.1.2 Spurenelemente

Spurenelemente wie Rubidium (Rb) und Zink (Zn) haben in den meisten geologischen Materialien Konzentrationen, die zu niedrig sind – in der Regel weniger als 0,1 % –, um zu beeinflussen, welche Minerale kristallisieren. Sie treten meist als „Verunreinigungen" in den

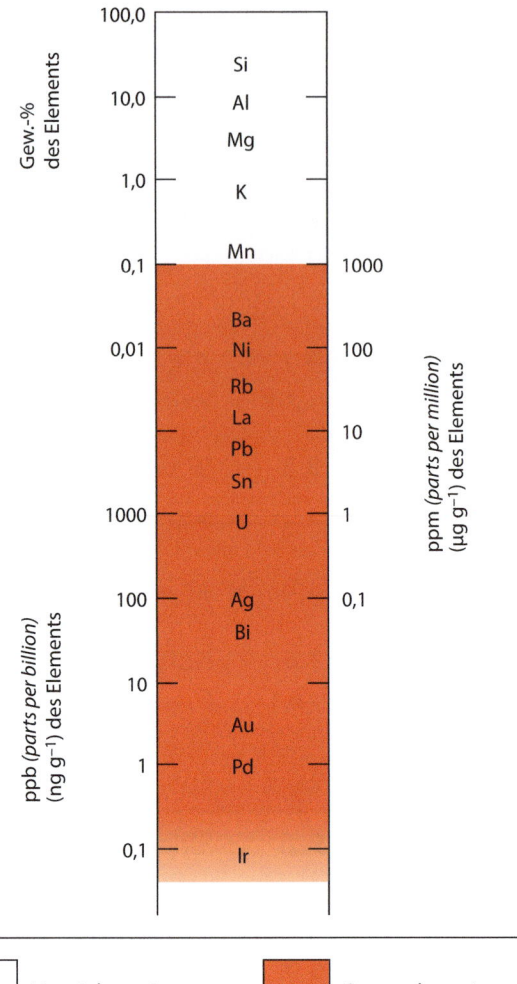

◘ **Abb. 9.1** Vergleich der Einheiten der Elementkonzentration. Die Positionen der Elementsymbole veranschaulichen die durchschnittliche Konzentration des ausgewählten Elements in der kontinentalen Kruste (Hauptelemente werden jedoch meist als Gew.-% der Oxide, nicht der Elemente angegeben)

wichtigsten gesteinsbildenden Mineralen auf, wobei jedoch einige – wie Zirkonium (Zr) – separate akzessorische Minerale bilden können (z. B. Zirkon, $ZrSiO_4$). Die Spurenelementkonzentrationen in Gesteinen werden in der Regel in *parts per million* (Teile von Millionen, 1 ppm = 1 µg g^{-1}) des Elements (nicht des Oxids) ausgedrückt, oder als *parts per billion* (Teile von Milliarden, 1 ppb = 1 ng g^{-1}), siehe ◘ Abb. 9.1.

Die Unterscheidung zwischen Haupt- und Spurenelementen muss flexibel angewendet werden, da das gleiche Element ein Hauptelement in einem Gesteinstyp (z. B. Kalium in Granit) und ein Spurenelement in einem anderen (Kalium in Peridotit) sein kann.

9.2 Alkalimetalle

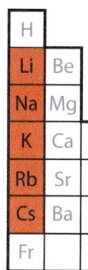

Die Alkalimetalle bilden die erste Spalte (Gruppe Ia) auf der linken Seite des Periodensystems. Ihre wichtigsten chemischen Eigenschaften sind die folgenden:
- Es handelt sich um stark elektropositive Elemente (◘ Abb. 6.4); ihre Verbindungen haben einen ionischen Charakter und sie bilden basische Oxide.
- Die M$^+$-Kationen sind groß (◘ Abb. 9.2) und können nur an relativ großen Gitterplätzen wie dem A-Platz in Amphibolen und Glimmern (▶ Kap. 8) und in Gerüstsilicaten untergebracht werden. In den meisten Gesteinen befinden sich diese Elemente vor allem in Feldspat.
- Sie sind in wässrigen Fluiden sehr gut löslich und gehören zu den ersten Elementen, die bei der Verwitterung gelöst werden. Na und K sind wichtige Bestandteile des Meerwassers, und Evaporite stellen die wichtigsten Lagerstätten dar.

Natrium (Na) und Kalium (K) sind wichtige Bestandteile von Feldspat, Amphibol und Glimmer und kommen daher als Hauptelemente in den meisten Gesteinen der kontinentalen Kruste vor. Kalium ist ein wichtiger Pflanzennährstoff und daher in Düngemitteln enthalten. Die Konzentration von Rubidium (Rb) und Cäsium (Cs) ist hingegen so gering, dass sie keine eigenen Minerale bilden und als Spurenelemente auftreten. Sie befinden sich in denjenigen gesteinsbildenden Silicaten, in denen sie K$^+$-Ionen ersetzen können (z. B. im Alkalifeldspat).

Die großen Ionenradien von K$^+$, Rb$^+$, Cs$^+$ und in geringerem Maße auch Na$^+$ (◘ Abb. 9.2) führen dazu, dass sie aus dem Kristallgitter von dichten Eisenmagnesiumsilicaten wie Olivin und Pyroxen ausgeschlossen

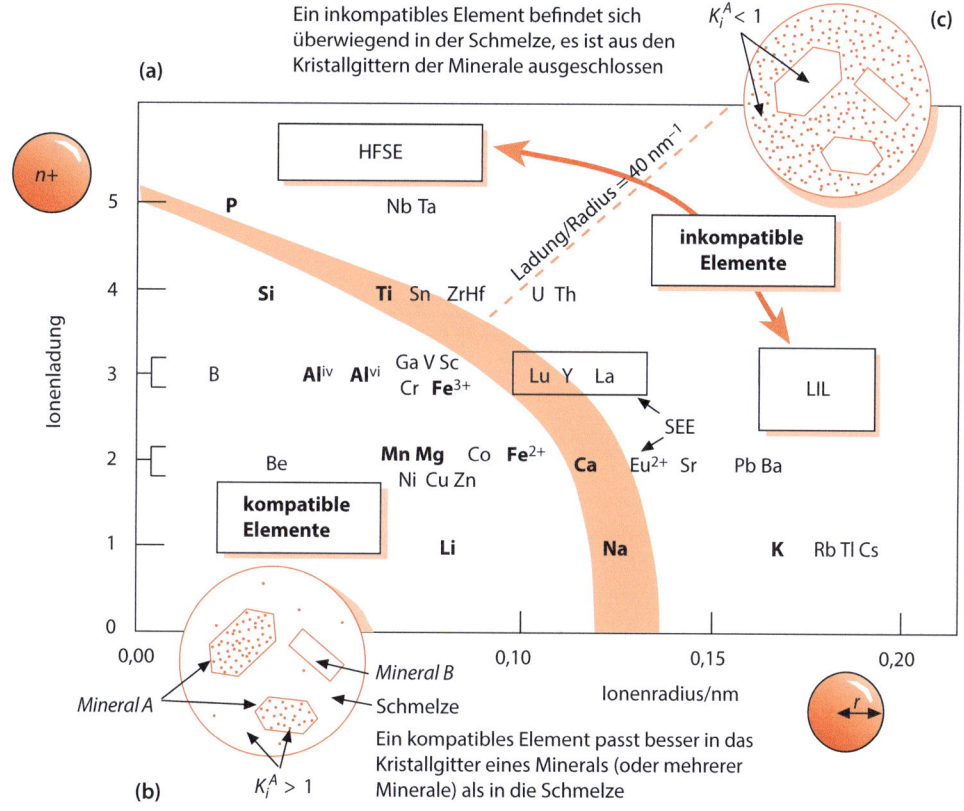

◘ **Abb. 9.2** **a** Kompatible und inkompatible Elemente in einem Diagramm der Kationenladung gegen den Ionenradius. Fette Schrift kennzeichnet die Hauptelemente. **b** Die Skizze veranschaulicht die Verteilung eines Spurenelements i, das in Mineral A, aber nicht in Mineral B kompatibel ist. **c** Skizze der Verteilung eines Spurenelements, das in Mineralen A und B inkompatibel ist. Die Dichte der Punkte in (b) und (c) stellt die Konzentration des Elements i dar

sind. Solche Minerale kristallisieren in basischen Magmen neben Ca^{2+}-reichem Plagioklas als erstes, und da die Alkalimetalle von diesen Mineralen ausgeschlossen sind, bleiben sie in der Schmelze. Während das Schmelzvolumen mit fortschreitender Kristallisation abnimmt, steigen die Konzentrationen von K, Rb und Cs in der verbleibenden Schmelze. Eine Serie von Lavaströmen, die durch Anzapfen einer Magmakammer in aufeinanderfolgenden Phasen ihrer Kristallisation gebildet wurden, würde daher zunehmende Konzentrationen dieser Elemente in jeweils späteren Strömen aufweisen. In Plutoniten sind sie in „späten" Graniten und Pegmatiten angereichert. Solche Elemente, die von den wichtigsten magmatisch gebildeten Mineralen ausgeschlossen sind und die in späten Restschmelzen angereichert werden, werden als inkompatible Elemente bezeichnet (Kasten 9.1).

Kapitel 9.1 Inkompatible Elemente

Inkompatible Elemente sind solche, deren Kationen sich nicht leicht in den Strukturen der wichtigsten Minerale magmatischer Gesteine unterbringen lassen. Mit fortschreitender Kristallisation eines Magmas werden sie nicht von diesen Mineralen aufgenommen. Mit abnehmender Menge an Restschmelze werden sie zunehmend angereichert, wobei deren ungeordnete, weniger kompakte Struktur sie leichter akzeptiert.

Das schattierte Band in ◘ Abb. 9.2 trennt kompatible Elemente, deren Ionen in relevanten Mineralen magmatischer Gesteine gut untergebracht sind, von inkompatiblen Elementen. Elemente, deren Symbole auf das Band fallen, können je nach den kristallisierenden Mineralen in beide Gruppen fallen.

Der Grund, warum ein inkompatibles Element von der Kristallstruktur eines Minerals ausgeschlossen wird, hängt von seinem Ionenpotenzial ab (◘ Abb. 7.12).

Lithophile Elemente mit großen Ionenradien

Elemente mit großem Ionenradius bzw. mit Ionenpotenzial < 40 nm^{-1} werden *large-ion lithophile* (LIL) genannt. Dies sind Elemente wie Rb und Ba, die aus den meisten Kristallen ausgeschlossen sind, weil ihre Ionen einfach zu groß sind, um auf die in der Kristallstruktur vorhandenen Gitterplätze zu passen (Kasten 7.2).

Elemente mit großer Feldstärke (HFSE)

Ionen mit hoher Ladung und kleinem Radius werden *high field-strength elements* (HFSE) genannt (Ionenpotenzial ≥ 40 nm^{-1}). Der Radius eines Ions wie Zirkonium (Zr^{4+}) ist nicht größer als Mg^{2+}, seine hohe Polarisationskraft und seine relativ kovalente Bindung machen es jedoch zu einem unbequemen Insassen eines Mg^{2+}-Gitterplatzes in einem überwiegend ionischen Kristall.

Das Verhalten der Seltenerdelemente (SEE = La bis Lu) und des Yttriums (Y) wird in ▶ Abschn. 9.4 diskutiert.

Verteilungskoeffizienten

Die Tendenz eines Spurenelements, sich während der Kristallisation eines Magmas kompatibel oder inkompatibel zu verhalten, wird numerisch durch eine Zahl ausgedrückt, die als Verteilungskoeffizient bezeichnet wird und durch das Symbol K_i^A dargestellt wird, wobei i ein bestimmtes Element und A ein kristallisierendes Mineral angibt. So ist beispielsweise der Verteilungskoeffizient, der die Gleichgewichtsverteilung von Nickel zwischen einem Olivinkristall und einer koexistierenden Schmelze beschreibt, definiert als:

$$K_{Ni}^{Olivin} = \frac{\text{Nickelkonzentration im Olivinkristall}}{\text{Nickelkonzentration in koexistierender Schmelze}}$$

wobei die Konzentrationen in ppm angegeben sind. Nickel ist ein kompatibles Element in Olivin und hat daher einen Verteilungskoeffizienten von $> 1{,}00$ (typischerweise etwa 18).

Ein inkompatibles Element ist gekennzeichnet durch Verteilungskoeffizienten von weniger als 1 für alle aus der Schmelze kristallisierenden Minerale. Rb zum Beispiel hat die folgenden Werte: 0,006 in Olivin, 0,04 in Klinopyroxen, 0,25 in Amphibol, 0,10 in Plagioklas. Ein Element kann sich in Bezug auf ein Mineral kompatibel verhalten, während es in anderen inkompatibel ist. Somit ist Ni ein kompatibles Element in Olivin, aber ein inkompatibles in Plagioklas. Typische Verteilungskoeffizienten sind in Henderson und Henderson (2009) aufgeführt.

9.2.1 Radioaktive Isotope der Alkalimetalle

Zwei der Alkalimetalle haben radioaktive Isotope von großer Bedeutung für Geowissenschaftler: ^{40}K und ^{87}Rb. Beide haben eine lange Halbwertszeit ($1{,}25 \cdot 10^9$ und $48{,}8 \cdot 10^9$ Jahre), also von ähnlicher Größenordnung wie das Alter der Erde ($4{,}55 \cdot 10^9$ Jahre). Die Mengen dieser Isotope auf der Erde nehmen mit der Zeit ab, aber seit der letzten Episode der Elementbildung (▶ Abschn. 11.4) ist zu wenig Zeit vergangen, als dass sie vollständig zerfallen wären. Die Zerfallsraten sind aus Labormessungen genau bekannt. ^{40}K und ^{87}Rb dienen uns als Isotopenuhren, die für die Datierung geologischer Ereignisse verwendet werden können (▶ Abschn. 10.2).

Der radioaktive Zerfall erzeugt Wärme (Kasten 11.2). Ein Großteil der derzeit aus dem Erdinneren abgestrahlten Wärme ist auf den Zerfall der radioaktiven Isotope von Kalium (K), Thorium (Th) und Uran (U) in der Kruste und im Mantel zurückzuführen (Kasten 10.1). ^{40}K soll für etwa 15 % der in der Erdkruste erzeugten Wärme verantwortlich sein. Aufgrund seiner geringen Konzentration und langsamen Zerfallsrate (bzw. langen Halbwertszeit) leistet ^{87}Rb keinen wesentlichen Beitrag zum Wärmefluss der Erde.

9.3 Wasserstoff

Die Position von Wasserstoff (H) in Gruppe I des Periodensystems sollte bedeuten, dass er sich wie die Alkalimetalle verhält, aber in Wirklichkeit ist die Ähnlichkeit auf seine Wertigkeit (1+) beschränkt. Die Ionisierungsenergie von Wasserstoff ist viel höher als die von Alkalimetallen (◘ Abb. 6.2b), und da die Valenzschale nur aus dem 1s-Orbital besteht, besitzt Wasserstoff keine metallischen Eigenschaften (außer unter extremen Bedingungen, wie beispielsweise im Inneren des Jupiters).

Die vorherrschende Wasserstoffverbindung auf der Erde ist das Oxid H_2O, das in den allgemein bekannten gasförmigen (Dampf), flüssigen (Wasser) und festen (Eis) Formen vorkommt (◘ Abb. 2.3b). Das Vorhandensein von Ozeanen mit flüssigem Wasser auf der Erdoberfläche ist einzigartig im Sonnensystem und war für die Entwicklung des Lebens auf der Erde von wesentlicher Bedeutung (▶ Abschn. 11.6.5). Die Besonderheiten des Eis-Wasser-Systems spielen eine wichtige Rolle bei der Regulierung des Erdklimas (Kasten 4.1), fördern die Erosion und den Sedimenttransport.

Innerhalb der Erde kommt Wasserstoff auch in Gesteinen vor, hauptsächlich in Form von OH^--Ionen in „wasserhaltigen" Mineralen wie Muskovit, $KAl_3Si_3O_{10}(OH)_2$, und den Tonmineralen (Kasten 8.2). Das Erwärmen solcher Minerale führt zur Dehydratisierung (d. h. Entwässerung; ◘ Abb. 2.5) und Freisetzung von H_2O-reichen Fluiden, die ein wesentlicher Wirkstoff bei der Regionalmetamorphose sind. Das Vorhandensein eines wasserhaltigen Fluids senkt auch die Temperatur (den Solidus), bei der ein Gestein zu schmelzen beginnt, und diese Fluide spielen daher eine wichtige Rolle bei der Schmelzbildung im Mantel und in der Kruste im Zusammenhang mit Subduktionszonen. Hier entsteht das wasserhaltige Fluid durch Dehydratisierung von wasserhaltigen Mineralen der alterierten ozeanischen Kruste, wenn die abtauchende Platte eine gewisse Tiefe erreicht.

Wasser übt neben der Beschleunigung vieler geochemischer Reaktionen (▶ Kap. 3) auch einen starken Einfluss auf die physikalischen Eigenschaften von Magmen aus (Kasten 8.3). Die explosive Ausdehnung des Dampfes, der aus dem aufsteigenden Magma entweicht, während es in der Nähe der Erdoberfläche eine Druckentlastung erfährt, liefert die Energie für die zerstörerischsten Vulkanausbrüche auf der Erde.

Die Isotope von Wasserstoff werden in ▶ Abschn. 10.3.2 behandelt.

9.4 Erdalkalimetalle

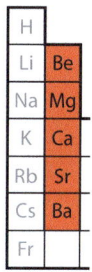

Die Beziehungen zwischen den zweiwertigen Erdalkalimetallen haben eine gewisse Ähnlichkeit mit denen zwischen den Alkalimetallen. Beryllium (Be) hat, wie Lithium, etwas andere chemische Eigenschaften als die anderen Mitglieder seiner Gruppe (Kasten 9.2). Magnesium (Mg) und Calcium (Ca) sind Hauptelemente in den meisten Gesteinen, während Strontium (Sr) und Barium (Ba) Spurenelemente sind, die ein inkompatibles Verhalten zeigen. Alle sind stark elektropositive, reaktive Metalle (◘ Abb. 6.4). Die Erdalkalimetalle bilden stabile basische Oxide (Kasten 8.1) mit sehr hohem Schmelzpunkt.

Der Ionenradius von Mg^{2+} ist vergleichbar mit demjenigen von Fe^{2+} (Kasten 7.2). Eisenmagnesiumsilicate wie Olivin und Pyroxen weisen eine vollständige Mischungsreihe zwischen einem Magnesiumendglied (wie Forsterit, Mg_2SiO_4) und einem Eisenendglied (Fayalit, Fe_2SiO_4) auf. Da MgO das schwerer schmelzbare Oxid ist (Schmelzpunkt 2800 °C), hat das Mg-Endglied dieser

Minerale die höhere Schmelztemperatur (z. B. Kasten 2.4). Die Kristallisation von Eisenmagnesiumsilicaten aus einem Magma verbraucht das MgO des Magmas schneller als das FeO, weshalb das FeO:MgO-Verhältnis der Restschmelze mit fortschreitender Kristallisation zunimmt und ein nützlicher Indikator für den Fraktionierungsgrad eines Magmas ist.

Magnesium ist ein wesentlicher Bestandteil des Chlorophylls (Kasten 9.5) und spielt daher eine Rolle bei der Photosynthese. Nach Na^+ ist Mg^{2+} das zweithäufigste Kation im Meerwasser (◘ Tab. 4.5) und wird daraus industriell gewonnen. Obwohl Ca^{2+} im Meerwasser in geringerer Konzentration enthalten ist, gehören Ca-Salze (Carbonat und Sulfat) zu den ersten Salzen, die während der Verdampfung aus dem Meerwasser ausfallen. Nur wenige Evaporitsequenzen enthalten hingegen Magnesiumminerale, weil diese sehr gut löslich sind und erst in einem fortgeschrittenen Stadium der Verdampfung ausfallen. Der größte Teil des Calciums in Sedimenten kommt jedoch in biogenem Kalkstein vor.

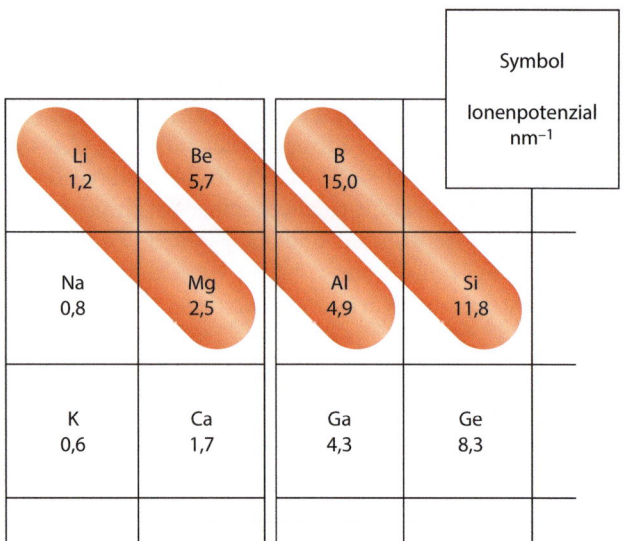

◘ **Abb. 9.3** Ein Teil des Periodensystems, der die diagonale Ähnlichkeit des Ionenpotenzials von Li, Be und B mit Mg, Al und Si veranschaulicht

Kasten 9.2 Lithium, Beryllium und Bor

Lithium, Beryllium und Bor unterscheiden sich chemisch etwas von den anderen Mitgliedern ihrer jeweiligen Gruppe. So hat beispielsweise Beryllium bis auf den Unterschied der Wertigkeit chemisch gesehen mehr mit Aluminium gemein als mit Magnesium oder Kalzium. Der Grund für diese (im Periodensystem) diagonale Beziehung ist, dass das Ionenpotenzial von Beryllium dem von Aluminium viel näher ist als denjenigen der anderen Erdalkalimetalle (siehe ◘ Abb. 9.3). Das führt zu einem ähnlichen, relativ kovalenten Bindungsverhalten und einer ähnlichen Kristallchemie. Sowohl Be als auch Al bilden unreaktive, sehr harte Oxide, die chemisch amphoter sind (Kasten 8.1). Beide Metalle sind widerstandsfähig gegenüber Säuren und Oxidation (im Gegensatz zu z. B. Mg) durch die Ausbildung eines Oberflächenfilms aus Oxid.

Aus dem gleichen Grund hat Bor viel mit Silicium zu tun. Beide sind keine echten Metalle, sie sind Halbleiter und zählen zu den Halbmetallen. B_2O_3 ist ein saures Oxid wie SiO_2. Die diagonale Beziehung zwischen Lithium und Magnesium ist weniger ausgeprägt, jedoch kommt Li in Silicatmineralen hauptsächlich auf den Mg-Plätzen vor.

Li, Be und B unterscheiden sich von den anderen Elementen ihrer Gruppen zusätzlich dadurch, dass sie eine anomal niedrige Konzentration in der Erde und im Sonnensystem aufweisen (wie in ▶ Abschn. 11.3 und 11.4.2 erläutert). Zum Beispiel ist Li ein Spurenelement in den meisten Gesteinen, während Na und K Hauptelemente sind.

9.5 Aluminium

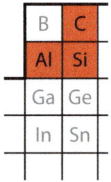

Aluminium ist das häufigste metallische Element in der Kruste (◘ Abb. 11.14). Seine Verformbarkeit und Duktilität, die hohe elektrische Leitfähigkeit, chemische Stabilität und geringe Dichte machen es zu einem idealen Metall für viele Anwendungen in der Industrie und im Haushalt. Aluminiumoxid (Al_2O_3) ist ein amphoteres Oxid. Es bildet das extrem harte, feuerfeste Mineral Korund (Härte = 9), das als Schleifmittel (Schmirgel) und in der Keramik weit verbreitet ist. Die Edelsteine Rubin und Saphir sind farbige Korundvarietäten.

Wie mobil Aluminium bei der Verwitterung ist, hängt vom pH-Wert der Lösung ab. Al_2O_3 ist in den meisten Grundwässern, deren pH-Wert im Bereich von 5–6 liegt, nahezu unlöslich (◘ Abb. 4.8). Bei der Verwitterung eines Granits unter solchen Bedingungen können Na und Ca fast vollständig entfernt und K, Mg, Fe^{3+} und sogar Si teilweise ausgelaugt werden, während Al zurückbleibt. Es entstehen daher sehr aluminiumhaltige Minerale, beispielsweise bestehen die für die Porzellanherstellung wichtigen Kaolinvorkommen größtenteils aus dem Mineral Kaolinit. Die Verwitterung von intermediären Vulkaniten (bzw. Aschen) unter extrem tropischen Bedingungen kann noch weiter fortschreiten und auch den größten Teil des SiO_2 entfernen, wobei eine Mischung aus

9.5 · Aluminium

Aluminiumhydroxiden zurückbleibt, die durch hydratisierte Eisenoxide gefärbt sind. Dieses Material, der wichtigste industrielle Rohstoff für Aluminium, wird Bauxit genannt.

Der Kontakt mit verrottender Vegetation oder die Verschmutzung durch sauren Regen kann jedoch dazu führen, dass Oberflächengewässer ausreichend sauer werden (pH 4 oder weniger), um Aluminiumoxid zu lösen. Anzeichen dafür sind in Bodenprofilen in Wäldern der gemäßigten Breiten zu erkennen, wo ein oberer heller Horizont, aus dem alle Komponenten außer Siliciumdioxid durch saure Lösungen ausgewaschen wurden, in einen unteren Horizont mit hohem Tonmineralgehalt übergeht, in dem Al durch Kontakt mit relativ neutralem Grundwasser am Grundwasserspiegel wieder ausgefällt wurde. Die Ausfällung von Al^{3+} (und Fe^{3+}) auf diese Weise ist ein Beispiel für Hydrolyse (Kasten 9.3).

> **Kasten 9.3 Hydrolyse**
>
> In der Geochemie bezieht sich der Begriff Hydrolyse auf Reaktionen, bei denen eine (oder beide) der O-H-Bindungen in Wasser aufgebrochen werden. Betrachten Sie die Hydrolyse von Schwefeldioxid in der Atmosphäre:
>
> $$SO_2 + H_2O \rightarrow H_2SO_3 \text{(schweflige Säure)} \rightarrow H^+ + HSO_3^-$$

Dies ist eine der Reaktionen, die zum Phänomen des sauren Regens beitragen (O'Neill, 1998). Hydrolyse eines sauren Oxids (SO_2, NO_2, CO_2) ergibt im Allgemeinen eine saure Lösung (die jeweiligen Säuren sind schweflige Säure, Salpetersäure und Kohlensäure). Der Umkehrschluss gilt für die Hydrolyse eines basischen Oxids:

$$Na_2O + H_2O \rightarrow 2\,NaOH \text{ (alkalische Natriumhydroxidlösung)}$$
$$\rightarrow 2\,Na^+ + 2\,OH^-$$

Hydrolysereaktionen sind wichtig bei der Verwitterung. Elemente mit mittlerem Ionenpotenzial wie Al und Fe(III) sind nur in relativ sauren Lösungen löslich. Wenn sich eine aluminiumhaltige Lösung mit einer weniger sauren Lösung vermischt, kommt es durch Hydrolyse zur Fällung:

$$Al^{3+} \text{(gelöst)} + 3\,H_2O \rightarrow Al(OH)_3 + 3\,H^+$$

Geochemiker bezeichnen solche Elemente und ihre Abscheidungen als Hydrolysate (s. ◘ Abb. 9.4). Für bestimmte Elemente wie Fe und Mn ist der erste Schritt in diesem Prozess eine Oxidation. Fe^{2+} und Mn^{2+} werden während der Verwitterung leicht durch leicht saures Wasser gelöst, sind aber nach der Auflösung anfällig für Oxidation zu Fe^{3+} und Mn^{4+}, deren höhere Ionenpotenziale im Hydrolysatfeld liegen und die daher als Minerale wie Goethit, FeO(OH), ausgefällt werden.

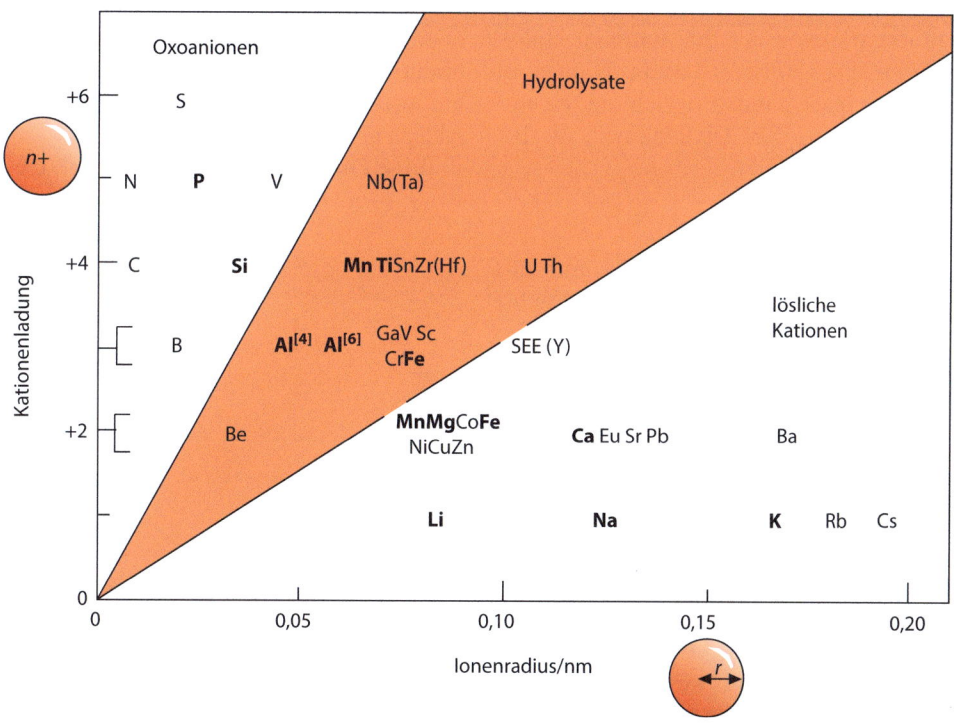

◘ **Abb. 9.4** Wie sich Metalle in wässrigen Systemen verhalten, bezogen auf die typische Kationenladung und den Ionenradius (vgl. ◘ Abb. 9.2). Elemente mit hohem Ladung: Radius-Verhältnis wie P, Si und B sind als Oxoanionen gelöst: Phosphat (PO_4^{3-}), Metasilicat (SiO_3^{2-}) und Borat (BO_3^{3-}). Die Elemente mit niedrigen Ladung:Radius-Verhältnissen treten als lösliche Kationen auf. Dazwischen befindet sich das Hydrolysatfeld

9.6 Kohlenstoff

Kohlenstoff ist einzigartig unter den chemischen Elementen durch die Vielfalt der Verbindungen, die er bilden kann: Die Anzahl der bekannten Kohlenstoffverbindungen übersteigt die Anzahl der insgesamt von allen anderen Elementen gebildeten Verbindungen. Die Chemie des Kohlenstoffs ist so umfangreich und lebenswichtig, dass sie für sich allein einen eigenen Zweig der chemischen Wissenschaft darstellt, die organische Chemie. Sedimentgesteine enthalten im Allgemeinen 0,2–2 % organische Substanz, die höchsten Konzentrationen treten in Tonsteinen auf.

Wenn es um Kohlenstoff in Gesteinen geht, ist es hilfreich, die Chemie des Kohlenstoffs unter zwei Gesichtspunkten zu betrachten: organischer Kohlenstoff und anorganischer Kohlenstoff.

9.6.1 Organischer Kohlenstoff

Ein Buch dieses Umfangs kann bei einem Fach, das so umfangreich ist wie die organische Chemie, nur an der Oberfläche kratzen. Gute Zusammenfassungen aus geowissenschaftlicher Sicht geben Krauskopf und Bird (1995) und White (2013); eine ausführlichere Einführung findet sich in den ersten Kapiteln des Buches von Killops und Killops (2005).

Die Namen der hier verwendeten organischen Verbindungen entsprechen der modernen systematischen Nomenklatur (anerkannt von der International Union of Pure and Applied Chemistry). Wenn Namen in Klammern angegeben sind, handelt es sich um die entsprechenden traditionellen oder Trivialnamen, die bekannter sein können.

9.6.1.1 Kohlenwasserstoffe

Kohlenwasserstoffe sind Verbindungen, die nur aus Kohlenstoff und Wasserstoff bestehen. Die einfachsten sind die Alkane (Paraffine), eine Familie von Polymeren mit Einfachbindungen, zu denen auch Methan gehört (◘ Abb. 9.5). Viele Alkane sind kettenartige Polymere, bei denen jedes Kohlenstoffatom (mit Ausnahme derjenigen an den Enden der Kette) an zwei benachbarte Kohlenstoffatome und an zwei Wasserstoffatome gebunden ist: die sogenannten normalen Alkane (kurz n-Alkane). Es gibt auch andere Alkane mit verzweigten (Isoalkane, i-Alkane) oder ringförmigen Strukturen. Alkane haben die allgemeine Formel C_nH_{2n+2} (bzw. C_nH_{2n} für ringförmige Cycloalkane).

Erdgas besteht hauptsächlich aus Methan. Der größte Teil der weltweiten Erdgasversorgung stammt aus konventionellen Kohlenwasserstoffreservoirs, aber in jüngster Zeit haben durch *hydraulic fracturing* („Fracking") erschlossene Schiefergasreserven den US-Gasmarkt umgekrempelt. Potenzielle Methanreserven bestehen auch in Form von Methanhydrat (Methan, das in der Kristallstruktur von Eis eingeschlossen ist), das in marinen Sedimenten an den Kontinentalrändern und an Land in Permafrostregionen auftritt.

Methan ist ein Treibhausgas mit einem höheren Treibhauspotenzial als Kohlenstoffdioxid (◘ Tab. 9.1): Jedes Molekül wirkt als Treibhausgas mehr als 20-mal stärker als ein Molekül CO_2. Bedeutende anthropogene Quellen für atmosphärisches Methan sind die Öl- und Gasindustrie, die Landwirtschaft (Wiederkäuer, Reisfelder), die Biomasseverbrennung und Deponien. Der wichtigste Prozess, der Methan aus der Atmosphäre entfernt, ist die Reaktion mit Hydroxyl-Radikalen (OH•) in der Troposphäre, wie in Gl. 3.13 zusammengefasst. Diese Reaktion findet auch in der oberen Atmosphäre statt und ist dort die Hauptquelle des stratosphärischen Wassers.

Alkane sind Beispiele für **gesättigte** organische Verbindungen, die aus Molekülen bestehen, die vollständig mit Einfachbindungen aufgebaut sind. Obwohl in den vereinfachten Diagrammen in ◘ Abb. 9.5 nicht dargestellt, haben solche Moleküle eine Zickzackform, aufgrund der auf sp^3-Hybridisierung beruhenden tetraederförmigen Anordnung der Bindungen um jedes Kohlenstoffatom herum (vgl. Kasten 9.4). Das Beispiel Hexan zeigt ◘ Abb. 9.6.

Ungesättigte Verbindungen sind solche, die eine oder mehrere Doppelbindungen (C=C) oder Dreifachbindungen (C≡C) enthalten. Ein Beispiel mit Doppelbindung ist Ethen (Ethylen), C_2H_4, das zur Familie der Alkene gehört (◘ Abb. 9.7).

Eine Dreifachbindung hat Ethin (Acetylen), C_2H_2:

$$H-C \equiv C-H$$

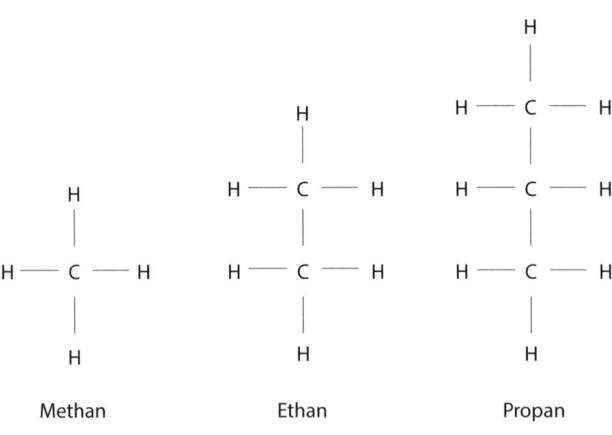

◘ Abb. 9.5 Alkane

9.6 · Kohlenstoff

Tab. 9.1 Treibhauspotenziale der Treibhausgase. H_2O ist in der Tabelle nicht aufgeführt (obwohl es das am häufigsten vorkommende Treibhausgas ist), da seine atmosphärische Konzentration in kurzer Zeit variiert, es schlecht vermischt ist und wenig von menschlichen Aktivitäten beeinflusst wird

Name	Formel	Verweildauer in der Atmosphäre/Jahre	Treibhauspotenzial[a]	
			Über 20 Jahre	Über 100 Jahre
Kohlenstoffdioxid	CO_2	Jahrhunderte[b]	1	1
Methan	CH_4	12	84	28
Lachgas	N_2O	121	264	265
Dichlordifluormethan (CFC-12)	CCl_2F_2	100	10.800	10.200
Chlordifluormethan (HCFC-22)	$CHClF_2$	12	5280	1760

[a]Das Treibhauspotenzial (*global warming potential,* GWP) ist ein dimensionsloses Maß dafür, wie viel Wärme eine bestimmte Masse eines Treibhausgases in der Atmosphäre im Verhältnis zur gleichen Masse an Kohlenstoffdioxid einfängt. Werte aus IPCC (2013), Tab. 8.7 und 8.A.1.
[b]Die Definition der Verweildauer von CO_2 in der Atmosphäre ist eine komplexe Frage, siehe Archer et al. (2009).

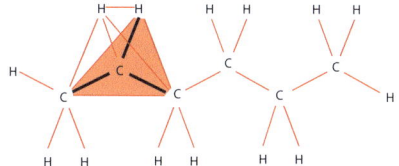

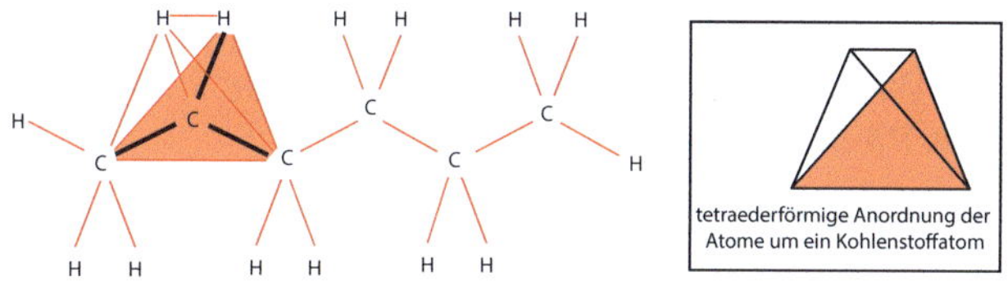

Abb. 9.6 Struktur von Hexan

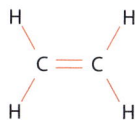

Abb. 9.7 Ethen

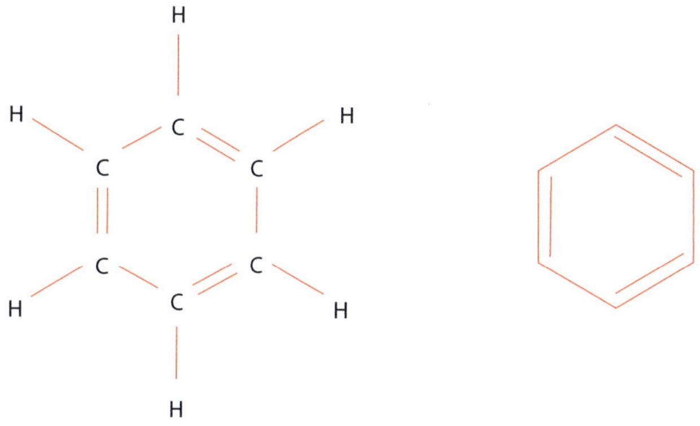

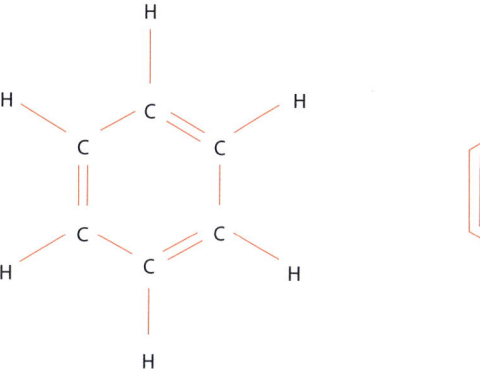

Abb. 9.8 Benzol (rechts als Linienformel, vgl. Kasten 9.4)

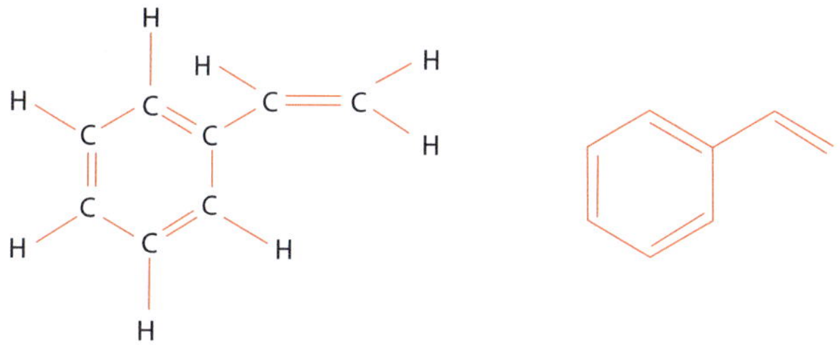

Abb. 9.9 Phenylethen (Styrol) (rechts als Linienformel, vgl. Kasten 9.4)

Kohlenwasserstoffe wie Ethin, die eine Dreifachbindung (C≡C) aufweisen, werden als Alkine bezeichnet.

Bei der Bildung von Doppelbindungen verwendet Kohlenstoff (wie wir bei Graphit in Kasten 7.4 gelernt haben) die sp²-Hybridisierung, die eine „planare trigonale" Geometrie mit 120°-Winkel aufweist. Alle Atome im Ethenmolekül liegen daher in der gleichen Ebene. Für die Dreifachbindung im C_2H_2-Molekül verwendet Kohlenstoff stattdessen die lineare sp¹-Hybridisierung.

Auch bei der großen und wichtigen Klasse von ungesättigten organischen Verbindungen auf Basis des Benzolmoleküls C_6H_6 (**Abb. 9.8**) liegt sp²-Hybridisierung vor. Verbindungen auf Basis des Benzolrings, wie Phenylethen (Styrol, **Abb. 9.9**) – aus dem Kunststoffe wie Polystyrol hergestellt werden – werden als Aromaten bezeichnet, da viele von ihnen charakteristische Gerüche aufweisen.

Acyclische (offene Ketten) und aromatische Kohlenwasserstoffe sind die wichtigsten und nützlichsten Bestandteile von Erdöl (Killops und Killops, 2005) (**Abb. 9.9**).

Kasten 9.4 Notation für organische Moleküle
Die Komplexität der meisten organischen Moleküle erfordert eine kurze Schreibweise. Kohlenwasserstoffmoleküle werden oft zu „Streichholzformeln" abgekürzt, die nur die Bindungen zwischen Kohlenstoffatomen zeigen: Bei jedem Knick in der Linienformel wird die entsprechende CH_x-Gruppe impliziert.

Das ringförmige Molekül von Benzol wird als Sechseck mit drei Doppelbindungen geschrieben. Dies kann auf zwei verschiedene Arten geschrieben werden:

Das Molekül übernimmt in Wirklichkeit beide Konfigurationen gleichzeitig: Wie bei Graphit (Kasten 7.4) wird die Elektronendichte der π-Bindung um den gesamten Ring herum delokalisiert. Dies wird oft symbolisiert als:

9.6.1.2 Kohlenhydrate

Kohlenhydrate sind eine Klasse der organischen Verbindungen, in der C, H und O im Verhältnis $C_x(H_2O)_y$ kombiniert sind, wobei x und y ganze Zahlen sind. Zucker wie Glukose ($C_6H_{12}O_6$) sind die einfachsten Kohlenhydrate (◘ Abb. 9.10). Wie Alkane sind dies dreidimensionale Zickzackmoleküle. Zucker bestehen aus Ketten mit wenigen dieser C_6-Einheiten: Saccharose ist z. B. $C_{12}H_{22}O_{11}$. Stärke besteht aus längeren Ketten. Die Kohlenhydrate mit den längsten Ketten sind Cellulosen (mit $x \sim 10.000$). Zellstoff ist als Hauptbestandteil von Papier bekannt. Holz besteht zu etwa 70 % aus Cellulose, der Rest ist ein aromatischer Bestandteil namens Lignin, der dem Holz seine Zähigkeit und strukturellen Vorteile verleiht.

◘ **Abb. 9.10** Glukose ($C_6H_{12}O_6$)

9.6.1.3 Säuren, Aminosäuren und Proteine

Das saure Verhalten in organischen Molekülen ist mit dem Vorhandensein einer Carboxylgruppe verbunden, wie die Ethansäure (Essigsäure) zeigt, die als sauer schmeckender Bestandteil von Essig bekannt ist (◘ Abb. 9.11). Der Säuregehalt ergibt sich aus der Dissoziation des in der Carboxylgruppe vorhandenen OH unter Freisetzung eines H^+-Ions (ein Proton).

Atomgruppen wie die Carboxylgruppe, die das organische Molekül, zu dem sie gehören, in spezifischen Arten von Reaktionen einbeziehen, werden als **funktionelle Gruppen** bezeichnet. Ein weiteres Beispiel ist die Aminogruppe (NH_2), deren Anwesenheit im gleichen Molekül wie die Carboxylgruppe das Merkmal einer besonders wichtigen Klasse von organischen Säuren, den Aminosäuren, ist. Etwa 20 Aminosäuren kommen in der lebenden Welt vor. Das einfachste, Glycin (◘ Abb. 9.12), kann als Derivat der Ethansäure angesehen werden. In Lösung verhalten sich Aminosäuren wie schwache Säuren: Wie Ethansäure dissoziieren sie durch Freisetzung eines Protons aus der Carboxylgruppe:

$$NH_2CH_2COOH \rightarrow H^+ + NH_2CH_2COO^-$$

Gleichzeitig hat die Aminogruppe jedoch die Fähigkeit, ein Proton aufzunehmen und sich so als Base zu verhalten:

$$H^+ + NH_2CH_2COO^- \rightarrow NH_3^+CH_2COO^-$$

Aminosäuren haben somit die bemerkenswerte Eigenschaft, Dipolionen oder Zwitterionen (ein deutscher Begriff, der auch im Englischen verwendet wird) mit

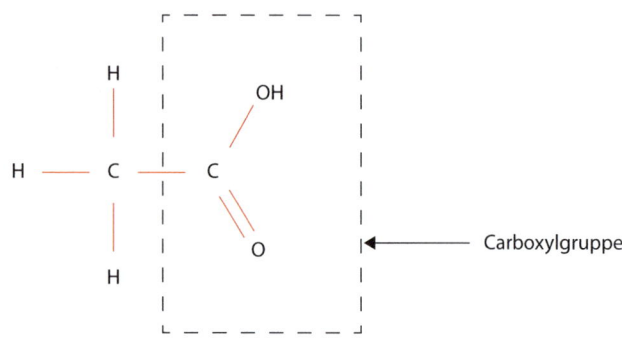

◘ **Abb. 9.11** Essigsäure

◘ **Abb. 9.12** Glycin

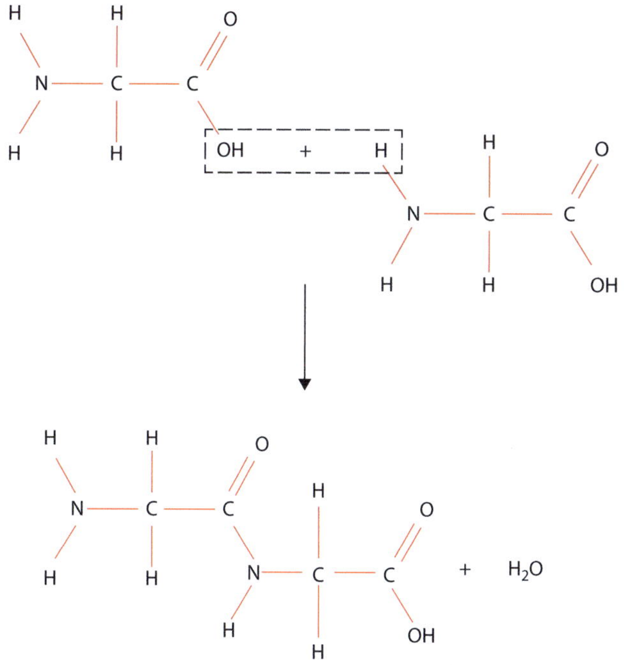

9.6 · Kohlenstoff

Abb. 9.13 Reaktion zweier Aminosäuren zu einem Peptid

entgegengesetzten Ladungen an jedem Ende zu bilden. Dies trägt zweifellos zu ihrer hohen Löslichkeit in polaren Lösungsmitteln wie Wasser oder Ethanol bei, wobei jedes Ende beim Lösen durch eine Hülle aus Lösungsmittelmolekülen umgeben wird (vgl. Kasten 4.1).

Die Fähigkeit der Aminosäuren, je nach Gegebenheit mit Säuren oder Basen zu reagieren, bedeutet, dass auch Moleküle miteinander reagieren können. Die Reaktion zwischen der Aminogruppe eines Moleküls und der Carboxylgruppe eines anderen verbindet die beiden Moleküle miteinander (Abb. 9.13) mit einer sogenannten Peptidbindung. Die Natur nutzt diese Reaktion, um aus Aminosäuremolekülen riesige Proteinmoleküle zusammenzusetzen, deren relative Molekülmasse in Tausende geht. Proteine sind die wesentlichen Bestandteile der lebenden Zelle. Stickstoff spielt auch in anderen Schlüsselmolekülen von Lebewesen eine grundlegende Rolle, wie beispielsweise in Chlorophyll (Kasten 9.5). In zerfallender organischer Substanz werden Proteine schnell durch Hydrolyse abgebaut (Kasten 9.3), die Umkehrung der Reaktion in Abb. 9.13, was zur Produktion einfacherer Proteine und Aminosäuren führt.

Kasten 9.5 Chlorophyll

Wir haben gesehen, welche wichtige Rolle der Stickstoff bei der Synthese von Proteinen spielt. Eine weitere für das Leben wichtige Verbindung, in der Stickstoff ein bedeutender Bestandteil ist, ist Chlorophyll – das grüne Pigment in Pflanzen, von dem die Photosynthese hauptsächlich abhängt. Chlorophyll ist eigentlich eine Klasse von eng verwandten Verbindungen, welche die folgenden Eigenschaften aufweisen:

- Die grundlegende Architektur besteht aus vier Pyrrolmolekülen (C_4H_5N, Abb. 9.14), die so miteinander verbunden sind, dass sie eine Ringstruktur bilden, die als Porphyrin bekannt ist (Abb. 9.15).
- Im Zentrum des Porphyrinrings befindet sich in Chlorophyll (Abb. 9.16) ein Magnesiumatom, das einen Komplex mit den umgebenden Stickstoffatomen des Pyrrols bildet.
- An den Porphyrinring sind verschiedene Alkyl- und Carboxylgruppen gebunden, deren Identitäten sich je nach Variante des Chlorophylls unterscheiden.

Der Wechsel von Doppel- und Einfachbindungen im Porphyrinring ähnelt demjenigen bei Graphit (Kasten 7.4) und Benzol, und in ähnlicher Weise verschmelzen die Bindungen zu miteinander verbundenen Molekülorbitalen, die sich über und unter dem Ring befinden. Chlorophyll absorbiert Licht stark am blauen und roten Ende des sichtbaren Spektrums (daher seine grüne Farbe, vgl. Abb. 8.3) und setzt photochemisch Elektronen aus diesen Orbitalen frei, was einen komplexen Satz biochemischer Reaktionen in Gang setzt, bei denen CO_2 letztlich zu Kohlenhydraten reduziert wird (Reaktion ▶ Gl. 9.1).

Abb. 9.14 Struktur von Pyrrol unter Verwendung der Linienformel (Kasten 9.4). Denken Sie daran, dass an jedes Kohlenstoffatom (d. h. an jede Ecke des Polygons) und an das Stickstoffatom je ein Wasserstoffatom gebunden ist

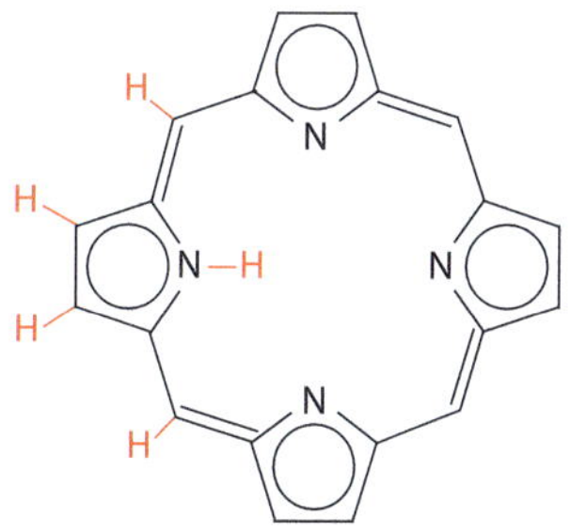

Abb. 9.15 Struktur von Porphyrin. Zur Erinnerung sind orange die H-Atome, die zu einer der Pyrrolgruppen gehören, dargestellt. Die Porphyrinringstruktur findet sich in anderen biologisch essenziellen Verbindungen wie Hämoglobin und Vitamin B_{12} wieder

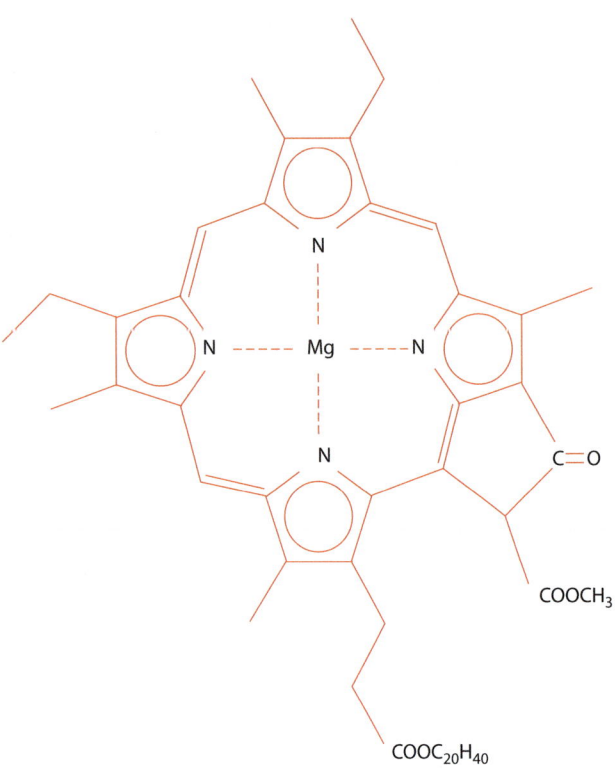

Abb. 9.16 Struktur von Chlorophyll *a*

9.6.2 Anorganischer Kohlenstoff

Das Element Kohlenstoff existiert in der Erde vor allem in zwei kristallinen Formen, Graphit und Diamant, deren Strukturen und Eigenschaften in ▶ Abschn. 7.2 verglichen werden. Diamant kristallisiert natürlich nur bei sehr hohem Druck, was einer Tiefe in der Erde von mehr als 120 km entspricht (Kasten 2.2). Die Herkunft der Diamanten aus der Tiefe des Mantels und geochemische Beweise für CO_2-reiche Fluide in aus ähnlichen Tiefen stammenden Peroditknollen deuten darauf hin, dass Kohlenstoff ein wichtiger Nebenbestandteil des Mantels ist. Kohlenstoffhaltiges Material ist zudem ein Hauptbestandteil vieler Meteorite (Kasten 11.1).

In den letzten Jahrzehnten wurden mehrere neuartige Strukturformen von elementarem Kohlenstoff entdeckt (Kasten 9.6), die das Potenzial für bedeutende technologische Innovationen bieten.

Kohlenstoff kommt in der Erdkruste vor allem als Carbonat vor, das größtenteils biogen ist. Kalksteine machen etwa 25 % der Gesamtmasse des phanerozoischen (d. h. aus dem „Zeitalter des sichtbaren Lebens") Sedimentgesteins aus.

Kasten 9.6 Neue Formen von Kohlenstoff

Die in Russland geborenen Physiker André Geim und Kostya Novoselov veröffentlichten 2004 die bemerkenswerte Entdeckung, dass sich durch wiederholtes Aufbringen von Klebeband auf einen Graphitkristall einzelne Gitterschichten abschälen lassen! Die resultierenden Graphitmonoschichten sind nur ein Atom dick und sogenannte „2D-Kristalle". Sie weisen erstaunliche nanotechnologische Eigenschaften auf, die sich vom gewöhnlichen Graphit so stark unterscheiden, dass sie einen neuen chemischen Namen verdienen: Graphen. Diese Kohlenstoffform (◘ Abb. 9.17a) eröffnet nicht nur ein völlig neues Gebiet der Physik, sondern verspricht auch eine Vielzahl neuer technologischer Anwendungen, von ultraschnellen elektronischen Geräten bis hin zu hocheffizienten Photovoltaikzellen (Geim und Kim, 2008).

Doch Graphen ist nur die jüngste Entdeckung einer Reihe neuer Kohlenstoffstrukturen, die seit 1985 im Labor – und in einigen Fällen auch in der Natur – ans Licht gekommen sind. Damals entdeckten der britische Chemiker Harry Kroto und Teams der Universitäten Rice (Texas, USA) und Sussex (GB) C_{60}-Moleküle mit einer ausgeprägten kugelförmigen Geometrie, die sich spontan aus heißem ionisiertem Kohlenstoffdampf zusammensetzen. Diese Moleküle bestehen aus abwechselnden 5- und 6-gliedrigen Ringen, die an einen Fußball erinnern. Die Ringe haben delokalisierte π-Elektronen, ähnlich wie Graphen, und in der Tat kann man sich das Molekül als eine kugelförmige Abwandlung des Graphens vorstellen (◘ Abb. 9.17b). Aufgrund seiner geometrischen Ähnlichkeit mit dem ikonischen „Geodesic Dome", der vom Architekten Buckminster Fuller für die US-Ausstellung auf der Expo 67 in Montreal entworfen wurde, wurde das Molekül C_{60} Buckminsterfulleren getauft (◘ Abb. 9.17b), wobei der kürzere Name *buckyballs* heute häufiger verwendet wird. Es gibt weitere ähnliche Moleküle, die alle als Fullerene bezeichnet werden, darunter C_{70}. Infrarotspektren zeigen, dass es C_{60} und C_{70} in jungen planetarischen Nebeln im interstellaren Raum gibt, sie sind jedoch auch auf der Erde im gewöhnlichen Ruß zu finden.

Andere Mitglieder dieser Strukturfamilie nehmen eine hohle zylindrische Form mit Durchmessern im Nanometerbereich ein, die wir uns als „aufgerollte" Versionen einer Graphenschicht vorstellen können (◘ Abb. 9.17c). Solche Kohlenstoffnanoröhrchen (die ein- oder mehrwandig sein können) können so gestaltet werden, dass sie eine Vielzahl von wertvollen Eigenschaften für die Nanotechnologie aufweisen. Kohlenstoffnanoröhrchen sind die stärksten und steifsten Materialien, die bisher entdeckt wurden. In der russischen Literatur sind sie bereits seit den 1950er-Jahren bekannt, im Westen wurden sie erst in jüngerer Zeit wiederentdeckt.

Die elektrische Leitfähigkeit von Graphen ist aufgrund seiner π-Elektronen sehr hoch, weshalb es für einige denkbare Anwendungen nicht geeignet ist. Es kann in isolierende Schichten umgewandelt werden, indem ein Wasserstoffatom an jedes Kohlenstoffatom der Schicht gebunden wird. Damit wird eine neue Klasse von Verbindungen gebildet, die Graphane, die keine π Orbitale enthalten.

9.6.2.1 Kohlenstoffdioxid

Im Kohlenstoffdioxidmolekül ist jedes Sauerstoffatom doppelt an ein Kohlenstoffatom gebunden. Das Kohlenstoffatom weist zwei Valenzelektronen einer sp^1-Hybridisierung zu, deren Orbitalbereiche in entgegengesetzte Richtungen herausragen, und die so gebildeten σ-Bindungen verleihen dem Molekül eine lineare O-C-O-Form. Die beiden nicht an der Hybridform beteiligten 2p-Orbitale des Kohlenstoffs bilden π-Bindungen zu den Sauerstoffatomen auf beiden Seiten.

CO_2 ist ein saures Oxid (◘ Abb. 9.21). Beim Lösen in Wasser bildet es eine leicht saure Lösung (▶ Abschn. 4.2.2). Regenwasser im Gleichgewicht mit atmosphärischem CO_2 hat einen pH-Wert von 5,7 (siehe Übung 4.3), was zu einem guten Teil seine Wirksamkeit bei der Verwitterung ausmacht. Auf der Nordhalbkugel wurde dieser Säuregehalt durch Schwefel- und Stickstoffoxide verstärkt, die durch die Verbrennung fossiler Brennstoffe in die Atmosphäre freigesetzt wurden.

Es wird angenommen, dass CO_2 ein wesentlicher Bestandteil der ursprünglichen Erdatmosphäre war, wie es heute bei der Venus der Fall ist (wo CO_2 96 % der Atmosphäre ausmacht). Im Laufe der Erdgeschichte hat die Photosynthese jedoch den Kohlenstoff aus der Atmosphäre in die Biosphäre „abgezogen". Die

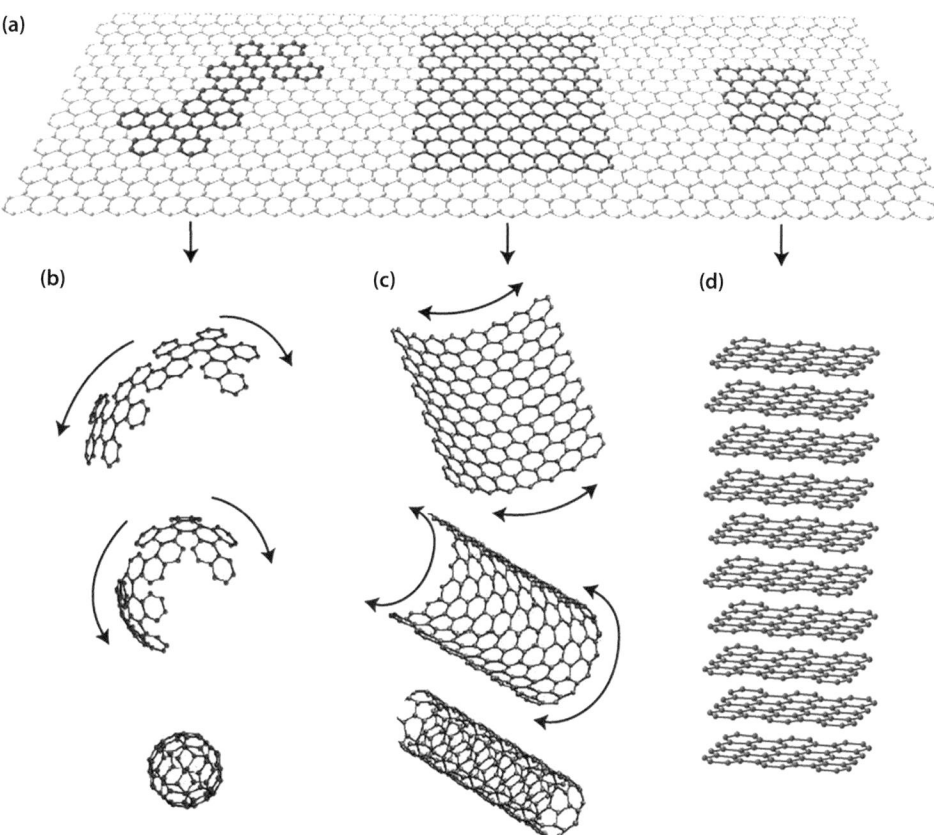

◘ Abb. 9.17 a Ein einzelnes Blatt Graphen und wie seine Schichtstruktur mit der Struktur von b Buckminsterfullleren (C_{60}, „buckyballs"), c Kohlenstoffnanoröhrchen und d Graphit verwandt ist. (Quelle: Geim und Lovoselov, 2007; Nachdruck mit Genehmigung von Macmillan Publishers Ltd)

Photosynthese ist eine Reaktion, bei der Pflanzen und Algen mit Chlorophyll (Kasten 9.5) den von ihnen benötigten reduzierten Kohlenstoff aus atmosphärischem oder im Ozean gelöstem CO_2 erzeugen:

$$x\text{H}_2\text{O} + x\text{CO}_2 \xrightarrow[\text{von Chlorophyll absorbiert}]{h\nu \text{ (Sonnenenergie)}} (-\text{CH}_2\text{O}-)_x + x\text{O}_2 \quad (9.1)$$

mit $(-\text{CH}_2\text{O}-)_x$ vereinfacht für Kohlenhydrate.

Diese oxygene Photosynthese, die den Sauerstoff freisetzt, auf den wir heute angewiesen sind, hat die Erdatmosphäre im Laufe der Erdgeschichte verändert, wie in ▶ Abschn. 10.3.3 und 11.6.5 beschrieben wird. Es handelt sich um die komplexeste und erst in geologisch jüngerer Zeit entwickelte Form der Photosynthese. Sie basiert auf Wasser, um die Elektronen freizusetzen, die zur Reduzierung des Kohlenstoffs im CO_2 benötigt werden. Schon früher entwickelten Einzeller anoxygene Formen der Photosynthese, die sich auf H_2S oder Fe als Elektronendonator stützten und keinen Sauerstoff freisetzen.

Aquatische Biota (Zooplankton und höhere Organismen) haben auch Kohlenstoff in Carbonatschalen gebunden, die sich als Kalkstein angesammelt haben. Durch die schrittweise Absonderung von Kohlenstoff aus der Atmosphäre in die Erdkruste haben diese Prozesse zusammen den CO_2-Gehalt der Erdatmosphäre auf heute wenige Hundert ppm verringert.

Die vorindustrielle Konzentration von CO_2 in der Atmosphäre war etwa 280 ppmv. Dies stellt ein biologisch vermitteltes Gleichgewicht zwischen oxygener Photosynthese und Atmung (die O_2 zu CO_2 verwandelt) dar. CO_2 ist ein sogenanntes Treibhausgas (Kasten 9.7). In den letzten zwei Jahrhunderten ist die atmosphärische Konzentration von CO_2 aufgrund der Verbrennung fossiler Brennstoffe und der Entwaldung gestiegen und lag 2013 erstmals über 400 ppmv (◘ Abb. 9.18), höher als je zuvor in den letzten 4,5 Ma (Ma = Mio. Jahre). Dieser Anstieg der atmosphärischen CO_2-Konzentration ist die Hauptursache für die globale Erwärmung. Das Gleichgewicht zwischen Verbrennung und Photosynthese verschiebt sich auf der Nord- und der Südhalbkugel mit den Jahreszeiten, im Winter steigt die CO_2-Konzentration, im Sommer nimmt sie ab (◘ Abb. 9.18). Aktuelle Schätzungen deuten darauf hin, dass der anthropogene Treibhauseffekt (Kasten 9.7) die Erde um 0,2 °C pro Jahrzehnt erwärmt, was schwerwiegende klimatische und soziale Folgen haben wird, wenn die Menschheit den Anstieg nicht sehr bald eindämmt.

Kohlenstoff bildet auch ein Monooxid (CO), das in vulkanischen Gasen und in der Atmosphäre auftritt, jedoch in wesentlich niedrigeren Konzentrationen als CO_2.

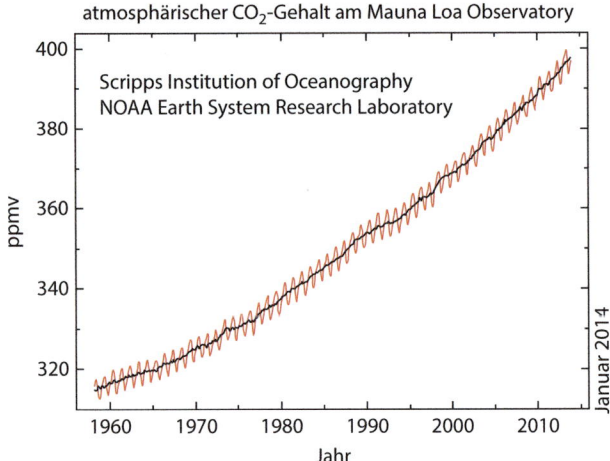

◘ **Abb. 9.18** Jährlich schwankende (dünne Linie) und saisonbereinigte (dicke Linie) CO_2-Konzentration in der Atmosphäre von März 1958 bis Januar 2014, gemessen am Mauna Loa Observatorium in Hawaii (das weit von den Industriegebieten der Welt entfernt ist), aktuelle Daten werden regelmäßig auf der Webseite der NOAA (o. D.) veröffentlicht. (Quelle: US National Oceanographic and Atmospheric Adminstration, NOAA o. D.)

Kasten 9.7 Molekülspektren und Treibhausgase

Wir haben in ▶ Abschn. 6.5 gesehen, dass Atome Licht bei charakteristischen Wellenlängen emittieren und absorbieren, wenn Elektronen zwischen festgelegten (d. h. gequantelten) Energieniveaus innerhalb des Atoms springen. Auch Moleküle können ihre eigenen charakteristischen elektromagnetischen Spektren absorbieren und emittieren, wobei die Mechanismen und der Wellenlängenbereich völlig unterschiedlich sind.

Bei Raumtemperatur ist ein Gasmolekül wie CO_2 kein starrer Körper, sondern dehnt und biegt sich ständig. Die präzisen Molekülgeometrien in ◘ Abb. 7.7 und 7.8 zeigen lediglich die mittleren Positionen der Atome, um die sie ständig auf unterschiedliche Weise (und mit unterschiedlichen Frequenzen: $\omega_1, \omega_2, \omega_3 \ldots$) schwingen, wie in ◘ Abb. 9.19 dargestellt ist. (Eine Animation der Schwingungsmodi eines nichtlinearen dreiatomigen Moleküls wie H_2O ist auf der Webseite Chaplin 2019 zu sehen.) Die wellenmechanische Analyse solcher internen Molekülschwingungen zeigt, dass auch sie gequantelt sind, was zu einer Reihe von diskreten Schwingungsenergieniveaus führt. Ein Molekül kann zwischen den Schwingungsarten (Energieniveaus) wechseln, indem es ein Photon absorbiert oder abgibt, dessen Energie der Energiedifferenz ΔE zwischen dem Anfangs- und Endschwingungszustand des Moleküls entspricht.

Ein reines Gas – ob zweiatomig wie O_2 oder dreiatomig wie H_2O oder CO_2 – emittiert oder absorbiert daher elektromagnetische Strahlungsenergie bei einer Reihe von für dieses Molekül charakteristischen diskreten Wellenlängen (bzw. Photonenenergien). Ein Gasgemisch wie Luft kombiniert die Spektren aller beteiligten Gase. Die beteiligten Photonenenergien sind jedoch viel niedriger als die der Elektronenübergänge in Atomen und entsprechen den Wellenlängen im Infrarotbereich (IR). Die Molekülrotation ist ebenfalls gequantelt, was zu weiteren charakteristischen Absorptions- und Emissionslinien im Infrarotbereich führt.

Das Klima der Erde resultiert aus einem Gleichgewicht zwischen (a) der von der Sonne erhaltenen Strahlungsenergie und (b) der von der Erde und ihrer Atmosphäre in den Weltraum abgestrahlten Wärmeenergie. Die mittlere Oberflächentemperatur der Erde von $288\,K = 15\,°C$ beschränkt die Abstrahlung von Energie auf den infraroten (IR) Wellenlängenbereich. Während die ausgehende Strahlungsenergie durch die Atmosphäre passiert, werden einige Wellenlängen durch die Schwingungs- und Rotationsübergänge in atmosphärischen Gasen absorbiert. Die absorbierte Energie hebt zum Teil die Temperatur der Atmosphäre an, ein anderer Teil wird in andere Richtungen (auch nach unten) abgestrahlt. Die Fähigkeit der Erde, Wärme in den Weltraum abzugeben, wird dadurch verringert, was sich auf das Gleichgewicht zwischen ankommenden (solaren) und abgehenden Energieflüssen auswirkt. Diese atmosphärische „Decke", der sogenannte Treibhauseffekt, erwärmt das Erdklima erheblich, und die am stärksten absorbierenden Moleküle wie CO_2, N_2O, H_2O und CH_4 werden daher als Treibhausgase bezeichnet.

Ohne die natürlich in der Atmosphäre vorhandenen Treibhausgase wäre die mittlere Oberflächentemperatur der Erde deutlich kälter, nämlich etwa $255\,K = -18\,°C$. Das Leben auf der Erde profitiert somit von einem natürlichen Treibhauseffekt von rund $+33\,°C$. Die aktuelle Sorge um den Klimawandel bezieht sich auf den zusätzlichen anthropogenen (oder „verstärkten") Treibhauseffekt, der durch die kumulierten Emissionen von CO_2 (aus der Verbrennung fossiler Brennstoffe und der Zerstörung tropischer Regenwälder) sowie von N_2O, CH_4 und FCKWs durch den Menschen verursacht wird. Die Verweildauer der Treibhausgase in der Atmosphäre und ihr Einfluss auf die Erderwärmung (das Treibhauspotenzial) variieren erheblich (◘ Tab. 9.1).

9.6.3 Kohlenstoffisotope

Kohlenstoff besteht aus zwei stabilen Isotopen (^{12}C und ^{13}C) und einem kurzlebigen radioaktiven Isotop ^{14}C, das in ▶ Abschn. 10.4 behandelt wird.

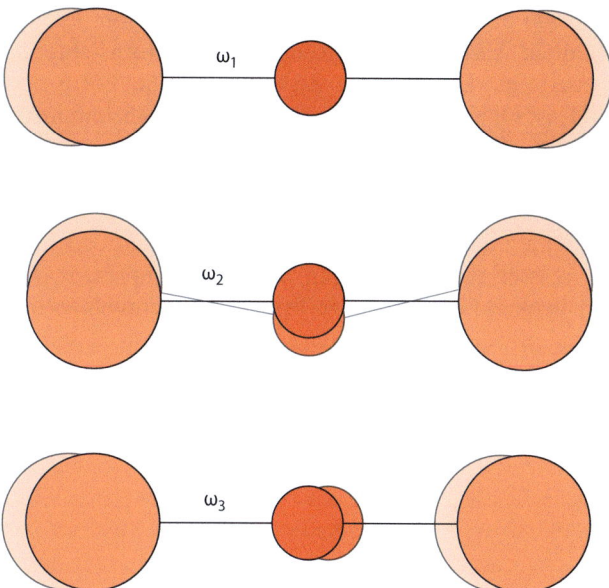

◘ **Abb. 9.19** Symmetrische und asymmetrische Schwingungsformen eines linearen Moleküls aus drei Atomen (z. B. CO_2). Die dunkler gezeichneten Kreise stellen mittlere Atompositionen dar, während die schwächer gezeichneten eine Schwingungsrichtung zeigen. Dargestellt sind die drei Grundfrequenzen der Vibration ω_1, ω_2 und ω_3

9.7 Silicium

Silicium (Si) ist ein hartes Halbmetall mit mittlerer Elektronegativität (1,9), dessen Struktur mit der von Diamant identisch ist (◘ Abb. 7.8). Wie das nächste Element in Gruppe IV, Germanium (Ge), ist es ein Halbleiter (▶ Abschn. 7.3.1) mit großer technologischer Bedeutung. Für diese Anwendungen muss es extrem rein sein (Verunreinigungen von weniger als 10 ppb). Hochreines Siliciummetall wird auch in 90 % der weltweit eingesetzten photovoltaischen (stromerzeugenden) Solarmodule verwendet, sowohl in kristalliner als auch in amorpher Form.

Das Element Silicium (engl. *silicon*) darf nicht (wie es manchmal in den Medien vorkommt) mit Silikon (engl. *silicone*) verwechselt werden, einer Klasse synthetischer Organosiliciumverbindungen, nämlich Polymere, in denen Gruppen wie CH_3 an Ketten und Netzwerken aus –Si–O–Si–O–Si– gebunden sind. Solche Verbindungen werden häufig als Schmiermittel und Isolatoren verwendet und weisen eine höhere thermische Stabilität auf als vergleichbare organische Polymere.

Silicium ist das häufigste der elektropositiven Elemente in der Erdkruste. Es tritt immer im oxidierten Zustand (Wertigkeit 4) auf, als SiO_2 oder in Silicatpolymeren (siehe ◘ Tab. 8.1).

Siliciumdioxid (SiO_2) tritt in einer Vielzahl von Strukturformen auf, sowohl kristallin als auch amorph. Quarz kommt nicht nur als größere Kristalle vor, häufig ist auch die kryptokristalline Form Chalzedon, mit bekannten Varietäten wie Achat, Jaspis, Hornstein und Feuerstein. Die einzige wirklich amorphe Form von SiO_2 ist Opal. Geschmolzenes hochreines Siliciumdioxid kann zu Glasfasern mit einem Durchmesser von einem Bruchteil eines Millimeters gezogen werden, die häufig für die faseroptische Kommunikation verwendet werden.

Quarz hat eine geringe, aber signifikante Löslichkeit in Wasser von etwa 6 ppm bei Raumtemperatur. Die Löslichkeit nimmt mit der Temperatur deutlich zu und kann als Geothermometer genutzt werden, mit dem man die Temperatur des tiefen Reservoirs einer heißen Quelle abschätzen kann.

Gelöstes Siliciumdioxid liegt in der hydratisierten Form $Si(OH)_4 = H_4SiO_4$ vor, bekannt als Kieselsäure (analog zur Kohlensäure, aber schwächer). Meerwasser ist – außer in der Nähe von heißen Quellen am Meeresboden und bei Lavaeruptionen – an Siliciumdioxid untersättigt. Diatomeen und Radiolarien sind dennoch in der Lage, durch Extraktion von SiO_2 aus dem Meerwasser Opalschalen zu bilden. Sie tun dies vor allem in der obersten photischen (lichtdurchfluteten) Zone der Ozeane, wo das Sonnenlicht eine hohe biologische Produktivität fördert. Die biogene Fällung von Siliciumdioxid reduziert den Gehalt an gelöstem Siliciumdioxid in der Oberflächenschicht drastisch, und zwar so sehr, dass das verfügbare Siliciumdioxid tatsächlich die Populationen dieser Organismen kontrolliert. Si ist somit ein Beispiel für ein biolimitierendes Element. Die Opalschalen dieser Organismen lösen sich nur langsam auf und sammeln sich daher auf dem Meeresboden an, um schließlich in ein feuersteinartiges Gestein namens Hornstein (*chert*) umgewandelt zu werden. Oft ist unter dem Elektronenmikroskop zu sehen, dass dieses aus Schalenresten der Einzeller besteht. (Manche Hornsteine sind jedoch abiogenen Ursprungs.)

9.8 Stickstoff und Phosphor

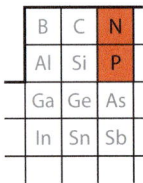

Stickstoff ist bekannt als das unreaktive zweiatomige Gas N_2, das den größten Teil der Atmosphäre ausmacht (◘ Abb. 9.20). Das elektronegative Stickstoffatom hat drei freie Plätze in der Valenzschale, sodass eine kovalente Dreifachbindung (eine σ-Bindung und zwei π-Bindungen) zwischen den beiden Atomen des Moleküls besteht.

Stickstoff nimmt eine Reihe von Oxidationsstufen an. Er bildet drei stabile gasförmige Oxide: Lachgas (N_2O), Stickstoffmonooxid (NO) und Stickstoffdioxid (NO_2), wobei „NO_x" als praktische Abkürzung für die „Stickoxide" verwendet wird. Signifikante Mengen an NO und NO_2 entstehen bei der Verbrennung fossiler Brennstoffe, insbesondere durch Autos; sie tragen zur Bildung des photochemischen Smogs bei, der an heißen Sommertagen in vielen Großstädten die Luftqualität beeinträchtigt (O'Neill, 1998).

Stickstoff ist ein wichtiger Bestandteil aller lebenden Materie: die Bedeutung der Aminogruppe ($-NH_2$) und der Aminosäuren wurde in ▶ Abschn. 9.6.1 diskutiert. Bei der Zersetzung von organischen Substanzen werden diese Verbindungen bakteriell zum Gas Ammoniak (NH_3) abgebaut, das überwiegend von Bodenbakterien zu Nitrat (NO_3^-) oxidiert wird – die Form von Stickstoff, die am ehesten von Pflanzen genutzt wird. Nitrat wird in großer Menge als Düngemittel verwendet, aufgrund seiner hohen Löslichkeit wird es in Bäche, Flüsse, Seen und Grundwasser gespült und kann dort die Wasserqualität beeinträchtigen.

Phosphor kommt im Gegensatz zu Stickstoff in der Natur nicht im elementaren Zustand vor. In Silicatanalysen (Kasten 8.3) wird es als das Oxid P_2O_5 angegeben. Es existiert geologisch gesehen als das Oxoanion Phosphat (PO_4^{3-}), insbesondere im häufigen akzessorischen Mineral Apatit: $Ca_5(PO_4)_3OH$. In basischen Magmen verhält sich Phosphor wie ein inkompatibles Element mit hoher Feldstärke (HFSE, Kasten 9.1), aber mit fortschreitender Kristallisation werden solche Schmelzen schließlich mit Apatit gesättigt, dessen Kristallisation dann zur Abreicherung des Phosphors in späteren Schmelzfraktionen führt.

Stickstoff und Phosphor sind beides wichtige biolimitierende anorganische Nährstoffe. Wenn Gewässer wie Seen, Mündungen oder Küstengewässer eine Zufuhr an Nitrat oder Phosphat erhalten – z. B. mit Abwasser oder durch eine zu hohe Verwendung von Dünger –, dann kann Sonnenlicht eine schnelle Vermehrung von hellgrünen Algen an der Wasseroberfläche fördern („Algenblüte") und eine normale Sauerstoffzufuhr des darunter liegenden Wassers verhindern, was zu Fischsterben führen kann (Hypoxie). Das Phänomen wird als Eutrophierung bezeichnet (aus dem Griechischen für „gut genährt").

9.9 Sauerstoff

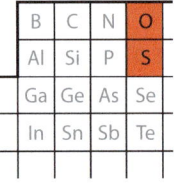

9.9 · Sauerstoff

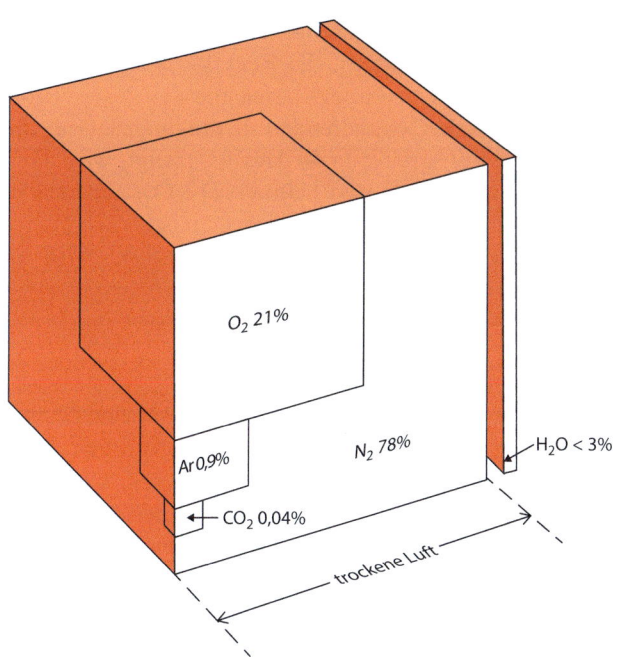

Abb. 9.20 Die Zusammensetzung der Atmosphäre (in Vol.-%) auf Meereshöhe

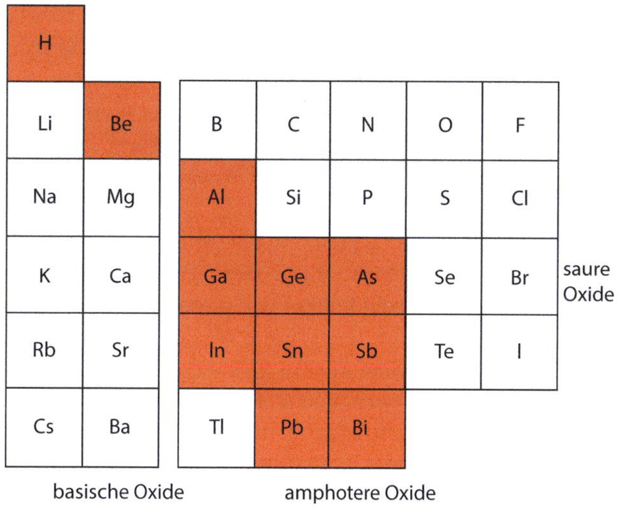

Abb. 9.21 Saure, basische und amphotere Oxide der Hauptgruppenelemente

Aus Sicht der Erde ist Sauerstoff das wichtigste aller chemischen Elemente: Es ist das häufigste Element in der Erdkruste und im Erdmantel und ein wichtiger lebenserhaltender Bestandteil der Ozeane und der Atmosphäre (◘ Abb. 9.20).

Sauerstoff ($1s^2 2s^2 2p^4$) ist das Element mit der zweithöchsten Elektronegativität (3,4; s. ◘ Abb. 6.4. Er ist zweiwertig und hat zwei freie Plätze in der Valenzschale. Zweiatomiger Sauerstoff O_2 macht 21 % der trockenen Luft auf Meereshöhe aus. In Höhen zwischen 10 und 60 km, in der Stratosphäre, spielt eine weitere Art von Sauerstoffmolekül eine wichtige Rolle: das dreiatomige Molekül Ozon, O_3. Zwar ist die O_3-Konzentration selten über 10 ppm, es absorbiert dennoch stark die solare ultraviolette Strahlung, und diese „Ozonschicht" schützt das Landleben vor den schädlichen Auswirkungen der UV-Strahlung der Sonne. Auf Meereshöhe ist Ozon jedoch ein unerwünschter Schadstoff, der zum photochemischen Smog und zum sauren Regen beiträgt (O'Neill, 1998).

Sauerstoff bildet mit fast jedem anderen Element ein Oxid (O in Oxidationsstufe −II). Oxide können basische oder saure Eigenschaften aufweisen (Kasten 8.1), oder sie können amphoter sein und beide Aspekte aufweisen. Da diese Eigenschaften von der Elektronegativität des an den Sauerstoff gebundenen Elements abhängen, korrelieren sie mit dessen Position im Periodensystem (◘ Abb. 9.21).

Die Verfügbarkeit von Sauerstoff bestimmt die Stabilität vieler Minerale, insbesondere solcher, die Elemente wie Eisen enthalten, die mehrere Oxidationsstufen aufweisen. Der Sauerstoffgehalt in wässrigen Umgebungen mit niedriger Temperatur wird durch das Redoxpotenzial Eh ausgedrückt (◘ Abb. 4.7b). Umgebungen mit freiem Zugang zu Luftsauerstoff haben hohe Eh-Werte, während anaerobe Bedingungen durch niedrige Eh-Werte gekennzeichnet sind.

In anderen Systemen ist es besser, die Verfügbarkeit von Sauerstoff in Form seines Partialdrucks p_{O_2} (▶ Kap. 4) oder mit dem verwandten Parameter namens Sauerstofffugazität f_{O_2} anzugeben. Als Konzentrationsangabe ist der Partialdruck nur in Gasgemischen mit geringem Druck geeignet, in dem die Moleküle so verteilt sind, dass sie sich unabhängig voneinander verhalten (von Kollisionen abgesehen). Dieser Zustand wird als „ideales Gas" bezeichnet. In einem Gasgemisch unter hohem Druck, oder wenn ein Gas in einer anderen Phase wie einem Magma gelöst wird, interagieren Gasmoleküle stärker mit benachbarten Molekülen, ähnlich wie Ionen in nicht idealen wässrigen Lösungen (▶ Kap. 4). Die Sauerstofffugazität f_{O_2} ist analog zur Aktivität a bei der Beschreibung der „effektiven Konzentration" von Sauerstoff unter diesen nicht idealen Bedingungen.

Betrachten wir die Reaktion zwischen eisenreichem Olivin (Fayalit), der aus einem Magma kristallisiert, und in der Schmelze gelöstem Sauerstoff:

$$3\,Fe_2SiO_4\,(\text{Fayalit}) + O_2\,(\text{Schmelze})$$
$$\rightleftarrows (FeO \cdot Fe_2O_3)\,(\text{Magnetit}) \qquad (9.2)$$
$$+ 3\,SiO_2\,(\text{Quarz})$$

Fayalit ist eine Verbindung mit Fe^{2+}, deren Kristallstruktur nur eine minimale Menge an Fe^{3+} toleriert. Wenn genügend Sauerstoff im System vorhanden ist, um eine signifikante Oxidation des Fe^{2+} in Olivin zu bewirken, zerfällt der Olivin zu einer Mischung aus Magnetit ($Fe_3O_4 = FeO \cdot Fe_2O_3$) – der sowohl Fe^{2+} als auch Fe^{3+} enthält – und Quarz.

Die Reaktion zwischen Fayalit und Sauerstoff erfolgt bei bestimmten f_{O_2}-T-Bedingungen, wie in ◘ Abb. 9.22 dargestellt (eine Art Phasendiagramm). Die untere Kurve ist eine univariante Reaktionsgrenze, die Felder trennt, in denen Fayalit + Sauerstoff (unten) und Magnetit + Quarz (oben) die stabilen Vergesellschaftungen sind. Die Reaktion kann in beide Richtungen ablaufen. Wenn alle vier Phasen gemeinsam vorkommen – beispielsweise koexistierende Einsprenglinge aus Fayalit, Magnetit und Quarz in einem feinkörnigen Vulkangestein –, dann deutet dies darauf hin, dass die Kristallisation unter Bedingungen erfolgte, die irgendwo an der Reaktionsgrenze lagen. Da es sich um ein univariantes Gleichgewicht handelt (vgl. ◘ Abb. 2.4), müsste man die Kristallisationstemperatur der Einsprenglinge mit anderen Mitteln abschätzen, um einen Zahlenwert für f_{O_2} zu erhalten. Dennoch ist diese univariante Grenze eine nützliche Referenzlinie. Die Vergesellschaftung Quarz-Fayalit-Magnetit kann die Redox-Bedingungen in Hochtemperatur-Phasengleichgewichtsexperimenten regulieren (oder puffern), die Reaktion ▶ Gl. 9.2 wird daher oft als „QFM-Puffer" bezeichnet.

Unter stärker oxidierenden Bedingungen, wie die obere Reaktionsgrenze in ◘ Abb. 9.22 zeigt, wird Fe^{2+} im Magnetit oxidiert und Hämatit (Fe_2O_3) gebildet, in dem alles Eisen als Eisen(III) enthalten ist.

Die Isotopengeochemie des Sauerstoffs wird in ▶ Abschn. 10.3 behandelt.

9.10 Schwefel

Elementarer Schwefel (Oxidationsstufe 0) bildet gelbe Krusten an Vulkankratern und Fumarolen, wo er als Sublimat kristallisiert. Er kann auch an heißen Quellen mit hohem H_2S- oder SO_2-Gehalt abgelagert werden. In Sedimentgesteinen tritt er als Folge der bakteriellen Reduktion von Sulfat auf.

Verbindungen kann Schwefel entweder mit Elementen bilden, die weniger elektronegativ sind als er selbst (Wasserstoff und die Metalle), oder mit Sauerstoff, der elektronegativer ist. Es ist sinnvoll, diese beiden Fälle als „reduzierter Schwefel" bzw. „oxidierter Schwefel" zu unterscheiden.

9.10.1 Reduzierte Schwefelverbindungen

Schwefel ist für Lebewesen ein essenzielles Nährstoffelement, weshalb Organoschwefelverbindungen eine erhebliche biochemische Bedeutung haben. Sie erzeugen den unverwechselbaren scharfen Geschmack und den Geruch von Zwiebeln und Knoblauch. Schwefelwasserstoff (H_2S), bekannt für den Geruch nach faulen Eiern, wird durch den Abbau organischer Substanz unter anaeroben Bedingungen zum Beispiel in stehendem Wasser erzeugt. Bedeutende Mengen an Organoschwefelverbindungen sind in Öl, Erdgas und Kohle enthalten und die Oxidation dieser Verbindungen zu SO_2 bei der Verbrennung ist die wichtigste anthropogene Ursache für sauren Regen.

H_2S ist auch ein bedeutender Bestandteil von vulkanischen Gasen. Dies deutet darauf hin, dass Sulfid (Oxidationsstufe −II) die vorherrschende Form von Schwefel im Erdinneren ist. Aus hydrothermalen Fluiden werden sehr viele wirtschaftlich wichtige Metalle in Form von Sulfidmineralen abgeschieden (Kasten 9.8). Die anderen Elemente der Gruppe VI, Selen (Se) und Tellur (Te), können den Schwefel in solchen Mineralen ersetzen. Eine Reihe von Selenid- und Telluridmineralen ist ebenfalls bekannt.

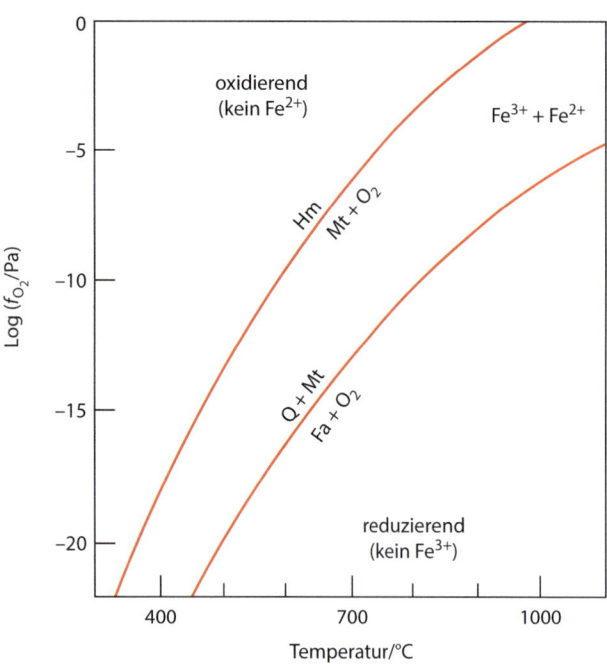

◘ Abb. 9.22 f_{O_2}-T-Diagramm mit den experimentell bestimmten Reaktionsgrenzen für Magnetit (Mt) –Hämatit (Hm) und für Fayalit (Fa) – Magnetit – Quarz (Q)

9.10 · Schwefel

Kasten 9.8 Sulfidminerale

Nicht alle Metalle weisen die Fähigkeit auf, Sulfidminerale zu bilden. Die Elemente, die bei Geochemikern als chalkophile Elemente bekannt sind (◘ Abb. 11.10, 11.11), liegen im Periodensystem meist auf der rechten Seite des d-Blocks oder dem angrenzenden Teil des p-Blocks (◘ Abb. 9.23).

Warum ist das chalkophile Verhalten auf einen bestimmten Bereich des Periodensystems beschränkt? Chemiker unterteilen Metallionen in „harte" und „weiche" Lewis-Säuren (Kasten 7.5). „Härte" in diesem Sinne ist ein Merkmal der stark elektropositiven Metalle auf der linken Seite des Periodensystems (z. B. der Alkali- und Erdalkalimetalle), die Bindungen mit eher ionischem Charakter bilden, insbesondere mit stark elektronegativen Elementen wie Sauerstoff. Chalkophile Metalle hingegen verhalten sich als „weiche" Lewis-Säuren: Sie sind gut mit d-Elektronen ausgestattet und haben – für Metalle – vergleichsweise hohe Elektronegativitäten (1,7–2,5; ◘ Abb. 6.4). Ihre Ionen sind leicht polarisierbar und bilden daher vergleichsweise kovalente Bindungen. Solche Bindungen können am effektivsten mit Liganden mit geringer Elektronegativität wie Sulfid (eine „weiche Base") gebildet werden. Die Tendenz, dass „harte Säuren" (Na^+, K^+, Mg^{2+}, Ca^{2+}) mit „harten Basen" (O^{2-}) kombinieren, während „weiche Säuren" (z. B. Cu^{2+}, Ag^+, Hg^{2+}) Verbindungen mit „weichen Basen" (S^{2-}) eingehen, ist eine grundlegende Unterscheidung in der modernen anorganischen Chemie, die der geochemischen Unterteilung in lithophile und chalkophile Elemente nahekommt (◘ Abb. 11.10).

Wir haben gesehen, dass die Bindung in Sulfiden gewisse Ähnlichkeiten mit der Bindung in Metallen aufweist (◘ Abb. 7.13b). So ist es nicht verwunderlich, dass viele Sulfidminerale metallähnliche Eigenschaften aufweisen, wie Metallglanz, Opazität und relativ hohe thermische und elektrische Leitfähigkeit. Diese Ähnlichkeit ergibt sich aus der geringen Elektronegativitätsdifferenz zwischen weicher Lewis-Säure und weicher Lewis-Base. Die gemittelte Elektronegativität von Galenit, PbS (2,45) unterscheidet sich beispielsweise kaum vom metallischen Pb (2,3). In einigen Fe-, Co- und Ni-Sulfiden wird der metallische Charakter durch direkte Metall-Metall-Bindung weiter verstärkt, wobei ein zwischen den Atomen liegendes Leitungsband durch Wechselwirkung zwischen den d-Orbitalen benachbarter Metallatome gebildet wird.

Zn hat die geringste Elektronegativität der eindeutig chalkophilen Elemente und Sphalerit (auch Zinkblende genannt, ZnS) zeigt einen weniger metallischen Charakter: Eisenfreie Kristalle sind sogar durchsichtig („Honigblende").

In Sulfiden kombiniert Schwefel mit Metallen oft in nicht ganzzahligen Anteilen. Ein Beispiel für ein solches „nichtstöchiometrisches" Sulfid ist Pyrrhotin, dessen Zusammensetzung am besten durch die Formel $Fe_{1-x}S$ dargestellt wird, wobei x zwischen 0,0 und 0,15 liegen kann.

9.10.2 Oxidierte Schwefelverbindungen

Sulfide sind in Kontakt mit Luftsauerstoff nicht stabil. H_2S wird schnell oxidiert, in Wasser zum Sulfatanion SO_4^{2-} (wenn genügend gelöster Sauerstoff vorhanden ist) und in Luft zu gasförmigem Schwefeldioxid (SO_2,

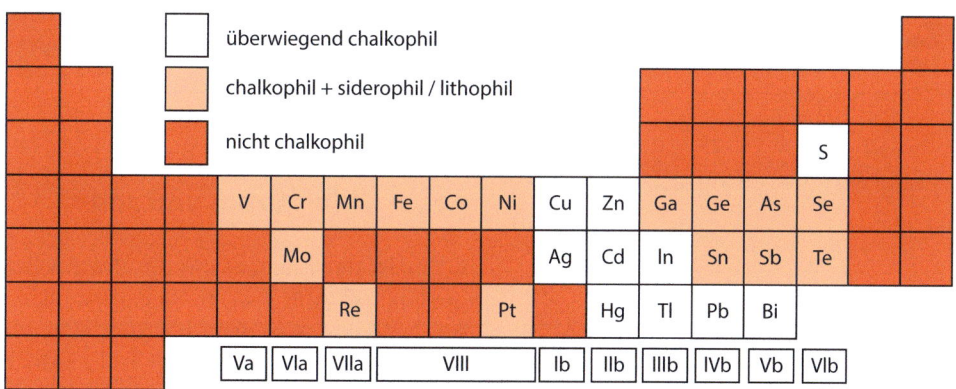

◘ **Abb. 9.23** Verteilung der chalkophilen Elemente im Periodensystem (siehe auch ◘ Abb. 11.11). Diejenigen im p-Block (auch die seltenen unter ihnen) sind durch viele neue Anwendungen in den Bereichen Halbleiter (GaInAs), Photovoltaik (CuInSe, CdTe) und anderen Hightech-Anwendungen immer wichtiger geworden

Oxidationsstufe IV). Etwa 10^8 t pro Jahr an SO_2 werden durch die Verbrennung fossiler Brennstoffe und andere industrielle Prozesse in die Atmosphäre abgegeben. Beim Lösen in Wassertropfen (Kasten 9.3) oxidiert SO_2 zu einem Aerosol aus Schwefelsäure (H_2SO_4, Oxidationsstufe VI). Dies war die wichtigste Ursache für den sauren Regen, der schwere und großflächige Schäden an Seen, Flüssen und Wäldern der nördlichen Hemisphäre verursachte.

Auch Sulfidminerale sind im Kontakt mit Luft anfällig für Oxidation. Die Verwitterung von oberflächennahen Sulfiderzen durch abwärts sickerndes sauerstoffhaltiges Wasser kann zu einer weiteren Anreicherung des Erzes führen. Direkt unter der Oberfläche (◘ Abb. 9.24) werden Sulfide zu Sulfaten oxidiert, die in Lösung nach unten sickern. Üblicherweise werden eine Reihe von Carbonat-, Sulfat- und Oxiderzen knapp über dem Grundwasserspiegel ausgefällt, während reduzierende Bedingungen unter dem Grundwasserspiegel zur Bildung von sekundären Sulfidmineralen führen. Dies wird als sekundäre oder supergene Anreicherung bezeichnet.

Sulfatminerale kommen auch in zwei weiteren Umgebungen vor. Baryt ($BaSO_4$) tritt in unter relativ niedriger Temperatur gebildeten hydrothermalen Gängen auf (vgl. ▶ Kap. 4), häufig gemeinsam mit Sulfiden. Minerale wie Anhydrit ($CaSO_4$) und Gips ($CaSO_4 \cdot 2H_2O$) sind typisch für Evaporite.

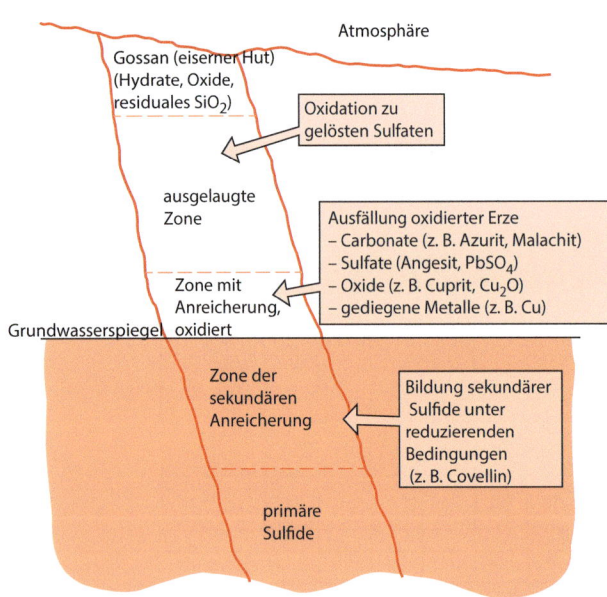

◘ Abb. 9.24 Idealisierter Querschnitt einer oberflächennahen Sulfidlagerstätte, der die durch abwärts sickernde sauerstoffhaltige Lösungen gebildete Zonierung zeigt. Die erzeugten Mineralvergesellschaftungen werden durch typische Kupferminerale veranschaulicht (die Stabilitätsbeziehungen sind in ◘ Abb. 4.7a dargestellt), aber viele andere Minerale kommen in solchen Umgebungen vor

9.11 Halogene

9.11.1 Fluor

				He
B	C	N	O	**F**	Ne
Al	Si	P	S	**Cl**	Ar
Ga	Ge	As	Se	**Br**	Kr
In	Sn	Sb	Te	**I**	Xe

Fluor hat die höchste Elektronegativität aller Elemente (◘ Abb. 6.4) und ist das reaktivste Element. Es bildet stark ionisch gebundene Verbindungen. Das häufigste Fluoridmineral (und der wichtigste Rohstoff für Fluor) ist Fluorit, CaF_2 (◘ Abb. 7.5d), der häufig in hydrothermalen Gängen vorkommt. Der Ionenradius des Fluoridanions F^- (1,25 pm; Kasten 7.2) ist ähnlich wie bei O^{2-} und OH^-, entsprechend substituiert Fluor häufig OH^- in wasserhaltigen Mineralen wie Amphibolen, Glimmern und Apatit.

Da Fluor reaktiver und elektronegativer ist, kann es Sauerstoff aus den meisten Silicaten verdrängen. Das Lösen von Fluorwasserstoff (HF, ein Gas) in Wasser erzeugt Flusssäure, die in der analytischen Geochemie häufig verwendet wird, da sie die einzige Säure ist, die Silicatgesteine (in Pulverform) angreifen kann, um sie für eine Analyse in Lösung zu bringen. Es handelt sich um eine gefährliche Chemikalie, die eine besondere Schulung und Handhabung erfordert. Im Gegensatz zur bekannteren Salzsäure verursacht sie beim Kontakt mit der Haut kein Brennen, sondern dringt in tieferes Gewebe ein und kann nach einigen Stunden starke Schmerzen verursachen. Da HF (als Lösung oder Gas) Glas angreift, darf es nur in Platin- oder Kunststoffbehältern – in speziell ausgestatteten Laborabzügen – verwendet werden.

9.11.2 Chlor, Brom und Jod

Chlor ist das Element mit der dritthöchsten Elektronegativität (◘ Abb. 6.4). In Silicatgesteinen ist es ein Spurenelement, das in der Erdkruste etwa viermal seltener ist als F. Das Chloridanion (Cl^-) ist jedoch die häufigste gelöste Spezies im Meerwasser und der dominierende Ligand in Sole und hydrothermalen Fluiden. Chlorgas (Cl_2) hat viele industrielle Anwendungen.

Organochlorverbindungen werden aufgrund ihrer chemischen Inaktivität weit verbreitet in der Industrie als Lösungsmittel, Treibmittel und Kältemittel eingesetzt. Zu den inertesten Stoffen gehören Fluorchlorkohlenwasserstoffe (FCKW, engl. *chlorofluorocarbon*, CFC): Kohlenwasserstoffderivate, bei denen jeder Wasserstoff durch Chlor- oder Fluoratome ersetzt wurde. Während elementares Chlor in der Atmosphäre hochreaktiv ist und daher durch Regen schnell ausgewaschen wird, können flüchtige FCKWs bis zu hundert Jahre lang in der Atmosphäre verweilen (◘ Tab. 9.1). Sie sind sehr starke Treibhausgase (Kasten 9.7), aber ihre lange Verweildauer in der Atmosphäre war einst eine noch unmittelbarere Bedrohung, weil sie stratosphärisches Ozon abbauen. Die Verweildauer ist lang genug, dass sie bis in die Stratosphäre eindringen, wo sie sich photochemisch zersetzen und Cl-Radikale freisetzen, die Ozon zerstören. Nach der Umsetzung des Montrealer Protokolls im Jahr 1989 wurden die FCKW jedoch für die meisten industriellen Anwendungen durch teilhalogenierte Fluorchlorkohlenwasserstoffe (HFCKW, engl.: *hydrochlorofluorocarbons*, HCFC) ersetzt. Diese haben eine geringere Verweildauer und stellen eine geringere Bedrohung für das stratosphärische Ozon dar, auch wenn ihr Treibhauspotenzial nur geringfügig geringer ist als das der FCKW (◘ Tab. 9.1).

Die selteneren Halogene Brom (Br, eine Flüssigkeit bei Raumtemperatur) und Jod (I, bei Raumtemperatur ein Feststoff) reagieren ähnlich wie Chlor.

9.12 Edelgase

Die Elemente Helium (He), Neon (Ne), Argon (Ar), Krypton (Kr), Xenon (Xe) und Radon (Rn; siehe Kasten 9.9), die sich in Spalte 18 ganz auf der rechten Seite des Periodensystems befinden, haben vollständig gefüllte Valenzschalen. Diese Elektronenstruktur ist so stabil, dass diese Elemente eine vernachlässigbare chemische Reaktivität aufweisen und (außer bei extrem niedrigen Temperaturen, Kasten 7.7) als einatomige Gase vorliegen. Sie werden auch als Inertgase bezeichnet.

Obwohl Helium nach Wasserstoff das zweithäufigste Element im Universum ist (◘ Abb. 11.7), macht es nur 0,00052 % der Erdatmosphäre aus. Im Gegensatz zu anderen gasförmigen Elementen wie N_2 hat sich Helium in der Atmosphäre nicht angesammelt, weil seine relative Atommasse zu gering ist, um vom Schwerefeld der Erde zurückgehalten zu werden: die Fluchtgeschwindigkeit der Heliumatome (wie auch der H_2-Moleküle) liegt deutlich unter der tatsächlichen durchschnittlichen thermischen Geschwindigkeit solcher Atome bei normalen Temperaturen.

Helium besteht aus zwei stabilen Isotopen, ^{3}He und ^{4}He. In natürlichem Helium, das aus der Erdoberfläche entweicht, ist ^{3}He ein Relikt des ursprünglich bei der Akkretion der Erde aufgenommenen Heliums (▶ Kap. 11), während ^{4}He – etwa eine Million Mal häufiger – fast ausschließlich das Produkt des radioaktiven Zerfalls von Thorium (Th) und Uran (U) ist. Helium ist z. B. in Ölfeld-Solen und heißen Quellen enthalten.

Das Hauptinteresse des Geochemikers an Ar gilt der radiometrischen Datierung nach der K–Ar-Methode (▶ Abschn. 10.2.1) oder der neu entwickelten ^{39}Ar-^{40}Ar-Methode (Kasten 10.3). Was die Umweltauswirkungen betrifft, so gibt das radioaktive Edelgas Radon (Rn) Anlass zu großer Sorge (Kasten 9.9).

> **Kasten 9.9 Radon**
>
> Das schwerste der Edelgase, Radon (Rn, $Z = 86$), umfasst vier natürlich vorkommende Isotope, die alle stark radioaktiv sind, mit Halbwertszeiten von Bruchteilen einer Sekunde bis 3,8 Tagen. ^{218}Rn, ^{219}Rn, ^{220}Rn und ^{222}Rn sind Zwischenschritte in den Zerfallsreihen, die von ^{232}Th, ^{235}U und ^{238}U zu den Bleiisotopen führen (veranschaulicht in ◘ Abb. 3.8).
>
> Anders als die vielen anderen radioaktiven Zerfallsprodukte von U und Th erlaubt der gasförmige Zustand des Radons, dass es leicht aus U- und Th-haltigen Mineralen entweicht. Radon stellt somit ein potenzielles Problem für die öffentliche Gesundheit in Gebieten mit U- und Th-reichen Gesteinen wie Granit und Schiefer (und manchen Kalksteinen und Sandsteinen) dar. Radongas, das in solchen Gebieten aus dem Untergrund austritt (insbesondere ^{222}Rn, dessen relativ lange Halbwertszeit von 3,8 Tagen die Migration erleichtert), kann sich in schlecht belüfteten Kellern und unterirdischen Hohlräumen ansammeln, wo es eine radiologische Gefahr für die Bewohner darstellt, die es einatmen können.
>
> Radonisotope zerfallen über den Alphazerfall zu kurzlebigen Poloniumisotopen (Po, $Z = 84$) – einem festen Element – die sich im Lungengewebe festsetzen können und wiederum zu einer Abfolge von α-aktiven Tochternukliden zerfallen. Die emittierte α-Strahlung verursacht aufgrund der hohen Masse und Ladung

der α-Teilchen intensive Gewebeschäden. In Großbritannien gilt Radon als die zweithäufigste Ursache von Lungenkrebs nach dem Tabakrauchen und macht für die Einwohner etwa die Hälfte der durchschnittlichen jährlichen Strahlenbelastung aus.

Die Auswirkungen von Radon können gemildert werden, indem sichergestellt wird, dass unterirdische Räume ausreichend belüftet werden – gegebenenfalls mithilfe von Ventilatoren (wobei Rn in der Außenluft verteilt und auf sichere Werte verdünnt wird). In einigen Ländern sind Radon-Risikokarten online verfügbar (z. B. BfS 2019).

9.13 Übergangsmetalle

Die meisten Metalle, die wir zu Hause, im Büro und in der Industrie verwenden, sind Übergangsmetalle und bilden den d-Block des Periodensystems. Das wesentliche Merkmal eines Übergangsmetalls ist das Vorhandensein einer teilweise gefüllten d-Unterschale im Atom oder Ion (▶ Kap. 6). Der d-Block kann in eine erste, zweite und dritte Reihe der Übergangselemente unterteilt werden (◘ Abb. 9.25), je nachdem, ob die 3d-, 4d- oder 5d-Unterschale die teilweise gefüllte Unterschale ist. Die Elemente der Gruppe IIb (Zink, Cadmium und Quecksilber) weisen ganz gefüllte d-Unterschalen auf und gehören somit streng genommen nicht zu den Übergangsmetallen.

Die Übergangsmetalle weisen eine Reihe wichtiger chemischer Eigenschaften auf:
- Die meisten Übergangsmetalle und ihre Legierungen sind zähe, chemisch stabile Metalle, die unzählige Anwendungen in der Industrie und im Heimbereich haben (◘ Abb. 9.25).
- Die meisten können mehr als eine Oxidationsstufe (Wertigkeit) in geologischen Umgebungen haben. Das bekannteste Beispiel ist Eisen (Kasten 4.7). ◘ Abb. 9.26 zeigt den Bereich der Oxidationsstufen

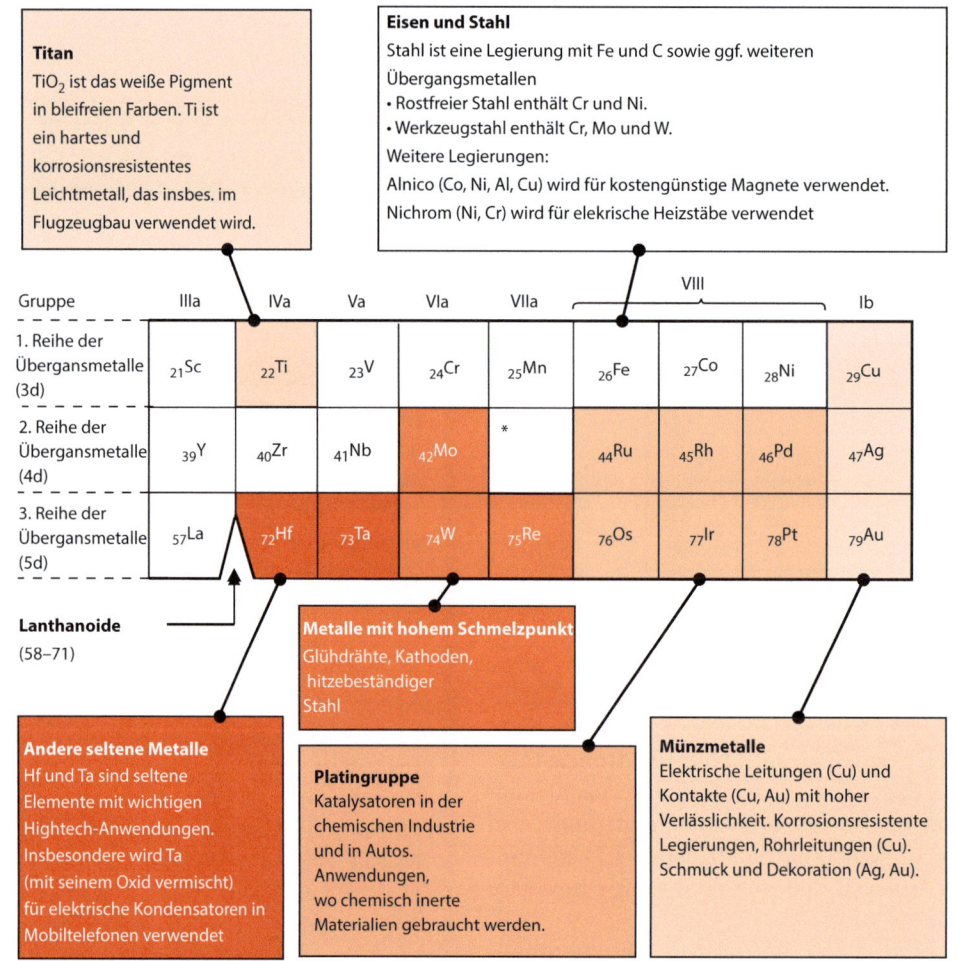

◘ Abb. 9.25 Übergangsmetalle und ihre Verwendung

9.13 · Übergangsmetalle

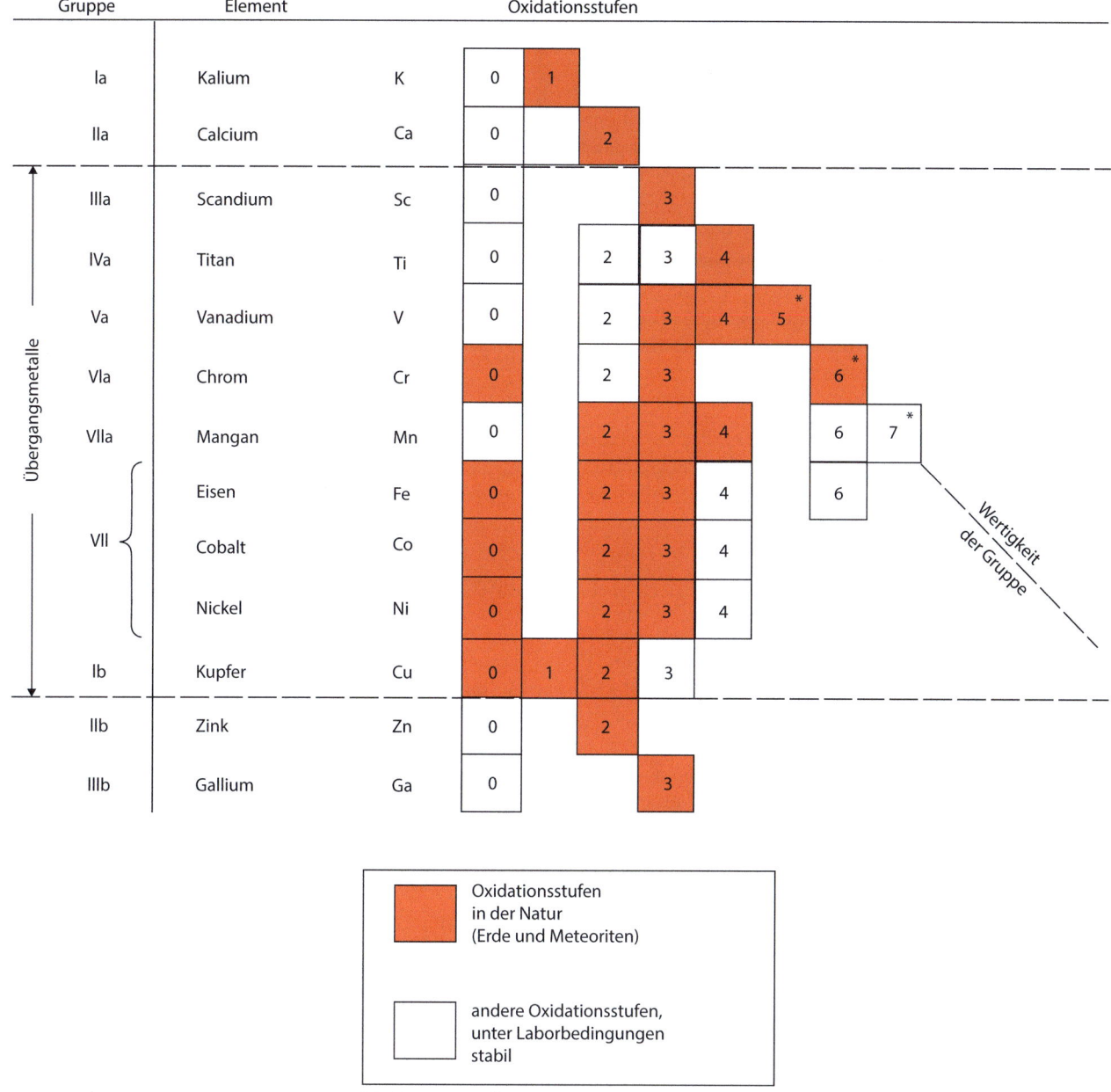

◘ Abb. 9.26 Oxidationsstufen der 1. Reihe der Übergangsreihe

für die erste Reihe der Übergangsmetalle. In den Elementen bis hin zu Mangan können alle d-Elektronen an der Bindung teilnehmen, sodass hohe Oxidationsstufen erreicht werden können. In Elementen wie Eisen, Cobalt (Co) und Nickel (Ni) verhält sich die d-Unterschale eher wie die Rumpfelektronen (▶ Kap. 5): Nur die 4s-Elektronen und vielleicht noch eines der 3d-Elektronen haben Energien, die hoch genug sind, um für die Bindung verwendet zu werden, und es treten nur geringe Oxidationsstufen auf.

- Übergangsmetalle bilden ein breites Spektrum von Komplexen, von denen einige eine wichtige Rolle bei der Lösung der Metalle und der Ermöglichung ihres Transports in hydrothermalen Fluiden spielen (▶ Abschn. 4.4.3; Kasten 7.5).
- Übergangsmetallverbindungen sind oft stark gefärbt (Kasten 9.10). Viele Minerale verdanken ihre charakteristischen Farben dem Vorhandensein eines Übergangsmetalls.
- Übergangsmetalle sind für den Magnetismus von Mineralen und Gesteinen verantwortlich. Diese

Eigenschaft ist bei Fe, Co und Ni (Nebengruppe VIII der ersten Reihe der Übergangsmetalle) am stärksten ausgeprägt. Sie ist auf das Vorhandensein von ungepaarten Elektronen in der d-Unterschale zurückzuführen. Im Gegensatz zu Valenzelektronen können diese 3d-Elektronen ungepaart bleiben, wenn sich das Metallatom in einer Verbindung befindet. Gepaarte Elektronen in einem Orbital erzeugen gleich starke und einander entgegengesetzte Magnetfelder, die sich gegenseitig aufheben. Ein ungepaartes Elektron verursacht Netto ein Magnetfeld, das bei einigen wenigen Mineralen wie Magnetit und Pyrrhotin zu einem permanenten (remanenten) Magnetismus führt.

Kasten 9.10 Übergangsmetalle und die Farbe der Minerale

Die d-Orbitale ragen weit vom Atomkern weg und sind stark gerichtet (◘ Abb. 5.6). Ihre Energieniveaus reagieren daher empfindlich auf die Positionen der sie umgebenden Liganden. ◘ Abb. 9.27a stellt ein Übergangsmetall auf einem Oktaederplatz in einem Kristall dar, umgeben von sechs gleich weit entfernten Anionen. Wir können uns diese auf den Referenzachsen vorstellen, die zur Beschreibung der Orbitalgeometrie verwendet werden (▶ Kap. 5). Der Koordinationspolyeder ist zur Verdeutlichung der Geometrie zur Hälfte dargestellt, ebenso wie der in ◘ Abb. 9.27b skizzierte Koordinationspolyeder. Aufgrund der potenziellen Abstoßung zwischen diesen Anionen und der Elektronendichte in den d-Orbitalen der Übergangsmetalle sind diejenigen d-Elektronen am stabilsten, deren Orbitale die oktaedrisch positionierten Ligandenanionen am wenigsten stören.

Die Platzierung eines Übergangsmetalls auf dem Oktaederplatz bringt für die d-Orbitale zwei Veränderungen der Energieniveaus mit sich. Im Mittel steigt die Energie aller Orbitale durch die elektrostatische Abstoßung durch das Anionenfeld. Außerdem werden die Energieniveaus aufgeteilt: Orbitale wie das in ◘ Abb. 9.27a gezeigte d_{yz}-Orbital, dessen Elektronenwolken zu den Rändern des Koordinationspolyeders (also zwischen den Liganden) zeigen, haben eine geringere Energie als Orbitale, die direkt auf die Anionen zeigen und eine maximale Abstoßung erfahren.

Die Aufteilung der d-Orbitale in verschiedene Energieniveaus (Δ_{okt}) durch das sogenannte Kristallfeld (das am Gitterplatz auf die d-Orbitale wirkende elektrische Feld) variiert je nach Art des Kations und des Gitterplatzes. Bei vielen Übergangsmetallen in Mineralen entspricht die Energiedifferenz zwischen den entsprechenden Energieniveaus der Photonenenergie des sichtbaren Lichts. Diese Ionen sind daher in der Lage, bestimmte Wellenlängen im sichtbaren Spektrum stark zu absorbieren, indem sie Elektronen vom unteren Energieniveau auf ein freies höheres Energieniveau heben (vgl. ◘ Abb. 6.5). Die Aufteilung der Energieniveaus durch das Kristallfeld ist die Ursache für die starke Färbung von Mineralen wie Malachit und Azurit (durch Cu) oder Olivin (durch Fe).

Aufgrund der Elektronen in seinen d-Orbitalen weicht ein Übergangsmetallion signifikant von der in ▶ Kap. 7 angenommenen Kugelform ab. Dies beeinflusst die Leichtigkeit, mit der ein solches Ion auf einem bestimmten Gitterplatz untergebracht werden kann. Betrachten wir den Fall von Nickel, einem wichtigen Spurenelement in Basalten: In einem Basaltmagma, aus dem Olivin kristallisiert, zeigt Ni^{2+} eine unerwartet starke Präferenz für die sonst mit Mg besetzten Oktaederplätze in Olivin, sodass die Kristallisation von Olivin zu einer schnellen Abreicherung des Ni-Gehalts in der Schmelze führt. Der Grund dafür ist, dass dieser Gitterplatz in Olivin besser zur Geometrie der d-Orbitale von Ni^{2+} passt als die verfügbaren Stellen in der Schmelze.

9.14 Seltenerdelemente

Nach dem Element Lanthan, La (das erste Element der 3. Reihe der Übergangsmetalle, siehe ◘ Abb. 9.25), beginnen Elektronen die sieben 4f-Orbitale zu besetzen und bilden die 14 Metalle von Cer (Ce) bis Lutetium (Lu), die als Lanthanoide oder (einschließlich La) als Seltenerdelemente (SEE; engl. *rare earth elements*, REE) bekannt sind. Der Unterschied zwischen den einzelnen Seltenerdelementen liegt in der Anzahl der Elektronen in den 4f-Orbitalen. Diese sind meist nicht an der Bindung beteiligt, sodass die chemischen Eigenschaften aller SEE bemerkenswert ähnlich sind. Alle haben stabile dreiwertige Oxidationsstufen (◘ Abb. 9.28).

Weil die Kernladung in der Reihe von Lanthan La^{3+} zu Lutetium Lu^{3+} immer größer wird, nimmt der Ionenradius stetig ab, was Lanthanoidenkontraktion genannt wird (◘ Abb. 9.28). Die „leichten" Seltenerdelemente (LSEE, La–Sm) sind inkompatible Elemente. Aufgrund ihrer kleineren Ionenradien passen die „schweren" Seltenerdelemente (SSEE, Gd–Lu) jedoch etwas besser in die Kristallstrukturen einiger weniger gesteinsbildender Minerale, insbesondere Granat und Amphibol. Die Seltenerdelemente bieten dem Geochemiker somit eine Reihe von Spurenelementen, die zwar in anderen chemischen Eigenschaften nahezu identisch sind, aber im Verhalten kontinuierlich von inkompatibel bis selektiv kompatibel reichen.

Aus den in ▶ Abschn. 11.4.2 dargelegten Gründen ist ein Element mit gerader Ordnungszahl tendenziell etwa zehnmal häufiger im Kosmos vorhanden als

9.14 · Seltenerdelemente

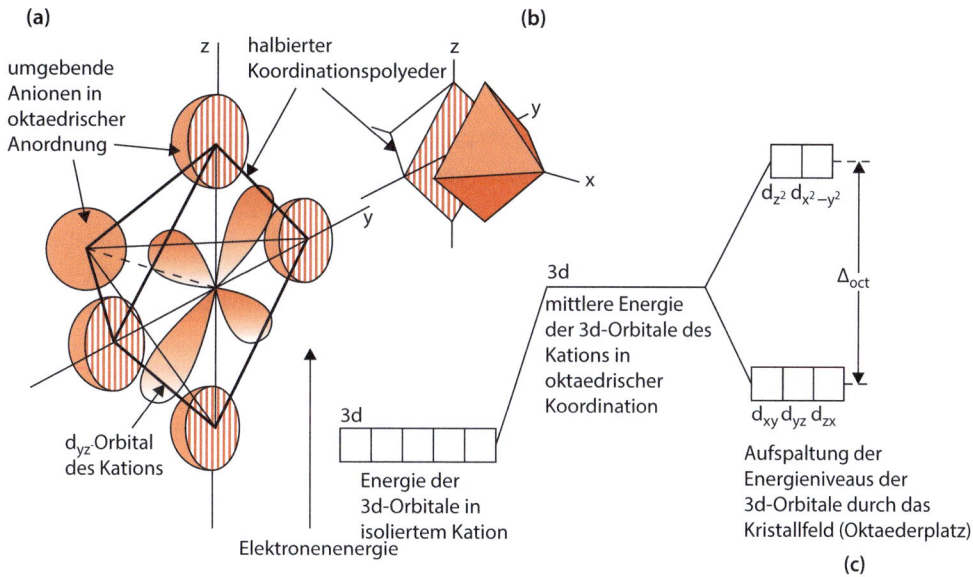

Abb. 9.27 Aufteilung der Energieniveaus der d-Orbitale durch das Kristallfeld bei einem Übergangsmetallkation in oktaedrischer Koordination

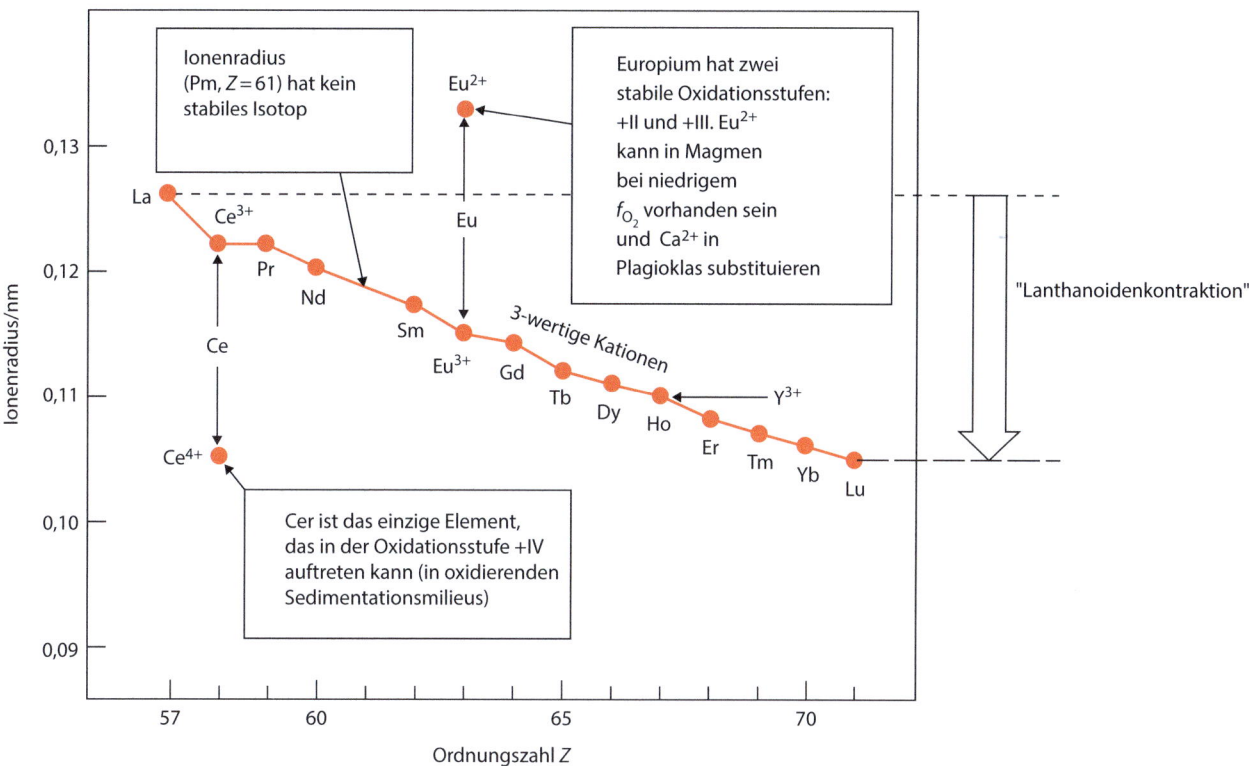

Abb. 9.28 Ionenradien der Seltenerdelemente, Y^{3+} ist das sehr ähnliche Element Yttrium (Abb. 9.25)

seine Nachbarn mit ungeraden Z-Werten, was insbesondere den Seltenerdelementkonzentrationen (Einsatz in Abb. 11.7) überall im Sonnensystem ein charakteristisches Zickzackmuster verleiht. Bei der Untersuchung der SEE eines Erd- oder Mondgesteins beseitigen Geochemiker daher diesen Sägezahneffekt, indem sie jede SEE-Konzentration im Gestein (ppm) durch die durchschnittliche Konzentration desselben Elements in chondritischen Meteoriten (auch in ppm) teilen. Chondrite (Kasten 11.1) dienen hier als vernünftiger Referenzwert, da sie eine gute Schätzung der ursprünglichen Zusammensetzung des Erdmantels liefern, dem „Ausgangspunkt", von dem letztlich alle magmatischen Gesteine abgeleitet wurden. Das Ergebnis ist ein glattes, „chondritnormiertes" SEE-Muster, das zeigt, wie viel jedes Seltenerdelement in der untersuchten Probe im Vergleich zu einer modellhaften Mantelquelle angereichert wurde.

◘ Abb. 9.29 zeigt ein chondritnormiertes SEE-Muster für zwei Mondbasalte. Das untere Muster stellt eine Lava dar, die direkt durch das Schmelzen des Mondmantels gebildet wurde. Das Muster ist relativ flach, was darauf hindeutet, dass sich die Quellregion im Mondmantel wenig von Chondrit unterschied, zumindest in Bezug auf die SEE-Gehalte. Auch das obere Muster ist insgesamt flach, unterscheidet sich aber in zwei wichtigen Punkten: Die SEE-Konzentrationen sind im Allgemeinen etwa zehnmal höher und es besteht im Vergleich zu den anderen SEE ein ausgeprägter Mangel, was den Gehalt des Elements Europium (Eu) angeht – ein Merkmal, das als „negative Europiumanomalie" bekannt ist. Dieser Basalt repräsentiert offensichtlich ein Magma, das bereits eine fraktionierte Kristallisation erfahren hat. Die meisten SEE sind in Basaltmineralen inkompatibel, und die Kristallisation von Olivin, Klinopyroxen, Plagioklas usw. konzentriert daher SEE in der verbleibenden Schmelze (während die Schmelzmenge abnimmt). Die Ausnahme ist Europium, das – einzigartig unter den SEE – eine Oxidationsstufe von +II aufweisen kann (◘ Abb. 9.28). Eu^{2+} hat einen Radius ähnlich wie Ca^{2+} (Kasten 9.1) und kann Ca in Plagioklas ersetzen (aber nicht in Klinopyroxen, dessen kompaktere Struktur es ausschließt). Wenn Plagioklas unter relativ niedrigem f_{O_2} (reduzierende Bedingungen) kristallisiert, verhält sich Eu daher als kompatibles Element und wird durch die Plagioklaskristallisation in der Schmelze abgereichert. Somit ist eine negative Eu-Anomalie ein wertvoller geochemischer Nachweis der Plagioklaskristallisation während der Magmafraktionierung.

SEE sind nützlich, um den Einfluss anderer Minerale auf magmatische Prozesse zu erkennen. So führt beispielsweise das Vorhandensein von Granat in der Mantelquelle eines Basalts während des Aufschmelzens dazu, dass SSEE im zurückbleibenden granathaltigen Mantelgestein verbleiben, weshalb in der gebildeten Schmelze die SSEE im Vergleich zu LSEE abgereichert sind. Das SEE-Muster eines solchen Basalts würde eine steile negative Neigung aufweisen.

Die Lanthanoide haben in den letzten Jahrzehnten eine große technologische Bedeutung erlangt, zum Beispiel bei Lasern und für besonders starke Permanentmagnete, etwa in Generatoren von Windkraftanlagen und Motoren von Elektrofahrzeugen. Die weltweite Nachfrage nach SEE steigt daher schneller als das Angebot, und SEE stehen an der Spitze der Liste „kritischer Rohstoffe" – technologisch wichtige Stoffe, deren zukünftige Verfügbarkeit unsicher ist. Seit den 1990er-Jahren hat sich China zum weltweit wichtigsten Lieferanten von SEE entwickelt.

Das Spurenelement Yttrium (Y) bildet ebenfalls ein dreiwertiges Kation. Der Ionenradius von Y^{3+} ist etwa der gleiche wie von Ho^{3+} und in geologischen Materialien ist Yttrium immer eng mit den HREE assoziiert. Aufgrund der Ähnlichkeit wird es oft zu den Seltenerdelementen gezählt.

9.15 Actinoide

Die zweite Reihe des f-Blocks besteht ausschließlich aus radioaktiven Elementen, die nach dem Element Actinium (Ac), das ihnen im Periodensystem vorausgeht, gemeinsam als Actinoide bezeichnet werden (vgl. den Begriff Lanthanoide). Thorium (Th) und Uran (U) haben langlebige Isotope, ^{232}Th, ^{235}U und ^{238}U (siehe ◘ Tab. 10.1), sodass diese Elemente als Spurenelemente in der Natur vorkommen. Alle drei langlebigen Isotope sind α-Strahler, deren Zerfall lange **Zerfallsreihen** mit kürzerlebigen α- oder β-Strahlung emittierenden **Radionukliden** erzeugt, die schließlich zu verschiedenen stabilen Isotopen von Blei führen (siehe ◘ Abb. 3.8 und ◘ Tab. 10.1. Für den Geowissenschaftler gibt es zwei wichtige Konsequenzen:
- Die Kollision dieser vielen α-Teilchen mit den Atomkernen der Umgebung fängt ihre kinetische Energie im Gestein ein und erhöht dessen Temperatur: Die hohe Ladung (2+) der α-Teilchen führt zu einer starken Wechselwirkung mit Atomen, was auch zum geringen Durchdringungsvermögen der Strahlung führt (bereits ein Blatt Papier kann die Strahlung abschirmen). Zerfall von Th und U (und in geringerem Maße ^{40}K) innerhalb der Erde leistet damit einen wichtigen Beitrag

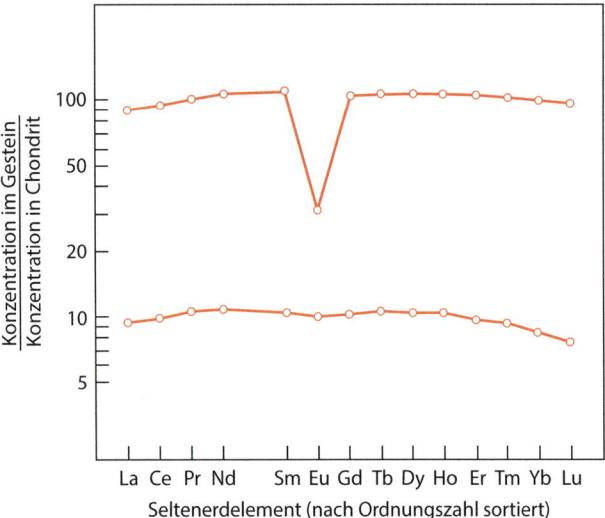

◘ **Abb. 9.29** Chondritnormiertes Seltenerdelementdiagramm für zwei Mondbasalte. Beachten Sie, dass die vertikale Skala (Anreicherung) logarithmisch ist. Die Punkte werden zur Verdeutlichung des Musters mit geraden Linien verbunden. (Daten aus Taylor, 1982)

zum Wärmehaushalt der Erde und zum **Wärmefluss**, den wir an der Oberfläche beobachten.
- Da die Zerfallskonstanten für diese drei natürlich vorkommenden Radioisotope genau bekannt sind (◘ Tab. 10.1), stellen sie ein wichtiges Werkzeug für die Datierung von Gesteinen und Mineralen dar. Verschiedene Aspekte der Isotopendatierung werden in ▶ Abschn. 10.2 erläutert.

Ein weiteres wichtiges Merkmal von Uran ist, dass das Isotop ^{235}U spaltbar ist. Uran spielt damit die Schlüsselrolle bei der Erzeugung von Kernenergie. Jedoch macht ^{235}U nur 0,71 % des Natururans aus. Es gibt zwar Reaktortypen, die mit Natururan betrieben werden können, aber die effizienteren Reaktoren erfordern den Einsatz von Uran, in dem ^{235}U künstlich auf 3–5 % angereichert wurde.

Übung

9.1 Die Reaktion:

$$Fe_2(SO_4)_3 + 6\,H_2O \rightleftharpoons 2\,Fe(OH)_3 + 3\,H_2SO_4$$

ist eine ausgeglichene chemische Gleichung: Die Summe jeden Bestandteils auf der linken Seite sollte gleich der auf der rechten Seite sein. Auf jeder Seite der Gleichung stehen 2 Atome Fe, 3 Atome S usw. Nachfolgend finden Sie eine Reihe ähnlicher Reaktionen, die im Zusammenhang mit supergener Anreicherung ablaufen, die nicht ausgeglichen sind. Berechnen Sie (durch Ausprobieren) die ganzen Zahlen, die vor jedem Molekül stehen müssen, um eine ausgeglichene chemische Gleichung zu erhalten.
a) $Fe_2(SO_4)_3 + FeS_2 \rightarrow FeSO_4 + S$
b) $CuFeS_2 + Fe_2(SO_4)_3 \rightarrow CuSO_4 + FeSO_4 + S$
c) $FeSO_4 + O_2 + H_2O \rightarrow Fe_2(SO_4)_3 + Fe(OH)_3$
d) $MnO_2 + H^+ + 2\,Fe^{2+} \rightarrow Mn^{2+} + H_2O + Fe^{3+}$
e) $ZnS + Fe_2(SO_4)_3 + H_2O \rightarrow ZnSO_4 + FeSO_4 + H_2SO_4$

Literatur

Archer D, Eby M, Brovkin V et al (2009) Atmospheric lifetime of fossil fuel carbon dioxide. Annu Rev Earth Planet Sci 37:117–134
BfS (2019) Radon in der Boden-Luft in Deutschland. Bundesamt für Strahlenschutz. ▶ https://www.bfs.de/DE/themen/ion/umwelt/radon/karten/boden.html
Chaplin M (2019) Water absorption spectrum. ▶ https://www1.lsbu.ac.uk/water/water_vibrational_spectrum.html
Geim AK, Kim P (2008) Carbon wonderland. Sci Am 298:90–97
Geim AK, Lovoselov KS (2007) The rise of graphene. Nat Mater 6:183–191
Henderson P, Henderson GM (2009) The cambridge handbook of earth science data. Cambridge University Press, Cambridge
Killops SD, Killops VJ (2005) An introduction to organic geochemistry, 2. Aufl. John Wiley & Sons Ltd, Chichester
Krauskopf KB, Bird DK (1995) Introduction to geochemistry, 3. Aufl. McGraw-Hill, New York
NOAA (o. D.) Earth system research laboratory, trends in atmospheric carbon dioxide. ▶ https://www.esrl.noaa.gov/gmd/ccgg/trends/full.html
O'Neill P (1998) Environmental chemistry, 3. Aufl. Blackie, London (Thomson Science)
Taylor SR (1982) Planetary science: a lunar perspective. Lunar and Planetary Science Institute, Houston. ▶ https://bit.ly/1gC9KVY
White WM (2013) Geochemistry. Wiley-Blackwell, Chichester

Weiterführende Literatur

Archer D (2011) Global warming – understanding the forecast, 2. Aufl. John Wiley and Sons Ltd, Chichester
Barrett J (2002) Atomic structure and periodicity. Royal Society of Chemistry, Cambridge
Geim AK, Kim P (2008) Carbon wonderland. Sci Am 298:90–97
Killops SD, Killops VJ (2005) An introduction to organic geochemistry, 2. Aufl. John Wiley & Sons Ltd, Chichester
Krauskopf KB, Bird DK (1995) Introduction to geochemistry, 3. Aufl. McGraw-Hill, New York
O'Neill, P. (1998) Environmental chemistry, 3. Aufl. Blackie, London (Thomson Science)
Meislich H, Nechamkin H, Sharefkin J (2011) Organic chemistry, 2. Aufl. McGraw-Hill, New York
Ninan A (2009) Organic chemistry – the nature of organic chemistry explained. Studymates.
Scerri ER (2011) The periodic table – a very short introduction. Oxford University Press, Oxford

Was können wir von den Isotopen lernen?

Inhaltsverzeichnis

10.1 Isotopensysteme – 196
10.1.1 Radiogene Isotopensysteme – 197
10.1.2 Stabile Isotopensysteme – 197
10.1.3 Kosmogene Radioisotopensysteme – 197

10.2 Radiogene Isotopensysteme – 197
10.2.1 K-Ar-Geochronologie – 197
10.2.2 Rb-Sr-Geochronologie – 200
10.2.3 Das radiogene Isotopensystem Sm–Nd – 206

10.3 Stabile Isotopensysteme – 210
10.3.1 Notation – 210
10.3.2 Wasserstoff- und Sauerstoffisotope – Schlüssel zum Klima der Vergangenheit – 210
10.3.3 Stabile Kohlenstoffisotope – Anzeichen von frühem Leben erkennen – 214
10.3.4 Massenunabhängige Fraktionierung von Schwefelisotopen – 216
10.3.5 Stabile Isotope der Übergangsmetalle – 217

10.4 Kosmogene Radioisotopensysteme – 217
10.4.1 Radiokohlenstoffdatierung – 217
10.4.2 Berylliumisotope – 218

10.5 Zusammenfassung – 218

Übungen – 218

Literatur – 219

© Springer-Verlag GmbH Deutschland, ein Teil von Springer Nature 2020
R. Gill, *Chemische Grundlagen der Geo- und Umweltwissenschaften*,
https://doi.org/10.1007/978-3-662-61500-3_10

Fast alle der in ▶ Kap. 9 behandelten Elemente bestehen aus mehr als einem Isotop. Das bedeutet, dass – bei einem eindeutigen Wert der Ordnungszahl Z, die das Element identifiziert (Kasten 6.1) – in der Natur Atomkerne mit zwei oder mehr alternativen Werten der Neutronenzahl N vorhanden sind. Dies wird für die Spurenelemente Rubidium (Rb) und Strontium (Sr) in ◘ Abb. 10.1a veranschaulicht: Jedes Quadrat repräsentiert ein natürlich vorkommendes Isotop des jeweiligen Elements. In der Natur gibt es zwei Isotope von Rb, ein stabiles Isotop ^{85}Rb ($Z=37$, $N=48$, $A=85$) und ein radioaktives Isotop ^{87}Rb ($Z=37$, $N=50$, $A=87$). Von diesen ist ^{85}Rb in der Natur am häufigsten vorhanden (◘ Abb. 10.1b). ^{87}Rb zerfällt langsam zu ^{87}Sr (◘ Abb. 10.1b), wobei seine Halbwertszeit lang genug ist (◘ Tab. 10.1), dass ein Teil des ^{87}Rb noch auf der Erde vorhanden ist, das noch vor der Entstehung des Sonnensystems in einer Episode mit Bildung schwerer Elemente entstand (▶ Abschn. 11.4).

Sr hingegen besteht in der Natur aus vier Isotopen, ^{84}Sr, ^{86}Sr, ^{87}Sr und ^{88}Sr, die alle stabil sind, und von diesen ist ^{88}Sr das am häufigsten vorkommende (◘ Abb. 10.1b). Zwar ist ^{87}Sr ein stabiles Isotop (es unterliegt nicht dem radioaktiven Zerfall), aber sein Vorkommen in der Erde nimmt mit der Zeit zu, da es durch den radioaktiven Zerfall von ^{87}Rb entsteht.

Die Isotope eines Elements teilen sich die gleiche Elektronenkonfiguration (▶ Abschn. 5.6.2) und haben somit eigentlich identische chemische Eigenschaften. Dennoch variiert ihre relative Häufigkeit in Materialien der Erde – zwar nur geringfügig, aber messbar. Wie wir in diesem Kapitel sehen werden, hat sich die Untersuchung der natürlichen Variation der Isotopenzusammensetzung bestimmter Elemente als eine äußerst fruchtbare Informationsquelle über die Funktionsweise geologischer und umweltgeologischer Prozesse erwiesen.

◘ Abb. 10.1a veranschaulicht den Fachjargon der Kernphysik, der bei der Diskussion von Beziehungen zwischen Isotopen verwendet wird. Jedes einzelne Quadrat in ◘ Abb. 10.1a, mit seiner eigenen einzigartigen Kombination aus Z und N, stellt ein spezifisches Nuklid dar. Drei Begriffe werden verwendet, um Gruppierungen von Nukliden zu beschreiben, die ein gemeinsames Attribut haben (siehe auch ◘ Abb. 10.2 in Kasten 10.1):

— Isotope sind Nuklide mit der gleichen Ordnungszahl Z (d. h. die gleiche Anzahl von Protonen im Atomkern, in der Nuklidkarte bilden sie eine horizontale Zeile).
— Isotone sind Nuklide mit der gleichen Neutronenzahl N (gleiche Anzahl von Neutronen im Atomkern, bilden eine vertikale Spalte in der Nuklidkarte; in ◘ Abb. 10.2 sind z. B. ^{40}Ca, ^{39}K und ^{38}Ar Isotone).
— Isobare sind Nuklide mit der gleichen Massenzahl A (eine diagonale Anordnung auf der Nuklidkarte; in ◘ Abb. 10.2 z. B. ist ^{40}Ca isobar mit ^{40}K und ^{40}Ar).

(Diese Begriffe sind leicht zu merken, wenn wir folgende Buchstaben beachten: p wie Proton, n wie Neutron, a wie Massenzahl A.)

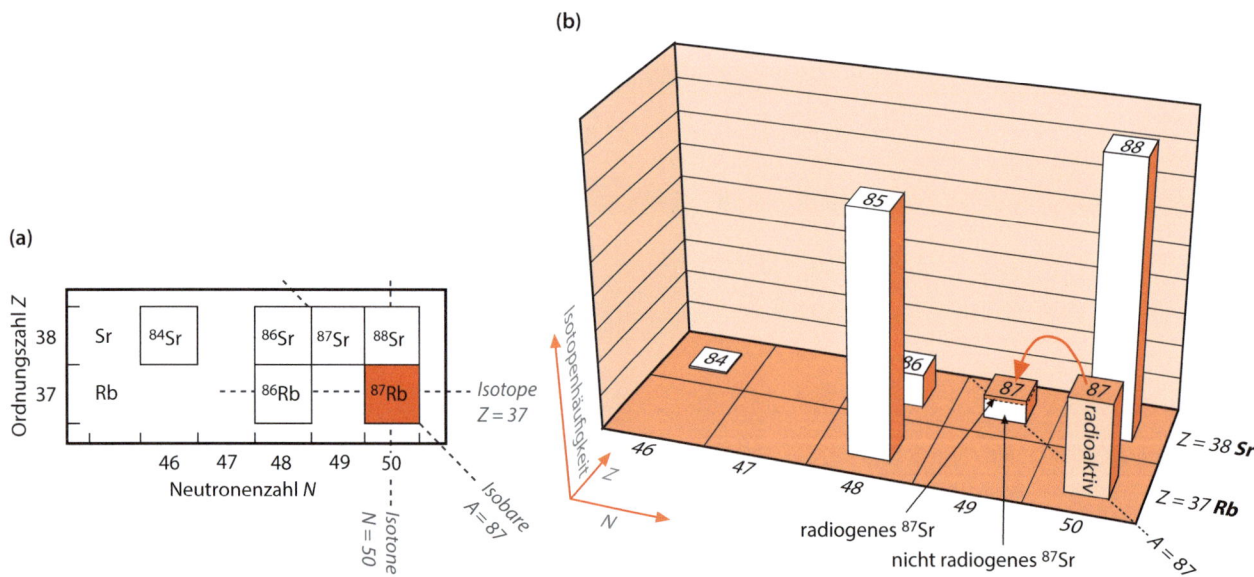

◘ **Abb. 10.1** **a** Die natürlich vorkommenden Isotope der Elemente Rubidium (Rb) und Strontium (Sr), aufgetragen nach der Ordnungszahl Z und der Neutronenzahl N. Die Schattierung des Quadrats von ^{87}Rb weist auf seine Radioaktivität hin. Die Bedeutung von „Isotop", „Isoton" und „Isobar" wird veranschaulicht. **b** Relative Häufigkeit der natürlich vorkommenden Isotope von Rb und Sr. Die Grundfläche entspricht dem in (a) dargestellten Z-N-Diagramm. Die Höhe jeder Säule stellt die relative Häufigkeit des Isotops dar (hier für gleiche Mengen der Elemente Rb und Sr dargestellt). Die Zahl oben auf jeder Säule ist die Massenzahl $A = Z + N$, die zur Identifizierung jedes Isotops dient. Beachten Sie, dass die Säule von ^{87}Sr in einen radiogenen und einen nicht radiogenen Anteil aufgeteilt ist

Was können wir von den Isotopen lernen?

Tab. 10.1 Radiogene Isotopensysteme

Name	Reaktion	Zerfallskonstante/ a^{-1}	Halbwertszeit/a	Anwendungen[a]
K–Ar[b]	$^{40}K \rightarrow {}^{40}Ar + \beta^+ + \upsilon$	$\lambda_{Ar} = 0{,}581 \cdot 10^{-10}$	$1{,}250 \cdot 10^9$	Geochronologie K-haltiger Minerale
	$^{40}K \rightarrow {}^{40}Ca + \beta^- + \bar{\upsilon}$	$\lambda_{Ca} = 4{,}962 \cdot 10^{-10}$		
Rb–Sr	$^{87}Rb \rightarrow {}^{87}Sr + \beta^- + \bar{\upsilon}$	$1{,}42 \cdot 10^{-11}$	$4{,}88 \cdot 10^{10}$	Geochronologie, Meerwasserentwicklung, Sedimentkorrelation, Magmengenese
Sm–Nd	$^{147}Sm \rightarrow {}^{143}Nd + \alpha^{2+}$	$6{,}54 \cdot 10^{-12}$	$1{,}060 \cdot 10^{11}$	Präkambrische Geochronologie, Sedimentherkunft, Krusten- und Mantelentwicklung, Steinmeteorite und Mondforschung, Magmengenese
Lu–Hf	$^{176}Lu \rightarrow {}^{176}Hf + \beta^- + \bar{\upsilon}$	$1{,}94 \cdot 10^{-11}$	$3{,}57 \cdot 10^{10}$	Geochronologie, Mantelentwicklung, Krustenbildungsmodelle
Re–Os	$^{187}Re \rightarrow {}^{187}Os + \beta^- + \bar{\upsilon}$	$1{,}666 \cdot 10^{-11}$	$4{,}16 \cdot 10^{10}$	Geochronologie einschließlich Eisenmeteorite, Mantel- und Lithosphärenentwicklung
U–Th–Pb	$^{232}Th \rightarrow {}^{208}Pb + 6\alpha^{2+} + 4\beta^- + 4\bar{\upsilon}$	$4{,}9475 \cdot 10^{-11}$	$14{,}010 \cdot 10^9$	Geochronologie, Krustenentwicklung, Meteorite, Magmengenese
	$^{235}U \rightarrow {}^{207}Pb + 7\alpha^{2+} + 4\beta^- + 4\bar{\upsilon}$	$9{,}8485 \cdot 10^{-10}$	$0{,}7038 \cdot 10^9$	
	$^{238}U \rightarrow {}^{206}Pb + 8\alpha^{2+} + 6\beta^- + 6\bar{\upsilon}$ [c]	$1{,}55125 \cdot 10^{-10}$	$4{,}468 \cdot 10^9$	

[a]Nach Henderson und Henderson (2009)
[b]Beim Zerfall von ^{40}K ist die kombinierte Zerfallskonstante λ für beide Zerfallswege die Summe der beiden individuellen Zerfallskonstanten: λ = 5,543 · 10^{-10} a^{-1}. Das Konzept der Halbwertszeit ist bei ^{40}K nur auf den kombinierten Zerfall anwendbar.
[c]Siehe Abb. 3.8 für die vollständige Zerfallsreihe von ^{238}U

Kasten 10.1 Die Nuklidkarte

Die übersichtlichste Art, um die stabilen und radioaktiven Nuklide darzustellen, besteht darin, ihre Z-Werte gegen die N-Werte aufzutragen, wie in Abb. 10.2 dargestellt (wobei Abb. 10.1a ein kleiner Ausschnitt daraus ist).

Die stabilen Nuklide (gefüllte Kreise) liegen in einem schmalen, leicht geschwungenen Band. Die am häufigsten vorkommenden leichten Nuklide haben $N \approx Z$, die stabilen Isotope schwererer Elemente werden jedoch immer neutronenreicher ($N \leq 1{,}5\,Z$). Auf jeder Seite des von stabilen Nukliden gebildeten Bands befindet sich ein Band von radioaktiven Nukliden, von denen die meisten zu kurzlebig sind, um in der Natur vorzukommen (daher sind sie in Abb. 10.2 nicht einzeln dargestellt). Neutronenreiche (hohes N) Radionuklide, die rechts vom Band stabiler Nuklide liegen, zerfallen durch Abstrahlung eines hochenergetischen Elektrons (aus historischen Gründen werden die von Kernen emittierten Elektronen als β-Teilchen bezeichnet und, da sie negativ geladen sind, mit β⁻ symbolisiert):

$$^{87}Rb \rightarrow {}^{87}Sr + \beta^- + \bar{\upsilon}$$

Bei diesem Zerfall ist ^{87}Rb das Mutterisotop, ^{87}Sr das Tochterisotop, β⁻ das β-Teilchen und $\bar{\upsilon}$ ist ein Antineutrino.

Mit der Abstrahlung des β-Teilchens wandelt sich ein Neutron im Atomkern in ein Proton um, was Z um eins erhöht, auf Kosten von N. Ein β⁻-Zerfall erscheint daher in Abb. 10.2 als kurzer nach links oben zeigender Querpfeil, wie in der Abbildung im Kasten für ^{87}Rb dargestellt.

Protonenreiche Radionuklide links vom Band der stabilen Nuklide zerfallen unter Abstrahlung eines Positrons (β⁺) und eines Neutrinos (υ):

$$^{40}K \rightarrow {}^{40}Ar + \beta^+ + \upsilon$$

Ein Positron ist das Antimaterieteilchen, das dem Elektron entspricht, jedoch mit einer positiven Ladung. Seine Emission signalisiert eine Reaktion im Kaliumkern, durch die ein Proton in ein Neutron umgewandelt wird ($Z \rightarrow Z-1$, $N \rightarrow N+1$). Die gleiche Umwandlung kann auch durch das Einfangen eines Elektrons erreicht werden. In beiden Fällen erscheint der Zerfall in der Nuklidkarte als kurzer nach rechts unten gerichteter Querpfeil (siehe Zerfall von ^{40}K in Abb. 10.2).

Beide, β⁻-Zerfall und β⁺-Zerfall, sind isobare Reaktionen, bei denen A unverändert bleibt. Isobare, also Nuklide mit gleicher Massenzahl A, liegen im Z-N-Raum auf diagonalen Linien (z. B. in Abb. 10.2 die gestrichelte Linie im Kasten Sm–Nd).

Die dritte Kategorie des radioaktiven Zerfalls in ◘ Abb. 10.2 ist die Abstrahlung eines Alphateilchens α^{2+} (bestehend aus 2 Protonen + 2 Neutronen = ^{4}He-Kern):

$$^{147}\text{Sm} \rightarrow {}^{143}\text{Nd} + \alpha^{2+}$$

Ein solcher α-Zerfall reduziert sowohl Z als auch N um 2 und somit A um 4, sodass er in ◘ Abb. 10.2 als längerer Pfeil nach links unten erscheint (siehe Kasten Sm–Nd in ◘ Abb. 10.2).
Der komplizierte Zerfall von Uran (^{238}U und ^{235}U) und Thorium (^{232}Th) zu verschiedenen Bleiisotopen (^{206}Pb, ^{207}Pb, ^{208}Pb) verläuft über eine ganze Reihe an α- und β$^-$-Zerfällen (Kasten 3.3). ^{87}Rb, ^{40}K, ^{147}Sm, ^{232}Th, ^{235}U und ^{238}U sind langlebige, natürlich vorkommende Radionuklide, die in der Geochronologie wichtig sind (▶ Abschn. 10.2).

10.1 Isotopensysteme

Eine Messung der Häufigkeit eines einzelnen Isotops (z. B. ^{87}Sr) in einer geologischen Probe offenbart wenig über die Herkunft der Probe. Nützliche Informationen – wie z. B. das Alter – ergeben sich erst, wenn die Häufigkeit des Isotops im Verhältnis zu anderen relevanten Isotopen und Elementen betrachtet wird. In der Rb-Sr-Geochronologie zum Beispiel wird das Alter einer Reihe von Gesteinen bestimmt, indem man die ^{87}Sr/^{86}Sr-Isotopenverhältnisse mehrerer Proben gegen die entsprechenden ^{87}Rb/^{86}Sr-Verhältnisse aufträgt (◘ Abb. 10.8 und 10.9b). Die zusammengehörenden Isotopenmessungen und Konstanten (z. B. die Zerfallskonstante), die es z. B. ermöglichen, ein Alter zu berechnen – oder andere Aspekte der Probenherkunft abzuleiten – bilden zusammen das Isotopensystem (z. B. Rb-Sr-Isotopensystem).

Isotopensysteme, die in den Geowissenschaften aktuell von Interesse sind, lassen sich in drei Kategorien

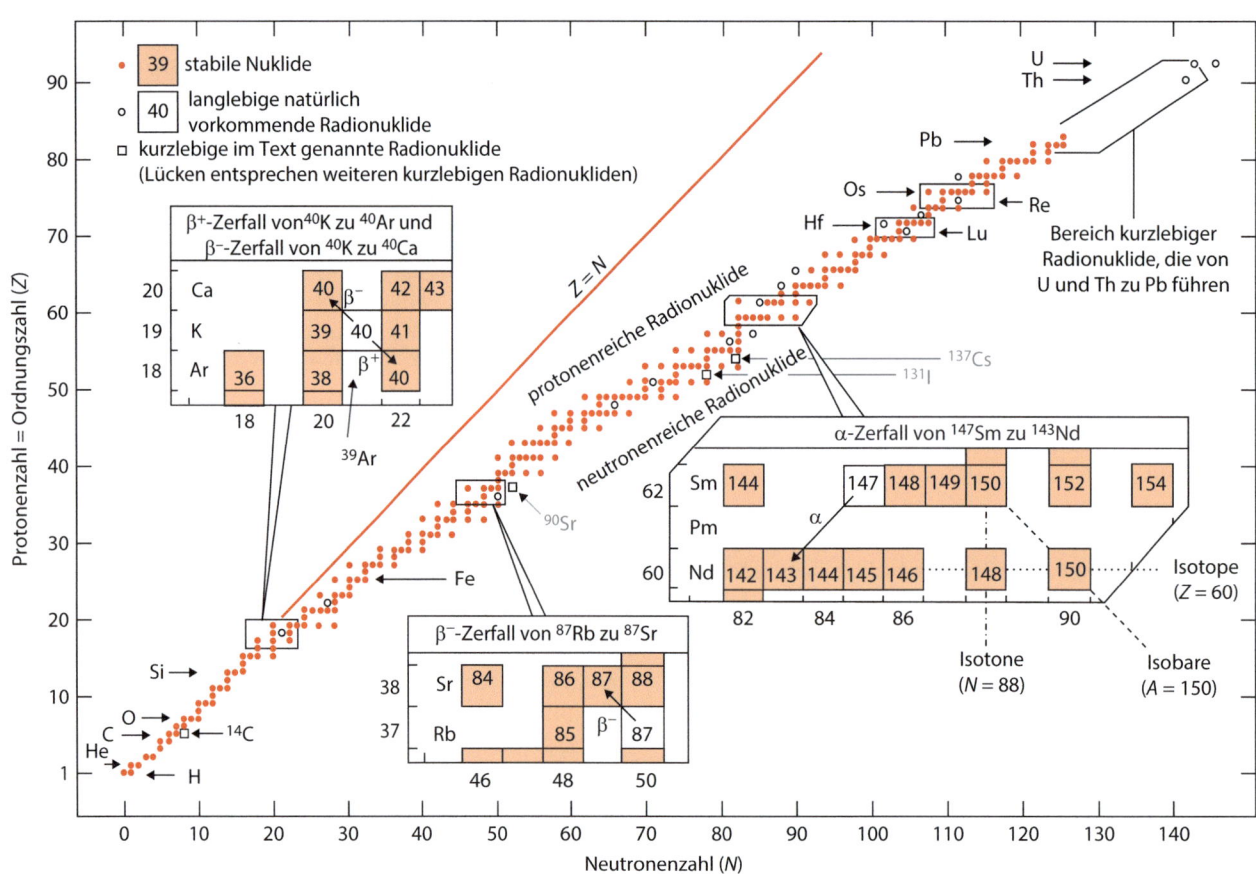

◘ Abb. 10.2 Diese vollständige „Nuklidkarte", aufgetragen nach Ordnungszahl Z gegen Neutronenzahl N, zeigt die stabilen Nuklide als gefüllte Kreise und natürlich vorkommende langlebige ($t_{1/2} > 10^8$ Jahre) Radionuklide als offene Kreise. Zur Veranschaulichung (als kleine offene Quadrate) sind auch ein kosmogenes Nuklid (^{14}C) und drei kurzlebige anthropogene Spaltprodukte von ökologischer Bedeutung (^{90}Sr, ^{131}I und ^{137}Cs) eingetragen. Kästen zeigen vergrößert die Zerfallsreaktionen von ^{40}K zu ^{40}Ar und ^{40}Ca, von ^{87}Rb zu ^{87}Sr, und von ^{147}Sm zu ^{143}Nd. Weitere Rechtecke identifizieren die radiogenen Isotopensysteme Lu–Hf und Re–Os

einteilen: radiogene, stabile und kosmogene Isotopensysteme.

10.1.1 Radiogene Isotopensysteme

^{87}Sr wird als das Tochterisotop oder Tochternuklid bezeichnet, das (zumindest zum Teil) aus dem radioaktiven Zerfall des Mutterisotops ^{87}Rb resultiert (◘ Abb. 10.1b). Das Rb-Sr-Isotopensystem, in dem jeder radioaktive ^{87}Rb-Kern, der zerfällt, durch einen neuen **radiogenen** ^{87}Sr-Kern ersetzt wird, ist eines von mehreren sogenannten radiogenen Isotopensystemen (◘ Tab. 10.1), in denen sich die relativen Isotopenverhältnisse im Laufe der Zeit progressiv verändern. Der ^{87}Rb-Gehalt eines geologischen Materials nimmt mit der Zeit relativ zu ^{85}Rb ab, während ^{87}Sr mit der Zeit im Vergleich zu anderen Sr-Isotopen zunimmt (◘ Abb. 10.1b). Radiogene Isotopensysteme bilden nicht nur das Herzstück der Geochronologie, sondern geben auch wichtige Informationen über die Herkunft von Magmen, metamorphen Gesteinen und Sedimenten.

Achten Sie darauf, radiogene nicht mit radioaktiven Isotopen zu verwechseln.

10.1.2 Stabile Isotopensysteme

Die drei Isotope des Sauerstoffs (^{16}O, ^{17}O und ^{18}O) sind weder radioaktiv noch radiogen und daher variieren ihre relativen Anteile nicht mit der Zeit. Da jedoch der Unterschied in der Massenzahl A zwischen ^{16}O und ^{18}O ($18-16=2$) relativ groß ist im Vergleich zu ihrer mittleren Massenzahl (17), gibt es geringe Unterschiede in den quantitativen chemischen Parametern. Durch geologische Prozesse wie Kristallisation und hydrothermale Alteration kommt es zu einer messbaren Fraktionierung und Veränderung des ^{18}O/^{16}O-Verhältnisses. Die winzigen natürlichen Schwankungen, die in diesem Verhältnis zwischen Mineralen und Fluiden auftreten, dienen daher als nützlicher Indikator für den Nachweis und die Quantifizierung solcher Prozesse. Da sich die Isotopenverhältnisse (z. B. ^{18}O/^{16}O und ^{34}S/^{32}S) solcher Systeme nicht mit der Zeit ändern, werden sie als stabile Isotopensysteme bezeichnet.

10.1.3 Kosmogene Radioisotopensysteme

Die natürlich vorkommenden Radioisotope, auf die radiogene Isotopensysteme angewiesen sind, sind langlebige Relikte einer Episode der Entstehung schwerer Elemente (▶ Abschn. 11.4) vor der Entstehung unseres Sonnensystems vor 4,6 Ga (Ga = Mrd. Jahre). Relativ wenige Radionuklide haben eine so lange Halbwertszeit. Darum ist die Anzahl der im Werkzeugkasten des Geowissenschaftlers verfügbaren radiogenen Isotopensysteme gering (◘ Tab. 10.1). Radionuklide werden jedoch auch heute gebildet, und zwar durch die Wirkung hochenergetischer kosmischer Strahlung auf atmosphärische Gase. Diese kürzerlebigen kosmogenen Radionuklide, wie das ^{14}C, das in der Radiokohlenstoffdatierung verwendet wird (und hauptsächlich durch kosmische Bestrahlung von ^{14}N-Kernen des Luftstickstoffs gebildet wird), helfen uns, geologische Prozesse der jüngeren Zeit zu verstehen.

10.2 Radiogene Isotopensysteme

◘ Tab. 10.1 und ◘ Abb. 10.2 (s. a. Kasten 10.1) fassen die wichtigsten radiogenen Isotopensysteme zusammen, die derzeit von Geowissenschaftlern verwendet werden.

10.2.1 K-Ar-Geochronologie

Das Kaliumisotop ^{40}K ist radioaktiv und hat eine Halbwertszeit von 1,25 Ga. Der Anteil an ^{40}K in natürlichem Kalium hat daher im Laufe der 4,55 Ga langen Erdgeschichte abgenommen. Heute macht ^{40}K nur 0,012 % des Kaliums aus (◘ Abb. 10.3). ^{40}K zerfällt auf zwei alternative Weisen (◘ Tab. 10.1 und ◘ Abb. 10.2), wobei ein Weg zum Calciumisotop ^{40}Ca führt, was 89 % der zerfallenden ^{40}K-Kerne ausmacht, und der andere zu ^{40}Ar, ein Isotop des Edelgases Argon (die restlichen 11 % der zerfallenden ^{40}K-Kerne). Die Ansammlung von ^{40}Ar in einem Kristall eines K-haltigen Minerals durch den Zerfall von ^{40}K ist die Grundlage für die K-Ar-Datierungsmethode.

Ab dem Zeitpunkt, an dem Kalium in ein neu gebildetes Mineral eingebaut wird (◘ Abb. 10.4), beginnt der Anteil an ^{40}K abzunehmen (◘ Abb. 10.4e, f).

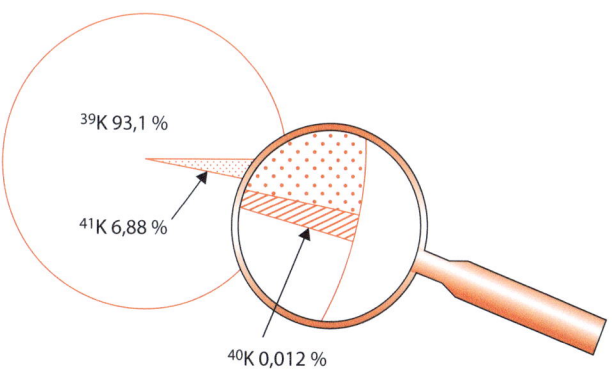

◘ **Abb. 10.3** Kreisdiagramm der Isotopenzusammensetzung von Kalium

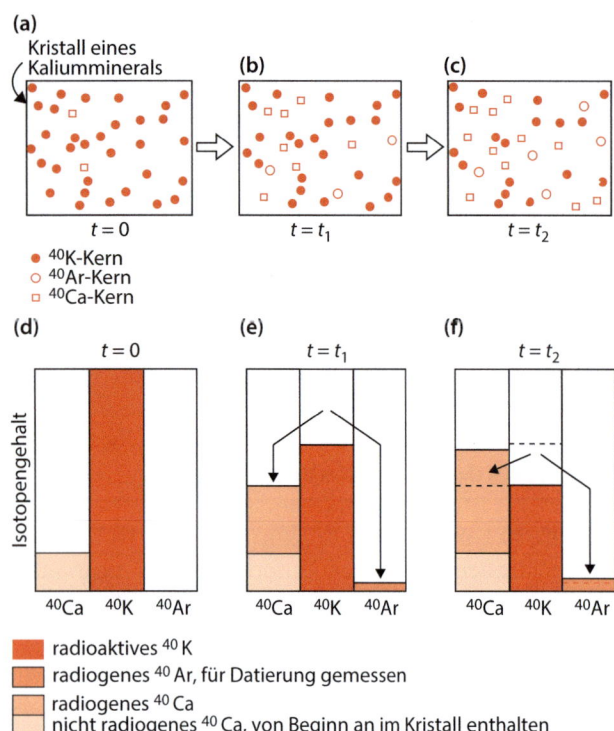

Abb. 10.4 Der Zerfall von ^{40}K zu ^{40}Ar und ^{40}Ca in einem kaliumhaltigen Kristall, dargestellt durch Skizzen und Balkendiagramme

Argon – ein Gas – wird nicht bei der ursprünglichen Kristallisation eines Minerals eingebaut (Abb. 10.4a), ^{40}Ar bildet sich jedoch in situ in einem K-reichen Kristall (Abb. 10.4b, c, e, f) als Produkt des ^{40}K-Zerfalls. Wenn nichts davon entweicht, liefert das ^{40}Ar/^{40}K-Verhältnis (d. h. wie viel ^{40}Ar relativ zu ^{40}K vorhanden ist) ein Maß für die Zeit, die seit der Kristallisation des Minerals verstrichen ist:

$$t = \frac{1}{\lambda} \ln \left[1 + \frac{\lambda}{\lambda_{Ar}} \frac{^{40}Ar}{^{40}K} \right] \quad (10.1)$$

wobei t die Zeit in Jahren seit der Kristallisation des Minerals ist (bzw. genauer gesagt der Abkühlung unter die Schließungstemperatur der Ar-Diffusion, siehe ▶ Abschn. 3.4); λ_{Ar} ist die Zerfallskonstante für den Zerfall von ^{40}K zu ^{40}Ar (in a^{-1}) und λ ist die gesamte Zerfallskonstante für beide Arten des ^{40}K-Zerfalls (in a^{-1}, Tab. 10.1). ^{40}Ar/^{40}K ist das gemessene heutige Isotopenverhältnis von Tochter- zu Mutterisotop, wobei ^{40}Ar durch Massenspektrometrie bestimmt wird (Kasten 10.2), während man den Gehalt an ^{40}K aus dem K-Gehalt der Probe berechnet. Die Gleichung (▶ Gl. 10.1) ist deshalb so kompliziert, weil ^{40}K über zwei Wege zerfällt.

Kasten 10.2 Massenspektrometrie

Da die Isotope eines Elements praktisch identische chemische Eigenschaften aufweisen, können routinemäßig durchgeführte spektrometrische Analysemethoden, die zwischen Elementen anhand der Wellenlängen der Emissionsspektren (Kasten 6.3) unterscheiden, nicht zwischen den Isotopen eines Elements unterscheiden. Die einzige Eigenschaft, durch die sich Isotope deutlich unterscheiden, ist die Atommasse. Ein Massenspektrometer ist ein Instrument, das Isotope auf dieser Basis trennt und deren relative Häufigkeit misst.

Die ionisierten Isotope eines Elements haben alle die gleiche Ionenladung, unterscheiden sich aber in der Ionenmasse (was die unterschiedlichen A-Werte widerspiegelt, nach der sich die Isotope unterscheiden) und damit auch im Masse:Ladung-Verhältnis (m/q). Die Isotopenanalyse mit dem Massenspektrometer erfolgt in fünf Schritten:

1. Trennung: Vor der Einführung in das Massenspektrometer muss das Element, dessen Isotopenzusammensetzung bestimmt werden soll, chemisch von anderen Elementen der Probe getrennt werden, die stören könnten. Beispielsweise würde bei einer Messung des ^{87}Sr-Peaks die Anwesenheit von ^{87}Rb stören (isobare Interferenz).
2. Ionisation: Das abgetrennte Element wird als Feststoff, Lösung oder Gas in die Vakuumkammer des Massenspektrometers eingebracht und dort ionisiert, was auf unterschiedliche Weise möglich ist: durch thermische Ionisation auf einem heißen Filament, mit induktiv gekoppeltem Plasma (*inductively coupled plasma mass spectrometry*, ICP-MS) oder durch Elektronenstoßionisation.
3. Elektrostatische Beschleunigung der freigesetzten Ionen durch mehrere Blenden, wodurch ein schmaler Ionenstrahl entsteht (Abb. 10.5).
4. Ablenkung und Aufteilung des Ionenstrahls in einem starken Magnetfeld. Jede Isotopenkomponente tritt in eine etwas andere Richtung aus, entsprechend dem m/q-Verhältnis (Abb. 10.5).
5. Messung der Ionenstrahlen durch sorgfältig positionierte Detektoren. Diese registrieren die Intensität jedes Ionenstrahls, welche die Häufigkeit jedes Isotops widerspiegelt.

Der Massenspektrometer (Schritte 2–5) muss evakuiert werden, ein Hochvakuum verhindert, dass die Ionen des schmalen Strahls durch Kollision mit Luftmolekülen gestreut werden.

Moderne Massenspektrometer verwenden eine Vielzahl von benachbarten Detektoren, sodass alle für das Isotopensystem relevanten Ionenstrahlen gleichzeitig gemessen werden können, um hochpräzise Isotopenverhältnisse zu liefern. Die automatisierte

Computersteuerung von Beschleunigungsspannung, Magnetfeldstärke und Detektorposition ermöglicht die Rekonfiguration eines Massenspektrometers zur Analyse einer Reihe von Isotopensystemen.

Verschiedene K-reiche Minerale, die aus plutonischen oder metamorphen Gesteinen separiert wurden, können für die K-Ar-Datierung verwendet werden, einschließlich Biotit, Muskovit und Hornblende. Für die Datierung von Vulkangesteinen werden oft auch Feldspat (Sanidin, Anorthoklas, Plagioklas) und Gesamtgesteinsproben verwendet.

Ein K-reiches Mineral enthält wahrscheinlich auch eine Spur von Calcium, sodass ^{40}Ca schon zu Beginn darin enthalten ist (◘ Abb. 10.4a, d) – ^{40}Ca ist das häufigste Calciumisotop und macht 97 % des Elements aus. Eine Unterscheidung des kleinen Beitrags von radiogenem ^{40}Ca (das Produkt des β^--Zerfalls von ^{40}K innerhalb des Kristalls) von der nicht radiogenen Komponente – d. h. das bereits bei der Kristallisation vorhandene ^{40}Ca (◘ Abb. 10.4a, d) – ist kaum möglich, weshalb der Zerfallsweg zu ^{40}Ca nicht in der Geochronologie verwendet wird.

Die K-Ar-Datierungsmethode ist zwar leicht zu verstehen, aber anfällig für systematische Fehler, die schwer zu quantifizieren sind. Daher wird sie heute nur selten verwendet. Sie wurde durch die zuverlässigere $^{40}Ar/^{39}Ar$-Datierungsmethode ersetzt (Kasten 10.3).

> **Kasten 10.3 Die $^{40}Ar/^{39}Ar$-Datierung als Lösung für die Probleme der ^{40}K-^{40}Ar-Datierung**
>
> Die konventionelle K-Ar-Geochronologie basiert auf der Annahme, dass ein K-reiches Mineral in Bezug auf die Diffusion von ^{40}K und ^{40}Ar seit dem ermittelten Datum versiegelt geblieben ist. Die Erfahrung zeigt jedoch, dass ^{40}Ar aus solchen Mineralien austreten (Argonverlust) oder sogar eindiffundieren kann, z. B. aus einem hydrothermalen Fluid, das durch das Gestein strömt (wobei „überschüssiges Ar" im Kristall verbleibt). Solche Abweichungen vom Verhalten eines geschlossenen Systems führen zu systematischen Fehlern der gemessenen K-Ar-Alter, die nicht routinemäßig zu erkennen sind und die Zuverlässigkeit der Methode stark einschränken.
>
> Die sogenannte $^{40}Ar/^{39}Ar$- (oder nur „Ar-Ar-") Datierungsmethode umgeht diese und andere Probleme der K-Ar-Geochronologie auf zwei geniale Arten, wie in ◘ Tab. 10.2 dargestellt. Es werden die gleichen K-haltigen Minerale (oder Gesamtgestein bei Vulkaniten) verwendet wie bei der K-Ar-Datierung.

Diese systematischen Fehler betreffen einen Kristall nicht einheitlich, ein Glücksfall, der es leichter macht, die Fehler zu entschlüsseln. Der Argonverlust ist in der Nähe der Ränder eines Kristalls (oder in der Nähe von Rissen) stärker ausgeprägt. Beim schrittweisen Erwärmen wird bei geringer Temperatur vorzugsweise Argon aus dem ^{40}Ar-abgereicherten (d. h. niedriges $^{40}Ar/^{39}Ar$) Rand eines Kristalls extrahiert, was scheinbare Alter ergibt, die jünger sind als das geologische Alter. Das ^{40}Ar im Kristallinneren wird erst bei den höheren Temperaturstufen freigesetzt. Das Altersspektrum einer von Argonverlust betroffenen Probe weist daher einen anfänglichen Anstieg auf (◘ Abb. 10.6b) und führt häufig zu einem Plateaualter, aus dem konsistente, genaue Alterswerte berechnet werden können.

Überschüssiges ^{40}Ar, das nach der Kristallisation in eine Probe diffundiert ist (insbesondere in metamorphen Mineralen), befindet sich insbesondere an Korngrenzen oder in Fluideinschlüssen, von wo aus es beim Aufheizen bei niedrigen Temperaturen entweicht und für die frühen Heizschritte zu alte Alter ergibt (◘ Abb. 10.6b und 10.7). Spätere Heizschritte ergeben mit größerer Wahrscheinlichkeit genaue geologische Alter, wobei gegen Ende der Argonfreisetzung wieder zu große Alter auftreten können, durch ^{40}Ar aus Schmelz- oder Mineraleinschlüssen (Kelley, 2002a, b). Während die K-Ar-Datierung ein absolutes Alter ergibt, erfordert die Ar-Ar-Datierungsmethode eine Kalibrierung, indem ein Standard mit bekanntem geologischem Alter neben den unbekannten Proben analysiert wird. Die jüngste Neukalibrierung hat Ar-Ar-Daten in engerer Abstimmung mit anderen Geochronometern gebracht (Kerr 2008).

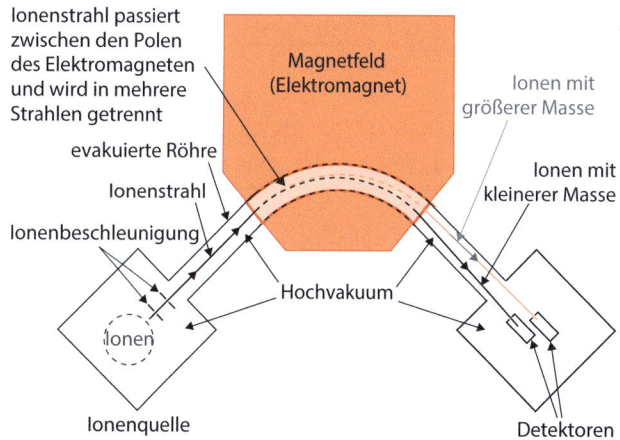

◘ **Abb. 10.5** Skizze eines Massenspektrometers von oben gesehen, mit Ionenquelle, Beschleunigung, Auftrennung des Strahls im Magnetfeld nach Masse/Ladung *(m/q)* und Detektoren. Moderne Massenspektrometer verfügen typischerweise über 5–10 Detektoren, deren Positionen computergesteuert variiert werden können

□ **Tab. 10.2** Wie die ^{40}Ar-^{39}Ar-Datierungsmethode die Probleme der K-Ar-Datierung überwindet

	Probleme bei der Verwendung konventioneller ^{40}K-^{40}Ar-Datierung	**Merkmale der ^{39}Ar-^{40}Ar-Datierung, die diese Probleme umgehen**
1	K und ^{40}Ar werden durch verschiedene Analysemethoden an separaten Teilproben (Aliquote) bestimmt, was zu Fehlern und einer geringeren internen Konsistenz des ^{40}K/^{40}Ar-Verhältnisses führt	Eine einzige Teilprobe wird in einem Kernreaktor mit Neutronen bestrahlt, um eine Umwandlung von ^{39}K (ein stabiles K-Isotop) zu ^{39}Ar durchzuführen[a]. Das ^{39}Ar/^{40}Ar-Verhältnis der bestrahlten Teilprobe lässt sich leicht durch Massenspektrometrie bestimmen (Kasten 10.2) und daraus kann präzise das Verhältnis ^{40}K/^{40}Ar (Mutter- zu Tochterisotop) für die Teilprobe berechnet werden
2	Der K-Ar-Methode ist anfällig für systematische Fehler, die das Verhältnis von Tochter- und Mutterisotop verändern: ^{40}Ar-Verlust aus der Probe, was niedrige Alterswerte im Vergleich zum tatsächlichen Alter ergibt, Ar-Überschuss durch in die Probe eindiffundiertes Argon (einschließlich ^{40}Ar), was zu hohe Alterswerte ergibt	Eine bestrahlte Teilprobe wird in einer Reihe von Temperaturstufen[b] unter Vakuum erhitzt, bis alles Ar extrahiert wurde. Für jede Stufe wird separat das ^{39}Ar/^{40}Ar-Verhältnis mit dem Massenspektrometer gemessen und das scheinbare Alter berechnet (□ Abb. 10.6b). Das resultierende „Altersspektrum" offenbart oft Ar-Verlust oder Ar-Überschuss in den frühen Heizschritten. Schritte bei höheren Temperaturen definieren üblicherweise ein einheitliches „Plateaualter", aus dem ein zuverlässiges Durchschnittsalter für die Probe – frei von systematischen Fehlern – bestimmt werden kann. Daten einer Probe, die kein Plateaualter aufweist, können verworfen werden
3	^{40}Ar wird für die Analyse im Massenspektrometer extrahiert, indem die Teilprobe unter Vakuum vollständig aufgeschmolzen wird. Dadurch wird nur ein einziger ^{40}Ar-Wert bestimmt (und damit nur ein einziges ^{40}K/^{40}Ar-Verhältnis), was keinen direkten Hinweis auf systematische Fehler gibt (□ Abb. 10.6)	

[a] Zwar ist ^{39}Ar radioaktiv mit einer Halbwertszeit von 269 Jahren (als kurzlebiges Nuklid ist es nicht in □ Abb. 10.2 dargestellt), es kann jedoch im Labormaßstab arithmetisch wie ein stabiles Isotop behandelt werden
[b] Im Ofen oder mit dem Laser

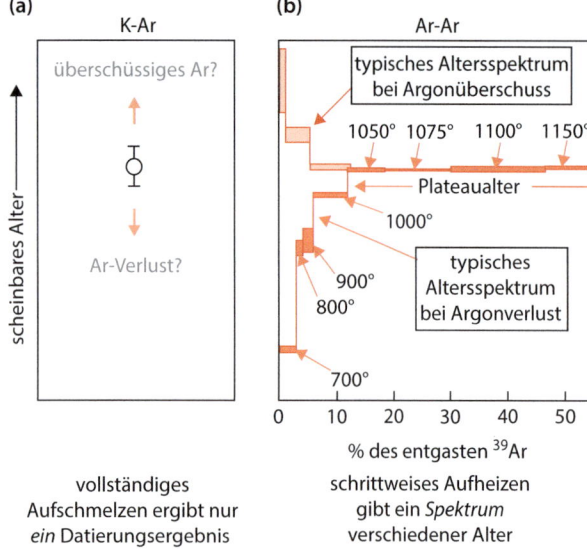

□ **Abb. 10.6** Illustration der wichtigsten Unterschiede zwischen K-Ar- und Ar-Ar-Datierungsmethode. **a** Bei der K-Ar-Geochronologie wird die Probe vollständig aufgeschmolzen, was nur ein Ergebnis und keinen Hinweis auf Argonverlust oder überschüssiges Argon liefert. **b** Bei der Ar–Ar-Datierung wird die Probe in Heizschritten mit zunehmender Temperatur erhitzt, was ein Spektrum von Altersmessungen ergibt (Zahlen zeigen beispielhafte Temperaturen in °C für jeden Schritt). Diese scheinbaren Alter können entweder einen Argonverlust während der Geschichte der Probe aufdecken (dunkel schattiertes Spektrum) oder „überschüssiges Argon" zeigen (helle Schattierung), durch Austausch von ^{40}Ar mit einem externen Reservoir. Die vertikale Dicke der schattierten Rechtecke in (b) stellt die Präzision dar (±1σ). (Aus Gründen der Übersichtlichkeit ist in (b) nur die erste Hälfte des Heizprofils dargestellt)

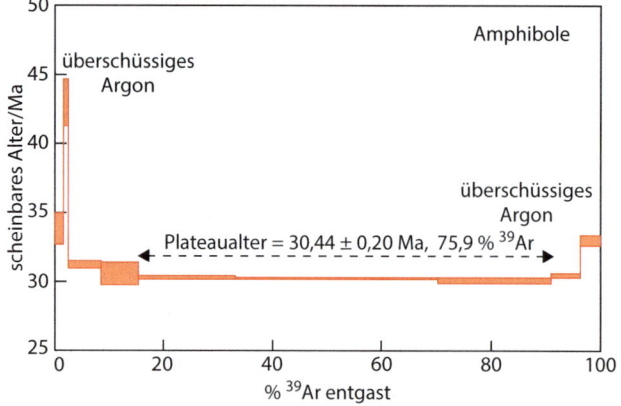

□ **Abb. 10.7** Ein typisches Ar-Ar-Altersspektrum für aus einem Vulkangestein separierte Hornblende. Die vertikale Breite jedes schattierten Rechtecks gibt die Präzision der Altersbestimmung für diesen Schritt an (±1σ). (Quelle: Baker et al. 1996; Abdruck mit Genehmigung von Elsevier)

10.2.2 Rb-Sr-Geochronologie

Das anfängliche Fehlen von ^{40}Ar in einem kaliumhaltigen Mineral oder Gestein, das datiert werden soll, macht die K-Ar- und die Ar-Ar-Datierungsmethoden relativ unkompliziert, sodass ein Alter aus einer einzigen Gesteinsprobe bestimmt werden kann. Bei den meisten Geochronometern tritt jedoch von Anfang an eine unbekannte Menge des Tochterisotops natürlich in der Probe auf. In solchen Fällen müssen mehrere kogenetische Proben analysiert werden, um diesen

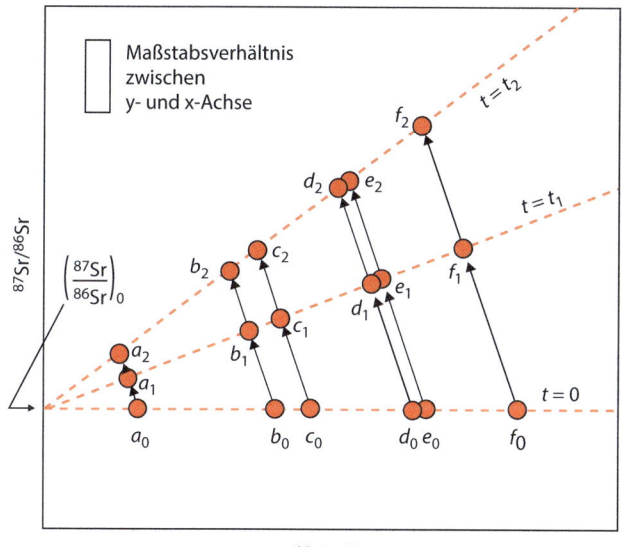

Abb. 10.8 Wie sich mit der Zeit die Verhältnisse $^{87}Sr/^{86}Sr$ und $^{87}Rb/^{86}Sr$ entwickeln, dargestellt in einem Diagramm, in dem $^{87}Sr/^{86}Sr$ gegen $^{87}Rb/^{86}Sr$ aufgetragen ist. Die Punkte a, b, c, d, e und f stellen die Isotopenzusammensetzungen im Gesamtgestein für 6 kogenetische magmatische Gesteine (gleiches Alter, gleiche Magmenquelle) aus demselben Intrusivkomplex dar. Ihre Zusammensetzungen unterscheiden sich aufgrund der geochemischen Differenzierung während der Magmakristallisation (die im Vergleich zum Alter des Komplexes in einem kurzen Zeitraum ablief). t_1 und t_2 stellen verschiedene vergangene Zeitpunkte nach der Kristallisation dar. Das vertikale Rechteck zeigt die unterschiedlichen Maßstäbe der x- und der y-Achse an

unbekannten Faktor zu beseitigen und ein genaues Alter zu gewährleisten.

Das Rb-Sr-Isotopensystem (eingeführt in ◘ Abb. 10.1) veranschaulicht die Grundlagen. Die Art und Weise, wie die Sr-Isotopenzusammensetzung mit der Zeit variiert, zeigt ◘ Abb. 10.8. Die vertikale Achse stellt die Menge des radiogenen Tochterisotops ^{87}Sr in einer Probe dar, relativ in Bezug auf die Menge eines Referenzisotops: das nicht radiogene Isotop ^{86}Sr (die Gründe dafür sind in Kasten 10.4 erläutert). Die horizontale Achse stellt die Menge des radioaktiven Mutternuklids ^{87}Rb in der Probe dar, ebenfalls geteilt durch ^{86}Sr.

Stellen Sie sich vor, wir wollen das Alter eines alten Intrusivkomplexes bestimmen, der aus unterschiedlichen magmatischen Gesteinen besteht, wie es einer Magmendifferenzierung entspricht. Nehmen wir an, dass die Feldforschung für eine kogenetische Bildung der Gesteine spricht, d. h. sie wurden nahezu zur gleichen Zeit als Fraktionierungsprodukte desselben Stammmagmas gebildet. Wir gehen einmal davon aus, dass im Vergleich zum Alter des Intrusivkomplexes die Abkühlung und fraktionierte Kristallisation des Stammmagmas in einem kurzen Zeitraum ablief.

Die Punkte in ◘ Abb. 10.8 stellen die Proben a–f dieser verschiedenen Gesteinsarten dar. Da es bei der Schmelzbildung und bei der Kristallisation eines Magmas zwar zu einer Fraktionierung der Elementverhältnisse kommt, aber nicht zu einer Isotopenfraktionierung, können wir davon ausgehen, dass im Komplex zunächst alle auskristallisierten magmatischen Gesteine a–f das gleiche $^{87}Sr/^{86}Sr$-Verhältnis haben wie das Gestein im Bereich der Schmelzbildung. Somit bilden sie zunächst (bei $t=0$) in der Abbildung eine horizontale Anordnung von Punkten a_0–f_0, die zwar unterschiedliche $^{87}Rb/^{86}Sr$-Verhältnisse, aber gleiche $^{87}Sr/^{86}Sr$-Verhältnisse aufweisen.

Im Laufe der Zeit wird aus jedem ^{87}Rb-Kern, der zerfällt, ein ^{87}Sr-Kern. Deshalb entwickelt sich jede Probe entlang eines Trends mit abnehmendem $^{87}Rb/^{86}Sr$ und zunehmendem $^{87}Sr/^{86}Sr$, dargestellt durch die Pfeile in ◘ Abb. 10.8. Wenn jede Achse im gleichen Maßstab dargestellt würde, hätten die Pfeile Steigungen von −45°, da ^{87}Sr mit der gleichen Geschwindigkeit zunimmt, mit der ^{87}Rb abnimmt. In der Regel wird jedoch in solchen Diagrammen die wichtigere $^{87}Sr/^{86}Sr$-Achse vergrößert dargestellt (siehe das dargestellte Skalierungsverhältnis), weshalb die Pfeile in ◘ Abb. 10.8 steiler als −45° erscheinen. In Proben mit einem hohen Gehalt an ^{87}Rb (hohes $^{87}Rb/^{86}Sr$) nimmt $^{87}Sr/^{86}Sr$ schneller zu, darum werden die Pfeile von Probe a zu Probe f länger: Im Laufe der Zeit wandert jede Zusammensetzung nach oben und nach links, und zwar um einen Betrag, der proportional ist zu $^{87}Rb/^{86}Sr$. Nach einer bestimmten Zeit (z. B. bei $t=t_1$) liegen die Zusammensetzungen noch immer auf einer Geraden, aber auf einer Geraden, deren Steigung von der seit $t=0$ verstrichenen Zeit abhängt (eine **Isochrone**).

Der Achsenabschnitt der Isochrone mit der y-Achse stellt die Zusammensetzung einer hypothetischen Probe dar, die $^{87}Rb/^{86}Sr=0$ aufweist. Da es in dieser fiktiven „Probe" kein ^{87}Rb gibt, nimmt darin auch nicht das ^{87}Sr zu, weshalb sich die Isochrone um diesen Punkt zu drehen scheint. Der Achsenabschnitt bewahrt den Anfangswert des Sr-Isotopenverhältnisses (sog. **Initialwert**), das zu Beginn von allen kogenetischen Proben geteilt wurde (a_0, b_0 etc.).

10.2.2.1 Das Isochronendiagramm

Wenn wir die in ◘ Abb. 10.8 dargestellten Gesteine a–f heute sammeln und analysieren (z. B. bei $t=t_2$), werden wir feststellen, dass diese kogenetischen Proben auf einem linearen, schrägen Trend liegen (a_2–f_2). Da der Trend durch das gemeinsame Alter der Proben bestimmt wird, wird die Ausgleichsgerade durch die Punkte als Isochrone bezeichnet (griechisch: „gleiches Alter"). Die Isochrone kann mathematisch (siehe Herleitung in Kasten 10.4) durch eine Isochronengleichung dargestellt werden:

Kasten 10.4 Herleitung der Isochronengleichung

Die Kinetik des Rb–Sr-Isotopensystems wurde in Kasten 3.2 kurz vorgestellt. Die allgemeine Zerfallsgleichung kann geschrieben werden als (Gl. 3.4):

$$n_P = (n_P)_0 \, e^{-\lambda_P \, t}$$

wobei n_P die Anzahl der in der Probe zum Zeitpunkt t vorhandenen Kerne des Radionuklids (d. h. des Mutterisotops, engl. *parent*) ist, $(n_P)_0$ ist die Anzahl, die ursprünglich (bei $t=0$) vorhanden war, λ_P ist die Zerfallskonstante für den Zerfall des Mutterisotops, und t ist die seit dem datierten Ereignis verstrichene Zeit. Wir können die Formel in einem leserfreundlicheren Stil speziell für den Zerfall von ^{87}Rb schreiben:

$$^{87}\text{Rb}_t = {}^{87}\text{Rb}_0 \, e^{-\lambda_{Rb} \, t} \qquad (10.2)$$

Hier steht ^{87}Rb$_t$ für die Anzahl der ^{87}Rb-Kerne, die zum Zeitpunkt t vorhanden sind, und so weiter. ▶ Gl. 10.2 ergibt eine ähnliche Kurve wie ◘ Abb. 3.6a. Jeder ^{87}Rb-Kern, der zerfällt, erzeugt an seiner Stelle einen neuen ^{87}Sr-Kern. Die Anzahl der radiogenen ^{87}Sr-Kerne, die sich in der Zeit t angesammelt haben, ist gleich der Anzahl der Rb-Kerne, die bereits zerfallen sind. Dies entspricht der Anzahl der ursprünglich vorhandenen ^{87}Rb-Kerne minus der zum Zeitpunkt t verbleibenden Anzahl:

$$^{87}\text{Sr}_t = {}^{87}\text{Rb}_0 - {}^{87}\text{Rb}_t \qquad (10.3)$$

Da uns ^{87}Rb$_0$ bei einer geologischen Datierung im Allgemeinen nicht bekannt ist, eliminieren wir es aus ▶ Gl. 10.3, indem wir zunächst ▶ Gl. 10.2 umstellen:

$$^{87}\text{Rb}_0 = \frac{^{87}\text{Rb}_t}{e^{-\lambda_{Rb} \, t}}$$

Und da $1/e^{-\lambda_{Rb} \, t} = e^{\lambda_{Rb} \, t}$ entspricht das:

$$^{87}\text{Rb}_0 = {}^{87}\text{Rb}_t \, e^{\lambda_{Rb} \, t}$$

Wenn wir dies nun in ▶ Gl. 10.3 für ^{87}Rb$_0$ einsetzen, erhalten wir:

$$^{87}\text{Sr}_t = {}^{87}\text{Rb}_t \, e^{\lambda_{Rb} \, t} - {}^{87}\text{Rb}_t = {}^{87}\text{Rb}_t \left(e^{\lambda_{Rb} \, t} - 1\right)$$

Diese Gleichung entspricht einer Kurve ähnlich ◘ Abb. 3.6b. Diese Gleichung gibt uns jedoch nur die Menge an radiogenem ^{87}Sr, das sich in der Probe seit $t=0$ gebildet hat. Weil ^{87}Sr ein natürlich vorkommendes stabiles Nuklid ist, müssen wir das ^{87}Sr berücksichtigen, das bereits in der Probe bei $t=0$ vorhanden war (siehe ◘ Abb. 10.1b). Wir nennen den ursprünglich vorhandenen (initialen) ^{87}Sr-Gehalt ^{87}Sr$_0$, damit ist die Summe ^{87}Sr, die in der Probe zum Zeitpunkt t vorhanden ist:

$$^{87}\text{Sr}_t = {}^{87}\text{Sr}_0 + {}^{87}\text{Rb}_t \left(e^{\lambda_{Rb} \, t} - 1\right)$$

In der Praxis ist es viel einfacher, Isotopenverhältnisse in einem Massenspektrometer zu messen als absolute Mengen einzelner Nuklide. Daher wird jeder Term in dieser Gleichung durch die Menge eines stabilen Referenzisotops ^{86}Sr dividiert. Damit kommen wir zu einer viel nützlicheren Gleichung, die Isochrongleichung genannt wird und in Form von leicht messbaren Isotopenverhältnissen ausgedrückt ist:

$$\left(\frac{^{87}\text{Sr}}{^{86}\text{Sr}}\right)_t = \left(\frac{^{87}\text{Sr}}{^{86}\text{Sr}}\right)_0 + \left(\frac{^{87}\text{Rb}}{^{86}\text{Sr}}\right)_t \left(e^{\lambda_{Rb} \, t} - 1\right) \quad (10.4)$$

Dabei ist (^{87}Sr/^{86}Sr)$_t$ das aktuelle mit Massenspektrometrie gemessene Sr-Isotopenverhältnis in der Probe und (^{87}Rb/^{86}Sr)$_t$ wird aus dem Verhältnis der Rb- und Sr-Elementkonzentrationen der Probe berechnet (bestimmt durch routinemäßige Analysemethoden). λ_{Rb} ist die entsprechende Zerfallskonstante (◘ Tab. 10.1).

$$\left(\frac{^{87}\text{Sr}}{^{86}\text{Sr}}\right)_t = \left(\frac{^{87}\text{Sr}}{^{86}\text{Sr}}\right)_0 + \left(\frac{^{87}\text{Rb}}{^{86}\text{Sr}}\right)_t \left(e^{\lambda_{Rb} \, t} - 1\right) \quad (10.5)$$

Hier steht (^{87}Sr/^{86}Sr)$_t$ für das aktuelle Sr-Isotopenverhältnis einer Probe (wie viel ^{87}Sr gibt es in Bezug auf ^{86}Sr, als atomares Verhältnis), das mittels Massenspektrometrie gemessen wird. (^{87}Rb/^{86}Sr)$_t$ wird aus dem Verhältnis der Rb- und Sr-Elementkonzentrationen der Probe berechnet (bestimmt durch routinemäßige Analysemethoden und wieder in atomaren Verhältnissen angegeben), und λ_{Rb} ist die Zerfallskonstante von ^{87}Rb (◘ Tab. 10.1). ▶ Gl. 10.5 enthält zwei Unbekannte, die beide aus dem Isochronendiagramm abgelesen werden können: t, das Alter, das wir bestimmen wollen, und das ursprüngliche Sr-Isotopenverhältnis (^{87}Sr/^{86}Sr)$_0$.

Im Kontext von ◘ Abb. 10.8 hat ▶ Gl. 10.5 die gleiche Form wie die Gleichung für eine Gerade (siehe Anhang B):

$$y = c + x \cdot m$$

Der Punkt, an dem die Isochrone die y-Achse schneidet (der Achsenabschnitt c) definiert das ursprüngliche Sr-Isotopenverhältnis (^{87}Sr/^{86}Sr)$_0$ und die Steigung (m) der Gerade ist gleich $\left(e^{\lambda_{Rb} \, t} - 1\right)$. Das Alter des Intrusivkomplexes kann aus der in ◘ Abb. 10.8 gemessenen Steigung der Isochrone berechnet werden als:

$$t = \frac{\ln(\text{Steigung} + 1)}{\lambda_{Rb}}$$

Die Einheit, in der hier die Zeit t ausgedrückt wird, ist der Kehrwert der für λ_{Rb} verwendeten Einheit (siehe ◘ Tab. 10.1).

10.2 · Radiogene Isotopensysteme

■ Abb. 10.9 zeigt eine Isochrone für einen proterozoischen Intrusivkomplex, um die hier erläuterten Prinzipien zu veranschaulichen. Beachten Sie, wie sich die verschiedenen durch eine Kartierung definierten Intrusionseinheiten im Rb- und Sr-Gehalt und im ^{87}Rb/^{86}Sr-Verhältnis unterscheiden. Eine genaue Altersbestimmung erfordert die Analyse von Proben, die einen signifikanten Bereich der Rb/Sr-Zusammensetzungen abdecken.

Die in ■ Abb. 10.9 verwendeten Proben waren Gesamtgesteinsproben. Eine weitere Möglichkeit, kogenetische Proben mit einem Bereich von unterschiedlichen Rb/Sr-Verhältnissen für eine genaue Altersbestimmung zu erhalten, besteht darin, aus einer einzigen Gesteinsprobe abgetrennte Mineralseparate zu analysieren. Man erhält eine sogenannte Mineralisochrone (siehe Übung 10.2). Jedes Mineral erbt beim Kristallisieren den ^{87}Sr/^{86}Sr-Wert des Magmas, hat aber aufgrund der Elementfraktionierung während der Kristallisation ein anderes Rb/Sr-Verhältnis. Mineralisochronen sind anfälliger für eine Rückstellung des Systems durch ein später neu eingestelltes thermisches Gleichgewicht *(re-equilibration)* und können stattdessen Metamorphosealter ergeben.

10.2.2.2 Das ursprüngliche Sr-Isotopenverhältnis charakterisiert die Herkunft eines Magmas

Ein Geochemiker, der einen magmatischen Komplex wie Grønnedal-Íka (■ Abb. 10.9) untersucht, interessiert sich nicht nur für sein Alter, sondern möchte auch Informationen über die Herkunft des Stammmagmas, aus dem er sich gebildet hat: Stammt es direkt aus dem Erdmantel, aus der kontinentalen Kruste oder aus einem Prozess, der diese beiden potenziellen Quellen einbezieht? Hier wird das ursprüngliche Sr-Isotopenverhältnis relevant. Um zu verstehen, wie das funktioniert, hilft es, die Isochronengleichung in vereinfachter Form neu zu schreiben. Dabei hilft uns, dass der Exponentialterm $(e^{\lambda_{Rb} t} - 1)$ recht gut durch $\lambda_{Rb} t$ genähert werden kann. In einer ersten Näherung können wir auch die leichte Veränderung von ^{87}Rb/^{86}Sr mit der Zeit vernachlässigen, wir entfernen daher bei diesem Verhältnis den tiefgestellten Index *t*. Die resultierende vereinfachte Gleichung lautet:

$$\left(\frac{^{87}Sr}{^{86}Sr}\right)_t \approx \left(\frac{^{87}Sr}{^{86}Sr}\right)_0 + \left[\left(\frac{^{87}Rb}{^{86}Sr}\right) \lambda_{Rb}\right] t \qquad (10.6)$$

Wenn wir dies als Geradengleichung der Form $y = c + x \cdot m$ behandeln, können wir die Entwicklung des ^{87}Sr/^{86}Sr-Verhältnisses (z. B. im Herkunftsbereich eines Magmas) als Funktion der Zeit plotten, mit einer Steigung gleich:

$$\left(\frac{^{87}Rb}{^{86}Sr}\right) \lambda_{Rb}$$

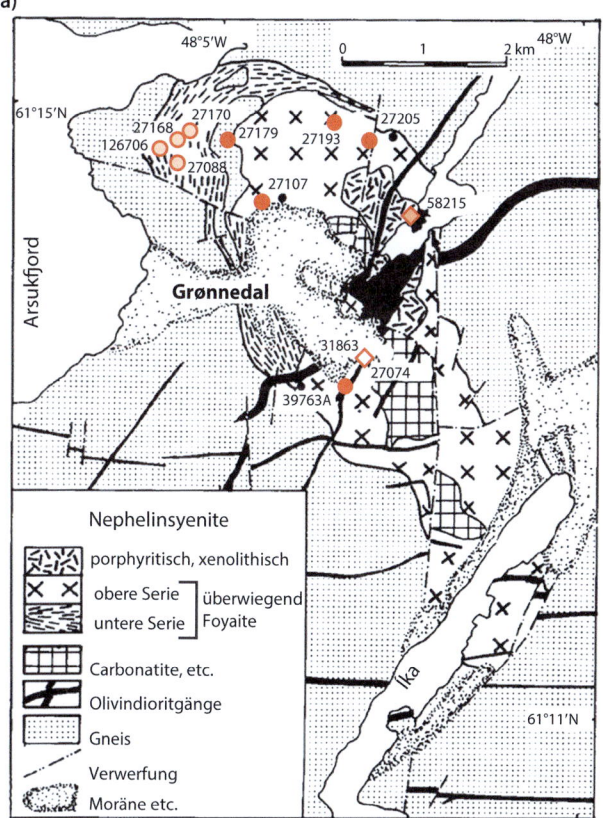

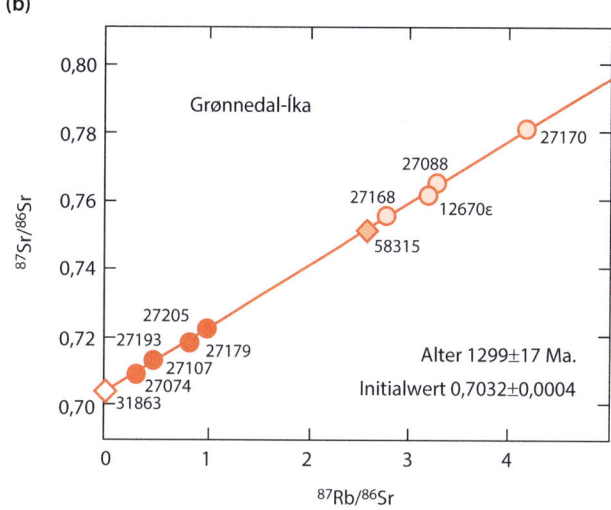

■ **Abb. 10.9** **a** Geologische Karte der Grønnedal-Íka-Intrusion in Südgrönland, mit der Verteilung der petrologischen Einheiten. **b** Isochronendiagramm der Sr-Isotopendaten aus der Grønnedal-Íka-Intrusion (beachten Sie die unterschiedlichen Maßstäbe der Achsen). In (a) und (b) werden die gleichen Symbole verwendet, um auf der Karte die Probenherkunft deutlich zu machen. In Blaxland et al. (1978) wurde auf Basis einer ^{87}Rb-Zerfallskonstante von $1{,}39 \cdot 10^{-11}$ a^{-1} ein Alter von 1327 Ma berechnet, hier ist stattdessen das mit der heute anerkannten Zerfallskonstante von $1{,}42 \cdot 10^{-11}$ a^{-1} berechnete Alter angegeben; ein Ausreißer wurde hier für bessere Übersichtlichkeit weggelassen. (Quelle: Blaxland et al. 1978; Abdruck mit Genehmigung der Geological Society of America)

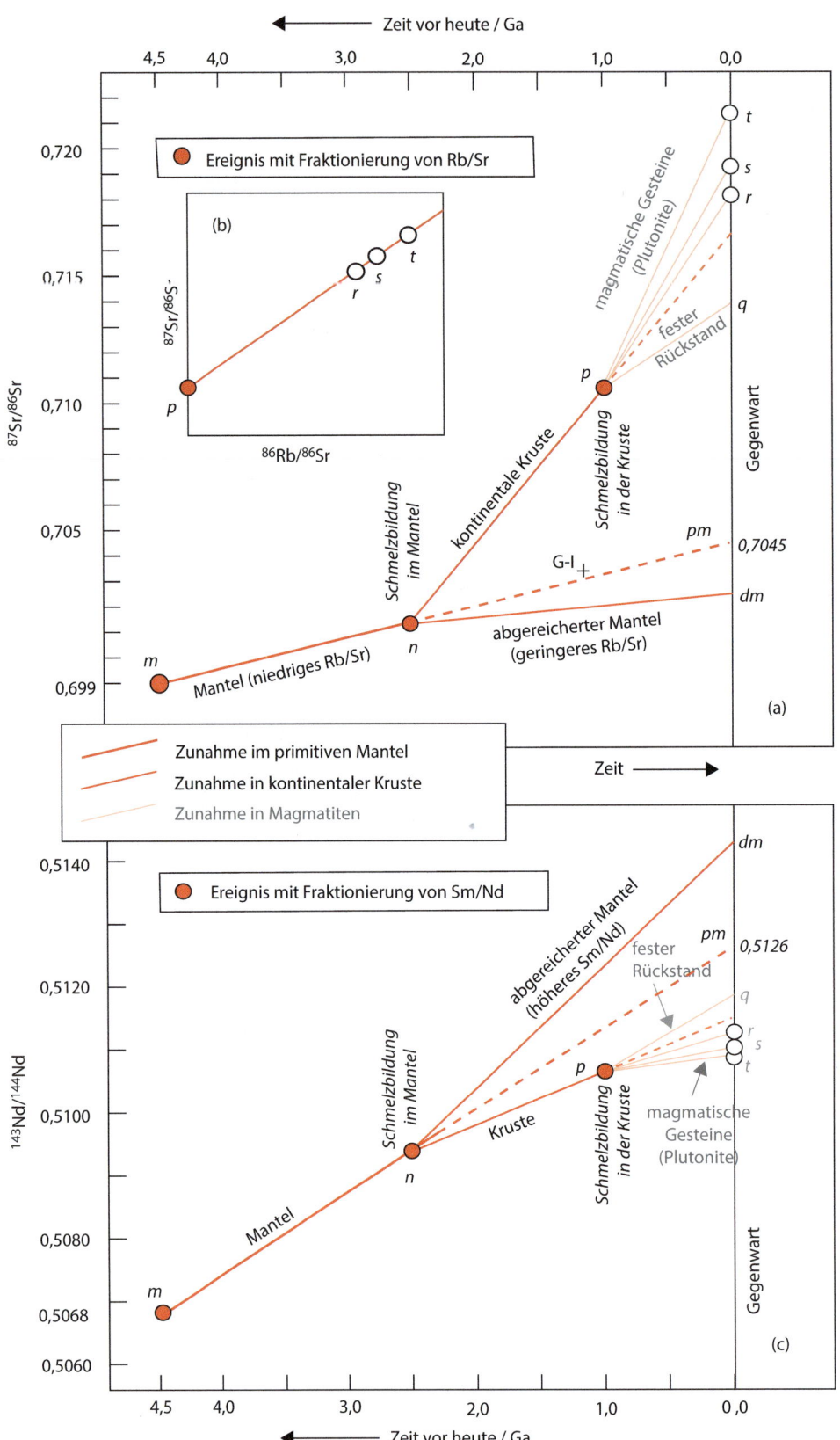

Abb. 10.10 **a** Skizze der „^{87}Sr-Zunahme" (relativ zu ^{86}Sr) für das Rb-Sr-Isotopensystem, wobei die geologische Zeit von links nach rechts verläuft. Eine Schmelzbildung im Mantel an Punkt n führt zur Bildung von kontinentaler Kruste mit höherem Rb/Sr (was zu einer schnelleren Zunahme von ^{87}Sr führt). Diese kontinentale Kruste kann anschließend bei Punkt p teilweise aufgeschmolzen werden, und die fraktionierte Kristallisation der dabei gebildeten Schmelze führt zu Intrusionen, die heute unterschiedliche Rb/Sr-Verhältnisse aufweisen. Wie im Text definiert, stehen pm und dm für primitiven bzw. abgereicherten Mantel (^{87}Sr/^{86}Sr-Verhältnisse der Gegenwart). Das mit „G-I" markierte Kreuz zeigt zum Vergleich den Initialwert und das Alter für den Grønnedal-Íka-Komplex (◘ Abb. 10.9b). **b** Skizze der Isochrone für die plutonischen Gesteine r, s und t aus (a), p ist hier der Initialwert, entsprechend Punkt p in (a). **c** Die Zunahme von ^{143}Nd/^{144}Nd mit den gleichen Gesteinen und Schmelzbildungsereignissen wie in (a)

Tab. 10.3 Konzentrationen der Elemente Rb, Sr, Nd und Sm (in ppm) im Erdmantel und in der kontinentalen Kruste. (Nach Henderson und Henderson 2009)

Element	Z	Durchschnittlicher primitiver Mantel	Durchschnittliche kontinentale Kruste
Rb	37	0,605	49
Sr	38	20,3	320
Rb/Sr		0,0298	0,153
Nd	60	0,431	20
Sm	62	1,327	3,9
Sm/Nd		0,325	0,195

Abb. 10.10a veranschaulicht ein solches „Diagramm der ^{87}Sr-Zunahme". Punkt m stellt das ^{87}Sr/^{86}Sr-Verhältnis des ursprünglichen Erdmantels *(primordial mantle)* nach der Entstehung der Erde vor 4,55 Ga dar (der Wert von 0,69900 wurde durch Meteoritenuntersuchungen bestimmt). Die leicht ansteigende Linie m–n stellt die „Zunahme" von radiogenem ^{87}Sr (relativ zu ^{86}Sr) im primitiven Mantel dar. Mantelgesteine enthalten viel weniger Rb als Sr (Tab. 10.3), daher wird in einem bestimmten Zeitraum nur wenig radiogenes ^{87}Sr gebildet, und im Mantel nimmt ^{87}Sr daher nur um einen geringen Betrag relativ zum bereits vorhandenen ^{87}Sr zu. Die geringe Steigung zwischen m und n spiegelt daher das niedrige Rb/Sr-Verhältnis (= 0,03) im Peridotit des primitiven Mantels wider. Bis zum heutigen Tag verlängert (dicke gestrichelte Linie), würde das Rb/Sr des Mantels zu einem ^{87}Sr/^{86}Sr-Verhältnis von etwa 0,7045 führen, was dem durchschnittlichen Verhältnis entspricht, das in vielen jungen Basalten gemessen wird.

Gehen wir jedoch einmal davon aus, dass ein Teil des Mantels vor etwa 2,5 Ga (Punkt n) teilweise aufgeschmolzen wurde, und dass die Schmelze nach dem Aufstieg in geringer Tiefe zu Gesteinen erstarrt ist, deren Zusammensetzungen weitgehend der kontinentalen Kruste entsprechen. Diese Gesteine erbten das ^{87}Sr/^{86}Sr-Verhältnis der Mantelquelle zu diesem Zeitpunkt. Da aber Rb in Mantelmineralen inkompatibler ist als Sr (Abb. 9.2; vgl. ▶ https://earthref.org/KDD/), hatte das durch partielles Aufschmelzen des Mantels gebildete Magma ein größeres Rb/Sr-Verhältnis als der Mantel. Das höhere Rb/Sr in der kontinentalen Kruste, die durch das partielle Aufschmelzen des Mantels gebildet wurde, bewirkt, dass ihr ^{87}Sr/^{86}Sr-Verhältnis mit der Zeit schneller steigt als im Mantel: Das Segment n–p in Abb. 10.10a stellt die steilere Entwicklung des ^{87}Sr/^{86}Sr in typischer kontinentaler Kruste dar, die in unserem hypothetischen Modell bei einem Schmelzereignis des Mantels vor 2,5 Ga vor heute *(before present,* BP) entstand.

Was passiert in diesem Zeitraum im Mantel? Bereiche des Mantels, die von diesem (oder einem anderen) Schmelzereignis unberührt bleiben, behalten ihr ursprüngliches Rb/Sr-Verhältnis bei und entwickeln sich in Abb. 10.10a entlang der gestrichelten Verlängerung der Linie m–n bis Punkt pm (dem heutigen ^{87}Sr/^{86}Sr-Verhältnis des „primitiven Mantels", d. h. dem nicht von einem Schmelzereignis beeinflussten Teil des Mantels). Im Mantelbereich, der an Punkt n partiell aufgeschmolzen wurde, blieb dagegen ein fester schwer schmelzbarer Rückstand mit einem noch niedrigeren Rb/Sr-Verhältnis als der ursprüngliche Mantel (da Rb vorzugsweise in die Schmelze fraktioniert, die aufstieg und aus der die Kruste gebildet wurde). Dieser „abgereicherte" Mantelbereich *(depleted mantle)* entwickelt sich danach in Abb. 10.10a entlang einer flacheren Linie. Wenn heute weitere Schmelze in diesem abgereicherten Mantelbereich gebildet wird, verweist das weniger radiogene ^{87}Sr/^{86}Sr-Verhältnis dieses Magmas auf das frühere Schmelzereignis (Punkt dm in Abb. 10.10a).

Nehmen wir nun an, dass die Krustengesteine, die aus einem Schmelzereignis im Mantel an Punkt n resultieren, in der Kruste bei etwa 1,0 Ga BP (Punkt p) teilweise aufgeschmolzen wurden, und dass aus diesem Magma sich durch fraktionierte Kristallisation und wiederholtes Eindringen in flache Krustenbereiche eine Reihe von Plutonen mit unterschiedlicher Zusammensetzung gebildet hat. Auch diesmal erzeugt das partielle Schmelzen in der Kruste Magmen, die das gleiche ^{87}Sr/^{87}Sr-Verhältnis wie die Quelle haben (Punkt p), aber mit einer höheren Rb-Konzentration relativ zu Sr, während der feste Rückstand ein niedrigeres Rb/Sr-Verhältnis aufweist. Die hohen Rb/Sr-Verhältnisse in den Plutoniten erzeugen einen steileren Verlauf der weiteren ^{87}Sr/^{86}Sr-Entwicklung in Abb. 10.10a. Proben dieser Gesteine, die heute gesammelt und analysiert werden, würden z. B. die ^{87}Sr/^{86}Sr-Werte der Punkte r, s und t ergeben. In einem Diagramm mit ^{87}Sr/^{86}Sr aufgetragen gegen ^{87}Rb/^{86}Sr (Abb. 10.10b) würden diese Proben eine Isochrone mit einem ursprünglichen Verhältnis (Initialwert) ≈ 0,7106 definieren. Das ist zu hoch, um mit einer direkten Herkunft aus dem Mantel konsistent zu sein. Um einen so hohen Initialwert zu erzielen, müssen zwei Anforderungen erfüllt sein:

— Die Quellregion muss ein deutlich höheres Rb/Sr als das Mantelgestein aufweisen, was zu einer steileren Wachstumsrate des $^{87}Sr/^{86}Sr$ in der Quellregion führt.
— Zwischen der Schmelzbildung im Mantel (Punkt n) und der späteren Schmelzbildung in der Kruste (Punkt p) muss genügend Zeit vergehen, wenn es in der Kruste zu einer signifikanten Zunahme des $^{87}Sr/^{86}Sr$-Verhältnisses kommen soll. Wäre das Intervall n–p kurz gewesen (z. B. ~100 Ma statt 1500 Ma), wäre das ursprüngliche Isotopenverhältnis (Punkt p), das aus den Gesteinen r, s und t ermittelt wird, kaum von den Mantelwerten zu unterscheiden, unabhängig vom höheren Rb/Sr-Verhältnis.

Der feste Rückstand der Schmelzbildung in der Kruste, der in der Tiefe zurückbleibt, entwickelt sich auf einem weniger steilen Weg zu einem heutigen $^{87}Sr/^{86}Sr$-Verhältnis, das Punkt q entspricht.

Daraus folgt, dass das aus einer Isochrone abgelesene ursprüngliche Sr-Isotopenverhältnis $(^{87}Sr/^{86}Sr)_0$ ein empfindlicher Indikator für die Beteiligung von alter kontinentaler Kruste an der Magmengenese ist. Im Vergleich zur Gerade des Mantels (◘ Abb. 10.10a) sagt uns das ursprüngliche Sr-Isotopenverhältnis, ob ein Magma aus dem Erdmantel stammen kann oder ob kontinentale Kruste mit höherem $^{87}Sr/^{86}Sr$ einen bedeutenden Beitrag zur Magmengenese geleistet hat. Nehmen wir ◘ Abb. 10.9 als Beispiel: Das Stammmagma der Grønnedal-Íka-Intrusion hatte, als der Komplex vor 1299 Ma gebildet wurde, ein ursprüngliches Verhältnis von 0,7032. Dieser Initialwert liegt sehr nahe an der Gerade für den primitiven Mantel (siehe in ◘ Abb. 10.10a das mit „G-I" beschriftete Kreuz), was Blaxland et al. (1978) zu dem Schluss veranlasste, dass dieses Stammmagma im Wesentlichen aus dem Mantel stammte und die Krustenbeteiligung vernachlässigbar ist.

$(^{87}Sr/^{86}Sr)_0$ kann auch Licht auf verschiedene Herkunftsbereiche im Mantel werfen, wie der in ◘ Abb. 10.10a durch dm dargestellte abgereicherte Mantel veranschaulicht. Wie wir sehen werden (◘ Abb. 10.12), sind solche Mantelsignaturen charakteristisch für die meisten Basalte an mittelozeanischen Rücken (MORB), was darauf hindeutet, dass solche Basalte ein abgereichertes „Mantelreservoir" anzapfen.

10.2.2.3 Datierung von känozoischen Sedimenten unter Verwendung von $^{87}Sr/^{86}Sr$

Die Rb-Sr-Isochronenmethode eignet sich nicht, um die Ablagerung von Sedimentgesteinen zu datieren: Die klastischen Komponenten der Sedimente sind in der Regel deutlich älter als das Sediment selbst, und sie bestehen im Allgemeinen aus Mineralen, die zu wenig Rb enthalten, um messbare Mengen von radiogenem ^{87}Sr zu erzeugen (diese Einschränkung gilt auch für Kalksteine). Rb-haltige authigene Minerale wie Glaukonit können in bestimmten Fällen Rb-Sr-Isochronendaten liefern, aber solche Alter spiegeln das gesuchte Alter der Ablagerung nicht genau wider.

Dennoch bietet das $^{87}Sr/^{86}Sr$-Verhältnis ein zuverlässiges geochronologisches Werkzeug für die Datierung känozoischer mariner Sedimente. Wenn sie aus Carbonatschalen bestehen, haben sie die Sr-Isotopenzusammensetzung vom Meerwasser geerbt, in dem die Schalen gebildet wurden. Die heutigen Ozeane sind bekanntlich in Bezug auf $^{87}Sr/^{86}Sr$ gut durchmischt, das ozeanische $^{87}Sr/^{86}Sr$ hat sich aber im Laufe des Phanerozoikums stark verändert. ◘ Abb. 10.11 zeigt, wie die $^{87}Sr/^{86}Sr$-Werte mariner Carbonate der letzten 40 Ma stetig (aber nicht ganz linear) gestiegen sind. Das bietet ein leistungsfähiges Datierungs- und stratigraphisches Korrelationswerkzeug für känozoische Sedimentgesteine, wie Übung 10.1 veranschaulicht.

Wie kommt es während des Känozoikums zu dieser bemerkenswert regelmäßigen Entwicklung des $^{87}Sr/^{86}Sr$-Verhältnisses im Meerwasser? Die zeitlichen Schwankungen des $^{87}Sr/^{86}Sr$ spiegeln ein sich änderndes globales Gleichgewicht zwischen den beiden dominanten Sr-Einträgen in die Ozeane wider (◘ Abb. 10.11):
— Gelöstes Sr aus der Verwitterung kontinentaler Landmassen, das von Flüssen mit einem globalen Durchschnitt des $^{87}Sr/^{86}Sr$-Verhältnisses von etwa 0,711 in die Ozeane geliefert wird. Dieser Beitrag macht das Sr in Meerwasser radiogener.
— Sr, das von hydrothermalen Lösungen (Isotopenverhältnis durchschnittlich 0,7045) aus den Basalten der mittelozeanischen Rücken (MORB) ausgelaugt wurde, neigt dazu, das Sr im Meerwasser weniger radiogen zu machen.

In den letzten 40 Ma gab es einen ungewöhnlich regelmäßigen Anstieg des $^{87}Sr/^{86}Sr$ im Meerwasser. Die tektonische Hebung von Himalaja und Tibet in diesem Zeitraum hat die kontinentalen Verwitterungs- und Erosionsraten erheblich erhöht, und der daraus resultierende Eintrag von in den Flüssen dieser Region gelöstem Sr – bei einem durchschnittlichen $^{87}Sr/^{86}Sr$-Wert von etwa 0,713 – reicht aus, um den größten Teil des in ◘ Abb. 10.11 dargestellten stetigen Anstiegs des $^{87}Sr/^{86}Sr$ im Meerwasser zu erklären (Richter et al. 1992). Überraschenderweise stammt ein Großteil dieses Sr-Eintrags (> 60 %) und seiner radiogenen Signatur aus der Verwitterung von Carbonatgesteinen und nicht von Silicatgesteinen (Oliver et al. 2003).

10.2.3 Das radiogene Isotopensystem Sm–Nd

Die Spurenelemente Samarium (Sm) und Neodym (Nd) sind beides „leichte" Seltenerdelemente (LSEE,

10.2 · Radiogene Isotopensysteme

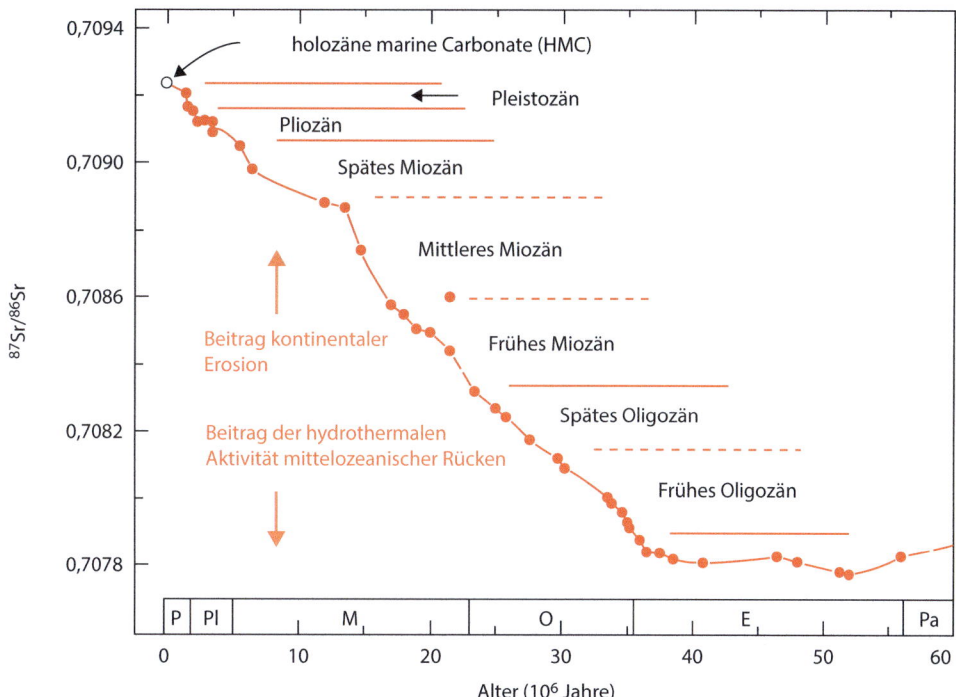

Abb. 10.11 Die Korrelation zwischen den gemessenen $^{87}Sr/^{86}Sr$-Werten in känozoischen marinen Carbonatsedimenten und dem biostratigraphischen Alter. Die Abkürzungen auf der unteren Skala beziehen sich auf geologische Epochen: Pa = Paläozän, E = Eozän, O = Oligozän, M = Miozän, Pl = Pliozän, P = Pleistozän. (Quelle: Geändert nach DePaolo und Ingram 1985; Abdruck mit Genehmigung der American Association for the Advancement of Science)

Abb. 9.28). Obwohl der α-Zerfall von ^{147}Sm zu ^{143}Nd sich physikalisch vom β-Zerfall von ^{87}Rb zu ^{87}Sr unterscheidet (Abb. 10.2) kann die Entwicklung der beiden Isotopensysteme durch die gleiche Algebra dargestellt werden und die beiden Isotopensysteme werden oft zusammen verwendet (Abb. 10.12).

Die oben für Sr entwickelte Praxis gilt auch für Nd. Wieder wird die Menge des radiogenen Isotops (^{143}Nd) relativ zu einem stabilen Isotop (^{144}Nd) angegeben (vgl. Abb. 10.2). Durch das Plotten der $^{143}Nd/^{144}Nd$-Isotopenverhältnisse für eine Reihe kogenetischer Gesteine oder Minerale gegen die entsprechenden $^{147}Sm/^{144}Nd$-Verhältnisse erhalten wir eine Sm-Nd-Isochrone, aus der das Alter der Gesteinssuite bestimmt werden kann (siehe Beispiel Übung 10.2). Die Gleichung für diese Isochrone ist:

$$\left(\frac{^{143}Nd}{^{144}Nd}\right)_t = \left(\frac{^{143}Nd}{^{144}Nd}\right)_0 + \left(\frac{^{147}Sm}{^{144}Nd}\right)_t (e^{\lambda_{Sm} t} - 1)$$

Der Wert der Zerfallskonstante λ_{Sm} ist in Tab. 10.1 angegeben. Da SEE wie Sm und Nd unter hydrothermalen Bedingungen oder einer niedriggradigen Metamorphe weniger mobil sind als Rb und Sr, ist die Sm-Nd-Datierungsmethode für die Datierung des Eruptionsalters für leicht alterierte Proben von unschätzbarem Wert. Wegen der längeren Halbwertszeit (niedrige Zerfallskonstante λ, s. Tab. 10.1) von ^{147}Sm ist das Sm-Nd-Isotopensystem besonders gut für die Datierung von präkambrischen Gesteinen geeignet (siehe Übung 10.2).

Abb. 10.10c zeigt, wie sich $^{143}Nd/^{144}Nd$ in dem in ▶ Abschn. 10.2.2 für Rb-Sr beschriebenen Szenario entwickelt. In Analogie zu ▶ Gl. 10.6 kann die Gleichung der $^{143}Nd/^{144}Nd$-Zunahme geschrieben werden:

$$\left(\frac{^{143}Nd}{^{144}Nd}\right)_t \approx \left(\frac{^{143}Nd}{^{144}Nd}\right)_0 + \left[\left(\frac{^{147}Sm}{^{144}Nd}\right) \lambda_{Sm}\right] t$$

Der erste Unterschied zwischen Abb. 10.10a und 10.10c, der auffällt, ist der unterschiedliche Maßstab der y-Achse: In beiden Diagrammen beträgt der Abstand zwischen den Strichen an der Achse 0,001, die Abstände unterscheiden sich aber deutlich. Unterschiedliche Skalierungen sind notwendig, da Sm und Nd leichte SEE mit sehr ähnlicher Chemie und sehr ähnlichem Ionenradius sind, sodass sie eine ähnliche Inkompatibilität aufweisen. Bei der Schmelzbildung und bei der Kristallisation werden sie in weit geringerem Maße fraktioniert (relativ zueinander) als es bei Rb und Sr der Fall ist. Die Notwendigkeit, entsprechend kleine Veränderungen des $^{143}Nd/^{144}Nd$-Verhältnisses nachzuweisen, erfordert auch eine besonders präzise massenspektrometrische Messung.

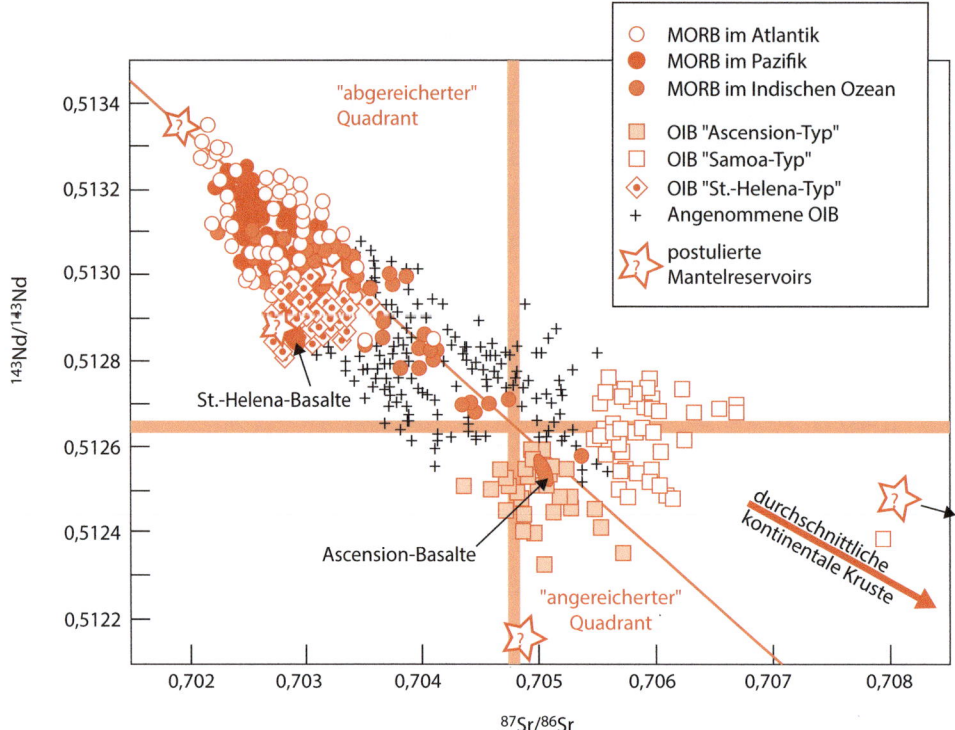

◻ **Abb. 10.12** Ein Diagramm mit den Isotopenverhältnissen von Nd und Sr von rezenten Basalten aus Ozeanbecken, wobei jeder Datenpunkt eine individuelle Basaltanalyse darstellt, mit unterschiedlichen Symbolen je nach Probenherkunft („MORB" steht für Basalt an mittelozeanischen Rücken; „OIB" bezieht sich auf Ozeaninselbasalt, siehe Text). Das Kreuz aus horizontaler und vertikaler Linie zeigt die geschätzte aktuelle Nd- und Sr-Isotopenzusammensetzung des primitiven Mantels an. Der breite Pfeil rechts unten zeigt auf die Zusammensetzung der durchschnittlichen kontinentalen Kruste. Sternsymbole bezeichnen die ungefähre Zusammensetzung der „Endglieder" postulierter Mantelreservoire. (Quelle: Hofmann 1997; Nachdruck mit Genehmigung von Macmillan Publishers Ltd.)

Obwohl ^{143}Nd/^{144}Nd mit der Zeit ähnlich zunimmt wie ^{87}Sr/^{86}Sr, erscheinen Aspekte von ◻ Abb. 10.10c im Vergleich zu ◻ Abb. 10.10a auf den Kopf gestellt. Wenn es an Punkt n zu einer Schmelzbildung im Mantel kommt, entwickelt sich das ^{143}Nd/^{144}Nd-Verhältnis der gebildeten Kruste mit einer geringeren Steigung als der primitive Mantel. Der zurückbleibende abgereicherte Mantel entwickelt sich entlang einer steileren Gerade. Das steht im Gegensatz zu dem, was wir bei Rb-Sr sehen. Die gleichen Unterschiede ergeben sich, wenn die Kruste bei Punkt p teilweise geschmolzen wird. Der Grund dafür ist, dass das Mutternuklid ^{147}Sm weniger inkompatibel ist als das Tochterelement Nd (während bei Rb-Sr umgekehrt das Mutternuklid ^{87}Rb inkompatibler ist als das Tochternuklid ^{87}Sr). Die bei n und p gebildeten Schmelzen erwerben daher ein niedrigeres Mutter-zu-Tochter-Verhältnis (^{147}Sm/^{143}Nd) als das Ausgangsgestein, und das ist der Grund, warum ^{143}Nd/^{144}Nd in den daraus abgeleiteten Gesteinen langsamer zunimmt.

Aus ◻ Abb. 10.10c geht hervor, dass die kontinentale Kruste durch ein niedriges Sm/Nd und damit durch weniger radiogenes Nd als der primitive Mantel gekennzeichnet ist, während Nd im abgereicherten Mantel stärker radiogen ist als im primitiven Mantel.

10.2.3.1 Sr- und Nd-Isotopensignaturen junger ozeanischer Vulkane: Kartierung geochemischer Reservoire im Mantel

Ist der Erdmantel homogen in seiner Zusammensetzung oder ist er im Laufe der Erdgeschichte in Bereiche mit unterschiedlichen geochemischen Fingerabdrücken gegliedert worden? Die Isotopenanalyse junger Basalte aus den Ozeanbecken (wo die Kontamination durch die kontinentale Kruste das Bild nicht verwirren kann) bietet ein Mittel, um die gegenwärtige Heterogenität im Erdmantel zu untersuchen. Basalte erben die radiogenen Isotopenverhältnisse ihrer Quelle (alle Basalte der Erde sind durch partielles Aufschmelzen des Peridotits des Erdmantels entstanden). Wenn der Mantel, aus dem die jüngsten ozeanischen Basalte stammen, homogen ist, was den Gehalt an radioaktiven und radiogenen Nukliden wie z. B. ^{87}Rb und ^{87}Sr angeht, dann würden wir erwarten, dass die ^{87}Sr/^{86}Sr- und ^{143}Nd/^{144}Nd-Verhältnisse diese Basalte in einem engen Bereich streuen, der dem primitiven Mantel (pm in ◻ Abb. 10.10) entspricht. Ein Blick auf eine Zusammenstellung globaler Daten in ◻ Abb. 10.12 zeigt, dass dies nicht der Fall ist.

Jeder Datenpunkt in ◻ Abb. 10.12 stellt eine Basaltanalyse dar, und gemeinsam definieren sie nicht einen einzelnen Cluster, sondern ein lang gestrecktes Band von Basaltzusammensetzungen, mit einer groben Korrelation zwischen $^{143}Nd/^{144}Nd$ und $^{87}Sr/^{86}Sr$. Dieses Band wird als *mantle array* bezeichnet. Da die Isotopenverhältnisse schwerer Elemente wie Sr nicht durch partielles Aufschmelzen verändert werden können, deutet die Anordnung in ◘ Abb. 10.12 darauf hin, dass:

- die Mantelbereiche, aus denen ozeanische Basaltmagmen stammen, in ihren Rb/Sr- und Sm/Nd-Verhältnissen stark variieren müssen (um die beobachteten Unterschiede in $^{143}Nd/^{144}Nd$ und $^{87}Sr/^{86}Sr$ zu erklären, entsprechend ◘ Abb. 10.10); und dass
- diese chemische Heterogenität im Mantel sich vor geologisch langer Zeit entwickelt haben muss (entsprechend Punkt n in ◘ Abb. 10.10a und c), damit die Zeit lang genug ist, um aus dem unterschiedlichen Rb/Sr und Sm/Nd die heute beobachtete $^{87}Sr/^{86}Sr$- und $^{143}Nd/^{144}Nd$-Variation zu erzeugen.

Welche weiteren Schlussfolgerungen können wir aus ◘ Abb. 10.12 ziehen?

- Auch wenn sich diese teilweise überlagern, bilden Basalte aus bestimmten ozeanischen Umgebungen diskrete Cluster in unterschiedlichen Bereichen von ◘ Abb. 10.12. Diese weisen darauf hin, dass im Mantel chemisch unterschiedlichen Bereiche oder „Reservoire" existieren, aus denen die entsprechenden Basalte stammen.
- Die meisten Basalte der mittelozeanischen Rücken („MORB", runde Symbole) bilden in der linken oberen Ecke des Diagramms einen dichten Cluster, der sich durch die höchsten $^{143}Nd/^{144}Nd$- und niedrigsten $^{87}Sr/^{86}Sr$-Werte auszeichnet. Diese MORB stammen offensichtlich aus einem „abgereicherten" Mantelreservoir mit niedrigem Rb/Sr- und hohem Sm/Nd-Verhältnis, analog zu dm *(depleted mantle)* in ◘ Abb. 10.10a und c. Dieses Mantelreservoir ist mehr oder weniger homogen und umfangreich genug, um den Vulkanismus an den mittelozeanischen Rücken in allen großen Ozeanbecken zu versorgen.
- Dieses „abgereicherte" Reservoir (die Quelle der MORB) unterscheidet sich in seiner Zusammensetzung von dem „primitiven Mantel", einem fiktiven Mantelreservoir, das näherungsweise dem ursprünglichen Mantel der Erde vor 4,55 Ga entspricht, bzw. dessen aktueller Isotopenzusammensetzung (analog zu pm in ◘ Abb. 10.10) am Schnittpunkt der breiten Linien in ◘ Abb. 10.12 (diese Linien teilen das Diagramm hilfreich in vier Quadranten).
- Ozeaninselbasalte („OIB", Quadrate und Rauten in ◘ Abb. 10.12) wurden auf intraozeanischen „Hotspot-Inseln" wie Ascension und Hawaii gesammelt, die weit von Subduktionszonen (Inselbögen) entfernt sind. Sie weisen weniger stark „abgereicherte" Signaturen auf und erstrecken sich über einen größeren Bereich der Isotopenzusammensetzung: in Richtung der primitiven Mantelzusammensetzung und in einigen Fällen darüber hinaus (in den „angereicherten" Quadranten). Die Bandbreite der OIB-Zusammensetzungen zeigt uns, dass der Mantel nicht nur ein abgereichertes Reservoir, sondern auch eine Reihe von „angereicherten" Reservoiren beinhaltet (mit Rb/Sr höher und/oder Sm/Nd niedriger als der primitive Mantel).
- Einige OIB-Mantelquellen scheinen sich in ◘ Abb. 10.12 zu verschiedenen Clustern zu gruppieren: Beispielsweise fallen Basalte der Azoren und von St. Helena im Atlantik sowie der Austral- und der Balleny-Inseln im Südpazifik alle in den Cluster vom St.-Helena-Typ. Basalte der Pitcairninseln, von Tristan da Cunha und Ascension Island bilden einen weiteren Cluster. Andere Hotspots liegen in einem breiten Band dazwischen.
- Die starke Abweichung der MORB des Indischen Ozeans (bis in den angereicherten Quadranten) von den anderen MORB (im abgereicherten Quadranten) ist in ◘ Abb. 10.11 das deutlichste Zeichen für die Bedeutung einer Vermischung (entweder Mischung der Mantelreservoire selbst oder zwischen den daraus durch partielles Aufschmelzen gebildeten Magmen).

Das breite Band der Basaltzusammensetzungen in ◘ Abb. 10.12 kann als das Ergebnis des Zusammenmischens einer Reihe von Mantelreservoiren mit kontrastierender Zusammensetzung unter verschiedenen Umständen und in unterschiedlichen Anteilen betrachtet werden. Stellen Sie sich vor, dass jede Basaltzusammensetzung aus einem heterogenen „Kuchen" (dem Erdmantel) abgeleitet ist, der aus verschiedenen Zutaten (Reservoiren) hergestellt wurde, die vor dem Backen nicht vollständig gemischt wurden. Fünf in der Literatur postulierte Reservoirzusammensetzungen werden durch die Sternsymbole in ◘ Abb. 10.12 dargestellt.

Wo befinden sich diese angenommenen Reservoire und wie haben sie sich gebildet? Die Antworten auf diese Fragen sind zwangsläufig spekulativ. Es besteht ein breiter Konsens darüber, dass die abgereicherte MORB-Quelle mit der duktilen, konvektierenden Asthenosphäre gleichzusetzen ist. Weltweit steigt diese unter den mittelozeanischen Rücken auf und es kommt durch die Druckentlastung zur Schmelzbildung (◘ Abb. 2.9b). Die Gleichmäßigkeit dieses Reservoirs spiegelt die mit der Konvektion verbundene Vermischung wider, und es wird angenommen, dass sein abgereicherter Charakter aus der Bildung der kontinentalen Kruste – sehr viel früher in der Erdgeschichte – durch teilweises Aufschmelzen des ursprünglich homogenen primitiven Mantels resultiert.

Viele Inseln mit OIB (Hotspots) stehen in einem Zusammenhang mit Manteldiapiren (◘ Abb. 2.9b), die aus dem unteren Mantel aufsteigen – und dessen Mantelreservoire anzapfen. Es wird angenommen, dass ihre unterschiedlichen Zusammensetzungen eine „Kontamination" dieser Mantelbereiche durch recycelte Materialien wie subduzierte terrigene Sedimente oder alterierte ozeanische Kruste widerspiegeln.

10.3 Stabile Isotopensysteme

Ein an einer Feder aufgehängter Körper schwingt mit einer Eigenfrequenz auf und ab, die von der Masse des Körpers abhängt: Je schwerer der Körper, desto langsamer werden die Schwingungen. Gleiches gilt für die Atome in einem Molekül (◨ Abb. 9.19), bei denen chemische Bindungen an die Stelle der Feder treten: Befindet sich z. B. ein schwereres Isotop in einem H_2O-Molekül, dann verlangsamt sich die thermische Vibration (▶ Kap. 1), die die O-H-Bindung dehnt, und senkt damit die interne Energie des Moleküls. Das Vorhandensein eines schwereren Isotops – egal ob ^2H in $^1H^2H^{16}O$ oder ^{18}O in $^1H_2^{18}O$ – verändert subtil die thermodynamischen und kinetischen Eigenschaften des Wassermoleküls und beeinflusst damit seine Verteilung zwischen den koexistierenden Phasen (z. B. zwischen Wasser und Dampf), was zu einer leichten Fraktionierung des Isotopenverhältnisses zwischen den koexistierenden Phasen führen kann.

Eine solche massenabhängige Isotopenfraktionierung ist für schwerere Elemente wie Sr und Nd unbedeutend (zumindest in natürlichen Gleichgewichten), weil die relativen Unterschiede der Massenzahl A der beteiligten Isotope gering sind (wenig mehr als 1 % im Falle von ^{86}Sr und ^{87}Sr). (In künstlichen Umgebungen kann es durchaus zu einer Fraktionierung der Sr- und Nd-Isotope kommen, etwa bei der Verdampfung von einem heißen Filament bei der thermischen Ionisation für die Massenspektrometrie, was eine entsprechende Korrektur notwendig macht.) Für Elemente mit kleinem A wie Wasserstoff, Kohlenstoff und Sauerstoff ist die Massendifferenz zwischen Isotopen von größerer Bedeutung: Die relative Massendifferenz zwischen ^{16}O und ^{18}O ist zum Beispiel $(18 − 16)/[0{,}5 \cdot (18 + 16)] = 2/17 \approx 12\,\%$. Mithilfe der modernen hochpräzisen Massenspektrometrie können messbare Variationen der Isotopenzusammensetzung von Elementen mit niedrigem A wie H, C, N, O und S (◨ Abb. 10.13) zwischen verschiedenen natürlichen Reservoiren beobachtet werden, die wichtige Einblicke in die Funktionsweise von bestimmten geologischen Prozessen ermöglichen. Dieses Forschungsfeld ist die Geochemie stabiler Isotope.

10.3.1 Notation

Natürliche Variationen eines stabilen Isotopenverhältnisses (z. B. $^{18}O/^{16}O$) betragen meist nur wenige Promille (‰). Um die analytische Präzision zu optimieren und die Variationen zwischen den Labors zu minimieren, ist es die übliche analytische Praxis, wiederholte Messungen an einer unbekannten Probe mit Messungen an einem allgemein verfügbaren Standard mit bekannten Isotopenzusammensetzungen/-verhältnissen abzuwechseln. Die Isotopenverhältnismessung für jede Probe wird dann in Form ihres „δ-Wertes" relativ zum Standard ausgedrückt. Am Beispiel von Sauerstoffisotopen:

$$\delta^{18}O = 1000 \cdot \left[\frac{\left(\frac{^{18}O}{^{16}O}\right)_{Probe} - \left(\frac{^{18}O}{^{16}O}\right)_{Standard}}{\left(\frac{^{18}O}{^{16}O}\right)_{Standard}} \right] \permil \quad (10.7)$$

Hier ist ($^{18}O/^{16}O$) das gemessene atomare Verhältnis des schwersten Sauerstoffisotops zum leichtesten (und häufigsten) Isotop. (Das seltenste Sauerstoffisotop, ^{17}O, wird in der Regel ignoriert.) Die δ-Notation wird für alle stabilen Isotopensysteme verwendet. Die verwendeten Standards hingegen variieren je nach Isotopensystem (◨ Tab. 10.4).

10.3.2 Wasserstoff- und Sauerstoffisotope – Schlüssel zum Klima der Vergangenheit

Wasserstoff und Sauerstoff sind die Elemente, aus denen das Wasser besteht. Beide haben mehr als ein stabiles Isotop, und natürliche Variationen in der Isotopenzusammensetzung dieser beiden Elemente bieten die Möglichkeit, die Herkunft von natürlichen Wasserproben nachzuvollziehen und die Reaktionen zwischen Gestein und Wasser bzw. zwischen Mineral und Wasser zu untersuchen.

Wasserstoff besteht aus zwei stabilen Isotopen, ^1H und ^2H (◨ Abb. 10.13). Es ist das einzige chemische Element, dessen Isotope getrennte chemische Namen erhalten haben. Schwerer Wasserstoff, ^2H, dessen Kern ein Proton und ein Neutron umfasst, wird als Deuterium bezeichnet (vom griechischen *deuteros* für „zweites"), und manchmal wird dafür das chemische Symbol D anstelle von ^2H verwendet. Wasserstoff hat auch ein drittes Isotop, ^3H, das Tritium genannt wird (1 Proton + 2 Neutronen) und mit einer Halbwertszeit von 12,3 Jahren radioaktiv ist.

Sauerstoff besteht aus drei stabilen Isotopen, ^{16}O, ^{17}O und ^{18}O (◨ Abb. 10.13).

10.3.2.1 Der terrestrische Wasserkreislauf

Das $H_2^{18}O$-Molekül, das 12 % schwerer ist als $H_2^{16}O$, verdampft ein wenig schwieriger: Sein Dampfdruck ist bei 100 °C um 0,5 % niedriger als der von $H_2^{16}O$, wodurch sein Siedepunkt um 0,14 °C höher ist. Der Dampf im Gleichgewicht mit Wasser enthält daher etwas weniger $H_2^{18}O$ und auch weniger vom anderen

10.3 · Stabile Isotopensysteme

Tab. 10.4 Zusammenfassung der in den Geo- und Umweltwissenschaften verwendeten stabilen Isotopensysteme mit niedrigem A-Wert (siehe Abb. 10.13)

Element	Isotope	Verwendetes Isotopenverhältnis	Verwendete Standards	Anwendungen[a]
Wasserstoff	^1H, ^2H (=D)	$^2H/^1H = D/H$	VSMOW[b]	Hydrothermale Wasser-Gestein-Wechselwirkungen, Wasserherkunft (Abb. 10.14a, b), Paläoklima (Abb. 10.15, 10.16), biochemische Prozesse
Kohlenstoff	^{12}C, ^{13}C	$^{13}C/^{12}C$	VPDB[c]	Zusammensetzung der frühen Erdatmosphäre, Nachweis des frühen Lebens (Abb. 10.17), Mantelheterogenität und Herkunft der Diamanten
Stickstoff	^{14}N, ^{15}N	$^{15}N/^{14}N$	Atmosphärisches N_2-Gas	Nutzung von ozeanischem Nitrat, Mischung von Süß- und Meerwasser
Sauerstoff	^{16}O, ^{17}O, ^{18}O	$^{18}O/^{16}O$	VSMOW[b], VPDB[c]	Ozeanische Paläotemperaturen (Abb. 10.15b, 10.16), Geothermometrie, hydrothermale Wasser-Gestein-Wechselwirkungen, Wasserherkunft (Abb. 10.14)
Schwefel	^{32}S, ^{33}S, ^{34}S, ^{36}S	$^{34}S/^{32}S$	Troilit (FeS) aus dem Canyon-Diablo-Eisenmeteorit	Ursprünge von Sulfiderzen, Entwicklung der Erdatmosphäre (Abb. 10.18)

[a] Nach Henderson und Henderson (2009)
[b] Vienna Standard Mean Ocean Water – trotz seines Namens eine Reinwasserprobe mit spezifischem D/H und $^{18}O/^{16}O$, die 1968 von der Internationalen Atomenergiebehörde (IAEO) in Wien als Standard festgelegt wurde
[c] Vienna Peedee Belemnite ist ein ähnlicher künstlicher Maßstab für $^{13}C/^{12}C$, der 1985 von der IAEO festgelegt wurde, auf der Grundlage von Carbonat von fossilen Belemniten aus der Peedee-Formation in South Carolina

„schweren" Wassermolekül HDO ($^1H^2H^{16}O$), im Vergleich zur koexistierenden flüssigen Phase. Atmosphärischer Wasserdampf, der durch die Verdunstung von Meerwasser entsteht, ist somit an diesen schwereren Molekülen messbar abgereichert. Darüber hinaus reichert Regen den H_2O-Dampf, der noch in der Atmosphäre verbleibt, weiter ab (Abb. 10.14a).

Daraus folgt, dass feuchte subtropische Luftmassen auf ihrem Weg in höhere Breiten mit niedrigeren Temperaturen durch Niederschläge eine progressive Abreicherung an HDO und $H_2^{18}O$ erfahren (Abb. 10.14a). Dementsprechend korreliert die Isotopenzusammensetzung von Regen und Schnee (und daraus gebildetem Süßwasser) stark mit dem Breitengrad (Abb. 10.14b). Ein ähnlicher Trend kann auf Kontinenten mit der Entfernung vom Meer beobachtet werden. Andererseits können tropische Süßwasserkörper mit hohen Verdunstungsraten (wie Flüsse und Seen in Ostafrika) eine Anreicherung in HDO und $H_2^{18}O$ erfahren, wie in Abb. 10.14b dargestellt.

Die Isotopenverhältnisse von H und O ermöglichen es uns, drei verschiedene Wasserkategorien zu unterscheiden, die an geologischen Reaktionen beteiligt sein können (Abb. 10.14b):
- Meerwasser, mit δD und $\delta^{18}O$ nahe Null.
- Durch Regen gebildetes (meteorisches) Oberflächen- und Grundwasser mit variablen (aber korrelierten) negativen δD- und $\delta^{18}O$-Werten, die vom Breitengrad des Niederschlags abhängen. Sie liegen in Abb. 10.14b auf einer Linie, die „*Global Meteoric Water Line*" (GMWL) genannt wird.
- Geothermisches Wasser, das in der Regel meteorisches Wasser ist, das bei hohen Temperaturen mit Silicatgesteinen im isotopischen Gleichgewicht stand. Silicate (in denen Sauerstoff ein wesentlicher Bestandteil ist) bilden das dominierende Sauerstoffreservoir der Erdkruste. Wässer, die bei hoher Temperatur Isotope mit Silicaten austauschen, assimilieren tendenziell deren positive $\delta^{18}O$-Werte. Silicatgesteine enthalten dagegen wenig Wasserstoff, sodass geothermische Wässer in der Regel den breitengradabhängigen negativen δD-Wert des lokalen meteorischen Wassers, aus dem sie stammen, beibehalten. Aus diesem Grund definieren viele geothermische Wässer nahezu horizontale Trends mit zunehmendem $\delta^{18}O$, der rechts vom lokalen meteorischen Wasser liegt (Vergrößerung in Abb. 10.14b).

Wenn große Wassermengen an einem geologischen Prozess beteiligt sind, insbesondere bei erhöhten Temperaturen, hinterlässt das Wasser seinen isotopischen Fingerabdruck auf den von diesem Prozess betroffenen Gesteinen. Beispielsweise werden bei der Untersuchung stabiler Isotopen in Mineralen aus kontinentalen hydrothermalen Erzlagerstätten oft negative $\delta^{18}O$-Werte gemessen, die auf einen meteorischen Ursprung der beteiligten hydrothermalen Fluide hinweisen.

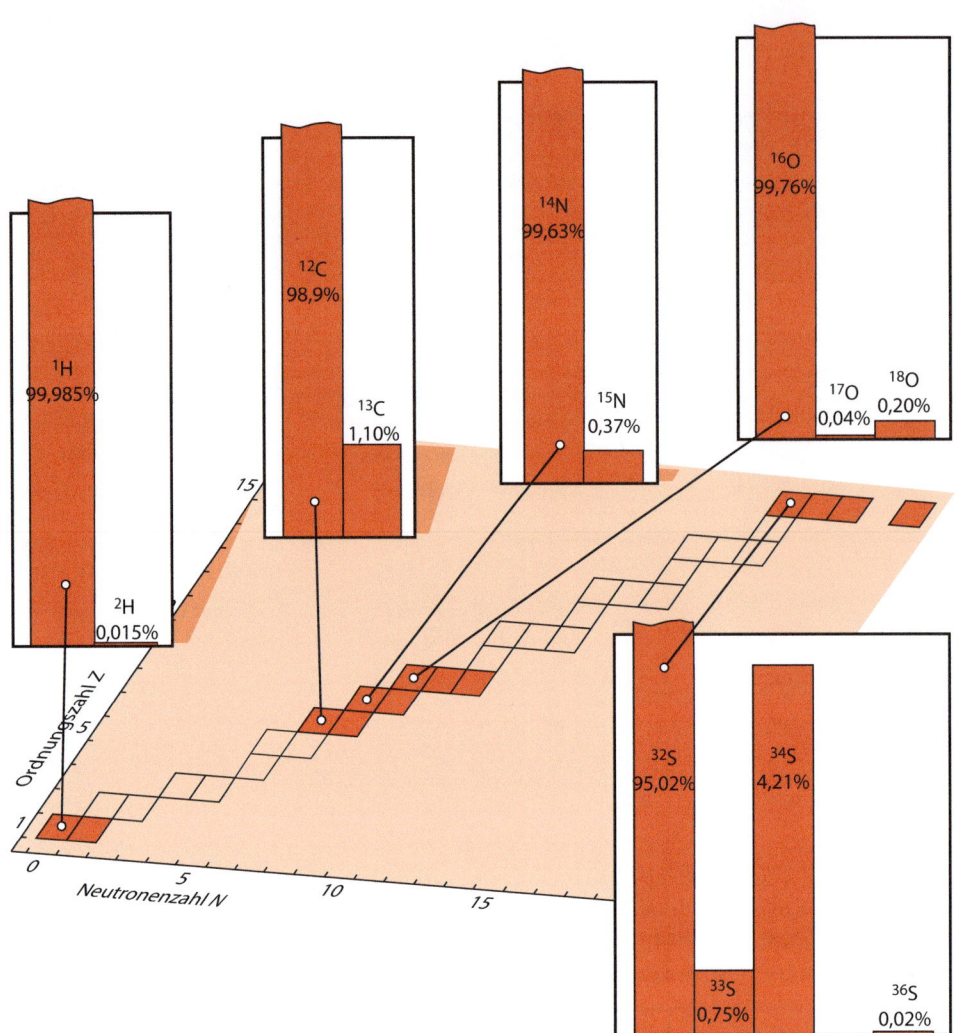

Abb. 10.13 Die für Geochemiker interessanten stabilen Isotopensysteme leichter Elemente, dem entsprechenden Teil der Nuklidkarte überlagert (vgl. Abb. 10.2); die Histogramme veranschaulichen die durchschnittlichen relativen Häufigkeiten der jeweigen Isotope

10.3.2.2 Paläothermometrie und Paläoklimatologie mit stabilen Isotopen

Ein Calcitkristall, der im Gleichgewicht mit Meerwasser bei 25 °C wächst, ist in Bezug auf das Wasser leicht mit ^{18}O angereichert. Dies kann als **Fraktionierungsfaktor** α (eine Art Gleichgewichtskonstante) ausgedrückt werden:

$$\alpha_{Calcit/Wasser} = \frac{(^{18}O/^{16}O)_{Calcit}}{(^{18}O/^{16}O)_{Wasser}} \quad (10.8)$$

Bei 25 °C hat dieser Fraktionierungsfaktor den Wert 1,0286, aber $\alpha_{Calcit/Wasser}$ variiert nachweislich stark mit der Temperatur des Gleichgewichts. Aufgrund dieser nützlichen Tatsache können die $\delta^{18}O$-Werte alter mariner Carbonate verwendet werden, um die Temperaturen während der Ablagerung in der geologischen Vergangenheit zu messen („Paläotemperaturen"). Die „Temperaturkalibrierung" kann als Funktion in Abhängigkeit von $\delta^{18}O$ geschrieben werden:

$$T/°C = 16,5 - 4,3 \cdot \left[\delta^{18}O_{Calcit} - \delta^{18}O_{Wasser}\right] + 0,13 \cdot \left[\delta^{18}O_{Calcit} - \delta^{18}O_{Wasser}\right]^2 \quad (10.9)$$

Dabei ist $\delta^{18}O_{Calcit}$ die Isotopenzusammensetzung des CO_2, das aus dem Calcit eines Fossils gewonnen wird, und $\delta^{18}O_{Wasser}$ stellt die Zusammensetzung des Wassers dar, aus dem die Schale des Fossils abgeschieden wurde (in Bezug auf die Standards PDB bzw. SMOW, Tab. 10.4).

Die allererste derartige Studie ist bis heute – etwa 70 Jahre später – die eleganteste. Urey et al. (1951) bohrten winzige Proben aus einem Schnitt durch einen zentimeterbreiten jurassischen Belemniten von der Isle of Skye (Abb. 10.15a) und maßen die $^{18}O/^{16}O$-Verhältnisse jeder Probe. Mithilfe einer thermodynamisch abgeleiteten Temperaturkalibrierung

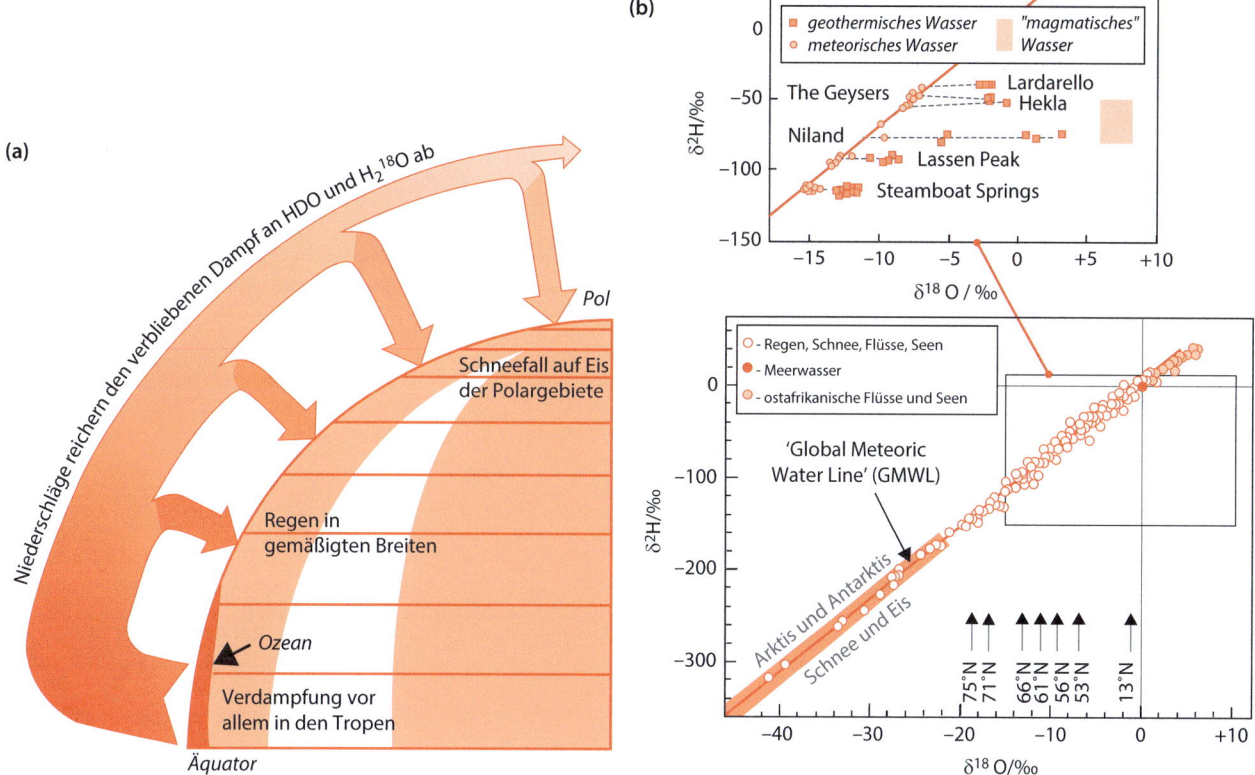

Abb. 10.14 **a** Diese Illustration erklärt, warum Regen und Schnee mit zunehmendem Breitengrad immer stärker an HDO und $H_2^{18}O$ abgereichert sind; Abwärtspfeile stellen Niederschläge dar. **b** Die Korrelation von δD und $δ^{18}O$ in Flüssen, Seen, Regen und Schnee, nach Craig (1961). Nach oben gerichtete Pfeile veranschaulichen Variation des $δ^{18}O$ nach dem Breitengrad (nach Dansgaard 1964). Die vergrößerte Darstellung (nach Craig 1963) zeigt, wie die Wechselwirkung mit Silicatgesteinen das $δ^{18}O$ von geothermischem Wasser erhöht und δD relativ unverändert lässt, nahe am lokalen meteorischen Wasser, aus dem das geothermische Wasser offensichtlich gebildet wurde. Das Feld „magmatisches Wasser" ist nach Taylor (1974)

konnten sie zeigen, dass dieses Lebewesen vier Sommer und vier Winter lang lebte (Abb. 10.15b), wobei die Meerestemperatur während dieser Zeit saisonal zwischen 15 und 20 °C schwankte, überlagert von einem langfristigen sekulären Abkühlungstrend.

Dass solche detaillierten Temperaturinformationen in einem einzigen Belemnitenkegel 150 Ma lang erhalten blieben, deutet darauf hin, dass sich sedimentäre Abfolgen von Carbonaten auch anderswo als wertvolle Archive für Paläoklimadaten erweisen könnten. Das ist in der Tat der Fall (Zachos et al. 2001) – nur führt leider die Notwendigkeit, für die Berechnung der Temperatur mit ▶ Gl. 10.9 das $^{18}O/^{16}O$-Verhältnis des Wassers zu kennen, aus dem das jeweilige Carbonat abgeschieden wurde, zu einer gewissen Uneindeutigkeit. Urey et al. (1951) hatten dieses Problem erkannt, sie gingen davon aus, dass das Meer der Jurazeit, aus dem ihr Belemnit seinen Calcitkeil bildete, das gleiche Sauerstoffisotopenverhältnis wie die heutigen Ozeane hatte ($δ^{18}O = 0{,}0$ ‰). Doch wir wissen heute, dass im Laufe der Zeit nicht nur das Klima schwankt, sondern damit auch das $^{18}O/^{16}O$ im Meerwasser variiert: Eine globale Erwärmung lässt Eis der Polargebiete mit $δ^{18}O$-Werten bis zu -50 ‰ (Abb. 10.14b) schmelzen und durch die Vermischung mit dem Ozeanwasser wird das durchschnittliche $δ^{18}O$ der Ozeane gesenkt. Den entgegengesetzten Effekt auf die Ozeane hat es, wenn sich in kalten Perioden in den Polargebieten neues Eis bildet. Durch diesen Effekt der Eisschmelze variiert $δ^{18}O_{Meerwasser}$ um ca. 1 ‰ zwischen den Maxima von Kaltzeiten und Warmzeiten. Die $^{18}O/^{16}O$-Daten in datierten Carbonatsedimentkernen können also prinzipiell verwendet werden, um sowohl vergangene Veränderungen der Meeresoberflächentemperatur als auch Veränderungen des Eisvolumens in den Polargebieten im Laufe der Erdgeschichte zu ermitteln, allerdings liegen die Details darüber, wie diese beiden Faktoren entwirrt werden können, außerhalb des Rahmens dieses Kapitels.

Eiskerne aus der Antarktis und aus Grönland bieten einen weiteren Isotopendatensatz des spätpleistozänen Klimawandels. Sowohl δD als auch $δ^{18}O$ im Polareis variieren je nach Temperatur, bei der der ursprüngliche Schnee gefallen ist. Die systematische Probenahme von Eiskernen, die aus den Eiskappen gebohrt wurden, ermöglicht es anhand der Isotope, einen Nachweis der quartären Klimaschwankungen

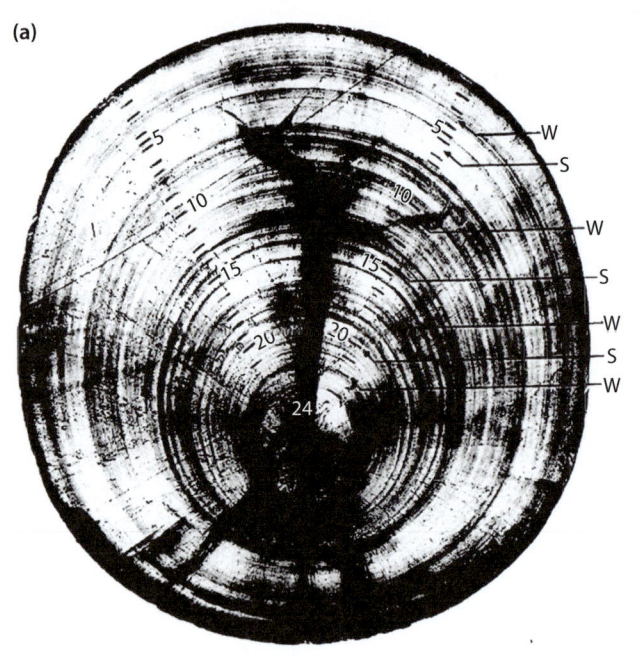

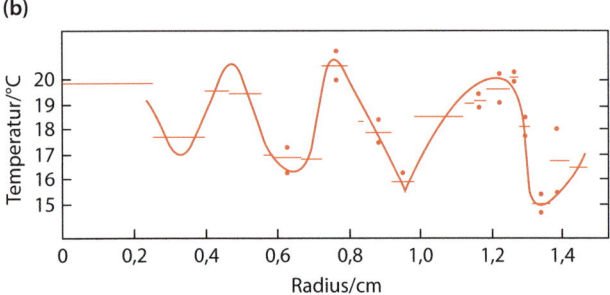

Abb. 10.15 a Querschnitt eines jurassischen Belemnitenkegels mit im Winter (W) bzw. im Sommer (S) gebildeten Wachstumsringen und den Probenentnahmestellen. b Das aus den Sauerstoffisotopen der Mikroproben berechnete Temperaturprofil zeigt saisonale Schwankungen während der Lebensdauer des Belemnits. (Quelle: Urey et al. 1951; Abdruck mit Genehmigung der Geological Society of America)

zu erbringen. Die alterskalibrierten Wostok-Eiskerne aus der Ostantarktis liefern nachweislich eine kontinuierliche Aufzeichnung der Niederschläge der letzten 420.000 Jahre (Petit et al. 1999). Kurve a in ◘ Abb. 10.16 zeigt, wie sich die δD-Werte und die berechneten mittleren Lufttemperaturen bei Wostok in den letzten 160.000 Jahren verändert haben. Zum Vergleich ist eine Kurve der Meeresoberflächentemperaturen im subpolaren Indischen Ozean (basierend auf einer Auswertung der Radiolarienpopulationen) für den gleichen Zeitraum dargestellt (Kurve b). Obwohl die Kurven sehr unterschiedliche Breiten und Temperaturbereiche abdecken, zeigen sie die gleichen Klimaschwankungen der Eis- und Warmzeiten. Beides sind wichtige Proxies, die zu unserem Wissen über natürliche globale Klimaänderungen beitragen.

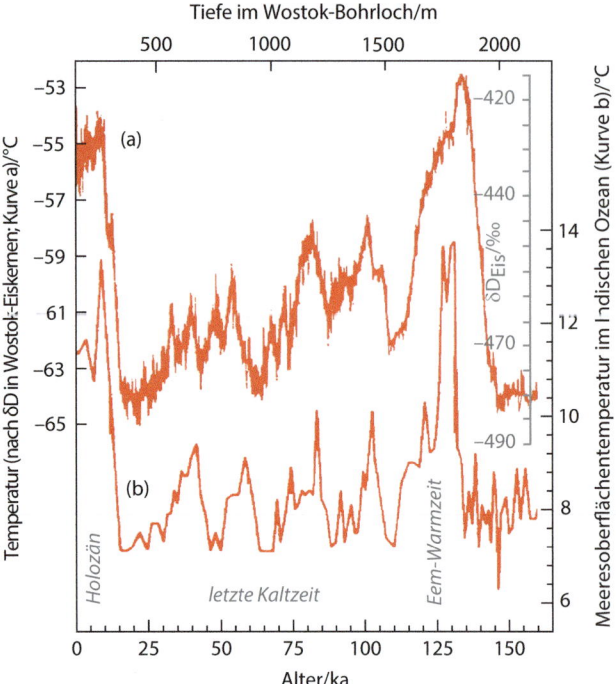

Abb. 10.16 a Veränderung der mittleren jährlichen Oberflächentemperatur an der Wostok-Station in der Ostantarktis in den letzten 160.000 Jahren (linke Skala), basierend auf δD-Messungen an tiefen Eiskernen; die innere Skala rechts zeigt die entsprechenden δD-Werte an. b Variation der sommerlichen Meeresoberflächentemperatur über den gleichen Zeitraum (Skala ganz rechts), basierend auf der statistischen Analyse von Radiolarienpopulationen in Kernen aus dem Bohrloch RC11-120 im südlichen Indischen Ozean. (Quelle: Nach Jouzel et al. 1987; Abdruck mit Genehmigung der Nature Publishing Group; Daten von Martinson et al. 1987)

$\delta^{18}O$ kann auch verwendet werden, um viel höhere Gleichgewichtstemperaturen für Minerale und Magmen zu messen, wenn auch mit geringerer Präzision.

10.3.3 Stabile Kohlenstoffisotope – Anzeichen von frühem Leben erkennen

Kohlenstoff hat zwei stabile Isotope, ^{12}C und ^{13}C (◘ Abb. 10.13), mit einem Unterschied von 8 % in der Atommasse. Daher gibt es in geochemischen Reaktionen einen minimalen Unterschied zwischen den beiden Isotopen. Gelöstes Kohlenstoffdioxid und Carbonatsedimente in den Ozeanen enthalten Kohlenstoff mit einem höheren $^{13}C/^{12}C$-Isotopenverhältnis (um 5–10 ‰) als atmosphärisches CO_2 (◘ Abb. 10.17).

Die organische Substanz hingegen ist stark an ^{13}C abgereichert, mit $\delta^{13}C$-Werten – zum Beispiel im marinem Phytoplankton –, die etwa 20 ‰ niedriger sind als das atmosphärische Kohlenstoffdioxid. Dies spiegelt eine bemerkenswerte Isotopenfraktionierung während der Photosynthese wider, die auf ein Schlüsselenzym namens Rubisco zurückgeführt werden kann, das häufigste Protein in grünen Blättern. (Rubisco ist eine Abkürzung, der volle Name ist Ribulose-1,5-biphosphat-carboxylase/-oxygenase.) Es ist dieses Enzym, welches das bei der Photosynthese absorbierte atmosphärische CO_2 fixiert, und dabei hat es eine deutliche Präferenz für ^{12}C. Diese Tatsache macht $\delta^{13}C$ zu einem Indikator für die Photosynthese in der Erdgeschichte, der von unschätzbarem Wert ist. Ein Beispiel ist der Nachweis der Anfänge des photosynthetischen Lebens in alten Sedimentabfolgen. Dies lässt sich anhand von ◘ Abb. 10.17 veranschaulichen.

Kohlenstoff aus atmosphärischem CO_2 wird in zwei Formen in Sedimentgesteine eingebaut:
- anorganischer Kohlenstoff in Carbonat, das – auch wenn es sich in den Schalen von Lebewesen befindet – weitgehend im Isotopengleichgewicht mit atmosphärischem CO_2 steht; mit $\delta^{13}C$-Werten, die um Null streuen (◘ Abb. 10.17);
- reduzierter „organischer" Kohlenstoff (in Formen wie Kohle und Öl), der aus zersetztem weichem Gewebe von Organismen stammt. Da biologischer Kohlenstoff – auch bei Tieren – letztlich durch Photosynthese aus der Atmosphäre gewonnen wurde, trägt der gesamte organische Kohlenstoff in Sedimenten die „Rubisco-Signatur" mit negativem $\delta^{13}C$.

Über einen guten Teil der Erdgeschichte haben die jeweils gebildeten Meerescarbonate $\delta^{13}C$-Werte, die wie in ◘ Abb. 10.17 dargestellt (trotz ihrer Streuung) in einem vergleichsweise engen Bereich liegen, der mehr oder weniger im Bereich der heutigen Carbonatsedimente liegt. Es gab jedoch zwei Intervalle der Erdgeschichte, in denen die Isotopenzusammensetzungen der marinen Carbonate wild gestreut sind, mit sowohl positiven als auch negativen Abweichungen vom „normalen" Trend. Wir vermuten, dass jede Episode eine explosionsartig verstärkte Photosynthese darstellt, als eine mit sogenannten Algenblüten vergleichbare Vermehrung von Biota auf der ganzen Welt einen beträchtlichen Teil des CO_2 aus der Atmosphäre entfernte. Nach ihrem Tod sammelten sich die Überreste dieser Organismen als reduzierter Kohlenstoff in den Sedimenten des Meeresbodens an. Dieser in Sedimentgesteinen eingeschlossene „organische Kohlenstoff" hat die charakteristischen negativen $\delta^{13}C$-Werte, die der Fingerabdruck von Rubisco und seiner Rolle bei der Photosynthese mit einer Präferenz für ^{12}C sind. Die Entfernung von Kohlenstoff mit negativem $\delta^{13}C$ hinterließ bei diesen Episoden den atmosphärischen CO_2-Speicher mit einer Anreicherung von ^{13}C, und durch den Austausch mit den Ozeanen führte dies zur Absetzung der Carbonatsedimente mit hohem $\delta^{13}C$, die in ◘ Abb. 10.17 dargestellt sind.

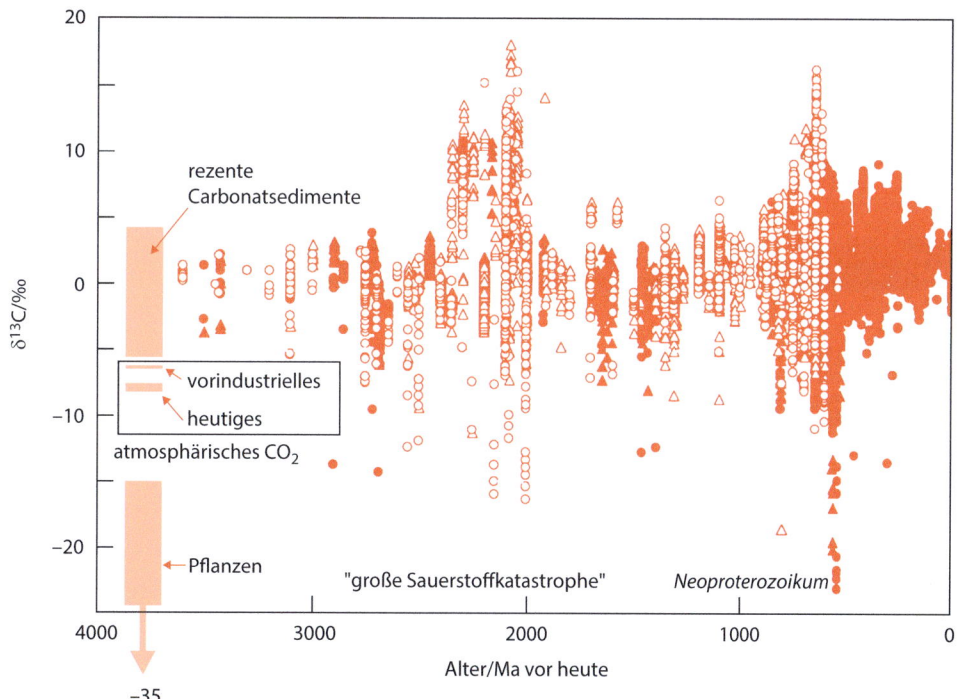

◘ **Abb. 10.17** Die $\delta^{13}C$-Daten in marinen Karbonaten von den ältesten bekannten Gesteinen bis heute; offene Symbole kennzeichnen Proben mit weniger präzisem Alter (Unsicherheit > 50 Ma). Die schattierten Balken auf der linken Seite zeigen die Isotopenbereiche der heutigen Kohlenstoffspeicher an; „vorindustriell" zeigt die Isotopenzusammensetzung des atmosphärischen CO_2 vor der industriellen Revolution. (Quelle: Geändert nach Shields und Veizer 2002; Vervielfältigung mit Genehmigung der American Geophysical Union)

Die ältere dieser beiden Episoden – zu Beginn des Proterozoikums (Abb. 10.17) – markierte das erste nachhaltige und globale Auftreten von O_2 in der Erdatmosphäre, die bisher nur aus Gasen wie H_2O, CO_2, CO und H_2 bestand (siehe ▶ Abschn. 11.6.4 und 11.6.5). Das Auftreten von Sauerstoff hatte tiefgreifende Folgen, und entsprechend wird diese Episode als „Große Sauerstoffkatastrophe" bezeichnet (engl. *Great Oxygenation Event*). Zwar war der Gehalt an O_2 in der Atmosphäre zu diesem Zeitpunkt noch weit unter dem heutigen Niveau (Abb. 11.15), die mit der Freisetzung dieses photosynthetisch gebildeten Sauerstoffs einhergehende Absenkung der CO_2-Konzentration reduzierte den natürlichen atmosphärischen Treibhauseffekt jedoch so weit, dass es zu großen weltweiten Vereisungen kam (ein Phänomen, das vage als „Schneeball-Erde" bekannt ist). Die starken Schwankungen der $\delta^{13}C$-Werte während dieser Episode (Abb. 10.17) entsprechen dem Wechsel von (i) Perioden, in denen Photosynthese und die Ablagerung organischer Substanz vorherrschten (Erhöhung des $\delta^{13}C$ in der Atmosphäre), und (ii) kälteren Perioden, in denen die zusammenbrechende biologische Produktivität es ermöglichte, dass die Oxidation organischer Substanz die Rate der Kohlenstoffsedimentation überschritt, und die $\delta^{13}C$-Werte der Atmosphäre abnahmen (Kump et al. 2011).

Die zweite Episode mit stark schwankendem $\delta^{13}C$ (zwischen 850 und 500 Ma) fiel in die Zeit, als Photosynthese betreibendes Leben gegen Ende des Neoproterozoikums erstmals die Landoberfläche besiedelte und ein steileres Wachstum des atmosphärischen O_2-Gehalts auslöste, in Richtung des Bereichs, von dem unsere Atmung heute abhängt (Abb. 11.15).

10.3.4 Massenunabhängige Fraktionierung von Schwefelisotopen

Da Sauerstoff und Schwefel jeweils mehr als zwei stabile Isotope aufweisen, können wir im Prinzip mehrere δ-Werte formulieren ($\delta^{17}O$, $\delta^{18}O$, $\delta^{33}S$, $\delta^{34}S$, $\delta^{36}S$). Normalerweise werden aber nur die beiden häufigsten Isotope eines jeden Elements gemessen (ausgedrückt als $\delta^{18}O$, $\delta^{34}S$). Die meisten natürlichen Prozesse fraktionieren Sauerstoff- und Schwefelisotope auf vorhersehbare, massenabhängige Weise. Mit anderen Worten, wir erwarten, dass der $\delta^{17}O$-Wert einer Probe etwa halb so groß ist wie der $\delta^{18}O$-Wert, da die Massendifferenz der Isotope in Bezug auf ^{16}O halbiert ist (17 − 16 im Vergleich zu 18 − 16) und der Fraktionierungsgrad sich entsprechend ändert. Diese Erwartung wird durch Messungen an einer Reihe von meteorischen und terrestrischen Materialien bestätigt:

$$\delta^{17}O \approx 0{,}52 \cdot \delta^{18}O$$

$$\delta^{33}S \approx 0{,}515 \cdot \delta^{34}S \qquad (10.10)$$

Gibt es Umstände, unter denen diese Beziehung nicht stimmt? Ein eindrückliches Beispiel dafür ist in Abb. 10.18 dargestellt. Das Diagramm mit einer Zeitachse (ähnlich wie in Abb. 10.17) zeigt, wie sich die Schwefelisotopenzusammensetzung von sedimentären Sulfiden und Sulfaten im Laufe der Erdgeschichte verändert hat. Die y-Achse zeigt die Abweichung des gemessenen $\delta^{33}S$ vom massenabhängigen Wert, der nach ▶ Gl. 10.10 erwartet wird. Proben, die jünger als 2200 Ma sind (dunkelste Kreise), haben $\Delta^{33}S$-Werte sehr nahe Null, was auf eine normale massenabhängige Fraktionierung hinweist, während Proben älter

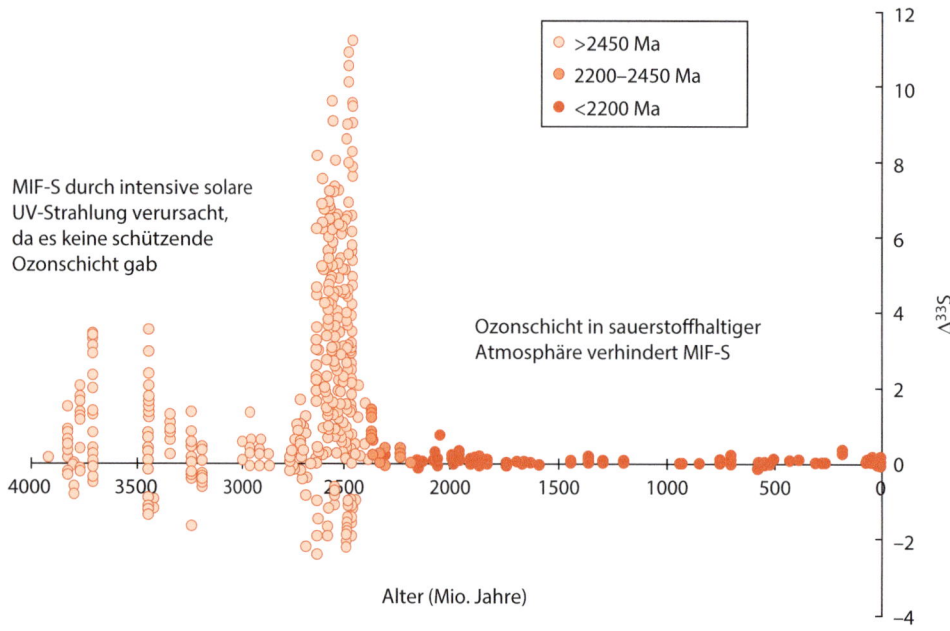

◘ **Abb. 10.18** Diagramm von $\Delta^{33}S = \delta^{33}S_{gemessen} - 0{,}515 \cdot \delta^{34}S_{gemessen}$ (vgl. ▶ Gl. 10.10) in sedimentären Sulfiden und Sulfaten als Funktion des Alters von 4 Ga bis heute. (Quelle: Reproduktion mit Genehmigung von David Johnston von der Harvard University)

als 2200 Ma (mittlere Kreise) mit positiven Werten bis zu 2 davon abweichen und archaische Proben (hellste Kreise) unregelmäßig über einen viel größeren Bereich variieren. Vor 2450 Ma, als der Luftsauerstoffgehalt vernachlässigbar war, konnte sich in der Stratosphäre keine Ozonschicht (O_3) bilden, sodass – im Gegensatz zu heute – die Atmosphäre und die Erdoberfläche der vollen Kraft der einfallenden solaren UV-Strahlung ausgesetzt waren. Unter solchen Bedingungen fraktionieren photochemische Reaktionen Schwefelisotope in einer chaotischeren massenunabhängigen Weise, in der ▶ Gl. 10.10 nicht mehr gilt. Der Übergang von einer massenunabhängigen (kinetischen) Fraktionierung des Schwefelsignals („MIF-S", *mass-independent fractionation*) im Archaikum zur massenabhängigen (Gleichgewichts-)Fraktionierung ($\Delta^{33}S \sim 0{,}0$) in jüngeren Proben liefert weitere Belege für die ersten signifikanten Sauerstoffmengen in der Luft (wovon ein kleiner Teil Ozon bildete) gegen Ende des Archaikums (vgl. ◘ Abb. 11.15).

10.3.5 Stabile Isotope der Übergangsmetalle

Die bemerkenswerte Fähigkeit lebender Organismen zur Isotopenfraktionierung beschränkt sich nicht nur auf massearme Isotopensysteme wie z. B. $^{13}C/^{12}C$. ◘ Abb. 10.19 zeigt, wie in den Skeletten mariner Diatomeen das Verhältnis $^{66}Zn/^{64}Zn$ in Abhängigkeit von der Zn-Verfügbarkeit in den Oberflächengewässern variiert, aus denen die Diatomeen wachsen (hier dargestellt durch die Zn/Si-Verhältnisse in Diatomeen). Zn ist ein Mikronährstoff, der, wenn er knapp ist, die biologische Produktivität einschränkt. Aufgrund seiner Aufnahme durch Phytoplankton in der photischen Zone ist das Element Zn im Oberflächenwasser des Meeres im Vergleich zum Tiefseewasser in unterschiedlichem Maße verbraucht. Phytoplankton nimmt selektiv das leichtere Isotop ^{64}Zn in das Gewebe auf, womit das verbleibende gelöste Zn mit ^{66}Zn angereichert ist. Eine erhöhte Phytoplanktonproduktivität führt zu einer größeren Abnahme des gelösten Zn (was sich in einem geringeren Zn/Si im Skelettmaterial widerspiegelt) und einer Abnahme des ^{64}Zn relativ zu ^{66}Zn, was zu einer Erhöhung von $\delta^{66}Zn$ im Oberflächenwasser führt. Skelettteile der Diatomeen, die aus Zn-abgereichertem Oberflächenwasser mit hohem $\delta^{66}Zn$ gewachsen sind, spiegeln diesen Zusammenhang wider (◘ Abb. 10.19).

$\delta^{66}Zn$ wird (analog zu den anderen δ-Werten) berechnet als (wobei NIST683 der verwendete Isotopenstandard ist):

$$\delta^{66}Zn = \left[\frac{\left(\frac{^{66}Zn}{^{64}Zn}\right)_{Probe}}{\left(\frac{^{66}Zn}{^{64}Zn}\right)_{NIST683}} - 1\right] \cdot 1000\,\%_o$$

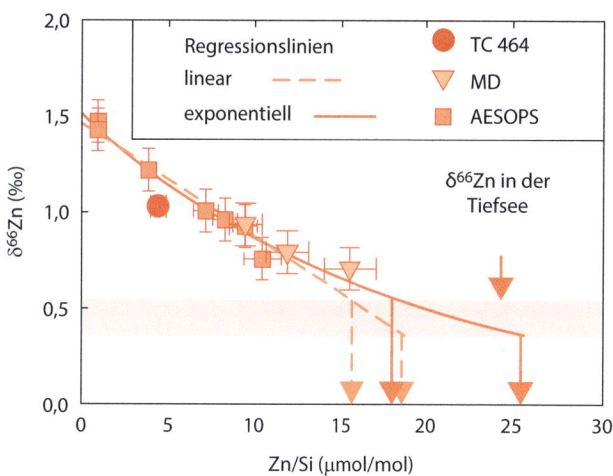

◘ **Abb. 10.19** Zusammenhang zwischen $\delta^{66}Zn$ und Zn/Si in gereinigten silicatischen Frusteln (Harteilen) mariner Diatomeen im oberen Bereich von Bohrkernen aus dem Südlichen Ozean; TC464, MD und AESOPS beziehen sich auf die entnommenen Bohrkerne. Das Zn/Si-Verhältnis ist angegeben in Mikromol Zn pro Mol Si (= molares ppm). (Quelle: Andersen et al. 2010; Abdruck mit Genehmigung von Elsevier)

Die Isotopenzusammensetzungen von Fe, Cu und Mo finden ebenfalls paläoozeanographische Anwendungen, sie liefern Informationen über den Sauerstoffgehalt und über den Metallkreislauf in Paläoozeanen (Anbar und Rouxel 2007).

10.4 Kosmogene Radioisotopensysteme

10.4.1 Radiokohlenstoffdatierung

Das kurzlebige radioaktive Kohlenstoffisotop ^{14}C bietet ein wichtiges Datierungswerkzeug in der Archäologie und Quartärgeologie. ^{14}C ist das bekannteste Beispiel für ein kosmogenes Nuklid: Auf der Erde vorhandenes ^{14}C (Halbwertszeit 5730 Jahre) entstand durch den Beschuss von ^{14}N-Kernen in der Atmosphäre mit Neutronen, die von kosmischen Strahlen stammen. Die gebildeten ^{14}C-Atome oxidieren schnell und werden Teil des atmosphärischen Inventars von CO_2, und schließlich durch Photosynthese in pflanzliches Gewebe eingebaut. Lebende Organismen (Pflanzen und Tiere) halten ihre Kohlenstoffisotopenzusammensetzung während ihres Lebens im Gleichgewicht mit atmosphärischem CO_2, aber dieser Gleichgewichtszustand hört auf, wenn ein Organismus stirbt. Das ^{14}C, das in der toten organischen Substanz eingeschlossen ist, zerfällt mit der Zeit zurück zu ^{14}N, was als Isotopenuhr genutzt werden kann.

Bei der Radiokohlenstoffdatierung, wie diese Technik genannt wird, wird die winzige in der Probe verbliebene Menge von ^{14}C (das Verhältnis ^{14}C zu ^{12}C

ist typischerweise in der Größenordnung 1 : 10^{12}) entweder durch Messung seiner Aktivität (Zerfallsrate) oder durch Zählen der einzelnen ^{14}C-Atome mit einem hochempfindlichen Beschleuniger-Massenspektrometer ermittelt. Die letztgenannte Technik erweitert die Anwendung der Radiokohlenstoffdatierung auf Alter bis mindestens 40.000 Jahren. Das Alter wird nach Gleichung 10.13 berechnet:

$$t = \frac{1}{\lambda_C} \ln \left[\frac{(^{14}C/^{12}C)_0}{(^{14}C/^{12}C)_{Probe}} \right] \quad (10.11)$$

wobei t das Alter der Kohlenstoffprobe in Jahren ist, λ_C ist die Zerfallskonstante für ^{14}C in Jahr^{-1} (siehe Übung 10.3), $(^{14}C/^{12}C)_{Probe}$ ist das atomare Verhältnis von ^{14}C zu ^{12}C in der Probe (oder die ^{14}C-Zählrate pro Gramm), und $(^{14}C/^{12}C)_0$ ist das entsprechende Verhältnis bzw. die Zählrate zum Zeitpunkt, an dem das Artefakt oder Gestein gebildet wurde (wir können dies mit dem heutigen Wert für Kohlenstoff annähern).

Aus geologischer Sicht datiert die Radiokohlenstoffmethode jüngere Ereignisse (vor Hunderten von Jahren bis Zehntausenden von Jahren) als wir routinemäßig mit den Datierungsmethoden Ar–Ar und Rb–Sr messen können. Sie kann nur auf Artefakte oder Gesteine angewendet werden, die Kohlenstoff biologischen Ursprungs enthalten.

10.4.2 Berylliumisotope

Ein weiteres kosmogenes Isotop von geologischem Interesse ist Beryllium-10 (^{10}Be), das eine Halbwertszeit von 1,39 Ma hat. Es wird in der Atmosphäre durch die Spallation von N- und O-Kernen durch kosmische Strahlung erzeugt, von wo es durch Regen in die Ozeane ausgewaschen wird und in das Sediment aufgenommen wird. Sein Nachweis in jungen Vulkangesteinen von Inselbögen ist ein wichtiger Beweis dafür, dass in Subduktionszonen bedeutende Mengen an ozeanischen Sedimenten abtauchen, weil die kurze Halbwertszeit jede andere Quelle auf der Erde ausschließt.

10.5 Zusammenfassung

Auch wenn einige Elemente in der Natur nur ein einziges Isotop aufweisen (siehe Übung 11.1), bestehen die meisten aus zwei oder mehr Isotopen (Kasten 10.1). Hochpräzise Messungen der Isotopenhäufigkeitsverhältnisse ausgewählter Elemente mittels Massenspektrometrie (Kasten 10.2) bieten die Möglichkeit, eine Vielzahl geologischer Prozesse zu quantifizieren:

— Radiogene Isotopensysteme wie K–Ar (einschließlich ^{40}Ar–^{39}Ar, siehe Kasten 10.3), Rb–Sr, Sm–Nd und U–Th–Pb geben uns Werkzeuge, um das Alter von Gesteinen und Meteoriten zu bestimmen (Kasten 10.3, ◘ Abb. 10.9 und 10.11).
— Neben der Geochronologie beleuchten radiogene Isotopensysteme – im Text beschrieben für Rb–Sr und Sm–Nd, obwohl auch Lu–Hf, Re–Os und U–Th–Pb wichtig sind (◘ Tab. 10.1) – die Herkunft von Magmen (◘ Abb. 10.12), die Mantelheterogenität (◘ Abb. 10.12), die Krustenentwicklung und die Sedimentherkunft.
— Messungen von δ^{18}O (▶ Gl. 10.7) in Gesteinen und Mineralen erlauben es uns, die Kristallisationstemperatur relevanter Minerale, wie beispielsweise mariner Carbonate, abzuschätzen (◘ Abb. 10.15). δ^{18}O und δD liefern zusammen wichtige quantitative Informationen über das Klima der Vergangenheit (◘ Abb. 10.16). δ^{18}O- und δD-Messungen liefern auch Erkenntnisse über den terrestrischen Wasserkreislauf (◘ Abb. 10.14).
— Andere stabile Isotopensysteme bieten Möglichkeiten zur Quantifizierung anderer geologischer bzw. an der Erdoberfläche ablaufender Phänomene (◘ Tab. 10.4). δ^{13}C- und δ^{34}S-Daten dokumentieren die dramatischen Veränderungen in der Zusammensetzung der Erdatmosphäre während der Erdgeschichte (◘ Abb. 10.17 und 10.18): insbesondere die „Große Sauerstoffkatastrophe" (das erste Auftreten eines signifikanten Sauerstoffgehalts in der globalen Atmosphäre am Ende des Archaikums) und den Anstieg zu höheren Sauerstoffkonzentrationen mit dem Auftreten von Landpflanzen im Neoproterozoikum (siehe ◘ Abb. 11.15).
— Jüngste Arbeiten deuten darauf hin, dass die Isotopenzusammensetzungen der Übergangsmetalle wie Fe, Cu, Zn (◘ Abb. 10.19) und Mo viel über die Geschichte der Ozeane der Erde zu erzählen haben.
— Kosmogene Radioisotopensysteme beinhalten ^{14}C, das die Grundlage für die Radiokohlenstoffdatierung bildet, und ^{10}Be, was die Abschätzung der Rolle von subduzierten Sedimenten bei der Entstehung von Inselbogenmagmen ermöglicht.

Übungen

10.1 Untersuchen Sie ◘ Abb. 10.2 und das Periodensystem der Elemente:
a. Welche Elemente haben in der Natur nur ein stabiles Isotop?
b. Welche chemischen Elemente haben keine stabilen Isotope?

10.2 Ein mesozoischer Kalkstein aus einem ozeanischen Bohrkern weist ein ^{87}Sr/^{86}Sr-Verhältnis von $0{,}707980 \pm 0{,}000022$ auf. Bestimmen Sie das Alter des Sediments und schätzen Sie die Präzision der Altersbestimmung.

Tab. 10.5 Sm-Nd-Isotopendaten eines Gabbros in der Stillwater-Intrusion in Montana, USA (Daten von DePaolo und Wasserburg 1979)

Probe	$^{147}Sm/^{144}Nd$	$^{143}Nd/^{144}Nd$
STL-100 Gesamtgestein	0,20034	0,511814
STL-100 Plagioklas	0,09627	0,509965
STL-100 Orthopyroxen	0,28428	0,513317
STL-100 Klinopyroxen	0,24589	0,512628

10.3 ◘ Tab. 10.5 enthält Sm–Nd-Isotopendaten für Mineralseparate und Gesamtgesteinsproben für einen Gabbro aus der Stillwater-Intrusion in Montana (USA). Plotten Sie eine Mineralisochrone für diese Proben und bestimmen Sie unter Verwendung der in ◘ Tab. 10.1 angegebenen Konstanten das Alter und das ursprüngliche Nd-Isotopenverhältnis der Intrusion.

10.4 Die Halbwertszeit von ^{14}C beträgt 5730 Jahre; berechnen Sie seine Zerfallskonstante. Holzkohle aus verkohlten Baumresten, die in einem bestimmten (vulkanischen) pyroklastischen Strom konserviert sind, zeigt eine durchschnittliche β^--Zählrate von 5,8 Zerfällen pro Minute (dpm) pro Gramm Probe, während der aus lebender Vegetation gewonnene Kohlenstoff heute eine ^{14}C-Zählrate von 13,56 dpm pro Gramm hat. Berechnen Sie das Alter der vulkanischen Ablagerungen.

10.5 Die Analyse eines neogenen marinen Kalksteins in einem Bohrkern ergibt einen $\delta^{18}O_{Calcit}$-Wert von $-1,3 \pm 0,1$ ‰. (Neogen ist der Abschnitt der Erdgeschichte mit Miozän und Pliozän, von 22 Ma bis 1 Ma vor heute, während dem sich der Eisschild der Antarktis bildete.) Berechnen Sie (einschließlich ± analytischer Unsicherheit) die Temperatur des Meeres, aus dem er abgeschieden wurde, unter der Annahme, dass die Zusammensetzung der Meerwasserisotope zum Zeitpunkt der Ablagerung die gleiche wie heute war. Wie viel zusätzliche Unsicherheit im Temperaturwert entsteht, wenn man das tatsächliche $\delta^{18}O$ des Meerwassers zu dieser Zeit nicht kennt?

10.6 Welche der folgenden Aussagen sind falsch? Erklären Sie, warum sie falsch sind.
a. Jeder ^{87}Rb-Kern, der zerfällt, wird zu einem ^{87}Sr-Kern.
b. Jedes ^{87}Sr-Atom in einem Gestein ist durch Zerfall eines ^{87}Rb-Kerns in diesem Gestein entstanden.
c. $^{87}Sr/^{86}Sr$ nimmt in der kontinentalen Kruste schneller zu als im Mantel.
d. $^{143}Nd/^{144}Nd$ nimmt in der kontinentalen Kruste schneller zu als im Mantel.
e. Radiokarbondatierung ist eine wichtige Datierungsmethode für alle Artefakte und Gesteine.
f. Die Fraktionierung von stabilen Isotopen in der Natur ist immer massenabhängig.

Literatur

Anbar AD, Rouxel O (2007) Metal stable isotopes in paleoceanography. Ann Rev Earth Planet Sci 35:717–748

Andersen MB, Vance D, Archer C et al (2010) The Zn abundance and isotopic composition of diatom frustules, a proxy for Zn availability in ocean surface seawater. Earth Planet Sci Lett 301:137–145

Baker J, Snee L, Menzies M (1996) A brief Oligocene period of flood volcanism in Yemen: implications for the duration and rate of continental flood volcanism at the Afro-Arabian triple junction. Earth Planet Sci Lett 138:39–55

Blaxland AB, van Breeman O, Emeleus CH, Anderson JG (1978) Age and origin of the major syenite centers in the Gardar province of south Greenland: Rb–Sr studies. Geol Soc Am Bull 89:231–244

Craig H (1961) Isotopic variations in meteoric waters. Science 133:1702–1703

Craig H (1963) The isotopic geochemistry of water and carbon in geothermal areas. Conference on Isotopes in Geothermal Waters. Laboratorio di Geologia Nucleare, Spoleto S 53–70

Dansgaard W (1964) Stable isotopes in precipitation. Tellus 16:436–468

DePaolo DJ, Ingram BL (1985) High-resolution stratigraphy with strontium isotopes. Science 227:938–941. ▶ https://doi.org/10.1126/science.227.4689.938

DePaolo DJ, Wasserburg GJ (1979) Sm–Nd age of the stillwater complex and the mantle evolution curve for neodymium. Geochim Cosmochim Acta 43:999–1008. ▶ https://doi.org/10.1016/0016-7037(79)90089-9

Henderson P, Henderson GM (2009) The cambridge handbook of earth science data. Cambridge University Press, Cambridge

Hofmann AW (1997) Mantle geochemistry: the message from oceanic volcanism. Nature 385:219–229

Jouzel J, Lorius C, Petit JR et al (1987) Vostok ice core: a continuous isotope temperature record over the last climatic cycle (160,000 years). Nature 329:403–408

Kelley S (2002a) Excess argon in K-Ar and Ar-Ar geochronology. Chem Geol 188:1–22

Kelley S (2002b) K-Ar and Ar–Ar dating. Rev Mineral Geochem 47:785–818. ▶ https://doi.org/10.2138/rmg.2002.47.17

Kerr RA (2008) Two geologic clocks finally keeping the same time. Science 320:434–435

Kump LR, Junium C, Arthur MA et al (2011) Isotopic evidence for massive oxidation of organic matter following the Great Oxidation Event. Science 334:1694–1696. ▶ https://doi.org/10.1126/science.1213999

Martinson DG, Pisias NG, Hays JD et al (1987) Age dating and the orbital theory of the Ice Ages: development of a high-resolution 0 to 300,000-year chronostratigraphy. Quatern Res 27:1–29

Oliver L, Harris N, Bickle M et al (2003) Silicate weathering rates decoupled from the Sr-87/Sr-86 ratio of the dissolved load during Himalayan erosion. Chem Geol 201:119–139. ▶ https://doi.org/10.1016/s0009-2541(03)00236-5

Petit JR et al (1999) Climate and atmospheric history of the past 420,000 years from the Vostok ice core, Antarctica. Nat Geosci 399:429–436

Richter FM, Rowley DB, Depaolo DJ (1992) Sr isotope evolution of seawater – the role of tectonics. Earth Planet Sci Lett 109:11–23. ▶ https://doi.org/10.1016/0012-821x(92)90070-c

Shields, G. und Veizer, J. (2002) Precambrian marine carbonate isotope database: Version 1.1. Geochemistry Geophysics Geosystems 3, ▶ https://doi.org/10.1029/2001GC000266.

Taylor HP (1974) The application of oxygen and hydrogen isotope studies to problems of hydrothermal alteration and ore deposition. Econ Geol 69:843–883

Urey HC, Lowenstam HA, Epstein S, McKinney CR (1951) Measurement of paleotemperatures and temperatures of the Upper Cretaceous of England, Denmark and the southeastern United States. Geol Soc Am Bull 61:399–416

Zachos J, Pagani M, Sloan L et al (2001) Trends, rhythms, and aberrations in global climate 65 Ma to present. Science 292:686–693

Weiterführende Literatur

Allegre C (2008) Isotope Geology. Cambridge University Press, Cambridge

Dickin AP (2005) Radiogenic isotope geology, 2. Aufl. Cambridge University Press, Cambridge

Faure G, Mensing TM (2005) Isotopes –principles and applications, 3. Aufl. John Wiley and Sons Ltd, New York

Lenton T, Watson A (2011) Revolutions that made the earth. Oxford University Press, Oxford

White WM (2013) Geochemistry. Wiley-Blackwell, Chichester

Die Elemente im Universum

Inhaltsverzeichnis

11.1 Die Bedeutung der Elementhäufigkeit – 222

11.2 Messung der Elementhäufigkeit im Universum und im Sonnensystem – 222
11.2.1 Spektralanalyse – 222
11.2.2 Analyse von Meteoriten – 223
11.2.3 Dunkle Materie – 225

11.3 Die Elementhäufigkeit im Sonnensystem – 226

11.4 Elemententstehung im Universum – 227
11.4.1 Der Urknall – 227
11.4.2 Sterne – 228
11.4.3 Supernovae – 231

11.5 Elemente im Sonnensystem – 231
11.5.1 Kosmochemische Klassifizierung – 231
11.5.2 Flüchtig versus refraktär – 233
11.5.3 Elementfraktionierung im Sonnensystem – 233
11.5.4 Entwicklung des Sonnensystems – 233
11.5.5 Planetenbildung – 236

11.6 Chemische Evolution der Erde – 236
11.6.1 Der Kern – 236
11.6.2 Der Mantel – 237
11.6.3 Die Kruste – 237
11.6.4 Die frühe Atmosphäre – 238
11.6.5 Leben und oxygene Photosynthese – 239
11.6.6 Zukunftsaussichten – 240

11.7 Zusammenfassung – 241

Übungen – 242

Literatur – 242

© Springer-Verlag GmbH Deutschland, ein Teil von Springer Nature 2020
R. Gill, *Chemische Grundlagen der Geo- und Umweltwissenschaften*,
https://doi.org/10.1007/978-3-662-61500-3_11

11.1 Die Bedeutung der Elementhäufigkeit

Nachdem wir das Verhalten einiger wichtiger Elemente in der Lithosphäre, Hydrosphäre und Atmosphäre (▶ Kap. 4, 8 und 9) und ihrer Isotope (▶ Kap. 10) untersucht haben, stellt sich natürlich die Frage: Wie sind die chemischen Elemente überhaupt entstanden? Haben sie schon immer in ihrer gegenwärtigen Häufigkeit existiert oder gab es einen fortschreitenden Aufbau des kosmischen Inventars durch die Prozesse des Universums? Können wir den oder die Prozesse identifizieren, durch die sie entstanden sind?

Nach heutiger Meinung erfolgt eine schrittweise Synthese der schwereren Elemente aus leichteren Elementen durch eine komplexe Reihe von Kernfusionsreaktionen, die in Sternen stattfinden. Dieser Prozess, der als stellare Nukleosynthese bezeichnet wird, hinterlässt seinen Fingerabdruck auf allen Formen der kosmischen Materie. Wir können herausfinden, wie das funktioniert, indem wir die relative Häufigkeit der Elemente im Universum als Ganzes oder in einem repräsentativen Teil davon untersuchen.

Eine zweite Frage, die in diesem Kapitel behandelt werden soll, ist, wie die Erde zu ihrer gegenwärtigen Zusammensetzung und Struktur gekommen ist. Bei der Suche nach einer Antwort auf dieses Problem betrachten wir erneut die Elementhäufigkeiten und stellen diesmal fest, wie sie sich zwischen der Sonne, der Erde und den anderen Planeten unterscheiden. Solche Unterschiede geben Hinweise auf die Art der chemischen Prozesse, die das Sonnensystem und die Erde in ihrer jetzigen Form hervorgebracht haben.

11.2 Messung der Elementhäufigkeit im Universum und im Sonnensystem

Unser Wissen über die Gesamtzusammensetzung der sichtbaren Materie im Universum (zur nicht sichtbaren Materie siehe ▶ Abschn. 11.2.3) beruht hauptsächlich auf zwei Analysemethoden:
- Spektralanalyse des Lichts, das von Teleskopen von Sternen (einschließlich der Sonne) und von anderen strahlenden Körpern wie beispielsweise Nebeln (Gaswolken) empfangen wird;
- Laborchemische Analyse von Meteoriten, die feste Bestandteile des Sonnensystems darstellen.

11.2.1 Spektralanalyse

Sterne sind extrem heiße Kernfusionsreaktoren. Sie beziehen ihre hohen Temperaturen und ihre Abstrahlung aus der Energie, die bei der Fusion von leichten Atomkernen (z. B. ^{1}H und ^{2}H) zu stabileren schwereren Kernen (z. B. ^{3}He) freigesetzt wird. Die Theorie dieses thermonuklearen Prozesses ist in Kasten 11.2 dargestellt.

Wie bei jedem sehr heißen Körper – wie bei einem rot glühenden Schüreisen oder dem Glühfaden einer Glühbirne – strahlt die heiße Oberfläche eines Sterns Licht aus, das aus einem Kontinuum von Wellenlängen besteht (das „weiße Licht", das wir von der Sonne erhalten). Diesem gleichmäßigen elektromagnetischen Spektrum überlagert sind dunkle Linien: die Absorptionsspektren (siehe ▶ Abschn. 6.5) von Elementen in der kühleren äußeren Atmosphäre des Sterns (◯ Abb. 11.1).

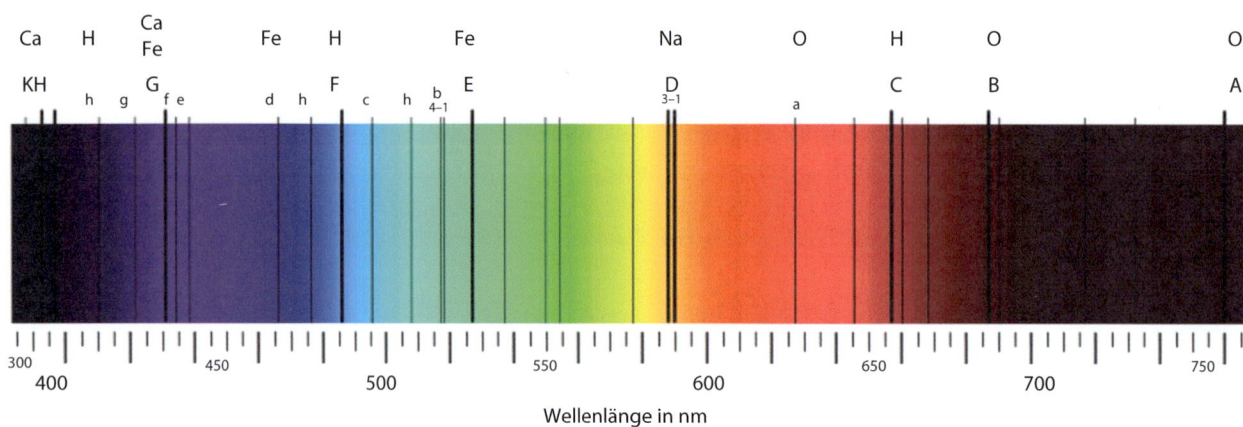

◯ **Abb. 11.1** Fraunhoferlinien (Elementabsorptionsspektren), die dem sichtbaren Emissionsspektrum der Sonne überlagert sind. Die chemischen Symbole oben kennzeichnen die jeweils die Absorption verursachenden Elemente; die Symbole darunter zeigen die konventionelle spektroskopische Bezeichnung für jede Linie (adaptiert von einer anonymen Webseite, Public Domain)

Jede Linie ist charakteristisch für einen bestimmten Elektronenübergang in einem bestimmten chemischen Element. Aus den Wellenlängen und Intensitäten dieser Absorptionslinien (Fraunhoferlinien genannt, nach Joseph von Fraunhofer, einem deutschen Physiker, der diese als Erster systematisch untersuchte) kann ein Astronom die Identität und Häufigkeit der meisten im Stern vorhandenen Elemente bestimmen. Die „Kalibrierungsfaktoren", mit denen die Intensitäten der Absorptionslinien in die Elementhäufigkeiten übersetzt werden, müssen theoretisch hergeleitet werden, doch die Astronomen sind zuversichtlich, dass die heute für sehr viele Sterne verfügbaren Häufigkeitsdaten für etwa 70 Elemente meist bis auf den Faktor zwei genau sind. Da die Elementhäufigkeit um einen Faktor von bis zu 10^{12} variiert (vgl. ◘ Abb. 11.7), sind diese Unsicherheiten tolerierbar klein. Sterne verändern allmählich ihre internen Elementhäufigkeiten durch die tief in ihnen stattfindende Nukleosynthese, man geht aber davon aus, dass die kühle äußere Hülle eines Sterns (wo die Fraunhoferlinien entstehen) repräsentativ für das Material bleibt, aus dem der Stern ursprünglich entstand.

Bei der Diskussion über das Sonnensystem werden wir uns um die Elementhäufigkeit in unserer Sonne und nicht um die Sterne im Allgemeinen kümmern.

11.2.2 Analyse von Meteoriten

Wie jeder weiß, der einmal in einer Nacht mit klarem Sternenhimmel im Freien geschlafen hat, sind Sternschnuppen ein häufiges Phänomen. Sie sind die sichtbare Erscheinung der Trümmer aus dem Sonnensystem, von denen jeden Tag viele Tonnen auf die Erde fallen (pro Jahr fallen etwa 40.000 t Meteoriten auf die Erdoberfläche). Kleinere einfallende Körper können durch Reibungswärme vollständig in der Atmosphäre verdampfen, aber etwa 1 % von ihnen sind groß genug, um zu überleben und die Erdoberfläche als sammelbare Meteoriten zu erreichen. Eine vereinfachte Klassifizierung der Meteoriten ist in Kasten 11.1 beschrieben.

Kasten 11.1 Klassifizierung der Meteoriten

◘ Abb. 11.2 zeigt die grundlegende Einteilung der Meteorite und ihre Häufigkeit als Prozent der beobachteten Fälle. Mit engl. *falls* werden Meteoritenproben bezeichnet, deren Fall beobachtet wurde, im Gegensatz zu den nur auf der Erdoberfläche gefundenen *finds*, und die relativen Häufigkeiten der *falls* geben die Häufigkeit der Meteoritentypen am besten wieder.

Am häufigsten sind Chondrite (85 %), sie bestehen (mit der Ausnahme der CI-Chondrite) aus Chondren (auch Chondrulen genannt) in einer feinkörnigen Grundmasse. Chondren (siehe ◘ Abb. 11.4) sind millimetergroße kugelförmige Cluster aus Kristallen und glasartigem Material, die vermutlich in Gegenwart eines Gases als Schmelztröpfchen entstanden sind (Lauretta et al., 2006). Die Kristalle zeigen oft Hinweise auf eine schnelle Abkühlung. In Chondriten enthaltene Minerale sind Silicate (Olivin, Pyroxen, Plagioklas, evtl. wasserhaltige Silicate wie Serpentin), Metall und/oder Troilit (FeS) und in kohligen Chondriten auch kohliges Material (eine komplexe teerartige Mischung aus nicht biogenen organischen Verbindungen). Chondrite sind primitive bzw. undifferenzierte Meteorite, die anderen Typen hingegen differenzierte Meteorite.

Achondrite (10 %) sind Steinmeteorite ohne Chondren. Sie enthalten Pyroxen ± Plagioklas ± Olivin, oft in einem magmatischen Gefüge. Metall kann in winzigen Mengen vorhanden sein.

Eisenmeteorite (3,5 %) bestehen zu > 90 % aus metallischen Phasen, insbesondere Kamacit (ca. $Fe_{95}Ni_5$) und Taenit (typischerweise mit einer Zusammensetzung $Fe_{60}Ni_{40}$, siehe ◘ Abb. 3.16 in Kasten 3.5). Der häufigste Typ sind Oktaedrite, deren Namen auf die Anordnung der Kamacitbalken verweist, der kubischen Symmetrie des Wirtskristalls Taenit entsprechend in vier Ausrichtungen parallel zu den Flächen eines Oktaeders. Diese markante Struktur wird am deutlichsten auf einer polierten Oberfläche sichtbar, die mit Säure angeätzt wurde (◘ Abb. 11.3). Sie wird nach dem österreichischen Grafen, der sie 1808 entdeckte, Widmanstätten-Struktur genannt.

Stein-Eisen-Meteorite (1,5 %) bestehen jeweils etwa zur Hälfte aus Silicaten und Metall.

11.2.2.1 Primitive Meteoriten

Der häufigste Meteoritentyp (siehe Kasten 11.1) sind die Chondrite, die so heißen, da sie meist Chondren enthalten: millimetergroße kugelförmige Ansammlungen von Kristallen und Glas (◘ Abb. 11.4). Chondren (von griech. *chondros* für „Korn") gelten als erstarrte Schmelztröpfchen, die durch das Aufschmelzen von Staub in der frühen protoplanetaren Scheibe gebildet werden. Trotz der hohen Temperaturen, die von den Schmelztröpfchen impliziert werden (typischerweise 1500 °C), ist es üblich, dass Minerale der die Chondren umgebenden Silicat-Metall-Sulfid-Grundmasse (◘ Abb. 11.4) eine sehr variable chemische Zusammensetzung aufweisen, was darauf hindeutet, dass sie

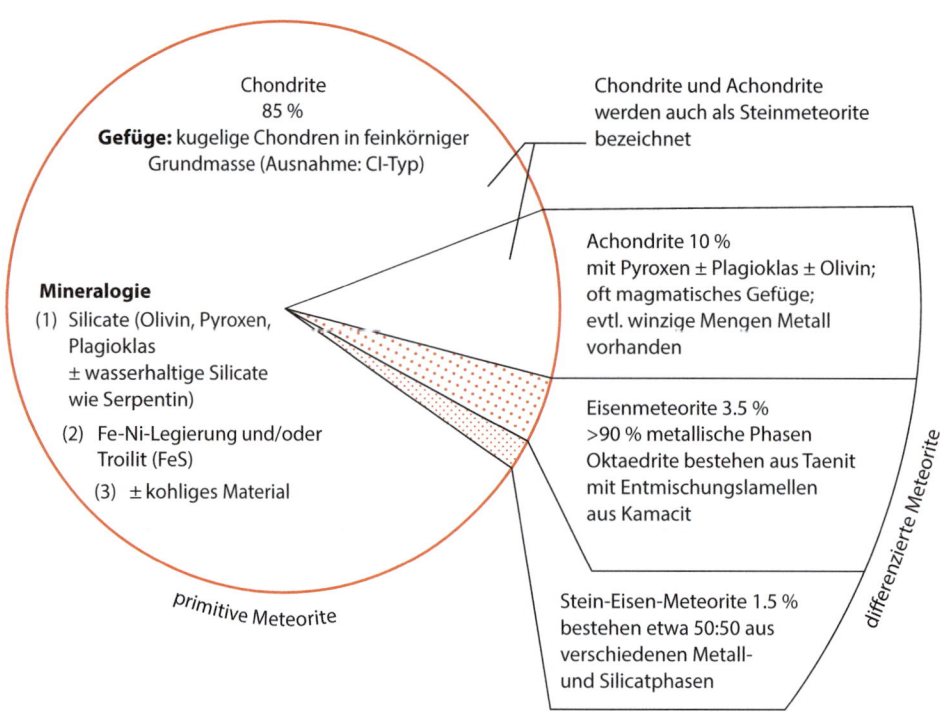

◘ Abb. 11.2 Arten von Meteoriten, dargestellt als Prozent aller Meteoritenfälle

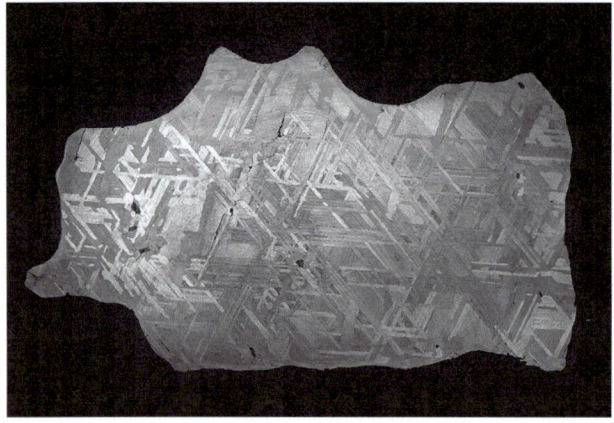

◘ Abb. 11.3 Die säuregeätzte Schnittfläche eines Eisenmeteorits (Canyon-Diablo-Meteorit) vom Typ Oktaedrit macht die Widmanstätten-Struktur (Kamacitlamellen in Taenit) im Inneren sichtbar; die Probe ist 15 cm lang. (Quelle: © The Natural History Museum, London, Vervielfältigung mit Genehmigung)

nie ein chemisches Gleichgewicht untereinander oder mit den Mineralen der Chondren erreicht haben. Das mangelnde Gleichgewicht deutet auf niedrige Umgebungstemperaturen während und nach der Akkretion einiger Chondrite hin. Solche im chemischen Ungleichgewicht stehende Chondrite bewahren verschiedene chemische, mineralogische und strukturelle Signaturen, die sie von der protoplanetaren Scheibe übernommen haben.

Chondrite einer bestimmten Klasse, die sogenannten kohligen Chondrite *(carbonaceous chondrites)*, enthalten außerdem eine komplex zusammengesetzte teerartige organische Komponente und verschiedene wasserhaltige Silicatminerale. Die sehr begrenzte thermische Stabilität dieser Komponenten deutet darauf hin, dass kohlige Chondrite die geringste thermische und chemische Veränderung aller Chondritgruppen erfahren haben. Sie werden als chemisch primitiv bezeichnet. Kohlige Chondrite einer bestimmten Untergruppe sind als CI-Chondrite bekannt (C für *carbonaceous* und I für Ivuna, nach der Typlokalität in Tansania; manchmal auch C1-Chondrite genannt), paradoxerweise enthalten sie keine Chondren, auch wenn sie aus chemischen Gründen als Chondrite klassifiziert werden. CI-Chondrite gelten als relativ unberührte Relikte der primordialen festen Materie des frühen Sonnensystems und aus ihrer chemischen Zusammensetzung können wir die Gesamtzusammensetzung des Sonnensystems abschätzen (natürlich mit Ausnahme der flüchtigsten Elemente und Verbindungen, die beim Fall der Meteoriten durch die Erdatmosphäre wegen der hohen Oberflächentemperaturen verloren gehen können).

11.2.2.2 Differenzierte Meteoriten

Andere Meteorite sind Produkte einer Trennung von Metall und Silicat (Bildung der Eisenmeteorite und Achondrite) und werden als differenzierte Meteorite

Abb. 11.4 Der Etihudna-Chondrit unter dem Mikroskop (linear polarisiertes Licht, Sichtfeld 4 mm), mit Chondren mit einer Vielzahl von internen Gefügen. Diese Gefüge zeichnen im Allgemeinen ein „komplexes Zusammenspiel zwischen Spitzentemperatur, Dauer der Erwärmung und der Erhaltung von Keimbildungsstellen auf, entweder durch unvollständiges Aufschmelzen der Vorläufer der Chondren oder durch das Vorhandensein von feinkörnigem Staub in der Region der Chondrenbildung" (Lauretta et al. 2006). (Quelle: © The Natural History Museum, London. Vervielfältigung mit Genehmigung)

bezeichnet (Kasten 11.1). Es wird allgemein angenommen, dass diese Differenzierung eine Folge der Eingliederung des Materials in Kleinplaneten ist, mit Durchmessern von vielleicht einigen Hundert Kilometern (Kasten 3.5). Deren hohe Innentemperaturen ermöglichen eine gravitative Trennung der beiden Phasen, wie es auch bei der Trennung des metallischen Kerns unseres eigenen Planeten der Fall war.

Differenzierte Meteoriten entstehen dann durch Zerstörung solcher Himmelskörper durch spätere Kollisionen. Sie sind schlechte Vertreter der „Urmaterie", geben aber Aufschluss über die innere Entwicklung der Gesteinsplaneten. Einige wenige differenzierte Meteoriten haben chemische Signaturen, die auf einen Ursprung vom Mars (z. B. der in ◘ Abb. 11.5 dargestellte Nakhla-Achondrit) oder vom Mond hinweisen.

Abb. 11.5 Der Nakhla-Achondrit unter dem Mikroskop (gekreuzte Polarisatoren, Sichtfeld 2,5 mm) mit ideomorphen (d. h. magmatisch gebildeten) Pyroxenkristallen. (Quelle: © The Natural History Museum, London; Abdruck mit Genehmigung)

11.2.3 Dunkle Materie

» „Aktuelle Schätzungen lassen vermuten, dass es fast 100-mal mehr Dunkle Materie [im Universum] als sichtbare Materie gibt." (Ferreira 2006)

Bisher haben wir in diesem Kapitel angenommen, dass die gesamte Materie im Universum aus Atomen der chemischen Elemente besteht, die uns auf der Erde bekannt sind, d. h. letztendlich aus Protonen, Neutronen und Elektronen aufgebaut ist. Die Protonen und Neutronen, die sich im Atomkern befinden, machen fast die gesamte Atommasse aus. Beide werden zusammenfassend als Baryonen bezeichnet (von griech. *barus* für „schwer"), und Materie der uns gut bekannten atomaren Art wird insgesamt „baryonische Materie" genannt. Sie offenbart ihre Existenz im gesamten

Universum, indem sie erkennbare Atomspektren emittiert oder absorbiert (▶ Abschn. 6.5), und so kann ihre Häufigkeit von der Erde aus durch astronomische Beobachtung abgeschätzt werden. Aus solchen Messungen können die Astronomen heute in recht engen Grenzen die Gesamtdichte der sichtbaren baryonischen Materie in unserer Galaxie und im Universum insgesamt schätzen – zumindest die Teile, deren Emissionen messbar sind.

Die so berechnete Masse der baryonischen Materie in unserer Galaxie steht jedoch im starken Gegensatz zu den Schätzungen der gesamten galaktischen Masse, die wir aus der Gravitation erhalten.

Wie kann man die galaktische Masse aus der Gravitation abschätzen? Planeten in unserem Sonnensystem umkreisen die Sonne mit Geschwindigkeiten, die umgekehrt proportional zur Quadratwurzel ihrer Entfernung von der Sonne sind: Diejenigen, die sich weniger weit von der Sonne befinden, umkreisen die Sonne schneller (und haben kürzere Jahre) als diejenigen, die weiter draußen sind. Planeten in der Nähe der Sonne erfahren eine stärkere Gravitation, daher müssen sie höhere Umlaufgeschwindigkeiten (größere „Zentrifugalkräfte") aufweisen, um dieser stärkeren Anziehungskraft zu widerstehen und im Orbit zu bleiben. Diese Regelmäßigkeit der Umlaufgeschwindigkeit ist eine Folge davon, dass fast die gesamte Masse des Sonnensystems in seinem Zentrum, in der Sonne selbst, konzentriert ist.

Wenn wir andererseits die analogen Geschwindigkeiten unserer Sonne und anderer Sterne messen, mit der sie um das Zentrum der Milchstraße (unserer Galaxie) kreisen, stellen wir fest:
— Die Sterngeschwindigkeiten variieren (im Gegensatz zu Planeten auf ihren Bahnen) kaum zwischen Sternen, die näher am Zentrum der Galaxie oder weiter davon entfernt sind.
— Sterne bewegen sich viel schneller, als es die Masse der sichtbaren Materie in der Galaxie erwarten lässt.

Aus diesen Diskrepanzen schließen die Astrophysiker, dass die Galaxie viel mehr Masse enthalten muss, als wir direkt sehen können. Um den ersten Punkt zu erklären, stellen sie sich ein verstreutes Halo aus unsichtbarer Masse vor, das sich bis in die Außenbereiche der Milchstraße erstreckt und dessen Gravitation die dominante Kontrolle über die Bewegungen der sichtbaren Sterne in der Galaxie ausübt. Astrophysiker bezeichnen diese unsichtbare Materie als „Dunkle Materie" und sie glauben, dass ihre Menge diejenige der sichtbaren Materie im Universum weit übertrifft.

Woraus könnte diese unsichtbare „Dunkle Materie" bestehen? Es gibt Gründe für die Annahme, dass vielleicht 5–10 % davon aus baryonischer Materie (d. h. den bekannten chemischen Elementen) bestehen, die zufällig dunkel bleibt: „gewöhnliches Zeug, das einfach nicht scheint", wie Ferreira (2006) sagt. Beispielsweise sind Himmelskörper mit Massen von weniger als etwa 8 % der Sonnenmasse (entspricht ca. 80 Jupitermassen) nicht in der Lage, die Kernfusionsreaktionen zu entzünden, welche die Strahlung von Sternen wie der Sonne antreiben. Sie bleiben deshalb dunkel. Unter solchen Himmelskörpern, die in der Masse zwischen Planeten wie dem Jupiter und wahren Sternen liegen, finden sich auch die ultradichten Körper, die als „Braune Zwerge" bekannt sind.

Die Dunkle Materie, welche die anderen 90–95 % der Masse des Universums ausmacht, ist jedoch von viel exotischerer Natur. Um was es sich dabei genau handelt, ist wohl die größte unbeantwortete Frage in der Kosmologie. Viele bizarre neuartige Teilchen wurden als Bestandteile der nicht baryonischen Dunklen Materie vorgeschlagen, aber dieses kosmologische Rätsel ist noch lange nicht gelöst. Ferreira (2006) bietet eine für Fachfremde lesbare Zusammenfassung unseres aktuellen Verständnisses.

Obwohl die Natur der Dunklen Materie eine äußerst wichtige Frage für Kosmologen ist, fällt sie außerhalb des Rahmens dieses Buches. Die Dunkle Materie, unabhängig von ihrer Natur, spielt scheinbar keine bedeutende Rolle bei der Bildung oder Zusammensetzung von Planeten wie der Erde. Es ist natürlich wichtig anzuerkennen, dass wir uns, wenn wir über die Zusammensetzung der Materie im Universum sprechen, nur auf die „sichtbare" baryonische Komponente beziehen, die nur 1 % der Gesamtmasse ausmacht. Doch es sind diese 1 %, die den Charakter und die Zusammensetzung des Planeten bestimmen, auf dem wir leben.

11.3 Die Elementhäufigkeit im Sonnensystem

Die beiden in ▶ Abschn. 11.2 beschriebenen Informationsquellen – das Sonnenspektrum und Analysen primitiver Meteoriten – ermöglichen es uns, ein Gesamtbild der relativen Häufigkeiten der chemischen Elemente im Sonnensystem zu erstellen. Gasförmige Elemente – Wasserstoff, die Edelgase usw. – können natürlich nur aus dem Sonnenspektrum bestimmt werden. Für andere Elemente, wie Bor, sind Spektralmessungen schwierig oder unmöglich und wir müssen stattdessen die Konzentration in Meteoriten verwenden. Glücklicherweise kann die Häufigkeit der meisten anderen Elemente mit beiden Methoden bestimmt werden. Da die beiden Ansätze unterschiedliche Annahmen beinhalten und unterschiedliche Instrumente und Techniken verwenden, ist es beruhigend, dass wir

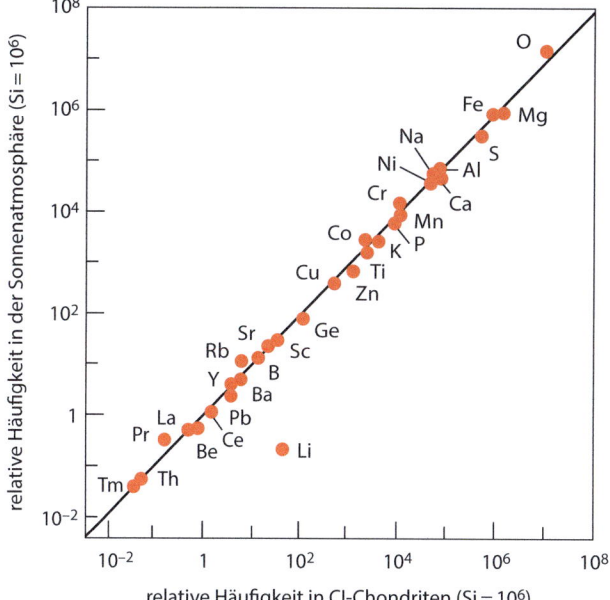

Abb. 11.6 Korrelation der Elementhäufigkeiten in der Sonne und in kohligen CI-Chondriten. Die Häufigkeit ist als Anzahl der Atome eines jeden Elements pro 10^6 Siliciumatome ausgedrückt (beide Achsen haben logarithmische Skalen)

eine gute Korrelation zwischen ihren Daten finden (Abb. 11.6).

Die so zusammengeführten Häufigkeitsdaten wurden in Abb. 11.7 gegen die Ordnungszahl (Z) aufgetragen. Auch wenn dieses Diagramm speziell für das Sonnensystem zusammengestellt wurde, sind die Hauptmerkmale dieser „Häufigkeitskurve" praktisch allen Sternen und leuchtenden Nebeln gemeinsam:

– Wasserstoff und Helium sind um mehrere Größenordnungen häufiger als jedes andere Element. Atomar gesehen hat Helium ein Zehntel der Wasserstoffhäufigkeit, beide machen zusammen 98 % der Masse des Sonnensystems aus.
– Generell nimmt die Elementhäufigkeit zu höheren Ordnungszahlen hin ab, die schwersten Kerne sind unter den am wenigsten vorkommenden Kernen.
– Die Häufigkeiten der Elemente Lithium, Beryllium und Bor sind im Vergleich zu den anderen leichten Elementen stark verringert. (Im Falle von Li ist diese Verringerung für die Sonne viel ausgeprägter als für CI-Chondrite, siehe Abb. 11.6.)
– Elemente mit geraden Ordnungszahlen (Z) sind im Durchschnitt etwa zehnmal häufiger vorhanden als benachbarte Elemente mit ungeraden Ordnungszahlen. Dieser Effekt, der sich auch in Gesteinen der Erde zeigt, erzeugt ein „Sägezahnprofil", wenn benachbarte Ordnungszahlen betrachtet werden (siehe Einsatz mit SEE in Abb. 11.7).

– Der allgemeine Rückgang der Elementhäufigkeit mit zunehmendem Z (siehe oben) wird durch einen beträchtlichen Peak um $Z=26$ unterbrochen, der Elemente in der Nähe von Eisen umfasst.

Diese Merkmale geben Hinweise darauf, wie die Elemente gebildet wurden.

11.4 Elemententstehung im Universum

11.4.1 Der Urknall

Die moderne Kosmologie basiert auf dem Standardmodell des Urknalls *(hot Big Bang)*, einem Ereignis, das vor 13,8 Ga stattfand und dessen frühe Momente durch die Anwendung der theoretischen Astrophysik erstaunlich detailliert beleuchtet wurden (vgl. Weinberg, 1993; Riordan und Schramm, 1993; Ferreira, 2006). Die baryonische Materie begann sich im expandierenden primordialen „Feuerball" bereits nach der ersten Sekunde der Zeit bei einer Temperatur von etwa 10 Mrd. Grad (10^{10} K) zu bilden. Aus der Theorie ergibt sich, dass 75 % der gebildeten Baryonen Protonen und 25 % Neutronen waren. Nach einer etwa 15 s langen Abkühlung, wenn die Temperatur des „Feuerballs" unter $3 \cdot 10^9$ K gefallen ist, kombinierten Neutronen mit Protonen, um vereinzelt leichte Kerne zu bilden, wie beispielsweise ^{2}H (Deuterium), ^{3}He, ^{4}He und ^{7}Li. Aber es war viel zu heiß, als dass diese Kerne in diesem Stadium Elektronen einfangen konnten. Die Materie im Universum musste 100.000 Jahre oder mehr warten, bevor die Temperatur des expandierenden Kosmos niedrig genug war (bis etwa $5 \cdot 10^3$ K) für die Bildung elektrisch neutraler Atome dieser leichten Nuklide.

Warum ist die Temperatur hier ein so wichtiger Faktor? Die kinetische Energie eines Elementarteilchens steigt mit der Temperatur. Die elektrostatische Kraft, die beispielsweise ein Elektron in einem Wasserstoffatom festhält, überwiegt nur so lange, wie die kinetische Energie des Elektrons niedriger ist als die Ionisierungsenergie des Atoms (Abb. 5.7). Erhöhen wir die Temperatur ausreichend (auf ca. 10^3 K), wird Wasserstoff thermisch ionisiert und bildet ein Plasma aus freien Protonen und Elektronen. Um bei schwereren Atomen auch die inneren Elektronen freizusetzen (▶ Kap. 6), muss die Temperatur weiter steigen (ca. $5 \cdot 10^3$ K). Bei ca. 10^9 K erhalten selbst Protonen und Neutronen in einem Atomkern genügend thermische kinetische Energie, um die sogenannte starke Wechselwirkung zu überwinden und sich voneinander

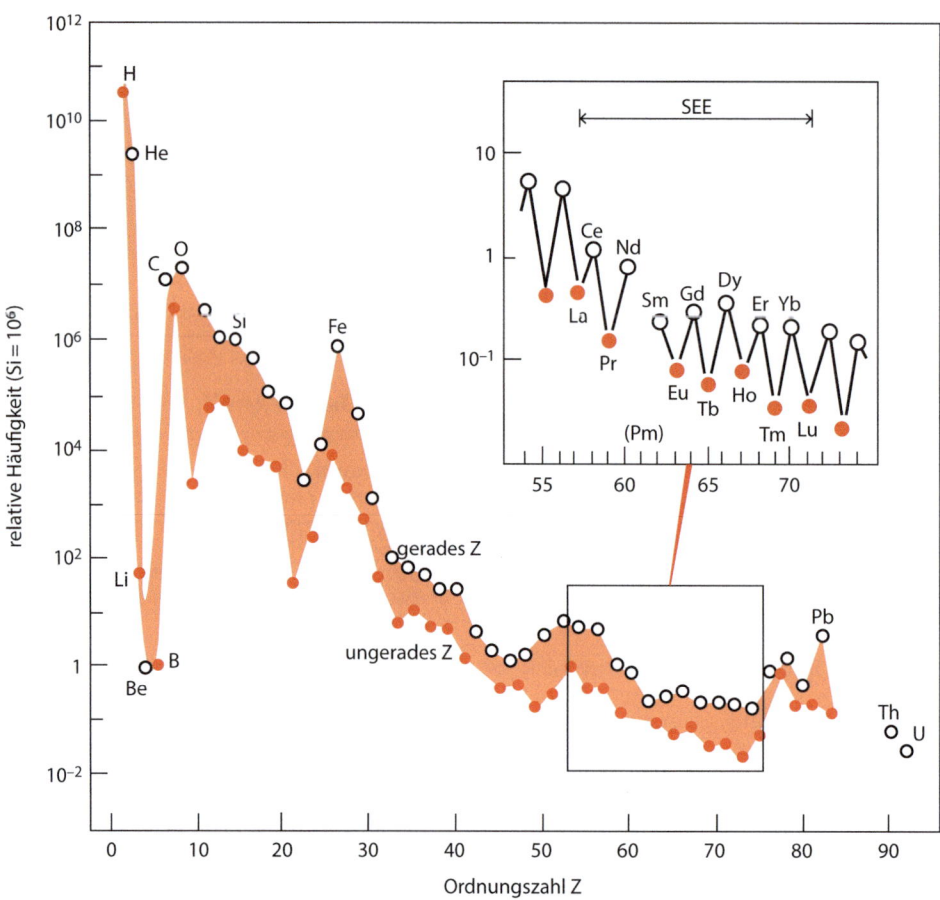

Abb. 11.7 Die Elementhäufigkeit im Sonnensystem nach der Ordnungszahl Z. Die vertikale Achse zeigt auf einer logarithmischen Skala die Anzahl der Atome eines jeden Elements pro 10^6 Siliciumatome. Der Einsatz zeigt vergrößert die Häufigkeit der Seltenerdelemente (SEE von La bis Lu) und einiger benachbarter Elemente. Das Element Promethium (Pm) hat keine stabilen Isotope und ist nicht in Meteoriten enthalten (siehe Übung 11.1). ○ Elemente mit geradem Z; ● Elemente mit ungeradem Z. Das schattierte Band betont den Häufigkeitsunterschied zwischen Nukliden mit geradem bzw. ungeradem Z

zu trennen. Beim Abkühlen liefen diese Prozesse im Universum nach dem Urknall umgekehrt ab, da sich erstmals Partikel zu Kernen und letztlich Atomen zusammenschlossen.

11.4.2 Sterne

Diese im Urknall gebildeten leichten Nuklide bildeten das Ausgangsmaterial für die Entstehung aller schwereren chemischen Elemente, aus denen die Erde und alle sonstige baryonische Materie im Kosmos bestehen. Dieser Entstehungsprozess lief während der gesamten Geschichte des Universums ab. Offensichtlich ist er nicht sehr „effizient" gewesen, denn ^{1}H und ^{4}He machen immer noch 98 % der Masse der beobachtbaren baryonischen Materie im Universum aus. Wie ist dieses kleine Inventar an schwereren Elementen entstanden?

Der wichtigste Prozess zur Erzeugung der Elemente bis zum Eisen ist die Kernfusion (Kasten 11.2). Die Kernfusion kann nur dann stattfinden, wenn zwei Bedingungen gleichzeitig erfüllt sind:

- eine hohe Dichte der Materie, um die Wahrscheinlichkeit von Atomkollisionen zu erhöhen (die im interstellaren Raum verschwindend klein ist); und
- eine hohe Temperatur (mindestens 10^7 K), um sicherzustellen, dass positiv geladene Atomkerne mit ausreichender kinetischer Energie kollidieren, um ihre gegenseitige elektrostatische Abstoßung zu überwinden. Kerne müssen sich näher als 10^{-14} m annähern, bevor die starke Wechselwirkung zu wirken beginnt, um sie zu einem schwereren Kern zu verbinden.

Das Innere eines Sterns erfüllt beide Anforderungen. Die Häufigkeiten der schwereren Elemente, die wir heute sehen, gelten als das kumulative Produkt der Nukleosynthese, die in vielen Generationen von Sternen stattgefunden hat. Trotz vieler weiterer Forschung bleibt der visionäre Artikel von 1957 von Burbidge, Burbidge, Fowler und Hoyle („B^{2}FH" getauft, Burbidge et al. 1957), in dem dieser Prozess erstmals vorgeschlagen wurde – wenn auch auf der Grundlage früherer Erkenntnisse von Fred Hoyle – die Basis für unser heutiges Verständnis der Elementbildung.

11.4 · Elemententstehung im Universum

Kasten 11.2 Kernfusion und Kernspaltung

Atomkerne werden von einer enorm starken, nur auf kurzer Distanz wirkenden Kraft zusammengehalten, die als starke Wechselwirkung bezeichnet wird. Sie wirkt zwischen den Nukleonen (Kernteilchen, d. h. Protonen und Neutronen) nur über sehr kurze Entfernungen, die etwa der Größe des Kerns selbst entsprechen (~10^{-14} m). Je mehr Nukleonen im Kern vorhanden sind, desto stärker ist die Bindungskraft, die jedes von ihnen erfährt. Der Anziehungskraft der starken Wechselwirkung steht jedoch die elektrostatische Abstoßung zwischen den in der Anzahl Z vorhandenen positiv geladenen Protonen entgegen, bei der es sich – da die Protonen im Kern so dicht beieinander gehalten werden – ebenfalls um eine extrem starke Kraft handelt.

Die relative Stabilität von Kernen kann in Form der mittleren potenziellen Energie pro Nukleon im Kern ausgedrückt werden, relativ zur potenziellen Energie, die jedes Nukleon als isoliertes Teilchen besitzen würde (durch Konvention als Null gesetzt). Da jeder Kern einen stabileren Zustand darstellt als die gleiche Anzahl separater Nukleonen, ist die mittlere potenzielle Energie pro Nukleon eine negative Größe. Ihre Variation mit der Massenzahl A für die natürlich vorkommenden Nuklide ist in ◘ Abb. 11.8 skizziert.

Die Form der Kurve spiegelt das Zusammenspiel zwischen der starken Wechselwirkung und der elektrostatischen Abstoßung zwischen Protonen wider. Wo die Kurve auf der linken Seite steil abfällt, ist die starke Wechselwirkung eindeutig die dominante Kraft, aber die Kurve flacht sich bei Fe (ein Bereich maximaler Kernstabilität) ab und steigt dann sanft an, wobei die Abstoßung zwischen den Protonen einen stetig stärkeren Einfluss ausübt. Hier ist die Zunahme der starken Wechselwirkung durch die Zugabe weiterer Nukleonen zu einem Kern weniger stark als die daraus resultierende Zunahme der elektrostatischen Abstoßung.

Kerne ganz links im Diagramm können daher prinzipiell ihre potenzielle Energie reduzieren, indem sie mit anderen leichten Kernen zu schwereren fusionieren. Die Fusion dieser leichteren Kerne setzt also Energie frei (es handelt sich um eine exotherme Reaktion), was die Quelle für die thermonukleare Energieproduktion von Sternen und Wasserstoffbomben ist. Rechts im Diagramm befindet sich dagegen eine Region, in der die Fusion, falls sie stattfinden sollte, Energie verbrauchen würde (endotherm). Kerne in diesem Bereich ($A > 60$) können nicht durch Fusion erzeugt werden. Im Gegenteil, die schwersten Kerne, wie Thorium und Uran, sind radioaktiv und zerfallen durch Abstrahlung von Alphateilchen (Kasten 10.1; s. a. Kasten 3.3). Dies ist ein Mechanismus, um Masse loszuwerden und eine geringere Energie pro Nukleon (größere Stabilität) zu erreichen. Die durch den Zerfall solcher Elemente innerhalb der Erde freigesetzte Energie ist für einen großen Teil des Wärmeflusses in der Erde verantwortlich.

Bestimmte schwere Nuklide (^{235}U als einziges natürlich vorkommendes Beispiel) sind auch spaltbar: Bei der Absorption eines Neutrons spalten sie sich in zwei Kerne mit geringerer Masse. Diese Spaltprodukte, die verschiedene Nuklide im Bereich mit A von 100–150 umfassen, haben zwei wichtige gemeinsame Eigenschaften:

- Sie liegen auf einem niedrigeren Segment der Kurve der potenziellen Energie als das Ausgangsnuklid. Die Spaltung ist also ein exothermer Prozess: Sie ist die Energiequelle in Kernreaktoren und Atombomben.
- Obwohl im Spaltprozess mehrere Neutronen freigesetzt werden (was durch Kollision mit anderen ^{235}U-Kernen zu einer weiteren Spaltung führt), weisen die Spaltprodukte immer noch ein höheres $N{:}Z$-Verhältnis auf als stabile Nuklide im gleichen A-Bereich, was sie radioaktiv macht (Kasten 10.1). Der β-Zerfall von Spaltprodukten wie z. B. ^{90}Sr, ^{131}I und ^{137}Cs (◘ Abb. 10.2) ist die Hauptursache für die intensive Radioaktivität von frisch abgebrannten Brennstäben (die vergleichsweise schnell abklingt). Hinzu kommt in den Reaktorabfällen eine länger anhaltende Radioaktivität durch α-Teilchen abstrahlende Isotope der Actinoide, wie z. B. Plutonium ^{239}Pu.

Wir können uns die stellare Nukleosynthese als eine lange Reihe von aufeinanderfolgenden Schritten vorstellen, wie eine industrielle Montagelinie. Nicht jede Sternenfabrik verfügt jedoch über die komplette Montagelinie. Fusionsreaktionen in Sternen finden in mehreren Stufen statt, Hand in Hand mit der thermischen Entwicklung des Sterns, und wie weit der Prozess gehen kann, hängt, wie wir sehen werden, von der Masse des Sterns ab.

Wasserstoff wird bereits in der frühen Entwicklungsphase eines Sterns zur Bildung von Helium verbraucht (siehe ◘ Tab. 11.1). Wenn Wasserstoff im Zentrum eines Sterns (wo diese Reaktionen aufgrund der hohen Dichte und Temperatur am schnellsten ablaufen) fast aufgebraucht ist, erhöht der Stern seine Kerntemperatur (durch Gravitationskontraktion) auf ein Niveau, das ausreicht, damit sich Heliumkerne zu Kohlenstoff und Sauerstoff verbinden können. Ebenso

Tab. 11.1 Kernfusionsstufen bei der stellaren Nukleosynthese		
Stufe	Maximale Temperatur	Bandbreite der produzierten Kerne
1	10^7 K	H → He
2	10^8 K	He → C, O etc.
3	$5 \cdot 10^8$ K	C, O → Si
4	$5 \cdot 10^9$ K	Si → Fe

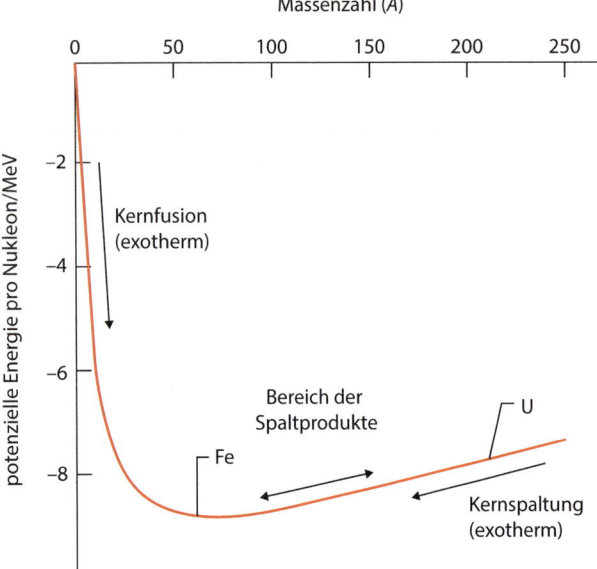

Abb. 11.8 Skizze, wie sich die potenzielle Energie pro Nukleon mit der Massenzahl A für natürlich vorkommende Nuklide ändert

erzeugen. Da ^{8}Be ein sehr instabiler Kern ist, führen die wichtigsten Fusionsreaktionen offensichtlich direkt von ^{4}He zu ^{12}Fe und überspringen weitgehend die Elemente Li, Be und B.

Die in ◘ Abb. 11.8 dargestellten geringen Mengen an Be und B (► Abschn. 11.3) scheinen eher durch den Abbau schwererer Kerne (^{12}C, ^{16}O) unter kosmischer Strahlung entstanden zu sein, einem Prozess namens Spallation.

Das Kräftegleichgewicht im Atomkern gibt den Kernen im Massenbereich von Eisen die größte Stabilität (Kasten 11.2). Massereiche Sterne mit ausreichend hohen Temperaturen können diese Nuklide relativ effizient produzieren, daher der „Eisenpeak" in der Häufigkeitskurve ◘ Abb. 11.7. Über diesen Punkt hinaus wird jedoch die weitere Fusion behindert, da Temperaturen, die zur Überwindung der elektrostatischen Abstoßung zwischen Kernen mit so großen positiven Ladungen erforderlich sind, selbst die Temperaturen im Zentrum der heißesten Sterne übertreffen. Die Synthese von schwereren Nukliden erfordert einen anderen Prozess, der nicht durch die Kernladung behindert wird.

Die Entstehung von Nukliden, die schwerer sind als Eisen, erfolgt stattdessen durch ein Einfangen von Neutronen, also neutralen Kernteilchen, die keine Abstoßung durch den Atomkern erfahren. Viele Reaktionen in Sternen produzieren Neutronen, insbesondere in den späteren Phasen der Sternentwicklung. Die Nuklide rechts vom Eisen in ◘ Abb. 11.7 gelten daher als Produkte des wiederholten Neutroneneinfangs. Neutronen werden von einem Kern absorbiert und erhöhen den N-Wert, bis ein instabiles, neutronenreiches Isotop gebildet wurde, das sich über einen β-Zerfall in ein Isotop des nächsten Elements verwandelt (Z steigt um eins, N fällt um eins; Kasten 10.1). Der wiederholte Ablauf dieses Prozesses kann bei einem ausreichend hohen Neutronenfluss alle schwereren Nuklide produzieren (Rauscher und Patkós, 2011). Wenn die Neutroneneinfangsrate im Verhältnis zu den relevanten β-Zerfallsraten langsam ist, liegt der Nukleosynthesepfad nahe dem in ◘ Abb. 10.2 dargestellten Band der stabilen Nuklide. Dieser langsame „s-Prozess" (s für *slow*) führt bis hin zu Wismut (Bi, $Z=83$, das Nuklid über Pb in ◘ Abb. 10.2). Die Entstehung schwererer Elemente wie U und Th erfordert höhere Neutronenflüsse, wie bei den Supernovae im nächsten Abschnitt beschrieben.

Der in ► Abschn. 11.3 genannte Häufigkeitsgipfel um das Eisen (◘ Abb. 11.7) deutet darauf hin, dass die Kerne von Eisen und benachbarten Elementen langsamer durch Neutroneneinfang verbraucht werden als Fusionsreaktionen sie neu erzeugen.

Warum sind Nuklide mit geraden Werten von Z (und auch von N) häufiger vorhanden als solche mit

muss Helium im Kern des Sterns mehr oder weniger verbraucht sein, bevor es zu weiterer Kontraktion und Erwärmung kommen kann, damit Kohlenstoff und Sauerstoff in schwerere Elemente umgewandelt werden können, was zu Silicium führt.

Die maximale Temperatur, die ein Stern während der normalen Evolution erreichen kann, hängt von seiner Masse ab. Ein Stern mit der Masse der Sonne ($M_\odot$) erreicht nur die Stufen 1 und 2. Ein Stern muss wahrscheinlich eine Masse von mehr als 30 $M_\odot$ haben, bevor alle Fusionsreaktionen, die bis zu Eisen führen, möglich werden (Tayler, 1975). Selbst solche massereichen Sterne erzeugen schwere Elemente wie Eisen nur in ihrem Zentrum. Viele Sterne haben eine geringere Masse und tragen daher nur zur Häufigkeit der leichteren Elemente bei. Der allgemeine Rückgang der Häufigkeit hin zu schwereren Nukliden (► Abschn. 11.3) spiegelt die relativ geringe Anzahl von Sternen wider, welche die schweren Elemente erzeugen können.

Fusionsreaktionen können die meisten, aber nicht alle stabilen Nuklide zwischen Wasserstoff und Eisen

ungeraden Werten (▶ Abschn. 11.3)? Protonen und Neutronen befinden sich in Orbitalen innerhalb des Kerns, genau wie die Elektronen außerhalb des Kerns. Nach der Wellenmechanik des Kerns sind gefüllte Orbitale mit zwei Protonen oder zwei Neutronen stabiler als halbgefüllte Orbitale. Diese zusätzliche Stabilität manifestiert sich in Form kompakter Orbitale und eines kleineren Kerns. Das reduziert den „Kollisionsquerschnitt" des Kerns (oder die „Zielgröße"), von dem die Wahrscheinlichkeit einer Kollision abhängt, und verringert dadurch die Rate der Fusion oder des Neutroneneinfangs, d. h. des das Nuklid verbrauchenden Prozesses. Daher nimmt die Häufigkeit dieser Elemente zu. Gerade Zahlenwerte von Z und N machen Nuklide stabiler, was dem Band der stabilen Nuklide auf der Nuklidkarte (◻ Abb. 10.2) die Form einer Treppe verleiht, bei der gerade Werte von Z die horizontalen Tritte und gerade Werte von N die vertikalen Stufen bilden (Kasten 10.1). Umgekehrt genießen Kerne mit ungeraden Werten von N oder Z diese zusätzliche Stabilität nicht, sie haben größere Kollisionsquerschnitte und sind anfälliger für den Verbrauch durch Fusion oder Neutroneneinfang oder radioaktiven Zerfall.

11.4.3 Supernovae

Wenn ein kleinerer Stern ($<M_\odot$) das Ende seines Lebens erreicht, kann er in eine Phase des Weißen Zwerges übergehen und einfach verblassen. Aber die Theorie legt nahe, dass massenreiche Sterne ($>2\,M_\odot$) einem anderen Weg folgen, der zu einem katastrophalen Kollaps seines Kerns führt, dessen Schockwelle eine gewaltige Sternenexplosion verursacht (Bethe und Brown, 1985). Solche Supernovae zeichnen sich für kurze Zeit durch eine Energieabstrahlung von erstaunlicher Intensität aus: Die Leuchtkraft eines einzelnen explodierenden Sterns kann kurzzeitig auf ein für eine ganze Galaxie typisches Niveau steigen (~10^{11} Sterne), was einige Erdtage oder Wochen andauert. Die großen Energiemengen, die auf die den Kern des Sterns umgebenden Zonen übertragen werden, bewirken, dass ein großer Teil der Sternmasse mit hoher Geschwindigkeit ausgestoßen wird (~$10^7\,\text{m s}^{-1}$). Der sich ausdehnende Krebsnebel gilt als Überrest einer Supernova, die von chinesischen Astronomen im Jahr 1054 n. Chr. beobachtet wurde. Eine Supernova wurde zudem in der Großen Magellanschen Wolke am 23. Februar 1987 beobachtet.

Supernovae tragen auf zwei wichtige Arten zur Nukleosynthese bei:
- Der Neutronenfluss wird während einer Supernova extrem hoch, was explosionsartig sehr schnelle Neutroneneinfänge auslöst (r-Prozess, r für *rapid*), die zu U und Th und sogar darüber hinaus (zu schweren instabilen Nukliden wie Plutonium, Pu) führen.

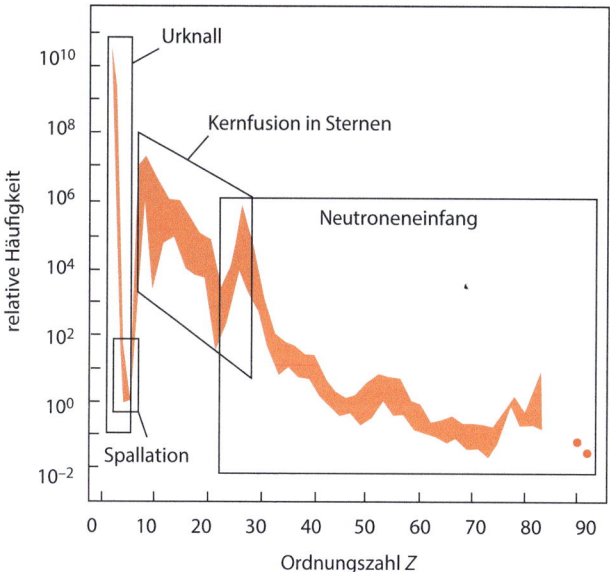

◻ **Abb. 11.9** Die Elementhäufigkeit im Sonnensystems (wie in ◻ Abb. 11.7) mit den Domänen verschiedener nukleosynthetischer Prozesse

- Die Produkte der stellaren Nukleosynthese, die sich bis zu diesem Zeitpunkt im Inneren eines Sterns befinden, werden in das interstellare Medium geschleudert, um möglicherweise in neue Sternengenerationen integriert zu werden. Die gegenwärtige Elementhäufigkeit (◻ Abb. 11.7) spiegelt das Recycling von Materie durch aufeinanderfolgende Generationen von Sternen wider, wobei jeder seinen eigenen Beitrag zur insgesamt im Universum angesammelten Menge schwerer Elemente leistet.

◻ Abb. 11.9 fasst den Beitrag dieser verschiedenen Prozesse zum aktuellen Bestand an chemischen Elementen im Universum zusammen. Wie Hutchison (1983) betonte: „Jeder von uns hat einen Teil eines Sterns in sich." Detailliertere Berichte über die stellare Nukleosynthese finden sich in den Büchern von Albarède (2009) und Ferreira (2006) sowie in einem aktuellen Übersichtsartikel von Rauscher und Patkós (2011).

11.5 Elemente im Sonnensystem

11.5.1 Kosmochemische Klassifizierung

Die Gruppe der differenzierten Meteorite enthält drei große Kategorien von Feststoffen: Silicat, Metall und Sulfid. Die Analyse dieser Phasen zeigt, dass die meisten Elemente eine größere Affinität zu einer von ihnen haben als zu den anderen. So wird beispielsweise Magnesium weitgehend in Silicatphasen eingebaut, während Kupfer oft in Sulfiden konzentriert ist. Der

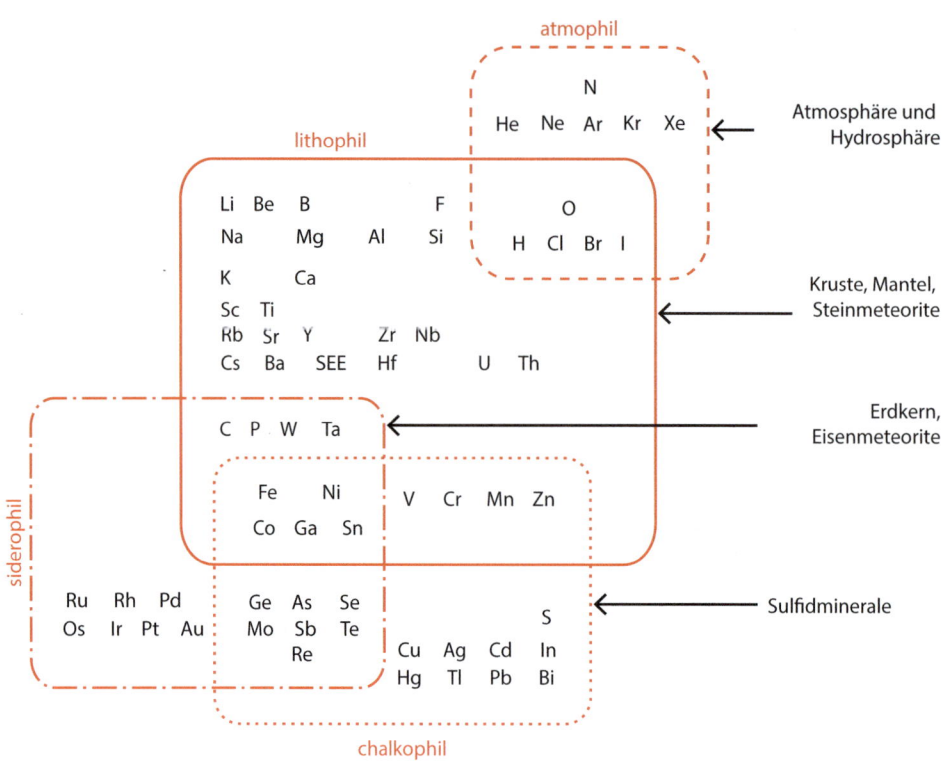

Abb. 11.10 Elementaffinitäten in der Erde und in Meteoriten. Überlappungsbereiche zeigen Elemente, die mehrere Affinitäten haben. Größere Schrift weist auf Hauptelemente hin. Elemente, die hauptsächlich in der Metallphase vorkommen, werden kursiv dargestellt

norwegische Geochemiker V. M. Goldschmidt hat die folgende Unterteilung vorgenommen:
- lithophile Elemente konzentrieren sich in der Silicatphase (von griech. *Lithos,* was „Stein" bedeutet);
- siderophile Elemente bevorzugen die Metallphase (von griech. *Sideros* für „Eisen");
- chalkophile Elemente konzentrieren sich wie Kupfer in der Sulfidphase (von griech. *Chalkos* für „Kupfer");
- atmophile Elemente sind gasförmige Elemente (von griech. *atmos,* „Dampf").

Die Aufteilung der Elemente auf diese Kategorien ist in ◘ Abb. 11.10 und 11.11 dargestellt. Eine solche Zusammenstellung beinhaltet Kompromisse, und die Version eines Autors kann sich leicht von der eines anderen unterscheiden. Unter den metallischen Elementen besteht eine signifikante Korrelation mit der Elektronegativität (vgl. Kasten 9.9): Die Metalle, die ausschließlich lithophil sind (außer B und Si), haben Elektronegativitäten unter 1,7, die meisten chalkophilen Metalle haben Elektronegativitäten zwischen 1,8 und 2,3, und die siderophilen Metalle sind diejenigen mit Elektronegativitäten von 2,2 und darüber. Das Konzept von Goldschmidt ist sehr nützlich, um zu verstehen, in welcher Form bzw. Phase Elemente in der Materie des Sonnensystems, in Erzlagerstätten oder in einem Hochofen vorkommen. So bedeutet beispielsweise der siderophile Charakter von Iridium (Ir), dass fast der gesamte Ir-Bestand der Erde im metallischen Kern eingeschlossen ist (dasselbe gilt übrigens auch für Gold) und seine Konzentration in Krustengesteinen extrem niedrig ist (siehe ◘ Abb. 11.7: $Z_{Ir} = 77$). Demnach wurde der größte Teil des auf der Erdoberfläche nachgewiesenen Iridiums, z. B. in Tiefseesedimenten, als Bestandteil des ankommenden meteoritischen Staubes eingebracht: Einige Eisenmeteoriten enthalten bis zu 20 ppm Ir, das ist 20.000-mal mehr als der Durchschnitt in Krustengesteinen. Dies bietet eine Möglichkeit, den jährlichen Einfall von Eisenmeteoriten auf die Erdoberfläche abzuschätzen. Positive Ir-Anomalien sind auch charakteristisch für Tone, die im zeitlichen Zusammenhang mit dem Aussterben an der Kreide-Tertiär-Grenze stehen – einer der Faktoren, die darauf hindeuten, dass es um diese Zeit einen großen Meteoritenimpakt gab.

Einige Elemente weisen mehr als eine Affinität auf, was Überlappungsbereiche in ◘ Abb. 11.10 und mehrere Farben in ◘ Abb. 11.11 erfordert. So gilt beispielsweise Sauerstoff sowohl als lithophil – er ist ein Hauptbestandteil aller Silicate, wie in ▶ Kap. 8 erläutert – als auch als atmophil (als O_2 und gasförmiges H_2O in der Erdatmosphäre). Ein weiteres markantes Beispiel ist Eisen, das lithophile, siderophile und chalkophile Tendenzen aufweist und daher in ◘ Abb. 11.10 im Überlappungsbereich zwischen diesen drei Feldern liegt.

11.5 · Elemente im Sonnensystem

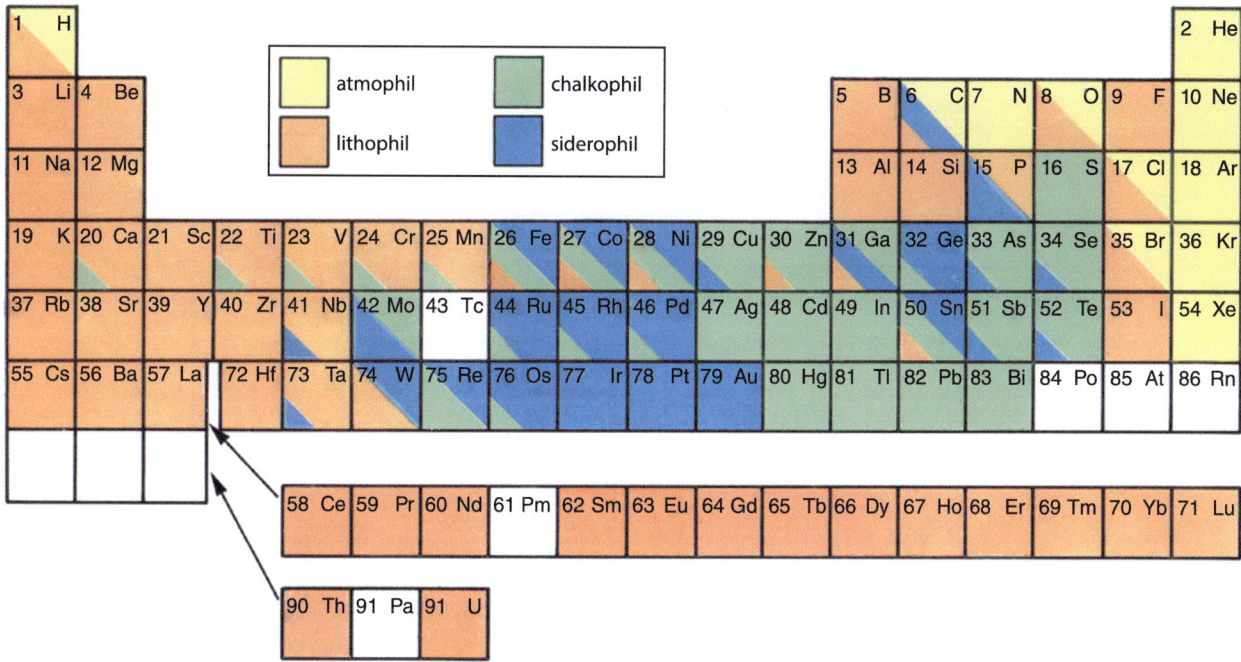

Abb. 11.11 Kosmochemische Affinitäten der natürlich vorkommenden chemischen Elemente (vgl. Abb. 11.10). Weiße Quadrate stellen Elemente ohne stabile oder langlebige Isotope dar (vgl. ▶ Kap. 10)

11.5.2 Flüchtig versus refraktär

Wenn wir die Entwicklung des Sonnensystems untersuchen, ist es auch sinnvoll, chemische Elemente nach ihrer Flüchtigkeit zu unterteilen. Flüchtige (engl. *volatile*) Elemente sind solche, die bei relativ niedrigen Temperaturen gasförmig sind. Kosmochemisch gesehen umfassen sie nicht nur die atmophilen Elemente Wasserstoff, Helium (und andere Edelgase) und Stickstoff, die bei Raumtemperatur Gase sind, sondern auch Elemente wie Cadmium (Cd), Blei (Pb), Schwefel (S) und die meisten Alkalimetalle. Schwer schmelzbare bzw. refraktäre (engl. *refractory*) Elemente hingegen sind solche, die bis zu sehr hohen Temperaturen fest bleiben. Am schwersten schmelzbar sind die Platingruppenmetalle (wie Iridium), und wir schließen in diese Kategorie auch Elemente wie Calcium, Aluminium und Titan ein, die schwer schmelzbare Oxide oder Silicatverbindungen bilden (wie die Minerale Perowskit, $CaTiO_3$, und Anorthit, $CaAl_2Si_2O_8$).

Magnesium und Silicium, die Elemente, die den größten Teil der Silicatminerale in Meteoriten und Planeten ausmachen, liegen zwischen diesen beiden Extremen. Die wichtigsten siderophilen Elemente fallen ebenfalls in den mittleren Bereich (Abb. 11.12).

Die restlichen lithophilen und chalkophilen Elemente sind in unterschiedlichem Maße flüchtig. Wir können sie in mäßig flüchtige (z. B. Na, Mn, Cu, F, S) und sehr flüchtige (C, Cl, Pb, Cd, Hg) Kategorien einteilen, wie in Abb. 11.12 dargestellt. Die atmophilen Elemente können als dritte, „flüchtigste" Kategorie betrachtet werden.

11.5.3 Elementfraktionierung im Sonnensystem

Es ist seit Langem bekannt, dass die Planeten, die unsere Sonne umkreisen, in ihrer Zusammensetzung sehr unterschiedlich sind. Das zeigt, dass die Elemente während der Entwicklung des Sonnensystems chemisch sortiert oder fraktioniert wurden.

Da sich Metall-, Silicat- und Gasphasen in ihrer Dichte deutlich unterscheiden, können Planetenforscher die Anteile dieser Materialien auf den Planeten schätzen (deren mittlere Dichten aus astronomischen Messungen bestimmt werden können). Wie man in Abb. 11.13 sehen kann, unterscheiden sich die Planeten in ihrer Zusammensetzung erheblich. Die kleinen inneren Planeten Merkur, Venus, Erde und Mars – die sogenannten erdähnlichen Planeten – weisen hohe Dichten auf, die für Mischungen aus Metall und Silicat in unterschiedlichen Anteilen charakteristisch sind. Ihre Atmosphären machen nur einen winzigen Teil der Planetenmasse aus.

Die übrigen Planeten – die äußeren Planeten (wobei Pluto nicht mehr als Planet angesehen wird) – haben Massen, die um mehrere Größenordnungen größer sind als die der Erde. Ihre geringen mittleren Dichten (0,69 kg dm^{-3} für Saturn bis 1,64 kg dm^{-3} für Neptun) zeigen Zusammensetzungen, die näher am Durchschnitt des Sonnensystems liegen (Abb. 10.3): Die atmophilen Elemente dominieren. Der größte Planet, der Jupiter, besteht fast vollständig aus Wasserstoff und Helium, allerdings mit einem kleinen Kern aus Gestein und Eis mit dem 10–20 fachen der Erdmasse.

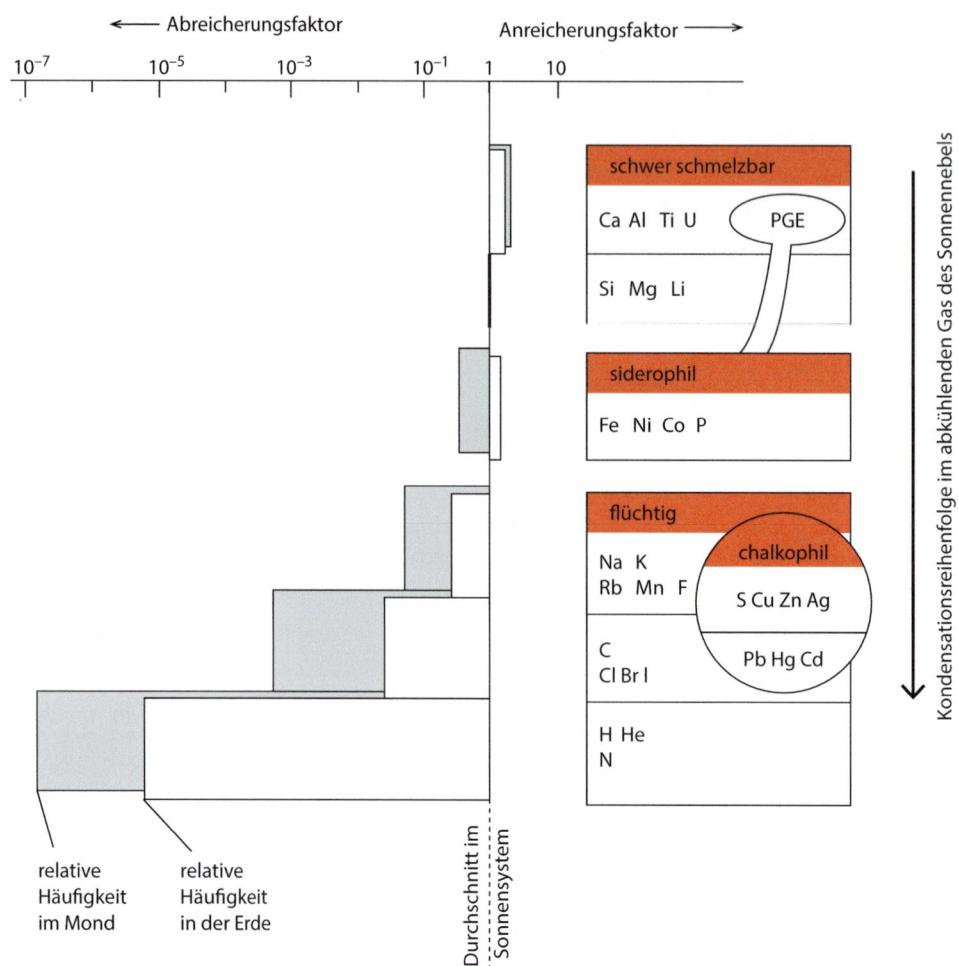

Abb. 11.12 Elementfraktionierung in der Erde (weiße Balken) und im Mond (graue Balken). Die Länge der Balken gibt den ungefähren Grad der Abreicherung (links) bzw. Anreicherung (rechts) der mehr oder weniger flüchtigen bzw. refraktären Elemente in Bezug auf die durchschnittlichen Häufigkeiten im Sonnensystem an (siehe logarithmische Skala oben). Der Pfeil am rechten Rand zeigt die vorhergesagte Kondensationsreihenfolge beim Abkühlen des Sonnennebels an. Da Si das Bezugselement für die Elementhäufigkeit sowohl im Sonnensystem, auf der Erde und auf dem Mond ist (Abb. 11.7), registriert die Si-Gruppe der Elemente in diesem Diagramm weder An- noch Abreicherung. PGE = Platingruppenelemente

Über die Zusammensetzung von Erde und Mond ist mehr bekannt als über die anderen Planeten, und Geochemiker konnten recht detaillierte Modelle der chemischen Gesamtzusammensetzung dieser beiden Himmelskörper zusammenstellen (Abb. 11.12). Erde und Mond sind nicht nur in atmophilen (gasförmigen) Elementen stark abgereichert, sondern auch in den anderen flüchtigen Elementen. Diese Abreicherung ist im Mond stärker ausgeprägt als auf der Erde.

11.5.4 Entwicklung des Sonnensystems

Der aktuelle Konsens ist, dass die Sonne und das Sonnensystem sich vor mehr als 4,5 Mrd. Jahren durch gravitative Kontraktion einer großen Wolke aus interstellarem Gas und Staub entwickelt haben. Die Gesamtzusammensetzung dieses sogenannten Sonnennebels (oder „Urnebels") muss nahe an der aktuellen durchschnittlichen Zusammensetzung des Sonnensystems gelegen haben (Abb. 11.7). Die schweren Elemente, die in der Gaswolke vorhanden waren, waren die akkumulierten Produkte aufeinanderfolgender Zyklen der stellaren Nukleosynthese in früheren Sternen, wobei der Beitrag jedes Sterns von der Supernova, die das Leben des Sterns beendete, in das interstellare Medium zurückgeführt wurde.

Der gravitative Kollaps solcher Wolken hat zwei Folgen:
- Die Masse wird zum Schwerpunkt der Wolke hin beschleunigt. Die potenzielle Energie, die durch den gravitativen Kollaps freigesetzt wird, erscheint in Form von Wärme, was schließlich zu Temperaturen im Zentrum führt, die so hoch sind, dass die thermonukleare Fusion beginnen kann, und die (im Falle des Sonnensystems) embryonale Sonne zündet.

11.5 · Elemente im Sonnensystem

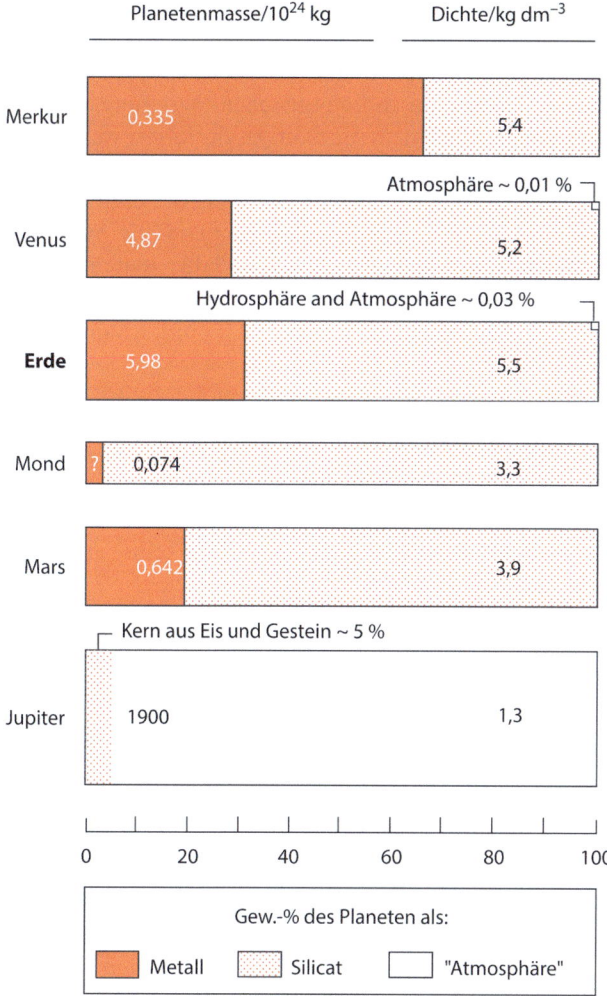

Abb. 11.13 Massenverhältnisse von Metall, Silicat und „Atmosphäre" in den erdähnlichen Planeten, dem Erdmond und im Jupiter, bestimmt aus astronomischen Daten. Beachten Sie die grobe Korrelation mit der mittleren Dichte jedes Planeten (Werte auf der rechten Seite). Geophysikalisch ist ungewiss, ob der Mond einen metallischen Kern hat oder nicht (Wieczorek et al., 2006)

- Da sich die verstreuten äußeren Teile der sich langsam drehenden Wolke ebenfalls gravitativ anziehen, bewirkt die Erhaltung des Drehimpulses, dass sie sich mit zunehmender Geschwindigkeit drehen, wie eine Pirouetten drehende Ballerina. Dadurch wird die formlose Wolke zu einer flachen Scheibe (ähnlich wie Pizzateig, der von einem Pizzabäcker durch die Luft gewirbelt wird). Von dieser protoplanetarischen Scheibe aus Gas und Staub (ähnliche Scheiben wurden kürzlich um viele junge Sterne herum entdeckt) akkretierten schließlich die heutigen Planeten.

Angesichts der Erwärmung durch gravitativen Kollaps und der großen Schwankungen in den Häufigkeiten der flüchtigen Elemente im Sonnensystem (◘ Abb. 11.12) liegt es nahe, dass die inneren Teile des Sonnennebels sehr heiß und vollständig gasförmig wurden. (Die kohligen Chondrite enthalten Niedrigtemperaturbestandteile, der Sonnennebel kann also nicht überall heiß gewesen sein.) Eine Theorie *(equilibrium condensation theory)* geht von einer „Gleichgewichtskondensation" aus und betrachtet die festen Bestandteile des inneren Sonnensystems als Kondensate aus einem abkühlenden gasförmigen Nebel, dessen Anfangstemperatur möglicherweise 1500 °C betragen hat. Im Laufe der Abkühlung würden die Elemente demnach zu Feststoffen in einer vorhersehbaren Sequenz kondensieren, die – mit der einen oder anderen Annahme über die Dichte und Zusammensetzung des Gases – thermodynamisch abgeleitet werden kann.

Als Erstes würden demnach die refraktärsten Elemente und Verbindungen (die Platingruppenelemente und Oxide von Ca, Al, Ti usw.) kondensieren, die bei etwa 1300 °C (~1600 K) Feststoffe bilden. Andere Elemente würden bei immer niedrigeren Temperaturen folgen, etwa in der in ◘ Abb. 11.12 dargestellten absteigenden Reihenfolge.

Nach diesem Modell würden sich die Planeten, die sich letztendlich aus diesen Kondensaten gebildet haben, in ihrem Gehalt an flüchtigen Elementen unterscheiden, und zwar entsprechend i) der Entfernung von der Sonne, in der sie sich gebildet haben, und/oder ii) je nach erreichter Stufe in dieser Kondensationssequenz während ihrer Akkretion (= Anwachsen) auf Planetengröße. Planeten, die früh akkretieren, bilden sich zu früh um mäßig flüchtige Elemente aufzunehmen, die noch nicht in fester Form verfügbar sind. Hingegen führt eine Akkretion zu einem späteren Zeitpunkt oder in einem kühleren Teil des Nebels auch zur Assimilation von bei niedrigeren Temperaturen gebildeten Kondensaten, wodurch Körper primitiverer Zusammensetzung wie kohlige Chondrite entstehen. Die junge Sonne strahlte auch einen viel intensiveren Sonnenwind aus – der von der Sonne nach außen abgestrahlte Protonenfluss – als heute, und dieser hat möglicherweise noch nicht kondensierte flüchtige Bestandteile aus den inneren Teilen des Sonnennebels herausgeblasen und deren Abreicherung in den inneren Planeten verstärkt.

Ein Beleg für diese Kondensationssequenz sind die sogenannten Calcium-Aluminium-reichen Einschlüsse *(calcium-aluminium-rich inclusions*, CAI), die in einigen kohligen Chondriten als winzige weiße Flecken enthalten sind. Sie bestehen aus Oxiden und Silicaten von Ca, Al und Ti, also genau denjenigen refraktären Substanzen, bei denen die Thermodynamik eine Kondensation bei den höchsten Temperaturen voraussagt (◘ Abb. 11.12). Sie enthalten auch winzige refraktäre Metallnuggets, die reich an Platingruppenelementen und anderen schwer schmelzbaren Metallen wie Wolfram (W) und Molybdän (Mo) sind. Diese CAI werden seit Langem geochronologisch als die ältesten im Sonnensystem bekannten Festkörper anerkannt:

Ihr absolutes Alter fällt in ein enges Intervall von 4567,30 ± 0,16 Ma (Connelly et al., 2012; ein etwas größeres Alter von 4568,2 ± 0,2 Ma geben Bouvier und Wadhwa, 2010, an), und es ist gut möglich, dass es sich um die frühesten Kondensate aus einem abkühlenden Sonnennebel handelt (◘ Abb. 11.12).

Die für Chondrite charakteristischen Chondren (◘ Abb. 11.4) haben ebenfalls einen frühen Ursprung bei hoher Temperatur – datiert zwischen 4567,3 und 4564,7 Ma (Connelly et al., 2012) –, aber ihr magmatisches Gefüge (◘ Abb. 11.4) deutet eher auf eine Bildung durch erneutes Schmelzen von Staubpartikeln hin, als auf direkte Kondensation aus dem abkühlenden Sonnennebel. Die Prozesse des Wiederaufschmelzens sind noch wenig verstanden. Erst später (mindestens 1,0–1,5 Ma später) wurden CAI und Chondren in die Meteorite integriert, in denen sie sich nun befinden.

11.5.5 Planetenbildung

> „Die Planeten des Sonnensystems entstanden aus Staub und Gas in der protoplanetaren Scheibe der jungen Sonne. Die Mechanismen des anfänglichen Wachstums zu großen Körpern sind wenig verstanden. Der Prozess muss aber, ob durch gravitative Instabilität oder einfaches „Zusammenkleben" von Aggregaten, sehr schnell eine große Anzahl von 10 km großen Objekten gebildet haben […] Sobald Körper diese kritische Größe erreicht haben, wurden gravitative Bahnstörungen zum dominanten Mechanismus für weitere Akkumulationen durch Kollisionen." (Wood et al., 2006)

Wie bildeten sich aus der protoplanetarischen Scheibe aus Staub (einschließlich fein verteilter Kondensate) und Gas, welche die junge Sonne umgab, Planeten, insbesondere die heutigen uns gut bekannten erdähnlichen Gesteinsplaneten? Nach dem Standardmodell, das seit den 1960er-Jahren weitgehend akzeptiert wird, wurde die Scheibe nach und nach „klumpiger", indem kleine Partikel kollidierten und zu größeren zusammenwuchsen. Kollisionen müssen in der Scheibe häufig gewesen sein, wobei einige Körper zerbrachen und andere neu entstanden. Im Laufe der Zeit entwickelte sich die Größe solcher Körper von Metern über Kilometer hin zu 100 km großen Planetesimalen, die den heute bekannten Körpern im Asteroidengürtel ähnelten. Durch das Aufsammeln kleinerer Körper auf ihrem Weg wurden solche die Sonne umkreisenden Körper im Allgemeinen immer größer (heute spricht man treffend von „Oligarchen") und ihre Anzahl nahm ab. Mit der Zeit verschmolzen sie zu Körpern, die den gegenwärtigen Planeten ähneln.

Die Hauptphase der Akkretion bei der Entstehung der Planeten dauerte wahrscheinlich nur 30–40 Ma (Wood et al., 2006). Doch aus der Dichte der Mondkrater und aus der radiometrischen Datierung von Gesteinen, die bei einem Impakt geschmolzen waren und bei Apollo-Missionen gesammelt wurden, geht hervor, dass die intensive Bombardierung der erdähnlichen Planeten durch kleinere Planetesimale bis vor etwa 3800 Ma andauerte, also 700 Mio. Jahre nach der Entstehung der Planeten (nach einer Hypothese gipfelte dies im „Großen Bombardement", engl. *„Late Heavy Bombardement"* zwischen 4,0 und 3,8 Ga).

Einige dieser Impakte waren offensichtlich enorm. Der anomal große metallische Kern des Merkurs zum Beispiel wurde einer heftigen Kollision zugeschrieben, bei der ein großer Teil seines ursprünglichen Silicatmantels weggeschleudert wurde. Es wird heute zudem weithin anerkannt, dass die Erde selbst eine ähnliche Katastrophe erlitten hat – vielleicht 50–150 Ma nach der Entstehung des Sonnensystems –, bei der der Mantel der kollidierenden Planeten teilweise weggeschleudert wurde. Es bildete sich eine um die Erde rotierende Trümmerscheibe, aus der unser heutiger Mond entstand. Ein solcher Ursprung für den Mond würde seinen winzigen Kern und seine geringe Dichte im Vergleich zu anderen Körpern des inneren Sonnensystems erklären (◘ Abb. 11.13), wenn (wie die Modellierung vermuten lässt) der Kern des Impaktors von der Erde aufgenommen wurde. Die Entstehung des Monds durch eine Kollision würde auch seine extreme Abreicherung an flüchtigen Elementen erklären (◘ Abb. 11.12), da der Mantel des Impaktors wahrscheinlich durch die Kollision verdampft ist. Neue Erkenntnisse deuten darauf hin, dass die Erde von mehr als einem riesigen Einschlag betroffen sein könnte, wobei nur der Letzte zur Bildung des heutigen Mondes führte.

11.6 Chemische Evolution der Erde

11.6.1 Der Kern

Wenn die Erde durch die Aggregation großer Planetesimale gebildet wurde (▶ Abschn. 11.5.5), dürfte die Energie der Kollisionen ausreichend gewesen sein, um ein signifikantes Aufschmelzen zu verursachen. Demnach bildete sich zuweilen eine weitgehend geschmolzene äußere Schicht: ein „Magmaozean". Die Isotopenzusammensetzungen differenzierter Meteoriten (Wood et al., 2006) deuten darauf hin, dass selbst kleine Vorläufer der Planeten innerhalb von 5 Ma ihrer Entstehung metallische Kerne gebildet haben. Demnach hatten die Planetesimale, aus denen die Erde entstanden ist, bereits metallische Kerne gehabt. Dies deutet darauf hin, dass die Segregation eines Kerns innerhalb der Erde kontinuierlich stattgefunden hat, Hand in Hand mit der Akkretion der Planetesimale.

Die gravitative Akkumulation von dichtem Metall in das Zentrum der geschmolzenen Erde hat zwei wichtige Auswirkungen: Große Mengen an potenzieller Energie werden freigesetzt, wodurch der teilweise geschmolzene Zustand des darüberliegenden Mantels aufrechterhalten wird; und die siderophilen Elemente (◘ Abb. 11.10) werden effizient aus dem Mantel in den Kern fraktioniert.

Die für die Entstehung des Mondes angenommene Kollision vor etwa 4522 Ma wäre eine spätere Phase des ausgedehnten (möglicherweise vollständigen) Schmelzens der Erde und hätte einen zusätzlichen Beitrag (vom Impaktor) zum Erdkern bewirkt.

Viele physikalische Eigenschaften des heutigen geschmolzenen äußeren Kerns stimmen mit einer Hauptelementzusammensetzung überein, die der Fe-Ni-Legierung in Eisenmeteoriten ähnelt. Die Geschwindigkeit der seismischen Druckwellen durch den Kern zeigt jedoch eine geringere Dichte an, als für die Fe-Ni-Legierung bei entsprechendem Überlagerungsdruck erwartet wird. Daraus folgt, dass ein signifikanter Anteil (~8 %) einiger Elemente mit geringerer Dichte auch im Kern vorhanden sein muss. Neuere Forschungen (siehe Wood et al., 2006) deuten auf eine Kombination von Si, S und O für diese leichte Komponente des Erdkerns hin.

11.6.2 Der Mantel

Das den Kern umgebende Silicatmaterial – das 70 % der Erdmasse ausmacht (◘ Abb. 11.13) – hat sich im Laufe der Erdgeschichte durch Magmatismus in den heutigen Mantel und die heutige Kruste differenziert. Beim partiellen Aufschmelzen (Kasten 2.4) werden Elemente – wenn Magma und festes Gestein im chemischen Gleichgewicht stehen – aus zwei Gründen fraktioniert:

- Die tiefer schmelzenden Hauptkomponenten des Gesteins (Fe, Al, Na, Si) gelangen bevorzugt in die Schmelze, wobei im verbleibenden Gestein die refraktären (Mg-reichen) Endglieder der Minerale angereichert werden (Kasten 2.4).
- Kristalle neigen dazu, bestimmte Spurenelemente, deren Ionen schwer unterzubringen sind, in die Schmelze zu schleusen. Die Ionen dieser inkompatiblen Elemente (Kasten 9.1) sind in der offenen, ungeordneten Struktur einer Schmelze leichter unterzubringen als in einem Kristallgitter.

Die Extraktion von Magma aus dem Mantel und damit die Bildung der Erdkruste hat diese Elemente im

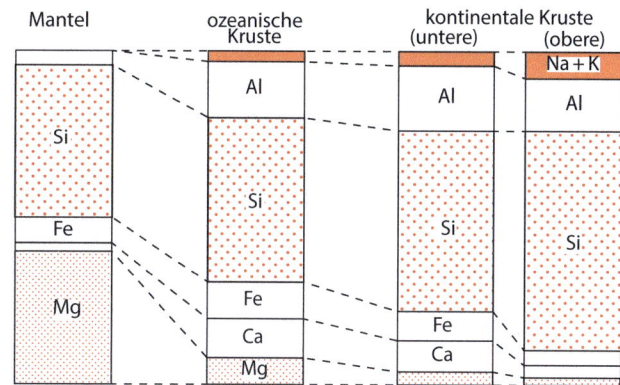

◘ Abb. 11.14 Durchschnittliche Zusammensetzungen (Oxidprozente) des Erdmantels und der Erdkruste

Laufe der Erdgeschichte kontinuierlich vom Mantel zur Kruste befördert. Krustengesteine (z. B. Basalt) bestehen aus tiefer schmelzenden Mineralvergesellschaftungen (◘ Abb. 11.14) und sind im Vergleich zum Peridotit des Erdmantels mit inkompatiblen Elementen angereichert.

Teile des Mantels sind daher in diesen Elementen abgereichert. Es wurde geschätzt, dass sich 20–25 % des ursprünglichen Inventars des Mantels an besonders inkompatiblen Elementen (K, Rb, U) heute in der kontinentalen Kruste befinden. Wenn wir annehmen, dass diese Elemente im „Urmantel" (*primordial mantle*) gleichmäßig verteilt waren, scheint im Laufe der Erdgeschichte mindestens ein Drittel seines Volumens für eine Magmenbildung erschlossen worden zu sein. Ob der Mantel jemals homogen war, ist fraglich (auch wenn es wahrscheinlich ist, dass der Mantel einmal vollständig geschmolzen war), aber seine gegenwärtige Inhomogenität steht außer Zweifel. Wir haben bei ◘ Abb. 10.12 gesehen, wie die unterschiedliche Geochemie rezenter vulkanischer Gesteine auf eine Reihe von chemisch unterschiedlichen Quellregionen im Mantel (sogenannte Mantelreservoire) hinweist. Die meisten Basalte der mittelozeanischen Rücken (MORB) stammen beispielsweise aus einem globalen Mantelreservoir, in dem inkompatible Elemente abgereichert sind (und die Isotopenzusammensetzung in den „abgereicherten Quadranten" in ◘ Abb. 10.12 fällt). Die meisten Geochemiker glauben, dass dies auf die Extraktion von großen Schmelzmengen im Lauf der Erdgeschichte zurückgeht.

11.6.3 Die Kruste

Die Erdkruste kann grob in zwei unterschiedliche Arten eingeteilt werden (◘ Abb. 11.14). Die basaltische Kruste der Ozeanbecken, die ein Produkt des partiellen Aufschmelzens von Peridotit im Mantel ist, weist einen höheren Mg-Gehalt (wenn auch viel niedriger als der Mantel) und einen geringeren Si-Gehalt (weniger als 50 %) als die Kruste der Kontinente auf. Sie hat eine relativ kurze Lebensdauer: Die Bewegung vom mittelozeanischen Rücken zur Subduktionszone, wo sie wieder in den Mantel abtaucht, dauert in der Regel weniger als 200 Mio. Jahre (das ist das Alter der ältesten bekannten ozeanischen Lithosphäre). Während dieser Zeit wird die ozeanische Kruste durch chemische Wechselwirkung mit dem Meerwasser teilweise hydratisiert und erhält eine Decke aus Sedimenten. Dieses modifizierte Krustenpaket wird durch Subduktion in das Erdinnere zurückgeführt, und Bestandteile davon erscheinen an der Oberfläche in den Magmen der Inselbogenvulkane und freigelegter plutonischer Gesteine.

Im Gegensatz zum vergänglichen Meeresboden hat sich die „sialische" (Si-Al-reiche) kontinentale Kruste im Verlauf der Erdgeschichte immer weiter angesammelt, wenn auch wahrscheinlich nicht mit einer gleichbleibenden Rate. Von den frühesten Krusten der Erde hat nichts überlebt, sie wurden durch die intensive Bombardierung mit Planetesimalen, die bis vor etwa 3,8 Ga dauerte, aufgearbeitet. Weil die damaligen Bedingungen auf der Erdoberfläche an die Bilder der Hölle erinnern, wurde für dieses (dem Archaikum vorausgehende) Zeitalter der Begriff Hadaikum geprägt (nach Hades, dem griechischen Gott der Unterwelt).

Die ältesten erkennbaren Überreste der frühen Kruste sind etwa 4,0 Ga alt (wobei noch ältere detritische Zirkone in etwas jüngeren Sedimentgesteinen gefunden wurden) und die heutige kontinentale Kruste hat sich seit dieser Zeit angesammelt. Sie wird heute durch die seitliche Akkretion von Inselbögen an den Kontinentalrändern und durch tief sitzende magmatische Intrusionen in die tiefere Kruste erweitert. Möglicherweise sind in der Vergangenheit andere Mechanismen abgelaufen, zum Beispiel während des enormen Anstiegs des Volumens der kontinentalen Kruste, den es wohl vor 3,0–2,0 Mrd. Jahren am Ende des Archaikums gab. Die durchschnittliche kontinentale Kruste entspricht einem Andesit, mit einem SiO_2-Gehalt von etwa 57 %, also deutlich höher als die ozeanische Kruste (49,5 %, ◘ Abb. 11.14).

Wiederholte Schmelzbildung und Metamorphose innerhalb der kontinentalen Kruste haben zu ihrer internen Differenzierung geführt: in eine untere, refraktärere kontinentale Kruste, die an inkompatiblen Elementen relativ abgereichert ist, und eine obere, etwa 10 km dicke Krustenschicht, die mit Na, K und Si angereichert ist (◘ Abb. 11.14). Der größte Teil des Wärmestroms, den wir in kontinentalen Gebieten messen, stammt aus diesen oberen 10 km, in denen fast das gesamte Krusteninventar der radioaktiven inkompatiblen Elemente K, U und Th konzentriert ist.

Bemerkenswert ist, dass die anderen erdähnlichen Planeten überwiegend basaltische Krusten aufweisen. Warum hat keiner von ihnen eine andesitische oder „granitische" Kruste entwickelt, die der kontinentalen Kruste der Erde ähnelt? Dieses einzigartige Merkmal der Erde geht wahrscheinlich auf eine andere Besonderheit zurück: auf die Existenz von flüssigem Wasser auf der Oberfläche (s. a. ▶ Abschn. 11.6.5). Die magmatisch gebildeten Minerale der basaltischen ozeanischen Kruste reagieren mit Meerwasser zu wasserhaltigen sekundären Mineralen. Die Subduktion der alterierten ozeanischen Kruste transportiert dieses gebundene Wasser tief in die Subduktionszonen, in denen die wasserhaltigen Minerale dehydratisieren (vgl. ◘ Abb. 2.5) und das Wasser in den darüber liegenden Mantelkeil abgegeben wird. In Gegenwart von Wasserdampf wird der Peridotit des Mantels bei niedrigeren Temperaturen teilweise aufgeschmolzen und produziert – wie Experimente zeigen – Schmelzen, die SiO_2-reicher sind (andesitisch) als beim „trockenen" Schmelzen. Dies erklärt die Dominanz des Andesits in vielen Inselbögen und liefert den Vorläufer für die Bildung der granitischen kontinentalen Oberkruste.

11.6.4 Die frühe Atmosphäre

Während ihrer Akkretion fangen Planeten eine primäre Atmosphäre aus Gasen des Sonnennebels ein (hauptsächlich Wasserstoff), diese ging der Erde jedoch verloren, sobald der Nebel verdünnt wurde und sich lichtete (Zahnle et al., 2007). Von größerem Interesse ist die sekundäre Atmosphäre, die aus flüchtigen Bestandteilen besteht, die durch die hohen Temperaturen, die mit der Akkretion verbunden sind, aus dem Inneren der Erde selbst ausgegast werden. Die Ableitung ihrer Zusammensetzung ist sehr empfindlich gegenüber der Zusammensetzung des Ausgangsmaterials der Akkretion der Erde: Eine Erde, die kohligen Chondriten vom Typ CI ähnelt, hätte eine heiße, dichte Atmosphäre mit H_2O, CO_2, N_2 und H_2 (welches dieser Gase dominiert, hängt von der Temperatur ab), während eine durch Akkretion anderer Chondrittypen gebildete Erde eine reduziertere Atmosphäre erzeugt hätte, die von CH_4, H_2, N_2 und CO dominiert wird (Schaefer und Fegley, 2010). Unabhängig davon, welches Ausgangsmaterial verwendet wird, ist klar, dass die frühe Atmosphäre der Erde keinen freien Sauerstoff enthielt.

Diese frühe Atmosphäre muss während der gewaltigen den Mond bildenden Kollision verloren gegangen sein. Bei dieser schmolz der größte Teil des Erdmantels und ein Teil davon verdampfte sogar, was kurzfristig einen dramatischen Einfluss auf die Zusammensetzung der Atmosphäre gehabt haben muss:

> „Für tausend Jahre [...] dominierten Silicatwolken den Anblick des Planeten. Die Erde mag etwa so wie ein kleiner Stern oder ein feuriger Jupiter ausgesehen

11.6 · Chemische Evolution der Erde

haben, der in glühende Wolken gehüllt ist." (Zahnle et al., 2007)

Das Ergebnis, als der Magmaozean darunter abkühlte, soll eine Atmosphäre gewesen sein, die aus H_2O, CO_2, CO und H_2 in dieser Reihenfolge bestand. Wieder fällt die Abwesenheit von O_2 auf.

Die anschließende tief greifende Umwandlung dieser anoxischen Atmosphäre zur späteren sauerstoffreichen Atmosphäre, auf die wir heute angewiesen sind, hätte ohne das Auftreten von Leben vor etwa 3,5 Ga (vielleicht sogar noch früher) nicht erfolgen können. Es gibt geologische Beweise für die Existenz von flüssigem Wasser auf der Erdoberfläche seit mindestens 3,8 Ga vor heute, einige Modelle gehen davon aus, dass es schon viel früher auftrat (Zahnle et al., 2007). In den Ozeanen der Erde begann schließlich das Leben seine komplexe Reise.

11.6.5 Leben und oxygene Photosynthese

Das Leben auf der Erde beruht auf einem bemerkenswerten astrophysikalischen Zufall. Die Erde umkreist die Sonne in einer Entfernung, die innerhalb der bewohnbaren (habitablen) Zone der Sonne liegt, also im Bereich der Umlaufbahnradien, in dem Planeten mit Atmosphären Oberflächentemperaturen haben, bei denen Wasser im flüssigen Zustand existiert. Wäre die Erde viel näher an der Sonne, würde Wasser wegen der hohen Oberflächentemperatur kochen (wie auf der Venus). Wenn sie weiter weg wäre – wie der Mars – könnte jedes Oberflächenwasser nur als Eis existieren. Beides würde die enorme Vielfalt des Lebens auf der Erde, die wir heute beobachten können, unmöglich machen.

Die allerersten Anfänge des Lebens bleiben ein Geheimnis. Die frühesten Organismen müssen bei einer anoxischen Erdatmosphäre gelebt haben. Darunter waren einige – ähnlich wie die heutigen Cyanobakterien (auch als „Blaugrünalgen" bezeichnet) –, die im Ozean Sauerstoff als Nebenprodukt der Photosynthese produzierten, mit der sie Kohlenhydrate aus Kohlenstoffdioxid und Wasser bildeten (▶ Gl. 9.1 in ▶ Abschn. 9.6.2). Es ist wahrscheinlich, dass Photosynthese in irgendeiner Form etwa 3,5 Ga vor heute – vielleicht sogar früher – begann. Mit Sicherheit war die oxygene Photosynthese durch Cyanobakterien um 2,7 Ga vor heute gut etabliert. Der biogen im Ozean gebildete Sauerstoff konnte sich jedoch nicht sofort in der Atmosphäre ansammeln, da sich in den Ozeanen durch Verwitterung eine große Menge von reduzierten gelösten Stoffen angesammelt hatte, insbesondere Eisen(II), also Fe^{2+}. Bis sie vollständig oxidiert war, konnte diese „Sauerstoffsenke" allen freien Sauerstoff in den Ozeanen binden, sobald er produziert war, und so sein Entweichen in die Atmosphäre verhindern.

In den Sedimenten des Archaikums kommt Eisen vor allem in den Bändereisenerzen (*banded iron formation*, BIF) vor, deren dünne eisenoxidreiche Schichten durch die Oxidation von gelöstem Fe^{2+} zu unlöslichem Fe^{3+} aus dem Meerwasser ausgefällt wurden (siehe ◘ Abb. 11.15b). Jede Schicht kann als eine einzelne kurzlebige „Algenblüte" der Sauerstoff produzieren-

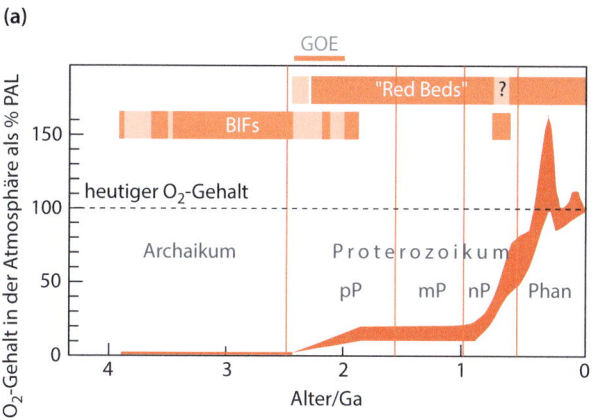

◘ **Abb. 11.15** **a** Illustration der (von links nach rechts) schrittweisen Entwicklung des Sauerstoffgehalts der Atmosphäre vom Archaikum zur Gegenwart nach dem Modell von Holland (2006), ausgedrückt als Volumenprozent der gegenwärtigen Konzentration (*present atmospheric level*, PAL). Die Breite des Bandes spiegelt die geschätzte Unsicherheit wider. Die Unterteilungen des Proterozoikums sind abgekürzt als pP (Paläoproterozoikum), mP (Mesoproterozoikum), nP (Neoproterozoikum). Phan = Phanerozoikum. „GOE" zeigt die Dauer der „Großen Sauerstoffkatastrophe" (*Great Oxygenation Event*), vgl. ▶ Abschn. 10.3.3. Die horizontalen schattierten Balken zeigen die jeweiligen Perioden an, in denen die Eisenablagerung durch Bändereisenerze (BIF) und durch Red Beds dominiert wurde; die dunkleren BIF-Balken repräsentieren die von Isley und Abbott (1999) identifizierten Hauptperioden der BIF-Ablagerung. Die kurze Wiederaufnahme der BIF-Ablagerung im Neoproterozoikum korreliert mit drei „Schneeball-Erde"-Episoden. **b** Foto eines BIF aus dem frühen Archaikum, Isua, Westgrönland. (Quelle: **a** basierend auf Holland 2007, Abdruck mit Genehmigung von GEUS, **b** eigenes Foto).

den Bakterien in einem ansonsten anoxischen Ozean interpretiert werden, was sich unzählige Male durch zyklische Schwankungen in der Bakterienpopulation oder der Fe^{2+}-Versorgung wiederholt hat. Anlieferung von reichlich gelöstem Fe^{2+} in die Ozeane hing natürlich von einer Atmosphäre ab, die vernachlässigbar wenig Sauerstoff enthält, eine Schlussfolgerung, die durch die MIF-S-Daten in Schwefelisotopen unterstützt wird, wie in ◘ Abb. 10.18 dargestellt.

In jüngeren Sedimenten (nach dem Archaikum) hingegen tritt Eisen hauptsächlich in Form rostiger diagenetisch gebildeter Überzüge auf detritischen Körnern in rötlichen Sandsteinen oder Schiefern („Red Beds") auf, was darauf hindeutet, dass das durch Verwitterung freigesetzte Eisen(II) noch vor Erreichen des Meeres durch den Luftsauerstoff zu Eisen(III) oxidiert wurde. Diese deutliche Veränderung der vorherrschenden Form eisenhaltiger Sedimente, die zwischen 2,4 und 1,8 Ga auftrat (◘ Abb. 11.15a), wird daher als das erste nachhaltige Auftreten von freiem Sauerstoff in der Erdatmosphäre gewertet, auch wenn der Gehalt – auch nach dieser „Großen Sauerstoffkatastrophe" (engl. *Great Oxygenation Event,* GOE in ◘ Abb. 11.15a; vgl. ▶ Abschn. 10.3.3) – immer noch deutlich unter dem aktuellen Wert von 21 Vol.-% blieb. Der Zeitraum von 2,4 bis 2,3 Ga brachte eine Reihe von weltweiten Vergletscherungen mit sich, da der Anstieg der Sauerstoff produzierenden Photosynthese das atmosphärische CO_2 verbrauchte und seinen wesentlichen Beitrag zum Treibhauseffekt verringerte.

Warum zeigt ◘ Abb. 11.15a eine kurze Rückkehr zur BIF-Ablagerung im mittleren bis späten Neoproterozoikum? Diese Periode, von 750 bis 570 Ma, war wie das frühe Proterozoikum gekennzeichnet durch intensive globale Vereisungen (Schneeball-Erde) und wilde Schwankungen in den δ^{13}C-Daten (◘ Abb. 10.17). Merkwürdigerweise gibt es indirekte Hinweise darauf, dass es sich hierbei zugleich um eine Periode mit schnell ansteigendem atmosphärischen O_2 handelt (◘ Abb. 11.15a; Frei et al., 2009), was ganz andere Bedingungen impliziert als diejenigen, bei denen es im Archaikum zur Ablagerung von BIF kam. Dieses Paradoxon kann gelöst werden, wenn die neoproterozoischen Eisschilde die Ozeane weitgehend von der Atmosphäre isolierten, sodass sich Eisen, das aus hydrothermalen Quellen am Meeresboden in die Ozeane eingebracht wurde, sich in diesen als gelöstes Eisen ansammeln konnte, bis der Gletscherrückzug den Sauerstoffaustausch und die Fällung des gelösten Eisens ermöglichte. Auf jeden Fall müssen die neoproterozoischen Gletscher ebenfalls mit einem deutlichen Rückgang des atmosphärischen CO_2 einhergehen. Ob dies aber einen rein biologischen Ursprung hatte (z. B. Kolonisation von Kontinenten durch Photosynthese betreibende Biota) oder irgendwie mit den damals stattfindenden tiefgreifenden tektonischen Veränderungen (insbesondere dem Zerfall des Superkontinents Rodinia) zusammenhing, bleibt unklar.

Die Art und Weise, wie sich das Leben an die Prävalenz oxidierender Bedingungen an der Erdoberfläche anpasste und Sauerstoff zur Energiegewinnung einsetzte, ist eine faszinierende Geschichte, die in dem Buch von Lenton und Watson (2011) untersucht wird. Die frühesten Lebensformen entwickelten sich offensichtlich mithilfe eines reichlichen Vorrats an organischen Nährstoffen, die dank der sauerstofffreien Uratmosphäre stabil existieren konnten. Solche Organismen könnten sich in der gegenwärtigen Erdatmosphäre, in der die Oxidation ihre einfachen molekularen Lebensgrundlagen schnell zerstören würde, nicht mehr entwickeln – genauso wie wir unter sauerstofffreien Bedingungen nicht überleben könnten. Das Leben hat durch die Einführung von freiem Sauerstoff in der Atmosphäre und dessen Erhaltung für mehr als 2 Mrd. Jahre (die Verweildauer von Sauerstoff in der Atmosphäre beträgt nur wenige Tausend Jahre) die Umweltbedingungen zerstört, bei denen es ursprünglich entstanden ist.

Das Leben hat jedoch erst damit die Erde in den Planeten verwandelt, der sie heute ist und auf der man gut leben kann. Der gesamte Sauerstoff in der Atmosphäre wurde von Photosynthese betreibenden Organismen aus Kohlenstoffdioxid produziert. Und durch diese Absenkung des atmosphärischen CO_2-Gehalts haben solche Organismen die Temperatur im „Treibhaus" der Erde auf ein viel niedrigeres Niveau reduziert, anders als auf der Venus, deren atmosphärisches Treibhaus die Oberflächentemperatur bei unerträglichen 470 °C hält. Dieser Mechanismus der Entfernung von CO_2 aus der Erdatmosphäre ist im Wesentlichen ein reversibles Gleichgewicht, das oxidierten Kohlenstoff in der Luft gegen reduzierten Kohlenstoff in der Biosphäre balanciert. Ein gewisser Teil des reduzierten Kohlenstoffs der Biosphäre wurde jedoch auch in Form von fossilem Kohlenstoff in der Erdkruste eingelagert, wobei er – durch Diagenese und thermische Reifung über viele Millionen von Jahren transformiert – die Kohle-, Erdöl- und Erdgasressourcen bildete, die heute die Industriegesellschaften antreiben. Aus der Sicht des Treibhauses sind jedoch auch die unzähligen Carbonat abscheidenden Organismen von Bedeutung, die im Laufe der geologischen Zeit Kohlenstoff in Form von Kalkstein (dem Produkt der Anhäufung von kalkhaltigen biogenen Ablagerungen) gebunden haben. Zusammengenommen machen diese Kohlenstoffspeicher in der Kruste den deutlichen Unterschied im atmosphärischen CO_2-Gehalt zwischen Erde und Venus aus (0,03 % gegenüber 96,5 %) und sie sind für das gemäßigte Klima verantwortlich, das wir auf der Erde genießen.

11.6.6 Zukunftsaussichten

Das Leben auf der Erde hat im Laufe der Erdgeschichte eine Reihe von Klimaschwankungen überlebt, darunter Temperaturen wie in der Kreidezeit, die im globalen Mittel 6–8 °C höher waren als heute, und die Tiefen der jüngsten Eiszeit, die bis zu 10 °C kühler war. Trotz der offensichtlichen Widerstandsfähigkeit des Lebens im Allgemeinen gegenüber solchen Veränderungen muss man hervorheben, dass sich die menschliche Zivilisation fast vollständig während des relativ konstanten und gemäßigten interglazialen Klimas der letzten 11.700 Jahre (Holozän) entwickelt hat, auf das unsere Landwirtschaft, Siedlungsmuster und Ökonomien nun fein abgestimmt sind. Durch unsere Abhängigkeit von fossilen Brennstoffen haben wir jedoch Kohlenstoff aus dem Reservoir von reduziertem Kohlenstoff der Erdkruste in die Atmosphäre zurückgeführt und damit teilweise die kumulative Arbeit der Photosynthese in den letzten Milliarden von Jahren rückgängig gemacht. Heute setzen wir Treibhausgase schneller in die Atmosphäre frei, als es in der jüngeren geologischen Geschichte jemals der Fall war, und der durchschnittliche CO_2-Gehalt der Atmosphäre ist heute höher als je zuvor in den letzten 500.000 Jahren (IPCC, 2013) – wahrscheinlich sogar höher als in den letzten 15 Mio. Jahren (siehe z. B. Tripati et al., 2009). Mit den Worten eines Klimaexperten:

> „Wir erschaffen (wieder) ein prähistorisches Klima, in dem die menschlichen Gesellschaften großen und potenziell katastrophalen Risiken ausgesetzt sein werden. Nur durch eine dringende Reduzierung der globalen Emissionen können wir die Folgen vermeiden, die ein Zurückdrehen der Klimauhr um 3 Mio. Jahre hätte." (Bob Ward, 2013)

Die menschliche Gesellschaft – was wir heute darunter verstehen – wird nur überleben, wenn sich bald eine solide Klimawissenschaft gegen die Business-as-usual-Politik durchsetzt.

11.7 Zusammenfassung

- Die durchschnittliche chemische Zusammensetzung der baryonischen Materie des Sonnensystems kann a) aus der Spektralanalyse des Lichts, das uns von der Sonne und anderen Sternen erreicht, und b) aus der Laboranalyse von Proben primitiver Meteoriten bestimmt werden (Kasten 11.1). Auf der Größenskala der Galaxien wird solche „sichtbare" Materie jedoch um ein Vielfaches durch „Dunkle Materie" unsicherer Zusammensetzung aufgewogen.
- Die Kurve der Elementhäufigkeit im Sonnensystem (◘ Abb. 11.7) zeigt, dass H und He die häufigsten Elemente im Kosmos sind. Mit Ausnahme von Li, Be und B werden schwerere Elemente mit zunehmendem Z immer weniger häufig, abgesehen von Peaks um $Z = 26$ und 52. Nuklide mit geradzahligem Z sind im Allgemeinen zehnmal häufiger vorhanden als benachbarte Nuklide mit ungeradem Z.
- H, He und Li sind überwiegend Produkte des Urknalls. Durch Kernfusion (bis $Z \leq 26$) und Neutroneneinfang ($Z > 26$) in mehreren Sternengenerationen wurden nach und nach schwerere Elemente gebildet (◘ Abb. 11.9).
- Das Verhalten der Elemente im Sonnensystem kann in vier (sich teilweise überschneidenden) kosmochemischen Kategorien beschrieben werden (◘ Abb. 11.10): lithophil, siderophil, chalkophil und atmophil. Die Elemente werden auch danach unterteilt, ob sie – oder ihre Oxide – refraktär oder flüchtig sind (◘ Abb. 11.12).
- Die vier „erdähnlichen" Planeten, die der Sonne am nächsten sind, weisen silicatreiche, metallreiche, und an flüchtigen Stoffen abgereicherte Zusammensetzungen auf (◘ Abb. 11.13), die im Falle von Merkur und dem Erd-Mond-System durch Kollisionen nach der Akkretion modifiziert wurden. Die größeren äußeren Planeten enthalten mehr atmophile Elemente und haben eine geringere Dichte, ihre Zusammensetzungen liegen näher am Durchschnitt des Sonnensystems.
- Die Akkretion der Planetesimale, die Segregation des Kerns und die den Mond bildende Kollision (vor ca. 4522 Ma) führten zu einem ausgeprägten partiellen Aufschmelzen der frühen Erde und förderten eine effiziente Fraktionierung der siderophilen Elemente in den Kern. Die aus diesen frühen exothermen Ereignissen angesammelte Wärme trägt auch heute noch zum Wärmefluss an der Erdoberfläche bei. Magmatismus und die Extraktion der Erdkruste haben im Verlauf der Erdgeschichte Mantelreservoire mit ausgeprägten geochemischen Signaturen erzeugt (◘ Abb. 10.12).
- Die Erde ist der einzige Planet, der sich in der „bewohnbaren Zone" des Sonnensystems befindet, wo nachhaltig flüssiges Wasser an der Oberfläche vorhanden ist – ein Schlüsselfaktor für die Entwicklung des Lebens. Die Subduktion der durch chemische Reaktion mit Meerwasser alterierten ozeanischen Kruste liegt wahrscheinlich hinter einem weiteren einzigartigen Merkmal der Erde: den Kontinenten, mit ihrer chemisch entwickelten Zusammensetzung.
- Die frühe Atmosphäre der Erde bestand aus einer Kombination von H_2O, CO_2, CO, N_2, H_2 und CH_4. Sauerstoff, das Produkt der Photosynthese durch Lebewesen, tauchte erstmals am Ende des Archaikums in der Atmosphäre auf, blieb durch den größten Teil des Proterozoikums in einer niedrigen Konzentration und baute sich dann durch das Phane-

rozoikum (◯ Abb. 11.15a) mit der Evolution der Pflanzen schrittweise bis zum heutigen Niveau auf.
- Der kumulative Einfluss der Photosynthese war – durch die Absenkung des atmosphärischen CO_2-Gehalts (und andere Treibhausgase) in der Atmosphäre – der Schlüssel zum gegenwärtigen angenehmen Klima auf der Erde und hat zur Ablagerung eines großen Reservoirs von reduzierten Kohlenwasserstoffen in der Kruste geführt, die wir als „fossile Brennstoffe" nutzen. Unsere derzeitige Rate der Freisetzung von fossilem Kohlenstoff in die Atmosphäre birgt große Risiken für die Zukunft der Menschheit.

Übungen

11.1 Untersuchen Sie die Werte von Z und N in der Nuklidkarte ◯ Abb. 10.2 (Kasten 10.1), für die es keine natürlich vorkommenden Nuklide gibt. Was haben sie gemeinsam? Warum?

11.2 Der Zerfall des kurzlebigen Isotops ^{26}Al (Halbwertszeit 0,7 Mio. Jahre) soll in der Frühgeschichte des Sonnensystems eine wichtige Wärmequelle gewesen sein. Berechnen Sie a) die Zerfallskonstante von ^{26}Al, und b) die Zeit, in der die Wärmeproduktion durch den Zerfall von ^{26}Al auf ein Hundertstel des Ausgangswertes sinkt.

11.3 Identifizieren Sie die Elemente, die durch die sechs nicht beschrifteten Datenpunkte im vergrößerten Ausschnitt in ◯ Abb. 11.7 dargestellt werden. Zu welchen Untergruppen im Periodensystem gehören sie?

11.4 Warum sind flüchtige Elemente im Mond stärker abgereichert als in der Erde (◯ Abb. 11.12)? Warum hat der Mond im Vergleich zu anderen Himmelskörpern einen kleinen Kern?

11.5 Heben Sie Fehler bei den folgenden Aussagen hervor.
a. Nuklide mit der gleichen Anzahl von Neutronen werden als Isotope bezeichnet.
b. Chemische Elemente sind das Ergebnis von Fusionsreaktionen in Sternen.
c. Die Dunkle Materie besteht aus chemischen Elementen, die einfach kein Licht abgeben.
d. Der s-Prozess findet nur bei Supernovae statt.
e. Siderophile Elemente kommen in der Erde nur im Kern vor.
f. Der Beginn der Photosynthese führte sofort zu atmosphärischem Sauerstoff.

Literatur

Albarède F (2009) Geochemistry – an introduction, 2. Aufl. Cambridge University Press, Cambridge

Bethe H, Brown G (1985a) How a supernova explodes. Sci Am 252:40–48

Bouvier A, Wadhwa M (2010) The age of the solar system redefined by the oldest Pb–Pb age of a meteoritic inclusion. Nat Geosci 3:637–641. ▸ https://doi.org/10.1038/NGEO941

Burbidge EM, Burbidge GR, Fowler WA, Hoyle F (1957) Synthesis of the elements in stars. Rev Mod Phys 29:547–650

Connelly JN, Bizzarro M, Krot AN et al (2012) The absolute chronology and thermal processing of solids in the Solar protoplanetary disk. Science 338:651–655. ▸ https://doi.org/10.1126/science.1226919

Ferreira PG (2006a) The state of the universe – a primer in modern cosmology. Orion Books, London

Frei R, Gaucher C, Poulton SW, Canfield DE (2009) Fluctuations in Precambrian atmospheric oxygenation recorded by chromium isotopes. Nature 461:250–254

Holland HD (2006) The oxygenation of the atmosphere and the oceans. Philos Trans R Soc B 361:903–915. ▸ https://doi.org/10.1098/rstb.2006.1838

Hutchison R (1983) The search for our beginning. Clarendon Press, Oxford

IPCC (2013) Climate change 2013: the physical science basis. Working group I contribution to the IPCC fifth assessment report (AR5). Intergovernmental Panel on Climate Change, Geneva

Isley AE, Abbott DH (1999) Plume-related mafic volcanism and the deposition of banded iron formation. J Geophys Res 104:15461–15477

Lauretta DS, Nagahara H, Alexander CMOD (2006) Petrology and origin of ferromagnesian silicate chondrules. In: Lauretta DS, McSween HYJ (Hrsg) Meteorites and the early solar system II. University of Arizona Press, Tucson, Arizona, S 431–459

Lenton T, Watson A (2011) Revolutions that made the Earth. Oxford University Press, Oxford

Rauscher T, Patkós A (2011) Origin of the chemical elements. In: Handbook of nuclear chemistry, Bd 2. Springer, New York, S 611–65. ▸ http://arxiv.org/pdf/1011.5627v2

Riordan M, Schramm DM (1993) The shadows of creation – dark matter and the structure of the universe, 2. Aufl. Oxford Paperbacks, Oxford

Schaefer L, Fegley B (2010) Chemistry of atmospheres formed during accretion of the Earth and other terrestrial planets. Icarus 208:438–448

Tayler RJ (1975) The origin of the chemical elements. Wykeham Publications, London

Tripati AK, Roberts CD, Eagle RA (2009) Coupling of CO_2 and ice sheet stability over major climate transitions of the last 20 million years. Science 326:1394–1397

Ward B (2013) Zitiert in: Global carbon dioxide in atmosphere passes milestone level. The Guardian, 10. Mai ▸ https://bit.ly/1eEJyN2

Weinberg S (1993) The first three minutes, 2. Aufl. Basic Books, New York

Wieczorek MA et al (2006) The constitution and structure of the lunar interior. Mineral Geochem 60:221–364. ▸ https://doi.org/10.2138/rmg.2006.60.3

Wood BJ, Walter MJ, Wade J (2006) Accretion of the Earth and segregation of its core. Nature 441:825–833. ▸ https://doi.org/10.1038/nature04763

Zahnle K, Arndt NCC, Halliday A et al (2007) Emergence of a habitable planet. Space Sci Rev 129:35–78. ▸ https://doi.org/10.1007/s11214-007-9225-z

Weiterführende Literatur

Albarède F (2009) Geochemistry – an introduction, 2. Aufl. Cambridge University Press, Cambridge

Bethe H, Brown G (1985) How a supernova explodes. Sci Am 252:40–48

Ferreira PG (2006) The state of the universe – a primer in modern cosmology. Orion Books, London

Lenton T, Watson A (2011) Revolutions that made the Earth. Oxford University Press, Oxford

Lin DNC (2008) The genesis of planets. Sci Am 298(5):50–59

Riordan M, Schramm DM (1993) The shadows of creation – dark matter and the structure of the universe, 2. Aufl. Oxford Paperbacks, Oxford

Taylor SR, McLennan SM (1985) The continental crust: its composition and evolution. Blackwell, Oxford

Weinberg S (1993) The first three minutes, 2. Aufl. Basic Books, New York

White WM (2013) Geochemistry. Wiley-Blackwell, Chichester

Serviceteil

Lösungen der Übungen – 246

A Anhang – 254

Glossar – 266

Stichwortverzeichnis – 278

© Springer-Verlag GmbH Deutschland, ein Teil von Springer Nature 2020
R. Gill, *Chemische Grundlagen der Geo- und Umweltwissenschaften*,
https://doi.org/10.1007/978-3-662-61500-3

Lösungen der Übungen

Kapitel 2

2.1

Komponenten: $C = 3$ (CaO, SiO$_2$, CO$_2$).

Punkt X: vorhandene Phasen sind Calcit + Quarz + CO$_2$-Gas; $\phi = 3$.

$$3 + F = 3 + 2 \Rightarrow F = 2$$

Punkt Y: vorhandene Phasen sind Calcit + Quarz + Wollastonit + CO$_2$.

$$\phi = 4 \Rightarrow F = 1$$

Temperatur und P_{CO_2} können an Punkt X unabhängig voneinander variieren, ohne die Gleichgewichtszusammensetzung zu verändern.

2.2

Die geringere Dichte von Eis zeigt, dass bei 0 °C gilt: $V_{Eis} > V_{Wasser}$. Für die Reaktion:

$$H_2O \text{ (Eis)} \rightleftharpoons H_2O \text{ (Wasser)}$$

ΔS = positiver Wert (gilt immer für das Schmelzen).
ΔV = negativer Wert.
Daher $dP/dt = \Delta S / \Delta V$ = negativer Wert.

Die negative Steigung der Schmelzkurve zeigt an, dass die Schmelztemperatur mit steigendem Druck sinkt.

2.3

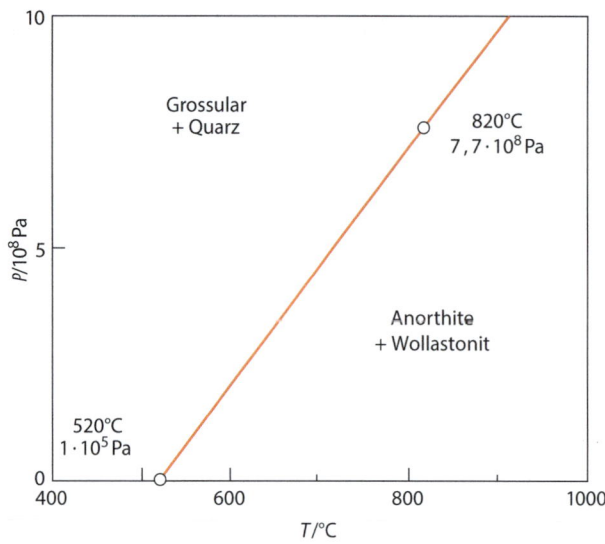

Abb. L.1 Phasendiagramm für Grossular + Quarz = Anorthit + Wollastonit (Übung 2.3)

☐ Abb. L.1 zeigt das Phasendiagramm. Berechnung der Steigung der Phasengrenzlinie:

$$\Delta S = 202{,}7 + (2 \cdot 82{,}0) - 241{,}4 - 41{,}5 = 83{,}8 \text{ J K}^{-1}\text{mol}^{-1}$$

$$\Delta V = 32{,}6 \cdot 10^{-6} \text{ m}^3\text{mol}^{-1}$$

$$\Delta S / \Delta V = 2{,}57 \cdot 10^6 \text{ J K}^{-1}\text{m}^{-3} = 2{,}57 \cdot 10^6 \text{ Pa K}^{-1}$$

Wir kennen einen Punkt auf der Reaktionsgrenze (10^5 Pa bei 520 °C). Bei 520 + 300 °C beträgt der Druck an der Reaktionsgrenze:

$$300 \cdot 2{,}57 \cdot 10^6 \text{ Pa} = 7{,}710 \cdot 10 \cdot 10^8 \text{ Pa}.$$

Da alle Phasen wasserfrei sind, wird eine gerade Reaktionsgrenze zwischen diesen beiden Punkten erwartet. Das Volumen der Vergesellschaftung Grossular + Quarz ist kleiner als das von Anorthit + 2 Wollastonit, sie befindet sich daher auf der Hochdruckseite.

2.4

a) 1400 °C: Abstand vom Liquidus zur vertikalen gestrichelten Linie beträgt 4,0 mm; Abstand vom Solidus zur vertikalen Linie beträgt 23 mm.
Schmelze/Kristalle = 23/4,0 = 5,8
oder:

$$\% \text{ Schmelze} = \frac{23 \cdot 100}{(4{,}0 + 23)} = 85 \%$$

Schmelzzusammensetzung: An$_{35}$.
Kristallzusammensetzung: An$_{73}$.

b) Schmelze/Kristalle = 0,55. Prozent Schmelze = 36 %.
Schmelzzusammensetzung: An$_{15}$.
Kristallzusammensetzung: An$_{54}$.

c) Schmelze/Kristalle = 0. Schmelze: An$_7$. Kristalle: An$_{40}$.

2.5

Ein Gestein, bestehend aus Plagioklas, Diopsid, Nephelin und Olivin, kann in einem ternären Diagramm CaAl$_2$Si$_2$O$_8$–CaMgSi$_2$O$_6$–Mg$_2$SiO$_4$, dargestellt werden – vorausgesetzt, dass die Prozentsätze für Plagioklas (repräsentiert durch CaAl$_2$Si$_2$O$_8$), Diopsid (repräsentiert durch CaMgSi$_2$O$_6$) und Olivin (repräsentiert durch Mg$_2$SiO$_4$) so neu berechnet werden, dass sie sich auf 100 % summieren (Kasten 2.7).

Mit den angegebenen Daten ist Plag + Diopsid + Olivin = 85 %. Daher werden die zu plottenden Werte unter Eliminierung von Nephelin (in diesem Diagramm nicht dargestellt) wie folgt berechnet: Plag = 42,55 % · 100/85 = 50 %. Diopsid = 25,5 % · 100/85 = 30 %. Olivin = 17 % · 100/85 = 20 % (Prüfsumme = 100 %).

Lösungen der Übungen

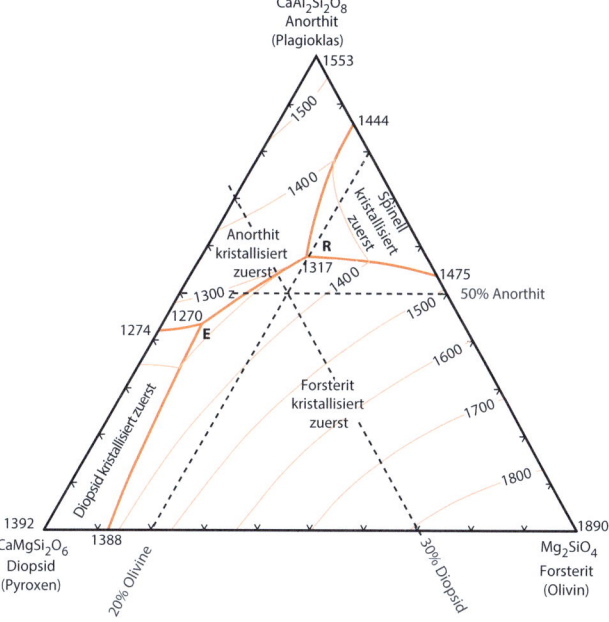

Abb. L.2 Lösung für Übung 2.5

Die Zusammensetzung plottet im Phasenfeld von Forsterit (Abb. L.2), was bedeutet, dass dies das erste Mineral ist, das aus einer Schmelze dieser Zusammensetzung kristallisiert, wenn sie zum Liquidus abkühlt.

2.6

Das erforderliche Diopsid-Plagioklas-Gemisch ist d:

Prozent Diopsid in $d = \dfrac{40}{46+40} \cdot 100 = 47\,\%$

Prozent Plagioklas $c = \dfrac{46}{46+40} \cdot 100 \cdot 53\,\%$

Feststoffgemisch a besteht aus Plagioklas (durchschnittliche Zusammensetzung $f = An_{31}$) und Diopsid. Das Hebelgesetz ergibt 41 % f und 59 % Diopsid.

a liegt bei 1220 °C an der Grenze des Dreiphasenfelds Schmelze–Diopsid–Plagioklas.

Die Gleichgewichtszusammensetzung ist Schmelze b 58 %, Diopsid 42 % und Plagioklas c 0 %.

2.7

Mit Gl. 2.1:

$20 \cdot 10^8 \, \text{Pa} \approx 67$ km

a. $Di_{69}Fo_{07}En_{24}$
b. $Di_{69}Fo_{07}En_{24}$

Die erste gebildete Schmelze hat in beiden Fällen die Zusammensetzung E.

Kapitel 3

3.1

$N_0 = 18{,}032$. Berechnen Sie $\ln(N_0/N)$ für jeden Wert von t. (Zur Überprüfung des Ergebnisses: der Wert für $t = 25$ ist 0,09426.) Diese Werte ergeben gegen die Zeit aufgetragen eine Gerade, was darauf hindeutet, dass dies eine Reaktion erster Ordnung ist.

Nach einer Halbwertszeit ist $N/N_0 = \frac{1}{2}$, also $\ln(N_0/N) = 0{,}6913$. Aus der Grafik abgelesen, wird dieser Wert bei $t = 190$ h erreicht. Wenn $n =$ die Anzahl der für den Zerfall auf 1/100 erforderlichen Halbwertszeiten, dann: $(1/2)^n = 1/100$, also $n \log(1/2) = \log(1/100)$, also $n = 6{,}6$ und $t_{1/100} = 1254$ h.

3.2

Raumtemperatur $= 25$ °C $= 298$ K. Die Verdoppelung der Reaktionsgeschwindigkeit kann geschrieben werden als:

$$k_{308} = 2 k_{298}$$

Die Arrhenius-Gleichung in logarithmischer Form ergibt zwei Gleichungen:

bei 298 K: $\ln(k_{298}) = \ln A - E_a/(8{,}314 \cdot 298)$
bei 308 K: $\ln(2\, k_{298}) = \ln A - E_a/(8{,}314 \cdot 308)$

Deshalb ist:

$\ln A = \ln k_{298} + E_a/2478 = \ln 2\, k_{298} + E_a/2561$.

Umstellen:

$\ln 2\, k_{298} - \ln k_{298} = \ln 2 = E_a(1/2478 - 1/2561)$

$E_a = 0{,}6915/0{,}013 \cdot 10^{-3} = 52.900$ J mol^{-1} = 52,9 kJ mol^{-1}

3.3

Berechnen Sie $\ln(1/\text{Viskosität})$ für jede Temperatur und tragen Sie diese Werte gegen $1/T$ auf (z. B. für $T = 1325$ °C $= 1598$ K $\Rightarrow 1/T = 0{,}000626$ K^{-1} und $\ln(1/\eta) = -7{,}622$). Steigung der Gerade $= -34{,}030$ K $= -E_a/R$.

Somit ist $E_a = 283$ kJ mol^{-1}.

3.4

Halbwertszeit $= \ln 2/\lambda_{87\text{Rb}} = 4{,}9 \cdot 10^{10}$ Jahre.

Deshalb: $\ln(N_0/N) = \lambda\, t = 1{,}42 \cdot 10^{-11} \cdot 4{,}6 \cdot 10^9 = 0{,}0653$

daher: $N_0/N = 1{,}068$
und: $N/N_0 = 94\,\%$
Daher sind 6 % zerfallen.

3.5

Gl. 3.10 (erstes Fick'sches Gesetz) kann umgestellt werden, um den Diffusionskoeffizienten D_i als Funktion von f_i, c_i und x auszudrücken:

$$D_i = \frac{f_i}{(dc_i/dx)}$$

Der Stofffluss f_i hat die Einheit mol m^{-2} s^{-1} (siehe ▶ Abschn. 3.2), der Konzentrationsgradient hat die Einheit (mol m^{-3}) m^{-1} = mol m^{-4}. Daher ist die Einheit von D_i:

$$\frac{\text{mol m}^{-2}\text{s}^{-1}}{\text{mol m}^{-4}} = \text{m}^2\text{s}^{-1}$$

Kapitel 4

4.1

a)
$$BaSO_4 \text{ (fest)} \rightarrow Ba^{2+} + SO_4^{2-} \text{ (in Lösung)}$$

$$K_{BaSO_4} = a_{Ba^{2+}} \cdot a_{SO_4^{2-}} = \frac{m_{Ba^{2+}}}{m°} \cdot \frac{m_{SO_4^{2-}}}{m°} = 10^{-10}$$

In reinem Wasser gelöst:

$$a_{Ba^{2+}} \cdot a_{SO_4^{2-}} = 10^{-5}$$

In gesättigter Lösung (wenn die Lösung ideal ist):

$$m_{Ba^{2+}} = m_{SO_4^{2-}} = 10^{-5} \text{ mol kg}^{-1} BaSO_4$$

b) In CaSO$_4$-Lösung, $a_{SO_4^{2-}} = a_{Ca^{2+}} = 10^{-3}$

Wenn sich $x \cdot m$ mol kg^{-1} BaSO$_4$ löst:

$$K_{BaSO_4} = a_{Ba^{2+}} \cdot a_{SO_4^{2-}} = 10^{-10}$$
$$= x(10^{-3} + x) \cong 10^{-3}x$$

(weil x^2 sehr klein ist)
Daher $x \cdot m = 10^{-7}$ mol kg^{-1}.

4.2

$$CaF_2\text{(fest)} \rightarrow Ca^{2+} + 2F^- \text{(gelöst)}$$

$$K_{CaF_2} = a_{Ca^{2+}} \cdot (a_{F^-})^2$$

In reinem Wasser: $a_{F^-} = 2a_{Ca^{2+}}$
Deshalb:

$$K_{CaF_2} = a_{Ca^{2+}} \cdot (2a_{Ca^{2+}})^2 = 4(a_{Ca^{2+}})^3 = 10^{-10,4} \cong 4 \cdot 10^{11}$$

Daher:
$a_{Ca^{2+}} = 0{,}00022$

$m_{Ca^{2+}} = 0{,}00022$ mol kg^{-1}

Relative Molekülmasse von CaF$_2$ = 40 + (2 · 19) = 78. Daher löst sich 0,00022 · 78 = 0,017 g CaF$_2$ in 1 kg Wasser bei 25 °C auf.

4.3

$$CO_2 + H_2O \rightleftharpoons H_2CO_3$$

$$K = a_{H_2CO_3}/(P_{CO_2})^{\text{Luft}} = 0{,}031$$

$$a_{H_2CO_3} = 0{,}031 \cdot 0{,}00028 = 0{,}00000868 = 10^{-5,06}$$

Reaktion Gl. 4.11:

$$H_2CO_3 \rightleftharpoons H^+ + HCO_3^- \text{ mit } K = \frac{a_{H^+} \cdot a_{HCO_3^-}}{a_{H_2CO_3}} = 10^{-6,4}$$

Deshalb:

$$a_{H^+} \cdot a_{HCO_3^-} = a_{H_2CO_3} \cdot K = 10^{-5,06} \cdot 10^{-6,4} = 10^{-11,46}$$

Daher pH = 5,73

Dies ist der pH-Wert für vorindustrielles Regenwasser. Die pH-Werte für 1960 und 2012 sind 5,71 und 5,66, eine pH-Veränderung von −0,05.

Kapitel 5

5.1

2p, 3s, 4f, 4f, 5d

5.2

$_6$C	1s^{2}2s^{2}2p^2
$_{11}$Na	1s^{2}2s^{2}2p^{6}3s^1 oder [Ne] 3s^1
$_{13}$Al	[Ne] 3s^{2}3p^1
$_{17}$Cl	[Ne] 3s^{2}3p^5
$_{18}$Ar	[Ne] 3s^{2}3p^6 = [Ar]
$_{26}$Fe	[Ar] 4s^{2}3d^6

Kapitel 6

6.1

Das Pauli-Prinzip schreibt vor, dass jedes Orbital nicht mehr als zwei Elektronen aufnehmen kann:

Lösungen der Übungen

Z	Name	Elektronenkonfiguration		Block	Gruppe	Wertigkeit
		Rumpfelektronen	Valenzelektronen			
3	Li	$1s^2$	$2s^1$	s	I	1
5	B	$1s^2$	$2s^2 2p^1$	p	III	3
8	O	$1s^2$	$2s^2 2p^4$	p	VI	−2
9	F	$1s^2$	$2s^2 2p^5$	p	VII	−1
14	Si	$1s^2 2s^2 2p^6$	$3s^2 3p^2$	p	IV	4

6.2

Ti – [Ar] $4s^2 3d^2$ – d-Block
Ni – [Ar] $4s^2 3d^8$ – d-Block
As – [Ar] $4s^2 3d^{10} 4p^3$ – p-Block
U – [Rn] $7s^2 6d^1 5f^3$ – f-Block

6.3

Die Wertigkeit von Natrium ist 1, von Sauerstoff −2, also gibt es 2 Natriumatome pro Sauerstoffatom.

Ähnlich:	Na_2O	$x=2$	$y=1$
	SiO_2	$x=1$	$y=2$
	SiF_4	$x=1$	$y=4$
	$MgCl_2$	$x=1$	$y=2$

Die Wertigkeit von Scandium ist 3, die Wertigkeit von Sauerstoff −2. Jedes Sc kombiniert mit $^3/_2$ Atomen Sauerstoff, bzw. 2 Sc-Atome kombinieren mit 3 Sauerstoffatomen.

Ähnlich:	Sc_2O_3	$x=2$	$y=3$
	P_2O_5	$x=2$	$y=5$
	BN	$x=1$	$y=1$

6.4

a) Umformulierung des Moseley'schen Gesetzes in linearer Form (d. h. $y = mx + c$):

$$\left(1/\lambda\right)^{1/2} = k^{1/2} Z - k^{1/2} \sigma$$

Berechnen Sie für jeden Punkt $(1/\lambda)^{1/2}$ und tragen Sie die Werte in einem Diagramm gegen Z auf. Die Gleichung stimmt, wenn die Punkte auf einer Geraden liegen.

$$k^{1/2} = \text{Steigung} = \frac{(1/56{,}1)^{1/2} - (1/83{,}0)^{1/2}}{47 - 39} = 0{,}00297\, \text{pm}^{1/2}$$

$$\sigma = Z - 1/k (1/\lambda)^{1/2}$$

Zum Beispiel für Yttrium (Y):

$$\sigma = 39 - \frac{0{,}1098}{0{,}00296} = 2{,}022$$

b) Grafik bei $Z = 43$ ablesen:

$$\left(1/\lambda\right)^{1/2} = 0{,}1216 (\text{pm})^{-1/2}$$

Daher $\lambda = 67{,}6\, \text{pm} = 0{,}6762 \cdot 10^{-10}\, \text{m}$

$$E_q = h\nu = \frac{hc}{\lambda}$$
$$= \frac{(4{,}135 \cdot 10^{-15})(2{,}997 \cdot 10^8)}{0{,}676 \cdot 10^{-10}} \frac{\text{eV s m s}^{-1}}{\text{m}}$$
$$= 18.330\, \text{eV} = 18{,}33\, \text{keV}$$

Kapitel 7

7.1

Ionenradien in Kasten 7.2 führen zu folgenden Radienverhältnissen:

Si^+: 0,26. Al^{3+}: 0,36 (tetr.) bzw. 0,46 (okt.). Ti^{4+}: 0,52. Fe^{3+}: 0,55. Fe^{2+}: 0,65. Mg^{2+}: 0,61. Ca^{2+}: 0,91. Na^+: 0,94 (8-fach). K^+: 1,20.

Koordinationszahlen: [4]: Si^{4+}, Al^{3+}. [6]: Al^{3+}, Ti^{4+}, Fe^{3+}, Mg^{2+}. [8]: Ca^{2+}, Na^+. [12]: K^+.

7.2

Bei höherer Oxidationszahl (Fe^{3+}, Eu^{3+}) hat das Ion weniger Valenzelektronen und die gegenseitige Abstoßung zwischen ihnen ist geringer, daher sind die Ionen kleiner als die zweiwertigen Ionen. Ionenpotenziale: Fe^{2+}: 23. Fe^{3+}: 41. Eu^{2+}: 16. Eu^{3+}: 28. Das dreiwertige Ion wirkt stärker polarisierend als das zweiwertige Ion und bildet somit eine stärker kovalente Bindung.

7.3

He–He: Van-der-Waals-Wechselwirkung; sehr schwache Kraft, daher ist He ein einatomiges Gas bei Raumtemperatur.

Ho–Ho: Die Elektronegativität von Ho liegt zwischen 1,1 und 1,3, daher metallische Bindung. Kristallines Metall bei Raumtemperatur.

Ge–Ge: metallische/kovalente Bindung. Elektronegativität ähnlich Si in Figur 7.13b. Halbleiter bei Raumtemperatur.

7.4

Mithilfe ◘ Abb. 6.4 und ◘ Abb. 7.13a:
- KCl: Elektronegativitätsdifferenz = 2,4; zu 80 % ionisch.
- TiO_2: Elektronegativitätsdifferenz 1,9; zu 65 % ionisch.
- MoS_2: Elektronegativitätsdifferenz 0,4; mittlere Elektronegativität 2,4; submetallische Bindung.
- NiAs: Elektronegativitätsdifferenz 0,3; mittlere Elektronegativität 2,1; submetallische Bindung.
- $CaSO_4$:
  - S–O-Bindung: < 20 % ionisch, überwiegend kovalent.
  - Ca^{2+}–$(SO_4)^{2-}$: eher ionisch.
- $CaSO_4 \cdot 2H_2O$:
  - Ca^{2+}–H_2O: Ion-Dipol-Wechselwirkung (Hydratation).
  - S–O: überwiegend kovalent, wie oben.
  - $(Ca^{2+} \cdot 2H_2O)$–$(SO_4)^{2-}$: ionisch.

Kapitel 8

8.1

Mithilfe ◘ Tab. 8.1:

- Edenit: Z_8O_{22}, d. h. Z : O = 1 : 2,75; Amphibol (Doppelkettensilicat).
- Hedenbergit: Si_2O_6, d. h. Z : O = 1 : 3; könnte Einfachkettensilicat oder vielleicht ein Ringsilicat sein (Hedenbergit ist ein Pyroxen).
- Paragonit: $Z_4O_{10}(OH)_2$, d. h. Z : O = 1 : 2,5; Schichtsilicat (Glimmer).
- Leucit: $(AlSi_2O_6) \triangleq Z_3O_6$, d. h. Z : O = 1 : 2; Gerüstsilicat, d. h. vollständig polymerisiert.
- Aegirin: Si_2O_6, d. h. Z : O = 1 : 3; Einfachketten- oder Ringsilicat (Aegirin ist auch ein Pyroxen).

8.2

	Granat
Si	17,99
Al	9,57
Ti	0,33
Fe(III)	3,97
Fe(II)	2,92
Mn	0,50
Mg	0,46
Ca	22,58
O	41,27
Summe	99,60

Der Unterschied bei der Summe stellt Rundungsfehler dar.

8.3

Siehe ◘ Tab. L.1

◘ **Tab. L.1** Lösung Übung 8.3

	Granat		Epidot		Pyroxen		Feldspat	
Si	2,9909	2,991	3.0035	3,004	1,8589	2000	9,5754	16,053
Al^{IV}	–		–		0,1411		6,3618	
Al^{VI}	1,6515	2,014	2,8055	3,044	0,0217	2058	–	
Ti	0,0321		–		0,0355		–	
Fe(III)	0,3307		0,2389		0,0272		0,1157	
Fe(II)	0,2436	2,997	0,0266	1,949	0,6730		–	
Mn	0,0419		0,005		0,0379		–	
Mg	0,0876		0,0014		0,4312		–	
Ca	2,6235		1,9205		0,7366		2,3799	3,886
Na	–		–		0,0952		1,4753	
K	–		–		–		0,0306	
H	–		0,9548	0,955	–		–	

Lösungen der Übungen

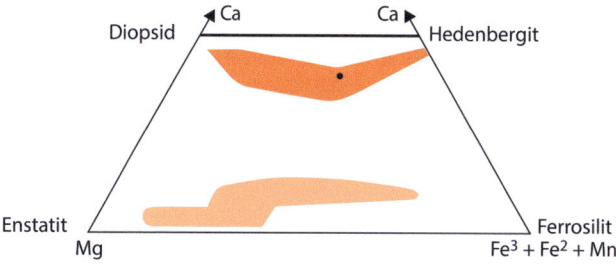

Abb. L.3 Lösung von Übung 8.4 (Die schattierten Bereiche zeigen die Bandbreite der Pyroxenzusammensetzungen in Gabbros. Die beiden Bänder liegen auf beiden Seiten eines Solvus.)

8.4

Umrechnung der molaren Anteile der drei Komponenten auf eine Summe von 100 %:

	Pro 6 Sauerstoffatome	100/1,9059
Ca	0,7366	38,65
Mg	0,4312	22,62
$Fe^{2+} + Fe^{3+} + Mn$	0,7381	38,72
Summe	1,9059	100,00

Die durchgezogene Linie in ◘ Abb. L.3 umschließt das Pyroxenviereck, in das die meisten Pyroxenanalysen fallen.

Kapitel 9

9.1

a. $Fe_2(SO_4)_3 + FeS_2 \rightarrow 3\ FeSO_4 + 2\ S$
b. $CuFeS_2 + 2\ Fe_2(SO_4)_3 \rightarrow CuSO_4 + 5\ FeSO_4 + 2\ S$
c. $12\ FeSO_4 + 3\ O_2 + 6\ H_2O \rightarrow 4\ Fe_2(SO_4)_3 + 4\ Fe(OH)_3$
d. $MnO_2 + 4\ H^+ + 2\ Fe^{2+} \rightarrow Mn^{2+} + 2\ H_2O + 2\ Fe^{3+}$
e. $ZnS + 4\ Fe_2(SO_4)_3 + 4\ H_2O \rightarrow ZnSO_4 + 8\ FeSO_4 + 4\ H_2SO_4$

Kapitel 10

10.1

a. Be, F, Na, Al, P, Sc, Mn, Co, As, Y, Nb, Rh, Pr, Tb, Ho, Tm, Au und Bi haben nur ein Isotop.
b. Tc, Pm, Po, At, Rn, Fr, Ra, Ac, Th, Pa und U haben überhaupt keine stabilen Isotope.

10.2

Eine horizontale Linie bei 0,707980 schneidet die Kurve in ◘ Abb. 10.11 bei 34,0 Ma (siehe ◘ Abb. L.4).

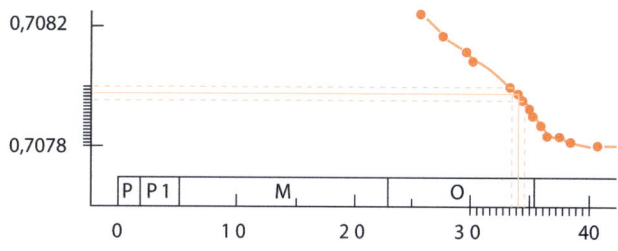

Abb. L.4 Lösungsweg für Übung 10.2

$0,707980 + 0,000022 = 0,708002$, was ~34,5 Ma entspricht;

$0,707980 - 0,000022 = 0,707958$, was ~33,5 Ma entspricht.

Das Alter des Carbonatsediments beträgt somit $34,0 \pm 0,5$ Ma.

10.3

◘ Abb. L.5 zeigt den Lösungsweg in einer Tabellenkalkulation. Zeichnen Sie nach Augenmaß eine Gerade durch die Daten; die extrapolierte Gerade schneidet die y-Achse bei etwa 0,50826 (= Initialwert). Die Steigung der Gerade führt zu einem Mineralalter für den Stillwater-Gabbro von 2,70 Ga.

10.4

Nach Gl. 3.6 (Kasten 3.2) stehen Halbwertszeit und Zerfallskonstante durch $t_{1/2} = 0{,}6931/\lambda$ in Beziehung, in diesem Fall also $\lambda_C = 0{,}6931/5730 = 1{,}210 \cdot 10^{-4}$ Jahr^{-1}.

Die Zählraten sind proportional zur Konzentration von ^{14}C in jeder Kohlenstoffprobe. Einsetzen der Werte in Gl. 10.11:

$$t = \frac{1}{1{,}210 \cdot 10^{-4}} \ln\left[\frac{13{,}56}{5{,}8}\right]$$
$$= \frac{0{,}8493}{1{,}210 \cdot 10^{-4}}$$
$$= 7019 \text{ Jahre vor heute}$$

10.5

Nach Gl. 10.9 erhalten wir für $\delta^{18}O = -1{,}2$, $-1{,}3$ bzw. $-1{,}4$‰ die Temperaturen 21,8 °C, 22,3 °C und 22,8 °C. Die beste Abschätzung liegt daher bei $22{,}3 \pm 0{,}5$ °C.

Calcit $\delta^{18}O$	Meerwasser $\delta^{18}O$	$T/°C$
−1,4	0	22,8
−1,3	0	22,3
−1,2	0	21,8

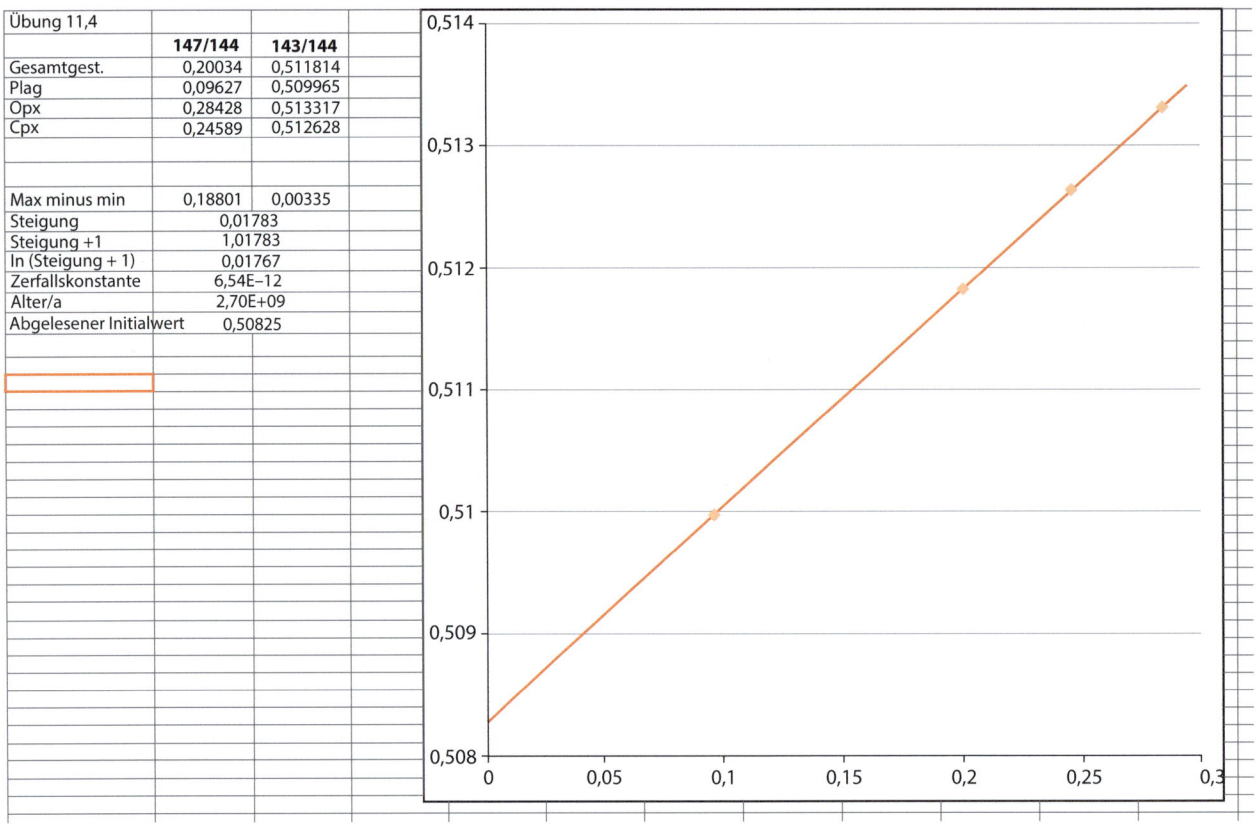

Abb. L.5 Lösungsweg für Übung 10.3

Es wird angenommen, dass δO¹⁸ des Meerwassers um etwa 1 ‰ (±0,5 ‰) zwischen dem glazialen Maximum und den Interglazialen variiert, aufgrund der unterschiedlichen Menge an „leichtem" Wasser (niedriges δO¹⁸), das in polaren Eisschilden eingeschlossen ist. Potenziell führt dieser Faktor zu einer Unsicherheit von ±2,3 °C in der Temperaturschätzung.

Calcit $\delta^{18}O$	Meerwasser $\delta^{18}O$	$T/°C$
−1,3	−0,5	20,0
−1,3	0	22,3
−1,3	0,5	24,7

10.6

a. Richtig.
b. Falsch: ⁸⁷Sr ist ein natürlich vorkommendes Isotop; ein Teil des im Gestein enthaltenen ⁸⁷Sr war bereits zum Zeitpunkt seiner Entstehung vorhanden (◘ Abb. 10.1b).
c. Richtig.
d. Falsch: ¹⁴³Nd/¹⁴⁴Nd nimmt in der kontinentalen Kruste langsamer zu als im Mantel (◘ Abb. 10.10b).
e. Teilweise falsch: Nur Artefakte und Gesteine, die (1.) Kohlenstoff biologischen Ursprungs enthalten (z. B. verkohlte Baumreste, die in vulkanischen Ablagerungen eingelagert sind) und (2.) jung genug sind (Alter < 40 ka), um mit ¹⁴C datiert zu werden.
f. Falsch: Die massenunabhängige Fraktionierung von S-Isotopen im Archaikum veranschaulicht einen Fall, in dem diese Aussage nicht zutrifft (◘ Abb. 10.18).

Kapitel 11

11.1

Es gibt keine natürlich vorkommenden Nuklide (nur kurzlebige Radionuklide) bei den N-Werten 19, 35, 39, 45, 61, 89 und 123 sowie bei den Z-Werten 43 (Technetium) und 61 (Promethium). Das sind alles ungerade Zahlen. Ungerade Werte von Z und N bedeuten halbgefüllte Kernorbitale und solche Atomkerne sind anfälliger für eine Transmutation zu einem anderen Element durch Fusion, Neutroneneinfang oder radioaktiven Zerfall als Nuklide mit geradzahligen Werten.

Lösungen der Übungen

11.2

a) Die integrierte Ratengleichung für den radioaktiven Zerfall (Gl. 3.5 in Kasten 3.2) lautet:

$$\ln(n_{26}^0/n_{26}) = \lambda_{26} t$$

wobei n_{26} für die sich ändernde Menge von ^{26}Al steht (z. B. in einem Planeten), n_{26}^0 für den Wert bei $t=0$ und λ_{26} ist die Zerfallskonstante von ^{26}Al. Nach einer Halbwertszeit ($t = 0{,}7$ Mio. Jahre):

$$\ln(1/0{,}5) = 0{,}7 \cdot 10^6 \cdot \lambda_{26}$$

Deshalb: $\lambda_{26} = 0{,}99 \cdot 10^{-6}$ Jahr^{-1}.

b) Die Wärmeleistung ist proportional zur Zerfallsrate von ^{26}Al und damit zu seiner Häufigkeit. Wenn ^{26}Al auf 1 % des ursprünglichen Wertes zurückgegangen ist:

$$\ln(1/0{,}01) = 0{,}99 \cdot 10^{-6} \cdot t$$

Daher: $t = \ln(100) \cdot 1{,}01 \cdot 10^6$ Jahre $= 4{,}6$ Mio. Jahre. Damit diese Wärmequelle während der Planetenbildung signifikant war, müssen sich die Planeten innerhalb weniger Millionen Jahre nach der Nukleosynthese von ^{26}Al gebildet haben.

11.3

Nach den Ordnungszahlen sind dies: Xenon Xe ($Z = 54$, Edelgas), Cäsium Cs ($Z = 55$, Gruppe Ia), Barium Ba ($Z = 56$, IIa), Hafnium Hf ($Z = 72$, IVa), Tantal Ta ($Z = 73$, Va) und Wolfram W ($Z = 74$, VIa).

11.4

Bei der Kollision, von der angenommen wird, dass sie den Mond erschaffen hat, ist wahrscheinlich der Mantel des Impaktors vollständig verdampft, bevor er wieder zum Mond kondensierte. Da bei flüchtigen Elementen die Kondensation länger dauert, wurden sie leichter vom Sonnenwind weggefegt, bevor sie in den festen Mond eingebaut werden konnten. Die Modellierung deutet darauf hin, dass der größte Teil des metallischen Kerns des Impaktors in den Erdkern integriert wurde, anstatt im Orbit für die Eingliederung in den Mond verfügbar zu sein.

11.5

a) Isotope sind Nuklide mit dem gleichen Wert der Ordnungszahl Z (d. h. sie haben die gleiche Anzahl von Protonen und es handelt sich um dasselbe Element), aber unterschiedlicher Neutronenzahl.

b) Nur die Elemente von C bis Fe sind Produkte der Kernfusion in Sternen (◘ Abb. 11.9). Die Elemente H, He und Li gelten als Produkte der Nukleosynthese im Urknall, nicht in Sternen (◘ Abb. 11.8). Die Elemente Be und B werden bei stellaren Fusionsreaktionen übersprungen, sie bilden sich hauptsächlich durch Spallation schwererer Kerne. Elemente, die schwerer als Fe sind, können nicht durch Fusion gebildet werden (◘ Abb. 11.8), sie sind Produkte des fortschreitenden Neutroneneinfangs in Sternen und Supernovae.

c) Vielleicht bestehen 5–10 % der Dunklen Materie aus dunkler baryonischer Materie („gewöhnliches Material, das einfach nicht scheint", Ferreira, 2006); die restlichen 90–95 % bestehen vermutlich aus exotischen Elementarteilchen, die noch nicht identifiziert wurden.

d) Die langsamen Neutroneneinfangsreaktionen (s-Prozess) können im Inneren von Sternen auftreten. Die schwersten Nuklide werden jedoch durch einen schnelleren Neutroneneinfang (r-Prozess) gebildet, was nur bei einem sehr hohen Neutronenfluss in einer Supernova abläuft.

e) Siderophile Elemente sind tatsächlich im metallischen Erdkern konzentriert, aber viele (insbesondere Fe und Ni) haben auch lithophile und/oder chalkophile Tendenzen (wie die überlappenden Felder in ◘ Abb. 11.10 und mehrfarbige Zellen in ◘ Abb. 11.11 zeigen) und sind daher auch in den aus Silicaten und Sulfiden bestehenden Bereichen der Erde zu finden.

f) Es wird angenommen, dass die oxygene Photosynthese in den Ozeanen vor etwa 3,5 Ga begonnen hat, der gebildete Sauerstoff dort aber sofort verbraucht wurde, um die im Meerwasser angesammelten reduzierten Stoffe wie Fe^{2+} zu oxidieren (wie in den BIF-Sedimenten angedeutet). Erst wenn diese „Sauerstoffsenke" vollständig oxidiert war, konnte überschüssiger Sauerstoff am Ende des Archaikums aus dem Ozean entweichen und eine sauerstoffhaltige Atmosphäre bilden (◘ Abb. 11.15).

A Anhang

A.1 Mathematische Grundlagen

SI-Einheiten

Die Konvention „Système International d'Unités" („SI-Einheiten") wurde 1960 festgelegt, um die Standardisierung zwischen den Wissenschaften zu fördern (vollständige Details finden Sie unter NIST o. D.). Die wichtigsten Punkte sind:

- Die Basiseinheiten sind in ◘ Tab. A.1 angegeben. Das Kelvin ist die Temperatureinheit, gemessen vom absoluten Nullpunkt: $T(K) = T(°C) + 273{,}15$. Grad Celsius (°C) wird von Geowissenschaftlern nach wie vor häufig verwendet. Das Volumen wird in m^3 ausgedrückt. In der Chemie wurde bei Lösungen (▶ Kap. 4) der Liter (l oder L) in SI-Notation durch dm^3 (Kubikdezimeter) ersetzt: $1\,dm^3 = 10^3\,m^3 = 1\,L$.
- Es gibt verschiedene „abgeleitete" SI-Einheiten mit eigenem Namen (die alle nach wissenschaftlichen Koryphäen der Vergangenheit benannt sind), die aus Kombinationen der obigen Grundeinheiten bestehen. Die abgeleiteten Einheiten sind zunächst nicht so leicht zu merken, machen das System aber wesentlich prägnanter. Siehe Beispiele in ◘ Tab. A.2. Beachten Sie, dass einige abgeleitete Einheiten mehrere gleichwertige Formen haben und auf alternative Weise ausgedrückt werden können, entweder in den Basiseinheiten oder in Form anderer abgeleiteter Einheiten. Ein Beispiel ist die Konstante g, die Erdbeschleunigung, deren Einheit als $m\,s^{-2}$ oder als $N\,kg^{-1}$ ausgedrückt werden kann, wobei die beiden Formen genau gleichwertig sind.
- Die Einheit für Wärme ist die gleiche wie für mechanische Energie und Arbeit. Dadurch wird die Notwendigkeit einer Konstante für das „mechanische Äquivalent der Wärme" (Umwandlung von Kalorien in Joule) vermieden, das bei älteren Systemen mit Einheiten wie Kalorie benötigt wird.
- Das System verwendet Präfixe, die Einheiten mit Faktoren von 10^3 multiplizieren oder teilen (siehe ◘ Tab. A.3). Beachten Sie, dass alle Präfixe, die Multiplikatoren größer als 1 darstellen (mit der bemerkenswerten historischen Ausnahme von k für „Kilo", z. B. km) durch Großbuchstaben abgekürzt werden, während Präfixe für Multiplikatoren kleiner als 1 Kleinbuchstaben verwenden. Nichtwissenschaftliche Publikationen halten sich oft nicht an diese hilfreiche Unterscheidung.

Einige Wissenschaften haben die Einführung des SI-Systems nur langsam vorangetrieben. Beispielsweise werden die Einheiten mit dem Namen Bar (1 bar = 10^5 Pa) und Kilobar (1 kb = 10^8 Pa) für den Druck in der Geologie zum Teil noch immer verwendet, lange nach der formalen Einführung des SI-Systems.

Tab. A.1 SI-Basiseinheiten

Dimension	Einheit	Abkürzung
Länge	Meter	m
Masse	Kilogramm	kg
Zeit	Sekunde	s
Elektrischer Strom	Ampere	A
Temperatur	Kelvin	K
Stoffmenge	Mol	mol

Tab. A.2 Abgeleitete SI-Einheiten

Größe	Einheit	Abkürzung	In Bezug auf die SI-Basiseinheiten
Kraft	Newton	N	$kg\,m\,s^{-2} = J\,m^{-1}$
Energie, Arbeit	Joule	J	$kg\,m^2\,s^{-2} = N\,m$
Leistung	Watt	W	$kg\,m^2\,s^{-3} = J\,s^{-1}$
Druck	Pascal	Pa	$kg\,m^{-1}\,s^{-2} = N\,m^{-2} = J\,m^{-3}$
Elektrische Ladung	Coulomb	C	$A\,s$
Elektrische Potenzialdifferenz	Volt	V	$kg\,m^2\,s^{-3}\,A^{-1} = W\,A^{-1}$

A Anhang

Tab. A.3 SI-Präfixe und Anwendungsbeispiele

Petameter	Pm	=	10^{15} m = 10^{12} km
Terabyte	Tb	=	10^{12} Bytes
Gigapascal	GPa	=	10^{9} Pa
Megajoule	MJ	=	10^{6} J
Kilometer	km	=	10^{3} m
Millisekunde	ms	=	0,001 s = 10^{-3} s
Mikrometer	μm	=	10^{-6} m
Nanogramm	ng	=	10^{-9} g = 10^{-12} kg
Pikometer	pm	=	10^{-12} m

Geradengleichung

◻ Abb. A.1a zeigt eine auf herkömmliche Weise dargestellte Gerade in einem Koordinatensystem mit senkrecht aufeinanderstehender x- und y-Achse. Für eine Linie mit dieser Orientierung führt die Erhöhung des Wertes x (z. B. von Punkt p auf Punkt q) zu einer entsprechenden Erhöhung des Wertes y. Die Rate, mit der y mit zunehmendem x ansteigt, wird durch die Steigung m (bzw. den Gradienten) der Linie gemessen:

$$m = \frac{\Delta y}{\Delta x}$$

Hier ist $\Delta y = 0{,}5$ und $\Delta x = 2{,}0$, also $m = 0{,}5/2{,}0 = 0{,}25$. Bei einer steilen Gerade hätte m einen großen Wert, während es bei einer flachen Gerade einen niedrigen Wert hätte. Beachten Sie, dass der Wert von y, bei dem die Gerade die y-Achse schneidet (bei $x = 0$) als Achsenabschnitt bezeichnet wird, der normalerweise als c symbolisiert wird. Wenn x und y Einheiten haben, dann müssen m und c passende Einheiten erhalten: Wenn y beispielsweise in km und x in Stunden (h) gemessen wird, hat m die Einheit km h^{-1} und c die Einheit km.

Per Definition hat eine Gerade über ihre gesamte Länge einen konstanten Wert m (eine Variation des Wertes m ist charakteristisch für eine Kurve). Die x- und y-Koordinaten eines beliebigen Punktes auf der in ◻ Abb. A.1a dargestellten Geraden sind durch die Gleichung verbunden:

$$y = mx + c$$

Die in ◻ Abb. A.1a gezeigte Linie hat eine positive Steigung. Wenn eine Gerade in die andere Richtung geneigt ist, sodass eine Erhöhung von x zu einer Verringerung von y führt (negatives Δy), sprechen wir von einer negativen Steigung. ◻ Abb. A.1b zeigt, wie sich positive und negative Werte von m und c auf die Orientierung und Position einer Linie auswirken.

Steigung einer Kurve

Viele Probleme in der Geochemie erfordern, dass wir die Steigung bzw. den Gradienten einer Kurve

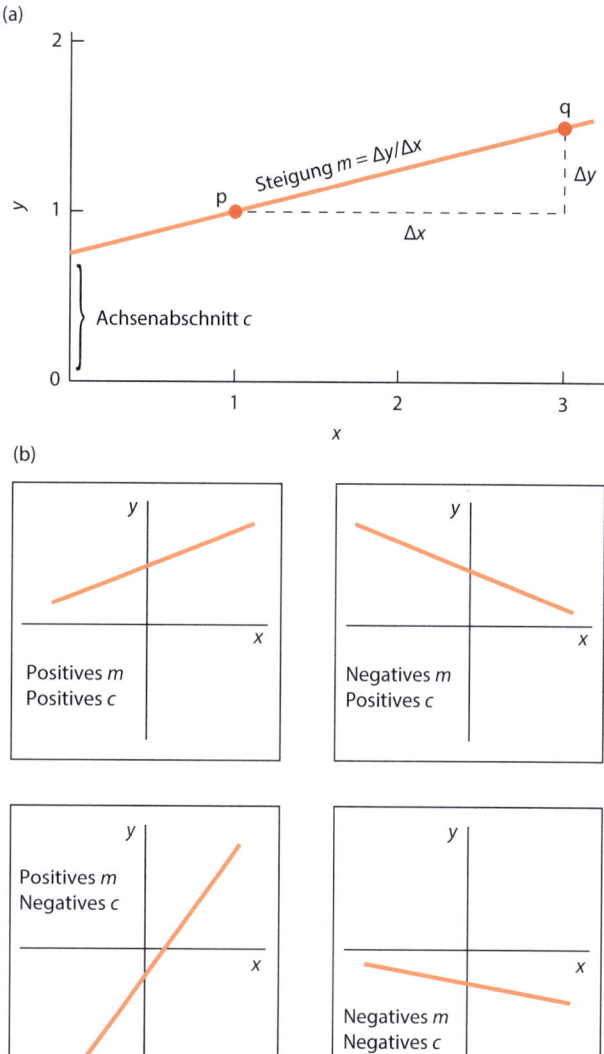

Abb. A.1 **a** Parameter einer Geraden im x-y-Raum. Hier wurden beide Achsen im gleichen Maßstab gezeichnet, was nicht bei allen Diagrammen der Fall ist. Auch ist hier der Ursprung des Koordinatensystems gezeigt, was nicht immer so ist. **b** Wie m und c die Lage und Orientierung der Gerade beschreiben

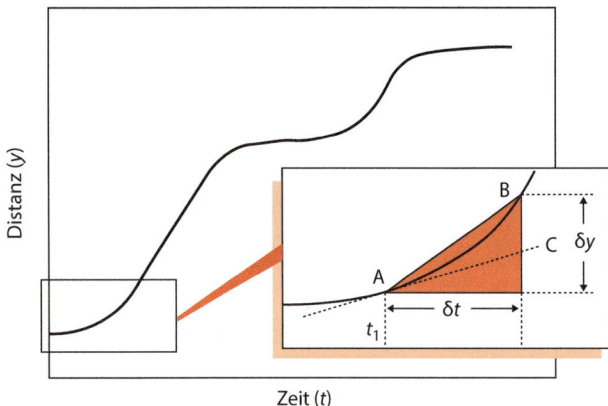

Abb. A.2 Diagramm für eine Autofahrt mit der zurückgelegten Entfernung y aufgetragen über die verstrichene Zeit

bestimmen. Der Gradient sagt uns, wie schnell sich eine Variable (y) als Reaktion auf die Veränderung des Wertes einer anderen (x) an einem bestimmten Punkt der Kurve ändert. Wenn wir z. B. die Position y eines Autos, das auf einer geraden Straße fährt, gegen die Zeit t zeichnen (◘ Abb. A.2), erhalten wir eine Kurve, deren Steigung an jedem Punkt entlang der Kurve uns die Geschwindigkeit des Autos zu dem betreffenden Zeitpunkt angibt: Je steiler die Kurve, desto schneller war das Auto unterwegs. Die horizontalen Abschnitte der Kurve hingegen zeigen an, wann das Fahrzeug stehen geblieben ist, zum Beispiel an einer roten Ampel.

Wie messen wir die Steigung (die Geschwindigkeit des Fahrzeugs) an einem bestimmten Punkt dieser Kurve? ◘ Abb. A.2 zeigt einen vergrößerten Ausschnitt der Kurve, und wir wollen die Steigung am Punkt t_1 messen. Wir können damit beginnen, die Steigung der Strecke AB zu bestimmen, als erste Annäherung an die Steigung der Kurve:

$$\text{Steigung der Strecke AB} = \frac{\delta y}{\delta t}$$

Dabei steht δt („kleines Delta t") für ein Inkrement (eine kleine Erhöhung) von t, und δy ist das entsprechende Inkrement von y. Wenn wir uns vorstellen, dass wir δt (und damit auch δy) immer kleiner machen, dann nähert sich die Steigung der Strecke immer näher der Steigung der Kurve bei t_1 an. Wenn wir nun δt so weit verkleinern, dass es praktisch Null ist (symbolisch geschrieben als $\delta t \to 0$), dann liegt die Strecke AB auf der Tangente zur Kurve (AC). Die Tagente (eine gerade Linie, die die Kurve berührt) an Punkt A hat per Definition die gleiche Steigung wie die Kurve selbst an Punkt A. Ausgedrückt in solchen infinitesimalen Inkrementen, die als dy und dt geschrieben werden, ist die Steigung der Kurve bei Punkt A:

$$\text{Steigung an Punkt A} = \frac{dy}{dt}$$

Differenzialrechnung

Diese Schreibweise gewinnt an Bedeutung, wenn die Variation von y mit t in Form einer Gleichung ausgedrückt werden kann. Betrachten wir eine andere Beziehung zwischen y und t, dargestellt durch die Gleichung:

$$y = a\,t^2 + c$$

Wir können eine Strecke AB analog zu ◘ Abb. A.2 betrachten. Da Punkt B auf der Kurve liegt, muss er diese Gleichung ebenfalls erfüllen, also:

$$(y + \delta y) = a(t + \delta t)^2 + c = \left[at^2 + 2\,at\,\delta t + a(\delta t)^2 + c\right]$$

Daher:

$$\delta y = 2at\delta t + a(\delta t)^2$$

$$\frac{\delta y}{\delta t} = 2at + a\delta t$$

Für $\delta t \to 0$:

$$\frac{dy}{dt} = 2at + 0 = 2at$$

Dies bedeutet, dass die Steigung an einem bestimmten Punkt t_1 auf der Kurve einfach durch $2at_1$ berechnet werden kann. Der Term $2\,a\,t$ wird als Ableitung von $y = at^2 + c$ nach t bezeichnet. Der Zweig der Mathematik, der sich mit Ableitungen beschäftigt, wird Differenzialrechnung genannt.

Wenn wir ähnlich vorgehen, können wir zeigen, dass die Ableitung von $y = at^3$ der Term $3at^2$ ist, die Ableitung von $y = at^4$ ist $4at^3$ und so weiter. Im Allgemeinen:

wenn $y = b\,x^n$

dann:

$$\frac{dy}{dx} = nbx^{n-1}$$

Zum Beispiel mit:

$$y = a\,x^3 + b\,x^2 + c\,x + d = 15{,}2x^3 + 2{,}9x^2 - 16{,}8x - 4{,}3$$

dann:

$$\frac{dy}{dx} = 3ax^2 + 2bx + c = 45{,}6x^2 + 5{,}8x - 16{,}8$$

Um den Zahlenwert der Steigung bei einem bestimmten Wert x zu bestimmen, wird einfach dieser Wert x in die dy/dx-Gleichung eingefügt.
Zum Beispiel $x = 2{,}0$:

$$\frac{dy}{dx} = 182{,}4 + 11{,}6 - 16{,}8 = 177{,}2$$

So kann man die Steigung der Kurve an jedem beliebigen Punkt berechnen.

Für eine ausführlichere Einführung in die Differenzialrechnung empfehle ich das Buch Waltham (2000).

Tab. A.4 Molare Entropie und Volumen

Reaktion	A → B	Einheiten in den veröffentlichten Tabellen von S und V
Molare Entropien	S_A, S_B	J K^{-1} mol^{-1}
Molare Volumen	V_A, V_B	m^3 mol^{-1}

Logarithmen (log) und deren Umkehrung

Logarithmen sind ein praktisches Mittel, um eine Funktion darzustellen, die über mehrere Größenordnungen variiert, und sie so zu komprimieren, dass Details im gesamten Bereich sichtbar sind.

In diesem Buch werden zwei unterschiedliche Arten von Logarithmen verwendet:
- Zehnerlogarithmus (Logarithmus zur Basis 10): $\log_{10}(X) = Y$, wenn $X = 10^Y$. In Worten: Der $\log_{10}$ (oder kurz: log) einer Zahl X entspricht dem Wert Y, um den 10 potenziert werden muss, um X zu ergeben. Da $100 = 10^2$ ist $\log_{10}(100) = 2{,}00$. 4512 kann ausgedrückt werden als $10^{3,654}$, also $\log_{10}(4512) = 3{,}654$.
- Natürlicher Logarithmus (Logarithmus zur Basis e, wobei $e = 2{,}71828$; die Eulersche Zahl ist eine wichtige mathematische Konstante), normalerweise symbolisiert durch „ln", also: $\ln(X) = Z$ mit $X = e^Z$. In Worten: Der natürliche Logarithmus einer Zahl X ist die Wert Z, um den e potenziert werden muss, um X zu ergeben. Da 100 als $e^{4,605}$ ausgedrückt werden kann: $\ln(100) = 4{,}605$.

Logarithmen haben auch die nützliche Eigenschaft, eine exponentielle Kurve linear zu machen, wie unten im Abschnitt zur experimentellen Überprüfung einer Theorie in Bezug auf die Arrhenius-Graphen erläutert.

Um einen Logarithmus $\log(X)$ oder $\ln(X)$ zurück in die ursprüngliche Zahl X zu transformieren, verwenden Sie:

$$X = 10^{\log(X)} \text{ bzw. } X = e^{\ln(X)}$$

Diese Berechnungen lassen sich leicht auf einem Taschenrechner oder in einer Tabellenkalkulation durchführen.

Wenn wir in einem Diagramm eine Größe darstellen wollen, die über mehrere Größenordnungen variiert (z. B. von 0,02 bis 5000), kann es sinnvoll sein, eine logarithmische Achse zu verwenden. Die Achse ist den Originalwerten entsprechend beschriftet, wie in ◘ Abb. 11.6, 11.7, 11.9 und 11.12. Eine solche logarithmische Achse ist daran zu erkennen, dass die Skalenstriche (mit regelmäßigen Abständen) mit aufeinanderfolgenden Zehnerpotenzen beschriftet sind.

Reziprokes Quadratgesetz

Die Gravitationskraft zwischen zwei Körpern der Masse m_1 und m_2 entspricht der Gleichung:

$$F = G \frac{m_1 m_2}{r^2}$$

wobei G die Gravitationskonstante ($= 6{,}674 \cdot 10^{-11}$ m^3 kg^{-1} s^{-2} oder N m^2 kg^{-2}) ist und r der Abstand zwischen den Schwerpunkten der beiden Körper in Metern. Eine ähnliche Gleichung gilt für die elektrostatische Kraft zwischen zwei elektrischen Ladungen q_1 und q_2 (z. B. zwischen Elektron und Atomkern, vgl. ▶ Kap. 5):

$$F = k_e \frac{q_1 q_1}{r^2}$$

wobei $k_e = 8{,}99 \cdot 10^9$ N m^2 C^{-2} bekannt ist als die Coulomb-Konstante.

Beide Gleichungen haben die gleiche Form, wobei der Abstand r als $1/r^2$ erscheint. Beide sind Beispiele für eine algebraische Beziehung, die – aus diesem Grund – als reziprokes Quadratgesetz bezeichnet wird.

(Wenn wir bei einer derartigen Gleichung von einem „Gesetz" sprechen, bedeutet das nicht, dass diese Gleichung das Verhalten der Natur bestimmt. Vielmehr ist die Gleichung die beste Näherung, um das Verhalten der Natur zu beschreiben. Jedes derartige „Gesetz" ist ein menschliches Konstrukt.)

Dimensionen und Einheiten in Berechnungen

Beim Beantworten eines numerischen Problems sollte man immer zwei Punkte angeben: den Zahlenwert und seine Einheit. Die Zahl allein ist unvollständig (es sei denn, es handelt sich um eine dimensionslose Größe).

Man muss in jeder Phase einer Berechnung auf die Einheiten achten und überprüfen, ob alle Mengen in kompatiblen Einheiten ausgedrückt werden. Wenn eine Variable in Millimetern eingegeben wird, obwohl sie in Metern erscheinen soll, machen Sie einen Fehler um den Faktor 1000.

Wie bei der Durchführung einer Berechnung die Einheiten berücksichtigt werden, kann durch die Clapeyron-Gleichung (▶ Abschn. 2.4.3) veranschaulicht werden. Angenommen, wir möchten die Steigung der Phasengrenze kennen, die die Reaktion zwischen zwei (isochemischen) Mineralen A und B darstellt (◘ Tab. A.4):

$$\Delta S = S_B - S_A \text{ mit der Einheit J K}^{-1}\text{mol}^{-1}$$

$$\Delta V = V_B - V_A \text{ mit der Einheit m}^3\text{mol}^{-1}$$

In der Clapeyron-Gleichung:

$$\frac{dP}{dT} = \frac{\Delta S}{\Delta V} \text{ mit der Einheit } \frac{\text{J K}^{-1}\text{mol}^{-1}}{\text{m}^3\text{mol}^{-1}}$$

Dabei steht mol^{-1} oben und unten und kürzt sich daher heraus, die Einheiten für die Steigung ist daher (J K^{-1}) m^{-3} = J m^{-3} K^{-1} = N m^{-2} K^{-1} = Pa K^{-1}. Wären die molaren Volumen stattdessen in cm^3 mol^{-1}, wäre ein Korrekturfaktor von 10^6 nötig.

Einige physikalische Parameter sind „dimensionslos" und haben daher keine Einheiten. Sie sind reine Zahlen. Ein Beispiel ist das spezifische Gewicht (Dichte eines Stoffes geteilt durch die Dichte von reinem Wasser bei 4 °C). Die Zahlenwerte dieser Größen sind unabhängig von den Einheiten, die bei ihrer Berechnung verwendet werden. Bei der Berechnung des spezifischen Gewichts kürzen sich die Einheiten der Dichte heraus – vorausgesetzt, dass die beiden Dichten in den gleichen Einheiten ausgedrückt werden.

In Diagrammen müssen die Einheiten angegeben werden, in denen jede der Variablen ausgedrückt wird. Dieses Buch folgt der bewährten Schreibweise in der Form „Größe/Einheit", z. B.: T / °C.

Experimentelle Überprüfung einer theoretischen Beziehung

Wenn eine mathematische Gleichung zur Beschreibung eines Phänomens vorgeschlagen wird (meist theoretisch abgeleitet), möchte man sie möglichst mit verfügbaren experimentellen Beobachtungen testen. Beschreibt es die experimentellen Ergebnisse genau, oder würde eine andere Form der Gleichung den experimentellen Ergebnissen besser entsprechen? Der einfachste Weg, diese Frage zu beantworten, besteht darin, die experimentellen Daten und die theoretische Gleichung in einem geeigneten Diagramm zusammenzufassen.

Es ist wichtig, dass dies so geschieht, dass die Form der Grafik linear ist. Um zu sehen, warum, betrachten wir eine Überprüfung der Arrhenius-Gleichung in Bezug auf die Geschwindigkeitskonstante zur absoluten Temperatur:

$$k = A \exp\left(-\frac{E_a}{RT}\right) \text{ oder } k = A e^{-E_a/RT}$$

Wenn wir experimentelle Ergebnisse für k gegen T auftragen würden, erhalten wir eine Kurve wie in ◘ Abb. A.3. Nur wenn wir zufällig die Konstanten A und E_a im Voraus kennen – und das ist im Allgemeinen nicht der Fall – können wir damit überprüfen, ob die durch die experimentellen Daten definierte Kurve die durch die Gleichung vorhergesagte Form hat. Es wäre notwendig, eine komplizierte Ausgleichsberechnung zu verwenden, um die Übereinstimmung zwischen experimentellen Daten und der theoretischen Gleichung zu prüfen.

Nehmen wir also eine alternative Darstellung. Die Arrhenius-Gleichung kann in logarithmischer Form

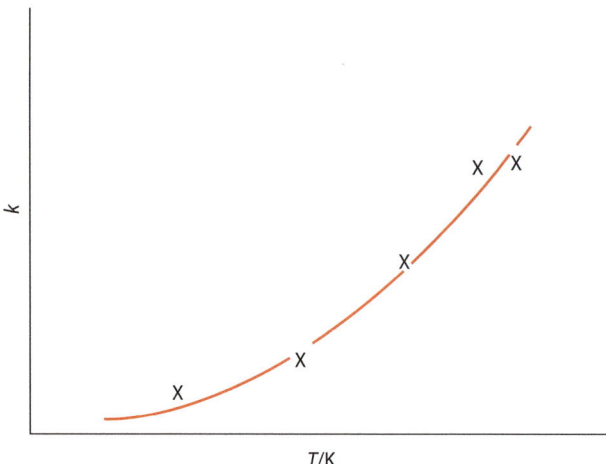

Abb. A.3 Variation der Geschwindigkeitskonstante mit der Temperatur

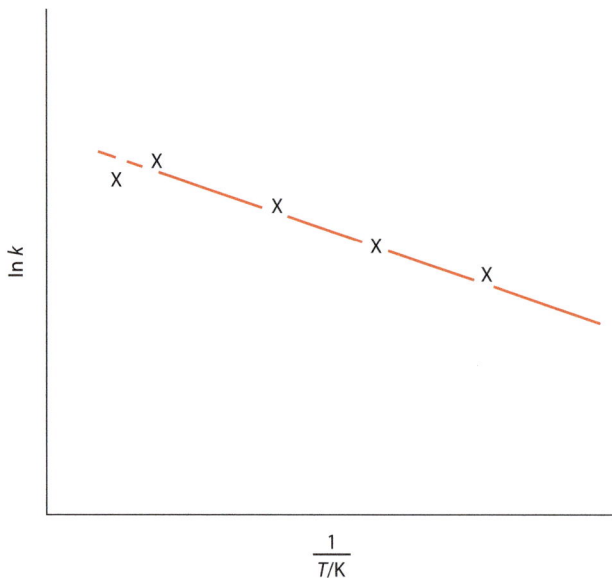

Abb. A.4 Lineare Variation des Logarithmus der Geschwindigkeitskonstanten gegenüber der reziproken Temperatur (in Kelvin)

geschrieben werden, indem man auf beiden Seiten der Gleichung den natürlichen Logarithmus verwendet:

$$\ln k = \ln A + \ln\left[\exp\left(-\frac{E_a}{RT}\right)\right] = \ln A - \frac{E_a}{RT}$$

Vergleichen Sie das mit der Geradengleichung $y = c + m x$. Wir stellen fest, dass unsere Gleichung die Form einer Gerade voraussagt, wenn $\ln k$ gegen $1/T$ aufgetragen wird. Die Gerade hat die Steigung:

$$-\frac{E_a}{R}$$

und der Achsenabschnitt ist $\ln(A)$ (siehe ◘ Abb. A.4).

Es gibt also zwei Gründe, eine theoretische Gleichung in eine lineare Form zu bringen, bevor man versucht, sie mit experimentellen Ergebnissen zu vergleichen:
- Es ist leicht zu erkennen, wie gerade ein linearer Graph ist. Es ist viel schwieriger, die Krümmung zu beurteilen, die eine gekrümmte Beziehung haben sollte.
- Die Werte der Konstanten in der Gleichung (z. B. A, E_a) können leicht aus einem geradlinigen Diagramm ermittelt werden (aus Steigung und Achsenabschnitt der Gerade). Es ist schwieriger, die Werte dieser Konstanten aus einer gekrümmten Kurve zu ermitteln.

Signifikante Stellen

Wie viele Dezimalstellen sollten angegeben werden, z. B. bei der Tabellierung einer chemischen Analyse? Die Antwort hängt von der Präzision (der Reproduzierbarkeit) der Analyse ab: Eine präzise Analyse rechtfertigt es, mehr Ziffern (z. B. 8,465 %) anzugeben als eine mit geringerer Präzision (z. B. 8,5 %). Die Anzahl der Stellen eines Werts, die der Präzision einer Messung entspricht, wird als Anzahl der signifikanten Stellen bezeichnet. Der Wert 1,57623 hat 6 signifikante Stellen, während 1,58 nur 3 signifikante Stellen hat.

Die gängige Praxis bei der Tabellierung numerischer Daten (z. B. ◘ Tab. 8.5) besteht darin, sie mit der Anzahl der signifikanten Stellen anzugeben, die der Präzision der Messung am ehesten entspricht. So kann beispielsweise ein Massenspektrometer ein Sr-Isotopenverhältnis von 0,704249 anzeigen, aber wenn die gemessene Präzision $\pm 0{,}0005$ beträgt, wird das Verhältnis besser als 0,7042 angegeben.

Es hat keinen Sinn, mehr signifikante Zahlen aufzuschreiben, als die Präzision einer Messung unterstützt (bei schlecht verwalteten Tabellen ist dies oft der Fall); daher wird $1{,}569821 \pm 0{,}0187$ objektiver als $1{,}57 \pm 0{,}02$ geschrieben.

Wenn zwei Zahlen in einer Berechnung kombiniert werden, sollte das Ergebnis die gleichen signifikanten Stellen wie die weniger genaue Komponente erhalten:
- $3{,}98595 + 3{,}2$ sollte als $= 7{,}2$ und nicht als $= 7{,}18595$ geschrieben werden.
- $4{,}5 \cdot 6{,}9877 = 31$, nicht $31{,}4447$.
- $0{,}79877 : 2{,}9 = 0{,}28$, nicht $0{,}27544$.

A.2 Chemische Grundlagen zu Lösungen

Säuren und Basen

Die einfachste Definition einer Säure ist „eine Substanz, die Wasserstoffionen in eine Lösung oder Reaktion einbringen kann" – also ein H^+-Donator. So wird beispielsweise Salzsäure (HCl), die in Wasser gelöst ist, ionisiert:

$$HCl \rightarrow H^+ + Cl^-$$

Das ist allerdings eine Vereinfachung. Jedes Ion ist tatsächlich in Lösung von einer Hülle aus Wassermolekülen umgeben, die von der Ladung des Ions elektrostatisch angezogen werden (Hydratation, Kasten 4.1). Man kann diese hydratisierten Ionen als H^+_{aq} und Cl^-_{aq} darstellen.

Eine Säure wie HCl, die nur ein Wasserstoffion (H^+ = Proton) pro Säuremolekül in die Lösung abgibt, ist eine einprotonige Säure. Phosphorsäure (H_3PO_4) ist hingegen eine mehrprotonige Säure, weil jedes Molekül mehr als ein H^+ abgeben kann.

Eine Base ist eine Substanz, die H^+ akzeptiert oder aufnimmt. Der Lösung wird freies H^+ entzogen, was sie weniger sauer macht. Die Reaktion zwischen KOH (einer Base) und H_2SO_4 (Schwefelsäure) kann geschrieben werden:

$$(K^+ + OH^-) \text{ (Base)} + (H^+ + HSO_4^-) \text{ (Säure)}$$
$$\rightarrow (K^+ + HSO_4^-) \text{ (Salz)} + H_2O$$

Diese Reaktion zeigt, dass sich KOH als Base verhält, mit dem Effekt, dass H^+ zu H_2O reagiert.

Andere Reaktionen zwischen Säuren und Basen zeigen das gleiche Muster, z. B.:

$$H_2O \rightarrow H^+ + OH^- \text{ mit: } K_{H_2O} = \frac{a_{H^+} \cdot a_{OH^-}}{a_{H_2O}}$$
$$= a_{H^+} \cdot a_{OH^-}$$

Wenn Säuren und Basen miteinander reagieren, neutralisieren sie sich gegenseitig und bilden Salze (plus Wasser).

Säuren, Basen und Salze bilden Elektrolytlösungen, in denen das gelöste Produkt teilweise oder vollständig ionisiert ist, was zu einer elektrischen Leitfähigkeit durch Bewegung geladener Ionen führt. Verbindungen wie HCl, die in Lösung mehr oder weniger vollständig ionisiert (bzw. dissoziiert) sind, werden als „starke Elektrolyte" (in diesem Fall eine starke Säure) bezeichnet. Schwache Elektrolyte (wie Kohlensäure, H_2CO_3, eine schwache Säure) sind solche, die in wässriger Lösung nur eine geringe Ionisation aufweisen. Salze sind fast immer starke Elektrolyte, aber Säuren und Basen können stark oder schwach sein, je nachdem, welche Bindung die Verbindung zusammenhält (▶ Kap. 7).

Dissoziation von Wasser: pH-Wert

Reines Wasser bei Raumtemperatur durchläuft eine partielle Eigendissoziation. Da die Aktivität von reinem Wasser $= 1{,}00$:

$$H_2O \rightarrow H^+ + OH^- \text{ mit: } K_{H_2O} = \frac{a_{H^+} \cdot a_{OH^-}}{a_{H_2O}}$$
$$= a_{H^+} \cdot a_{OH^-}$$

Tab. A.5 Alphabetische Liste der Elementsymbole, -namen, Ordnungszahlen Z und der relativen Atommasse

Symbol	Name	Z	Relative Atommasse[a]
Ac	Actinium	89[b]	227,03
Ag	Silber	47	107,87
Al	Aluminium	13	26,98
Ar	Argon	18	39,95[b]
As	Arsen	33	74,92
At	Astat	85*	209,99
Au	Gold	79	196,97
B	Bor	5	10,81
Ba	Barium	56	137,34
Be	Beryllium	4	9,01
Bi	Wismut	83	208,98
Br	Brom	35	79,91
C	Kohlenstoff	6	12,01
Ca	Calcium	20	40,08
Cd	Cadmium	48	112,40
Ce	Cer	58	140,12
Cl	Chlor	17	35,45
Co	Cobalt	27	58,93
Cr	Chrom	24	52,01
Cs	Cäsium	55	132,91
Cu	Kupfer	29	63,54
Dy	Dysprosium	66	162,50
Er	Erbium	68	167,26
Eu	Europium	63	151,96
F	Fluor	9	19,00
Fe	Eisen	26	55,85
Fr	Francium	87*	223,02
Ga	Gallium	31	69,72
Gd	Gadolinium	64	157,25
Ge	Germanium	32	72,59
H	Wasserstoff	1	1,008
He	Helium	2	4,00[b]
Hf	Hafnium	72	178,49
Hg	Quecksilber	80	200,59
Ho	Holmium	67	164,93
I	Jod	53	126,90
In	Indium	49	114,82
Ir	Iridium	77	192,2
K	Kalium	19	39,10
Kr	Krypton	36	83,80
La	Lanthan	57	138,91
Li	Lithium	3	6,94

(Fortsetzung)

Tab. A.5 (Fortsetzung)

Symbol	Name	Z	Relative Atommasse[a]
Lu	Lutetium	71	174,97
Mg	Magnesium	12	24,31
Mn	Mangan	25	54,94
Mo	Molybdän	42	95,94
N	Stickstoff	7	14,01
Na	Natrium	11	22,99
Nb	Niob	41	92,91
Nd	Neodym	60	144,24
Ne	Neon	10	20,18
Ni	Nickel	28	58,71
Np	Neptunium	93*	237,05
O	Sauerstoff	8	16,00
Os	Osmium	76	190,2
P	Phosphor	15	30,97
Pa	Protactinium	91*	231,04
Pb	Blei	82	207,19[b]
Pd	Palladium	46	106,4
Pm	Promethium	61*	146,92
Po	Polonium	84*	208,98
Pr	Praseodym	59	140,91
Pt	Platin	78	195,09
Pu	Plutonium	94*	239,05
Ra	Radium	88*	226,03
Rb	Rubidium	37	85,47
Re	Rhenium	75	186,20
Rh	Rhodium	45	102,91
Rn	Radon	86*	222,02
Ru	Ruthenium	44	101,07
S	Schwefel	16	32,06
Sb	Antimon	51	121,75
Sc	Scandium	21	44,96
Se	Selen	34	78,96
Si	Silicium	14	28,09
Sm	Samarium	62	150,35
Sn	Zinn	50	118,69
Sr	Strontium	38	87,62[b]
Ta	Tantal	73	180,95
Tb	Terbium	65	158,92
Tc	Technetium	43*	98,91
Te	Tellur	52	127,60
Th	Thorium	90*	232,04
Ti	Titan	22	47,90

(Fortsetzung)

Tab. A.5 (Fortsetzung)

Symbol	Name	Z	Relative Atommasse[a]
Tl	Thallium	81	204,37
Tm	Thulium	69	168,93
U	Uran	92*	238,03
V	Vanadium	23	50,94
W	Wolfram	74	183,85
Xe	Xenon	54	131,30
Y	Yttrium	39	88,91
Yb	Ytterbium	70	173,04
Zn	Zink	30	65,37
Zr	Zirkonium	40	91,22

*Bezeichnet ein Element ohne stabiles Isotop.
[a]In Bezug auf $^{12}C = 12,000$
[b]Relative Atommasse kann je nach Anteil der radiogenen Isotope leicht variieren.

Wasser ist ein schwacher Elektrolyt: Die Gleichgewichtskonstante K_{H_2O} (vgl. ▶ Abschn. 4.2) für diese Reaktion hat bei Raumtemperatur einen Wert von 10^{-14}. Daraus folgt, dass die Aktivitäten (Konzentrationen) freier Ionen von H^+ und OH^- in reinem Wasser beide etwa 10^{-7} mol kg^{-1} betragen. Dies lässt sich am praktischsten logarithmisch als sogenannter pH-Wert ausdrücken: Der pH-Wert von reinem Wasser beträgt 7,0, wobei:

$$\text{pH} = -\log a_{H^+}$$

Wenn also eine Lösung einen pH-Wert von 2 hat, bedeutet das, dass die Konzentration (a_{H^+}) der freien Wasserstoffionen 10^{-2} mol kg^{-1} beträgt. Die pH-Notation kann verwendet werden, um den Säuregehalt einer Lösung zu beschreiben: pH-Werte unter 7,0 bedeuten höhere Konzentrationen der H^+-Ionen als in reinem Wasser (sauer), während pH-Werte über 7,0 niedrigere H^+-Konzentrationen als reines Wasser anzeigen (basisch). Andere Gleichgewichtskonstanten wie z. B. K_1 in Gl. 4.11 können analog ausgedrückt werden:

$$K_1 = \frac{a_{H^+} \cdot a_{HCO_3^-}}{a_{H_2CO_3}} = 10^{-6,4} \text{ also: } pK_1 = 6,4$$

Der pH-Wert einer Lösung kann auf zwei verschiedene Arten gemessen werden:
— Verwendung eines Indikatorpapiers, das mit einem pH-empfindlichen Farbstoff behandelt wurde, dessen Farbe den pH-Wert der Lösung anzeigt (Lackmuspapier ist der traditionelle Säure/Base-Indikator, aber es sind spezifischere pH-Papiere erhältlich, deren Farben sich auf einen Bereich von pH-Werten beziehen);
— unter Verwendung eines speziellen elektrischen Messgeräts namens pH-Meter, das, wenn eine Messelektrode in eine Lösung getaucht wird, direkt den pH-Wert digital anzeigt.

◘ Abb. A.5 zeigt die pH-Werte einiger bekannter Lösungen.

Zusammenfassend lässt sich sagen, dass eine saure Lösung eine Lösung ist, deren H^+-Konzentration höher ist als die in reinem Wasser (10^{-7} mol kg^{-1}). Eine Säure erhöht die H^+-Konzentration einer Lösung, und eine Base senkt sie. Nach einer äquivalenten Definition ist eine Base ein Stoff, der in Lösung die Konzentration der Hydroxidionen (OH^-) in der Lösung erhöht: Weil zusätzliches OH^- mit H^+ zu Wasser reagiert, entspricht die Zugabe von OH^- einer Reduzierung von a_{H^+}.

Der Begriff „Alkali" beschreibt eine wasserlösliche Base, insbesondere die Hydroxide von Natrium (NaOH) und Kalium (KOH). Aus diesem Grund werden Na und K als Alkalimetalle bezeichnet; im geologischen Gebrauch wird dieser Begriff oft mit „Alkalien" abgekürzt. Natrium und Kalium bilden basische Oxide (Kasten 8.1).

Für eine weitergehende Einführung empfehle ich Barret (2003) und NOAA (o. D.).

A.3 Alphabetische Liste der Elemente

◘ Tab. A.5 listet die Elemente alphabetisch nach ihrem Symbol auf.

A.4 Im Buch verwendete Symbole, Einheiten, Konstanten und Abkürzungen

Die in der Liste aufgeführten Einheiten sind SI-Einheiten. In älteren Publikationen können die gleichen Größen in traditionellen Einheiten angeben sein (z. B. Druck in kbar); im Internet sind Webseiten zu finden, die Werte in unterschiedlichen Einheiten konvertieren. Griechische Buchstaben und andere Spezialsymbole sind unten separat aufgeführt.

A Anhang

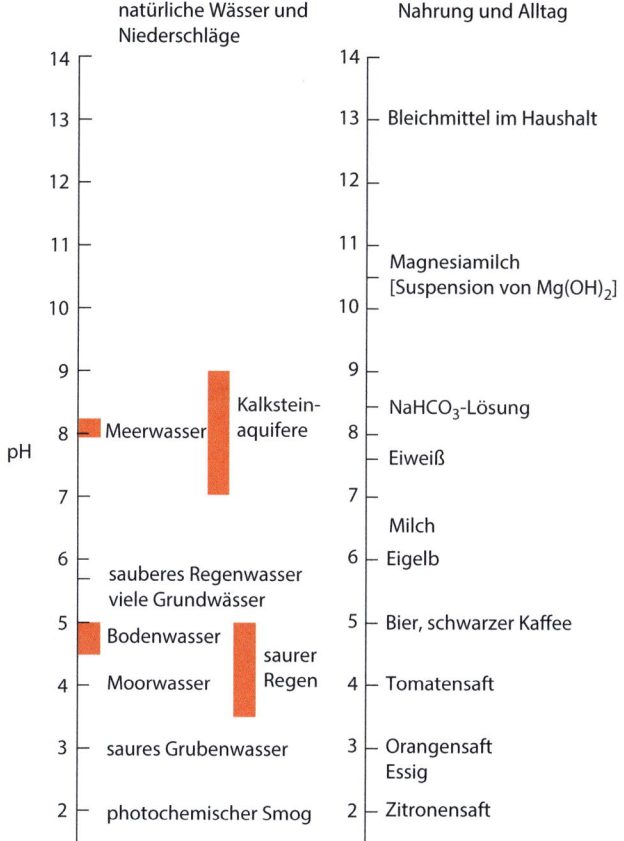

Abb. A.5 Typische pH-Werte von geologischen Milieus und Lösungen aus dem Alltag

Kursiv gedruckte Symbole stehen für Variablen und Konstanten.

a	Jahre (*annum*)
A	Massenzahl eines Isotops, $A = Z + N$
A_n	Amplitude der $(n-1)$ten Harmonischen (Gl. 5.2)
An_{65}	Symbol, das für einen Plagioklas-Mischkristall steht, der aus 65 Mol-% des Anorthitendglieds (CaAl$_2$Si$_2$O$_8$) und 35 Mol-% des Albitendglieds (NaAlSi$_3$O$_8$) besteht
c	Lichtgeschwindigkeit ($= 2{,}998 \cdot 10^8$ m s^{-1} im Vakuum)
c_i	Konzentration der Komponente i
C	Anzahl der Komponenten in einem System im Gleichgewicht (Phasenregel)*
dm^3	Kubikdezimeter, SI-Volumenmaß, entspricht einem Liter
D_i	Diffusionskoeffizient für die Komponente i
E_a	Aktivierungsenergie einer chemischen Reaktion
E_k	kinetische Energie
E_p	potenzielle Energie
Eh	Redoxpotenzial
F	Kraft
F	Anzahl der Freiheitsgrade, die einem Gleichgewicht zugeordnet sind (Phasenregel)*
f_i	Fluss der Komponente i durch die Einheitsfläche pro Zeiteinheit (mol m^{-2} s^{-1})
Fo$_{90}$	Symbol für einen Olivin-Mischkristall, der zu 90 Mol-% aus dem Endglied Forsterit (Mg$_2$SiO$_4$) und zu 10 Mol-% aus Fayalit (Fe$_2$SiO$_4$) besteht
g	Erdbeschleunigung ($= 9{,}81$ m s^{-2})
G	molare Gibbs-Energie (*free energy*)
G	universelle Gravitationskonstante (in Anhang A.1)
Ga	„Giga *annum*" = 1 Mrd. Jahre = 10^9 Jahre
h	Höhe in m
H	molare Enthalpie
k	Geschwindigkeitskonstante
K	Gleichgewichtskonstante
K_i^A	Verteilungskoeffizient, der die Verteilung des Elements i zwischen Schmelze und Mineral A beschreibt (siehe Kasten 9.1)*
L	Liter (siehe dm^3)
L	Länge der Gitarrensaite (▸ Abschn. 5.3)
ln	natürlicher Logarithmus = Logarithmus zur Basis e
m	Masse
Ma	„Megajahre" = 1 Mio. Jahre = 10^6 Jahre
meq	Milliäquivalente
$n+$	nominale Kationenladung in Elementarladungen*
n_D	Anzahl der in einer Probe vorhandenen Atomkerne des Tochterisotops*
n_P	Anzahl der in einer Probe vorhandenen Kerne des Mutterisotops (Radionuklide)*
N	Neutronenzahl (Kasten 10.1)*
N_c	Koordinationszahl (Tab. 7.1)*
p	Anzahl der nicht brückenbildenden Sauerstoffatome pro Siliciumatom in einer Silicatkristallstruktur – ein Maß für die Polymerisation*
p_i	Partialdruck der Komponente i in einem Gasgemisch
P	Druck, in Pascal (Pa), Megapascal (MPa = 10^6 Pa) oder Gigapascal (GPa = 10^9 Pa)
pH	pH-Wert = $-\log a_{H^+}$ (Messung der Säure bzw. Alkalinität)
p_{H_2O}	Partialdruck von H$_2$O in einem Gasgemisch (z. B. Luft), in gleichen Einheiten wie P
q	Ionenladung, gemessen als Vielfaches der Ladung eines Elektrons (= Elementarladung)
r	radiale Koordinate oder Ionenradius (Kasten 2.6), in pm (Pikometer = 10^{-12} m)
S	molare Entropie
t	Zeit, in Sekunden (s), Minuten, Jahren (a), Tausenden von Jahren (ka) oder Millionen von Jahren (Ma)
$t_{1/2}$	Halbwertszeit
T	Temperatur, in °C oder Kelvin (K)

v		Geschwindigkeit
x		Raumkoordinate
x^a		Massenverhältnis ($0 < x^a < 1$) einer Komponente (z. B. Mineral) a in einer Mischung
y		Raumkoordinate
z		Raumkoordinate
Z		Ordnungszahl (= Protonenzahl)

*Dimensionslose Größe

Griechische und andere Symbole (in griechischer alphabetischer Reihenfolge). Bei den angegebenen Namen der griechischen Buchstaben steht in dieser Liste Kleinschreibung für Kleinbuchstaben, Großschreibung für Großbuchstaben.

α	Alpha	experimentelle Rührrate im heterogenen kinetischen Experiment (▶ Abschn. 3.1.2)
α^{2+}	Alpha-Teilchen	^{4}He-Kern, bestehend aus 2 Protonen und 2 Neutronen
β^-	Beta-Teilchen	hochenergetisches Elektron, das von einem Kern emittiert wird
β^+		Positron (Antimaterieteilchen, das dem Elektron entspricht)
$\delta^{18}O$	delta ^{18}O	$^{18}O/^{16}O$-Verhältnis in einem Mineral oder Gestein, ausgedrückt als die positive oder negative Abweichung in ‰ vom $^{18}O/^{16}O$-Wert in einem Referenzmaterial
ΔG	Delta G	Änderung der Gibbs-Energie bei einer Reaktion
ΔH	Delta H	Enthalpieänderung, die mit einer Reaktion einhergeht
ΔS	Delta S	Entropieänderung bei einer Reaktion
ΔT	Delta T	Temperaturänderung oder Grad der Unterkühlung ($= T - T_{\text{Solidus}}$) in °C
η	eta	Viskosität (▶ Abschn. 3.3)
λ	lamda	Wellenlänge oder radioaktive Zerfallskonstante
ν	ny	Frequenz oder Neutrino
$\bar{\nu}$	ny Quer	Antineutrino (Antimateriepartikel)
π	pi	π-Bindung: eine kovalente Bindung, die durch Überlappung seitlich angeordneter Orbitale gebildet wird
σ	sigma	Scherspannung (▶ Abschn. 3.3) σ-Bindung: eine kovalente Bindung, die durch Überlappung zweier Orbitale zwischen zwei Atomkernen gebildet wird.
Σ	Sigma	Summe über eine Reihe ähnlicher Terme in einer algebraischen Gleichung. Zum Beispiel in der Gleichung für die Ionenstärke (▶ Gl. 4.14): $\sum_i m_i z_i^2$ bedeutet, dass der Term $m_i z_i^2$ für jedes vorhandene Haupton addiert wird, ($= m_1 z_1^2 + m_2 z_2^2 + m_3 z_3^2 + \ldots$), wobei z. B. $i=1$ für Na$^+$ steht, $i=2$ für Cl$^-$, $i=3$ für Ca^{2+} und $i=4$ für HCO$_3^-$)
θ	theta	Beugungswinkel bei Röntgenbeugungsmessungen (Kasten 5.3)
φ	phi	Anzahl der an einem Gleichgewicht beteiligten Phasen (Phasenregel)
χ	Chi	Stoffmengenanteil (Molenbruch)
ω	omega	Schwingungsfrequenz
‰	Promille	Teile pro Tausend

Literatur

Barrett J (2003) Anorganische Chemie in den Bereichen Awässrige Lösung. Royal Society of Chemistry, Cambridge

Ferreira PG (2006) The State of the Universe – A Primer in Modern Cosmology. Orion Books, London

NIST (o. D.) International System of Units (SI). ▶ https://physics.nist.gov/cuu/Units/introduction.html

NOAA (o. D.) A primer on pH. ▶ http://pmel.noaa.gov/co2/story/A+primer+on+pH

Waltham D (2000) Mathematics: A Simple Tool for Geologists, 2. Aufl. Wiley-Blackwell, Chichester

Glossar

α-Strahler Ein radioaktives Nuklid, das durch Abstrahlung eines α-Teilchens zerfällt (siehe Kasten 10.1).

α-Teilchen (Alphateilchen, α) hochenergetischer Heliumkern, entsteht bei α-Zerfall (siehe Kasten 10.1).

β-Teilchen (Betateilchen, $β^-$) Ein hochenergetisches Elektron, das durch eine Kernreaktion (β-Zerfall) freigesetzt wird.

Ableitung Ein (mathematischer) Ausdruck, der die Änderungsrate einer Variablen in Bezug auf eine andere Variable angibt, von der sie abhängt. Die Geschwindigkeit eines Körpers z. B. ist die Rate, mit der sich seine Position x in Bezug auf die Zeit t ändert, sie kann als die Ableitung von x nach t (geschrieben als dx/dt) betrachtet werden (siehe Anhang A.1; vgl. Differenzialrechnung).

Abschirmung Verminderung der elektrostatischen Wechselwirkung zwischen zwei Ladungen durch eine weitere zwischen ihnen angeordnete Ladung. Äußere Elektronen in einem Atom werden durch innere Elektronenschalen vom Kern abgeschirmt, wodurch sie leichter abgegeben werden können.

Absolut Gemessen von einem fundamentalen Nullpunkt, z. B. „absolute Temperatur".

Absorption Aufnahme einer chemischen Spezies in das Innenvolumen einer festen Substanz (vgl. Adsorption).

Adiabatisch Beschreibt einen Prozess, bei dem das betrachtete System keine Wärme mit seiner Umgebung austauscht.

Adsorption Bindung einer chemischen Spezies an die Oberflächenschicht eines Minerals oder eines anderen Feststoffes (s. Kasten 8.2; vgl. Absorption).

Aerosol Eine kolloidale Suspension von feinen Tröpfchen oder Partikeln, die in einem Gas (normalerweise Luft) dispergiert sind (siehe Kasten 4.4).

Aktivität (a_i) Effektive Konzentration eines Stoffes (i) in einer Lösung, berücksichtigt im Gegensatz zur Konzentration (c_i) die Wechselwirkungen zwischen Ionen in nicht idealen Lösungen (▶ Abschn. 4.3).

Aliquot Ein repräsentativer Bruchteil einer Probe, die für die chemische Analyse verwendet wird.

Alkali Siehe Anhang A.2.

allochromatisch Farbe eines Kristalls, die durch ein Spurenelement („Verunreinigung") verursacht wird (Griech. *allos* = andere), z. B. ist die rote Farbe des Rubins auf das Vorhandensein von Cr^{3+} zurückzuführen.

Aluminiumsilicat Eine Klasse von Silicatmineralen, die ausschließlich aus Aluminium, Silicium und Sauerstoff bestehen, einschließlich der Al_2SiO_5-Polymorphe Kyanit (= Disthen), Andalusit und Sillimanit (◘ Abb. 2.2). Ein Teil oder das gesamte Aluminium kommt in oktaedrischer Koordination vor (◘ Abb. 8.2 und ◘ Tab. 8.1).

Aluminosilicat Chemischer Begriff für eine Klasse von Silicatmineralen (z. B. Albit, $NaAlSi_3O_8$ = Natriumaluminosilicat), bei denen Aluminium teilweise Silicium an den Tetraederplätzen (als Netzwerkbildner) in der Kristallstruktur ersetzt (◘ Abb. 8.2 und ◘ Tab. 8.1).

amorpher Festkörper Fehlende Kristallstruktur und keine Kristallform.

amphoteres Oxid Beschreibt ein Oxid, das sich als saures Oxid in Reaktion mit einer starken Base oder als basisches Oxid in Reaktion mit einer starken Säure verhalten kann (siehe Kasten 8.1).

anaerob In Abwesenheit von Sauerstoff (= anoxisch).

Anion Ein negativ geladenes Ion, das entsteht, wenn ein neutrales Atom ein oder mehrere zusätzliche Elektronen aufnimmt („An-" kommt aus dem Griechischen und bedeutet „nach oben", bezogen auf die erhöhte Anzahl der Elektronen).

Anisotropie Physikalische Eigenschaften (z. B. Härte, Brechungsindex) eines Materials (z. B. eines Kristalls) varriieren je nach Messrichtung (vgl. Isotropie).

Anoxisch Beschreibt eine Umgebung ohne Sauerstoff.

Antimaterie Materie bestehend aus Antiteilchen.

Antiteilchen Elementarteilchen mit der gleichen Masse wie das äquivalente konventionelle Teilchen, aber der entgegengesetzten Ladung; z. B. ein Positron („positives Elektron") hat die gleiche Masse wie ein Elektron, aber eine positive Ladung.

Glossar

atmophile Elemente Kosmochemische Kategorie flüchtiger, gasförmiger Elemente, die im System Erde in der Erdatmosphäre enthalten sind (s. ◘ Abb. 11.10).

Atommasse Siehe relative Atommasse.

Atomrumpf Atom ohne seine Valenzelektronen (d. h. Atomkern plus Rumpfelektronen).

Ausfällung Siehe Fällung.

Bar Druckeinheit, die in der petrologischen Literatur weit verbreitet ist. Es entspricht ungefähr einer Atmosphäre (atm), eine weitere Druckeinheit. Sie wurde im SI-System durch Pascal $(Pa) = N\,m^{-2}$ ersetzt: $1\,bar = 10^5\,Pa$.

Baryon Ein Begriff (griech. für „schwer"), der sowohl Protonen als auch Neutronen umfasst. Baryonische Materie ist Materie, die aus Atomen und Molekülen (und letztlich aus Protonen, Neutronen und Elektronen) besteht, im Gegensatz zu exotischeren Formen der Dunklen Materie (▶ Abschn. 11.2.3).

Base Siehe Anhang A.2.

Beschleuniger-Massenspektrometrie (*accelerator mass specrometry*, AMS) Ein ultrasensitives Massenspektrometer mit einem Teilchenbeschleuniger, mit dem winzige Spuren von kosmogenen Nukliden gemessen werden können, wie beispielsweise ^{14}C.

Beugung (Diffraktion) Optisches Interferenzphänomen, das beobachtet wird, wenn elektromagnetische Strahlen mit einem Muster mit regelmäßigen Abständen interagieren, z. B. mit Atomen in einem Kristall (siehe Kasten 5.3).

biolimitierendes Element Beschreibt essenzielle Nährstoffe (wie N, P, Si), deren niedrige Konzentration die biologische Produktivität beeinträchtigen kann.

chalkophile Elemente Kosmochemische Kategorie von Elementen mit einer Affinität zu Sulfidmineralen (s. ◘ Abb. 11.10).

Dampf (engl. *vapour*) Bezieht sich in der Chemie auf jede Gasphase, die während einer Reaktion vorhanden ist. Während Chemiker darunter ein unterkritisches Gas verstehen, wird der Begriff in der Geochemie weiter gefasst.

Dampfdruck Partialdruck von Wasserdampf, siehe Partialdruck.

Dehydratisierung Die Entfernung von Wasser aus einer Substanz. In der Mineralogie ist eine Entwässerungsreaktion eine, bei der ein wasserhaltiges Mineral wie Glimmer bei hoher Temperatur zerfällt und eine Ansammlung von wasserfreien Mineralen plus Wasserdampf bildet. (Siehe ◘ Abb. 2.5.)

Diagenese Chemische, mineralogische und manchmal auch mikrobiologische Veränderungen eines Sediments nach der Ablagerung während der Versenkung (Kasten 4.7).

Differenzialgleichung Eine Gleichung, bei der mindestens ein Term eine Ableitung ist.

Differenzialrechnung Berechnung der Steigung (bzw. des Gradienten) oder die Ableitung einer abhängigen Variablen in Bezug auf eine andere Variable (vgl. Ableitung; siehe Anhang A.1).

Differenzierung Physikalische oder chemische Trennung einer Materialart von einer anderen (insbesondere eines Stammmagmas zu verschiedenen magmatischen Gesteinen). Ein homogener oder innig gemischter Körper wird in zwei oder mehr Körper oder Phasen unterschiedlicher Zusammensetzung aufgeteilt und somit differenziert.

Diffraktion Siehe Beugung.

Diffusion Die Ausbreitung einer Substanz in einer anderen durch eine Bewegung auf atomarer (oder molekularer) Basis.

dimensionslose Zahl Eine Zahl bzw. Größe, die keine zugehörigen Abmessungen oder Einheiten hat. Ein Beispiel ist π, das Verhältnis des Umfangs eines Kreises zu seinem Durchmesser: beide, Umfang und Durchmesser, haben Längenmaße, ausgedrückt in der Einheit Meter, die sich herauskürzt. Der Wert einer dimensionslosen Zahl ist unabhängig vom System der verwendeten Einheiten.

Dimer Ein Polymer, das aus nur zwei Grundeinheiten besteht.

Dipol Ein System mit zwei elektrostatischen Ladungen gleicher Größe, aber mit entgegengesetztem Vorzeichen, die einen bestimmten Abstand voneinander halten. Moleküle können permanente Dipole (aufgrund interner Unterschiede in der Elektronegativität zwischen Atomen, wie in Wasser) oder induzierte Dipole sein (die durch die polarisierende Wirkung eines elektrostatischen Feldes verursacht werden).

Dissoziation Eine Reaktion, bei der eine Verbindung in mindestens zwei einfachere Spezies zerfällt, z. B. Abgabe eines Protons bei einer Säure (siehe ▶ Abschn. 4.2.2).

Doppelbrechung (a) Eine Eigenschaft eines Kristalls, bei der der Brechungsindex entsprechend der Schwingungsrichtung des einfallenden polarisierten Lichts variiert. (b) Die numerische Differenz zwischen dem maximalen und minimalen Brechungsindex des Kristalls.

Edelgase Die Gruppe der gasförmigen Elemente Helium (He), Neon (Neon), Argon (Ar), Krypton (Kr), Xenon (Xe) und Radon (Rn) am rechten Rand des Periodensystems. Sie sind chemisch mehr oder weniger unreaktiv und werden daher auch Inertgase genannt.

Elektrolyse Die Extraktion eines Elements (z. B. Cl) aus einer Lösung, die seine Ionen enthält (Cl^-), durch Durchgang eines elektrischen Stroms.

Elektrolyt Eine Verbindung, die (als Feststoff, Schmelze oder Lösung) Strom leitet (siehe Anhang A.2).

Elektron (e^- oder β^-) Ein negativ geladenes Elementarteilchen, das für die Bindung zwischen Atomen verantwortlich ist (siehe ◘ Tab. 5.1). Siehe auch Rumpfelektron, Valenzelektron.

Elektronenvolt (eV) Energieeinheit, mit der Quantenenergien und Energieunterschiede innerhalb von Atomen gemessen werden. Die kinetische Energie eines Elektrons, das durch ein elektrostatisches Feld von 1 V aus der Ruhe beschleunigt wurde, ist $1 \text{ eV} = 1{,}6021 \cdot 10^{-19}$ J.

Element Eine Substanz, die aus einem einzigen Atomtyp besteht (alle Atome haben die gleiche Ordnungszahl Z).

empirisch Durch Experiment oder Beobachtung bestimmt, nicht durch theoretisches Denken oder Rechnen.

Endglied Eine von zwei oder mehreren chemischen Komponenten bzw. Formeln, in denen die Zusammensetzung eines Mischkristalls ausgedrückt werden kann.

endotherme Reaktion Reaktion, die Energie verbraucht (ΔH positiv).

Energie Siehe Kasten 1.1.

Energieniveau Einer von wenigen zulässigen (d. h. „gequantelten") Energiewerten, die ein Elektron in einem Atom nach der Wellenmechanik besitzen kann.

Enthalpie (H) Thermodynamische Variable, stellt die gesamte kinetische Energie der Atome oder Moleküle in einer Substanz dar.

Entmischung Entmischung einer homogenen Phase in zwei nicht mischbare Phasen, oft in Form einer lamellaren Verwachsung (z. B. Perthit). Vgl. Solvus.

Entropie (S) Thermodynamische Variable, stellt die interne Unordnung einer Substanz dar (Kasten 1.3).

Erdöl Begriff, der alle natürlich vorkommenden flüssigen Kohlenwasserstoffe umfasst.

Eutektikum (eutektischer Punkt) Ein invarianter Punkt in einem Phasendiagramm, an dem das Phasenfeld der Schmelze seine niedrigste Temperatur erreicht (z. B. E in ◘ Abb. 2.6 oder ◘ Abb. 2.15). Ein Eutektikum markiert die endgültige Zusammensetzung einer abkühlenden Schmelze bei der fraktionierten Kristallisation, bzw. die Zusammensetzung der ersten gebildeten Schmelze während des partiellen Schmelzens (Kasten 2.4).

Evaporit Bei Verdunstung aus übersättigter Sole abgeschiedene Sedimentgesteine, bestehend aus Salzmineralen.

exotherme Reaktion Reaktion, die Wärme freisetzt (ΔH negativ).

extensive Größe Von der Größe des betrachteten Systems abhängige Variable, z. B. Masse. Vgl. intensive Größe.

Fällung (oder Ausfällung) Bildung von unlöslichen Feststoffen aus der Lösung. Erfordert, dass die Lösung übersättigt ist (▶ Kap. 4). Vgl. Niederschlag.

FCKW Abkürzung für Fluorchlorkohlenwasserstoff: Stoffklasse inerter Derivate einfacher Kohlenwasserstoffe, die früher als Kältemittel und als Treibmittel für Schaum und Aerosole verwendet wurden (siehe ▶ Abschn. 9.11.2).

flüchtig Beschreibt Elemente oder Verbindungen, die leicht (bei relativ niedriger Temperatur) in den gasförmigen Zustand versetzt werden können. Vgl. refraktär.

Fluid Flüssige, gasförmige oder überkritische Phase. Der Begriff wird auf alles angewendet, was fließen kann. In der Geologie ist oft ein überkritisches wässriges Fluid gemeint (siehe Kasten 2.2).

Fluoreszenz Lichtemission nach einer Anregung durch Absorption von kurzwelligem Licht.

Fraktionierung Fortschreitende partielle Trennung von Elementen (oder Isotopen) aufgrund chemischer Unterschiede zwischen ihnen („fraktioniert" ist das Gegenteil von „primitiv"). Es kommt zur An- und Abreicherung der jeweiligen Elemente (bzw. Isotope) in verschiedenen Phasen bzw. Reservoiren.

Fraunhoferlinien Dunkle Linien im optischen Spektrum des sichtbaren Lichts eines Sterns (◘ Abb. 11.1), verursacht durch Lichtabsorption durch Elektronenübergänge in den Atomen von Elementen, die sich in der kühlen äußeren Hülle des Sterns befinden.

freies Elektronenpaar Gepaarte (nichtbindende) Valenzelektronen in einem gefüllten Valenzorbital (meist Hybridorbital, z. B. ◘ Abb. 7.8b, c). Freie Elektronenpaare beeinflussen die Hybridform und sind als Elektronendonatoren an der Bildung von Komplexen beteiligt.

funktionelle Gruppe Eine Gruppe von Atomen, die peripher an die grundlegende Kohlenstoffkette –C–C–C– eines organischen Moleküls gebunden ist und ihm eine bestimmte chemische Funktionalität verleiht.

Gaskonstante (R) Eine grundlegende physikalische Konstante. $R = 8{,}314$ J mol^{-1} K^{-1}.

gediegen (engl.: *native*) Beschreibt ein Element (z. B. gediegen Gold), das natürlich im elementaren (metallischen) Zustand vorkommt (d. h. nicht in einer Verbindung).

Gefüge Beschreibt die geometrischen Beziehungen zwischen den einzelnen Mineralkörnern in einem Gestein.

Geothermometrie Wissenschaft der Abschätzung der Bildungstemperatur eines Gesteins (d. h. die Temperatur, bei der seine Mineralzusammensetzung im chemischen Gleichgewicht war) aus den Zusammensetzungen der Minerale.

gesättigte Kohlenwasserstoffe Kohlenwasserstoffe, die nur Einfachbindungen (–C–C–) enthalten.

gesättigte Lösung Beschreibt eine Lösung, die den maximal möglichen Gehalt eines gelösten Stoffs enthält. Sie koexistiert stabil mit einem Überschuss dieses Stoffes in festem oder gasförmigem Zustand.

Gibbs-Energie (G) Siehe ▶ Abschn. 1.3.

Glas Ein Aggregatzustand mit der ungeordneten Struktur einer Schmelze, aber den mechanischen Eigenschaften eines Festkörpers.

Gleichgewichtskonstante Ein Parameter eines bestimmten chemischen Gleichgewichts, der das relative Verhältnis von Reaktanten und Produkten der Reaktion ausdrückt, bei dem die Reaktionsgeschwindigkeiten der Hin- und Rückreaktion unter den entsprechenden Bedingungen ausgeglichen sind (▶ Abschn. 4.2).

Größenordnung Schätzung einer Menge relativ zur nächsten Zehnerpotenz. Es wird gesagt, dass sich zwei Messungen um eine Größenordnung unterscheiden, wenn der eine Wert mindestens zehnmal größer als der andere ist. 10.000 ist zwei Größenordnungen (d. h. 10^2) größer als 100.

Halbleiter Halbleiter haben eine kleine Bandlücke zwischen den Energieniveaus des mit Elektronen gefüllten Valenzbandes und des im Grundzustand leeren Leitungsbandes. Im Grundzustand sind Halbleiter elektrische Isolatoren, durch Anregung von Elektronen in das Leitungsband werden sie elektrische Leiter. Diese Eigenschaft ermöglicht viele technische Anwendungen. Zu den Halbleitern zählen die Halbmetalle und diverse Verbindungen.

Halbmetall Ein Element mit sowohl metallischen als auch nichtmetallischen Eigenschaften, z. B. Silicium.

Halbwertszeit ($t_{1/2}$) Die charakteristische Zeit, die ein radioaktives Isotop benötigt, um bis zur Hälfte seiner ursprünglichen Konzentration (oder Radioaktivität) zu zerfallen.

Härte Meint bei Mineralen meist die Ritzhärte auf einer relativen Skala (Mohs-Härte). Siehe auch Wasserhärte.

heterogenes Gleichgewicht Reaktion mit Beteiligung von mehr als einer chemischen Phase (z. B. Reaktion Gl. 4.6), vgl. homogenes Gleichgewicht.

homogenes Gleichgewicht Reaktion erfolgt innerhalb einer einzigen chemischen Phase (z. B. Reaktion Gl. 3.1), vgl. heterogenes Gleichgewicht.

Hybridisierung (von Orbitalen in Atomen) Die Zusammenführung der Wellenfunktionen mehrerer Valenzelektronen eines Atom erzeugt eine Wellenform der Orbitale mit unterschiedlicher Form und Energiestruktur. Zum Beispiel geht die Tetraederform in der Struktur vieler Kohlenstoffverbindungen auf die Form der sp^3-Hybridisierung zurück (◘ Abb. 7.13a und d), eine Kombination von einem 2s- und drei 2p-Orbitalen.

Hydratation (a) Aufnahme von Wasser oder OH$^-$ in Mineralen, vgl. Dehydratisierung. (b) Die Stabilisierung eines Ions in wässriger Lösung durch Bildung einer Hydrathülle aus polaren Wassermolekülen (siehe Kasten 4.1), d. h. ein Spezialfall der Solvatisierung.

Hydrothermal Bezieht sich auf heiße salzhaltige wässrige Fluide, die in der Kruste zirkulieren, oder auf hydrothermale Gänge und Erzablagerungen, die aus solchen Fluiden kristallisiert werden.

Hydroxidion OH^--Ion

ideale Lösung Eine Lösung, die ausreichend verdünnt ist, damit Ion-Ion-Wechselwirkungen unbedeutend sind.

idiochromatisch Farbe eines Kristalls, die von einem seiner Hauptelemente abgeleitet ist (Griech. *idios* = eigen).

Infinitesimal Beschreibt etwas, das extrem klein ist.

inkompatibles Element siehe Kasten 9.1.

inkongruentes Schmelzen Schmelzen eines Minerals, wenn zusätzlich zur Schmelze ein neues Mineral gebildet wird (siehe Kasten 2.6).

Integration Das Integral einer Funktion von x ist eine algebraische Funktion, welche die Fläche unterhalb der Kurve zwischen beliebigen Grenzen x_1 und x_2 beschreibt. Es wird geschrieben als: $\int_{x_1}^{x_2} y\, dx$. Integration ist die mathematische Operation zur Berechnung des Integrals einer Kurve bzw. der Fläche unter einer Kurve. Die Integration kann als Umkehrung der Ableitung betrachtet werden: So gibt das Integral der Geschwindigkeit als Funktion der Zeit die zurückgelegte Strecke an.

intensive Größe Von der Größe des betrachteten Systems unabhängige Variable, z. B. Temperatur. Vgl. extensive Größe.

Interferenz Begriff der Optik, der Wechselwirkungen zwischen sich überlagernden Wellen (z. B. Lichtstrahlen) gleicher Wellenlänge beschreibt, die zu einer Verstärkung (wenn sie „in Phase" sind) oder Dämpfung (wenn sie „Phasenverschoben" sind) führen (siehe ◘ Abb. 5.1).

Intrusivkomplex Aus mehreren zusammengehörigen Plutonen (Instrusionen) bestehender Gesteinskörper.

invarianter Punkt Beschreibt einen Punkt in einem Phasendiagramm, der Null Freiheitsgrade F aufweist (siehe ▶ Abschn. 2.3.3).

Ion Atom mit einer elektrischen Nettoladung, verursacht durch Aufnahme oder Abgabe von Elektronen. Siehe Anion und Kation.

Ionenpaar Temporäre elektrostatische Assoziation von zwei gelösten Ionen mit entgegengesetzter Ladung.

Ionenpotenzial Verhältnis der Ionenladung zum Ionenradius.

Ionenstärke Ein Maß dafür, wie weit eine Lösung mit verschiedenen Ionen vom idealen Lösungsverhalten abweicht (Abschnitt 4.3.1). Berechnet als Summe über einen Term für jedes Ion, der von der Molalität und der Ionenladung abhängt (Gl. 4.14).

Ionisierungsenergie Die Energie (in eV oder kJ mol^{-1}), die erforderlich ist, um das am leichtesten abzugebende Elektron aus einem Atom zu entfernen und zu einem „freien Elektron im Ruhezustand" zu machen (◘ Abb. 5.7).

Iso- Präfix für „gleich" bzw. „konstant".

Isobare (a) Ein „Konturlinie" mit gleichem Druck: Eine hypothetische Linie (oder Fläche im P-T-χ-Raum) im Phasendiagramm, an der der Druck überall gleich ist. Ein isobarer Prozess läuft bei konstantem Druck ab. (b) Nuklide mit gleicher Massenzahl A (Kasten 6.1).

Isochrone Eine Linie auf einem Isotopenverhältnisdiagramm, die durch Datenpunkte gleichen Alters gezogen wird.

Isotherme Temperaturkontur in einem Phasendiagramm, d. h. eine Linie (oder Fläche), auf der die Temperatur konstant ist. Ein isothermer Prozess läuft bei konstanter Temperatur ab, ein isothermes Phasendiagramm wurde für eine bestimmte Temperatur erstellt.

Isotone Siehe Kasten 10.1.

Isotop Ein Isotop eines Elements besteht aus Atomkernen, die die gleichen Werte der Ordnungszahl Z und der Neutronenzahl N teilen. Andere Isotope des Elements haben den gleichen Wert von Z, aber unterschiedliche Werte von N. Siehe Kasten 10.1.

Isotropie Beschreibt einen Stoff, dessen physikalische Eigenschaften Werte aufweisen, die unabhängig von der Messrichtung sind (z. B. Brechungsindex in kubischen Mineralen).

Katalysator Eine Substanz, die eine chemische Reaktion beschleunigt, ohne von ihr verbraucht zu werden.

Kation Ein positiv geladenes Ion, das durch den Verlust eines oder mehrerer Elektronen aus einem elektrisch neutralen Atom erzeugt wird („Kat-" kommt aus dem Griechischen und bedeutet „runter", bezogen auf die geringere Anzahl von Elektronen im Vergleich zum neutralen Atom).

Kelvin (K) Temperatureinheit, ausgedrückt auf der absoluten Temperaturskala. $T/K = T/°C + 273{,}15$. Kelvin (K) und Grad Celsius (°C) haben die gleiche Größe, unterscheiden sich aber in ihren Nullpunkten (absoluter Nullpunkt bzw. Schmelzpunkt von Eis).

Kilobar (kbar) 1 kbar = 10^8 Pa. Siehe Bar.

kinetische Energie (E_k) Die Energie, die ein Körper aufgrund seiner Bewegung besitzt (siehe ▶ Kap. 1).

kogenetisch Beschreibt eine Serie von Gesteinen gleichen Alters, die einen gemeinsamen Ursprung haben (z. B. aus dem gleichen Stammmagma kristallisiert).

Kohlenwasserstoffe Organische Verbindungen, deren Moleküle nur aus C und H aufgebaut sind.

Komplex Eine Gruppe von Liganden umgibt ein zentrales Metallatom oder Ion, zusammengehalten durch Komplexbindungen (▶ Abschn. 7.2.4): Dabei überlappen freie Elektronenpaare der Liganden mit leeren Orbitalen des Zentralatoms. (Siehe auch Intrusivkomplex.).

Komplexierung Komplexbildung.

Komponente Die chemischen Komponenten eines Systems umfassen die minimale Anzahl von chemischen Spezies (atomar, isotopisch oder molekular), die benötigt werden, um die Zusammensetzung aller vorhandenen Phasen vollständig zu spezifizieren.

Kondensat Flüssige oder feste Phase(n), die aus einem gesättigten Gas oder Dampf kondensieren.

Kondensation Bildung einer Flüssigkeit oder eines Feststoffes aus einem abkühlenden Gas.

kondensierte Phasen Flüssige und feste Phasen, in denen die Atome oder Moleküle in gegenseitigem Kontakt stehen (siehe Kasten 1.3).

konnates Wasser Ursprünglich Meerwasser, das seit dem Zeitpunkt der Ablagerung in den Poren eines Sedimentgesteins eingeschlossen ist.

Konzentration Ein Parameter, der angibt, wie viel einer bestimmten chemischen Spezies (Komponente) in einer Einheitsmenge des Mediums (Phase), in dem es sich befindet (das kann ein Gas, eine Flüssigkeit oder ein Feststoff sein), vorhanden ist (▶ Abschn. 4.1; s. a. Aktivität).

Koordinationspolyeder Die hypothetische dreidimensionale Form, die durch Verbinden der Anionenmittelpunkte erhalten wird, die unmittelbar um ein Kation herum angeordnet sind (oder umgekehrt), z. B. Oktaeder oder Tetraeder.

Korona Ein Rand aus verschiedenen Mineralen um einen Kristall, der bei einer Metamorphose durch eine unvollständig abgelaufene Reaktion zwischen dem Kristall und den umgebenden Mineralen entstand (siehe Kasten 3.1).

kosmogenes Nuklid Ein Nuklid/Isotop, das durch Beschuss mit kosmischer Strahlung bestimmter Elemente in Meteoriten, der festen Erde oder der Erdatmosphäre gebildet wird.

kotektische Linie Phasengrenzlinie („Temperaturtal") in einem ternären Phasendiagramm, an der zwei Phasen gleichzeitig kristallisieren.

kritischer Punkt Bei einer überkritischen Temperatur kann nicht zwischen gasförmiger und flüssiger Phase eines bestimmten Stoffes unterschieden werden. Stattdessen gibt es eine homogene Phase, als überkritisches Fluid bezeichnet (◘ Abb. 2.3b).

kryptokristallin Besteht aus Kristallen, die zu klein sind, um unter dem optischen Mikroskop gut sichtbar zu sein.

Lanthanoid Eines der 14 Elemente nach Lanthan im Periodensystem (Ce bis Lu), gekennzeichnet durch das Auffüllen der 4f-Orbitale mit Elektronen (vgl. Seltenerdelemente).

latente Schmelzwärme (Schmelzenthalpie) Die Enthalpie, die erforderlich ist, um 1 kg eines Feststoffes bei konstanter Temperatur vollständig in eine Flüssigkeit zu transformieren (in J kg^{-1}).

latente Verdampfungswärme Die Enthalpie, die erforderlich ist, um 1 kg einer Flüssigkeit bei konstanter Temperatur in ein Gas umzuwandeln (in J kg^{-1}).

Ligand (in einem Komplex oder Kristall) Die Ionen oder Moleküle, die das Zentralion (eines Komplexes) oder Atom umgeben. Zum Beispiel sind im gelösten Komplex $Cu(HS)_2^-$ die beiden HS$^-$-Anionen die Liganden, die an das zentrale Cu$^+$-Ion gebunden sind.

lineare Beziehung Eine Beziehung zwischen y und x gilt als linear, wenn die Darstellung von y gegen x eine Gerade ergibt.

Liquidus Die Temperatur, bei der sich die ersten Kristalle in einer abkühlenden Schmelze zu bilden beginnen. Eine Liquiduskurve (oder -fläche) in einem Phasendiagramm zeigt die Veränderung der Liquidustemperatur mit der Zusammensetzung oder mit dem Druck. Vgl. Solidus.

lithophile Elemente Kosmochemische Kategorie von Elementen mit einer Affinität zu Silicatmineralen (s. ◘ Abb. 11.10).

Logarithmus (log, ln) Die Größe einer Zahl ausgedrückt als eine Potenz von 10 ($\log_{10}$ = log) oder von e (natürlicher Logarithmus = ln), wie in Anhang A.1 erläutert.

Lösungsmittel Die dominante Komponente einer Lösung, bzw. das Medium, in dem gelöste Spezies enthalten sind.

Magma Jede Art von magmatischer Schmelze, einschließlich enthaltener Phasen wie Kristalle und/oder Dampfblasen.

makroskopisch Mit bloßem Auge sichtbar oder mit normalen Laborgeräten messbar, im Gegensatz zu mikroskopisch.

Massenspektrometer Siehe Kasten 10.2.

mehrprotonige Säure Beschreibt eine Säure, deren Formel mehr als ein Wasserstoffatom enthält und deren Dissoziation daher mehr als ein Wasserstoffion erzeugt (Anhang A.2).

metastabil Beschreibt ein Mineral, das aufgrund der Langsamkeit der Reaktion, mit der es in ein stabileres Mineral umgewandelt wird (z. B. Aragonit bei Oberflächenbedingungen, ◘ Abb. 1.7), außerhalb seines P-T-Stabilitätsbereichs konserviert wurde.

meteorisches Wasser Beschreibt Wasser, das letztendlich aus natürlichen Niederschlägen stammt.

Mikronährstoff Ein Spurenelement, das ein Organismus benötigt, damit sein Stoffwechsel funktioniert.

mikroskopisch Nur unter dem Mikroskop sichtbar. Zu klein, um mit einem normalen Gerät gesehen oder gemessen zu werden.

Milliäquivalent (meq, mval) Veraltete Einheit der Stoffmenge, zum Teil noch bei der Kationenaustauschkapazität gebräuchlich (ersetzt durch die SI-Einheit Mol). Bedeutet „tausendstel Äquivalent", wobei ein Äquivalent die Masse einer Substanz bedeutet, die ein Mol H^+ in einer Säure-Base-Reaktion neutralisiert. Für ein Kation: Stoffmenge in Mol multipliziert mit Ionenladung.

mischbar Zwei Verbindungen gelten als mischbar, wenn sie in beliebigen Anteilen zu einer einzigen, stabilen, homogenen Phase kombiniert werden können.

Mischkristall Kristall, dessen Zusammensetzung variabel zwischen sogenannten Endgliedern liegt. Zum Beispiel Olivin (X_2SiO_4) mit den Endgliedern Forsterit (Mg_2SiO_4) und Fayalit (Fe_2SiO_4).

Mol (Symbol: mol) Einheit der Stoffmenge (eines Elements oder einer Verbindung). Entspricht der Masse in Gramm, die numerisch gleich ihrer relativen Atommasse bzw. Molekülmasse ist. Z. B.: die relative Molekülmasse von H_2O ist $2 + 16 = 18$; ein Mol Wasser ist daher definiert als 18 g Wasser. Eine 54 g schwere Wassermenge entspricht daher $54/18 = 3$ mol.

Molalität Konzentration eines in Wasser gelösten Stoffes in Mol pro kg Wasser (vgl. Stoffmengenkonzentration).

Molarität Siehe Stoffmengenkonzentration.

Molekulargewicht Siehe relative Molekülmasse.

Molenbruch Siehe Stoffmengenanteil.

Netzwerkbildner Ein Element, das aufgrund seiner relativ kovalenten Bindung mit Sauerstoff Teil des O-Si-O-Netzwerks (z. B. Ketten, Schichten) einer Silicatkristallstruktur ist.

Netzwerkwandler Ein Element oder eine Gruppe, dessen/deren Ionen (z. B. Na^+, OH^-) sich zwischen den aus Tetraedern aufgebauten Gerüsten der Kristallstruktur von Silicaten befinden.

Neutron (n) Ungeladenes Elementarteilchen im Atomkern, geringfügig schwerer als das Proton.

Neutronenzahl (N) Die Anzahl der Neutronen in einem Atomkern.

Niederschlag (Präzipitation) Bildung von unlöslichen Feststoffen aus einer Lösung (auch: Fällung) oder Bildung von Flüssigkeitströpfchen aus Dampf. Erfordert, dass Lösung bzw. Dampf übersättigt ist (▶ Kap. 4).

Nukleon Baustein des Atomkerns, der Begriff umfasst sowohl Protonen als auch Neutronen.

Nuklid Eine Substanz, die aus Atomen mit bestimmten Werten von Z und N besteht, d. h. einem bestimmten Isotop eines bestimmten Elements.

Opazität, opak Eigenschaft eines Materials, durch das das Licht nicht hindurchdringen kann.

Orbital Begriff, der in der Wellenmechanik verwendet wird, um die räumlichen Eigenschaften der Wellenform zu beschreiben, die von einem Elektron in einem Atom angenommen wird (analog zur klassischen Umlaufbahn eines um die Sonne wandernden Planeten). ▶ Siehe Kap. 5.

Ordnungszahl (Z) Die Anzahl der Protonen im Atomkern. Ebenso die Gesamtzahl der Elektronen im elektrisch neutralen Atom. Identifiziert ein chemisches Element eindeutig.

organische Chemie Zweig der Chemie, der sich mit Verbindungen beschäftigt, in denen Kohlenstoff mit Wasserstoff und ggf. anderen Elementen kombiniert ist.

organometallische Verbindung Organische Verbindung, die Metallatome enthält.

Oxid Verbindung, bei der ein Element chemisch an Sauerstoff gebunden ist. Siehe ◘ Abb. 9.20.

Oxidation Ursprüngliche Bedeutung: eine chemische Reaktion eines Elements oder einer Verbindung mit Sauerstoff. Heutige Bedeutung: eine chemische Reaktion, bei der ein Atom oder Ion ein bzw. mehrere Elektron(en) abgibt (Kasten 4.7), oder eine Erhöhung der mit anderen Atomen geteilten Elektronenanzahl. Vgl. Reduktion, Redoxreaktion.

Oxidationsstufe (eines Atoms in einem Molekül bzw. einer Verbindung) Die hypothetische Ladung, die das Atom besitzen würde, wenn die Verbindung durch rein ionische Bindungen zusammengehalten würde.

Oxoanion Ein mehratomiges Anion, das Sauerstoff (und/oder Hydroxid) neben einem anderen Element enthält, z. B. Nitrat (NO_3^-).

Partialdruck (p_i) Der Druck in Pa, den eine einzelne gasförmige Komponente i in einem Gas (oder einer anderen Phase) ausübt.

Peridotit Gesteinsart, die zu mehr als 40 % aus (Mg-reichem) Olivin besteht, zusammen mit anderen Mg-reichen Mineralen wie Pyroxen. Macht den größten Teil des Erdmantels aus.

Perthit Der Name für einen Kaliumfeldspatkristall mit Entmischungslamellen von Natriumfeldspat (siehe ◘ Abb. 2.12b und 2.13).

pH-Wert Siehe Anhang A.2.

Phase (chemischer Gebrauch) Ein Teil eines Systems, der ein bestimmtes Volumen einnimmt und einheitliche (oder ggf. graduell variierende, in einem zonierten Kristall) physikalische und chemische Eigenschaften aufweist, die ihn von allen anderen Teilen des Systems unterscheiden. So bilden beispielsweise Olivinkristalle, Schmelze und Gasblasen in einem kristallisierenden Magma drei verschiedene Phasen.

Phasengrenze Grenzfläche zwischen zwei Phasen (siehe Phase).

Phasengrenzlinie/-fläche Linie (oder Fläche) in einem Phasendiagramm, das die Stabilitätsgrenze einer bestimmten Phase oder Vergesellschaftung im Raum P-T-χ markiert.

Photodissoziation Aufspaltung eines Moleküls durch ein hochenergetisches Photon (▶ Abschn. 3.1.4).

Photon Lichtquantum, verhält sich in mancher Hinsicht wie ein Teilchen.

Polarisation (a) Anziehung negativer Ladung zu einer Seite eines Atoms, Ions oder einer Bindung, wobei die andere Seite eine positive Nettoladung aufweist. (b) Ein Lichtstrahl, dessen elektrischer Feldvektor nur in einer Ebene schwingt, ist linear polarisiert.

Polarisierbarkeit Empfindlichkeit einer Substanz gegenüber Polarisation auf atomarer oder molekularer Ebene: ein Maß dafür, wie leicht die Elektronendichte in einem elektrischen Feld verformt werden kann.

Polymer Material, dessen Moleküle aus einer Reihe von identischen kleineren Einheiten aufgebaut sind, z. B. besteht Polyethylen aus Ketten von ≤ 80 Ethylenmolekülen (= Ethen, C_2H_4), die miteinander verbunden sind.

Polymorph Eine von mehreren alternativen Kristallstrukturen, die eine bestimmte Substanz annehmen kann.

Positron (β^+) Antimaterie-Gegenstück zu einem Elektron.

potenzielle Energie Die Energie, die ein Körper aufgrund seiner Position in einem Kraftfeld (wie Gravitation) besitzt.

ppb Teile pro Milliarden, 1 ppb = 10^{-3} ppm.

ppm Teile pro Million, Einheit der (niedrigen) Konzentration eines Elements (nicht des Oxids). 1 ppm = 1 g pro 10^6 g = 1 µg pro g = 1 mg pro kg. 10^3 ppm = 0,1 %. In Gasgemischen bezieht sich der Begriff „ppm" in der Regel auf Volumenteile pro Million (ppmv).

Präzision Die Größe des statistischen Fehlers einer Messung, vgl. Richtigkeit. (Verwirrenderweise beschreibt

„hochpräzise" eine Messung, die einen geringen Fehler aufweist.)

primitiv Ein Material (insbes. Erdmantel oder Magma), das wenig oder gar keine Differenzierung bzw. Fraktionierung erfahren hat.

Produkt Eine chemische Spezies, die durch eine chemische Reaktion gebildet wird (steht auf der rechten Seite der Reaktionsgleichung).

Prograd (bei metamorphen Reaktionen) Auf dem Weg zu höherem Metamorphosegrad bzw. höherer Temperatur.

Proton (p^+) Positiv geladenes massives Kernteilchen.

pseudobinäres/-ternäres System System, das für praktische Zwecke als Zweikomponentensystem (binär) bzw. Dreikomponentensystem (ternär) genähert wird, das aber in bestimmten Details ein komplexeres Verhalten aufweist, z. B. kristallisierende Phasen, deren Zusammensetzungen außerhalb des vereinfachten Systems liegen.

Puffer, Pufferung Ein chemisches Gleichgewicht, das in der Lage ist, extern induzierten Änderungen der Schlüsseleigenschaften eines Systems zu widerstehen (z. B. pH-Wert: ▶ Abschn. 4.4.2; f_{O_2}: ◘ Abb. 9.22).

Quantenzahl Eine Zahl – meist eine ganze Zahl – deren mögliche Werte (0, 1, 2 etc.) die verschiedenen Orbitale / Wellenformen / Elektronenzustände in einem Atom (◘ Tab. 5.3) oder die Oberschwingungen einer beliebigen stehenden Welle identifizieren (siehe ◘ Abb. 5.3).

Radikal Ein vorübergehend ungebundenes Atom (z. B. Cl•) oder Molekül (z. B. CH$_3$•) mit einem ungebundenen Valenzelektron (symbolisiert durch •), was es sehr reaktiv macht.

radioaktives Isotop/Element Isotop/Element, dessen Atomkern spontan zerfällt.

radiogenes Isotop Ein Tochterisotop, das durch den Zerfall eines radioaktiven Mutterisotops entsteht und dessen Häufigkeit mit der Zeit zunimmt. Quantitativ: Anteil eines solchen Isotops, der das Produkt des Zerfalls eines radioaktiven Mutterisotops ist.

Radionuklid Ein (radioaktives) Nuklid, das aus instabilen Atomkernen besteht und radioaktiv zerfällt.

Reaktant Eine chemische Spezies, die an einer chemischen Reaktion teilnimmt und auf der linken Seite der Reaktionsgleichung steht.

Reaktionssaum Ein Saum aus neuen Mineralen um einen früh gebildeten Kristall, der in einem späteren Stadium mit der Schmelze reagiert hat (siehe ◘ Abb. 3.2).

Redoxpotenzial (Eh) Siehe Kasten 4.7.

Redoxreaktion Umfasst Oxidation und Reduktion. Beide laufen immer gemeinsam ab, d. h. ein Stoff wird oxidiert und ein anderer Stoff reduziert.

Reduktion Ursprüngliche Bedeutung: eine chemische Reaktion, bei der Sauerstoff aus einer Verbindung entfernt wird. Heutige Bedeutung: jede chemische Reaktion, bei der ein Atom oder Ion ein oder mehrere Elektron(en) aufnimmt (Kasten 4.7). Vgl. Oxidation, Redoxreaktion.

refraktär Kosmochemische Kategorie: Element (bzw. dessen Verbindung) mit besonders hohen Schmelz- und Verdampfungstemperaturen. Vgl. flüchtig.

relative Atommasse (A_r) Masse eines Atoms, ausgedrückt auf einer Skala, bei der $^{12}C = 12{,}0000$. Ist im Periodensystem der Elemente links oben vom jeweiligen Elementsymbol angegeben.

relative Molekülmasse (M_r) Masse eines Moleküls, ausgedrückt auf einer Skala, bei der $^{12}C = 12{,}0000$.

Richtigkeit Genauigkeitsbegriff bei einer Messung: Der systematische Fehler (Abweichung des Messgeräts vom wahren Wert) ist klein. Vgl. Präzision.

Rumpfelektron Ein Elektron in einer inneren Schale (Atomrumpf), das zu fest gebunden ist, um an einer Bindung teilzunehmen (vgl. Valenzelektron).

Salinität „Salzgehalt" einer Wasserprobe. Nach der einfachsten Definition die Gesamtmasse (in g) der gelösten Salze pro kg Lösung. Da dies nicht leicht zu messen ist, gibt es alternativ definierte Salinitäten. Die Salinität des Meerwassers beträgt durchschnittlich 35 g kg^{-1}.

Salz Eine Klasse von Verbindungen, die sich aus Reaktionen zwischen Säuren und Basen ergeben, bei denen ein oder mehrere Wasserstoffion(en) der Säure durch Metallionen aus der Base ersetzt wurden (siehe Anhang A.2).

Säure Siehe Anhang A.2 und Kasten 8.1.

Schieferung Gesteinsstruktur, in der tafelige Kristalle mehr oder weniger parallel zueinander liegen.

Schließungstemperatur Eine Temperatur (spezifisch für eine bestimmte Reaktion oder einen bestimmten Diffusionsprozess), bei der die Diffusionsrate langsamer wird als die Abkühlrate, und die Reaktion effektiv beendet wird.

Schmelzenthalpie Siehe latente Schmelzwärme.

schwache Säure Eine Säure (z. B. Kohlensäure, H_2CO_3), die in wässriger Lösung nur eine geringe Ionisation aufweist, d. h. nicht vollständig dissoziiert (siehe Anhang A.2).

SEE Abkürzung für Seltenerdelemente.

sekulärer Trend Nicht zyklische Änderung bzw. Schwankung des Wertes einer physikalischen Größe in eine konstante Richtung über einen bestimmten Zeitraum (z. B. Änderung der Sonneneinstrahlung durch Änderungen der Umlaufbahn und Rotation der Erde).

Seltenerdelemente Alternativer Name für Lanthanoide plus Lanthan (La).

SI Abkürzung für das Système International d'Unités (Internationales Einheitensystem), das heutzutage akzeptierte metrische System, das in diesem Buch verwendet wird (siehe Anhang A.1).

sialisch Beschreibt Gesteinszusammensetzungen, die reich an Si und Al sind (insbes. kontinentale Kruste).

siderophile Elemente Kosmochemische Kategorie von Elementen mit einer Affinität zu Metallphasen, sind in der Erde vor allem im Erdkern enthalten (s. ◘ Abb. 11.10).

Silicat Verbindung, bei der ein (oder mehr als ein) Metall mit Silicium und Sauerstoff kombiniert ist (siehe ▶ Kap. 8).

Solidus Temperatur, bei der beim Abkühlen der letzte Rest der Schmelze kristallisiert, bzw. die Temperatur, bei der eine Substanz zu schmelzen beginnt. Vgl. Liquidus.

Solvatisierung Die Bildung einer Hülle aus polaren Molekülen eines Lösungsmittels um ein gelöstes Ion. Hemmt die Reaktion mit anderen Ionen und stabilisiert das Ion in Lösung. Mit Wasser als Lösungsmittel als Hydratation bezeichnet (Kasten 4.1).

Solvus Eine Linie (oder Fläche) in einem Phasendiagramm, welche die Zusammensetzungen von nicht mischbaren Phasen zeigt, die bei der jeweiligen Temperatur im gegenseitigen Gleichgewicht stehen.

spaltbares Nuklid Nuklid, das sich bei Bestrahlung mit Neutronen in zwei leichtere Kerne spalten kann (Kasten 11.2).

Spaltprodukt Ein radioaktives Nuklid, das durch Kernspaltung gebildet wird. Die meisten Spaltprodukte sind neutronenreich (Kasten 11.2) und anfällig für β-Zerfall (Kasten 10.1).

Spektrum Die verschiedenen Wellenlängenkomponenten, die in einem Lichtstrahl oder einer anderen elektromagnetischen Strahlung (z. B. einem Röntgenstrahl) vorhanden sind, in der Reihenfolge ihrer Wellenlänge bzw. Photonenenergie angezeigt. Das Emissionsspektrum eines Elements besteht aus einer Reihe von Linien oder Peaks, die die spezifischen Wellenlängen (oder Photonenenergien) repräsentieren, die für dieses Element charakteristisch sind (z. B. ◘ Abb. 6.6).

Spezies Miteinander im Gleichgewicht stehende Teilchensorten (Ionen, Atome, Moleküle, Komplexe etc.), die ein bestimmtes Element (bzw. Molekül) enthalten. Die Identifizierung der verschiedenen Spezies heißt Speziierung.

spezifische Wärmekapazität Die Enthalpie, die erforderlich ist, um die Temperatur von 1 kg einer Substanz um ein Kelvin zu erhöhen (in $J\ kg^{-1}\ K^{-1}$).

starke Säure/Base Eine Säure (bzw. Base), die in wässriger Lösung vollständig ionisiert wird, d. h. vollständig dissoziiert, z. B. HCl und NaOH (siehe Anhang A.2).

starke Wechselwirkung (oder starke Kraft) Die starke auf kurzer Distanz wirkende Kraft, die Nukleonen in Atomkernen miteinander verbindet (siehe Kasten 11.2).

statistischer Fehler Ein Fehler, der zufällig (in Größe und Vorzeichen) um einen Mittelwert variiert, wenn eine Messung unter gleichen Bedingungen wiederholt wird. Der statistische Fehler einer Messung kann reduziert werden, indem man sie mehrmals wiederholt und den Mittelwert bildet.

Stöchiometrie Die aus den Wertigkeiten bestimmten Proportionen, in denen Elemente zu einer Verbindung reagieren.

Stoffmenge Menge eines Elements oder einer Verbindung in Mol, siehe Mol.

Stoffmengenanteil (Molenbruch, χ) Der Anteil einer bestimmten Komponente an der Gesamtzahl der Moleküle bzw. Komponenten in einer Phase. Der Stoffmengenanteil ist eine dimensionslose Zahl zwischen 0 und 1.

Stoffmengenkonzentration (veraltet: Molarität) Konzentration eines gelösten Stoffes in Mol pro Liter der Lösung ($mol\ dm^{-3}$).

Sublimat Ein Feststoff, der direkt aus dem Dampf/Gas kristallisiert, z. B. Frost. Vgl. Sublimation.

Sublimation Verdampfung eines Feststoffes ohne Zwischenbildung einer Schmelze. Der umgekehrte Phasenübergang von gasförmig zu fest heißt Resublimation.

System Jeder Teil des Universums, auf den wir unsere Aufmerksamkeit beschränken wollen. Kann sich auch auf einen bestimmten Teil des Zusammensetzungsraums beziehen, z. B. das System $NaAlSi_3O_8$–$CaAl_2Si_2O_8$.

systematischer Fehler Eine Abweichung zwischen einem Messwert und dem wahren Wert einer Größe, die nicht durch wiederholte Messung reduziert wird (vgl. statistischer Fehler), sondern eine konsistente Verschiebung des Werts bewirkt.

thermonuklear Beschreibt die Energie, die durch Kernfusionsreaktionen (in Sternen und der Wasserstoffbombe) freigesetzt wird.

Tracer Eine geochemische Variable (z. B. $^{18}O/^{16}O$), deren Wert durch einen bestimmten geochemischen Prozess verändert wird, und daher als Indikator für diesen Prozess dienen kann.

Tripelpunkt Ein invarianter Punkt, an dem sich drei Phasengrenzlinien (und auch die drei von ihnen getrennten Phasenfelder) in einem Phasendiagramm treffen.

überkritisches Fluid Beschreibt ein Fluid, dessen Temperatur seinen kritischen Punkt überschreitet (siehe Kasten 2.2).

Übersättigung Eine Lösung ist übersättigt, wenn bei der betreffenden Temperatur das Aktivitätsprodukt eines gelösten Stoffes dessen Löslichkeitsprodukt übersteigt. Der Zustand ist metastabil in Bezug auf eine Ausfällung. Eine übersättigte Lösung tendiert dazu, gelöste Stoffe auszufällen, bis die Sättigung erreicht ist.

ungesättigte Kohlenwasserstoffe Beschreibt Kohlenwasserstoffe, die eine oder mehrere Doppelbindungen –C=C– oder Dreifachbindungen –C≡C– enthalten.

Valenzelektron Ein Elektron, das ein Orbital in der Valenzschale (höchste Energie) einnimmt und für die Bindung zur Verfügung steht.

Verbindung Eine Substanz, in der verschiedene Elemente in bestimmten Anteilen kombiniert sind.

Verbindungslinie Isotherme Linie in einem Phasendiagramm, die zwei Phasen unterschiedlicher chemischer Zusammensetzung verbindet, die sich bei der betreffenden Temperatur im chemischen Gleichgewicht befinden (siehe Kasten 2.3).

verdünnte Lösung Beschreibt eine Lösung mit einer niedrigen Konzentration an gelösten Stoffen.

Verteilungskoeffizient Siehe Kasten 9.1.

Wärmeenergie Gesamte kinetische Energie, die eine Substanz aufgrund einzelner Molekularbewegungen besitzt.

Wärmekapazität Siehe spezifische Wärmekapazität.

Wasserhärte Hartes Wasser bezeichnet Süßwasser mit einem relativ hohen natürlichen Gehalt an Ca^{2+} und Mg^{2+} durch Lösung bzw. Auslaugung von Mineralen des Aquifers (Kasten 4.2). Wasserhärte ist die molare Konzentration von $Mg^{2+} + Ca^{2+}$ in mol l^{-1}.

Wertigkeit (Valenz) Die Anzahl der chemischen Bindungen, die ein Atom (Element) bei der Bildung eines Moleküls (einer Verbindung) eingehen kann. Einige Elemente haben mehr als eine Wertigkeit. Entspricht je nach Kontext der Oxidationsstufe oder der Ionenladung.

Zonierung Kontinuierliche oder abrupte (oder manchmal oszillierende) Veränderungen der Zusammensetzung zwischen Kern und Rand (oder zwischen benachbarten Sektoren) eines einzigen Kristalls.

Zwillingskristall Beschreibt einen Kristall, der zwei oder mehr Bereiche mit unterschiedlichen Kristallgitterausrichtungen umfasst (die dunkel- und hellgrauen Bereiche in ◘ Abb. 2.13), die durch eine Symmetrieoperation (z. B. eine Spiegelebene) verbunden sind.

Zwitterion Ein Ion, das sowohl eine positive als auch eine negative Ladung trägt (eine Eigenschaft der Aminosäuren, ▶ Abschn. 9.6.1).

Stichwortverzeichnis

A

Abkühlgeschwindigkeit 60
Abkühlungsrate 58
Ableitung 256
Abreicherung 180, 188, 190
Absorption 157
Absorptionsspektrum 112, 222
Abwasser 180
Acetylen 172
Achat 180
Achondrit 223, 224
Actinium 190
Actinoid 109, 190
Adsorption 149
Aerosol 75
Akkretion 235
Aktivierungsenergie 12, 52–54
Aktivität 65
Aktivitätskoeffizient 72
Albit 22, 32, 156
Algenblüte 180
Aliquot 200
Alkali 262
Alkalifeldspat 34, 156
Alkalimetall 108, 167
Alkane 172
Alkene 172
Alkine 173
Alphateilchen 190, 196
Alphazerfall 185
Aluminium 170
Aluminiumhydroxid 170
Aluminiumoxid 170
Aluminiumsilicat 19, 149
Alumosilicatmineral 149
Aminogruppe 174, 180
Aminosäure 174, 180
Ammoniak 129, 180
Amphibol 146, 153, 154, 184, 188
– Analyse 153
– Gitterplatzbelegung 154
– Struktur 147, 156
Analyse
– energiedispersive 116, 134
– wellenlängendispersive 116
Andalusit 15, 19, 24
Andesit 238
Ångstrom 88
Anhydrit 184
Anion 68
Anisotropie 158
Anorthit 26, 32, 36, 156
Anregung 112
Anreicherung 168, 190
– sekundäre 184
– supergene 184
– Uran 191
Antarktis 213
Antibindungsorbital 127, 132
Antimaterieteilchen 195

Antineutrino 195
Anziehung, elektrostatische 120
Apatit 180, 184
Aquifer 83
Ar-Ar-Datierung 199
Aragonit 11
Arbeit 2
Archaikum 217, 238, 239
Argon 185, 197
Argonüberschuss 199
Argonverlust 199
Arrhenius
– Gleichung 52
– Graph 53, 56
Arrhenius, Svante August 52
Arsen 83
Ascension 209
Atmosphäre 177, 180, 181
– anoxische 239
– frühe 238
Atom 88
Atomkern 88, 106, 229
Atommasse, relative 65
Atomspektrum 111
Aufschmelzen 26, 29, 30
– partielles 29, 30
Ausfällung 78
Ausflockung 75
Ausschließungsprinzip 100
Auswahlregel 113
Azurit 188

B

Bahndrehimpulsquantenzahl 95
Band 132
Banded iron formation 239
Bändereisenerz 239
Bandlücke 134
Bangladesch 83
Barium 169
Bariumsulfat 69
Baryt 184
Basalt 26, 30, 208, 238
– Viskosität 58, 88
Base 132, 145, 259
– Lewis-Base 132, 183
Bauxit 171
Belemnit 212
Benzol 130, 173
Beryll 144, 146
Beryllium 169, 170
Berylliumisotop 218
Beschleuniger-Massenspektrometer 218
Beta-Teilchen 195
Beugung 90
Beugungsgitter 90
Bicarbonat s. Hydrogencarbonat
Bindung 120
– in Metallen 132
– in Sulfiden 183

– ionische 120, 134
– Komplexbindung 131
– kovalente 126, 135
– polare 135
– Van-der-Waals-Wechselwirkung 139
– Wasserstoffbrückenbindung 138
– π-Bindung 128, 131, 158
– σ-Bindung 127
Bindungsenergie 53
Bindungslänge 53, 121, 130
Bindungsorbital 127, 132
Bindungsstärke 139, 161
Biotit 148
Bjerrum, Niels 71
Bjerrum-Diagramm 71
Blaugrünalge 239
Blei 49
Bleiglanz s. Galenit
Block 111
– d-Block 111, 183, 186
– f-Block 111
– p-Block 111, 183
– s-Block 111
Boden 171
Bodenbakterium 180
Bohr, Niels 98
Boltzmann-Faktor 53
Bombardement, großes 236
Bor 170
Borat 171
Bragg-Gleichung 90
Brechungsindex 112, 157, 158
Brine 78
Brom 185
Brucit 136
Brunnen 83
Buckminsterfulleren 176
Buckyball 176

C

Cadmium 186
Calcit 11, 15, 24, 136, 212
– Struktur 159
Calcium 169
Calciumcarbonat 67
Calciumfluorid 67
Canyon-Diablo-Meteorit 211, 224
Carbonat 136, 176, 240
– Ion 70
– Kohlenstoffisotope 214
– Kompensationstiefe 72
Carbonatschale 178, 206
Carbonatspezies 70, 71
Carboxylgruppe 174
Cäsium 167
Cäsiumchloridstruktur 124
Cellulose 174
Cer 188
Chalzedon 180
Chert 180

Chlor 184
Chloridkomplex 79
Chlorit 148
Chlorofluorocarbon (CFC) 185
Chlorophyll 175
Chondren 223, 236
Chondrit 189, 223, 235
– kohliger 223, 224, 235
Chondrulen 223
Chromdiopsid 157
CI-Chondrit 224
Clapeyron-Gleichung 25
Cobalt 56, 187
Common ion effect 70
Cordierit 146
Coulomb-Konstante 257
Cristobalit 149
Cyanobakterium 239
Cycloalkane 172
Cyclosilicat s. Ringsilicat

D

Dampf 17, 21, 23, 24, 169, 210
Dampfdruck 14, 21, 24
Datierung 49, 60
Dazit 88
de Broglie, Louis 90
Debye, P. J. W. 74
Debye-Hückel-Theorie 74
Defekt 159
Dehydratisierung 23, 26, 60, 169
Delta-Wert 210
Depleted mantle 205
Depolymerisation 152
Detektor 134
Deuterium 210
Diamant 20, 82, 126, 128, 129, 133
Diapir 30
Diatomeen 180
Dichte 24
Differenzialrechnung 25, 256
Differenziation 39
Diffusion 18, 32, 46, 55, 58, 60
– Korngrenzendiffusion 57
– Schließungstemperatur 60
– Volumendiffusion 57
Diffusionskoeffizient 56
Diopsid 26, 36, 39, 146
Dipol 64, 138, 139, 174
– induzierter 139
Dipol-Dipol-Wechselwirkung 138
Dissolved inorganic carbon 77
Dissoziation 70, 76, 139, 259
Dissoziationskonstante 76
Disthen s. Kyanit
Divariant 20
DNA (Desoxyribonukleinsäure) 139
Doppelbindung 128, 130, 131, 172
Doppelbrechung 158
Doppelhelix 139
Doppelkettensilicat 146
Dotierung 134
Dreiecksdiagramm 36
Dreifachbindung 128, 172, 180
Dreikomponentensystem 36

Dreischichttonmineral 148
Druck 25
– lithostatischer 16
Druckentlastung 31
Düngemittel 167, 180
Durchdringungsvermögen 190

E

Edelgas 107, 185
Edelgaskonfiguration 108, 110
Eh-pH-Diagramm 80
Eh-Wert 80, 181
Einfachbindung 128, 172
Einfachkettensilicat 146
Einheit 254
Einkomponentensystem 20
Einschluss, Calcium-Aluminium-reicher 235
Eis 2, 21, 138, 169
– der Polargebiete 213
Eisen 111, 186, 240
Eisenmeteorit 58, 223, 224, 232, 237
Eiskern 213
Elektrolyt 259
Elektron 88, 101, 106
– β-Teilchen 195
– Energieniveau 98, 101
– Spin 100
– ungepaartes 126, 130, 188
– Welle 90, 94
Elektronegativität 109, 120, 137, 183, 184, 232
Elektronendichte 95, 96
Elektronengas 134, 158
Elektronenkonfiguration 101
Elektronenpaar, freies 130, 131, 138
Elektronenpaardonator 132
Elektronenstrahl 112
Elektronenstrahlmikrosonde 113, 114, 134
Element 106, 108, 166
– atmophiles 232
– Bindung 136
– biolimitierendes 180
– chalkophiles 232
– flüchtiges 233
– inkompatibles 168, 237
– kompatibles 168
– lithophiles 168, 232
– mit großer Feldstärke 168
– refraktäres 233
– siderophiles 232
– Symbol 106
Elementensteherung 227
Elementhäufigkeit 222, 226
Emissionsspektrum 112
Emulsion 75
Endglied 17, 32
Energie 2, 5
– Gibbs-Energie 5, 9, 25
– kinetische 4
– potenzielle 4
Energieband 132
Energieniveau 98, 101, 106, 111, 132, 188
Energieschwelle 11, 52
Enstatit 31
Enthalpie 2, 4, 24, 139

– freie s. Gibbs-Energie
– molare 9
Entmischung 34, 46, 58
Entmischungslamelle 46
Entropie 6, 25
– molare 9
Entwässerung 23, 60, 169
Epidot 146
Erdalkalimetall 108, 169
Erde
– Bildung 236
– Elementfraktionierung 234
Erdgas 128, 172, 240
Erdöl 173, 240
Erz 78, 184
Essigsäure 174
Ethansäure 174
Ethen 172
Ethin 172
Ethylen 172
Europium 190
Europiumanomalie 190
Eutektikum 26, 29, 37
– ternäres 37
Eutrophierung 180
Evaporit 170, 184
Experiment 14
Exploration 88

F

Faktor, präexponentieller 52
Falls 223
Farbe 157
Färbung 188
– allochromatische 157
– idiochromatische 157
Farbzentrum 158
Fayalit 17, 30, 31, 181
Feldspat 32, 149
Feldspatoid 149
Feldspatvertreter s. Feldspatoid
Ferric iron 82
Ferrous iron 82
Festkörperdiffusion 32, 56, 57
Feuerstein 180
Fick, Adolf 56
Fick'sches Gesetz 56
Finds 223
Fließwiderstand 58
Flotation 51
Fluid 21, 78, 169
– hydrothermales 21, 78
– überkritisches 21
Fluideinschluss 78, 79
Fluor 184
Fluorchlorkohlenwasserstoff (FCKW) 185
– teilhalogenierter 185
Fluorit 125, 184
Fluoritstruktur 126
Fluorwasserstoff 184
Flüssigkeit, Viskosität 58
Flussäure 184
Flussspat s. Fluorit
Flusswasser 74
Foid s. Feldspatoid

Stichwortverzeichnis

Formationswasser 78
Forsterit 17, 30, 31, 36, 153
Fracking 172
Fraktionierung 197
Fraktionierungsfaktor 212
Fraktionierungsgrad 170
Fraunhofer, Joseph von 223
Fraunhoferlinie 223
Freiheitsgrade 19, 26
Frequenz 89, 92
Fulleren 176
Fumarole 182
Fusion 222, 228, 229

G

Galaxie 226
Galenit 124, 183
Gammastrahlung 113, 134
Gang, hydrothermaler 184
Gas 66, 128
– ideales 66, 181
  – thermische Zustandsgleichung 66
– Löslichkeit 70
Gasblase 151
Gasgemisch 181
Gasgleichung 66
– allgemeine 66
Gaskonstante 52
Gasmolekül 178
Gasphase 17, 24
Gel 75
Geochronologie 60, 197
Geoengineering 75
Geotherm 20, 30
Geothermometer 180
Geothermometrie 36
Geradengleichung 255
Germanium 134
Gerüstsilicat 149
Gesamtenergie 98, 126
Geschwindigkeitskonstante 49, 52
Gesteinsplanet 236
Gibbs, J. Willard 19
Gibbs-Energie 5, 9, 25
Gips 184
Gitarrensaite 92
Gitterfehler 160
Gitterplatz 123, 152
Gitterplatzbelegung 152
Glanz 132
Glasfaser 180
Gleichgewicht 6, 9, 14, 18
– chemisches 18
– thermisches 18
Gleichgewichtsabstand 120–122, 127
Gleichgewichtsdampfdruck 21
Gleichgewichtskonstante 66, 67, 73
– und Temperatur 67
Gleichgewichtskristallisation 33
Glimmer 136, 148, 184
Global Meteoric Water Line 211
Glukose 174
Glycin 174
Gold 232
Goldschmidt, V. M. 232

Gossan 184
Granat 145, 188
– Korona 46
Granit 29, 185, 238
Graph 131, 176
Graphit 20, 82, 130, 140
Gravitation 226
Gravitationskraft 257
Great Oxygenation Event 216, 240
Grenzfläche 50
Grenzflächenenergie 46
Grönland 213
Grønnedal-Íka-Intrusion 203
Größe
– extensive 9
– intensive 9
Grundschwingung 92
Grundwasser 78, 83
Grundwasserspiegel 184
Grundzustand 99, 111
Gruppe 108, 111
– funktionelle 174
Gruppensilicat 145

H

Hadaikum 238
Hägg-Diagramm 71
Halbebene 161
Halbleiter 132, 134, 136
Halbwertszeit 49, 195
Halit 120
Halitstruktur 124
Halogen 184
Halogenide 136
Hämoglobin 175
Härte 67
Hauptelement 166
Hauptgruppe 111
Hauptquantenzahl 95, 108
Hawaii 209
Hebelgesetz 28
Heisenberg, Werner 92
Heizschritt 199
Helium 50, 185, 227
Hexan 172
High field-strength elements (HFSE) 168
Hinreaktion 9
Homogenisierung 51
Homogenisierungstemperatur 78
Hornstein 180
Hotspot 209
Hückel, E. 74
Hüllkurve 139
Hut, eiserner 184
Hybridisierung 128, 136
– sp^1-Hybridisierung 130, 136, 149, 158, 172, 173, 177
– sp^2-Hybridisierung 130, 136, 149, 158, 172, 173, 177
– sp^3-Hybridisierung 130, 136, 149, 158, 172, 173, 177
Hydratation 64, 138
Hydraulic fracturing 172
Hydrochlorofluorocarbon (HCFC) 185
Hydrogencarbonat 70, 75, 77

Hydrolysat 171
Hydrolyse 171
Hydrosphäre 64
Hydroxidion 145
Hydroxyl-Radikal 172
Hypoxie 180

I

Illit 148
Impakt 232, 236
Inductively coupled plasma mass spectrometry (ICP-MS) 198
Inertgas s. Edelgas
Infrarot 112, 179
Initialwert 201, 205
Inosilicat s. Kettensilicat
Inselbogen 218, 238
Inselsilicat 145
Instabilität 10
Interferenz 90, 91
Intrusivkomplex 201
Invariant 19, 27, 31
Iod 185
Ion 67, 76, 120
– freies 76
– gemeinsames 69
Ion-Dipol-Wechselwirkung 138
Ion-Ion-Assoziation 74
Ion-Ion-Wechselwirkung 72
Ionenaktivitätsprodukt 68, 70
Ionenatmosphäre 74, 75
Ionenaustausch 149
Ionenkristall 120
Ionenpaar 75, 76
Ionenpolarisation 134
Ionenpotenzial 135
Ionenradienverhältnis 123, 151
Ionenradius 122, 123
Ionenspezies 75
Ionenstärke 73
Ionisation 198
– thermische 198
Ionisierungsenergie 106, 120
Ionizität 135
Iridium 232
Isoalkane 172
Isobar 21, 194, 195
Isochrone 201, 205, 207
Isochronengleichung 201, 202
Isolator 131, 133
Isotherme 36
Isoton 194
Isotop 106, 194, 195
– Helium 185
– Kalium 168
– radioaktives 197, 229
– radiogenes 197
– Rubidium 168
Isotopenfraktionierung
– massenabhängige 210
– massenunabhängige 216
Isotopensystem 195, 196
– kosmogenes 197, 217
– radiogenes 197
– stabiles 197, 210

J

Jadeit 22, 157
Jaspis 180
Jod 185
Joule 3

K

K-Ar-Geochronologie 197
Kalium 167
Kalium-Argon-Datierung 60
Kaliumisotop 197
Kalkspat s. Calcit
Kalkstein 24, 170, 176
Kalktuff 72
Kamacit 58, 223
Känozoikum 206
Kaolin 170
Kaolinit 139, 170
Kaolinitgruppe 148
Kation 67, 151
Kationenaustauschkapazität 149
Keimbildung 78, 159
Kelvin 9
Kern 236
Kernabstand 120, 121, 127
Kernenergie 191
Kernfusion 222, 228, 229
Kernladung 100, 106
Kernphysik 194
Kernspaltung 229
Kernteilchen 229
Kettensilicat 146
Kieselsäure 180
Kilobar 15
Kimberlit 20
Kinetik 12, 46
Klima 179, 212
Klinopyroxen 156
Knoten 93, 96, 98
Kochsalz 120
Kohle 215, 240
Kohlenhydrat 174
Kohlensäure 70, 77, 136
Kohlenstoff 20, 128, 172
– als Reduktionsmittel 82
– anorganischer 176, 215
– Diamant 20, 126, 128, 129, 133
– gelöster anorganischer 77
– Graphen 176
– Graphit 20, 130, 140
– organischer 172, 215
– oxidierter 82
– reduzierter 82
Kohlenstoffdioxid 24, 177, 240
– in Lösung 70
– Kohlenstoffisotope 214
– Konzentration 178
– Phasendiagramm 21
Kohlenstoffisotop 214, 217
Kohlenstoffmonooxid 178
Kohlenstoffnanoröhrchen 176
Kohlenstoffverbindung 130
Kohlenwasserstoff 130, 172
Kollision 236

Kollisionsquerschnitt 231
Kolloid 75
Komplementärfarbe 157
Komplex 76, 131, 132, 187
Komplexbindung 131
Komplexierung 78
Komponente 17, 19
Kondensation 235
Konvektion 30
Konzentration 55, 65
– Einheiten 166
Koordination 124, 147, 152
Koordinationspolyeder 188
Koordinationszahl 120
Korngrenzendiffusion 57
Korngröße 50
Korona 46
Korund 170
Kraft, elektrostatische 257
Krebsnebel 231
Kreide-Tertiär-Grenze 232
Kristall 120, 128, 136, 144
Kristallfeld 188
Kristallgitter 91
Kristallisation 14, 26, 32, 36
– fraktionierte 34
Kristallwachstum 159
Kruste 237
– kontinentale 166, 205
Krypton 185
Kugelpackung 122
– dichteste 122
Kupfer 132
Kupfermineral 81
Kyanit 15, 19, 24
Kα-Linie 115

L

Laborabzug 184
Lachgas 180
Ladung 106
Lanthan 188
Lanthanoid 109, 188
Lanthanoidenkontraktion 188
Large-ion lithophile (LIL) 168
– Element 168
Late Heavy Bombardement 236
Lava 151
Lavadom 88
Leben 239
Le Chatelier, Henri Louis 24
Le Chatelier, Prinzip von 24, 67
Leerstelle 158
Legierung 137, 186
Leiter 131
– elektrischer 131
Leitfähigkeit
– elektrische 134
– thermische 132
Leitungsband 133, 134
Lewis, G. N. 73, 132
Lewis-Base 132, 183
– weiche 183
Lewis-Säure 132, 183
– harte 183

– weiche 183
Licht 89, 112, 222
Lichtgeschwindigkeit 112
Ligand 131
Lignin 174
Linie
– isotherme 26
– kotektische 37, 41
Linienformel 173
Liquidus 26, 32, 36, 39
Lithium 132, 170
Logarithmus 257
Löslichkeit 67
– Gas 70
Löslichkeitsprodukt 67, 69, 72
Lösung 64, 259
– gesättigte 67
– Konzentration 65
– nicht ideale 72
Lösungsmittel 64
Luftfeuchtigkeit 21
– relative 21
Lutetium 188
Lysocline 72

M

Magma 31, 151, 170, 201
– Viskosität 58
Magmaozean 236
Magnesium 169
Magnetismus 187
Magnetit 182, 188
Magnetquantenzahl 95, 97
Malachit 188
Mangan 187
Mantel 30, 189, 205, 208, 237
– abgereicherter 205, 209
– primitiver 205, 208
Manteldiapir 30, 209
Mantelreservoir 209, 237
Mantle array 209
Massenbilanzgleichung 76
Massenspektrometrie 198
Massenzahl 106, 194
Materie
– baryonische 225
– dunkle 225
Mechanik 89
Medium, isotropes 57
Meerestemperatur 213
Meerwasser 75, 76, 170
– Carbonatgleichgewichte 76
– Sr-Isotope 206
– stabile Isotope 211, 212
Melilith 144, 146
Mendelejew, Dmitri 106
Merkur 236
Metagabbro 46
Metall 132, 136, 186, 231, 236
Metamorphose 23, 60, 169
Metasilicat 171
Metastabil 11
Meteorit 58, 223
– differenzierter 224, 231
– primitiver 223

Meteoritenimpakt 232
Methan 128, 129, 172
Methanhydrat 172
Mikrowelle 112
Milchstraße 226
Mineral 16, 120, 144
– akzessorisches 166
– Stabilität 11, 14
Mineralvergesellschaftung 14
Mischkristall 17, 30, 32, 34, 39
Mischungslücke 34, 156
Mischungsreihe 30, 34, 156, 169
Mobilität 83
Molalität 65
Molarität 65
Molekül 126, 128
– organisches 173
– Schwingung 178
Molekulargewicht 139
Molekularsieb 151
Molekülmasse, relative 65
Molekülorbital 126, 127, 130, 133, 158
Molekülspektrum 178
Molenbruch 20, 65
Mond 234, 236
Mondbasalt 190
Mondkrater 236
Montmorillonit 148
Moseley'sches Gesetz 115
Muskovit 23, 148, 169
Mutterisotop 49, 195, 197, 198

N

Nährstoff 180
Natrium 167
Natriumchlorid 120
Natriumchloridstruktur 124
Nebenelement 166
Nebengruppe 111
Nebenquantenzahl 95
Neodym 206
Neon 185
Neoproterozoikum 216
Nesosilicat s. Inselsilikat
Netzwerkbildner 144
Netzwerkwandler 144
Neutrino 195
Neutronenaktivierungsanalyse 134
Neutroneneinfang 230, 231
Neutronenzahl 194
Newton, Isaac 89
Nichtmetall 136
Nickel 168, 187, 188
Niederschlag 213
Nitrat 84, 136, 180
Nukleation 78, 159
Nukleon 229
Nukleosynthese 229, 231
– stellare 229
Nuklid 194, 229
Nuklidkarte 195

O

Oberflächenladung 75, 149

Oberschwingung 92
Oktaederplatz 123, 151, 188
Oktaederschicht 148
Oktaedrit 223
Öl 215, 240
Ölfeld-Sole 78
Oligarch 236
Olivin 17, 30, 31, 153, 168
– Analyse 152, 153
– Phasendiagramm 30
– Reaktionssaum 46
– Struktur 144
Opal 180
Opazität 158
Orbital 94, 95, 98, 100, 188
– d-Orbital 98, 188
– f-Orbital 98
– Molekülorbital 126
– p-Orbital 96
– s-Orbital 95
Ordnung (Kinetik) 49
Ordnungszahl 88, 101, 106
Organochlorverbindung 184
Organoschwefelverbindung 182
Orthoklas 156
Orthopyroxen 18, 156
Orthosilicate 144
Oxid 17, 145, 181
– amphoteres 145, 181
– basisches 145, 169, 181
– saures 145, 177, 181
Oxidation 80, 82, 184
Oxidationskraft 80
Oxidationsstufe 82, 110, 186
Oxiderz 184
Oxoanion 83, 136, 171
Oxosäure 136
Ozean, Sauerstoffisotope 213
Ozeaninselbasalt (OIB) 209
Ozon 48, 54, 181, 185
Ozonschicht 217

P

Paläoklima 212
Paraffin 172
Paragenese 14
Pargasit 147
Partialdruck 21, 66, 181
Partialladung 138
Partikelgröße 50
Pauli, Wolfgang 100
Pauling, Linus 122, 136
Pauli-Prinzip 100
Peptidbindung 175
Peridotit 30, 208
Periode 108
Periodensystem 106, 108, 110, 111
Peritektikum 31
Perthit 35, 46
Pflanzennährstoff 167
pH-Wert 71, 262
– Meerwasser 76
Phase 5, 16, 19, 24
– kondensierte 120
– retrograde 60

Phasendiagramm 11, 14
– Eh-pH-Diagramm 80
– fo_2-T-Diagramm 182
– Hebelgesetz 28
– P-T-Diagramm 14, 19, 20, 23
– P_v-T-Diagramm 14, 19, 20, 23
– ternäres 36
– T-χ-Diagramm 26, 32, 34
Phasengleichgewicht 14
Phasengrenzlinie 11, 14, 25
Phasenregel 19, 27
– Gibbs'sche 19
– komprimierte 27
Phenylethen 173
Phosphat 84, 136, 171, 180
Phosphor 136, 180
Phosphorsäure 136
Photon 54, 112
Photosynthese 175, 177, 215, 239
– anoxygene 178
– oxygene 178, 239
Phyllosilicat s. Schichtsilicat
Phytoplankton 214
Plagioklas 32, 39, 156, 190
– Phasendiagramm 32
Planck, Max 112
Planck-Konstante 112
Planet 233, 236
Planetesimal 236
Plateaualter 199
Platinelektrode 83
Platingruppenelement 235
Plutonium 229
Polargebiet 213
Polarisierung 135
Polarität 64
Polonium 185
Polymer 172, 179
Polymerisation 145, 151
Polymorph 19
Polypeptidkette 139
Porenwasser 78
Porphyrin 175
Porzellan 170
Positron 195
Potenzialkurve 53
ppm (parts per million) 66
ppmv (parts per million nach Volumen) 66
Präfixe 255
Primordial mantle 205, 237
Prinzip von Le Chatelier 24, 67
Probe, kogenetische 200
Produkt 9
Protein 139, 175
Proterozoikum 216, 240
Proton 88, 106
Pteropoda 12
Pufferkapazität 77
Pufferung 77
Punkt, kritischer 21
Pyrit 137
Pyrophyllit 140, 148
Pyroxen 31, 35, 146, 154, 156
– Gitterplatzbelegung 154
– Reaktionssaum 46
– Struktur 146, 147, 156
Pyrrhotin 183, 188

Pyrrol 175

Q

Quadratgesetz, reziprokes 257
Quant 112
Quantelung 93, 98
Quantenzahl 93, 95, 100
Quarz 15, 22, 24, 145, 149, 179, 182
– und Olivin 31
Quarz-Fayalit-Magnetit (QFM)-Puffer 182
Quecksilber 186
Quellfähigkeit 148

R

r-Prozess 231
Radikal 54
Radioisotop 49
Radiokohlenstoffdatierung 217
Radiolarien 180, 214
Radionuklid 190, 195
Radiowelle 112
Radon 50, 84, 185
Randall, M. 73
Rare earth element s. Seltenerdelement
Ratengleichung 48
Raucher, schwarzer 67
Raumtemperatur 9
Rb-Sr-Geochronologie 200
Rb-Sr-System 49
Reaktant 9
Reaktion
– endotherme 9
– erster Ordnung 49
– exotherme 9
– heterogene 50
– homogene 50
– photochemische 54, 217
– prograde 60
– zweiter Ordnung 49
Reaktionsgeschwindigkeit 48, 51, 66
Reaktionsgrenze s. Phasengrenzlinie
Reaktionspunkt 31, 39
Reaktionssaum 46
Redoxpotenzial 80, 82, 181
Redoxreaktion 82
Reduktion 80, 82
Reduktionsmittel 82
Referenzelektrode 83
Reflexionsvermögen 158
Regen, saurer 145, 171, 181, 182
Regenwasser 177
Regionalmetamorphose 169
Reservoir 209
Rhyolith 88
– Viskosität 58
Ringsilicat 146
Rodinia 240
Rohstoff, kritischer 190
Röntgenbeugung 116, 122
Röntgendetektor 134
Röntgenfluoreszenzanalyse 115
Röntgenspektrum 113
Röntgenstrahlung 112, 113
Rost 82

Rubidium 49, 167, 194, 200
Rubin 157, 170
Rubisco 215
Rücken, mittelozeanischer (MORB) 31, 209, 238
Rückreaktion 9
Ruhezustand 106
Rumpfelektron 102
Rutil 124
Rutilstruktur 126

S

s-Prozess 230
Saite 92
Salinität 75
Salpetersäure 136
Salz 120, 170, 259
Samarium 206
Saphir 170
Sättigungsdampfdruck 21
Sauerstoff 181, 239
Sauerstoffbedarf, biochemischer 84
Sauerstofffugazität 181
Sauerstoffisotop 210
Sauerstoffkatastrophe 216, 240
– große 216, 240
Sauerstoffradikal 54
Säure 70, 132, 145, 259
– Lewis-Säure 132, 183
– mehrprotonige 71
– organische 174
– schwache 70, 77
– schwefelige 171
Schale 102
– K-Schale 102
– L-Schale 102
– M-Schale 102
Schall 89
Schäumer 51
Scheibe, protoplanetarische 235, 236
Scherfestigkeit 161
Scherspannung 58, 161
Schichtsilicat 148
– Struktur 147
Schiefer 185
Schließungstemperatur 60, 198
Schlittschuh 21
Schmelzbildung 29, 30, 206
Schmelze 16, 18, 26, 29, 30, 151
Schmelzen
– inkongruentes 31
– partielles 29, 30
Schmelzenthalpie 2
Schmelzgrad 30
Schmelzintervall 30
Schmelzpunkt 21, 30, 169
Schmelzviskosität 58
Schmirgel 170
Schneeball-Erde 216, 240
Schnitt, isothermer 41
Schraubenversetzung 160
Schrödinger, Erwin 94
Schrödinger-Gleichung 94, 95, 130
Schwefel 82, 128, 133, 136, 182
– elementarer 182

– oxidierter 82, 183
– reduzierter 82, 182
Schwefeldioxid 82, 171, 183
Schwefelisotop 216
Schwefeloxid 145
Schwefelsäure 136, 184
Schwefelsäureaerosole 75
Schwefelwasserstoff 82, 182
Schwerspat s. Baryt
Sediment, Datierung 206
Selen 182
Seltenerdelement 109, 188
Serpentin 148
SI-Einheit 254
Sialisch 238
Siedepunkt 21, 139
Silica s. Siliciumdioxid
Silicat 144, 231
– Analyse 152
– Bindung 136
– Gerüstsilicat 149
– Gitterplätze 151
– Gruppensilicat 145
– Inselsilicat 145
– Kettensilicat 146
– Ringsilicat 146
– Schichtsilicat 148
– Schmelze 151
Silicatpolymer 145
Silicium 128, 134, 179
Siliciumcarbid 126
Siliciumdioxid 145, 149, 179
Silicon s. Silicium
Silicone s. Silikon
Silikon 179
Sillimanit 15, 19, 24
Sm-Nd-Isotopensystem 206
Smaragd 157
Smectitgruppe 148
Smog 55, 180, 181
– photochemischer 55, 180, 181
Sol 75
Sole 78
Solid solution 32
Solidus 30, 32, 169
Solvus 34, 58
Sommersmog 55
Sonne 230, 234
Sonnennebel 234
Sonnensystem 226, 231
– Entwicklung 234
Spaltung 229
Spektralanalyse 222
Spektrallinie 90
Spektrum 111, 113, 222
Sperrtemperatur 60
Speziierung 71, 79
Sphalerit 183
Spin 100
Spurenelement 166
Sr-Nd-Isotopen 208
St. Helena 209
Stabilität 10, 14
Stammmagma 201, 203
Standard 211
Standardmolalität 65
Standardwasserstoffelektrode 83

Stapelfehler 160
Staukuppe 88
Steady state 18
Steigung 25, 255
Stein-Eisen-Meteorit 223
Steinmeteorit 223
Stelle, signifikante 259
Stern 222, 228, 231
Stickstoff 180
Stickstoffdioxid 180
Stickstoffmonooxid 48, 180
Stoff, gelöster 64
Stofffluss 56
Stoffmengenanteil 20, 65, 66
Stoffmengenkonzentration 65
Strahlenbelastung 186
Strahlung 158
– elektromagnetische 112
Stratosphäre 54
Strontium 49, 169, 194, 200
Stufenversetzung 161
Styrol 173
Subduktion 238
Subduktionszone 169, 218
Sublimat 182
Substitution 156
– gekoppelte 156
Sulfat 136, 183
Sulfataerosole 75
Sulfid 88, 137, 182, 183, 231
Sulfidmineral 183
– Verwitterung 184
Supercooling 159
Supernova 231
Symbol 106
System 16
– binäres 18
– geschlossenes 16
– isoliertes 16
– offenes 16
– ternäres 18

T

Taenit 58, 223
Talk 140
Tektosilicat s. Gerüstsilicat
Tellur 182
Temperatur 25
– und Reaktionsgeschwindigkeit 51
Tetraederform 128
Tetraedergruppe 144
Tetraederplatz 122, 136, 151
Tetraederschicht 148
Thermodynamik 2, 12
– erster Hauptsatz 5
– zweiter Hauptsatz 7
Thermometrie 35
Thorium 49, 190, 196
Tiefenstufe 20
– geothermische 20
Tochterisotop 49, 195, 197, 198
Tochterkristall 78
Tonmineral 148
Topas 145
Treibhauseffekt 52, 178, 179

Treibhausgas 172, 178, 179, 185, 241
Treibhauspotenzial 179
Tremolit 147
Trend, sekulärer 213
Tridymit 149
Trinkwasser 83
Trinkwasserqualität 84
Tripelpunkt 15, 19, 21
Tritium 210
Troilit 211, 223
Turmalin 146

U

U-Th-Pb-System 49
Übergang 113
Übergangsmetall 98, 109, 186, 217
Übergangszustand 53
Überlappungsgrad 127
Ultraviolett 113
Umformung 161
Umkehrreaktion 15
Ungleichgewicht 46, 60
Univariant 20, 28, 35
Universum 222
Unschärferelation 92
Unsicherheitsintervall 91
Untergruppe 111
Unterkühlung 159
Uran 49, 190, 196, 229
Urknall 227
UV-Strahlung 55, 181, 217

V

Vakanz 111
Valenz s. Wertigkeit
Valenzelektron 102, 134
Valenzorbital 132
Valenzschale 102, 108, 110
Van-der-Waals-Wechselwirkung 131, 139
Verbindung
– gesättigte 172
– ungesättigte 172
Verbindungslinie 28, 41
Verformung 161
– duktile 161
– plastische 161
Versetzung 160
Versetzungskriechen 161
Verteilungskoeffizient 168
Verunreinigung 84
Verwitterung 170, 171
Vierschichttonmineral 148
Viskosität 58, 88, 151
Vitamin B_{12} 175
VMSOW (Vienna Standard Mean Ocean Water) 211
Volatile 233
Volumen 24, 25
Volumendiffusion 57
Volumenprozent 66
VPDB (Vienna Peedee Belemnite) 211
Vulkan 182
Vulkanausbruch 169

W

Wärme 169
Wärmefluss 191
Wasser 2, 21, 64, 74, 169, 210, 239
– Dissoziation 259
– Eigenschaften 64
– Flusswasser 74
– geothermisches 211
– Ionenstärke 74
– konnates 78
– Meerwasser 75
– meteorisches 211
– Phasendiagramm 21
– und Kinetik 51
Wasserdampfdruck 14
Wasserfenster 80
– anoxischer Teil 80
– oxischer Teil 80
Wasserhärte 67
Wasserkreislauf 210
Wassermolekül 129, 138
Wasserqualität 180
Wasserstoff 139, 169, 227
– metallischer 134
Wasserstoffatom 98
Wasserstoffbombe 229
Wasserstoffbrückenbindung 64, 138
Wasserstoffisotop 210
Wasserstoffmolekül 127
Wechselwirkung 138, 140
– starke 88, 229
Welle 89
– elektromagnetische 89
– Elektron 90, 94
– harmonische 92
– stehende 90, 92, 127, 139
Wellenfunktion 130
Wellengleichung 94
Wellenlänge 89, 92
Wellenmechanik 94, 231
Wertigkeit 110, 186
Widmanstätten-Struktur 223
Wiederholungsabstand 148
Wirtskristall 35, 46
Wolframcarbid 126
Wolke, große magellansche 231
Wollastonit 15, 24
Wostok-Eiskern 214

X

Xenon 185

Y

Yttrium 190

Z

Zeolith 150
Zerfall 49, 169, 185, 195
– radioaktiver 49, 169, 185, 195
– α-Zerfall 196
– β⁺-Zerfall 195

– β⁻-Zerfall 195
Zerfallskonstante 49, 195, 198
Zerfallsrate 49
Zerfallsreihe 49, 185, 190
Zink 186
Zinkblende s. Sphalerit
Zinkisotop 217
Zirkon 145
Zone
– bewohnbare 239
– habitable 239
– photische 180
Zonierung 33, 46
Zucker 174
Zugfestigkeit 161
Zusammensetzung 26
Zustand
– angeregter 111
– stationärer 18
Zweikomponentensystem 26
Zweiphasenfeld 26, 28, 32
Zweischichttonmineral 148
Zwerg, brauner 226
Zwischenschicht 148
Zwitterion 174